Windows 8
应用开发入门经典

[匈牙利] István Novák
György Balássy
Zoltán Arvai
Dávid Fülöp
著

杨小冬 译

清华大学出版社
北　京

István Novák, György Balássy, Zoltán Arvai, Dávid Fülöp
Beginning Windows 8 Application Development
EISBN：978-1-118-01268-0
Copyright © 2012 by John Wiley & Sons, Inc., Indianapolis, Indiana
All Rights Reserved. This translation published under license.

本书中文简体字版由 Wiley Publishing, Inc. 授权清华大学出版社出版。未经出版者书面许可，不得以任何方式复制或抄袭本书内容。

北京市版权局著作权合同登记号 图字：01-2013-7001

Copies of this book sold without a Wiley sticker on the cover are unauthorized and illegal.

本书封面贴有 Wiley 公司防伪标签，无标签者不得销售。
版权所有，侵权必究。侵权举报电话：010-62782989 13701121933

图书在版编目(CIP)数据

Windows 8 应用开发入门经典/(匈牙利)诺瓦克(Novák, I.) 等著；杨小冬 译；—北京：清华大学出版社，2014
书名原文：Beginning Windows 8 Application Development
ISBN 978-7-302-35487-1

Ⅰ. ①W… Ⅱ. ①诺… ②杨… Ⅲ. ①Windows 操作系统 Ⅳ. ①TP316.7

中国版本图书馆 CIP 数据核字(2014)第 031147 号

责任编辑：王 军 韩宏志
装帧设计：孔祥峰
责任校对：曹 阳
责任印制：刘海龙

出版发行：清华大学出版社
    网   址：http://www.tup.com.cn, http://www.wqbook.com
    地   址：北京清华大学学研大厦 A 座   邮   编：100084
    社 总 机：010-62770175   邮   购：010-62786544
    投稿与读者服务：010-62776969, c-service@tup.tsinghua.edu.cn
    质 量 反 馈：010-62772015, zhiliang@tup.tsinghua.edu.cn
印 刷 者：清华大学印刷厂
装 订 者：三河市溧源装订厂
经   销：全国新华书店
开   本：185mm×260mm   印 张：35.75   字 数：867 千字
版   次：2014 年 4 月第 1 版   印 次：2014 年 4 月第 1 次印刷
印   数：1~4000
定   价：69.80 元

产品编号：054230-01

译 者 序

在操作系统领域，Windows 绝对称得上是业界翘楚。自 1985 年首个 Windows 版本问世以来，至今已走过了将近 29 年的发展历程。Microsoft 于 2011 年 9 月首次公开发布了 Windows 8 开发人员预览版，从而宣告 Windows 8 这种全新的操作系统正式登上历史舞台。Windows 8 操作系统的开发过程彻底颠覆了以往的模式，它并不是在继承前一版操作系统的基础上增添或修改某些功能，而是从头开始重新开发，并始终将良好的用户体验作为重中之重。鉴于此，广大开发人员迫切需要一本详细介绍 Windows 8 应用开发的工具书，而本书在大家的翘首期待中问世了。

对于 Windows 8 应用开发人员来说，特别是那些初级开发人员，选择一本好的工具书非常重要。它就像一位无声的老师，一步步引导你了解并深入掌握开发过程中涉及的方方面面，让你从最初的一知半解，到最后成为专家级人物。本书就是这样一本堪称开发人员良师益友的著作。本书的作者是来自匈牙利的四位软件开发专家，他们中的三位都曾获得过 Microsoft 最有价值专家称号，具有丰富的理论与实践经验。本书的出版问世，对于广大 Windows 8 应用开发人员绝对称得上是一个福音。

本书采用由简入繁、循序渐进的方式进行介绍，各个章节环环相扣、顺理成章，让你感觉整个学习过程非常流畅，没有哪一部分让人产生突兀之感。本书首先问你进行概述性的介绍，然后提供大量的亲身练习，让你在实践中加深对 Windows 8 风格应用开发各种概念和技术的理解，并实现灵活运用。最后，本书还提供了一些高级主题，帮你真正成为专业的 Windows 8 应用开发人员。

本书大多数章节都会首先搭建相应的环境，随后介绍基本的概念，并配有插入和示例代码，可谓图文并茂。在每章的实践练习中，你将从头开始构建 Windows 8 应用，并在下一章中对前面构建的应用进行完善、改进，最终形成一个结构精妙、功能完备的应用。本书最后介绍了 Windows 应用商店的相关内容，在这里，用户不但可以购买并安装各种应用，而且还可以发布自己的应用，让别人分享自己的开发成果的同时，还能赚取不菲的收入。如果你认为自己开发的应用足够好，那还等什么，赶快来 Windows 应用商店吧，说不定下一个百万富翁就是你！

在这里，我要感谢清华大学出版社的编辑们，他们在本书的编辑、出版过程中付出了辛苦的劳动，没有他们，本书的译本不可能在这么短的时间内与广大读者见面。

在本书的翻译过程中，译者力求在忠实原文的基础上，以通俗易懂的语言为你呈现所有内容，以期在你进行 Windows 8 应用开发过程中，能够助你一臂之力。当然，限于译者自身的水平，错误和不当之处在所难免，欢迎广大读者在阅读过程中予以指正，这这里，我先行向你表示衷心的感谢。本书全部章节由杨小冬翻译，参与翻译活动的还有彭明珍、彭贵灵、程建福、彭志军、彭彩霞、汪春燕、彭贵平。

我还要感谢我的妻子以及可爱的儿子兜兜，正是你们的鼎力支持，为我创造了良好的工作环境，使得翻译工作在最短的时间内顺利完成！

最后，希望广大读者能够在学习完本书之后，掌握Windows 8应用开发的精髓，让开发过程不再枯燥乏味，而是充满乐趣！

作者简介

István Novák 是匈牙利一家小型 IT 咨询公司 SoftwArt 的合伙人兼首席技术顾问。他既是一名软件架构师，也是一位社区传播者。在过去 20 年中，他曾参与过 50 多个企业软件开发项目。2002 年，他参与编写了匈牙利第一本关于.NET 开发的图书。2007 年，他被授予 Microsoft 最有价值专家(MVP)称号，而在 2011 年，他成为一名 Microsoft 地区总监。他曾作为首席作者参与撰写了 *Visual Studio 2010 and .NET 4 Six-In-One* 一书(印第安纳波利斯：Wiley，2010)，同时，他还参与撰写了 *Beginning Visual Studio LightSwitch Development* 一书(印第安纳波利斯：Wiley，2011)。他拥有匈牙利布达佩斯理工大学硕士学位，还拥有软件技术博士学位。他与妻子和两个十几岁的女儿共同居住在匈牙利多瑙凯西。他是一位狂热的潜水爱好者。不管在一年中的哪个季节，你都可能在红海的水下与他不期而遇。

György Balássy 是布达佩斯技术与经济大学的一名讲师，主要讲授 Web 开发课程。他是当地的 MSDN 技术能力中心(MSDNCC)的创始会员，以演讲人、图书作者和顾问等重要身份讲授.NET 平台的相关知识。Balássy 负责建立了匈牙利.NET 社区，同时作为 Microsoft 活动、技术论坛的主要传播者，此外，他还是 MSDNCC 门户技术小组的负责人。他是各种学院和行业活动中的固定演讲人，出席关于.NET、ASP.NET、Office 开发以及伦理黑客等领域的深层技术研讨会，并因此而多次赢得 SharePoint、ASP.NET 和 IIS 方面的最佳演讲人与最有价值专家奖项。他还被选为 ASPInsiders 专家团队成员。自 2005 年起，Balássy 便已成为匈牙利的 Microsoft 地区总监。你可以访问他的博客 http://gyorgybalassy.wordpress.com，也可以通过 balassy@aut.bme.hu 与他联系。

Zoltán Arvai 是一位软件工程师，专攻客户端应用程序开发和前端架构。他非常热衷于研究用户体验和下一代用户界面。在过去的七年中，他一直以自由作者的身份参与了若干.NET 项目，这些项目主要涉及企业软件开发领域。Arvai 于 2009 年获得 Microsoft 最有价值专家(MVP)称号，并已三次获评 Silverlight MVP。他经常作为演讲人参加当地的 Microsoft 活动。Arvai 参与编写了匈牙利所有关于 Silverlight 4.0 和 Windows Phone 7.5 的图书。他居住在匈牙利首都布达佩斯，在家中的时候，他经常会坐在自己钟爱的古董钢琴旁边，演奏各种爵士乐，并沉醉其中，享受由此带来的无限乐趣，此外，他还痴迷于全世界各种不同的文化。

Dávid Fülöp 是匈牙利的一位软件开发人员,过去十年一直致力于构建.NET 应用程序,后来又开始从事 Silverlight 应用程序开发工作。除了编写代码以及编纂有关编写代码的图书以外,他还一直作为自由软件开发培训师,为各种公司的软件开发人员提供培训,并为布达佩斯大学的大学生讲授课程。此外,他还作为固定演讲人受邀参加当地所有 Microsoft 相关开发人员活动。在业余时间,他喜欢练习空手道,玩一些网络游戏,值得称道的是,他还孜孜不倦地学习克林贡语(Klingon)。

技术编辑简介

Alex Golesh 是位于美国西雅图的 Sela 公司的首席技术官(CTO)。他是一位国际专家,专业领域涉及 Windows 8、Windows Phone、XNA、Silverlight 以及 Windows Presentation Foundation (WPF)。Golesh 目前以顾问的身份为全球多家企业提供咨询服务,构建和开发 Windows 8、Windows Phone、富 Internet 应用程序(Rich Internet Application,RIA)以及智能客户端解决方案。他一直负责为 Microsoft (总部位于美国华盛顿州雷德蒙德)的各个产品组开发培训示例和课程。他会主持召开各种演讲和研讨会,并领导实施全球有关 Windows 8、Windows Phone、RIA 和智能客户端领域的项目。作为 Microsoft 早期采用计划(Microsoft Early Adoption Program)的一部分,他在以色列、印度、瑞典和波兰主持举办了 Windows Phone 7、WPF 和 Silverlight 培训活动。他已经连续 4 年被评为 Microsoft 最有价值专家(MVP)。

致　　谢

本书的编写过程可以称得上是一次惊心动魄的冒险之旅！在我完成上一本书的编写工作之后仅仅几周的时间，Paul Reese 便给我打电话，问我是否可以参与撰写一本有关 Windows 8 的书。我毫不犹豫就答应了。非常感谢 Paul 再次给予我莫大的信任，希望他对最终结果感到满意。

如果没有 Kevin Shafer 和 Mary E. James 的辛勤工作，本书很可能无法按时完成。Kevin 不仅出色地完成了编辑工作，由于 Microsoft 不断地更改 Windows 8 技术，他还不辞辛劳地反复对图书中的相应内容进行调整。在本书撰写期间，发布了一版新的 Windows 8，其中的一些变更导致我们不得不对之前已经完成的部分章节进行修订，在此过程中，Mary 一直鼓励我们并为我们提供支持，从而使本书撰写工作一直保持在正确的轨道上，直至最终完成。

致 Henriett、Eszter 和 Réka。感谢你们的关爱和支持。

还要感谢 Kim Cofer，他通读了本书的手稿，消除了其中不明确的地方，并对一些复杂且晦涩难懂的段落进行了调整，使之转变为简单明了的句子。Alex Golesh 不仅从技术的视角对本书进行了审校，还提出了很多非常好的建议，使得本书中的练习更易于操作和理解。对于他所提供的巨大帮助，在此深表感谢。

我们拥有一个非常出色的撰写团队，如果没有团队成员的精诚合作，我根本无法完成本书的撰写工作。因此，我要感谢 György、Zoltán 和 Dávid，感谢你们在本次撰写过程中所倾注的心血和热情。能够与你们合作是我莫大的荣幸！

最后，我要向我的妻子和女儿献上深情一吻，正是有了你们的支持，为我提供了足够的时间保障，我才能全身心地投入到本书的撰写工作中。我会信守承诺，在这个夏天余下的几个周末里，我会陪伴在你们身边，我们全家共度美好时光。

——István Novák

本书的撰写工作着实是困难重重，但也确实算得上是我所完成的所有任务中最令人兴奋不已的任务之一。Windows 8 如此激动人心，要为大家介绍的有关各种可能情况以及出色技术解决方案的内容太多太多，要将所有这些内容都包含在这样一本书中几乎是不可能的。

如果没有 István Novák、Kevin Shafer 和 Mary E. James 的帮助，我绝对不可能取得最后的成功。感谢你们引导我走上正确的轨道，完成我所负责的章节的撰写工作，并最终撰写出这样一本优秀的图书。

我还要感谢György 和 Dávid 为本书撰写工作做出的巨大贡献，他们为这个项目付出了艰苦卓绝的劳动。与你们合作真的非常棒，而且充满愉悦！

我要感谢 Kim Cofer 和 Alex Golesh，他们通读了我负责撰写的章节，消除了我所犯下的愚蠢错误。感谢你们提出的所有宝贵意见以及辛勤工作。

能够有机会参与这个项目，我感到无比荣幸。这是一次真正的冒险之旅。感谢所有人为我提供的巨大帮助。

最后，我要感谢 Adrienn 等人一直以来对我的支持，原谅我在本书撰写过程中无数个日日夜夜无法陪伴在你们身边。我保证会补偿你们。

——Zoltán Arvai

首先，我要感谢 Zoltán 和 István，是他们邀请我参与撰写本书，而这是我第一次参与撰写非匈牙利语的图书。整个撰写过程真是其乐无穷！感谢你们为我提供的指导，使我的所有示例应用与 Trek 或 South Park 无关。我还要感谢 György，是他所撰写的章节完善了本书的内容，并促成了最终的撰写成功。

我要感谢 Wiley 的编辑团队：Kevin Shafer 提出了很多具有远见卓识的建议，使每一页都得到巨大的改善，还有 Mary E. James，他在本书的撰写过程中为我提供了很大的帮助。我对 Kim Cofer 深表感激，是他将我匈牙利式的英语句子修改成纯正的英语。本书的可读性得到巨大改善正是归功于 Kim。我还要感谢我们的技术编辑 Alex Golesh，他孜孜不倦地针对每个主题都提供了另外的观点，这些观点非常重要，使本书更加全面。

最后，我要感谢我的父母 Gyuri 和 Zsuzsa，还有我的女朋友 Dóri，感谢他们在我像隐士一样待在家中撰写本书的日子里，尤其是截稿日期邻近时我独自一人守在笔记本电脑旁边的时光里，为我提供的巨大支持。希望你们能够原谅我在这段时间里不能陪你们参加社交活动、休息以及吃饭。

——Dávid Fülöp

前　　言

在过去 27 年的发展历史中，Windows 经历了若干次重大的变革。毫无疑问，无论是普通用户还是开发人员，都认识到从 Windows 7 到 Windows 8 是一次巨大飞跃！过去，Microsoft 在开始开发最新版本的 Windows 时，都会完全继承过去的操作系统。而在开始开发 Windows 8 时，Microsoft 并不是对以前的版本进行修补，仅仅添加一些新的或强制性的功能，这一次他们是从头开始开发，并且将定义用户体验作为最先考虑的因素之一。

这种全新的操作系统于 2011 年初夏首次预展。在 2011 年 9 月于加利福尼亚州阿纳海姆市召开的 Build 开发人员大会上，Microsoft 公开发布了 Windows 8 的开发人员预览版。此外，公司还向所有与会人员赠送了一台安装了 Windows 8 开发人员预览版且基于 Intel 的四核三星平板电脑。这一事件带来了巨大的震撼效应，并且预告了 Microsoft 最新操作系统的发布。Windows 8 不再仅仅停留在概念阶段。不管是象征意义上还是实体意义上，它都成为切实可及的东西。

Windows 8 引入了一类全新的应用程序，称为 Windows 8 风格应用。这些应用通过一种全新的用户界面(User Interface，UI)，为用户提供了一种新颖的方法，例如，设计的可靠数字用户体验、流畅并且响应迅速的应用程序屏幕，以及从 Windows 应用商店浏览和安装应用程序的体验。这些全新的应用程序不仅提供了独特且令人愉悦的用户体验，开发人员还可以利用各种新颖的工具、API 和编程技术！

本书读者对象

编写本书是为了满足各种编程人员和软件开发人员的需求。尽管用于创建 Windows 8 应用程序的工具和编程语言已经比较成熟，并为全球数百万的程序员所使用，但大部分概念和 API 还是相对比较新的。

如果曾经从事过 C++编程工作或者(在.NET 领域内)使用过 C#/Visual Basic，或曾经使用 HTML 和 JavaScript 创建过 Web 页面，那么你仍然可以利用现有的技能，并在此基础上学习新的概念和 API。本书的各个章节互为基础，环环相扣。如果从头到尾通读本书的全部内容，那么即使你是一名初级程序员，或者刚刚转向 Windows 开发工作，也可以了解设计和创建 Windows 8 风格应用的基本原理。

本书第 I 部分介绍 Windows 8 风格应用开发的准备工作。其中简要介绍了一些最为重要的概念和工具，并说明这种全新开发平台的体系结构基础。如果是经验丰富的 Windows

程序员，那么可以跳过第1章和第4章。

本书第II部分开始介绍一些基本原则，这些原则作为现代应用开发的关键特征，在后续章节中会广泛使用。

有4种编程语言可以用于创建Windows 8风格应用，它们分别是C++、C#、Visual Basic以及JavaScript。本书并未对这4种语言都进行全面详细的介绍，在大多数示例和练习中使用的都是C#，因为如果全都详细介绍，那么本书的篇幅和厚度很可能会增加一倍。如果具有Web开发经验，或者对使用Web技术编写应用感兴趣，可以认真阅读第6章的内容，该章对HTML5、CSS3和JavaScript进行了重点介绍。如果现在使用的是C++，那么可以着重阅读第13章的内容，其中介绍了如何使用这种编程语言来进行Windows 8应用开发。

本书主要内容

Windows 8承诺可以在这一全新版本的操作系统中运行所有Windows 7应用程序。此外，你也可以使用现有的技术和工具在Windows 8上开发应用程序。本书将重点介绍Windows 8风格应用开发，这是一种全新的开发工作，在之前任何版本的操作系统中均无法完成。本书仅在Windows 8风格应用开发上下文中探讨现有的技术。

阅读了本书以后，你将了解以下基本知识：

- 全新应用程序开发平台的体系结构基础
- Windows 8应用程序开发的全新基本原则和特征，即使用.NET语言和HTML/JavaScript
- 使用HTML5/CSS3/JavaScript Web技术进行Windows 8风格应用开发的基本知识
- 用于创建具有内置UI控件的Windows 8风格应用UI的XAML标记
- 创建更复杂的UI，其中包含多个页面和Windows 8中引入的全新命令界面
- Windows运行时的基本API，用于创建可以利用触控和平板电脑功能且完备的应用程序
- C++编程语言作为正确选择的场景
- Windows应用商店中的应用发布和销售

本书提供了一些亲身练习，指导你结合使用Microsoft Visual Studio 2012 Express for Windows 8和Microsoft Expression Blend来创建Windows 8风格应用，从而使你充分了解上面这些主题。

本书组织结构

本书分为三部分，有助于了解Windows 8应用程序开发背后的概念，同时熟悉一些基本的工具和技术。

- 第 I 部分是概述性的快速介绍，介绍 Windows 8 为应用程序开发带来的一些基本变革，其中包括用户体验场景、UI 概念、应用程序体系结构以及工具等。
- 第 II 部分提供大量的手动练习，使读者可以了解 Windows 8 风格应用程序开发的主要概念、基本技术以及最佳实践。
- 第 III 部分介绍一些高级主题，帮助你逐步成为专业的 Windows 8 应用开发人员。

大多数章节都是首先建立一个上下文，然后探讨一些基本的概念，同时配有插图和代码段举例说明。你将通过一些手动练习来了解如何使用这些概念，在这些练习中，你将从头开始构建 Windows 8 应用，并在后面的练习中改进之前构建的应用。每个练习的结尾都包含"示例说明"部分，解释该练习如何实现其目标，其中包括所有重要的细节。

第 I 部分：Windows 8 应用程序开发简介

Windows 8 提供了全新的应用程序风格，彻底改变了应用程序开发的状况。这一部分将介绍一些基本概念、技术和工具，从而可以充分利用这些卓越的功能。

- 第 1 章："Windows 应用程序开发历史简介"——在操作系统家族的整个发展史中，Windows 8 代表最大的一次飞跃。该章将介绍操作系统在过去 27 年中的演变过程，然后逐一介绍用于进行 Windows 开发的各种开发技术和工具。
- 第 2 章："使用 Windows 8"——Windows 8 对于 UI 进行了非常大的改变。它在构建时更多地考虑了以触控技术为中心的方法。普通用户可能会从直觉的角度了解这些内容，但对于开发人员，他们必须了解使用 Windows 8 UI 过程中所有的细节。阅读完该章内容以后，你将认识到，我们需要构建的是真正吸引人的直观应用，用户并不是单纯地使用这些应用来完成某项任务，而是享受使用过程。
- 第 3 章："从开发人员视角看 Windows 8 体系结构"——Windows 8 通过 Windows 8 风格应用程序这种新的应用程序提供了一种新的开发模型，同时仍然允许开发传统的桌面应用程序。该章将介绍有助于开发这些类型的应用程序的各个组件的体系结构，其中包括基础组件 Windows 运行时。
- 第 4 章："开发环境"——Microsoft 提供了卓越的工具来利用出类拔萃的 Windows 8 技术。该章将介绍在开发应用的过程中用到的两种基本工具，分别是 Visual Studio 2012 和 Expression Blend。

第 II 部分：创建 Windows 8 应用程序

该部分将介绍需要了解的有关开发 Windows 8 应用程序所必不可少的一些概念和模式。首先介绍一些高级的原则，然后逐渐转移到创建应用程序 UI。了解了这些知识以后，便可以转换为使用那些能够开发完备的 Windows 8 风格应用程序的技术和组件。

- 第 5 章："现代 Windows 应用程序开发的原则"——在开始编程之前，你必须了解现代 Windows 应用程序开发的基本原则。该章将介绍 Windows 8 设计语言的主要概念，然后以 C#和 JavaScript 语言为例探讨和尝试全新的异步编程模式。

- 第 6 章："使用 HTML5、CSS 和 JavaScript 创建 Windows 8 风格应用程序"——Windows 8 允许 Web 开发人员基于过去的经验构建应用程序，因为他们可以利用自己已经掌握的 HTML、CSS 和 JavaScript 知识。该章针对 Windows 8 风格应用程序开发，提供这些技术的概述。
- 第 7 章："使用 XAML 创建 Windows 8 风格用户界面"——该章将介绍使用可扩展应用程序标记语言(eXtensible Application Markup Language，XAML)开发 Windows 8 风格应用程序 UI 的基本知识。XAML 提供了一种可以使用一组丰富的工具来开发 UI 的方式，其中包括布局管理、风格、模板和数据绑定等，该章将一一介绍。
- 第 8 章："使用 XAML 控件"——Windows 8 提供了很多可在 XAML 中使用的预定义 UI 控件，其中包括按钮、文本框、列表、网格等。该章不仅会讲述如何使用这些控件，还会介绍如何对这些控件进行转换和自定义，以及如何利用 Expression Blend。
- 第 9 章："构建 Windows 8 风格应用程序"——Windows 8 风格应用程序使用一组模式来提供统一的用户体验。该章将介绍一些模式，用于确定你的应用程序如何才能实现与 Windows 8 自带的全新应用相同的用户交互体验。你还会了解到有关将你的应用与操作系统的 Start 屏幕进行集成的一些重要细节。
- 第 10 章："创建多页应用程序"——该章将讲述如何创建具有多个页面的应用程序。首先会介绍在 Windows 8 风格应用中使用的导航概念，然后带你熟悉支持分页功能的 UI 控件。Visual Studio 提供了两种项目模板，分别是"网格应用程序"模板和"拆分布局应用程序"模板，这两种模板都非常适合在多页应用程序开发初级阶段使用。该章将介绍有关这些模板的详细信息。
- 第 11 章："构建连接应用程序"——现代的应用程序通常都会利用 Internet 上提供的服务，如天气预报、财经服务、社交网络等。该章将介绍如何利用 Windows 8 的相关功能，使可以使用这些 Internet 服务作为构建块来开发连接应用程序。
- 第 12 章："利用平板电脑功能"——Windows 8 对于配备了触摸屏设备和各种传感器的平板电脑关注有加。该章将介绍一些 API，使你可以将触控体验和传感器信息集成到自己的应用中，从而提供卓越的平板电脑感知用户体验。

第III部分：升级到专业的 Windows 8 开发

该部分探讨的主题可以大大拓宽你的 Windows 8 风格应用开发知识。你将了解到使自己可以开始创建专业应用的概念和技术，利用这些概念和技术，你甚至可以通过 Windows 应用商店从你开发的应用获取收益。

- 第 13 章："使用 C++创建 Windows 8 风格应用程序"——C++编程语言由于其性能特征而重获新生。现在，可以使用 C++来开发 Windows 8 风格应用。该章将介绍

最新版本的 C++对 Windows 8 应用的支持情况，以及在哪些场景中 C++可以作为最
佳选择。
- 第 14 章："高级编程概念"——该章将介绍如何开发更高级的 Windows 8 风格应
用的概念，例如，混合多种编程语言、后台任务、查询输入设备和触控功能的混合
项目。
- 第 15 章："测试和调试 Windows 8 风格应用程序"——如果想要通过应用程序获
得成功，那么创建高质量的应用程序至关重要。该章将讲述如何编写额外的代码来
测试应用程序逻辑，以确保代码严格按照预定的方式运行。此外，还会介绍一些必
不可少的调试技术，用于找出代码运行不正常的根本原因。
- 第 16 章："Windows 应用商店简介"——作为开发人员，可以将自己的应用程序
提交到 Windows 应用商店，使用户可以购买它们并进行无缝安装。该章将介绍提
交过程的先决条件和流程，以及这一工作流程中的其他辅助工具。

使用本书的条件

  Windows 8 支持两种单独的硬件平台。其中一种是 Intel 平台(之前所有的 Windows 版
本均支持这一平台)，其中包括 32 位 x86 和 64 位 x64 版本。另一种平台基于 ARM 处理器
体系结构(通常在手机和触摸屏平板电脑设备上使用)，这在 Windows 操作系统系列中是一
种全新的平台(基于 ARM 的 Windows)。

  要创建 Windows 8 风格应用程序，需要一些开发工具，并且这些工具仅在 Intel 平台上
运行。因此，你必须在用于开发的计算机上安装 x86 或 x64 版本的 Windows 8。截止撰写
本书时，尚未提供基于 ARM 的 Windows。

  可以使用 Microsoft Visual Studio 2012 和 Microsoft Expression Blend 来创建 Windows 8
风格应用。如果具有相应的 Microsoft Developer Network (MSDN)订阅，那么可能会拥有使
用这些工具的许可证。如果没有，可免费下载 Microsoft Visual Studio 2012 Express for
Windows 8，其中包括 Expression Blend。本书使用 Express 版本。由于所用的开发工具，
你创建的 Windows 8 风格应用将在 Intel 和 ARM 两种平台上运行。

约定

  为了帮助你充分利用文本并跟踪所发生的情况，我们使用了一些贯穿全书的约定。

试一试
在本书中，"试一试"是正文后面提供的练习，你应该逐步完成这些练习。
(1) "试一试"通常包含一系列操作步骤。
(2) 每个步骤都带有相应的编号。

(3) 使用你的数据库副本逐步完成这些步骤。

示例说明

在每个"试一试"练习以后,将详细解释你所输入的代码。

本书使用下面两种不同的方式显示代码:

- 对于大多数代码示例,使用不带突出显示的等宽字体类型。
- 用粗体强调在当前上下文中特别重要的代码,或显示与之前某个代码段的变化。

源代码

在读者学习本书中的示例时,可以手动输入所有代码,也可以使用本书附带的源代码文件。本书使用的所有源代码都可以从本书合作站点http://www.wrox.com/或http://www.tupwk.com.cn/downpage上下载。登录到站点http://www.wrox.com/,使用Search工具或使用书名列表就可以找到本书。接着单击Download Code链接,就可以获得所有的源代码。既可以选择下载一个大的包含本书所有代码的ZIP文件,也可以只下载某个章节中的代码。

> 由于许多图书的标题都很类似,因此按 ISBN 搜索是最简单的,本书英文版的 ISBN 是 978-1-118-01268-0。

在下载代码后,只需用解压缩软件对它进行解压缩即可。另外,也可以进入http://www.wrox.com/dynamic/books/download.aspx上的Wrox代码下载主页,查看本书和其他Wrox图书的所有代码。

勘误表

尽管我们已经尽了各种努力来保证文章或代码中不出现错误,但是错误总是难免的,如果您在本书中找到了错误,例如拼写错误或代码错误,请告诉我们,我们将非常感激。通过勘误表,可以让其他读者避免受挫,当然,这还有助于提供更高质量的信息。

要在网站上找到本书英文版的勘误表,可以登录 http://www.wrox.com,通过 Search 工具或书名列表查找本书,然后在本书的细目页面上,单击 Book Errata 链接。在这个页面上可以查看到 Wrox 编辑已提交和粘贴的所有勘误项。完整的图书列表还包括每本书的勘误表,网址是 www.wrox.com/misc-pages/booklist.shtml。

如果您发现的错误在我们的勘误表里还没有出现的话,请登录 www.wrox.com/contact/techsupport.shtml 并完成那里的表格,把您发现的错误发送给我们。我们会检查您的反馈信息,如果正确,我们将在本书的勘误表页面张贴该错误消息,并在本书的后续版本加以修订。

前言

另外，也可以将反馈信息发送到 wkservice@vip.163.com。

p2p.wrox.com

要与作者和同行讨论，请加入 p2p.wrox.com 上的 P2P 论坛。这个论坛是一个基于 Web 的系统，便于您张贴与 Wrox 图书相关的消息和相关技术，与其他读者和技术用户交流心得。该论坛提供了订阅功能，当论坛上有新的消息时，它可以给您传送感兴趣的论题。Wrox 作者、编辑和其他业界专家和读者都会到这个论坛上来探讨问题。

在 http://p2p.wrox.com 上，有许多不同的论坛，它们不仅有助于阅读本书，还有助于开发自己的应用程序。要加入论坛，可以遵循下面的步骤：

(1) 进入 p2p.wrox.com，单击 Register 链接。
(2) 阅读使用协议，并单击 Agree 按钮。
(3) 填写加入该论坛所需要的信息和自己希望提供的其他可选信息，单击 Submit 按钮。您会收到一封电子邮件，其中的信息描述了如何验证账户，完成加入过程。

> 注意：不加入 P2P 也可以阅读论坛上的消息，但要张贴自己的消息，就必须先加入该论坛。

加入论坛后，就可以张贴新消息，响应其他用户张贴的消息。可以随时在 Web 上阅读消息。如果要让该网站给自己发送特定论坛中的消息，可以单击论坛列表中该论坛名旁边的 Subscribe to this Forum 图标。

要想了解更多的有关论坛软件的工作情况，以及 P2P 和 Wrox 图书的许多常见问题的解答，就一定要阅读 FAQ，只需在任意 P2P 页面上单击 FAQ 链接即可。

目 录

第 I 部分　Windows 8 应用程序开发简介

第 1 章　Windows 应用程序开发简史 ······ 3
- 1.1　Windows 的历史 ······················· 3
  - 1.1.1　从 Windows 3.1 到 32 位 ······ 3
  - 1.1.2　Windows XP 和 Windows Vista ························· 5
  - 1.1.3　Windows 7 抹掉 Vista 的错误 ························· 5
  - 1.1.4　Windows 8 的范式转变 ······ 5
- 1.2　API 和工具的发展历史 ············ 8
  - 1.2.1　C 语言的力量 ···················· 9
  - 1.2.2　C++取代 C ·················· 11
  - 1.2.3　Visual Basic ·················· 13
  - 1.2.4　Delphi ·························· 14
  - 1.2.5　.NET 的问世 ·················· 14
  - 1.2.6　新的 UI 技术 ·················· 16
- 1.3　Windows 应用程序开发的困境 ······························· 18
- 1.4　小结 ·································· 19

第 2 章　使用 Windows 8 ···················· 23
- 2.1　两种模式，一个操作系统 ······· 23
- 2.2　输入方法 ···························· 25
  - 2.2.1　多点触控输入 ················· 25
  - 2.2.2　软件键盘 ······················ 27
  - 2.2.3　其他输入设备 ················· 28
- 2.3　登录 ·································· 28
- 2.4　Start 屏幕 ·························· 29
  - 2.4.1　Start 菜单的发展演变 ······· 29
  - 2.4.2　浏览和搜索已安装的应用 ·· 32
  - 2.4.3　使用动态磁贴 ················· 36
  - 2.4.4　使用 Windows 8 风格应用 ·· 42
- 2.5　Windows 超级按钮栏 ············ 46
  - 2.5.1　超级按钮栏简介 ············· 46
  - 2.5.2　Start 按钮 ······················ 47
  - 2.5.3　Search 按钮 ··················· 47
  - 2.5.4　Share 按钮 ···················· 48
  - 2.5.5　Devices 按钮 ·················· 50
  - 2.5.6　Settings 按钮 ················· 50
- 2.6　Windows 桌面 ···················· 52
  - 2.6.1　Desktop 应用简介 ··········· 52
  - 2.6.2　在 Desktop 程序之间进行切换 ························· 53
  - 2.6.3　Start 按钮的位置 ············· 53
- 2.7　小结 ·································· 53

第 3 章　从开发人员视角看 Windows 8 体系结构 ··············· 57
- 3.1　Windows 8 开发体系结构 ······ 57
  - 3.1.1　桌面应用程序层 ············· 59
  - 3.1.2　Windows 8 风格应用程序层 ························· 61
- 3.2　了解 Windows 运行时 ··········· 63
  - 3.2.1　Windows 运行时体系结构概述 ······················ 63
  - 3.2.2　Windows 运行时中的元数据 ························· 66
  - 3.2.3　语言投影 ······················ 72
  - 3.2.4　Windows 运行时所带来的益处 ···················· 73
  - 3.2.5　Windows 运行时中不包含的内容 ················· 74

3.3 .NET Framework 4.5 ·············75
   3.3.1 .NET Framework 4.5 的
        安装模型 ·······················75
   3.3.2 Window 运行时集成 ·······76
   3.3.3 异步性支持 ···················77
   3.3.4 其他新功能 ···················77
3.4 选取适合你项目的技术 ········78
   3.4.1 Windows 应用商店 ········78
   3.4.2 Windows 8 还是桌面
        应用程序 ·······················78
   3.4.3 选择编程语言 ···············79
3.5 小结 ··································80

第 4 章 开发环境 ···················83
4.1 工具集简介 ·························84
   4.1.1 Visual Studio 2012 ··········84
   4.1.2 安装 Visual Studio 2012
        Express for Windows 8 ····85
4.2 简单了解 Visual Studio IDE ······87
   4.2.1 新建项目 ·······················87
   4.2.2 使用示例和扩展 ···········95
   4.2.3 需要了解的一些有关
        IDE 的有用信息 ············99
4.3 通过 Expression Blend 让
   应用程序更加出色 ················101
   4.3.1 通过一个 Visual Studio
        解决方案开始了解
        Expression Blend ···········102
   4.3.2 向 UI 中添加动画对象 ···104
   4.3.3 启动动画 ·····················107
   4.3.4 将 Visual Studio 与 Blend
        一起使用 ······················108
4.4 小结 ·································108

**第 II 部分 创建 Windows 8
应用程序**

**第 5 章 现代 Windows 应用程序
开发的原则** ····················113
5.1 Windows 8 风格应用程序 ······113

   5.1.1 Windows 8 设计语言的
        概念 ·····························114
   5.1.2 Windows 8 应用程序的
        一般设计原则 ·············115
   5.1.3 应用程序结构和
        导航模型 ·····················116
5.2 异步开发平台 ······················122
   5.2.1 异步编程简介 ··············123
   5.2.2 .NET 平台上的异步
        编程发展历史 ·············125
   5.2.3 使用 C# 5.0 进行
        异步编程 ·····················128
   5.2.4 Windows 运行时上的
        异步开发 ·····················141
   5.2.5 使用 JavaScript Promise
        进行异步编程 ·············144
5.3 小结 ··································153

**第 6 章 使用 HTML5、CSS 和
JavaScript 创建 Windows 8
风格应用程序** ·················155
6.1 Web 上的 HTML5 和 CSS ·······156
   6.1.1 了解 HTML5 技术 ········156
   6.1.2 使用 HTML 的初步操作 ···157
   6.1.3 使用 CSS 设置页面样式 ···162
   6.1.4 使用 CSS 的初步操作 ···163
   6.1.5 运行客户端代码 ··········171
   6.1.6 使用 JavaScript 的
        初步操作 ·····················171
6.2 Windows 运行时上的
   HTML5 应用程序 ···················177
6.3 使用 JavaScript 创建
   Windows 8 风格应用程序 ······179
   6.3.1 访问文件系统 ··············179
   6.3.2 管理数据 ·····················185
   6.3.3 关注用户的设备 ··········194
   6.3.4 滚动和缩放 ·················203
   6.3.5 Windows 8 风格应用
        程序中的画布图形 ······207

		6.3.6 使用 Windows 8 动画库 …… 211
6.4	小结 …………………………… 217

第 7 章 使用XAML创建Windows 8 风格用户界面 …………………… 219

- 7.1 使用 XAML 描述用户界面 …… 219
- 7.2 使用名称空间 ………………… 222
- 7.3 了解布局管理系统 …………… 226
  - 7.3.1 新概念：依赖项属性 …… 226
  - 7.3.2 通过附加属性进一步了解依赖项属性 …… 226
  - 7.3.3 影响控件大小和布局的属性 …………………… 227
  - 7.3.4 Canvas 面板 …………… 228
  - 7.3.5 StackPanel 面板 ……… 228
  - 7.3.6 Grid 面板 ……………… 229
- 7.4 XAML 中可重用的资源 ……… 235
  - 7.4.1 引用资源 ……………… 236
  - 7.4.2 资源的层次结构 ……… 236
  - 7.4.3 资源字典 ……………… 236
  - 7.4.4 系统资源 ……………… 237
- 7.5 Windows 8 风格应用程序中的基本控件 …………… 239
  - 7.5.1 具有简单值的控件 …… 240
  - 7.5.2 内容控件 ……………… 243
- 7.6 处理数据 ……………………… 246
  - 7.6.1 数据绑定依赖项属性和通知 ……………………… 246
  - 7.6.2 绑定模式和方向 ……… 248
  - 7.6.3 DataContext 属性 …… 249
  - 7.6.4 使用值转换器更改绑定管道中的数据 …………… 249
  - 7.6.5 绑定到集合 …………… 250
- 7.7 小结 …………………………… 254

第 8 章 使用 XAML 控件 …………… 257

- 8.1 在应用程序中使用动画 ……… 257
  - 8.1.1 动画库 ………………… 258
  - 8.1.2 了解可视状态 ………… 261
  - 8.1.3 自定义动画 …………… 265
- 8.2 设计控件的可视化外观 ……… 271
  - 8.2.1 将控件与内部结构联系起来 ………………… 272
  - 8.2.2 响应交互 ……………… 273
  - 8.2.3 使用 Expression Blend …… 275
- 8.3 使用复杂控件 ………………… 284
  - 8.3.1 了解 ListViewBase 控件 … 284
  - 8.3.2 使用 GridView 控件 …… 284
  - 8.3.3 使用 ListView 控件 …… 287
  - 8.3.4 使用 FlipView 控件 …… 289
  - 8.3.5 使用 SemanticZoom …… 290
  - 8.3.6 使用 AppBar 控件 …… 294
- 8.4 小结 …………………………… 294

第 9 章 构建 Windows 8 风格应用程序 ………………………… 297

- 9.1 Windows 8 应用程序的生命周期 ……………………… 297
  - 9.1.1 应用程序生命周期状态 … 298
  - 9.1.2 管理应用程序状态更改 … 299
  - 9.1.3 挂起、恢复和关闭应用程序 ……………………… 300
  - 9.1.4 使用应用程序生命周期事件 ……………………… 301
- 9.2 部署 Windows 8 应用程序 …… 306
  - 9.2.1 应用程序软件包 ……… 306
  - 9.2.2 应用程序软件包清单 … 308
  - 9.2.3 安装、更新和删除 …… 310
- 9.3 命令界面 ……………………… 311
  - 9.3.1 使用上下文菜单 ……… 312
  - 9.3.2 使用应用栏 …………… 315
  - 9.3.3 使用消息对话框 ……… 321
  - 9.3.4 在应用程序中使用设置超级按钮 …………… 324
- 9.4 持久化应用程序数据 ………… 326
  - 9.4.1 应用程序数据存储 …… 326
  - 9.4.2 ApplicationData 类 …… 327

XVII

9.5 应用程序和 Start 屏幕 ········· 330
    9.5.1 应用程序徽标与
　　　　启动屏幕 ··················· 331
    9.5.2 使用通知让应用磁贴
　　　　变得栩栩如生 ··········· 333
9.6 小结 ·· 337

第10章 创建多页应用程序 ········· 339
10.1 导航基本知识 ····················· 340
10.2 使用页面 ····························· 343
    10.2.1 向后导航和向前导航 ····· 345
    10.2.2 参数和导航事件 ·········· 348
    10.2.3 使用应用栏进行导航 ····· 351
    10.2.4 启动文件和 Web 页面 ····· 357
10.3 使用拆分应用程序模板和
　　网格应用程序模板 ··········· 360
    10.3.1 模板的结构 ················· 361
    10.3.2 管理示例数据和
　　　　运行时数据 ················· 364
    10.3.3 布局管理 ····················· 366
    10.3.4 其他需要了解的功能 ····· 368
10.4 小结 ···································· 369

第11章 构建连接应用程序 ········· 371
11.1 与操作系统和其他应用
　　程序集成 ···························· 371
    11.1.1 选取器：统一的数据
　　　　访问设计 ······················ 372
    11.1.2 了解合约的概念 ·········· 379
11.2 访问 Internet ····················· 390
    11.2.1 检测 Internet 连接性的
　　　　更改 ···························· 390
    11.2.2 使用数据源 ················· 393
11.3 访问 Windows LIVE ········· 398
11.4 小结 ···································· 406

第12章 利用平板电脑功能 ········· 409
12.1 适应平板电脑设备 ············· 410
12.2 构建位置感知应用程序 ····· 411
12.3 使用传感器 ························· 419

    12.3.1 使用原始传感器数据 ····· 420
    12.3.2 使用传感器融合数据 ····· 435
12.4 小结 ···································· 439

第Ⅲ部分 升级到专业的 Windows 8 开发

第13章 使用 C++创建 Windows 8
　　　风格应用程序 ················ 443
13.1 Microsoft 与 C++语言 ······· 444
13.2 C++与 Windows 8 应用 ····· 448
    13.2.1 Windows 8 应用中的
　　　　C++特权 ······················ 448
    13.2.2 Windows 运行时与 C++ ····· 449
    13.2.3 在 C++中管理 Windows
　　　　运行时对象 ················· 450
    13.2.4 定义运行时类 ············· 452
    13.2.5 异常 ···························· 453
13.3 使用 Visual Studio 探索
　　 C++功能 ····························· 456
    13.3.1 创建 C++项目 ············· 456
    13.3.2 C++项目的元素 ·········· 457
    13.3.3 使用 Platform::String
　　　　类型 ···························· 459
    13.3.4 使用运行时集合 ·········· 460
    13.3.5 使用异步操作 ············· 462
    13.3.6 使用 Accelerated Massive
　　　　Parallelism ················· 463
13.4 小结 ···································· 467

第14章 高级编程概念 ················· 471
14.1 使用多种语言构建
　　 解决方案 ····························· 472
    14.1.1 混合解决方案 ············· 472
    14.1.2 创建具有 C#和 C++
　　　　项目的混合解决方案 ····· 473
    14.1.3 创建和使用 Windows
　　　　运行时组件 ················· 476
14.2 后台任务 ····························· 480
    14.2.1 了解后台任务 ············· 480

14.2.2 实现后台任务 ……………… 485
14.3 输入设备 ……………………………… 493
　　14.3.1 查询输入设备功能 ……… 494
　　14.3.2 键盘功能 ………………… 494
　　14.3.3 鼠标功能 ………………… 494
　　14.3.4 触控设备功能 …………… 495
　　14.3.5 查询指针设备信息 ……… 496
14.4 小结 ………………………………… 498

第 15 章 测试和调试 Windows 8 应用程序 ……………………… 501
15.1 软件的质量 …………………………… 501
15.2 熟悉调试过程 ………………………… 502
　　15.2.1 在调试模式中控制
　　　　　程序流 ………………… 503
　　15.2.2 监控和编辑变量 ………… 503
　　15.2.3 在调试过程中更改代码 … 506
　　15.2.4 特定于 Windows 8
　　　　　风格应用程序的场景 …… 507
15.3 软件测试简介 ………………………… 509
　　15.3.1 单元测试简介 …………… 509
　　15.3.2 对 Windows 8 风格应用
　　　　　程序进行单元测试 ……… 510

15.4 小结 ………………………………… 513

第 16 章 Windows 应用商店简介 …… 515
16.1 了解 Windows 应用商店 …………… 515
　　16.1.1 客户如何在 Windows
　　　　　应用商店中看到
　　　　　应用程序 ………………… 516
　　16.1.2 应用程序详细信息 ……… 516
　　16.1.3 利用应用赚钱 …………… 517
16.2 开发人员注册过程 …………………… 524
　　16.2.1 提交应用程序 …………… 525
　　16.2.2 应用程序认证过程 ……… 526
　　16.2.3 Windows 应用认证
　　　　　工具包 …………………… 527
16.3 小结 ………………………………… 528

第 Ⅳ 部分　附　　录

附录 A 练习答案 ……………………… 533
附录 B 有用的链接 …………………… 545

第Ⅰ部分

Windows 8应用程序开发简介

- 第1章：Windows应用程序开发简史
- 第2章：使用 Windows 8
- 第3章：从开发人员视角看 Windows 8 体系结构
- 第4章：开发环境

第 1 章

Windows 应用程序开发简史

本章包含的内容：

- 了解 Windows 操作系统的起源及其在过去 27 年中的发展演变历程
- 掌握 Windows 开发历史上的各种重要工具和技术
- 认识 Windows 8 的范式转变并将其用于应用程序开发
- 了解 Windows 8 风格应用程序

Windows 8 在 Windows 操作系统的整个发展历史中代表着最巨大的一次飞跃。它并不是简单地更新旧功能并添加一些请求的和流行的功能，从而形成一个新版本。正如 Microsoft 所强调的，Windows 操作系统已经历了巨大的变革。如果不了解 Windows 8 的起源，就很难了解它所带来的范式转变。

本章将首先介绍 Windows 操作系统在过去 27 年中的发展演变历程，然后介绍随着 Windows 的发展而不断演变的各种开发技术和工具。

1.1 Windows 的历史

最早的 Microsoft Windows 版本于 1985 年 11 月 20 日发布，用于面向图形用户界面 (Graphical User Interface，GUI)。Windows 最初是 Microsoft 为其 MS-DOS 操作系统创建的一个额外组件，然而 Windows 却彻底改变了个人计算机的发展历史。第一版 Windows 使用的图形非常简单，它更像是 MS-DOS 的前端，而不是一种真正的操作系统。

1.1.1 从 Windows 3.1 到 32 位

在第 1 版 Windows 发布后将近 7 年，也就是 1992 年 3 月，Windows 3.1 正式发布。这

款16位操作系统允许"多任务"模式,但当时用户并不习惯使用这种环境。这种新版本的Windows包含虚拟设备驱动程序,可在DOS应用程序之间共享。由于具有"保护模式",Windows 3.1不需要任何虚拟内存管理器软件,便能够寻址几兆字节的内存,而当时8086系列中央处理单元(Central Processing Unit, CPU)使用的默认寻址模式仅允许640KB。那个年代的计算机用户可能能够回忆起该操作系统的启动屏幕,如图1-1所示。

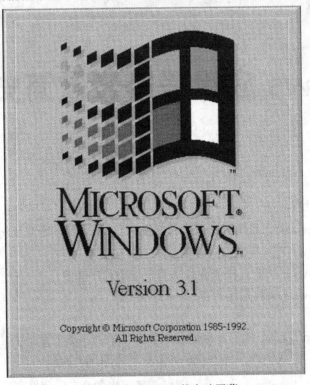

图1-1 Windows 3.1的启动屏幕

注意:多任务是操作系统的一种功能,允许在同一时段内运行多个任务(也称为进程)。这些任务共享计算机的资源,如CPU和内存。在执行任务时,操作系统会在这些任务之间进行切换。每个任务都运行一小段时间,不过由于切换速度非常快,因此所有任务看起来像在同时运行。

保护模式是x86兼容CPU的一种操作模式,允许执行一些特殊功能,如虚拟内存处理和多任务。

Windows 95于1995年8月发布,它是一款32位操作系统,支持"强占式多任务",也就是说,操作系统可以中断某个任务,而不需要该任务主动采取任何操作。Windows 95不再是MS-DOS的插件,而现在代表一种功能完善的操作系统(这一事实认定在业界争论了很长时间)。其后又陆续发布了其他一些Windows版本(这里需要特别说明的是Windows 98和Windows Me),直到2001年10月Windows XP正式问世。

1.1.2 Windows XP 和 Windows Vista

Windows XP 一经问世，便迅速成为最流行的 Windows 版本，其著名的徽标如图1-2所示。奇怪的是，它在发布时所提供的全新用户体验(XP 代表 "eXPerience"，即体验)只是促成这种成功(源自其巨大的安装用户群)的部分原因。与此类似，诸如 GDI+图形子系统、快速用户切换、ClearType 字体呈现、64位支持等技术革新同样也仅是促成这版 Windows 取得巨大成功的部分原因。实际上，推动 XP 取得成功的主要因素是其后续操作系统 Windows Vista 没有得到广大用户的青睐。

图 1-2　Windows XP 徽标

Windows Vista于2006年11月发布，外观上有一个崭新的设计，并且相比于XP，它的安全性得到非常大的提升，XP需要安装三个Service Pack服务包才能消除其安全问题。原本这一优势足以使其获得比前一操作系统更大的用户群，但要实现Vista的新功能，必须迅速提高硬件性能。大多数企业都将其IT预算的绝大部分用于稳定XP，尤其是在安装了Windows XP Service Pack 3 (SP3)以后，他们认为完全没必要迁移到Vista。于是Vista很快趋于消亡，顺理成章地成为Windows系列中最短命的一款操作系统。

1.1.3 Windows 7 抹掉 Vista 的错误

Steven Sinofsky (Microsoft Windows 部门的总裁)多次公开承认，在开始设计 Windows 7 之前，Microsoft 吸取了之前失败的教训。Windows 7 于 2009 年 7 月发布，也就是 Vista 发布两年零八个月以后。相比于 Windows XP 和 Vista，Windows 7 在性能上有了明显改进，其中包括启动时间、关机时间、多核 CPU (即，包含多个处理器的 CPU)大大改善任务调度、搜索等。用户体验得到极大改善，并且 Windows 7 引入了一些新功能，例如，跳转列表、Aero Peek、Aero Snap 以及许多其他小的功能部件，从而可以更加轻松地在应用程序窗口之间进行导航，同时便于在屏幕上排列这些应用程序窗口。

Windows 7 切实通过一种成功的方式抹掉了 Vista 的错误。对于 Windows 团队，按照 Windows 7 指定的方向继续向前发展原本非常容易，但团队选择接受最严酷的挑战。

1.1.4 Windows 8 的范式转变

尽管 Windows 诞生于个人计算机开始走进人们的日常生活的年代，但是这种操作系统在创建时所考虑的仍然是企业和信息工作者。实际上，这种操作系统提供的绝大多数功能都需要(有时甚至是强制)用户在工作时与系统联系在一起。在熟悉诸如文件、目录、安全组、权限、共享、注册表等概念之前，用户几乎无法执行任何操作。这种方法反映出，设计者在一开始就认定用户应该与系统进行交互。

注意：由于大量应用程序不断挤压可用的系统资源，Windows 操作系统需要通过清理、磁盘碎片整理、病毒检查、Service Pack 安装等方式定期进行维护。尽管每次发布新版本都会做出巨大的改进，以便减轻这种维护工作的负担或者使其实现自动化，但是这一负担一直都没有完全消除。

1. Microsoft 开始转向服务于使用者

苹果公司生产的 iPhone 和 iPad 等以使用者为中心的产品向全世界表明，存在另一种途径可以实现以一种直观的方式与计算机软件进行交互，不需要了解任何有关文件、目录、系统注册表或应用程序安装过程的知识。Microsoft 似乎在很长一段时间内都无法真正理解这种方法，但市场销售数据迫使公司不得不将工作重心转移到以使用者为中心的设备和操作系统上来。

Microsoft 于 2010 年 2 月中旬做出发展策略上的第一个重大变革，时值世界移动通信大会在西班牙的巴塞罗那举行，正是在这届大会上，公司首次公开发布了 Windows Phone 7。Windows Phone 7 过去完全关注使用者的体验。视觉设计、简约性及其友善、可随意单击的动画效果为用户界面(UI)增色不少，因此，该设备的使用非常直观明了。市场对这一变革做出了评价，现在，也就是 Windows Phone 7.5 "Mango" 版本发布后将近一年，Microsoft 已经成为移动操作系统(Operating System, OS)市场的第三大竞争厂商，并与苹果公司的 iOS 和谷歌公司的 Android 操作系统的差距不断缩小。

注意：在 Windows Phone 7 之前，Windows 操作系统系列已经拥有了适用于嵌入式设备的版本(Windows Embedded)以及适用于移动电话的版本(Windows CE 和 Windows Mobile)。

2. Windows 8 登上历史舞台

随着 Windows 8 的发布，Windows Phone 7 以使用者为中心的理念成为操作系统体验的一部分。当启动 Windows 8 操作系统(启动时间与 Windows 7 相比急剧降低)时，其全新的开始屏幕完全不会让你回想起过去在底部包含任务栏的桌面。取而代之的是一组磁贴，每个磁贴代表一个应用程序，如图 1-3 所示。

这种全新的开始屏幕让使用者感到清晰明了。Windows 不仅是面向信息工作者和经验丰富的计算机用户的操作系统，它还是一种结合了多点触控灵敏度、Tablet 平板电脑和 Slate 平板电脑等功能设计出来的消费设备。开始屏幕的界面非常直观，对于绝大多数用户，不需要任何指导，便可立即开始使用。那些曾经使用过触摸屏智能手机和平板电脑的用户会发现，使用"开始"屏幕、启动应用程序、滚动、缩放以及应用通过其他设备了解到的手势都非常自然。

图 1-3　Windows 8 开始屏幕

对于那些使用 Windows 运行业务应用程序(如 Word、Excel 或 PowerPoint)或其他任何企业特定系统 UI 的用户,他们可能会发现对 Windows UI 专业领域做出的这种变革非比寻常。当然,Windows 的设计原则是完全兼容现有的应用程序,因此,它同时也具有桌面模式。当启动针对以前的任何 Windows 版本(或者仅仅没有使用 Windows 8 风格 UI 的版本)创建的应用程序时,该应用程序将在大家熟知的桌面环境中运行。例如,当某个用户启动 Excel 时,该程序将在桌面模式下打开,如图 1-4 所示。

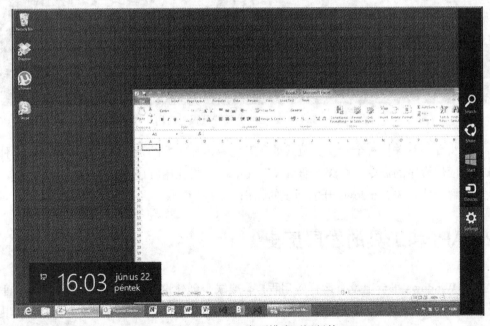

图 1-4　在 Windows 8 桌面模式下运行的 Excel

这是Windows 8 的第二种外观模式，使用过之前版本Windows的用户对此都非常熟悉。如果没有看到开始菜单以及显示当前日期和时间的状态指示器，那么你可能会认为自己使用的是Windows 7。

全新的 Windows 8 "开始"屏幕并不是在 Windows 7 的基础上进行了简单的增补。在这一简单屏幕的背后，存在一个全新的以使用者为中心的应用程序世界，称为 Windows 8 风格的应用程序。在这种应用程序中，用户并不是使用布满桌面的图标以及矩形应用程序窗口，他们每次只能看到一个应用程序，该应用程序占据整个屏幕。用户始终关注的是应用程序，而没有窗口标题、关闭按钮、大小可调的边框或其他任何元素(在用户体验术语中称为"镶边")转移用户的视线。图 1-5 中显示的"天气预报"应用程序就是这种全新风格的一个很好示例。

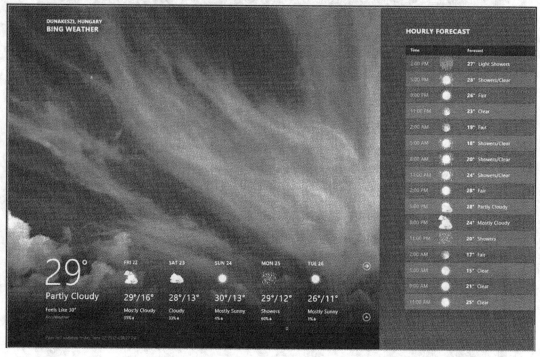

图 1-5　Windows 8 中的"天气预报"应用程序

本书将介绍有关这种全新 UI 范式的所有内容，最重要的是，将讲述用于开发这种全新风格的应用程序的命令。在深入研究 Windows 8 风格应用程序开发的各个方面之前，你应该先了解一些有关 Windows 开发历史的知识。

1.2　API 和工具的发展历史

如果 Windows 平台上没有运行应用程序，或缺少创建这些程序的开发人员，那么平台本身就残缺不全。Microsoft 公司始终坚持围绕其产品打造一个强大的开发人员社区，其中自然不会少了公司的旗舰产品 Windows。

注意：Microsoft 领导者经常会提到该社区的重要性。如果在上网时搜索 Steve Ballmer，一定会发现在一些视频中，他热情洋溢地高呼"开发人员、开发人员、开发人员……"这一词汇被重复了十几次。

到 2012 年，Windows 平台已经走过了 27 个春秋。在其漫长的发展历史中，不仅操作系统本身，而且其应用程序编程接口(Application Programming Interface，API)以及相关的开发工具都得到巨大改进。从这一点来说，Windows 8 代表着 Windows 发展历史中最大的一次飞跃。为什么可以这么说呢？要了解其中的原因，需要追溯到 Windows 应用程序开发最初出现的年代。

1.2.1 C 语言的力量

如今，编写 Windows 应用程序是再常见不过的事情了，但在 Windows 最初刚刚问世时并不是这样。当时，与 MS-DOS 应用程序一起成长起来的程序员认为 Windows 方法真的不可思议，好像旧有方法被彻底推翻。尽管精确的 MS-DOS 应用程序可以控制所有对象，在需要时可以调用操作系统功能，但 Windows 采用的是一种疯狂的途径！这种操作系统控制应用程序，并在想要驱动程序执行某些操作(例如，刷新 UI 或者执行菜单命令)时调用相应的应用程序。

这要求开发人员拥有较高的技能。使用 C 编程语言(曾经风靡一时的语言)在 MS-DOS 中编写最简单的"Hello, world"应用程序不费吹灰之力，程序代码如下所示：

```c
#include <stdio.h>
main()
{
    printf("Hello, world");
}
```

然而，为了取得相同的结果，Windows 需要完成更多工作。它要求围绕单个 printf 函数编写"基架"代码，可以不太直观的方式调用它，如程序清单 1-1 所示。

程序清单 1-1：Windows 3.1 中的"Hello, world"程序(节选)

```c
#include <windows.h>

/* 导出要被 Windows 调用的入口点 */
long FAR PASCAL _export WndProc(HWND, UINT, UINT, LONG);

/* 应用程序的入口点 */
int PASCAL WinMain(HANDLE hInstance, HANDLE hPrevInstance,
    LPSTR lpszCmdParam, int nCmdShow)
{
```

```
    static char szApplication[] = "HelloW";
    HWND hwnd;
    MSG msg;
    WNDCLASS wndClass;

    /* 创建窗口类 */
    if (!hPrevInstance)
    {
        wndClass.Style = CS_HREDRAW | CS_VREDRAW;
        wndClass.lpfnWndProc = WndProc;
        /* 为简便起见省略了部分代码行 */
        wndClass.hbrBackground = GetStockObject(WHITE_BRUSH);
        wndClass.lpszMenuName = NULL;
        wndClass.lpszClassName = szApplication;
        RegisterClass(&wndClass);
    }

    /* 为该类创建窗口实例 */
    hwnd = CreateWindow(szApplication,
        "My Hello World Program",
        WS_OVERLAPPEDWINDOW,
        /* 为简便起见省略了部分参数 */
        hInstance,
        NULL);
    /* 开始显示窗口 */
    ShowWindow(hwnd, nCmdShow);
    UpdateWindow(hwnd);

    /* 管理消息循环 */
    while (GetMessage(&msg, NULL, 0, 0))
    {
        TranslateMessage(&msg);
        DispatchMessage(&msg)
    }
}

/* 处理消息 */
long FAR PASCAL _export WndProc(HWND hwnd, UINT message,
    UINT wParam, LONG lParam)
{
    HDC hdc;
    PAINTSTRUCT ps;
    RECT rect;

    switch (message)
    {
        case WM_PAINT:
            hdc = BeginPaint(hwnd, &ps);
            GetClientRect(hwnd, &rect);
            DrawText(hdc, "Hello, world", -1, &rect,
```

```
                DT_SINGLELINE | DT_CENTER | DT_VCENTER);
            EndPaint(hwnd, &pd);
            return 0;

        case WM_DESTROY:
            PostQuitMessage(0);
            return 0
    }
    return DefWindowProc(hwnd, message, wParam, lParam);
}
```

该程序包含很多行代码，因为它通过仅提供低级操作系统函数的 API 编写。尽管上面的源代码很长，但是它并未揭示 Windows 的重要内部细节。所有细节仍然在 Windows 8 之中，当然，以一种改进的形式。

- 最开始，程序通过设置 wndClass 结构的字段并使用 RegisterClass 方法来创建窗口类。窗口类是一个概念，用于标识处理发送到窗口的消息的过程(称为窗口过程)。
- 程序使用注册窗口类创建窗口(通过 CreateWindow 方法)，然后使用 ShowWindow 方法显示该窗口。UpdateWindow 方法向窗口发送一条消息，以便重新绘制其 UI。
- 该应用程序的灵魂在于消息循环，如下所示：

```
while (GetMessage(&msg, NULL, 0, 0))
{
    TranslateMessage(&msg);
    DispatchMessage(&msg)
}
```

    该循环包含来自某个队列的消息，将按键转化为等效的消息(例如，就好像使用了鼠标)，然后将它们分派到相应的窗口过程。

- 如果说消息循环是灵魂，窗口过程就是核心。在程序清单 1-1 中，消息循环调用 WndProc。其 message 参数包含消息的代码(要处理的事件)，然后通过一条 switch 语句将处理各条消息的代码段封装起来。
- WM_PAINT 消息通知窗口应该重新绘制自己。通过 BeginPaint 方法，程序获取设备上下文资源，以用于在窗口的客户端区域进行绘制。然后，使用该设备上下文在窗口中央编写"Hello, World"消息。ReleasePaint 方法用于释放该设备上下文，因为它恰巧是系统中一种非常有限的资源。

可以想象，在当时，Windows 开发是一件多么耗时而又让人感到痛苦的事情，因为程序员必须通过 Windows API 使用低级操作系统结构。

1.2.2　C++取代 C

在 Brian Kernighan 和 Dennis Ritchie 发布第一版 C (1978 年)仅几年后,也就是 1983 年, Bjarne Stroustrup 创建了一种新的语言，在 C 语言的基础上添加了面向对象的概念。这种语言就是 C++，它很快也在 Windows 平台中流行起来。

C++允许将数据和功能封装在类中，同时还支持对象继承和多态性。通过这些功能，Windows的平面API可以表示为一组较小的实体，将数据结构和API操作组合成一个逻辑上下文。例如，与在UI上创建、显示和管理窗口相关的所有操作都可以归入一个称为Window的类。

C++方法可帮助开发人员更好地了解API，同时降低了Windows编程入门的门槛。例如，程序清单1-1中描述的"Hello, World"程序的基本组成部分可以围绕对象进行组织，如程序清单1-2所示。

程序清单1-2：采用C++语言的"Hello, World"程序蓝图(节选)

```cpp
// --- 表示主程序的类
class Main
{
  public:
    static HINSTANCE hInstance;
    static HINSTANCE hPrevInstance;
    static int nCmdShow;
    static int MessageLoop( void );
};

// --- 表示窗口的类
class Window
{
  protected:
    HWND hWnd;
  public:
    HWND GetHandle( void ) { return hWnd; }
    BOOL Show( int nCmdShow ) { return ShowWindow( hWnd, nCmdShow ); }
    void Update( void ) { UpdateWindow( hWnd ); }
    virtual LRESULT WndProc( UINT iMessage, WPARAM wParam, LPARAM lParam ) = 0;
};

// --- 表示该程序的主窗口的类
class MainWindow : public Window
{
    // --- 为简便起见省略了实现过程
}

// --- 节选自Main类的实现
int Main::MessageLoop( void )
{
    MSG msg;

    while( GetMessage( (LPMSG) &msg, NULL, 0, 0 ) )
    {
        TranslateMessage( &msg );
        DispatchMessage( &msg );
    }
```

```
        return msg.wParam;
}

LRESULT MainWindow::WndProc( UINT iMessage, WPARAM wParam, LPARAM lParam )
{
    switch (iMessage)
    {
      case WM_CREATE:
          break;
      case WM_PAINT:
          Paint();
          break;
      case WM_DESTROY:
          PostQuitMessage( 0 );
          break;
      default:
          return DefWindowProc( hWnd, iMessage, wParam, lParam );
    }
    return 0;
}
```

通过 C++提供的面向对象的方法，可以将对象行为打包到可重用的代码库中。程序员可以基于这些库创建程序，这样，他们只需定义与内置行为不同的那些行为。例如，他们需要重写程序清单 1-2 中的 Paint()方法，以便重新绘制其窗口对象的 UI。

采用了 C++和对象库后，Windows 编程发生了很大的变化。Microsoft 创建了两个库，分别是 Microsoft 基础类(Microsoft Foundation Classes，MFC)和活动模板库(Active Template Library，ATL)，在 Microsoft 的旗舰开发环境 Visual Studio 中仍维护并使用这两个库。

注意： 接下来将介绍有关 Visual Studio 开发环境的详细信息。

1.2.3 Visual Basic

使用 C 或 C++编程语言编写的应用程序会提供很多有关 Windows 工作原理的细节。在一些实例中，了解这些细节非常重要，但在绝大多数情况中，这会让人非常懊恼，使开发人员不能集中精力关注实际的应用程序功能。

自从 1991 年 5 月发布以后，Visual Basic 便使这种编程风格发生了翻天覆地的变化。Visual Basic 并不公开 Windows 的内部细节，而是将它们隐藏起来，使程序员看不到，同时提供一些高级构造，例如，窗体、控件、模块、类和代码隐藏文件。使用 Visual Basic 语言，并不需要编写几十行代码来实现非常简单的功能，它使开发人员可以重点关注其应用程序的真正内部细节。前面提到的"Hello, World"程序只需一行代码便可完成编写，如下所示：

```
MsgBox("Hello, World!")
```

在上面的代码中，没有窗口类设置，没有窗口注册，也没有消息循环编程！这种语言的高级概念使得完全没有必要处理基架细节。所有这些操作都是通过 Visual Basic 运行时实现。

由于使用了图形集成开发环境(Integrated Development Environment，IDE)，因此，这种应用程序开发方法仍然是最受欢迎同时也是效率最高的方法。程序员通过从IDE工具箱拖动UI元素(控件)并将其放置到窗体的表面，以图形方式设计应用程序的对话框窗口(在 Visual Basic 术语中称为窗体)。每个控件都有一些事件处理程序，用于响应来自环境的事件，例如，当用户单击某个按钮或更改组合框中的选择时。编程过程实际上就是编写用于处理这些事件的代码。

1993 年，Microsoft 开发了一项二进制标准，即组件对象模型(Component Object Model，COM)，该标准允许创建可重用的对象，以供其他应用程序使用。很多技术都基于 COM 构建，例如，对象链接与嵌入(Object Linking and Embedding，OLE)，这就使得应用程序开发自动化成为可能。1993 年以后发布的 Visual Basic 版本在创建时都考虑了 COM 和 OLE。这种方法取得了巨大成功，该语言的一个分支 Visual Basic for Applications (VBA)成为 Microsoft Office 宏的编程语言。

1.2.4 Delphi

Visual Basic 并不是唯一一种打破 C 和 C++统治地位的编程环境。Borland 最初开发出一种称为 Delphi 的编程环境，该环境使用 Object Pascal 编程语言。Visual Basic 是一种基于对象的语言(它支持具有封装数据和函数的类，但不允许对象继承)，而 Object Pascal 是一种真正的面向对象的语言。Delphi 的 IDE (其第 1 版于 1995 年发布)与 Visual Basic IDE 非常类似。Delphi 的初衷是成为一种快速应用程序开发(Rapid Application Development，RAD)工具，支持开发数据库应用程序，其中既包括简单应用程序，也包括复杂的企业系统。

该产品的发展非常迅速，在其发展历史的前 5 年便发布了 5 个版本。Delphi 是第一个能够编译面向 Windows 的 32 位应用程序的工具。与 Visual Basic 控件类似，它提供了超过 100 个可视化组件(组织到 Delphi 的可视化组件库(Visual Component Library，VCL)中)，开发人员可以立即使用这些组件。此外，开发人员可以轻松地创建自己的可视化组件，并将其添加到现有的库中。

1.2.5 .NET 的问世

2002 年，.NET Framework 为 Windows 开发提供了新的动力。.NET 程序会编译为一种称为 Microsoft 中间语言(Microsoft Intermediate Language，MSIL)的中间语言。这种中间代码会在运行时通过实时(Just-In-Time，JIT)编译器转换为可执行的 CPU 特定操作。这种新的方法将一些重要的范式带入 Windows 开发，其中包括以下几种范式：

- 在发布.NET之前，每种语言(和开发环境)都使用自己的运行时库。过去，了解一种新的语言意味着还需要了解一种新的运行时库。有了.NET以后，所有语言都使用相同的运行时。2002年时，Microsoft仅支持两种编程语言，即C#和Visual Basic.NET。

而现在，使用的.NET语言超过100种。Microsoft本身在语言列表中添加了F#，此外，Microsoft公司还支持IronPython和IronRuby（由自己的社区驱动）。

- 使用垃圾回收机制，运行时环境可以自动管理内存分配和对象析构。这种行为有助于提高工作效率，使开发人员可以创建出不容易出错的代码。
  垃圾回收还可降低编写出存在内存泄漏的程序的可能性。
- 程序员并不是使用低级 API 方法，而是使用对象，将 API 的复杂性隐藏在后台。开发人员可以使用高级抽象概念，而不必处理一些本质的东西以及 Windows 内部细节，从而极大地提高了工作效率。
- .NET 在 COM 和.NET 对象之间提供了高度的协作性。.NET 代码不仅可以访问 COM 对象，它还提供能够在 COM 环境中使用的对象。

.NET 称为托管环境，其语言称为托管语言，以此区别于诸如 C、Object Pascal (Delphi) 以及 C++等本机语言，这些本机语言编译特定于 CPU 的代码。

> **注意**：.NET Framework 并不是第一个托管运行时环境。这一殊荣属于 Sun Microsystems 在 1995 年发布的 Java。.NET 是 Microsoft 对 Java 现象的积极响应，其很多功能都是受到了 Sun 的 Java 实现的启发。

随.NET Framework 一同发布的还有 Visual Studio，它对.NET 的成功起到了非常重要的作用。Visual Studio 附带了大约二十四个项目模板，推动了 Windows 应用程序开发的起步。现在，Visual Studio 旗舰版包含一百多个项目模板。

> **注意**：第 4 章将介绍有关 Visual Studio 的更多详细信息。

Visual Studio 模板的功能非常强大。例如，使用 Windows 窗体应用程序模板，只需几次单击便可以创建出图 1-6 所示的应用程序。

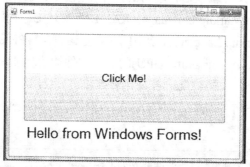

图 1-6　使用 Visual Studio 创建的一个简单的 Windows 窗体应用程序

使用 Visual Studio 提供的工具，可以轻松地建立图 1-6 中所示窗口的可视化属性。程序清单 1-3 显示的是在此示例中应该手动添加的代码。

程序清单 1-3：图 1-6 中窗体的后台代码

```csharp
using System;
using System.Windows.Forms;

namespace HelloWorldWinForms
{
    public partial class Form1 : Form
    {
        public Form1()
        {
            InitializeComponent();
        }

        private void button1_Click(object sender, EventArgs e)
        {
            label1.Text = "Hello from Windows Forms!";
        }
    }
}
```

尽管.NET具有丰富的对象库和大量功能强大的工具，但它仍然使用基于第1版Windows设计的API。

1.2.6 新的 UI 技术

在很长一段时间里，Windows UI 都由图形设备接口(Graphics Device Interface，GDI) API 进行管理，Windows XP 发布以后，GDI 发展为 GDI+。GDI 和 GDI+使基于光栅的 API，所有标准 Windows UI 控件都使用它们进行自我呈现。开发人员可以改变任何标准控件的默认视觉外观的唯一方法就是重写用于呈现控件 UI 的 Windows 事件。

Windows Presentation Foundation (WPF)图形子系统在.NET Framework 3.0 中引入(随后成为 Windows Vista 的内置组件)以后，GDI 范式发生了根本性变化。WPF 并不采用命令性的方式(也就是，使用以某种编程语言编写的指令)创建 UI，而采用可扩展应用程序标记语言(eXtensible Application Markup Language，XAML)来描述 UI 元素，其中 XAML 是可扩展标记语言(eXtensible Markup Language，XML)的衍生语言。WPF 还利用计算机中内置的图形处理单元(Graphics Processing Unit，GPU)的强大硬件加速功能。

Silverlight (Microsoft 的丰富 Internet 应用程序框架)也使用 XAML 来定义用户界面。程序清单 1-4 中显示的是一个非常简单的 XAML 示例，即在 Silverlight 中实现"Hello, World"应用程序。

程序清单 1-4："Hello, World"应用程序的 MainPage.xaml 文件

```xml
<UserControl x:Class="HelloFromSL.MainPage"
    xmlns="http://schemas.microsoft.com/winfx/2006/xaml/presentation"
    xmlns:x="http://schemas.microsoft.com/winfx/2006/xaml"
    xmlns:d="http://schemas.microsoft.com/expression/blend/2008"
```

```
xmlns:mc="http://schemas.openxmlformats.org/markup-compatibility/2006"
mc:Ignorable="d"
d:DesignHeight="300" d:DesignWidth="400">

    <Grid x:Name="LayoutRoot" Background="White">
        <TextBlock FontSize="48">Hello from Silverlight</TextBlock>
    </Grid>
</UserControl>
```

上述代码会生成图 1-7 中显示的页面。之所以会显示该图中的文本，是因为程序清单 1-4 中的粗体代码行。

图 1-7　程序清单 1-4 的输出结果

WPF 和 Silverlight 都是非常出色的技术。使用它们就好像是将 20 世纪 30 年代的兰博基尼引擎(GDI/GDI+类型)替换为 2012 年生产的最新水平的引擎(WPF/Silverlight)。这些技术不仅可以定义 UI，而且可以在不使用任何代码或仅使用少量代码的情况下声明其动态行为。这些技术将 UI 与应用程序的逻辑(模型)层连接起来。下面列出了这些技术的部分重要功能。

- 这些技术经过设计和定制，从而使可以创建丰富的、功能强大的桌面或 Internet 应用程序，以产生出色的用户体验。除了提供简单的 UI 元素(如文本框、按钮、列表、组合框、图像等)以外，它们还允许自有创建包含动画和媒体元素的内容，如视频和音频。与使用矩形 UI 元素的传统(部分用户甚至可能会认为是单调乏味的) UI 方法不同，通过 WPF 和 Silverlight，可以更改应用程序的整个面貌。
- 它们提供非常灵活的布局系统，从而可以轻松地创建用户能够自动调整以适应诸多因素(例如，可用屏幕大小、显示的项数量、显示的元素大小以及缩放等)的布局。
- 样式和模板是帮助实现开发人员与设计人员之间的顺畅协作的功能。开发人员实现应用程序的逻辑，因此，他们绝不会直接设置 UI 的可视化属性。相反，他们会通过编程方式指出 UI 的状态发生了更改。设计人员创建 UI 的可视化效果，同时考虑 UI 各种可能的状态。
- Silverlight 和 WPF 以声明方式(也就是说，不需要代码)应用数据绑定，所谓数据绑定，就是一种用于将 UI 的元素连接到数据或者其他 UI 元素的技术。数据绑定可以与样式、模板、布局甚至动画结合使用。这种机制在业务线(Line-Of-Business, LOB)应用程序中特别有用。借助来自数据库并由应用程序逻辑处理的数据绑定信息，可以以声明方式将元素绑定到 UI 元素。

注意：使用布局系统来排列UI上的各个元素。通过灵活的布局系统(如WPF、Silverlight和Windows 8 后台的布局系统)，可以定义UI元素之间的关系，并且这些元素会在运行时自动放置在UI上。例如，可以定义一个布局系统，以便其将UI控件排列在两列，并且均匀分布。

注意：WPF 和 Silverlight 中的样式和模板的使用方式与文档发布系统中的样式和模板类似。样式收集 UI 元素的常用特性，而模板是包含表示 UI 元素内容的占位符和框架。

WPF 和 Silverlight 的主要优点可能在于它们有助于明确区分属于开发人员且与 UI 相关任务和由设计人员执行的任务。对于现今以使用者为中心的应用程序，相比于开发人员任务和设计人员任务交织在一起的方法，这是一个很明显的优势。

注意：XAML 在 Windows 8 风格的应用程序中扮演非常重要的角色，相关内容将在第 3 章中详细介绍。

1.3 Windows 应用程序开发的困境

在 Windows 应用程序开发的发展过程中，技术和相关方法技巧产生了不同的分支。一个分支由本机开发构成，在 Windows 诞生早期使用 C 编程语言完成。另一个分支由托管开发构成，这种开发使用.NET Framework 及其托管技术和语言。

由于特定于 CPU 的代码编译以及对 Windows API 和系统资源的低级访问，本机应用程序可以提供非常高的性能，这一点是托管技术无法达到的。但是，在编写业务应用程序时，使用本机代码要比在.NET Framework 中采用托管代码工作效率更低，也更为麻烦。由于业务应用程序通常都要使用数据库，因此完全察觉不到托管语言的性能系统开销，应用程序将绝大部分时间都花在与基础服务和数据库进行通信上面。

当Windows应用程序开发人员查找适合某一特定应用程序的正确技术和工具时，他们可能会发现自己处于与Yossarian相同的困境中。Yossarian是Joseph Heller的小说《第二十二条军规》，纽约：Alfred A. Knopf，1995)中的投弹手。

在很多情况下，尤其是在编写桌面应用程序时，在本机开发和托管开发之间并没有最佳的选择。尽管 WPF 和 Silverlight 是非常出色的技术，可以创建出激动人心的应用程序，但它们并不能在本机代码中使用。WPF 和 Silverlight 并未嵌入到操作系统的深层。例如，启动 WPF 应用程序需要一定的时间等待 WPF 子系统加载到内存中。在很多需要计算容量的情况中，.NET 生成的结果可能要比本机代码差很多。

Visual Studio 是这种分立共存情况的一个范例。它使用混合代码库。绝大多数组件都使用 C++ 实现，但也有一些部件通过 C#(使用 WPF)实现。在用户启动应用程序后，启动屏幕应该立即弹出到屏幕上。这使用 C++ 与 GDI+ 实现，因此，WPF 应该不够快。Visual Studio 的代码编辑器使用 WPF 实现，因为它具有一个丰富且便于使用的工具集，可供在一个卓越 UI 中承载如此复杂的一个组件。

在 LOB 应用程序开发中，工作效率是最重要的考虑因素。本机代码开发的性能优势并不会为应用程序增加过多的价值，因为在绝大多数情况下，数据库层会成为性能瓶颈。使用托管代码，业务应用程序的编程阶段通常会极大地加快速度，并且不容易出错。

因此，在编写桌面应用程序时，本机代码可提供最佳性能，但在这种情况下，你无法使用 WPF 和 Silverlight 丰富的工具集。当移动到托管代码时，可能会获得更高的工作效率，但会丧失最终应用程序的性能优势。在最终绝望的情况下，可以选用某些"混杂"的解决方案，就像 Visual Studio 那样，但是，在这种情况下，需要承担大量的系统开销。想要做出最终的决定并不是一件轻而易举的事情，不是吗？

在 Windows 8 中，这种情况发生了根本性改变。不管是具有 HTML5/层叠样式表 3(CSS3)/JavaScript 使用经验的 Web 开发人员、经验丰富的 C++ 程序员，还是一直从事.NET 开发的开发人员，所有人都会感觉到自己的知识足以开始进行 Windows 8 风格的应用程序开发，并且非常适合。没有人会像 Windows 刚问世时的 C 程序员那样拥有很多特权。所有人都可以使用相同的技术和相同的工具，不存在任何折中的技术或工具。这是如何实现的呢？具体细节将在第 3 章中介绍。

1.4 小结

在过去 27 年中，Windows 平台经历了惊人的演变过程。它从最初简单的 MS-DOS 扩展，一步步发展成为全球绝大多数个人计算机中都在使用的功能完善的复杂操作系统。Windows 在设计时主要考虑的还是信息工作者和经验丰富的计算机用户。尽管在每个版本中，它都力求更加适合技术水平不太高的用户，但是它始终没有成为像苹果公司的 iPhone 或 iPad 那样的简单消费设备的操作系统。

Windows 8 改变了这种状况。除了所有用户都熟悉的传统桌面模式以外，这款操作系统还提供了一种由 Windows 8 风格应用程序构成的全新外观，Windows 8 风格应用程序可提供直观的用户体验，即当前应用程序占据整个屏幕，用户的所有注意力都集中于此。

不仅操作系统发生了变化，而且对应的开发工具和 API 也发生了变化，得到了显著的改进。过去，只有 C 和 C++ 程序员能够创建 Windows 应用程序，现在这种情况发生了巨大的转变，C++、Visual Basic、C# 和 Delphi 程序员也可以使用各自喜欢的 IDE 来开发应用程序。程序员必须使用不同的 API 和技术，具体取决于所选的编程语言和工具。而本机编程语言(如 C、C++ 和 Delphi)可以提供特定于 CPU 的代码以及更好的性能，托管代码对于开发 LOB 应用程序更具效率，并且它们可以轻松地访问诸如 WPF 和 Silverlight 等高级 UI 技术。

针对本机代码和托管代码，Windows 8 风格应用程序提供了相同的 API，没有任何折中的考虑。此外，该 API 也可供 HTML5/CSS3/JavaScript 开发人员使用。

Windows 8 不仅改变了操作系统的 UI，而且改变了用户与操作系统进行交互的方式。除了支持诸如键盘、鼠标等传统的输入设备以外，它还通过支持多点触控手势、触笔以及陀螺仪和加速计等传感器，针对与操作系统和 Windows 8 风格应用程序的交互提供了一流的支持。

第 2 章将介绍上述使用Windows时需要的所有新事物。

> **练习**
>
> 1. 在 Microsoft 的 Windows 操作系统系列中，第一款完全以使用者为中心而设计和开发的操作系统是什么？
> 2. Windows 8 风格的应用程序是否具有窗口标题和边框？
> 3. 列举 Windows 应用程序开发中经常使用的编程语言。
> 4. Web 开发人员可以使用哪些语言在 Windows 8 中创建 Windows 8 风格应用程序？

> **注意**：可在附录 A 中找到上述练习的答案。

本章主要内容回顾

主 题	主 要 概 念
Windows 操作系统	Windows是一个操作系统系列，初始版本为Windows 1.0，于 1985 年 11 月 20 日作为MS-DOS操作系统的一个附加组件发布。该操作系统系列还包括适用于嵌入式设备的成员(Windows Embedded)以及适用于手机的成员(Windows CE、Windows Mobile和Windows Phone)。最新的版本是Windows 8 和Windows Phone 7.5
Windows API	在 Windows 上运行的应用程序可以通过 Windows 应用程序编程接口(API)访问操作系统的基础服务
C 和 C++编程语言	作为两种可以用于开发 Windows 应用程序的编程语言，C 和 C++利用操作系统的所有功能，包括特定于硬件的功能以及非常低级的功能。自 Windows 早期，这两种语言便已开始用于应用程序开发。C++在 C 的基础上扩展添加了面向对象的功能，在过去 25 年里逐渐发展成为一种非常成熟的编程语言
Visual Basic 编程语言	Visual Basic 于 1991 年发布，它是一种革命性的编程语言，显著减少了提供诸如窗体、控件和事件等高级 UI 概念所需的编程工作。该语言还提供了与组件对象模型(COM)/对象链接与内嵌(OLE)组件的无缝集成

(续表)

主　题	主　要　概　念
.NET Framework	Microsoft .NET Framework 是一种位于操作系统和应用程序之间的运行时环境。其主要作用是以一种托管方式提供对基础操作系统的所有服务的访问,从而提高开发人员的工作效率。C#和 Visual Basic .NET 是针对.NET Framework 创建应用程序的两种最常用的语言
WPF 和 Silverlight	Windows Presentation Foundation (WPF)和 Silverlight 是运行在.NET Framework 上的最新且非常尖端复杂的 UI 平台。通过它们,可以创建具有功能丰富的 UI (其中包括灵活的布局、多媒体元素和动画)的应用程序。它们使用样式、模板和数据绑定等高级技术提供一种非常高效的方式,将应用程序的 UI 层与基础逻辑联系起来
Windows 8 风格应用程序	Windows 8 风格应用程序是 Windows 8 中引入的一种新形式的应用程序。这些应用程序与传统的桌面应用程序完全不同,因为它们的视觉外观和管理用户交互的方式与众不同。Windows 8 风格应用程序占据整个屏幕(也就是说,它们没有应用程序镶边),而且不再需要用户在应用程序中显示和管理多个窗口

第 2 章

使用 Windows 8

本章包含的内容:
- 通过鼠标和键盘使用 Windows 8
- 通过多点触控设备使用 Windows 8
- 利用 Start 屏幕、动态磁贴和超级按钮栏的功能
- 切换到桌面模式并使用传统的 Windows 应用程序

Windows 8 在用户界面(UI)上做出了非常大的变化。它在构建时更多考虑了以触控技术为中心的方法。桌面功能有一些细微的变化,但绝大多数传统的基于鼠标的工作流程都保持不变。在新的 Windows 8 风格界面上,几乎所有对象都是新的。动态磁贴并不仅仅是快捷方式,Windows 8 风格应用程序的处理方式与传统 Windows 应用程序有所不同。甚至连 Start 屏幕也包含旧版开始菜单所不具备的功能。

普通用户可能会从直觉的角度了解这些内容,但对于开发人员,他们必须了解使用 Windows 8 UI 过程中所有并不广为人知的方面以及各种使用缺陷。只有对这些功能有了非常深入的了解,才能构建真正吸引人且直观的应用程序,用户并不是单纯地使用这些应用程序来完成某项任务,而是享受使用过程。

2.1 两种模式,一个操作系统

Windows 8 具有两种不同的 UI,分别是普通的桌面 UI (可能你使用的就是这种 UI)以及完全不同的全新 Windows 8 UI。为什么 Windows 8 UI 如此重要?

在过去几十年中,广大用户亲身经历了鼠标作为电脑控制设备所取得的巨大成功,它的使用规模超过几乎所有其他电脑控制设备。对于普通的 Windows 用户,认为使用鼠标是最简单的操控台式机的图形用户界面(GUI)的方式。除鼠标外,高级用户还依赖键盘。诸如

Ctrl+Alt+Del 等快捷方式以及 Windows 键等特殊键可以加快它们的工作速度。

Microsoft 在构建其 Windows 操作系统时基于以下假设,即用户将使用一个鼠标与一个键盘来控制操作系统和各种程序。这一假设指导 Microsoft 创建了 GUI,用于协调通过这些设备执行的用户交互。始终认为你拥有像素精度的指针,并且可以单击较小的图标而不存在任何困难。

诸如个人数字助理(Personal Digital Assistant,PDA)和智能手机等较小的设备曾经具有硬件按钮或触笔等用于操作其界面。鉴于其大小,在这些设备上创建内容的效率要比使用内容低得多。也就是说,在这些设备上仿制桌面 GUI 可能并不是最佳选择。但是,在智能手机和 PDA 开始流行时,这却是最佳选择。这些智能设备的操作系统试图在较大的桌面设备的 GUI 基础上重新创建一种简化版的 GUI,尽可能地保留桌面设备的用户体验,同时减轻学习压力。

2001 年,Microsoft 创建了第三类设备,即平板电脑。平板电脑基本上就是具有可翻转触摸屏的小型笔记本电脑。它们是功能完备的计算机,但它们的移动性更高。由于有了触摸屏,用户可采用一种更自然的方式来操控屏幕上的对象,而不必使用鼠标或键盘。

由于固有的缺陷,平板电脑的组成要素对随后的市场回馈几乎没有产生积极的影响。它们虽然是小型设备,但重量仍然相对较大。这种设备比较适合创建和使用内容,但它们的电池续航时间并不是很长,此外,还包括其他一些不足之处。除了与硬件相关的问题以外,还有一个更为紧迫的问题阻碍平板电脑盛行起来,那就是缺乏像为触摸屏或多点触摸屏构建的 GUI。Windows XP 只不过是允许用户使用其手指来代替鼠标指针。

在过去十年中,涌现出另一种类型的 GUI。普通的手机变得更大,也更加智能。从某种意义上说,它们越来越像 PDA——数字伴侣、组织工具和内容使用设备。但是,如果查看现代的大屏智能手机,几乎找不到触笔。而且,更重要的是,GUI 与 Windows 桌面电脑或旧版 PDA 上的 GUI 完全不同。

这种全新的 GUI 是从零基础开始构建的,使用户可以自然地操控屏幕上的对象,而不必使用其他一些辅助的硬件设备,如触笔或按键。你只需用自己的手指触控屏幕上的对象,而不需要任何指针,也不必使用硬件设备。此类设备大多具有多点触摸屏,因此它们可以识别通过多个手指完成的操控,这通常称为"多点触控手势"。有了这些功能,可以通过一种更为自然的方式与自己的手持设备进行交互。

尽管可以使用智能手机进行内容享用,如浏览网络或阅读文档,但其 3~4 英寸的小屏幕经常成为无法获得良好用户体验的罪魁祸首。笔记本电脑被认为是另一个极端。它们太大、太重、噪音太大,并且对于一些比较简单的任务,它们缺乏足够的移动性。构建它们的目的是让你能够执行可以在台式电脑上实现的所有操作。作为内容创建设备,它们提供了无与伦比的可能性,但这需要付出代价。

为了填补智能手机与笔记本电脑之间的差距,再次出现了第三种设备,这可真称得上是一条曲折的道路。这种设备也称为平板电脑(有时称为"Slate 平板电脑"),但在绝大多数时间里,它们并不使用硬件键盘。它们拥有7~10英寸的多点触摸屏,只有少数几个硬件按钮。其中部分设备拥有触笔，但它们主要利用触控手势作为用户交互方法。正是由于这一原因，它们继承了智能手机的操作系统，使用以触控为中心的 GUI。通常，使用这些平板电脑会让人感觉非常自然流畅，即使是未曾使用过计算机的用户也能感受到出色的体验。

可以认为这种全新的平板电脑是智能手机的后代。与旧版设备不同的是，它们几乎与台式电脑不共享任何内容，但它们是非常好的内容享用设备。它们的 GUI 完全不同。它们需要使用不同的交互方法以实现强大的功能，同样重要的是，它们运行的并不是相同的应用程序。

基于上述某种 UI 构建的操作系统注定只适用于两种模式中的一种。它们要么适用于内容享用型设备，要么适用于内容创建型设备，但不会同时适用于两者。

当今的硬件水平已经发展到相当高的阶段，最初的平板电脑概念已经可以变为现实，并且十年前的所有缺陷都已不复存在。但是，软件的发展速度并未跟上，因为没有任何一种操作系统同时适合上述两种不同的使用方法。

通过提供两种 UI 范式的混合形式，Microsoft 创建了第一款尝试适用于两种模式的操作系统，即 Windows 8。大家所熟知的桌面应用程序最适合内容创建情景(例如，编写图书或程序)，而 Windows 8 风格应用程序最适合享用内容(例如，阅读上述图书)。

Windows 8 的这种双面特质使其成为第一款具有足够的灵活性且允许你选择要对运行该操作系统的任何设备使用的方法的操作系统。不管使用的是具有外部键盘连接的新一代平板电脑、具有内置键盘和触摸屏的超极本，还是功能强大的笔记本电脑或台式电脑，可以始终使用同一款熟悉的操作系统。此外，你的"开始"屏幕、设置以及 Windows 8 应用程序适用于你所使用的所有设备。

Windows GUI 表面上复杂的本质以及操作系统核心的改进，使得开发人员可以构建在任何具有 7~70 英寸屏幕(当然，要遵循特定的硬件要求)的设备上运行的应用程序。当与多点触摸屏一起使用，或者通过鼠标和键盘进行控制时，应用程序具有同样的魅力。这种非折中操作系统为用户提供了全新的舒适级别，同样重要的是，也为开发人员带来了空前的市场机遇。

2.2 输入方法

如果使用的设备或 PC 具有 USB 端口，那么可以使用鼠标和键盘与之进行交互。但是，对于 Windows 8，一定要了解其他可以用于控制设备的方法，这一点非常重要。

2.2.1 多点触控输入

之前的 Windows 版本主要适用于台式电脑和笔记本电脑，而 Windows 8 开创了全新的适用设备领域，即基于 ARM 的平板电脑、基于 x64 体系结构构建的平板电脑、全新的超极本等。这些设备的通用功能是支持多点触控的电容性触摸屏。在构建 Windows 8 风格应用程序时，最好在创建 UI 的过程中考虑到这一点。

Microsoft 通过以下两点帮助你构建以触控为中心的应用程序。

- 随适用于 Windows 8 风格应用程序的 Visual Studio 2012 提供的即装即用控件也适合鼠标和触摸屏使用。有关这些控件的更多详细信息将在本书后面的章节中进行介绍。
- Microsoft 确保特定单点和多点触控手势的使用在操作系统中完全一致，并通过一种简单明了的方式来描述这些手势。这些是使用一个或两个手指完成的用户交互。

下面列出了为 Windows 8 定义的所有手势。一定要将这些手势牢记于心，因为所有 Windows 用户都知道这些手势，可以构建遵循与此类似的标准的应用程序。

- 点击(tap)——这是与屏幕上的对象最主要的交互方式，例如，触摸应用程序在"开始"屏幕上的动态磁贴来启动该应用程序。可以将此认为是以触摸代替鼠标单击。
- 点按(tap and hold)——这是一种与对象进行交互的辅助方式，例如，通过触摸对象一秒钟不松手调出上下文菜单。该手势与使用鼠标右击非常类似。
- 滑动(slide)——不包含任何类型的列表的程序非常少。滚动列表通常意味着单击(或点击)滚动条以移动视图。尽管这种手势仍然可用，但对于触摸屏用户，更自然的方式是通过以一个手指触摸列表并轻拂来移动视图。列表将在该方向发生平移或滚动。
- 轻扫(swipe)——使用该手势选择屏幕上的对象。轻扫与滑动类似。用户使用一个手指触摸对象，在不松手的情况下稍微向下拉动该对象。当停止并松手时，便完成了轻扫手势。如果不停止向下移动手指，那么当手指离开屏幕时，该手势很可能会被解释为滑动手势。
- 收缩(pinch)——该多点触控手势涉及两个手指同时触摸屏幕，朝相对或相反的方向移动。通常情况下，该手势与缩放效果相关，要么放大要么缩小图片或其他任何对象。
- 旋转(rotate)——该手势的执行方法是，使用两个手指触摸屏幕，然后围绕一个中心点(可以是其中一个手指)进行转动。该手势可以用于转动或旋转某个对象。
- 从边缘轻扫(swipe from the edge)——正如可以在本章后面的内容中看到的，在 Windows 8 中，屏幕的边缘和角点具有非常重要的作用。因此，在屏幕的某个边缘执行轻扫手势可能会用于激活某些有用的功能。例如，如果从触摸屏的右边缘轻扫，总是会打开超级按钮栏(这在本章后面的内容中将介绍，该栏包含"开始"按钮以及其他一些非常有用的功能)。如果从屏幕的底部轻扫，通常会激活应用程序命令的上下文栏(有关该栏的更多详细信息也会在稍后介绍)。

图 2-1 显示了上述所有手势交互方式。

 注意：有关手势的更多详细信息，请访问以下页面：http://msdn.microsoft.com/en-us/library/windows/apps/hh761498.aspx。

第 2 章　使用 Windows 8

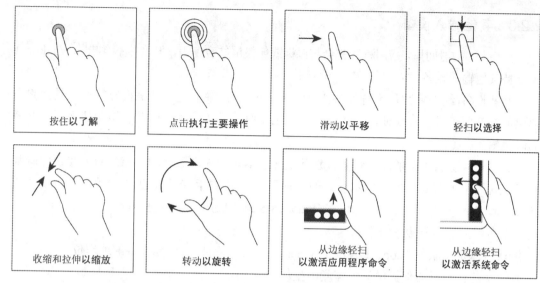

图 2-1　Windows 8 触控手势

2.2.2　软件键盘

很多 Windows 8 设备都太小，无法配备硬件键盘。这些设备上的键盘输入通过使用屏幕上的软件键盘来完成。当用户在文本框(或其他一些等待键盘输入的控件)中点击时，会自动在屏幕底部弹出软件键盘。在较小的屏幕上，这意味着键盘将占据绝大部分屏幕空间。因此，在设计需要接收字母数字用户输入的应用程序时，必须确保控件大小合适，能够在软件键盘打开的情况下适应最小的屏幕分辨率。

Windows 8 提供了多种软件键盘布局，使你能够尽可能舒服地在键盘上输入内容。在某些布局中，按钮的大小也可以修改。但是，软件键盘的布局和按钮的大小并不影响整个键盘所需的空间。

图2-2显示的是全新的"双拇指"键盘布局，在这种键盘布局中，需要双手握住Windows 8平板电脑，然后仅使用两个拇指便可轻松地输入内容。通过左上角的竖省略号，可以选择按钮的大小(最大的设置显示在图2-2中)。

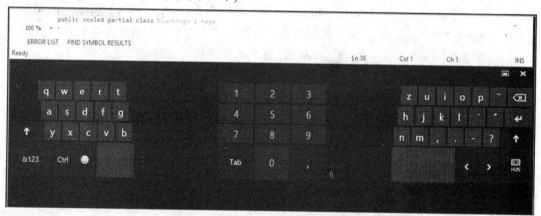

图 2-2　采用一种特殊布局的软件键盘

27

2.2.3 其他输入设备

在绝大多数时间里，应用程序都会与鼠标或触摸屏结合使用。但这并不意味着 Windows 8 不支持其他输入设备。

某些设备(绝大多数是手持设备)配有触笔(stylus)。触笔是一种触摸屏辅助工具，它所提供的精度要远远超过仅使用手指。但是，由于触笔并不通用，因此应该构建适用于普通的触摸输入的 UI。

还有一种更为重要的输入设备，那就是传感器。绝大多数新的 Windows 8 平板电脑都准备配备内置的装置，用于检测设备的位置和姿势(用户手持设备的方式)等。如果设备或计算机具有传感器，其数据便可以在 Windows 8 风格应用程序中使用。

下面列出了部分传感器示例。
- 全球定位服务(Global Positioning Service，GPS)可以告诉你设备的地理位置。
- 加速计可以为你提供设备速度的变化。
- 陀螺仪可以告诉你设备的旋转速度。
- 磁力计或罗盘可为你提供正北方向的角度。
- 氛围光传感器可为你提供设备周围的光照条件。

可以使用 Microsoft 提供的 API 轻松地将传感输入合并到应用程序中，这样你就可以创建更为出色或便于使用的应用程序。

2.3 登录

按照 Windows 8 应用程序开发人员的观点，登录操作系统实际上并不是非常重要的事情，当然，不登录便无法编写应用程序的情况除外。不过，值得注意的是，Windows 8 与 Microsoft 账户(它基本上就是 Live ID 的一个新名称)结合使用，Microsoft 账户并不是每台计算机上的普通本地用户账户。

> 注意：Windows Live 是 Microsoft 的在线服务集合。可以通过 http://live.com 访问它们。Windows Live 包括邮件、日历、在线存储、即时消息功能。可以通过在 http://live.com 创建 Microsoft 账户免费访问上述所有功能。

这意味着，如果使用 Live ID 电子邮件地址和密码登录，Windows 8 将允许你以尽可能轻松且无缝集成的方式访问"Live 服务"中存储的所有服务。例如，如果在 Internet Explorer 中打开 http://live.com，将立即使用你的 Windows 登录名和密码登录 Windows。或者，如果想要在某个应用程序中选择一张图片，那么你不仅可以看到所使用的计算机上的图片，还可以看到存储在 SkyDrive 上的所有图片，就好像这些图片也都存储在本地一样。当然，仅当计算机可以访问 Internet 以从 SkyDrive 获取这些图片时才能实现上述效果。

注意：SkyDrive是Microsoft的免费在线存储技术。如果拥有Microsoft账户(以前称为Windows Live ID)，便可获得5GB的免费存储空间，用于在http://www.skydrive.com上在线存储照片和文档。可以将这些文件设置为仅供私人访问或可公开访问，也可以将其与其他用户共享。

当构建应用时，可以利用这种 Live 集成，使应用可以无缝地使用用户信息和数据，就像 Microsoft 把它构建到 Windows 8 中的一样。用户首次启动应用时，系统会尝试登录到 Windows Live，会为用户显示一个屏幕，要求提供针对该应用的权限。用户阅读了详细信息并单击或点击 OK 以后，应用将能够执行用户批准的所有操作，包括阅读电子邮件、访问个人数据、从 SkyDrive 下载文件或将文件上载到 SkyDrive 等。用户可以随时撤消这些权限。

除了 Microsoft 账户以外，仍然可以使用普通的本地账户。

这里还有必要提及两种新的登录类型。由于强密码可能需要较长的时间(和一定的操作精力)才能输入完成，因此，在没有硬件键盘的触摸屏设备上，这可能会特别麻烦。除了传统的强密码登录名以外，Windows 8 允许用户再创建一幅图片和/或个人标识号(Personal Identification Number，PIN)登录名。

图片密码允许你选择一张图片，在上面绘制三个图形(点、线和圆)，下次需要登录时，不必输入可能相当长的密码便可登录。你只需按照同样的顺序、在同样的位置重复绘制那三个图形即可，这在触摸屏上可以非常轻松地完成。

PIN 密码选项使你只需选择一个包含 4 位数字的个人标识号，相比于长密码，这在输入时要轻松得多。

2.4 Start 屏幕

登录到 Windows 8 设备以后，出现的第一个屏幕就是全新的 Start 屏幕。Windows 8 尝试了一次巨大而且大胆的飞跃，过去几十年中一直为用户所熟知的 Start 菜单不复存在。但是，正如你将看到的，过去 Start 菜单所包含的所有功能在全新的 Start 屏幕上仍然存在，因此，只需很短的时间便可以开始上手使用开始屏幕。

2.4.1 Start 菜单的发展演变

基本上，Start 屏幕代表了 Start 菜单的一次发展演变。这次发展演变的结果就是，不再使用图标或纯文本，取而代之的是非常吸引人的动态磁贴。如果熟悉 Microsoft 的最新手机操作系统(Windows Phone 7)，那么你应该对此已经有了一定的了解。如果是初次接触 Windows 8 设计，你可能会认为它们其实看起来就像是较大的图标。但是，它们可以执行的操作远不止于此，它们可以包含丰富并且不断变化的内容！

日历动态磁贴会与你的在线日历(Windows Live、Hotmail、Exchange 等等)进行同步，并为你显示有关你的下一个约会安排的信息。当查看消息动态磁贴时，可以看到有多少条即时消息等待回复。在天气动态磁贴上，可以看到基本的天气信息，而通过联系人磁贴，可以了解自己在各种社交网络上的好友的状态更新。图 2-3 显示的是使用中的 Start 屏幕。

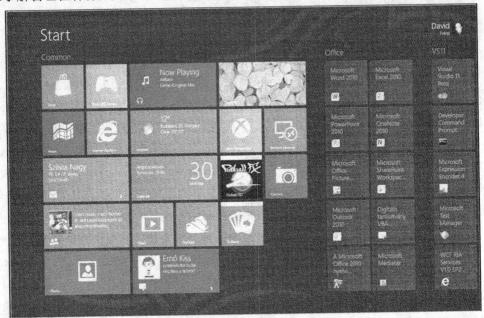

图 2-3　Windows 8 Start 屏幕

这些动态磁贴代表各种应用程序和程序，就像过去的Start菜单一样。不过，它们还提供了有关应用程序用途的基本信息。因此，你甚至不必启动这些应用程序，只须在Start屏幕上大致浏览一下，便可以了解所有重要信息。

当然，你很可能希望添加更多动态磁贴，甚至超出屏幕的显示范围。在Start屏幕上垂直放置的磁贴数量会根据屏幕的分辨率进行调整，因此，在较大的显示器上，会自动显示更多行磁贴。但是，磁贴在水平方向可以超出显示范围。利用此功能，可以在Start屏幕上放置任意数量的动态磁贴。有关在Start屏幕上放置动态磁贴的更多详细信息将在本章后面介绍。

列表控件是你应该了解的一个基本编程和 UI 概念。列表控件是应用程序中表示(通常以一种统一的方式)任意数量的 UI 元素的部件。在 Windows 7 的 Start 菜单的 All Programs 下，可以看到列表控件的一个基本示例，所有程序都表示为图标和简单的字符串。

Windows 资源管理器中的项目面板是一种更为复杂的列表控件。它可以通过多种方式(小图标或大图标、详细信息或简单列表)来表示文件夹的内容，并且具备分组和排序功能。

各种列表控件可能彼此并不相同，但是，它们会共享一些常用的功能，多年以来，每个 Windows 用户都已经非常熟悉这些功能。

由于 Start 屏幕是一种列表控件，因此它也共享这些可用性功能。如果偶然使用鼠标和键盘，可以如你所预期地滚动 Start 屏幕。Start 屏幕的底部有一个滚动条，可以使用该滚动条将视图向左或向右移动。就像你之前曾经遇到的任何列表控件一样，可以使用鼠标滚轮滚动开始屏幕。此外，可以尝试将鼠标指针放在屏幕右边缘，然后将其向右移动。正如可以在图 2-4 中看到的，视图将移到右侧。

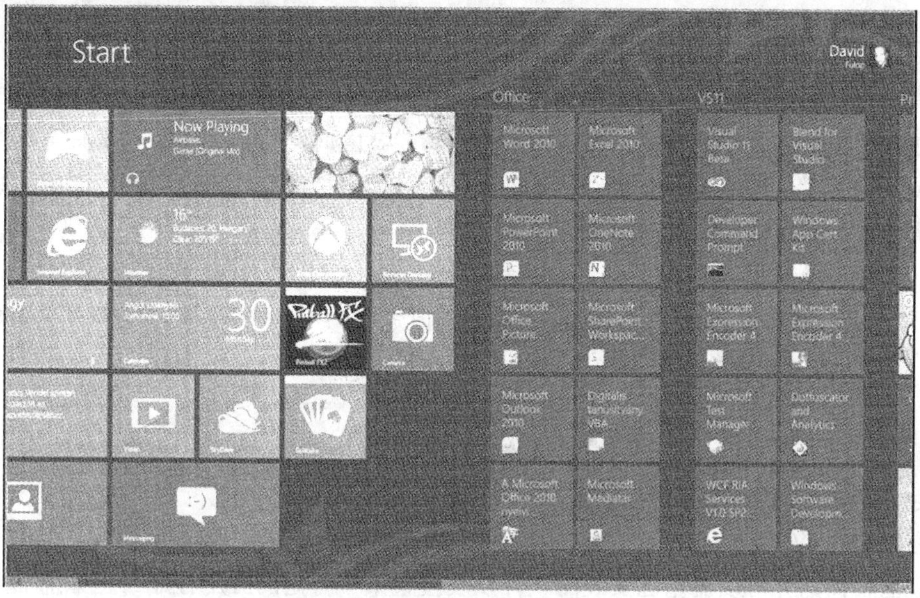

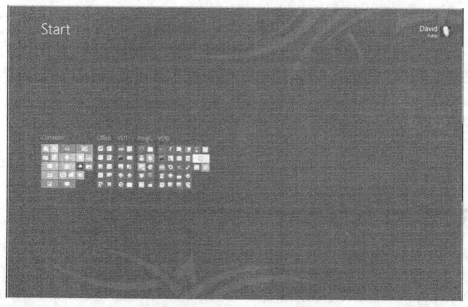

图 2-4　滑动 Start 屏幕

如果拥有触摸屏设备，那么可以利用自然的用户交互方式。只需触摸 Start 屏幕的任何位置(屏幕的最边缘除外)，然后水平滑动手指。视图将按照你的手势移动。

尽管滚动或滑动屏幕已经相当方便，但还有另外一种方式可以通过已缩小视图查看所有动态磁贴。已缩小视图会缩小 Start 屏幕上的动态磁贴，使用户可以同时看到所有动态磁贴。通过这种方式，可以快速跳转到某一点(某个特定的动态磁贴)，而不必滚动浏览所有动态磁贴。图 2-5 显示了处于已缩小视图中的 Start 屏幕。

图 2-5　处于已缩小视图中的 Start 屏幕

在本章稍后的内容中，你将深入了解如何使用和管理动态磁贴以及如何使用已缩小视图。不过，我们首先看一下如何在 Windows 8 Start 屏幕上查找应用。

2.4.2 浏览和搜索已安装的应用

在某种程度上，你的应用定义整个系统的功能。因此，添加新功能和工具意味着添加和安装新的应用。你可能很快就会发现自己处于这样一种情况，即你所拥有的应用数量超过希望作为动态磁贴显示在 Start 屏幕上的数量。

注意：顺便说一下，将所有应用都固定在"开始"屏幕上毫无意义，很明显，你不可能按照完全相同的频率使用每一个应用。

毫无疑问，你一定会对应用设定优先级，并隐藏(取消固定)某些应用。在什么地方(更具体地说，如何)才能找到这些应用？

在以前的 Windows 版本中，Start 菜单的 All Programs 部分作为中心位置，列出了所有已安装的软件，并可以浏览已安装的软件以及搜索某个特定的应用程序。正如前面所指出的，旧的 Start 菜单中的每项功能在 Start 屏幕中仍然存在，但是，你不会再找到一个称为"All Programs"的动态磁贴。

在 Apps 屏幕上，你将看到通过字母标识的组。这些组包含名称以对应的组名称中的字母开头的应用。某些组的名称非常没有描述性，例如"Windows System"。这些组就像旧的 Start 菜单中的文件夹。它们包含随其他程序安装的程序，并且它们由某种关系相应地绑定在一起。

新的 Apps 屏幕(及其功能)使可以在大量应用中浏览，与旧的 Start 菜单中长长的列表相比，通过这种方式可以获得快速流畅的体验。

这是一种非常高效的方式，可以迅速找到你想要查找的应用。从 Windows Vista 发布开始，旧的 Start 菜单便有了一个非常好的特征优势，那就是搜索程序。一打开 Start 菜单，将显示一个文本框，你只需在其中输入想要搜索的内容。Start 菜单会对其内容进行筛选。如果清楚想要查找的具体内容，例如 Control Panel(控制面板)，那么只需单击 Start，输入 co，然后单击 Control Panel 图标，而不必浏览长长的列表。

在 Windows 8 中，可以利用在接下来的练习中看到的熟悉的工作流程。此外，你还将了解到如何浏览已经安装到计算机或设备上的应用程序，以及如何将应用固定在 Start 屏幕上。

试一试 浏览、搜索应用以及将应用固定在 Start 屏幕上

若要在 Start 屏幕中浏览或搜索应用，请按照下面的步骤进行操作。

(1) 使用鼠标右击 Start 屏幕上的任何空白区域(也就是，除动态磁贴以外的任何位置)。将出现底部菜单，并包含一个命令 All apps，如图 2-6 所示。当使用触摸屏设备时，在屏幕底部使用"从边缘轻扫"手势可以实现同样的效果。

(2) 单击或点击 All apps 图标。动态磁贴将消失，并将为你显示系统中已安装的所有软件的列表，如图2-7所示。可以滚动该列表，就像滚动 Start 屏幕本身一样，也可以单击任意图标或名称以启动相应的程序。你现在还不必执行此操作，不过如果已经这样做了，可使用键盘或设备的 Start 按钮返回到 Start 屏幕。相关信息将在稍后进行详细介绍。

图 2-6 Start 屏幕的底部菜单中的 All apps 命令

图 2-7 Apps 屏幕

(3) 若要按照名称或与其他应用程序的附属关系搜索应用，请在按住键盘上的 Ctrl 键的同时使用鼠标滚轮，或在屏幕上做出收缩手势以缩小图标。Apps 屏幕上的图标会合并成组，如图 2-8 所示。单击某个组可将焦点移至该组应用。

(4) 按键盘或触摸屏设备上的 Start 按钮返回 Start 屏幕。

如果使用的键盘没有 Start 按钮，就可以将鼠标光标移动到屏幕的右下角以打开超级按钮栏。如果使用的触摸屏设备没有硬件 Start 按钮，就可以在屏幕的右侧使用"从边缘轻扫"手势执行相同的操作。

此时将显示5个图标，与屏幕上的内容重叠。单击(或点击)中间蓝色窗口形状的图标可返回 Start 屏幕。有关超级菜单栏的更多详细信息将在本章后面介绍。

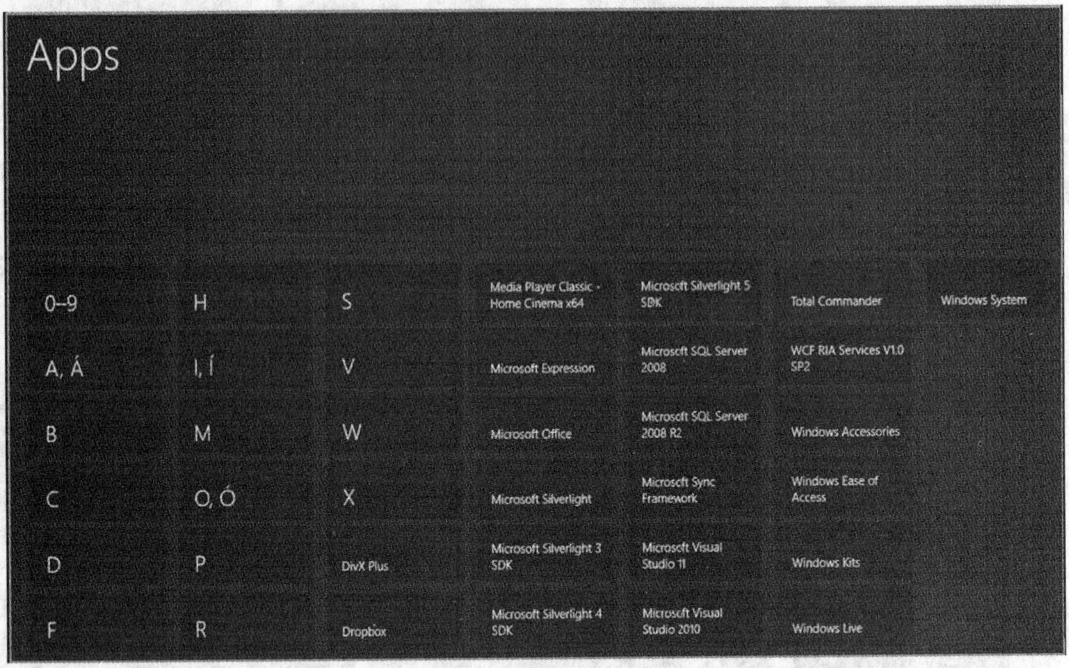

图 2-8 Apps 屏幕中的应用程序组

(5) 要搜索某个应用，请在 Start 屏幕处于打开状态的情况下开始通过键盘输入相应的内容。

例如，按 C 键。将显示与你在此"试一试"练习中见到的相同的 Apps 屏幕，但有两点差别。首先，现在的屏幕经过了筛选，只显示名称以字母"c"开头的应用程序。其次，在屏幕的右侧显示一个边栏。该边栏包含你已经输入内容的文本框以及其他一些内容。

在没有硬件键盘的触摸屏设备上执行相同的操作需要一定的技巧。要打开可以用于查找应用的 Search 栏，请在屏幕的右边缘使用"从边缘轻扫"手势。此时将显示超级按钮栏，如图 2-9 所示。然后，点击超级菜单栏最上面称为 Search 的图标。此时将显示熟悉的 Apps 屏幕，并在右侧包含一个边栏。该边栏包含一个文本框。在文本框中点击以显示虚拟键盘，然后点击"c"键。

(6) 按或点击"o"键。将再次对应用进行筛选，现在你只能看到名称中包含"co"的应用，如图 2-10 所示。

图 2-9 带有 Search 命令的超级菜单栏

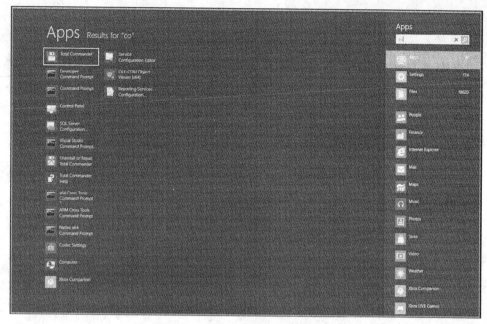

图 2-10 名称中包含 co 的应用程序

(7) 要将Control Panel应用固定在Start屏幕上，请右击或向下轻扫该应用Start的图标以将其选中。此时将在屏幕的底部显示上下文栏，如图 2-11 所示。上下文栏包含 4 个图标。单击或点击第一个称为Pin to Start的图标。上下文栏将消失，如果返回Start屏幕，会在屏幕的最右端找到Control Panel。可能需要滚动屏幕才能找到该应用。下次通过这种方式选择Control Panel应用时，上下文栏上的第一个按钮将变为"Unpin from Start"（从"开始"屏幕取消固定）。通过单击或点击该图标，可以在这两个按钮之间进行转换，并从Start屏幕中擦除相应的动态磁贴。

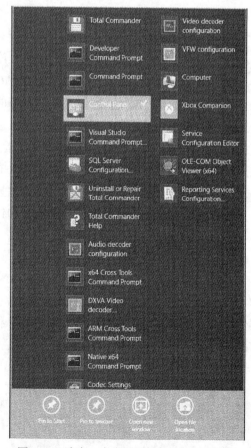

图 2-11 选中一个应用图标并打开上下文栏

> **注意**:并没有限制用户只能查找应用名称的第一个单词。筛选算法将在应用程序名称的每一个单词中查找输入的子字符串。例如,如果输入c,则Windows Media Center的图标将显示在列表中,因为其名称中的一个单词以c开头。

超级菜单栏和Search功能都是Windows 8的核心功能,相关信息将在本章后面介绍。不过,下面我们先来看一下使用Start屏幕的核心部件"动态磁贴"可以执行哪些操作。

2.4.3 使用动态磁贴

正如你在前面所了解到的,可以认为动态磁贴是一种快捷方式,因为它代表一个应用程序。但是,动态磁贴并不仅仅是成熟的图标。它们会列出应用程序使用的部分数据,以提高你的工作效率。你不必打开电子邮件应用程序以查看是否有新的电子邮件等待处理。你只需要看一下该应用对应的动态磁贴即可。

实际上,某些应用程序可能具有多个动态磁贴。例如,可以指示某些天气应用程序在Start屏幕上固定一个动态磁贴,用于显示一个城市的天气,同时固定另一个动态磁贴用于显示另一个城市的天气信息。不过,该功能是可选的。提供该功能的应用程序只是那些以编程方式预先准备好执行这种操作的应用程序。

要启动应用程序,只需单击其动态磁贴(如果使用的是触摸屏设备,则点击它)。在绝大多数动态磁贴上,执行该操作只是使相应的应用启动。不过,你应该知道(不仅仅是作为开发人员),特殊的动态磁贴(辅助磁贴)可以包含应用的部分初始化信息。该功能(称为深层链接)不仅允许用户启动应用程序,还可以指定他或她希望使用应用的哪一部分。例如,如果用户使用上述天气应用程序固定一个有关布达佩斯天气的动态磁贴,稍后通过该动态磁贴启动天气应用程序,该应用程序将打开并显示布达佩斯的天气预报。

下面我们来看一下可以使用动态磁贴和针对动态磁贴执行的基本操作。

1. 动态磁贴的上下文栏

当使用Windows(或其他任何图形桌面操作系统)时,将接触到上下文和弹出菜单等概念。这些概念提供了针对以图形表示的对象(不管是桌面上的图标,还是桌面本身)执行的其他操作。Windows 8中的上下文菜单以一种控制性更强的方式显示,至少在放置和设计方面是这样。当右击Start屏幕显示上下文栏时,将看到Windows 8的上下文菜单。

每个动态磁贴都有自己的上下文菜单,当然,这些菜单中包含的项目可能会有一定的差异。当显示Windows 8风格应用程序的上下文栏时,可能会发现以下按钮。

- **Pin/Unpin from Start(固定到"开始"屏幕/从"开始"屏幕取消固定)**——单击(或点击)该按钮可使选定的动态磁贴显示在 Start 屏幕上,或从 Start 屏幕上消失,正如你已经在前面的"试一试"练习中所看到的。
- **Uninstall(卸载)**——单击或点击该按钮会将选定动态磁贴所代表的应用从设备中擦除。可以通过从 Windows 8 Marketplace 重新安装该应用撤消卸载操作。
- **Larger/Smaller(较大/较小)**——某些应用针对同一动态磁贴提供了两种不同的类型,一种是较小的方形磁贴,另一种是两倍大小的矩形磁贴,后者可提供更多的信息。当选中某个动态磁贴时,链接到该动态磁贴的应用可以拥有上述两种大小的磁贴,你将在上下文菜单中看到一个称为 Larger 或 Smaller 的按钮。该功能允许你选择是对该应用使用较小的动态磁贴,还是使用双倍大小的动态磁贴,不过,只有在应用程序支持大磁贴时才会显示这些按钮。
- **Turn live tile off/on(关闭动态磁贴/打开动态磁贴)**——该按钮允许你关闭动态磁贴通知,或重新打开它们。如果关闭,磁贴将仅显示应用的默认图标表示形式。仅当磁贴所代表的的应用程序支持通知时才会显示这些按钮。

Windows 8 风格应用只是支持的应用类型中的一部分。Windows 8 也可以运行传统的 Win32/.NET 应用。当其中一个应用程序固定到 Start 屏幕上时,其对应的动态磁贴并不是真的动态,并不会对其进行更新。当前,传统的软件应用程序缺乏执行此操作的方法。此外,这些程序的上下文栏会有一些不同。

当调用传统应用的上下文栏时,除了 Windows 8 风格应用的上下文栏的按钮以外,在大多数情况下还可以找到以下按钮。

- **Pin to taskbar(固定到任务栏)**——可以使用该按钮将该程序永久固定在桌面的任务栏上。
- **Open new window(打开新窗口)**——使用该按钮可以在桌面上打开应用程序的一个新实例。
- **Run as Administrator(以管理员身份运行)**——使用该按钮可以管理员权限运行桌面上的应用程序。请注意,非管理员用户也可以看到该按钮,不过,在使用它时,将提示你输入管理员的密码。
- **Open file location(打开文件位置)**——使用该按钮可以在 Windows 资源管理器中(当然,在桌面上)打开包含应用程序可执行文件的文件夹。

正如可以看到的,上述所有按钮都与 Windows 桌面相关。与 Windows 8 风格应用的另一点差异在于,你不会在上下文栏中找到 Larger/Smaller 和 "Turn live tile on/off" 按钮,原因显而易见。在接下来的练习中,你将了解到如何使用动态磁贴的上下文栏。

| 试一试 | 使用动态磁贴的上下文栏 |

要使用上下文栏更改动态磁贴的大小或者打开/关闭动态磁贴,请按照下面的步骤进行操作。

(1) 要调用上下文栏,请右击或轻扫某个动态磁贴。例如,右击或轻扫 Music 动态磁贴。你单击的动态磁贴将拥有一个小框,并在右上角显示一个标记。此外,还将显示上下文栏,如图 2-12 所示。

(2) 单击或点击上下文栏中的 Smaller 按钮使 Music 动态磁贴变小。请注意,在操作完成后,上下文栏会自动消失,如图 2-13 所示。

 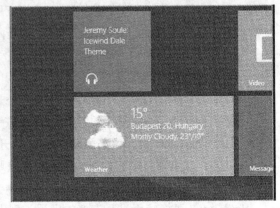

图 2-12 Music 动态磁贴的上下文栏　　　　　图 2-13 Music 动态磁贴变小

(3) 再次右击或轻扫 Music 动态磁贴。单击或点击 Larger 按钮。该动态磁贴将重新变为双倍大小。

(4) 要关闭动态磁贴的更新,请首先右击或轻扫 Music 动态磁贴。然后,单击或点击上下文栏中的"Turn live tile off"按钮。该动态磁贴将停止更新其内容,磁贴上将仅显示一个音符。

(5) 要重新启用更新,请右击或轻扫 Music 动态磁贴。单击或点击"Turn live tile on"按钮。当使用该应用播放音乐时,将会再次在磁贴上显示更新。

示例说明

可以认为动态磁贴是应用程序的小型版本,差别就是它们需要连接到"真正"的应用程序。当构建 Windows 8 风格应用程序时,可以通过第三种组件将状态更新发送到应用程序的动态磁贴,这种组件称为后台任务。操作系统会不时调用后台代理,允许其向动态磁贴发送两种类型的更新,一种对应于较小的动态磁贴,另一种对应于较大版本的磁贴。通过单击或点击上下文栏中的"Turn live tile off"按钮,可以阻止动态磁贴接收这些更新。

 注意:之前描述的方案是动态磁贴最常见的工作方式,除此之外,还有一些特殊情况。有关动态磁贴的更多详细信息将在第 9 章中进行介绍。

可以通过右击操作或轻扫手势选择多个动态磁贴。当选中多个动态磁贴时,将仅显示 Unpin from Start 或 Clear selection(清除选定内容)按钮。通过后一个按钮,可以取消选择所有选定的动态磁贴。要清除选择单个动态磁贴,请再次右击该动态磁贴或者再次轻扫该动态磁贴。

2. 重新定位动态磁贴

动态磁贴以一种整齐有序的方式保存在 Start 屏幕上。一列磁贴包括两个小的方形动态磁贴,当磁贴达到并占据最后一行(根据屏幕分辨率确定)时,下一个磁贴将放置在下一列中。

为在使用任何 Windows 8 设备时提供和维护一致且熟悉的体验,操作系统不允许任何人更改该布局机制。但是,仍然可以进行自定义。除了前面介绍的操作以外,用户还可以将动态磁贴聚集成组,或者通过简单的调换来更改排列顺序。

下面我们来尝试更改排列顺序。

| 试一试 | 调整动态磁贴顺序 |

要调整动态磁贴的顺序,请按照下面的步骤进行操作。

(1) 移动到 Start 屏幕。在某个动态磁贴上单击并按住鼠标左键。沿任意方向轻轻移动鼠标。其他所有磁贴将冻结并相对于你所按住的磁贴向相反的方向移动,但你按住的动态磁贴将保持同样的大小。另请注意,该动态磁贴变为半透明状态。

若要在触摸屏设备上执行此操作,请向下轻扫相应的动态磁贴,不要松手,直到该磁贴完全离开其位置。

(2) 沿任意方向自由移动该动态磁贴。其他动态磁贴将移离原来的位置,从而为尝试重新定位的动态磁贴腾出空间,如图 2-14 所示。

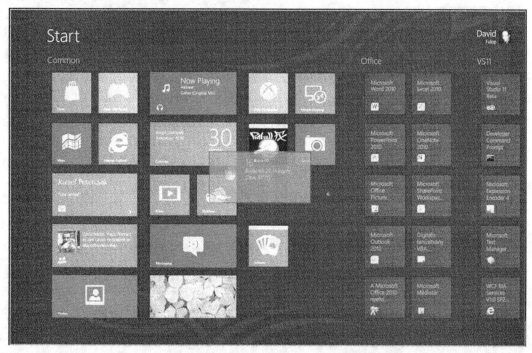

图 2-14 重新定位某个动态磁贴

(3) 到达希望该动态磁贴所处的位置以后，释放鼠标左键或手指。新的顺序和布局将被保留下来。

示例说明

当将某个动态磁贴移离其位置时，Windows 8 会认为你想要将该动态磁贴放置到 Start 屏幕上的其他位置。为了帮助你实现该目的，其他所有动态磁贴将冻结并收缩。当将相应的动态磁贴移动到某个新位置时，其他动态磁贴将自动移离，为你显示在将拖动的动态磁贴放置到该位置的情况下，它们是如何排列的。

3. 动态磁贴组

正如你可能已经注意到的，Start 屏幕上的动态磁贴会划分成若干个组。这种分组非常精细。唯一的不足之处就是两列动态磁贴之间的水平间距比较大。此外，各个组可以具有自己的名称，该名称显示在相应的动态磁贴上方。

创建动态磁贴组

创建动态磁贴组非常简单，不过，奇怪的是，你不会在上下文栏中找到此任务对应的命令按钮。当将一个动态磁贴拖动到新位置时，该动态磁贴将悬浮在两个组之间，并显示一条加粗的浅灰色水平线。如果释放拖动的动态磁贴，该磁贴将成为一个新的动态磁贴组中的第一个项目。

使用动态磁贴组

当创建新的动态磁贴组时，该组并没有名称。如果想要为该组提供一个名称，或者想要将它与其他组放置在一起，但具有不同的位置，可以进入 Start 屏幕的已缩小视图。在该视图中，可以同时看到所有动态磁贴和组。你不可以在该概览视图中选择单个动态磁贴，但可以选择组(一次选择一个)。选择一个组将在屏幕的底部打开上下文栏，其中包含一个显示为 Name group(命名组)的命令。选择该命令将允许你为该组添加名称，或者修改已经存在的名称。

重新排列组与重新定位动态磁贴有些类似。在已缩小视图中，可以选择一个动态磁贴组，然后将它拖动到想要放置的位置。在拖动该组时，其他组将移离从而为拖动的组腾出空间。

试一试 | **管理动态磁贴组**

要创建新的动态磁贴组，为它提供名称，然后将它放置在与其他组不同的位置，请按照下面的步骤进行操作。

(1) 打开 Start 屏幕。通过单击某个动态磁贴并将其移离原来的位置，同时按住鼠标左键，控制该动态磁贴。如果使用的是触摸屏设备，请轻扫该动态磁贴，手指按住不放。当该磁贴离开其位置时，可以对其进行移动。沿水平方向拖动该动态磁贴，直到其位于动态磁贴之间较大间隙的正上方。该间隙是组与组之间的分隔符。此时将在组之间显示一条加粗的灰色直线，如图 2-15 所示。释放该动态磁贴。

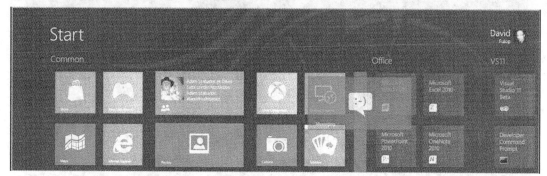

图 2-15　创建动态磁贴组

(2) 进入已缩小视图。可以通过以下方式进入该视图：按 Ctrl 键并使用鼠标滚轮，或者在 Start 屏幕上执行收缩手势。如果使用的鼠标没有滚轮，则可以单击屏幕的右下角。图 2-16 显示的是一个处于已缩小视图中的 Start 屏幕。

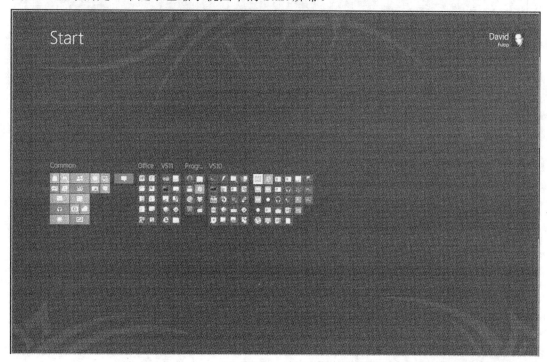

图 2-16　已缩小视图

(3) 右击或轻扫刚刚在步骤(1)中创建的新组。此时将在屏幕的底部打开上下文栏。上下文栏包含一个显示为 Name group 的命令按钮。单击或点击该按钮，然后在上下文栏上方显示的弹出窗口中，为尚未命名的组提供一个名称。图 2-17 显示了这一步骤。在输入名称以后，单击或点击文本框下面的 Name 按钮。

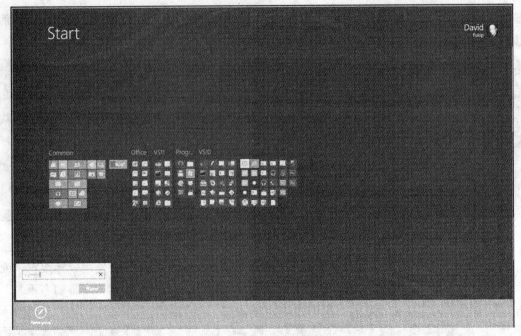

图 2-17 重命名动态磁贴组

(4) 保持在已缩小视图中，单击并按住(或轻扫)在步骤(1)中创建的组。在按住该组的同时，移动鼠标或手指。移动若干像素以后，该组将离开其位置。向侧方拖动该组，直到相邻的组更改其位置，为拖动的组腾出空间，如图 2-18 所示。释放鼠标按钮或手指，将拖动的组放置在该位置。

(5) 单击或点击屏幕上的任意位置退出已缩小视图。

图 2-18 排列动态磁贴组

示例说明

动态磁贴组可帮助你将开始屏幕上的动态磁贴归入不同的类别。可以通过将某个动态磁贴放置在两个组之间或 Start 屏幕的边缘创建新组。当创建组时，该组并未命名。但是，可以通过在已缩小视图中选择该组来为其提供名称。此外，在这个概览视图中，还可以更改各个组的排列。

2.4.4 使用 Windows 8 风格应用

Windows 8 和 Windows 8 风格应用也可以使用鼠标或触摸屏轻松地进行控制。可以通过一些(多点)触控手势来实现特定的任务，例如，关闭某个应用或者在应用之间进行切换。因此，使用 Windows 8 风格应用与使用旧版 Windows 桌面以及其上运行的程序存在一些差异，你必须了解这些差异。

1. 关闭 Windows 8 风格应用

首先需要说明的是，你不能真正关闭 Windows 8 风格应用(当然，除非你使用代码或任务管理器终止相应的应用)。可以通知操作系统希望关闭正在运行的应用程序，但并不会暂时释放该应用。

通常，按照"如何使用 Windows 8"的观点，这并不重要，但鉴于此带来的结果以及其他一些设计方面的考虑，Windows 8 风格应用没有关闭按钮。实际上，它们并没有框架、标题或其他任何可以认为是镶边的对象。通常情况下，Microsoft 会在设计中涉及没有镶边功能的对象。

此外，Windows 8 风格应用没有窗口，它们始终处于全屏状态，当在拆分屏幕中使用时除外，不过我们暂时还用不到拆分屏幕。因此，在一开始，关闭 Windows 8 风格应用可能比较困难，因为绝大多数此类应用都没有关闭按钮。

要关闭 Windows 8 风格应用，可以使用一个简单的手势，只需一个手指或通过鼠标便可完成。如果获取应用程序的"标题"(也就是，屏幕顶端的若干像素)，并将其向下拖动到屏幕的底部边缘，该应用将关闭，并且系统会将你返回到 Start 屏幕。

使用该手势真的非常简单，并且你应该根据指代的含义来构建应用。不要将按钮或其他任何命令控件放置在离应用顶部边缘太近的位置。如果不是绝对需要，不要在应用中加入"关闭"按钮，因为用户将习惯于使用前面所述的手势。

2. 在 Windows 8 风格应用之间进行切换

如果在使用一个 Windows 8 风格应用时想要切换到另一个应用，会出现什么情况？当运行一个 Windows 8 风格应用时，该应用会占用屏幕上的所有像素。在 Windows 8 中没有任务栏，因此，不能仅仅通过单击应用的图标就实现切换。

如果的计算机配有键盘，可以使用过去的 Alt+Tab 或 Windows 键+Tab 快捷方式在应用之间进行切换。要完全使用鼠标实现上述目的，或者在触摸屏设备上执行上述操作，你必须了解另一种鼠标移动方式或另一种手势。

如果想要使用鼠标在 Windows 8 风格应用之间进行切换，请将鼠标移动到屏幕的左上角。此时将显示之前使用的缩略图图片。如果单击该图片，当前应用将转入后台，并切换到上次使用的应用。如果不单击该图片，而是沿着屏幕的左侧边缘向下移动鼠标指针，将显示一个黑色带区，在该带区上，将显示在后台运行的每个 Windows 8 风格应用。可以单击其中的任意应用，将其转到屏幕前台。

如果使用的是触摸屏设备，轻扫应用的方法有点困难。如果想要在应用之间进行切换，请在屏幕的左边使用"从边缘轻扫"手势。此时将显示前一个应用的缩略图图片。如果使用手指持续拖动该图片，并将其释放到屏幕上的某个位置，该应用将重新变为活动状态并占据整个屏幕。通过该手势，可以浏览所有正在运行的 Windows 8 风格应用。

要精确选择你想要切换到的应用程序，请在屏幕左侧使用"从边缘轻扫"手势，当前一个应用的缩略图出现时，将其重新轻扫到边缘。该操作也可以打开在使用鼠标访问正在运行的应用时所看到的黑色边栏。当应用边栏打开时,可以释放屏幕,该边栏将保持打开状态。然后,只需点击你想要重新激活的应用程序。

> **注意**:使 Start 屏幕的缩略图始终保持在应用边栏的底部没有太大的意义。如果单击或点击该缩略图,将重新返回到 Start 屏幕。你曾经使用的应用并不会关闭。它只是被系统发送到后台。

3. 同时使用多个 Windows 8 风格应用

你很可能会希望同时运行两个应用,而无须在两者之间来回切换。为了支持这种非常常见的方案,Windows 8 风格应用具有三种可视状态。

除了默认的全屏状态以外,应用还可以"填充"或"贴靠"。当想要同时使用两个应用时,可以贴靠其中一个应用程序,这意味着该应用仅占用屏幕一侧的一小部分。与此同时,可以填充另一个 Windows 8 应用,这意味着该应用会占用屏幕上的其余空间。通过单击或点击并按住贴靠和填充应用之间的窄线,并沿水平方向拖动分隔标记,可以使应用切换其状态(一个从贴靠切换到填充,另一个从填充切换到贴靠)。或者,如果拖动上述窄线一直到屏幕的边缘,然后释放,该线之后的应用将关闭。

在接下来的"试一试"练习中,你将通过使用对应的鼠标或触控手势来了解上述功能。

试一试 使用 Windows 8 风格应用

要熟悉与 Windows 8 应用相关的基本任务,请按照下面的步骤进行操作。

(1) 在 Start 屏幕上,单击或点击某个应用的动态磁贴以启动该应用。例如,启动 Music 应用。

(2) 当该应用正在运行时,将光标移动到屏幕的左上角,并向下稍稍移动。此时将显示边栏,其中包含当前正在运行的 Windows 8 应用。要使用触摸屏调出该边栏,请在屏幕的左侧边缘使用"从边缘轻扫"手势,然后立即轻扫回边缘。图2-19 显示的是一个打开的边栏。

(3) 在边栏底部单击或点击 Start 屏幕的缩略图以

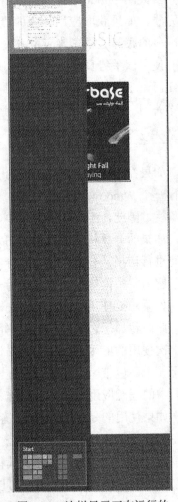

图2-19 边栏显示正在运行的 Windows 8 应用

返回 Start 屏幕。

(4) 在 Start 屏幕上，单击或点击另一个应用的动态磁贴。例如，启动 Weather 应用。

(5) 在该应用运行时，重复步骤(2)中所述的过程以打开正在运行的应用的边栏。

(6) 单击或点击边栏中最上面的缩略图。此时将返回之前使用的应用(即 Music 应用)。实际上，只需通过将鼠标移动到屏幕的左上角，然后单击缩略图而不打开边栏，即可完成上述操作。

(7) 获取应用的标题。如果使用鼠标，请向屏幕的顶部边缘移动光标，直到其变为小手形状。然后，单击并按住鼠标左键，将光标向屏幕底部移动。使用触摸屏执行此操作的过程非常相似。轻扫屏幕的顶部边缘即可获取应用。该应用将缩小为原始大小的一半或三分之一。

(8) 向屏幕左侧或右侧拖动应用，当拖动到非常接近屏幕边缘的位置时释放鼠标左键或手指。该操作可使应用进入贴靠状态。在拖动应用时，将出现一条灰色的垂直线，显示如果释放拖动的应用，它将贴靠到临近的屏幕一侧。较大的一半屏幕将保持灰显或空白。该区域可以显示填充应用。

(9) 要使用前一个应用填充剩余的空白屏幕空间，请将光标移动到屏幕的左上角，然后单击上次使用的应用的缩略图。如果使用的是触摸屏设备，只需在屏幕的左侧使用"从边缘轻扫"手势。图 2-20 显示了这一阶段。

图 2-20　填充状态的 Windows 8 应用在左侧，贴靠状态的 Windows 8 应用在右侧

(10) 要修改两个应用之间的屏幕划分，请单击并按住(如果使用的是触摸屏设备，则点击并按住)用于分隔贴靠应用和填充应用的深灰色窄线(该窄线在图 2-20 中突出显示)。向

屏幕的远端移动鼠标或手指,直到填充应用移离其位置。释放鼠标或触摸屏交换两个应用的屏幕大小比例。

(11) 再次获取分隔线,并将其移动到屏幕最近的一侧。当释放分隔线时,贴靠应用将消失,之前填充的应用将变为全屏状态。

(12) 要关闭正在运行的应用,请首先获取该应用的标题,就像步骤(7)中所做的那样。然后,将该应用向下移动到屏幕的最低端。如果将该应用移动到距离边缘足够近的位置,那么它将变为透明状态。

(13) 释放鼠标按钮关闭相应的应用。如果使用的是触摸屏设备,在向下轻扫到底部边缘之前,请不要松开手指。

示例说明

Windows 8 风格应用需要为用户提供一种方式,使其可以通过触控或鼠标轻松地执行一些常见的任务。如果想要切换到另一个应用,可以通过以下方式实现:将光标移动到屏幕的左上角并单击某个缩略图,或者从左侧边缘轻扫另一个正在运行的应用。如果想要同时使用两个应用,就可以将屏幕拆分为较小的一部分和较大的一部分。每个部分都可以填充一个能够处理贴靠或填充布局风格的应用。要关闭某个 Windows 8 应用,只需获取其标题,将其向下拉动到屏幕的底部边缘,然后释放它。

2.5 Windows 超级按钮栏

对于一些比较常见的操作系统任务,需要有一个可以随时轻松访问的中心位置。这些任务包括返回 Start 屏幕(类似于在之前的 Windows 版本中按 Windows 按钮打开 Start 菜单)、搜索、在应用之间进行切换以及管理设备或设置等。此外,由于 Windows 8 风格应用填充整个屏幕,这些功能必须不可见,但仍然可供访问。

正如你已经了解到的,应用切换主要与屏幕左侧相关。在屏幕顶部边缘执行的手势与关闭应用或者在三种布局状态之间切换其大小相关。屏幕的底部边缘用于调出命令或上下文栏。这样,只剩下屏幕的右侧边缘可以用来包含待放置的所有重要操作系统功能。

2.5.1 超级按钮栏简介

不管你是位于 Start 屏幕、在 Windows 8 风格应用中工作还是位于桌面上,如果将鼠标移动到屏幕右侧的某个边角(或在屏幕的右侧使用"从边缘轻扫"手势),将在右侧显示 5 个按钮。这就是超级按钮栏。

超级按钮栏可以说是你用来对应用 Start 和操作系统执行一般操作的中心位置。该栏始终包含相同的 5 个按钮,分别是 Start、Search、Share、Devices 和 Settings,它总是位于该位置,一次轻扫或鼠标移离不会使其消失。应用不能重写该行为。

图 2-21 显示的是包含打开的超级按钮栏的 Start 屏幕。

此外，当打开超级按钮栏时，会在屏幕的左下位置出现一个小的信息框，显示当前的日期和时间、网络信号的强度以及电池的剩余电量。

2.5.2 Start 按钮

Start 按钮位于超级按钮栏的中心位置，并且具有与其他所有按钮不同的颜色，这些都使得该按钮有点特殊。鉴于在 Windows 发展历史中之前各个版本中的 Start 按钮的重要功能，这点特殊性也很好理解。请注意，在 Windows 8 中，屏幕上并不显示永久存在的 Start 按钮，如果使用缺少硬件键盘的触摸屏设备，那么没有该按钮，你将无法返回 Start 屏幕。

如果在使用特定应用的情况下单击或点击Start按钮，将打开Start屏幕。当再次单击或点击该按钮(Start屏幕处于打开状态)时，将返回到上次使用的应用。该行为可能看起来与之前的Windows版本略有不同，但实际上它完全相同。实际上，不同之处在于新的Start屏幕。它占据整个屏幕，而不是像Start菜单一样仅占据屏幕的一小部分。但是，在单击或点击Start按钮时正在运行的应用将在后台继续运行，并未挂起。

> 注意：在配有鼠标的计算机上，始终可以使用 Start 屏幕的缩略图(正如在上一个"试一试"练习中所做的那样)并没有太大的意义。在使用某个 Windows 8 应用的同时，将光标移动到屏幕的左下角，然后单击显示的缩略图。

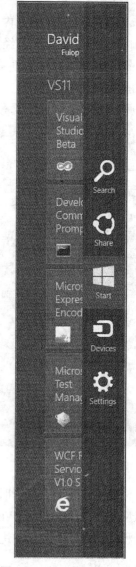

图 2-21 打开的超级按钮栏

2.5.3 Search 按钮

能够在电脑或设备上快速找到相应的文件或应用真的非常重要。Windows Vista 通过在 Start 菜单本身中放置了一个搜索框加快了查找速度。在 2.4 节及其对应的"试一试"练习中，已经介绍了如何使用该功能来查找应用。但是，Windows 8 可以提供更多功能!

如果调出超级按钮栏，然后单击或点击 Search 按钮，将显示你在前面看到的应用搜索页面。默认情况下，Windows 将查找在名称中包含你输入的文本的应用。但是，在你输入内容的文本框下面，可以看到三个按钮，分别是 Apps、Settings 和 Files。在你输入文本时，这些按钮上将显示数字。这些按钮告诉你有多少个应用、Windows 设置或文件在名称中包含你输入的文本,以及有多少个文件包含你要查找的文本。

Search 屏幕仅在你输入内容时显示应用,而当单击或点击 Settings 或 Files 按钮时,这些应用将消失,并为你显示经过筛选的 Windows 设置或文件列表。在查找文件时,甚至还会在 Search 屏幕顶部显示类别,以帮助你加快搜索速度。图 2-22 显示的是 Files 模式下的 Search 屏幕。

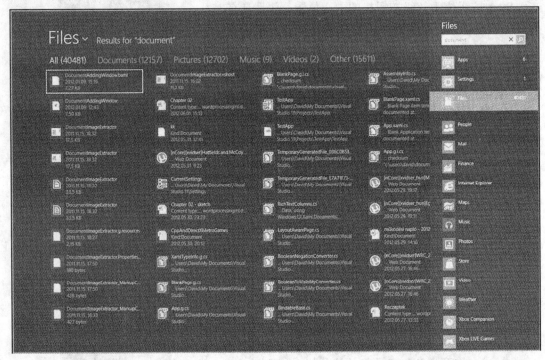

图 2-22　搜索文件

当构建 Windows 8 应用时,可以将其设置为搜索提供程序。这意味着该应用正在使用可以从应用外部(也就是从 Windows Search 屏幕)进行搜索的数据。如果指示 Windows,你的应用程序可以在其数据中进行搜索,那么 Windows 将允许你搜索该应用的数据,而不必先启动该应用。

在三个主按钮下面,是指示 Windows 在其中内置了搜索功能的应用。当单击(或点击)其中一个图标时,对应的应用将启动,并且将立即为你显示该应用内部的搜索结果。

2.5.4　Share 按钮

在过去十年中,共享链接、文档等信息已经成为一项日常任务。通常情况下,这需要启动"具有"相应信息的应用(例如,可以打开某个特定 Web 页面的浏览器),然后启动另一个可以用于与其他应用进行通信的应用(例如,电子邮件客户端),再设置共享方法(创建一封新的电子邮件),并从一个应用向另一个应用复制信息。

在 Windows 8 中,这项日常的任务成为系统的一部分,并进而对其进行了简化,以便为你节省时间和精力。可以在能够与其他应用共享数据的应用中使用超级按钮栏中的 Share

按钮,以调出边栏,枚举接受该数据的应用。单击或点击其中一个应用将调出该应用,并立即设置它可以执行的所有操作,以便能够尽快与其他人共享信息(例如,创建电子邮件,并设置发件人和邮件正文)。

在接下来的练习中,可以看到执行该操作是多么轻松简单。

试一试　通过超级按钮栏应用程序共享

要使用 Windows 超级按钮栏在应用之间共享某些数据,请按照下面的步骤进行操作:

(1) 通过在 Start 屏幕上单击或点击 Internet Explorer (IE)的动态磁贴启动该应用。

(2) 导航到 www.microsoft.com,方法是在应用底部的文本框中单击或点击,然后输入相应的 URL。当输入完成时,按 Enter 键,或者点击文本框旁边的箭头。

(3) 当页面打开时,通过以下操作打开超级按钮栏:将鼠标光标移动到屏幕的右上角或右下角,或者在屏幕的右侧边缘执行轻扫手势。单击或点击超级按钮栏上的 Share 按钮,使 Windows 列出可以接受和共享在 IE 中打开的 URL 的所有应用。在你安装其他应用之前,列表中将仅显示 Mail 应用。图 2-23 显示的是列出了接受的应用的边栏。

图 2-23　可以接受 IE 提供的数据的应用

(4) 单击或点击 Mail 应用的图标。Mail 应用将在屏幕的右侧打开,并且它会立即显示一封几乎准备好发送的电子邮件。图 2-24 显示你应该在自己的设备上看到的内容。

(5) 在Mail应用的文本框中输入一个电子邮件地址(可以通过单击或点击建议的地址来加速这一过程),然后单击或点击该应用右上角的Send按钮(图 2-24 中突出显示了该按钮)。Mail应用指示正在发送电子邮件,然后它消失。

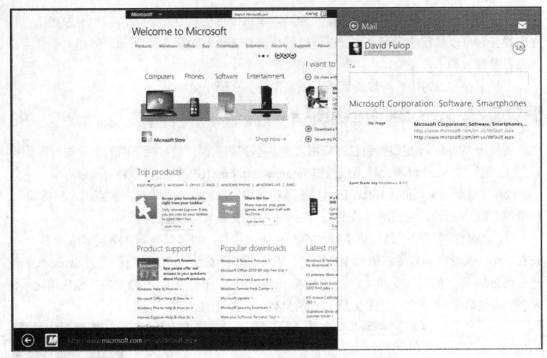

图 2-24　使用 Mail 应用共享来自 IE 的数据

示例说明

Windows 8 应用可以指示 Windows，它们可以与其他应用共享特定种类的数据或信息。应用可以将该数据发送到另一个可以接受该数据的应用。在使用 Windows 8 应用时，调出超级按钮栏并选择 Share 按钮以开始共享。然后，选择希望接收该信息的应用。作为共享目标的应用将通过 Windows 接收数据，并且可以对数据进行处理(执行任何所需的操作)。

2.5.5　Devices 按钮

电脑和平板电脑不是独立的单片电路硬件。它们几乎始终可以连接到某种类型的外围设备，例如，外部监视器、输入设备、停靠设备等。台式电脑在绝大多数情况下都拥有固定的一组上述设备，因为它们很少移动。另一方面，笔记本电脑和平板电脑属于移动设备，它们可能总是在不同的环境中使用。不同的环境可能会导致使用不同的外围设备。如果在旅行中使用笔记本电脑，仅仅使用电脑本身，但在回到办公室以后，就可能会为它连接鼠标以及另一个屏幕。

通过 Devices 按钮，可以在一个中心位置访问这些连接的外部硬件设备。你不必转到 Control Panel 或 My Computer 来查看这些设备。只需打开超级按钮栏，单击或点击 Devices 按钮即可查看连接的设备列表。

2.5.6　Settings 按钮

超级按钮栏上的最后一个按钮包含在设备的日常使用中有用的"其他所有设置"。当单击或点击 Settings 按钮时，将打开 Settings 栏。在从 Windows 8 打开时(也就是，从 Start 屏幕打开时，或者使用 Windows 8 应用时)，该栏包含的内容与从桌面打开时包含的内容略有不同(稍后将介绍有关桌面的更多详细信息)。图 2-25 显示在 Windows 8 模式下打开的 Settings 栏。

在Settings栏的下边，可以发现6个图标。这些图标从左到右(从上到下)依次为以下几个。

- Network(网络)——该图标指示电脑或设备是否有活动的局域网(Local Area Network，LAN)或 Internet 连接，以及信号强度(在使用 Wi-Fi 时)。单击或点击该图标将打开可以用于连接到网络的 Networks 边栏。
- Volume(音量)——该图标显示连接到计算机的扬声器或耳机的音量设置。单击或点击该图标将打开音量滑块，可以使用该滑块调整音量设置。
- Brightness(亮度)——该图标显示屏幕(如果可用)的亮度设置。单击或点击该图标将打开亮度滑块，可以使用该滑块调整亮度设置。
- Notifications(通知)——某些应用程序(以及 Windows 8 本身)可以创建弹出(或 Toast)通知。这些通知是一些显示在屏幕上的小框，其中包含一些信息，并且在几秒钟以后消失。通过单击或点击该按钮，可以启用或禁用这些通知以停止所有可能会给你带来干扰的应用。

图 2-25　Settings 栏

- Power options(电源选项)——单击或点击该按钮可以关闭、重新启动、休眠电脑，或使其进入睡眠模式。可能的电源选项可能会因其他各种设置或策略而有所差异。
- Keyboard locale(键盘区域设置)——该图标指示软件键盘和硬件键盘的当前区域设置与布局。单击或点击该按钮可以切换到另一种键盘布局。

在这 6 个按钮下面，有一个显示为 More PC settings 的链接。如果单击或点击该链接，将打开 PC Settings 应用。在该应用中，可以管理计算机最重要的设置。

Settings 栏可以用作应用的设置页面。可以向其中添加自定义内容，并且通过使用这些内容，用户可以管理活动应用的设置。

2.6 Windows 桌面

如第 1 章所述，Windows 具有非常长的发展历史，可以追溯到 20 世纪 90 年代初期。Microsoft 在发布其操作系统的新版本时，总是将保持向后兼容作为一个主要的考虑因素。Windows 8 改变了很多内容，其中包括其 Windows 8 UI、Windows 8 风格应用以及将 Start 菜单转变为全屏模式的 Start 屏幕。过去，登录以后，总是会为你显示 Windows 桌面，在这里，所有程序都在单独的窗口中运行。现在，在 Windows 8 中，你在登录后会立即转到 Start 屏幕。桌面究竟发生了什么？你曾经使用的非 Windows 8 应用是个什么状况？

2.6.1 Desktop 应用简介

在 Start 屏幕上，可以找到一个有些特别的应用，称为 Desktop 应用。当单击或点击它时，会转到旧版的 Windows 桌面，该桌面自 Windows 7 以后并没有改变太多。请注意，如果因为某种原因取消固定该应用，总是可以从 Apps 搜索页面将其重新固定到桌面上。有关更多详细信息，请参阅 2.4 节。

用户需要了解，对于 Desktop 应用本身，可以像其他任何 Windows 8 应用一样进行处理！可以通过向下拉动来关闭该应用。也可以将其设置为贴靠或填充状态，并且当打开位于屏幕左侧的应用侧栏时，它也会像其他任何普通的应用一样显示在侧栏中。该应用比较特殊的一点就是，它可以运行为以前的 Windows 版本创建的所有旧版桌面应用，也可以运行为 Windows 8 创建的所有非 Windows 8 应用。图 2-26 显示，Desktop 应用处于填充状态，而另一个 Windows 8 应用占据贴靠位置。

图 2-26　Desktop 应用和另一个 Windows 8 应用共享屏幕

除了从 Start 屏幕启动 Desktop 应用本身以外，还有一种方式可以切换到 Windows 桌面。当在 Windows 8 中启动一个非 Windows 8 应用时，该应用会立即启动 Desktop 应用。这一点并不难理解，因为如果不采用该行为，启动非 Windows 8 应用会产生大量正在运行(但无法访问)的桌面应用。

如果关闭 Desktop 应用，它运行的所有桌面程序将在内存中保持运行。不会对其运行产生任何影响，只是在你重新打开 Desktop 应用之前无法访问它们。

2.6.2 在 Desktop 程序之间进行切换

如果拥有键盘，可以通过以下方式在所有程序(Windows 8 应用以及非 Windows 8 应用)之间进行切换：按住 Alt 键，反复按 Tab 键，在到达想要使用的应用或桌面程序时释放 Alt 键。

在无法使用这些键的触摸屏设备上，只需将 Desktop 应用程序切换到前台，然后在任务栏上点击某个应用的图标。当然，鼠标用户可以通过单击相应的图标来执行同样的操作，就像在旧版 Windows 中一样。

桌面应用不会显示在屏幕左侧的应用边栏中，边栏中只会显示运行这些应用的 Desktop 应用本身。

2.6.3 Start 按钮的位置

在 Windows 8 中，Microsoft 决定打破陈规，并不是像过去那样在屏幕的左下角放置一个 Start 按钮。不过，这并不意味着需要学习一种新的工作流程来打开 Start 屏幕。

在屏幕的左侧边缘与任务栏上最左侧的图标之间，总是有一小块空白区域。当将鼠标光标移动到屏幕左下角的这部分区域时，将显示 Start 屏幕的缩略图。单击该缩略图即可打开 Start 屏幕。这与你在以前的 Windows 版本中所执行的操作并没有太大区别。

当然，按键盘上的 Windows 键也可以实现同样的效果。

对于触摸屏用户，之前所述的选项可用于从任何位置打开 Start 屏幕，包括 Desktop 应用。可以通过轻扫屏幕的右侧边缘打开超级按钮栏，然后只需单击 Start 按钮即可。或者，也可以轻扫屏幕的左侧边缘打开应用栏，然后单击边栏底部的 Start 屏幕缩略图。

2.7 小结

使用 Windows 8，可控制一种全新应用程序和基础架构服务的功能。Windows 8 应用程序提供了一种方式，可以在保留传统桌面软件的所有优势的情况下，构建平板电脑友好的应用程序。借助 Windows 8 的帮助，可以构建运行在更多设备上的应用，其中包括台式电脑、笔记本电脑以及平板电脑等。利用多点触控手势和鼠标手势，边角、共享以及搜索合约的功能，可以构建更加直观易懂的应用程序，不过，这是要付出代价的。作为开发人员，你必须了解如何高效地使用 UI，要么通过鼠标，要么利用触摸屏。

Start 屏幕的目的并不仅仅是作为全屏形式的 Start 菜单。如果某个应用的动态磁贴持续为用户提供有用的信息,那么用户很可能会将该应用固定到 Start 屏幕上。

超级按钮栏是一个中心位置,用户可以从中查找某些功能,例如,搜索和共享内容。如果某个应用提供搜索和/或共享功能,建议通过将该应用挂钩到超级按钮栏上的 Search 和 Share 中心来提供这些功能。

第 3 章将介绍一些有关 Windows 8 体系结构的内部细节,以便了解哪些组件可以帮助你构建 Windows 8 风格应用程序。

练 习

1. 如何通过触控切换到前一个 Windows 8 风格应用程序?
2. 可以在哪里查找 Start 屏幕上没有对应的动态磁贴的应用程序?
3. 如何使某个动态磁贴停止刷新其内容?
4. 如何关闭 Windows 8 风格应用?
5. 如果将某个应用中的数据与另一个应用共享?
6. 如何切换到 Windows Desktop 应用以运行某个桌面应用?

注意:可在附录 A 中找到上述练习的答案。

本章主要内容回顾

主 题	主 要 概 念
多点触控手势	在使用触摸屏设备时,用户可以通过点击、按住、滑动、轻扫、收缩、从边缘轻扫和旋转手势,更加直观自然地与应用进行交互
登录模式	尽管传统的密码登录仍然可用,但也可以使用由 4 位数字组成的个人标识号(PIN)密码和一个触控更友好的图片登录
Start 屏幕	这是旧的 Start 菜单的后代。它是操作你的电脑或平板电脑的中心屏幕
动态磁贴	动态磁贴是应用的快捷方式,但是,它可以显示从后台不断更新的信息,即使当对应的应用并未运行时也是如此。动态磁贴驻留在 Start 屏幕上,并且可以进行分组
应用侧栏	可以在屏幕左侧打开应用侧栏,其中显示所有当前正在运行的 Windows 8 应用
全屏、贴靠、填充	Windows 8 应用可以具有这三种布局状态。设备的屏幕可以容纳一个全屏应用,或者容纳一个贴靠应用和一个填充应用。贴靠应用位于屏幕的一侧,可以提供完整的功能,不过大小会比较小。填充应用占据贴靠应用之外剩余的所有屏幕空间

(续表)

主 题	主 要 概 念
超级按钮栏	超级按钮栏是 Windows 8 中的一个中心位置,用于执行一些常见的任务。在这里,可以找到 Search 和 Share 按钮,这两个按钮作为应用程序的中心,分别提供搜索或共享功能。Start 按钮也放置在超级按钮栏中
共享	超级按钮栏上的这个按钮主要提供将数据从一个应用发送到另一个应用的选项
Windows 桌面	这是保存和运行所有非 Windows 8 应用的位置。它在台式电脑和笔记本电脑上仍然具有至关重要的功能,可以通过以下两种方式进行访问:启动一个非 Windows 8 应用,或者从 Start 屏幕启动 Desktop 应用本身

第 3 章

从开发人员视角看 Windows 8 体系结构

本章包含的内容:
- 了解 Windows 8 风格应用程序和桌面应用程序各自的技术群组
- 掌握 Windows 运行时在开发 Windows 8 风格应用程序中的角色
- 了解可以使用哪些编程语言访问 Windows 运行时应用程序编程接口(API)
- 了解.NET Framework 4.5 的新功能
- 选择相应的编程语言和技术群组来创建自己的 Windows 8 应用程序

通常情况下,当开发应用程序时,会使用一组协同工作的技术。Windows 开发平台提供了非常多的工具、技巧提示和技术。在过去十年中,这些组件的数量以惊人的速度迅猛增长。Windows 8 通过一种全新的应用程序(即 Windows 8 风格应用)提供了一种新的开发模型,这种开发模型支持多种编程语言(包括 C++、C#、Visual Basic、JavaScript 等),同时仍将相关技术组件的数量保持在较低的水平。Windows 8 仍然允许开发传统的桌面应用程序。

本章将介绍相关技术组件的体系结构,以帮助你开发 Windows 8 应用。首先,你将了解到桌面应用开发技术群组与 Windows 8 应用开发技术群组之间的差异。正如你将了解到的,Windows 8 应用开发的主要组件是 Windows 运行时,因此,本章将介绍 Windows 运行时的结构和优势。为某个特定的应用程序选择适用的技术并不是轻而易举的事情。本章专门提供了一节内容,用于帮助你更轻松地做出这一决定。

3.1 Windows 8 开发体系结构

正如你所了解到的,在 Windows 8 中,可以开发一种全新的应用程序,即 Windows 8

风格应用程序，同时，传统的桌面应用程序仍然在 Windows 上运行。此外，你仍然可以使用自己喜欢的工具和技术来开发 Windows 8 风格应用程序。

Windows 8 架构师在为 Windows 8 风格应用程序创建一组新的体系结构层时，做出了一项非常重要的决定。因此，在 Windows 8 中，你拥有两个可以并列使用的基本技术群组(一个适用于 Windows 8 风格应用程序，另一个适用于桌面应用程序)，如图 3-1 所示。

> 注意：一个体系结构层是一组具有相同角色的组件(例如，与操作系统进行通信)。一组体系结构层反映了这些层的服务是如何基于彼此构建的。

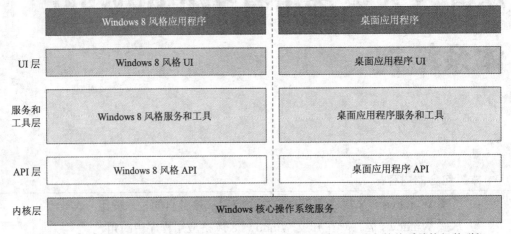

图 3-1　Windows 8 对于 Windows 8 风格应用程序和桌面应用程序具有独立的体系结构组件群组

尽管这些 Windows 8 风格应用程序和桌面应用程序使用相同的操作系统内核，但对于应用程序开发，需要考虑一些重要的事情。表 3-1 提供了这两种应用程序的对比情况。

表 3-1　桌面应用程序和 Windows 8 风格应用程序

桌面应用程序	Windows 8 风格应用程序
桌面应用程序可以基于 Win32 应用程序编程接口(API)，可以追溯到 1995 年(其很多部件甚至可以追溯到 1991 年)或通过使用托管基类的.NET Framework 进行编程。正如你在第 1 章中所了解到的，对于桌面应用程序，有非常多的语言、工具和技术可供你选择。尽管具有非常丰富的选项是一件很好的事情，但从应用程序开发的视角看，这也可能成为一种劣势。根据应用程序的用途或者是你的意图，你可能会混合选取一些语言或技术来编写预期的功能	Windows 8 风格应用程序代表一种全新的方法。它们主要用于通过多点触控和传感器提供一流的用户体验，并且它们对用户界面(UI)的响应度非常敏感。想象一下，在一个应用程序中，可以使用手指拖动屏幕上的对象，而不是体验使用鼠标在屏幕中移动对象时不连贯的响应。为了确保提供完美的体验，用于 Windows 8 风格应用程序的 API 应该本机支持 UI 响应度。当然，Windows 8 风格应用程序仍然支持完美的鼠标和键盘集成

(续表)

桌面应用程序	Windows 8 风格应用程序
绝大多数桌面应用程序在屏幕上显示窗口和对话框，等待用户输入、响应或确认。有时候，这些应用程序在主窗口上显示多个无模式对话框(也就是，允许在不关闭对话框的情况下切换回主应用程序的对话框)。在工作时，用户必须从一个窗口转换到另一个窗口，经常需要同时关注多个不同的任务，有时甚至是在无意中关注了多个任务	Windows 8 风格应用程序开发主要是提供一种直观的 UI，其中，应用程序拥有整个屏幕。这种方法并不鼓励使用在屏幕上弹出的对话框，而是建议使用应用程序页面，就像在浏览器中运行的 Web 应用程序那样。Windows 8 风格应用程序可以通过 Windows 应用商店进行部署，并且必须遵从 Microsoft 发布的 UI 和用户体验指导原则，以便通过认证过程
通常情况下，桌面应用程序需要一个标准的安装过程，其中包含一些指导用户完成整个安装步骤的屏幕。整个过程可能需要一分钟的时间(或者更长)，在此期间，所有文件和资源都复制到计算机，并进行必要的注册。删除应用程序也要遵循标准的过程，并且需要用户通过控制面板来启动相应过程	Windows 8 风格应用程序主要面向可能对文件、注册表和安装过程等概念并不是非常熟悉的使用者。这些用户希望能够通过简单的触控或单击向其项目组合中添加应用程序，其他所有步骤都由系统自动完成。这些用户希望同样能够简单地删除程序，而不关心 Windows 如何在后台实现这一过程

正如可以看到的，由于对此信息技术的一种以消费者为中心的方法，对 Windows 8 风格应用程序的预期与传统的桌面应用程序具有非常大的差别。Windows 架构师团队决定为 Windows 8 风格应用程序创建一个单独的子系统，此外，还有一个与众不同的 API 来构建这种应用程序。

在深入介绍这种全新 API 的详细信息之前，我们首先看一下传统桌面应用程序的体系结构组件。

3.1.1 桌面应用程序层

要构建传统的桌面应用程序，开发人员可以使用各种具有相关组件群组的应用程序类型。有一点很有趣(但并不令人惊讶)，那就是"传统"一词现在的含义与几年前(比如说，五年前)完全不同。尽管随着 Windows 8 的出现，可以将图 3-2 中显示的所有应用程序群组都称为"传统"，但托管应用程序群组在 2002 年是相当新的，Silverlight 群组是存在时间最短的，自 2008 年开始可用。

注意：即使你不了解图 3-2 中所述的所有技术，也不用担心。该图旨在介绍与桌面应用程序开发相关的各种技术组件。如果对其中的任何技术组件特别感兴趣，可以使用它们的名称在 MSDN (http://msdn.microsoft.com)中进行搜索。

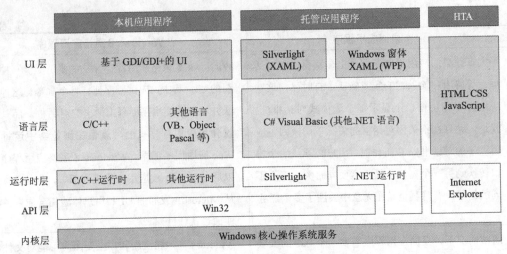

图 3-2 桌面应用程序层

请注意图 3-2 中语言层与 UI 层之间的关系。正如可以看到的，选择的编程语言基本上可以确定在创建桌面应用程序时可以使用的技术群组。

对于本机应用程序，选择直接编译为特定于 CPU 的代码的 C 或 C++ (或者诸如 Visual Basic、Object Pascal 等其他本机语言)意味着，你必须对 UI 使用图形设备接口(Graphics Device Interface，GDI)或 GDI+技术。

对于托管应用程序，你仍然可以使用 GDI 和 GDI+。在.NET 中，它们使用 Windows 窗体的别名。一种更为流行且功能强大的选择是 Windows Presentation Foundation (WPF)或其出现时间更晚但功能相差不多的兄弟技术 Silverlight XAML，其中 WPF 基于可扩展应用程序标记语言(eXtensible Application Markup Language，XAML)。

 注意：本机应用程序直接编译为特定于 CPU 的代码，而托管应用程序需要转换为一种中间语言(Intermediate Language，IL)。当运行某个托管应用程序时，相应的 IL 会通过一种实时(Just In Time，JIT)编译器转换为特定于 CPU 的

尽管使用 HTML 和相关技术创建桌面应用程序并不常见，但可以使用 HTML 应用程序(HTML Application，HTA)进行创建。

你的首选语言还可以确定在编程时能够使用的运行时库和环境(图 3-2 中显示的运行时层)。这些库包含语言本机使用以访问操作系统服务的操作，例如，显示值、管理文件或者通过网络进行通信。对于本机应用程序，每种语言都曾经拥有自己的语言运行时，例如，适用于 C/C++的 Microsoft 基础类(Microsoft Foundation Class，MFC)和活动模板库(Active Template Library，ATL)，适用于 Visual Basic (.NET 出现之前的旧版 Basic 语言)的 VB 运行时，或者适用于 Delphi (Object Pascal)的可视化组件库(Visual Component Library，VCL)。

.NET 引入了自己的基类库(Base Class Library，BCL)，该基类库可以在所有.NET 语言(包括 C#和 Visual Basic，以及其他流行的.NET 语言，如 F#、IronPython、IronRuby 等)中

使用，这就消除了上述每种语言都拥有自己的语言运行时的情况。不过，这种统一的状况随着 Silverlight 的发布而受到一定的影响，Silverlight 是另外一种.NET 运行时，可以在浏览器应用程序(例如，Internet Explorer、Firefox、Safari 以及其他一些浏览器应用程序)和桌面应用程序中使用。Silverlight 基类库只是.NET 中提供的运行时类型的一个子集。

本机应用程序的运行时库基于 Win32 API (显示在图 3-2 中的 API 层中)构建，它是一种平面 API，包含成千上万(实际上不相关)的入口点，这些入口点可以调用 Windows 核心操作系统服务(图 3-2 中的内核层)。与此相对的是，.NET 拥有自己的运行时环境，称为公共语言运行时(Common Language Runtime，CLR)，它可以将相关数据结构和操作打包成可重用类型的对象形式，提供更好的 Win32 API 抽象处理。

想象一下，你是一位架构师，想要为 Windows 8 风格应用程序创建开发组件群组。你是否会将其与现有的桌面应用程序技术进行合并？或许会，不过，Microsoft 的架构师团队还是决定创建一组全新的、独立的 API，以消除技术支离破碎的情况。

3.1.2 Windows 8 风格应用程序层

由于 Windows 8 操作系统以消费者为中心的方法，Microsoft 现在面临一些新的挑战。创建一种直观、支持多点触控并且始终能够高效响应的 UI 仅仅是众多挑战中的一个。还有一个更大的挑战，那就是建立一种平台，以正确的方式为开发人员提供支持，允许他们使用自己所掌握的技术和工具，而且最重要的是，一定要保证具有较高的工作效率。

1. 挑战

Microsoft 拥有一个非常强大的开发社区从事 Windows 开发工作。大量的开发人员都通过 Web 应用程序开发体验过 IT"消费化"。但是，只有非常少的开发人员熟悉基于 Windows 的消费设备，这部分人就是 Windows Phone 开发人员。在很长时间里，Windows Phone 都是 Microsoft 提供的唯一一款真正的消费设备。

全球众多 Web 开发人员和爱好者(数量远超过整个 Microsoft 社区团体)都曾体验过 Android (Google)或 iOS (Apple)平台上的消费类应用程序开发。Windows 8 希望成为一种出色的操作系统，不仅能够吸引专业的 Windows 开发人员，还能够吸引那些与 Microsoft 社区关系并不是非常紧密的用户。

在争夺消费者的竞争中，Microsoft 开始加大工作力度的时间似乎已经是落后了。创建新的设备及其操作系统是迎接竞争的一个非常重要的步骤，但是，如果没有出色的开发平台和策略，就无法提供高质量的应用程序来加强 Windows，以及为消费者提供高质量的替代产品。

Microsoft 始终坚持提供出色的开发工具，这些工具随着时间的推移不断发展演进，此外，还提供能够极大地提高生产效率的工具。Microsoft 并不是仅仅不断改善一种适用于其平台的编程语言(Apple 和 Google 都是这样做的)，它融合了大量编程语言，并且允许其开发人员选择他们想要使用的一种语言。显而易见，为创建消费应用程序提供最佳平台是赢得更多市场份额的一个关键因素。

对于这一挑战，Microsoft 已经通过适用于 Windows 8 风格应用程序的开发平台给出了积极的回应。

2. 体系结构层概述

通过为 Windows 8 风格应用程序创建独立的分层组件群组，Microsoft 引入了一个新的概念，摆脱了传统桌面应用程序开发的问题，并且重塑了 Windows API 和语言运行时的理念。这种新的概念包括通过单个编程 API 支持多种语言，如图 3-3 所示。

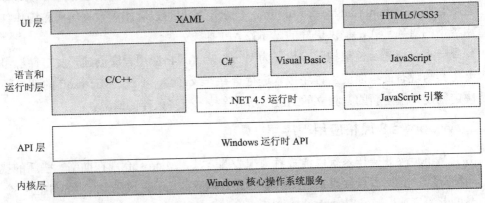

图 3-3 Windows 8 风格应用程序技术层

可从图 3-3 中推断出一些重要事项。

所有 Windows 8 风格应用程序都有一个最终的 API 层(Windows 运行时)，用于与 Windows 核心操作系统服务进行通信，并且对于程序，没有其他任何需要访问的 API。由于使用的编程语言的相对独立，每种服务在使用时都没有任何限制，以便你也可以从 C++、C#、Visual Basic 以及 JavaScript 进行访问。

全球数以百万的开发人员都使用 HTML 与 CSS 来创建 Web 站点和 Web 页面。这些开发人员使用 JavaScript 将有时会非常复杂的 UI 逻辑添加到其 Web 页面上。在 Windows 8 风格应用程序模型中，Microsoft 增大了 JavaScript 访问通过 Windows 运行时提供的完整 API 集的可能性。

最新的 HTML 标准(HTML5)与层叠样式表 3 (CSS3)和 JavaScript 结合可以提供比其前辈产品更为强大的功能。HTML5 站点可以利用计算机中的图形处理单元(Graphics Processing Unit，GPU)的硬件加速功能本地播放多媒体和显示矢量图形。在过去几年中，使用 HTML5 构建了成千上万的新 Web 站点用于提供新时代的用户体验。对于那些熟悉 HTML 和 JavaScript 技术的开发人员，他们可以立即使用上述所有功能来创建 Windows 8 风格应用程序。

在 Windows 8 中，基于 XAML 的 WPF 和 Silverlight 技术的核心已经通过本机代码进行了重写，从而成为操作系统的组成部分。C++、C#和 Visual Basic 应用程序的 UI 可以在 XAML 中进行定义。同样的 XAML 可以在每种语言中生成完全相同的 UI，没有任何约束或困难。由于统一的 UI 技术以及用于提供操作系统服务访问的相同 API，应用程序模型对于 C++、C#和 Visual Basic 都相同。

如果将图 3-2 中的桌面应用程序体系结构层与图 3-3 中的 Windows 8 风格应用程序层进行比较，就可以立即发现后者因其运行时、API 和 UI 技术选择而更加简单。不管你是 Web 开发人员、C++爱好者还是.NET 程序员，与创建传统的桌面应用程序相比，创建 Windows 8 风格应用程序的门槛实际上降低了。

你的首选编程语言仅仅确定必须在程序中使用的 UI 技术。JavaScript 关联到 HTML，而其他语言(C++、C#和 Visual Basic)绑定到 XAML。通常情况下，开发人员会使用多种编程语言和标记语言，并且他们习惯于通过多种语言进行交流。学习一种新的语言应该是一种驱动力，而不是约束力，但是，处理单独的运行时库和组件却非常繁琐。

Windows 8 风格应用程序开发解决了这一问题。无论你选择的是哪种编程语言，都只需学习由 Windows 运行时提供的一组单独的 API。

3.2 了解 Windows 运行时

毫无疑问，Windows 运行时是 Windows 8 风格应用程序体系结构中的关键组件。它代表编程模型发展演变历史中的一次重大飞跃，与 2002 年.NET Framework 发布时所产生的效果类似。负责这部分出色的体系结构的 Microsoft 团队将 Windows 运行时描述为"为构建出色的 Windows 8 风格应用提供坚实、高效的基础"。

在第 1 章中，你已经了解到，Win32 API 包含一组丰富的操作和数据结构。在.NET 之前利用的语言运行时提供了可以隐藏绝大多数 API 操作的库，仅公开了比较简单的一组对象和函数，从而使得可以更加轻松地完成一些常见的编程任务。.NET Framework 向这些对象添加了一个运行时环境，其中包含一些额外的功能，例如，垃圾回收、异常处理、应用程序之间的通信支持等。

尽管语言运行时库和.NET Framework 已经持续发展演进了很长时间，但它们仍然不会公开 Win32 API 提供的所有数据结构和操作。造成这种状况的主要原因在于，利用 Win32 的运行时组件通过操作系统的服务分别创建。

在 Windows 8 中，这种状况发生了彻底的改变。Windows 运行时是该操作系统的一个有机组成部分。它不是需要单独安装的附加组件，例如，Windows 软件开发工具包(Windows Software Development Kit，Windows SDK)。每次创建新的 Windows 8 Build 版本时，都会与操作系统的其他部分一起构建 API 和 Windows 运行时。下面更为细致地了解这种全新组件的强大功能。

3.2.1 Windows 运行时体系结构概述

Windows 8 在设计时考虑的是用户体验，而 Windows 运行时在设计时主要关注的是开发人员的体验。诸如 Visual Studio(更多详细信息将在第 4 章中介绍)等现代开发环境提供了卓越的工具，使开发人员的工作效率大大提高。

1. Windows 运行时设计原则

说到生产效率高的工具，IntelliSense 就是一个很好的示例，它会在你输入代码时检查上下文，并自动提供可能的后续代码的列表。如图 3-4 中的示例所示，IntelliSense 提供在 MainPage 方法上下文中可能在此成员后面出现的表达式列表。IntelliSense 不仅显示适用成员的列表，还会以工具提示的形式显示所选成员(AllowDrop)的简短解释。负责 Windows 运行时设计的团队始终牢记一点，那就是新的 API 应该非常易于通过诸如 IntelliSense 等功能强大的工具使用。

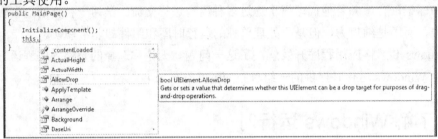

图 3-4　IntelliSense 极大地提高了开发人员的工作效率

Windows 8 流畅的用户体验只能通过可以使 UI 保持高效响应的应用程序来提供。在过去，Windows 最大的问题在于操作系统及其应用程序的懒散和粗糙的行为。例如，用户已经开始通过流畅地移动鼠标来拖动屏幕上的某个对象，但该对象以"细微"的方式移动。

异步编程模型针对这种问题提供了一种很好的补救措施。在后台执行时间较长或需要大量资源的计算时，该模型不会阻止 UI。Windows 运行时的 API 在建立时就考虑了异步性。设计团队做出了一个强制性的决定，那就是所需时间超过 50 毫秒的所有操作都作为异步操作来实现。新版本的 C#和 Visual Basic 编程语言附带了 Visual Studio 2012，并且支持这种编程模型，相关内容将在第 5 章中详细介绍。

 注意：不要畏惧"异步编程"或"UI 阻止"等不熟悉的概念。针对这些概念，第 5 章将为你提供详细的介绍。现在，你只需要了解，异步性提供了一种方式，将时间较长的操作切换到后台，而使 UI 保持高效响应。

对于每个新的 Windows 版本，Windows 团队总是投入大量的人力和财力来提供应用程序后向兼容性。因此，设计并建立了 Windows 运行时，从而使得应用程序在新的 Windows 版本中仍然可以保持运行。如果在某个新的操作系统版本中，某个 API 更改了一项操作，旧版本的操作仍与新版本保持并行可用，因此它们可以并列使用。每个应用程序都使用创建它所采用的操作版本。

2. Windows 运行时的构建基块

作为 Microsoft 设计原则的良好体现，Windows 运行时并不仅仅是一组 API。它是一个真正的运行时环境，将操作系统服务与基于这些服务构建的 Windows 8 风格应用程序绑定在一起，而与用于实现特定应用程序的编程语言没有关系。这种运行时环境由若干个构建基块组成，如图3-5所示。

图3-5 Windows运行时的构建基块

Windows OS 通过 Windows 运行时核心基块(顾名思义，它是运行时环境最重要的组成部分)向 Windows 8 风格应用程序公开。该核心基块将低级服务封装成类型和接口。在核心上面是很多 API，每个 API 负责某一特定种类的常见操作系统任务。尽管图 3-5 中仅显示了其中的一小部分 API，但实际上有二十多个 API 可供使用。

你不必记住每个类型、接口，甚至是可以在其中找到某个特定类型或功能的 API，因为 Windows 运行时针对这些内容有它自己的元数据描述信息。此外，基本的类型会分组到分层名称空间中，例如，.NET Framework 或 Java 运行时中的对象，因此，可以轻而易举地找到它们。

 注意：很快就会介绍有关 Windows 运行时的更多详细信息。

各种编程语言具有不同的特征，并且它们使用完全不同的约定。在 API 和元数据基块上面有一个瘦层，即语言投影，该层负责以特定于语言的方式公开 API。Windows 8 风格应用程序通过该层访问 Windows 运行时 API。

 注意：有关这一层的更多详细信息将在本章稍后的内容中介绍。

图 3-5 中显示的其他一些组件完善了 Windows 8 风格应用程序可以通过 Windows 运行时充分利用操作系统功能的环境。

- 应用程序可能会访问特定的系统资源(例如，网络摄像机、麦克风或 Internet)，而这需要用户的许可。这些资源只能通过运行时代理组件进行访问，在某一操作首次尝试使用某一资源时，该组件会询问用户，他或她是否允许访问该资源。例如，如果创建一个通过网络摄像机获取用户照片的应用程序，那么在用户明确启用它之前，运行时代理不允许系统捕获相应的照片。
- 正如所述，可以使用 HTML5 和 JavaScript 来创建 Windows 8 风格应用程序。由于具备 Web 性质，这些应用可以在 Web 主机中运行。
- 每种语言都有一些特定的运行时支持(例如，支持语言的运行时库，像 printf C++函数、append JavaScript 方法或者 C#和 Visual Basic 中可以使用的 String.Split 操作)。这些可以在与语言投影层协同工作的语言支持构建基块中找到。

图 3-5 中显示的某些构建基块在日常编程活动中扮演着非常重要的角色。接下来的几节将介绍有关这些构建基块的更多详细信息。

3.2.2 Windows 运行时中的元数据

在 Windows 8 风格应用程序开发中，提供一种使用 Windows 运行时中的元数据的方式是一项非常重要的功能。为了能够使体系结构更加健壮，API 具有更强的可发现性，以及在运行时间较长的情况下开发人员可以具有更高的工作效率，它是一种必不可少的资源。而且，Windows 背后各种不同的开发技术因其采用的元数据格式而有一点点分散。

- Win32 API 是一个较大的数据结构和操作集合，可以通过位于 Windows 安装目录下的 System32 文件夹中的动态链接库(Dynamic Link Libraries，DLL)设置进行访问。这些库包括 kernel32.dll、user32.dll、netapi32.dll、avicap32.dll 等。DLL 具有很多操作入口点。但是，只有纯.dll 文件，你无法分辨它们包含哪些操作，以及如何调用它们，因为它们没有自我描述性。
- Microsoft 于 1993 年推出的组件对象模型(Component Object Model，COM)是一个二进制标准，允许开发人员使用接口定义语言(Interface Definition Language，IDL)来编写对象的接口。.idl 文件可以编译为表示与 COM 对象相关的元数据的类型库(.tbl 文件)。
- .NET Framework 将类型元数据提升为一种一流的对象。在.NET 中，类型是为你提供可用操作的对象，而类型元数据描述可用的操作。程序集文件(通过编译使用任何.NET 语言编写的源代码生成的二进制文件)具有自我描述性。它们包含有关封装到程序集中的类型和操作的元数据。

.NET处理元数据的方式非常棒！但是，元数据只能绑定到托管类型。许多Win32 操作没有封装它们的.NET类型。使用这些来自托管代码的类型需要创建一个定义，用于替代缺少的元数据。这种定义很难描述，需要有关想要使用的操作的文档记录。capCreateCaptureWindow操作的定义就是这样的一个示例，该操作可以在avicap32.dll中找到，源代码如下：

```
[DllImport("avicap32.dll", EntryPoint="capCreateCaptureWindow")]
static extern int capCreateCaptureWindow(
  string lpszWindowName, int dwStyle,
  int X, int Y, int nWidth, int nHeight,
  int hwndParent, int nID);
```

如果创建一个错误的定义(例如，使用 double X，而不是 int X)，源代码就会进行编译，但会生成运行时错误，导致需要花费大量的精力来找出该问题并予以解决。

1. 元数据格式

在构建元数据子系统的体系结构时，Windows 运行时设计师从.NET Framework 获得灵感。他们决定使用.NET 程序集所利用的元数据格式，在过去的十年中已证明该格式是足够的。设计师选择了.NET Framework 4.5 (.NET 的最新版本，与 Windows 8 一起发布)使用的格式。

元数据文件提供有关 Windows 运行时中可用的每个 API 的信息。它们随 Windows 8 一起安装，因此可以毫无限制地在每一台安装有 Windows 8 的计算机上找到它们，即使该计算机用于开发目的或者仅仅用于另一项业务也是如此。正如你将在接下来的练习中所了解到的，这些文件可以由机器阅读，并且可以检查它们的内容。

试一试 Windows 运行时元数据一瞥

Windows运行时元数据文件位于Windows安装文件夹下。它们所使用的扩展名为.winmd，并且可以使用ILDASM实用程序检查它们的内容。

要检查元数据文件，请按照下面的步骤进行操作。

(1) 在Start屏幕中，单击Desktop磁贴，然后从任务栏中选择Windows Explorer (Windows 资源管理器)。

(2) 导航到 Windows 安装目录下的 System32\WinMetadata 文件夹。如果操作系统安装到默认位置，那么可以在 C:\Windows 下找到该文件夹。如果在 Windows 安装过程中提供了其他位置，请选择相应的文件夹。

(3) 该文件夹中列出了一百多个文件，每个文件都有一个以 Windows 开头的名称，并且扩展名为.winmd，如图 3-6 所示。这些文件表示 Windows 运行时 API 的元数据信息。

(4) 向下滚动到 Windows.Graphics 文件。右击该文件，并从上下文菜单中选择 Open With (打开方式)命令。此时将在屏幕上显示一个弹出窗口，可以在该窗口中将某种应用程序与.winmd 文件类型相关联。向下滚动到弹出窗口的底部，并选择 "Look for an app on this PC" (在这台电脑上查找其他应用)，如图 3-7 所示。

(5) 此时将在屏幕上弹出 Open With 对话框。在 File Name 文本框中，输入 C:\Program Files(x86)\Microsoft SDKs\Windows\v8.0A\ bin\NETFX 4.0 Tools 路径(或者使用 Open With 对话框导航到该路径)。单击 Open 按钮。将在该对话框中填充上述文件夹中的文件。向下滚动到 ildasm，并再次单击 Open 按钮。

图 3-6 System32\WinMetadata 文件夹中的 Windows 运行时元数据文件

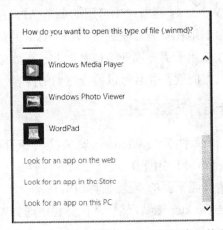

图 3-7 将.winmd 文件与某种应用程序相关联

(6) ILDASM 实用程序将打开并显示 Windows.Graphics.winmd 文件的元数据树。依次展开 Windows.Graphics.Display 节点和 Windows.Graphics.Display.ResolutionScale 节点。可以看到在该元数据文件中定义的所有类型,以及 ResolutionScale 类型的枚举值,如图 3-8 所示。

(7) 在 ILDASM 应用程序窗口中,双击 MANIFEST 节点。将打开一个新的窗口,用于显示该元数据文件的清单信息,如图 3-9 所示。

元数据文件的清单保存有关该文件以及该文件中所描述类型的重要信息。在图 3-9 中,可以看到,有一个.module Windows.Graphics.winmd 条目,其后包含若干行。这些条目描述有关该元数据文件的信息。可以看到三个以.assembly extern 开头的条目,这些条目是对和在 Windows.Graphics 元数据文件中使用的类型相关的其他元数据信息的引用。第一个引用 mscorlib 是.NET 4.5 公共语言运行时(CLR)的主系统组件。另外两个引用 Windows.Foundation 和 Windows.Storage 分别是其他.windm 文件,这可以从它们的 windowsruntime 修饰符标记推断出来。

第 3 章　从开发人员视角看 Windows 8 体系结构

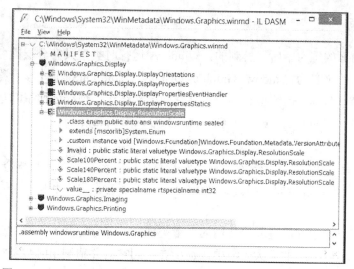

图 3-8　ILDASM 实用程序中的 Windows.Graphics.Display 元数据信息

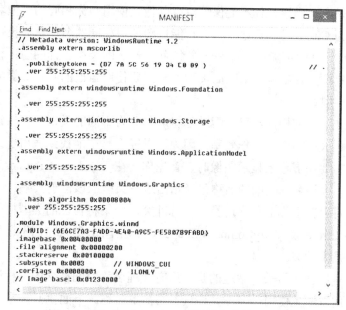

图 3-9　Windows.Graphics 元数据文件的清单信息

(8) 打开 System32\WinMetadata 文件夹中的其他元数据文件，检查它们的结构。完成后，关闭所有打开的 ILDASM 实例。

示例说明

System32\WinMetadata 文件夹包含基本的.windm 文件。在第(5)步中，将.winmd 文件扩展名与 ILDASM 实用程序相关联。在第(6)步中，大致浏览了 Windows.Graphics.Display.ResolutionScale 类型的元数据。在第(7)步中，检查了.winmd 清单如何描述对外部元数据文件的依赖性。

2. 名称空间

正如你在前面的练习中所了解到的，Windows 运行时类型具有分层的名称。例如，分辨率比例值枚举的全名为 Windows.Graphics.Display.ResolutionScale。该名称的最后一个标记是该类型的简单名称，前缀标记构成名称空间层次结构。顶级名称空间是 Windows。它有一个嵌入式名称空间 Graphics，而 Graphics 又嵌入 Display。

注意：.NET、Java 和 C++程序员应该比较熟悉名称空间的概念。Windows 运行时使用的名称空间的语义与.NET 中应用的语义完全相同。

在管理创建应用程序的过程中使用的大量类型时，名称空间是非常重要的概念。如果只是将类型名称注入一个非常大的池中，那么要找到它们并猜测出哪种类型适合某项特定的任务会非常困难。

另一个问题是命名类型。你不能保证没有其他人使用与你相同的类型名称。例如，当将你的类型命名为 Circle 时，其他人很有可能也会使用相同的名称。如果购买了一个自定义 UI 组件程序包，其中可能已经存在一个名为 Circle 的类型。你的应用程序如何知道在源代码的某个特定位置使用哪个 Circle 类型？你想要使用自己的 Circle 类型还是购买的程序包中的 Circle 类型？

名称空间是非常好的构造，可以帮助你将对象分为不同的类别。使用设计良好的名称空间层次结构会大大提高你的工作效率，因为可以轻而易举地找到适用于某项特定任务的类型。例如，当将要在屏幕上显示图像时，首先你会在 Windows.Graphics.Imaging 名称空间中查找它们，因为该名称空间的名称已经指出这种类型应该位于其中。

名称空间还可以帮助你避免出现类型名称冲突。如果将自己的类型放入它们自己的名称空间(例如，将 Circle 放入 MyCompany.Shapes 名称空间)，那么它们不会与来自其他程序员或公司的类型发生冲突。

类型的全名可能会非常长。幸运的是，所有管理名称空间概念的编程语言都会提供某种类型的构造，用以避免使用全名，允许只书写简单名称。下面我们来看一些示例。

C#提供了 using 子句来帮助解析类型名称，示例代码如下：

```
using Windows.UI.Xaml;

namespace MyAppNamespace
{
  class MyClass: UserControl
  {
    public MyClass()
    {
      // ...
      selectedItem = this.FindName(itemName) as ListBoxItem;
      // ...
    }
```

        }
    }

Visual Basic 使用 Imports 关键字提供相同的构造，示例代码如下：

```
Imports Windows.UI.Xaml

Namespace MyAppNamespace

  Class MyClass
    Inherits UserControl

    Public Sub New()
      ' ...
      selectedItem = TryCast(Me.FindName(itemName), ListBoxItem )
      ' ...
    End Sub
  End Class
End Namespace
```

C++也使用 using namespace 子句提供相同的概念，这一点应该不会令人感到吃惊，示例代码如下：

```
using namespace Windows::UI::Xaml;
namespace MyAppNamespace
{
  class MyClass: UserControl
  {
    public MyClass()
    {
      // ...
      selectedItem = dynamic_cast< ListBoxItem ^>(this->FindName(itemName);
      // ...
    }
  }
}
```

using、Imports和using namespace构造(分别属于C#、Visual Basic和C++)指示编译器应该在指定的名称空间中查找类型名称。这种机制允许只在程序中书写ListBoxItem类型名称，因为编译器也会检查Windows.UI.Xaml名称空间。否则，就需要书写全名Windows.UI.Xaml.ListBoxItem。

 注意：当然，Windows 运行时名称空间中的对象也可以通过JavaScript程序进行访问。在 JavaScript 中，可以使用一种不同的机制，相关信息将在第 6 章详细介绍。

3.2.3 语言投影

各种编程语言都有各自的特征。某种特定编程语言的爱好者是因为其所具有的一些特性而喜欢使用这种语言，特性包括可读性、高性能构造、功能性、语法干扰项较少等。在创建 Windows 8 风格应用程序时，可以使用多种语言，每种语言都具有不同的语法和语义方法。但是，对于 Windows 运行时设计师，要允许使用来自这些大相径庭的语言的所有服务绝对算得上是一项挑战。

语言投影层负责将 Windows 运行时 API 变换为语言的模样。由于这种变换，程序员便可以使用这些 API，就好像是使用相应语言的本机运行时库的一部分一样。

要了解语言投影层执行哪些操作，最好的方法就是看一个简单的示例。Windows.Storage.Pickers 名称空间包含一个名为 FileOpenPicker 的类型，该类型允许从一个文件夹中选择一个文件。使用 C#编程语言，可以通过下面的代码配置该对话框，以选取图片文件：

```
using Windows.Storage.Pickers;
// ...
FileOpenPicker openPicker = new FileOpenPicker();
openPicker.ViewMode = PickerViewMode.Thumbnail;
openPicker.SuggestedStartLocation = PickerLocationId.PicturesLibrary;
openPicker.FileTypeFilter.Add(".jpg");
openPicker.FileTypeFilter.Add(".jpeg");
openPicker.FileTypeFilter.Add(".png");
```

同样的任务也可以使用 JavaScript 重写，如下面的代码段所示：

```
var openPicker = new Windows.Storage.Pickers.FileOpenPicker();
openPicker.viewMode = Windows.Storage.Pickers.PickerViewMode.thumbnail;
openPicker.suggestedStartLocation =
    Windows.Storage.Pickers.PickerLocationId.picturesLibrary;
openPicker.fileTypeFilter.replaceAll([".png", ".jpg", ".jpeg"]);
```

以粗体突出显示的标识符代表 Windows 运行时 API 类型。不管是在 C#还是 JavaScript 中，所有这些标识符都以大写字母开头，并且使用帕斯卡大小写(Pascal case)。使用斜体表示的标识符是 Windows 运行时类型的成员。正如可以看到的，它们在 C#中使用帕斯卡大小写，而在 JavaScript 中使用驼峰式大小写(Camel case)。这通过语言投影层来完成！C#语言投影使用帕斯卡大小写呈现成员名称，而根据 JavaScript 约定，JavaScript 语言投影使用驼峰式大小写。

> **注意**：使用帕斯卡大小写和驼峰式大小写意味着书写的标识符中各个单词要连接起来，中间没有空格，并且复合词中每个元素的首字母都需要采用大写形式。帕斯卡大小写中第一个字母采用大写形式(例如，"PicturesLibrary"中的"P")，而驼峰式大小写采用小写字母形式(例如，"viewMode"中的"v")。

语言投影层的任务不仅仅停留在语法美化上。在Windows运行时API中，FileOpenPicker类型的FileFilterType属性是一个字符串元素向量(或数组)（FileExtensionVector）。C#语言投影将该属性呈现为List<string> (字符串列表)，因此可以使用List<string>类型的Add()方法添加文件扩展名，如下所示：

```
openPicker.FileTypeFilter.Add (".jpg");
openPicker.FileTypeFilter.Add (".jpeg");
openPicker.FileTypeFilter.Add (".png");
```

JavaScript语言投影将fileFilterType属性呈现到一个字符串数组，因此可以使用replaceAll()函数来设置该数组的内容，如下所示：

```
openPicker.fileTypeFilter.replaceAll([".png", ".jpg", ".jpeg"]);
```

Visual Studio也会利用语言投影层的功能。分别如图3-10和图3-11中所示，C#和JavaScript中的IntelliSense根据语言提供相应的后续内容。

图 3-10　在 C#中 IntelliSense 提供 List<string>类型的成员

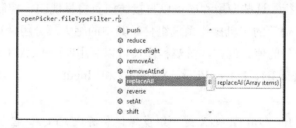

图 3-11　在 JavaScript 中 IntelliSense 提供数组操作

有了语言投影，你不再需要根据编程语言使用不同的工具来访问和占用操作系统服务。你感觉到所有 Windows 运行时服务就好像是所选编程语言的运行时环境的一部分。

3.2.4　Windows 运行时所带来的益处

正如你所了解到的，Windows 运行时是一种基于 Windows 核心操作系统服务的全新现代化 API，通过许多编程语言都可以更加自然地使用，适用的语言包括 C++、C#、Visual Basic (.NET)以及 HTML/JavaScript。这种现代化允许 Windows 运行时架构师重新思考一下，一种当代的操作系统应该如何支持应用程序开发。

- Windows 运行时通过一些代码行提供了简便的硬件访问，例如，全球定位系统(Global Positioning System，GPS)单元、传感器、照相机或其他现代化硬件设备。在过去，需要编写几十行代码才能在 Windows 3.1 中使用 C 语言创建第一个"Hello,

World"程序，而借助 Windows 运行时，你只需大约五行代码便可以通过内置的照相机拍摄一张照片。
- 应用程序在安全沙盒中运行。这意味着只有那些在当前安全上下文中认为安全的操作才会得到执行。例如，如果某个应用程序想要打开麦克风，就认为该操作是不安全的，除非用户明确确认，他或她允许使用麦克风。
- 旧版 Win32 API 是另一个基于核心操作系统服务的层。Windows 运行时是操作系统的一个组成部分，针对开发人员体验进行了优化调整。Windows 运行时不仅比 Win32 更易于使用，而且它更加稳定，改进了内存管理，从而允许占用更少的内存，并加快了内存管理的速度。
- 没有异步编程模型，现代的硬件设备以及始终高效响应的 UI 就无法工作。Windows 运行时为异步性提供本机支持。

3.2.5　Windows 运行时中不包含的内容

到目前为止，你已经了解到，Windows 运行时是开发 Windows 8 风格应用程序的一个重要组件。通过 Windows 运行时公开的所有操作系统服务都可以在 C++、C#、Visual Basic 以及 JavaScript 中使用。但在 Windows 8 风格应用程序与 Windows 运行时之间划等号之前，你还应该了解，Windows 8 风格应用程序可以利用在 Windows 运行时中其他一些并不可用的操作系统组件。

使用C或C++编程语言编写的应用程序会直接编译成特定于CPU的机器指令，这些指令可以直接在CPU中执行。这些应用程序可以直接访问负责呈现UI、控制输入设备、管理传感器、与GPU进行通信等的本机操作系统组件。其中的绝大部分组件可能会向Windows 8 风格应用程序添加额外的值。例如，游戏程序员可以利用DirectX API的高性能图形功能，例如，Direct2D、Direct3D、DirectWrite、XAudio2 和XInput。

> **注意**：Microsoft DirectX 是一组多媒体和游戏 API。这些 API 消除了应用程序与承载特定功能的硬件之间一些附加的层，从而提供多媒体和游戏应用程序所需的高性能。Direct2D 属于二维图形 API，而 Direct3D 专为三维图形游戏开发而设计。DirectWrite 是最初在 Windows Vista 中附带的一种文本布局和字形呈现 API，在 Windows 8 中仍然可用。
>
> 当 Microsoft 开始开发其游戏控制台时，使用了字母 X 作为其名称"Xbox"的首字母，用于指示该控制台基于 DirectX 技术。

这些 API 在你的应用程序与它们访问的硬件之间提供了非常"瘦小"的一层，并使用低级数据结构在应用与硬件之间移动信息。尽管可以通过 Windows 运行时使用的服务在 UI 响应能力和系统稳定性方面是安全的，但是这些 API 进行了性能优化，在你的应用程序内部需要更多的控制。

使用 C++，可以创建利用 DirectX API 功能的 Windows 8 风格应用程序。例如，可以使用 DirectWrite 创建具有漂亮的艺术字体的文字，如图 3-12 所示。

图 3-12　使用 DirectWrite API 的 Windows 8 风格应用程序

尽管这些组件不能通过Windows运行时使用，但是可以直接通过C++来访问它们，C#和 Visual Basic 中的机制在托管代码中使用这些 API。在编写本书时，可以在CodePlex(http://www.codeplex.com)上找到一些主要涉及通过C#在Windows 8 上使用DirectX的开源项目。尽管这些项目仍然处于非常原始的状态，但是相信用不了几个月，它们就会得到很大的改进。

3.3　.NET Framework 4.5

Windows 8 风格应用程序支持的两种编程语言 C#和 Visual Basic 基于.NET Framework 运行。Windows 8 在发布时使用了一种全新版本的.NET Framework，即 4.5 版。如果不了解该版本中的新增功能以及.NET Framework 如何与 Windows 运行时协同工作，开发体系结构图就是不完整的。

3.3.1　.NET Framework 4.5 的安装模型

自从 2002 年.NET 1.0 发布以来，曾经采用了多种方法来使新的.NET Framework 版本与之前的版本协同工作，如图 3-13 所示。尽管前三个版本(1.0、1.1 和 2.0)附带了不同但可以在同一台计算机上并行运行的 CLR 版本，但是后续的版本采用了一种不同的方式。

当.NET Framework 3.0 于 2006 年发布时，它并不安装自己的 CLR。它只是在 2.0 版本的基础上增加了一些功能，并且使用 2.0 版本的运行时核心。2007 年发布的.NET 3.5 也是这样。它是在.NET 3.0 的基础上增加了一些功能，并且仍然使用随.NET 2.0 发布的 CLR。

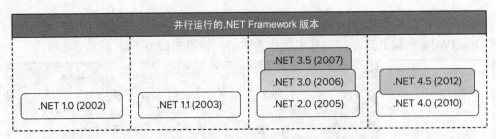

图3-13 .NET版本的关系

在2010年，.NET 4.0发布，这一版本重新配备了自己的CLR，封装了来自.NET 3.5的基类库的增强形式。从理论上来说，在2010年时，可以在自己的计算机上并列安装4个CLR版本，分别是CLR 1.0、CLR 1.1、CLR 2.0以及CLR 4.0。最新的.NET Framework版本4.5针对之前使用的安装模型增加了更多新鲜内容。.NET 4.5并不是在CLR 4.0运行时的基础上并排添加一个新的CLR，或者添加新的基类库，它是一种就地更新(这种更新不仅添加新文件，还覆盖现有的版本)，更改了CLR 4.0运行时(将其升级为CLR 4.5)，同时也扩展了之前的基类库。

 注意：从兼容性的角度来看，就地操作系统更新或.NET CLR更新始终具有较大的风险。在.NET Framework 4.5版本中，Microsoft承受了这种风险，花费了大量的时间和精力来解决可能出现的不兼容性问题。Microsoft设立了一个兼容性实验室，审查所有缺陷修复和新增功能，并原封不动地运行旧的测试。

3.3.2 Window运行时集成

.NET CLR始终具有与其他旧版技术的集成功能，例如，COM和P/Invoke (用于访问Win32 API的平台调用)。在.NET Framework 4.5中，CLR可以与Windows运行时本机集成。现在，C#和Visual Basic程序员可以同样轻松地使用Windows运行时类型，就像它们是.NET类型一样。

Windows运行时类型属于本机类型。实际上，它们使用新的、现代版本的COM，不需要对象注册，因此，可以直接通过托管代码调用它们的操作。但是，.NET CLR和语言编译器会在后台安排好所有事项，你不需要处理通过托管代码调用本机Windows运行时对象的细节。

如果回过头来看一下图3-2和图3-3，就可以发现桌面应用程序和Windows 8风格应用程序开发技术群组都包含".NET 运行时"框。你可能会认为这表示存在两种不同的.NET Framework，一种适用于桌面应用程序，另一种适用于Windows 8风格应用程序。幸运的是，实际上只有一种。

可用于Windows 8风格应用程序(Windows运行时应用程序)的基类库限于那些认为可供Windows 8应用程序"安全"使用的服务。当尝试构建现有的.NET源代码时，某些部分并不会编译，因为这些部分可能正在使用在Windows 运行时中找不到的一些.NET 基类库函数，或者认为在 Windows 8 应用程序中并不是"安全"的。

注意：通常情况下，会认为所有操作都是"安全"的，不会危害 UI 响应能力。

3.3.3 异步性支持

正如你所了解到的，异步编程对于提供UI高效响应能力是一项非常关键的技术，Windows运行时在设计时考虑了异步性。Windows运行时设计流程的结果启发了.NET Framework团队，它们向Framework的许多组件中都添加了异步性支持。.NET基类库包含数百个更改和改进，下面列出了其中最显著的一些。

- 基类库的主要接口(例如，文件 I/O 操作)支持异步性。
- ADO.NET(.NET 中的基本数据访问技术)中的数据访问过程以及 Windows Communication Foundation (WCF)中的网络通信组件也作为一流的操作来处理异步构造。
- 在处理请求和创建响应时，ASP.NET 支持异步管道。ASP.NET MVC 4 提供了异步控制器。
- .NET Framework 4.0 中引入的任务并行库(Task Parallel Library，TPL)在设计时考虑了异步编程。在.NET Framework 4.5 中，其线程管理通过一些管理同步和各种超时方案的新类型得到了改进。

尽管异步编程模式可以提供更好的UI响应能力并提高了吞吐能力，但是要应用它们相当困难，它们非常容易出错。在.NET Framework 4.5 中，C#和Visual Basic编译器提供了两个新的关键字(在C#中为async和await，而在Visual Basic中为Async和Await)，它们接管了与上述模式相关的所有复杂性。

注意：有关这些关键字的更多详细信息将在第 6 章中介绍。

3.3.4 其他新功能

尽管.NET Framework 4.5 主要的新功能是 Windows 运行时集成和增强的异步编程支持，但是还有许多其他细微的改进可以大大提高开发人员的工作效率。.NET Framework 4.5 中提供了许多新功能，但有关解释这些功能的内容并不在本书的介绍范围之内。如果想要获得有关这些功能的更多详细信息，建议你从 MSDN 上的.NET Framework 开发中心(网址为 http://msdn.microsoft.com/netframework)中查找相关的内容。

3.4 选取适合你项目的技术

本章介绍了许多可以用于创建 Windows 8 应用程序的技术和编程语言。有时候,最困难的决定是选择适合你项目的语言和技术群组。本节将提供一些提示,以帮助你做出最优决定。

除了编程语言和开发技术以外,还有另外一个非常重要的注意事项,这一点之前几乎从未提到过。Windows 8 不仅彻底改变了用户处理应用程序的方式,还彻底改变了他们发现、安装和删除程序的方式。这种全新的安装模型可能会激励你创建 Windows 8 风格应用程序,而不是桌面应用,因此,我们应该借此机会大致了解一下这种安装模型。

3.4.1 Windows 应用商店

在以前的 Windows 操作系统中,你必须创建安装工具包,并通过在目标计算机上运行这些工具包来部署自己的应用程序。你的用户需要了解一些有关安装过程的技术细节,例如,选择目标文件夹、安装必备软件、向桌面添加快捷方式等。安装过程经常会成为一种忧虑的根源,该安装会不会覆盖计算机上的某些内容,从而阻止其他应用程序正常运行?此外,需要删除那些不必要的应用程序,并且经常还会需要清理实用程序来移除这些应用程序留下的大量垃圾。

如果没有一种非常简便的方式来获取和发布应用程序,那么以使用者为中心的方法寸步难行。Windows 8 风格应用程序只能从 Windows 应用商店进行安装,而 Windows 应用商店是一种在线服务。作为开发人员,可以将自己的应用程序上载到 Windows 应用商店,在那里,它会先经历一个审批过程,然后用户才能发现并安装它。而作为用户,可以在 Windows 应用商店中找到某种应用程序,在购买以后(或者选择免费试用,如果该应用程序允许,甚至可以免费使用),让操作系统为你安装该应用程序。如果不再需要该应用程序,Windows 8 将立即将其卸载,并执行清理过程,以便释放该应用占用的所有资源。

> **注意**:对于想要购买和运行 Windows 8 风格应用程序的使用者来说,使用 Windows 应用商店非常简单。但是,开发人员需要了解更多有关上载程序和利用 Windows 应用商店功能的详细信息,以便能够将自己的程序商品化,并利用它们赢取收益。第 16 章将对该主题进行专门的介绍。

3.4.2 Windows 8 还是桌面应用程序

首先你应该决定是要创建 Windows 8 风格应用程序还是桌面应用程序。表 3-2 通过区分一些考虑要点来帮助你做出决定。

表 3-2 帮助在 Windows 8 风格应用程序和桌面应用程序之间做出选择的要点

在以下情况下使用 Windows 8 风格应用程序	在以下情况下使用桌面应用程序
完全没有或者只有非常少的 Windows 编程经验	有更多 Windows 编程经验，或者是经验丰富的 Windows 程序员
主要关注具有出色的用户体验的应用程序	主要关注想要利用已经掌握的 UI 技术(Windows 窗体、WPF 或 Silverlight)的应用程序
需要重用的 UI 基本代码相对较小	具有大量与 UI 相关的代码，并且想要重用该基本代码承载的知识
应用程序在单台 Windows 计算机上使用。应用程序的主要关注点是为通过 Internet(或者公司内部网)访问的服务和远程组件提供 UI	应用程序分为多个组件，包括 UI、业务服务和数据库。UI 应用程序组件使用旧版、特定于供应商或者专用的通信技术访问其他服务
应用程序想要利用诸如平板电脑等移动设备提供的用户体验和设备功能	应用程序主要在台式计算机上使用并且/或者与现有应用程序集成
想要利用 Windows 应用商店提供的易于使用的应用程序部署模型	需要一种比 Windows 应用商店提供的更为复杂的部署模型
可以使用(也可以说，允许使用) C++、C#、Visual Basic 或 JavaScript 编程语言来创建应用程序	除了 C++、C#、Visual Basic 和 JavaScript 以外，在创建应用程序时还需要大量使用其他编程语言

如果你参与一个非常复杂的项目，那么很明显，你不能在整个项目中只使用 Windows 8 风格技术群组，因为，你经常需要进行服务器端开发。但是，研究你的系统可以处理并且可能会作为 Windows 8 风格应用程序实现的 UI 组件非常值得。

注意：本书专门介绍 Windows 8 风格应用程序开发，不会介绍传统的桌面开发技术，如 WPF 和 Silverlight。如果也对这些技术感兴趣，Wrox 提供了很多非常好的参考书供你选用。有关更多详细信息，请访问 Wrox Web 站点(网址为 www.wrox.com)。

3.4.3 选择编程语言

正如你在本章前面的内容中所了解到的，可以使用多种语言进行 Windows 8 风格应用程序开发，其中包括 C++、C#、Visual Basic 以及 JavaScript 等。如果偏好其中的任何一种语言，尽管开始使用它。

如果完全没有或只有非常少的 Windows 编程经验，或者不确定哪种语言可以在最短的时间内掌握，下面提供了一些指导性信息，可以帮助你做出决定。

- 如果有Web页面设计和Web站点创建的经验,那么你一定了解HTML,而且还可能使用过CSS和JavaScript。这种情况下,建议你使用JavaScript开始创建自己的第一个Windows 8 风格程序。
- 如果曾经在 Microsoft Word 和 Excel 中使用过宏,那么你或许应该使用 Visual Basic 开始创建自己的第一个 Windows 8 风格应用程序。
- 如果过去的工作经验主要是关于编程算法,而不是 UI,那么建议你选择 C++和 C# 语言。C#可能更容易学习,C++针对低级编程构造提供更多的控制。

对于 Windows 8 风格应用程序编程,最好的一点在于,你不必坚持使用一种语言!你甚至可以在一个应用程序中使用多种编程语言。例如,如果拥有使用 JavaScript 进行 Web 编程的经验,那么可以使用 HTML 和 JavaScript 来创建 UI,但是仍然可以使用通过 C#编写的更为复杂的应用程序逻辑以及通过 C++编写的高性能算法。

即使你仅仅使用了上述语言之一开始进行应用程序开发,学习其他语言也非常值得,因为每种语言都有自己的优势。当面临工期紧张的情况或者想要提高应用程序对其他平台的开放程度时,了解多种语言并混合使用会为你带来不可估量的价值。

3.5 小结

Windows 8 提供了一种新的应用程序开发模型,称为 Windows 8 风格应用程序模型。但是,你仍然可以利用与以前的 Windows 版本一起使用的桌面应用程序开发技术群组。

Windows 8 风格应用程序具有自己的技术群组。可以使用 4 种编程语言来创建 Windows 8 应用程序,分别是 C++、C#、Visual Basic 以及 JavaScript。不管使用哪种语言,这些应用程序所需的所有操作系统服务都可以通过一种称为 Windows 运行时的新组件进行访问,从这个角度上来说,这些语言都是共通的。

Windows 运行时是一种基于核心 Windows 服务的现代编程界面。尽管通过本机代码实现它,但是它提供名称空间、对象元数据以及异步操作。每种编程语言都有一个语言投影层,用于模拟 Windows 运行时。该层在创建时考虑了特定的语言。

C#和 Visual Basic 使用.NET Framework 4.5,它与 Windows 运行时本机集成,因此,可以像.NET 基类库类型一样轻松地使用 Windows 运行时中的类型。

第 4 章将介绍可以用于创建 Windows 8 风格应用程序的基本工具,还将指导你创建一些简单的应用程序以激起你的编程欲望。

> 练 习

1. 列出可以用于在 Windows 8 中创建 Windows 8 风格应用程序的编程语言。
2. Windows 8 风格应用程序中支持哪些 UI 技术?
3. 允许通过所有 Windows 8 编程语言访问 Windows 核心服务的组件是什么?
4. 为什么说 Windows 运行时比传统的 Win32 API 高级?

5. Windows 应用商店提供的应用程序部署模型是什么？

 注意：可以在附录 A 中找到上述练习的答案。

本章主要内容回顾

主　　题	主　要　概　念
Windows 8 编程语言	可以使用以下语言创建 Windows 8 风格应用程序：C/C++、C#、Visual Basic、JavaScript
XAML	在 Windows 8 中，使用可扩展应用程序标记语言(XAML)声明和实现通过 C++、C#和 Visual Basic 编写的应用程序的用户界面(UI)
HTML	在 Windows 8 中，结合使用最新的超文本标记语言(HyperText Markup Language，HTML)版本 HTML5 与层叠样式表 3 (CSS3)，通过 JavaScript 编程语言创建应用程序 UI
Windows 运行时	Windows 运行时是 Windows 8 风格应用程序可以用于访问基础操作系统服务的应用程序编程接口(API)
Windows 运行时对象	与 Win32 (使用平面操作)相比，Windows 运行时通过相关操作和数据结构提供有意义的对象。这些对象具有自我描述性。它们可以提供有关自身的元数据信息。使用该元数据，应用程序可以轻松地使用公开的操作
名称空间	把 Windows 运行时对象组织到分层名称空间中。各个名称空间中的对象可以使用相同的简单名称
语言投影层	Windows 运行时对象和操作可以通过每种 Windows 8 编程语言进行访问，就好像 Windows 运行时绑定到该特定语言一样。这种行为通过语言投影层提供
异步编程模型	Windows 运行时提供一种异步编程模型，用于提供 UI 高效响应能力。可能会阻止 UI 的操作通过异步方式来实现，它们将处理过程切换到后台线程，同时保持 UI 具有高效响应能力
.NET Framework 4.5	.NET Framework 4.5 是与 Windows 8 一起发布的最新版本的 .NET Framework。它提供与 Windows 8 的本机集成，向很多基类库中添加了异步性
Windows 应用商店	Windows 8 风格应用程序只能从 Windows 应用商店进行安装，而 Windows 应用商店是一种在线服务。开发人员可以将自己的应用程序上载到 Windows 应用商店，在那里，这些应用程序会先经历一个审批过程，然后用户才能购买并安装它们

第 4 章

开发环境

本章包含的内容：

- 发现可以用于开发 Windows 8 风格应用程序必不可少的工具
- 了解 Visual Studio 和 Expression Blend IDE
- 使用 Visual Studio 创建你的第一个 Windows 8 风格应用程序
- 发现 Visual Studio IDE 的一些有用功能
- 使用 Expression Blend 增强用户体验

适用于本章内容的 wrox.com 代码下载

可以在www.wrox.com/remtitle.cgi?isbn=012680 上的 Download Code 选项卡中找到适用于本章内容的 wrox.com 代码下载。代码位于 Chapter04.zip 下载压缩包中，并且单独进行了命名，如对应的练习所述。

借助Windows运行时、各种功能强大的编程语言以及呈现技术，Windows 8开发成为一项引人注目的工作。Microsoft也提供了一些出色的工具，以便能够利用这些卓越的技术。本章将介绍两种将在开发应用程序时使用的基本工具，分别是Visual Studio 2012和Expression Blend。

首先，你将使用 Visual Studio 创建一个简单的 Windows 8 应用。本章中的练习将帮助你熟悉如何使用 Visual Studio 集成开发环境(Integrated Development Environment，IDE)，同时帮助你了解 Windows 8 应用开发的基本步骤。对于 Windows 8 应用，用户体验是一个关键的成功因素。要了解出色的设计工具支持如何通过简单几步操作增强你的用户界面(User Interface，UI)，需要使用 Expression Blend 修改示例应用程序。

阅读完本章内容以后，你便可以开始深入探究 Windows 8 应用程序开发的细节，并使用这些出色的生产效率工具。

4.1 工具集简介

第 3 章提到，Windows 8 具有一个完整的技术群组，用于构建 Windows 8 风格应用程序。它支持 4 种编程语言，分别是 C++、C#、Visual Basic 以及 JavaScript。使用 JavaScript 的开发人员可以利用 HTML5 和 CSS3 来创建其应用程序的用户界面，而其他编程语言的爱好者可以利用可扩展应用程序标记语言(eXtensible Application Markup Language，XAML) 来建立 UI。

这些技术非常出色，但是，如果没有正确的工具集，开发人员便无法高效地使用它们。Microsoft 的标志性开发工具运行在 Windows 8 上，可以利用它们来设计和实现 Windows 8 风格应用程序。

- Microsoft Visual Studio 2012 是支持所有 Windows 8 语言以及 Windows 8 风格应用程序开发的完整技术群组的旗舰开发环境。
- Microsoft Expression Blend 是一种非常出色的工具，可以帮助 UI 设计师以一种效率较高的方式建立专业的应用程序 UI。

4.1.1 Visual Studio 2012

Visual Studio 是 Microsoft 提供的一种集成开发环境。它的最初起源可以追溯到 21 年前。最新的版本是第 11 个主要版本，称为 Visual Studio 2012。它是旗舰开发工具，可用于针对所有 Microsoft 平台开发应用程序，包括 Windows 8 及其之前的版本、.NET Framework、Windows Phone、Silverlight 以及 Windows Azure。在过去的 21 年中，Visual Studio 经历了很多次变更，最终达到现在的形式。

1. Visual Studio 简史

在最初几个版本的 Windows 操作系统上进行应用程序开发是使用 C 编程语言的开发人员的一项特权。在这些 Windows 版本中，创建应用程序意味着要在某种文本编辑器中编写源代码，执行手动步骤来编译应用程序，并将生成的二进制代码链接到可执行文件。

Visual Basic 1.0 版于 1991 年 5 月发布，该版本的发布显著改变了这种状况。该产品通过引入诸如窗体、控件、模块、类以及代码隐藏文件等概念，使得开发工作真正实现了可视化(与之前使用的 C 语言工具相比)。

由于 Visual Basic 的成功，Microsoft 构建了很多具有可视化复合功能的工具和语言。具有 Microsoft Foundation Classes (MFC)库的 Visual C++ (于 1993 年 2 月发布)证明 C++语言也可以作为一种高效的工具用于通过一种简单的方式来创建卓越的 UI。在 1995 年(这一年到处都是有关 Java 编程语言的新闻)，Microsoft 创建了 Visual J++语言，它具有自己的 Java 虚拟机(Java Virtual Machine，JVM)。

Microsoft 的架构师团队认识到，应用程序的可视化方面可以完全与用于创建它的编程语言区分开来。他们创建了一种产品，即 Visual Studio 97，它捆绑了 Visual Basic 5.0、Visual

C++ 5.0、Visual FoxPro 5.0、Visual J++和 Visual InterDev。下一个版本的 IDE 于 1998 年 6 月发布，名为 Visual Studio 6.0。

作为对Java平台取得巨大成功的回应，Microsoft于2002年2月发布了.NET Framework。.NET Framework 1.0与Visual Studio.NET一起发布。该Visual Studio版本将多种编程语言和工具集成到同一个IDE中。开发人员可以使用4种即装即用语言，分别是Visual Basic.NET、Visual C#、Visual C++以及Visual J#。除了J#以外，其他语言在Visual Studio 2012中仍然可用。

2. Visual Studio 版本

Microsoft 始终努力围绕其产品构建一个大型的开发人员社区，并且已经针对特定的受众创建了一些专业化的版本，这些受众包括开发爱好者和学生以及专业人员和企业开发人员。不管是为了个人兴趣而编写代码的个人开发人员，还是参与大型企业项目的专业开发人员，都可以使用同一种产品，那就是 Visual Studio。从 2005 年开始，出现了一种趋势，那就是除了为企业开发人员提供的版本以外，还需要提供一种免费的 Express 版本的 Visual Studio。从那时起，每一次新的 Visual Studio 版本发布都有自己相关的 Express 版本。

尽管在一开始，Express 版本以编程语言为基础发布(例如，Visual C# Express、Visual Basic Express、Visual Web Developer Express)，但随后 Microsoft 改变了这种趋势，变为根据应用程序类型发布 Express 版本(例如，Visual Studio Express for Windows Phone、Visual Studio Express for Windows 8)。此外，一些新的工具(如单元测试)逐渐开始成为 Express 版本的组成部分。

最新的 Visual Studio 2012 支持以下版本。

- Visual Studio 2012 Express for Windows 8——这是一个免费版本，可以从 Microsoft Developer Network (MSDN)下载。使用该工具，可以开发功能完善的 Windows 8 风格应用程序。此外，还可以实现单元测试与 Team Foundation Server (Microsoft 的源代码管理和团队管理工具)集成。
- Visual Studio 2012 Professional/Premium/Ultimate——这些版本不免费使用，你必须为它们提供的功能和服务支付相应的费用。Professional 版本专为那些在小型团队中工作的自由开发人员而设计。Premium 版本主要针对企业项目，而 Ultimate 版本为架构师和项目经理提供要在具有几十个团队成员的大型项目中使用的工具。

在本书中，你将使用 Visual Studio 2012 Express for Windows 8 版本，因为该版本包含 Windows 8 风格应用程序开发所需的每一种工具，而且免费。

4.1.2 安装 Visual Studio 2012 Express for Windows 8

在能够使用 Visual Studio 2012 Express for Windows 8 创建 Windows 8 风格应用程序之前，必须先在计算机上安装该软件。在接下来的练习中，你将下载并安装该产品。

试一试　安装 Visual Studio 2012 Express for Windows 8

要安装 Visual Studio 2012 Express for Windows 8，请按照下面的步骤进行操作。

(1) 访问MSDN上的Windows 8风格应用开发人员中心站点，网址为http://msdn.microsoft.com/en-us/windows/apps/default。选择Download the tools and SDK链接转到Downloads for developers页面。

(2) 单击"Download now"(立即下载)按钮，当浏览器询问是要运行还是保存该应用程序时，选择 Run 按钮。几秒钟以后，Visual Studio 2012 Express for Windows 8 安装程序将启动。

(3) 勾选 "I agree to the License terms and conditions"(我同意许可条款和条件)复选框，然后单击屏幕底部的 INSTALL 文本，如图 4-1 所示。

(4) 根据你的 Windows 8 设置，可能会弹出 User Access Control (用户访问控制)对话框，询问你是否允许安装程序在你的计算机上进行更改。如果弹出该对话框，请单击 Yes 按钮；否则，安装将取消。

(5) 安装过程将启动。它将下载要在你的计算机上安装的程序包，安装它们，然后对其进行配置。可以通过两个进度条来跟踪这一过程，如图 4-2 所示。

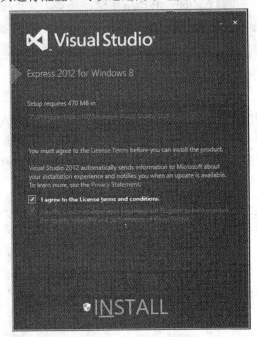

图 4-1　Visual Studio 2012 Express for Windows 8 安装程序的 Start 屏幕

图 4-2　可以跟踪安装的进度

Acquiring 进度条显示程序包下载的进度，而 Applying 进度条显示安装和配置的进度。

(6) 大约 15 分钟以后，所有 Visual Studio 2012 Express 组件都将安装到你的计算机上。在安装屏幕的底部，单击 LAUNCH 链接启动 IDE。在配置 IDE 时，启动屏幕将显示几秒钟，然后显示具有 Start Page 的主窗口，如图 4-3 所示。

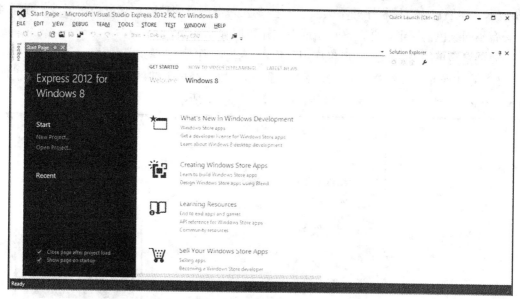

图 4-3 Visual Studio 2012 Express for Windows 8 的 Start Page

现在，Visual Studio 已经安装完毕，可供使用。在该 IDE 中创建 Windows 8 风格应用程序非常简单，只需单击几下鼠标即可，相关信息将在本章稍后的内容中介绍。

  注意：在第一次启动后，Visual Studio 会要求你获取开发人员许可证。向 Windows 应用商店提交应用程序需要提供该许可证，相关信息将在第 16 章中介绍。当显示 Developer License 对话框时，选择 Cancel 按钮。

4.2 简单了解 Visual Studio IDE

Visual Studio IDE 在前一个版本(Visual Studio 2010)后经历了现代化和清理过程。产品团队做出了巨大的努力以提高 IDE 的速度(提供更短的启动和项目加载时间)，降低内存使用量，同时使其更易于使用。本节将通过创建一个简单的应用程序介绍 IDE 的相关内容。

4.2.1 新建项目

在 Visual Studio IDE 中，你当前的工作通过一个"解决方案"来表示。一个解决方案组合一些较小的应用程序"项"单元，称为"项目"。项目是可以独立构建的最小单元。在接下来的练习中，将介绍如何创建项目。

试一试 新建 Windows 8 风格应用程序

正如你在第 3 章中了解到的，Windows 8 风格应用程序可以通过 4 种语言进行编写，它们分别是 C++、C#、Visual Basic 和 JavaScript。在该练习中，你将使用 C#语言和 XAML UI 技术。你创建的应用程序并不会实现一些令人兴奋不已的功能。它只是在屏幕上显示 4 个具有不同颜色的矩形，并在你点击或单击矩形时显示文本。

要创建简单的 Windows 8 风格应用程序，请按照下面的步骤进行操作。

(1) 在主菜单中，选择 File | New Project 命令以选择要创建的项目类型。此时将出现 New Project 对话框，其中显示很多项目模板，如图 4-4 所示。

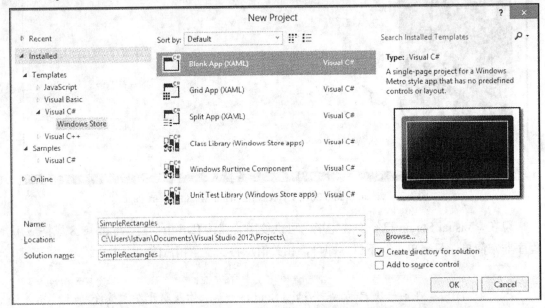

图 4-4　具有 Visual C# Blank Application 模板的 New Project 对话框

(2) 该对话框的左侧窗格显示一个类别层次结构。在Installed节点下，依次展开Templates和Visual C#。单击"Windows Store"节点以显示该类别对应的可用项目模板。选择 Blank Application 模板，将其命名为 SimpleRectangles(如图 4-5 所示)，然后单击OK按钮。

根节点表示具有一个项目的解决方案，节点在根层次结构的紧下方。项目具有子节点，例如，Properties、References、Assets和Common文件夹、App.xaml 文件等。IDE 还打开 App.xaml.cs文件进行编辑。

图 4-5　包含项目的解决方案资源管理器

示例说明

当在步骤(2)中选择 Blank Application 模板并为其指定名称时，Visual Studio 创建了一个模板文件副本，并使用应用程序的名称(SimpleRectangles)替换了模板中的一些占位符。复制模板以后，IDE 立即在解决方案资源管理器窗口中将其打开并显示其结构。

第 4 章 开发环境

如果运行该应用，那么将仅显示一个空白页面。在接下来的练习中，你将设计该应用的页面。

试一试　设计页面

要设计应用程序的页面，请按照下面的步骤进行操作。

(1) 在解决方案资源管理器中，双击 MainPage.xaml 节点。IDE 将在设计视图中打开该文件，如图 4-6 所示。该视图分为两部分，上半部分的设计窗格，其中显示页面预览，以及下半部分的 XAML 窗格，其中包含描述页面定义的 XAML 代码。

> **注意**：当在 Visual Studio 中打开一个页面(或者任何 XAML)文件时，加载设计预览可能需要几秒钟的时间。在这段时间中，将在预览窗格中显示一个具有 "Loading designer…"(正在加载设计器…)文本的框。

(2) 在设计窗格的左下角，使用组合框更改缩放因子，以便可以看到整个设计预览。根据你使用的显示屏的尺寸，可能正确的比例为 66.67%、50%或 33.33%。

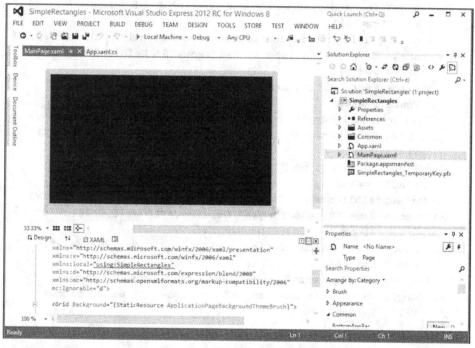

图 4-6　设计 MainPage.xaml 文件

(3) 在 XAML 窗格中，向下滚动到<Grid …>与</Grid>元素之间的空行，开始输入<Grid.RowD。在你输入时，Visual Studio 中内置的 IntelliSense 技术将自动显示完成形式的列表，如图 4-7 所示。在该列表中，RowDefinitions 条目处于突出显示状态，以作为"RowD"建议的完成形式。按 Tab 键，将应用建议的完成形式。按">"键将结束 XAML 标记，编辑器将自动为你创建结束</Grid.RowDefinitions>标记，如图 4-8 所示。

第Ⅰ部分　Windows 8 应用程序开发简介

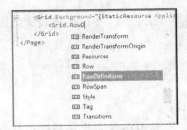

图 4-7　IntelliSense 显示的完成形式列表　　　图 4-8　完成的表达式

(4) 将下面的粗体代码复制到 XAML 窗格中：

```
<Grid Background="{StaticResourceApplicationPageBackgroundThemeBrush}">
    <Grid.RowDefinitions>
        <RowDefinition />
        <RowDefinition />
    </Grid.RowDefinitions>
    <Grid.ColumnDefinitions>
        <ColumnDefinition />
        <ColumnDefinition />
    </Grid.ColumnDefinitions>
    <TextBlock Text="Behind Red" Grid.Row="0" Grid.Column="0"
        FontSize="48"
        HorizontalAlignment="Center" VerticalAlignment="Center" />
    <Rectangle Name="RedRectangle" Grid.Row="0" Grid.Column="0"
        Fill="Red" />
    <TextBlock Text="Behind Green" Grid.Row="0" Grid.Column="1"
        FontSize="48"
        HorizontalAlignment="Center" VerticalAlignment="Center" />
    <Rectangle Name="GreenRectangle" Grid.Row="0" Grid.Column="1"
        Fill="Green" />
    <TextBlock Text="Behind Blue" Grid.Row="1" Grid.Column="0"
        FontSize="48"
        HorizontalAlignment="Center" VerticalAlignment="Center" />
    <Rectangle Name="BlueRectangle" Grid.Row="1" Grid.Column="0"
        Fill="Blue" />
    <TextBlock Text="Behind Yellow" Grid.Row="1" Grid.Column="1"
        FontSize="48"
        HorizontalAlignment="Center" VerticalAlignment="Center" />
    <Rectangle Name="YellowRectangle" Grid.Row="1" Grid.Column="1"
        Fill="Yellow" />
</Grid>
```

(5) 设计预览将根据你刚刚输入的 XAML UI 定义进行刷新，如图 4-9 所示。

示例说明

　　当使用 C++、C#或 Visual Basic 编程语言时，将使用 XAML 技术来定义 Windows 8 风格应用的 UI。当在前面的练习中创建项目时，IDE 为你创建了 MainPage.xaml 文件，作为默认应用程序页面。

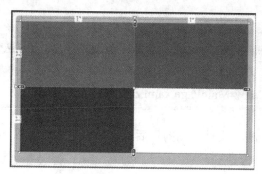

图 4-9　页面的预览

在步骤(3)和步骤(4)中，你添加了一个网格声明，将屏幕分为两行两列，网格的每个单元格都包含一个 TextBlock 和一个 Rectangle 元素。在每个单元格中，在文本之前放置矩形，因为 TextBox 声明在 Rectangle 声明之前。

当更改 XAML 窗格的内容时，预览将不断刷新，如图 4-9 所示。

尽管你设计了页面的布局，但是还没有向应用程序添加任何行为。在接下来的练习中，将添加一些代码行，允许用户单击或点击某个矩形以显示其后面的文本。

| 试一试 | 添加并编辑事件处理程序代码 |

Windows 8 风格应用程序遵循已知的事件模式。当用户与应用程序进行交互时，操作系统会引发一个事件。在代码中，可以编写一个响应特定事件的事件处理程序方法。

要向你在前面的练习中设计的页面添加事件处理程序代码，请按照下面的步骤进行操作。

(1) 如果在前面的练习中关闭了 MainPage.xaml 文件，请在解决方案资源管理器中双击该文件将其打开。

(2) 在 XAML 窗格中，选择具有 Name="RedRectangle"特性的<Rectangle>元素。在主窗口的右侧，在解决方案资源管理器的下面，可以看到 Properties 窗口，如图 4-10 所示。如果无法看到该窗口，就可以按Alt+Enter快捷键进行显示。

(3) 在Name字段的右侧，可以看到两个图标。单击第二个图标(在图 4-10 中突出显示)以显示所选矩形的事件。向下滚动到 Tapped 事件，输入RectangleTapped，然后按Enter键。

图 4-10　Properties 窗口

(4) IDE 将打开 MainPage.xaml.cs 文件，并创建一个新的事件处理程序方法，名为 RectangleTapped。

注意：MainPage.xaml.cs文件称为代码隐藏文件，因为它包含与MainPage.xaml文件定义的UI相关联的代码。如果在解决方案资源管理器中展开MainPage.xaml节点，会发现它嵌套MainPage.xaml.cs文件。

(5) 在 MainPage.xaml.cs 文件顶端的最后一行后面附加以下以 using 开头的代码行：

C#

```
using Windows.UI.Xaml.Shapes;
```

(6) 在 RectangleTapped()方法的主体中输入以下粗体代码：

C#

```
private void RectangleTapped(object sender,
TappedRoutedEventArgs e)
{
    RedRectangle.Fill.Opacity = 1.0;
    GreenRectangle.Fill.Opacity = 1.0;
    BlueRectangle.Fill.Opacity = 1.0;
    YellowRectangle.Fill.Opacity = 1.0;
    var rectangle = sender as Rectangle;
    if (rectangle != null)
    {
        rectangle.Fill.Opacity = 0.25;
    }
}
```

(7) 在 IDE 的工具栏下单击 Mainpage.xaml 选项卡以返回页面的设计视图，并查看与事件处理程序方法相关联的<Rectangle>元素：

```
<Rectangle Name="RedRectangle" Grid.Row="0" Grid.Column="0"
    Fill="Red"
    Tapped="RectangleTapped" />
```

IDE 自动将 RectangleTapped()方法与<Rectangle>元素的 Tapped 事件相关联。通过选中然后按 Ctrl+C 快捷键复制以下粗体代码，然后通过按 Ctrl+V 快捷键将其粘贴到另外三个<Rectangle>元素中：

```
<TextBlock Text="Behind Red" Grid.Row="0" Grid.Column="0"
    FontSize="48"
    HorizontalAlignment="Center" VerticalAlignment="Center" />
<Rectangle Name="RedRectangle" Grid.Row="0" Grid.Column="0"
    Fill="Red"
    Tapped="RectangleTapped" />
<TextBlock Text="Behind Green" Grid.Row="0" Grid.Column="1"
    FontSize="48"
    HorizontalAlignment="Center" VerticalAlignment="Center" />
```

```xml
<Rectangle Name="GreenRectangle" Grid.Row="0" Grid.Column="1"
    Fill="Green"
    Tapped="RectangleTapped" />
<TextBlock Text="Behind Blue" Grid.Row="1" Grid.Column="0"
    FontSize="48"
    HorizontalAlignment="Center" VerticalAlignment="Center" />
<Rectangle Name="BlueRectangle" Grid.Row="1" Grid.Column="0"
    Fill="Blue"
    Tapped="RectangleTapped" />
<TextBlock Text="Behind Yellow" Grid.Row="1" Grid.Column="1"
    FontSize="48"
    HorizontalAlignment="Center" VerticalAlignment="Center" />
<Rectangle Name="YellowRectangle" Grid.Row="1" Grid.Column="1"
    Fill="Yellow"
    Tapped="RectangleTapped" />
```

现在，SimpleRectangles 应用程序已经准备好运行。

示例说明

可以使用 Properties 窗口来设置所选元素的特性，或者将该元素的事件与事件处理程序方法相关联。在步骤(3)中，创建了一个新的事件处理程序方法，并将其与名为 RedRectangle 的 Rectangle 元素的 Tapped 事件相关联。当点击该元素或者使用鼠标单击它时，将触发该事件。

你在步骤(6)中添加的代码使所有矩形都处于不透明状态，然后将选定的矩形设置为近乎透明的状态。因此，隐藏在该矩形后面的文本会因为该透明设置而变得可见。

在步骤(7)中，对XAML定义进行了编辑，以将另外三个矩形(绿色、蓝色和黄色)的Tapped事件与RectangleTapped方法相关联。

现在，你已经创建了第一个 Windows 8 风格应用程序。下面便可以开始运行该应用程序。在接下来的练习中，你将了解到如何从 Visual Studio 启动应用程序，以及如何对其进行调试。

试一试　运行并调试项目

要启动应用程序，请按照下面的步骤进行操作。

(1) 按 Crtl+F5 快捷键，或者使用 Debug | Start Without Debugging 菜单命令。Visual Studio 将构建并部署项目，然后立即启动该项目。该应用程序将显示 4 个矩形。

(2) 点击任意矩形(如果使用的是平板电脑)，或者使用鼠标指针单击任意矩形。该矩形的颜色将变深，并显示其背后隐藏的文本。例如，当点击或单击绿色矩形时，将显示"Behind Green"文本，如图 4-11 所示。

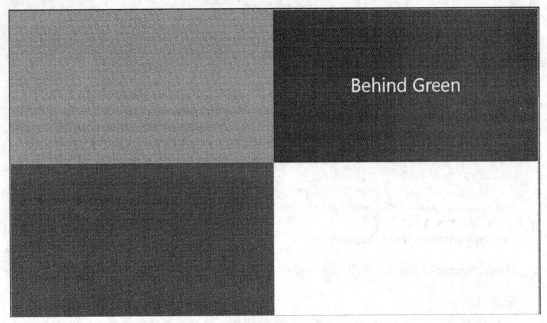

图 4-11　运行中的 SimpleRectangles 应用程序

(3) 按 Alt+F4 快捷键关闭该应用程序。该应用程序关闭后，将立即显示 Start 屏幕。使用手指或鼠标滑动屏幕，直至到达最右侧的磁贴。可以发现 SimpleRectangles 应用程序的磁贴，如图 4-12 所示。

(4) 单击 Windows 按钮或者在 Start 屏幕上点击 Desktop 磁贴，返回 Visual Studio IDE。

(5) 打开 MainPage.xaml.cs 文件，向下滚动到 RectangleTapped()方法，然后单击if (rectangle != null)行开头左侧的编辑器空白边距部分。该单击操作将向该行添加一个断点，如图 4-13 所示。

图 4-12　Start 屏幕中的 SimpleRectangles 磁贴

(6) 按 F5 键或者使用 Debug | Start Debugging 命令在调试模式中启动该应用程序。该应用程序将按照与之前相同的方法启动。

(7) 点击或单击屏幕。此时将触发 RectangleTapped 事件，并且程序将在所选的断点停止执行，如图 4-14 所示。

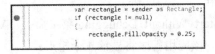
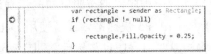

图 4-13　在 RectangleTapped()方法中创建一个断点　　　图 4-14　程序在断点处停止执行

(8) 按 F10 键两次，程序执行将移动到 "rectangle.Fill.Opacity = 0,25;" 行。按 F5 键，程序将再次运行，直到你再次单击屏幕。

(9) 在 Visual Studio IDE 中按 Shift+F5 快捷键或者在 SimpleRectangles 应用程序中按 Alt+F4 快捷键停止应用程序。

第 4 章 开发环境

注意：请务必小心谨慎，不要在 Visual Studio 中使用 Alt+F4 快捷键，因为按该快捷键将关闭 IDE。Shift+F5 快捷键是 Debug | Stop Debugging 命令的快捷方式。在 IDE 中时，可以使用 Shift+F5 快捷键完成调试。

示例说明

正如本练习中所表明的，可以使用 F5 键或 Ctrl+F5 快捷键分别在启用调试或不启用调试的情况下启动应用程序。在这两种情况下，Visual Studio 都会编译该应用程序，立即部署它，并在开始屏幕中创建一个对应的磁贴，如图 4-12 所示。

可以向代码中添加断点。当应用程序启动时，每当执行到达某个断点时，应用程序便会停止，IDE 将显示带有该断点的文件，并突出显示你当前的位置。

注意：可以在本书的合作的 Web 站点 www.wrox.com 上找到本练习对应的完整代码进行下载，具体位置为 Chapter04.zip 下载压缩包中的 SimpleRectangles-VS 文件夹。

4.2.2 使用示例和扩展

查看示例应用程序可以帮助你加快学习速度。Visual Studio 设计师始终秉承这一理念，并将 IDE 与示例库(Samples Gallery)Web 站点(http://code.msdn.microsoft.com)集成。该社区 Web 站点是 Windows 编程代码示例的中心，可以在其中找到成千上万个非常出色的源代码项目。在该 Web 站点中，可以通过指定标记、编程语言、Visual Studio 版本以及其他条件来搜索示例。当找到感兴趣的示例时，可以下载该示例并使用 Visual Studio 打开。此外，也可以上载自己的示例应用程序。

1. 基于示例新建项目

尽管上述 Web 站点使用起来非常直观明了，但是你必须首先下载示例，然后在 IDE 中将它打开。可以直接从 IDE 打开你感兴趣的示例，而不必使用浏览器找到并下载示例，相关信息将在接下来的练习中介绍。

试一试　基于示例应用程序新建项目

要基于某个示例应用程序新建项目，请按照下面的步骤进行操作。

(1) 使用 File | Close Solution 菜单命令，关闭 IDE 中的 SimpleRectangles 项目及其所有相关文件。

(2) 使用 File | New Project 菜单命令，或者按 Ctrl+Shift+N 组合键新建示例项目。此时将弹出 New Project 对话框。

(3) 单击该对话框中最低端的 Online 节点。IDE 将连接到一些与 Visual Studio 相关的 Web 站点，其中包括示例库站点，并检索在该对话框中显示的信息。在 Online 节点下，显示两个主文件夹，分别是 Templates 和 Samples。

(4) 单击 Templates 文件夹左侧的小三角形将该文件夹折叠起来。

(5) 在 Samples 文件夹下，依次展开 JavaScript 节点、Desktop 节点，然后单击 HTML5。对话框中将显示以 JavaScript 编写并具有 HTML5 标记的可用示例程序，如图 4-15 所示。

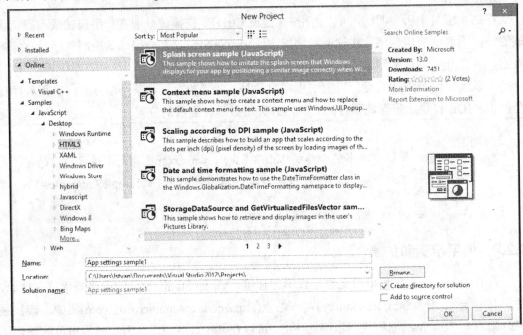

图 4-15　New Project 对话框中的 JavaScript 示例

(6) 选择 Splash Screen Sample (JavaScript)条目，然后单击 OK 按钮。Visual Studio 将下载相应的示例代码，并将其安装到计算机上。在安装之前，你必须同意"Download and Install"(下载并安装)对话框中显示的许可条款，如图 4-16 所示。单击 Install 按钮。

(7) Visual Studio 将使用安装的示例新建项目，并打开解释有关该示例的详细信息的 description.html 文档。

(8) 通过按 Ctrl+F5 快捷键运行该项目。该应用程序将启动，可以立即使用它。通过按 Alt+F4 快捷键关闭该应用程序。

图 4-16　Download and Install 对话框

(9) 按 Windows 键切换回 Visual Studio。在 IDE 中，可以使用解决方案资源管理器浏览项目文件并发现 SplashScreenSample

第 4 章 开发环境

的工作方式。

示例说明

在步骤(3)中，当单击 Online 节点时，IDE 查询一些 Web 站点以搜索模板和示例类别。在步骤(5)中，当遍历示例层次结构时，IDE 查询示例库站点以搜索 Desktop/HTML5 类别的 JavaScript 项目并显示它们。当选择 SplashScreenSample 条目时，它会安装示例文件，并基于该项目新建解决方案。

在浏览示例时，New Project 对话框的右侧窗格会显示有关该示例的一些详细信息。如果想要了解更多有关选定示例的信息，就可以单击 More Information 链接，将打开示例库站点上该示例对应的页面。

当想要了解新的 Windows 8 功能时，建议你查看示例项目，这样做非常值得。Windows SDK 团队向示例库站点上载了一百多个 Windows 8 示例。

2. 安装并使用扩展

Visual Studio 2012 具有一种非常出色的功能，称为扩展管理器(在 Visual Studio 2012 中称为 Extensions and Updates (扩展和更新))，有助于从 Visual Studio 库(http://visualstudiogallery.com)发现、下载 Visual Studio 扩展，并对其进行管理。通过使用该功能，可以找到上载到该库的模板、可视化控件和工具。在接下来的练习中，你将了解到如何使用扩展管理器来下载和安装工具。

试一试 使用 Visual Studio 扩展管理器

在该练习中，你将安装免费的 NuGet 扩展。要安装该扩展，请按照下面的步骤进行操作。

(1) 使用菜单中的 Tools | Extensions and Updates 命令启动 Extensions and Updates 对话框。该对话框是管理(也就是，下载、安装、禁用和移除)想要在 IDE 中使用的所有扩展的中心位置。默认情况下，该对话框会列出所有已安装的扩展，如图 4-17 所示。

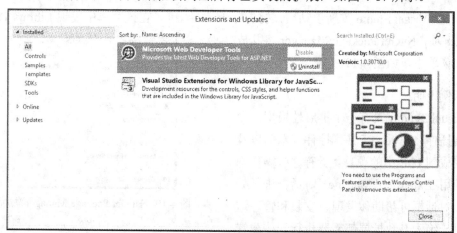

图 4-17　显示所有已安装扩展的 Extensions and Updates 对话框

(2) 单击 Online 选项卡。IDE 将查询 Visual Studio 库和示例库以收集有关可用扩展的信息。单击 Visual Studio Gallery 节点以显示可用的扩展。

(3) 在列表中选择 NuGet Package Manager 项,然后单击 Download 按钮。将下载选定的扩展,并启动 VSIX 安装程序。单击 Install 按钮。

> **注意**:根据 Windows 8 中的安全设置,User Account Control (用户账户控制)对话框可能会要求你确认是否允许 VSIX 安装程序在计算机上进行更改。

(4) 在几秒钟内,VSIX 安装程序将配置 NuGet Package Manager 扩展。单击 Close 按钮退出 VSIX 安装程序。

(5) 单击 Installed 选项卡。现在,可以在列表中看到 NuGet Package Manager,如图 4-18 所示。绝大多数扩展都需要重新启动 Visual Studio,相关消息将在对话框的底部显示。单击 Restart 按钮。

图 4-18　Extension Manager 对话框现在显示 NuGet Package Manager

(6) 当 Visual Studio 重新启动后,转到 Tools 菜单。可以在该菜单中发现 Library Package Manager 项,NuGet Package Manager 将其放置在该菜单中,如图 4-19 所示。

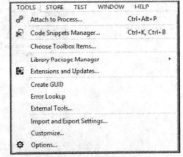

示例说明

Visual Studio 具有一个扩展性模型,允许安装插件、模板、工具、控件、示例以及其他集成到 IDE 中的项目。所有这些操作都可以使用 Extension Manager 对话框进行处理,该对话框可帮助你发现、安装和管理这些项目。绝大多数扩展都需要执行一些配置

图 4-19　NuGet Package Manager 添加了一个新的菜单项

步骤，这些步骤只能在 Visual Studio 启动时完成，因此，要使用这些扩展，你必须重新启动 Visual Studio。

4.2.3 需要了解的一些有关 IDE 的有用信息

Visual Studio IDE 是一个真正的工作台，它提供了大量有用的工具和功能，以便可以通过一种高效的方式来创建软件。如果要详细介绍有关该 IDE 的所有重要细节，那么本书的篇幅至少要增加一倍。

Visual Studio 2012 中的主要改进就是简化 UI，使其更加整洁。本节将介绍一些注意事项，从而可以更加轻松地使用 IDE。

1. Visual Studio Start Page

当启动 Visual Studio 时，IDE 会显示一个组织良好的屏幕，即 Start Page，如图 4-20 所示。如果之前曾经使用过 Visual Studio，那么该页面对你可能比较熟悉。该页面是你开始使用 IDE 进行日常工作的中心位置。可以加载最近处理过的任意项目、开始一个新的项目或者打开一个现有的项目文件。如果是初次使用 Visual Studio，Start Page 可以为你提供最有用的链接，以便开始进行应用程序开发，其中包括 Windows 8 风格应用程序。

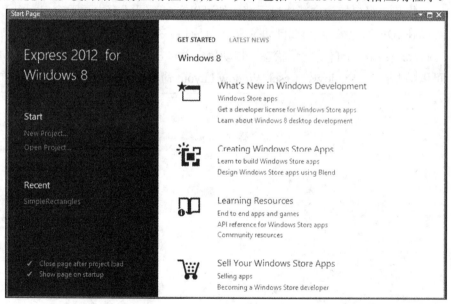

图 4-20 Visual Studio Start Page

该页面为你提供了两个选项，可以帮助你管理 Start Page 的可见性，这两个选项在图 4-20 中已突出显示。如果设置第一个选项，那么当将项目加载到 IDE 中时，将关闭 Start Page。如果设置第二个选项，可以控制当 Visual Studio 启动时是否应该显示 Start Page。有时候，当 Start Page 暂时不可见时，你可能想要使用该页面。在这种情况下，可以使用 View | Start Page 命令显示该页面。

2. 窗口管理

通常情况下，当使用 Visual Studio 进行工作时，会使用一些文档(例如，代码文件和设计器界面)以及一堆工具(例如，解决方案资源管理器、工具箱、Properties 窗口等)。相应地，你会分别处理"文档窗口"和"工具窗口"。为了能够使用高效工作所需的最佳布局，需要将这些窗口放置在正确的位置，但这并不总是一件非常轻松的事情。

IDE 为你提供了一些简单(但功能仍然非常强大)的窗口管理功能，可以支持多个显示窗口。可以使用拖放窗口操作更改工作台的布局，如图 4-21 所示。在 IDE 中，可以通过多种方式来排列窗口，如下所述。

- 可以将文档或工具窗口停靠到编辑框。例如，图 4-21 中的 MainPage.xaml.cs 和 App.xaml.cs 就通过这种方式排列。
- 可以将工具窗口停靠到 IDE 中某个框的边缘，或将其停靠到编辑框。在图 4-21 中，可以看到 Find in Files 对话框停靠在编辑框的右侧边缘。当通过标题拖动 Find in Files 对话框时，将在编辑框的中部显示一个导向菱形。当移动窗口直到鼠标光标覆盖最右侧的导向图标时，一个"虚影框"将显示对话框的新停靠位置。可以通过释放鼠标左键接受该位置，也可以将窗口移动到其他位置。
- 可以将窗口浮动到 IDE 上方或外部。
- 只需将某个窗口拖动到其他显示窗，便可以在多个显示窗中显示窗口。
- 可以在 IDE 的边缘最小化(自动隐藏)工具窗口。在图 4-21 中，位于屏幕左侧边缘的 Toolbox 窗口处于自动隐藏状态。移动鼠标并单击 Toolbox 将显示该工具窗口。
- 可以随时使用 Windows | Reset Window Layout 命令将窗口放置重置为原始布局。

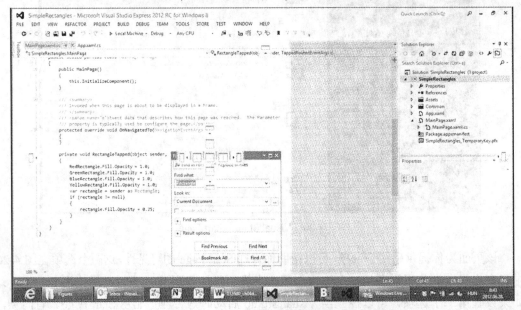

图 4-21　将 Find in Files 对话框拖动到一个新的停靠位置

3. 使用 Quick Launch

Visual Studio 具有成千上万条可用的命令。其中的绝大多数都可以在菜单或工具栏中轻松地找到。但是，并不总是可以简单直接地找到某些命令。例如，如果在 IDE 中打开了一个项目，并且想要新建项目，你可能会在 Project 菜单中查找 New Project 命令，而不是在 File 菜单中(实际上，该命令就位于 File 菜单中)。

Visual Studio 2012 引入了一种新的搜索工具，名为 Quick Launch(快速启动)。该工具位于 IDE 的右上角，在绝大多数程序和 Web 页面中，该位置应该是搜索框。可以使用 Ctrl+Q 工具快捷键立即将焦点移动到 Quick Launch 工具。

该工具非常易于使用。只需输入你想要查找的命令的一部分，IDE 便会搜索你可能想要查找的命令、选项和文件。例如，当在快速启动框中输入 project 时，将看到可用的命令、选项和文件的列表，如图 4-22 所示。

可以通过将向上箭头键和向下箭头键与 Enter 键配合使用，或者使用鼠标来调用相应的命令。例如，当单击 Project and Solutions | General 选项时，将打开 Options 对话框，并显示所选的选项页面。在列表中，可以使用 Ctrl+Q 快捷键显示所有结果并在结果类别中移动(例如，菜单、选项、打开的文档以及最近使用的命令)。

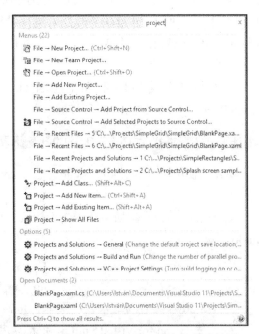

图 4-22 project 的 Quick Launch 搜索结果

 注意：IDE 具有很多非常有用的功能，可以使你的工作更易于完成，同时提高工作效率。本书后续的章节将介绍有关这些功能的更多详细信息。

4.3 通过 Expression Blend 让应用程序更加出色

Visual Studio 2012 Express for Windows 8 是免费提供的用于创建 Windows 8 应用程序的旗舰工具。它提供了相应的工具集，可用于建立应用程序 UI 以及编写管理用户交互操作的逻辑。在你安装 Visual Studio 时，还会同时在计算机上安装另外一种非常出色的工具，即 Expression Blend for Visual Studio 2012。

Blend 是 Microsoft 的 Expression 产品系列中的一个成员。该工具旨在供 UI 设计师使用 XAML 或 HTML 技术生成现代化的、吸引人并且别具特色的应用程序页面。尽管它是一种面向设计师的产品,但它并不仅是关于图形设计的,还可以用于设计和创建应用程序,相关信息将在本节中介绍。

4.3.1 通过一个 Visual Studio 解决方案开始了解 Expression Blend

你在本章前面的内容中创建的 SimpleRectangles 应用程序可能也通过 Expression Blend 进行构造。Visual Studio 重点关注以程序员熟悉的方式创建应用程序,而 Blend 关注的是 UI 的设计。这两种工具反映了开发人员与设计师之间的任务共享。有一点非常好,那就是使用 Visual Studio 创建的 Windows 8 风格应用程序项目可以在 Expression Blend 中打开,反之亦然。

欲了解有关使用 Expression Blend 的更多信息,在接下来的练习中,你将向 SimpleRectangles 项目中添加一段动画。

试一试 通过一个 Visual Studio 解决方案开始了解 Expression Blend

要开始使用 Visual Studio Blend 增强 SimpleRectangles 应用程序,请按照下面的步骤进行操作。

(1) 转到 Start 屏幕(如果处于桌面模式,则按 Windows 按钮),并单击 Blend for Visual Studio 磁贴。

注意:如果无法找到 Blend for Visual Studio 磁贴,则开始输入 Blend。Windows 会自动进入搜索屏幕,并显示名称中包含"Blend"的所有应用程序。右击 Blend for Visual Studio,并在应用程序栏中选择"Pin to Start"(固定到 Start 屏幕)。在此之后,你会发现该应用程序磁贴已经固定到 Start 屏幕上。

建议重复上述搜索过程,并使用应用程序栏中的 Pin to Taskbar 命令。这样做非常值得,因为在执行完这一简单的操作以后,当处于桌面模式时,通过一次单击即可从任务栏访问 Blend for Visual Studio。

(2) Expression Blend 将在几秒钟内启动。选择 File | Open Project/Solution 命令(或者按 Ctrl+Shift+O 组合键),此时将打开 Open Project 对话框。

(3) 导航到在创建时用于保存SimpleRectangles项目的文件夹。选择SimpleRectanges.sln 文件,然后单击Open按钮。Blend IDE将在Projects窗口中打开该解决方案并显示其结构。

(4) 双击 MainPage.xaml 文件,IDE 将在主窗口的中部显示它,如图 4-23 所示。

注意:你在图 4-23 中看到的屏幕截图使用浅色的配色方案,以便在打印时提供更好的对比度。你将看到更深的颜色,因为默认情况下,Blend 使用深色主题。可以使用 Options 对话框(File | Options)的 Workspace 选项卡将主题从深色更改为浅色,或者从浅色更改为深色。

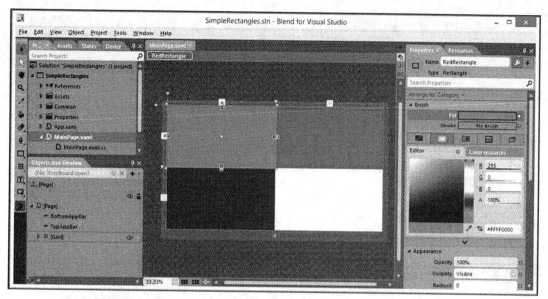

图 4-23　在 Blend for Visual Studio 中打开的 SimpleRectangles 解决方案

(5) 在 Projects 窗口中，展开 MainPage.xaml 节点并双击下方的 MainPage.xaml.cs 节点。该文件将打开，并显示 C#代码，就像你在 Visual Studio IDE 中一样。

(6) 在 MainPage.xaml.cs 选项卡中单击 X 图标以关闭代码编辑器。

示例说明

Blend for Visual Studio可以打开使用Visual Studio创建的解决方案文件，并了解 Windows 8 应用项目中的解决方案结构。可以使用Blend IDE来创建和修改UI，也可以阅读和编辑相关的代码。

尽管本练习并未对这一点进行阐述，但你仍然可以在 Blend 中使用 File | New Project 命令新建 Windows 8 应用程序项目。

Blend 具有一组工具窗口，有助于设计 UI。图 4-23 中显示了其中最为重要的一些工具窗口。

- Projects 工具窗口显示解决方案中的文件和文件夹的结构，类似于 Visual Studio 中的解决方案资源管理器。
- Toolbox 工具窗口位于屏幕的左侧边缘，其中包含可以用于编辑在设计界面中打开的页面的工具集。
- "Objects and Timeline"(对象和时间线)工具窗口显示构成 UI 的可视化元素的层次结构。在图 4-23 中，可以看到页面(MainPage.xaml)由三种元素构成，分别是 BottomAppBar、TopAppBar 和[Grid]。正如前面的小三角形所指出的，[Grid]是可扩展的，因此它嵌套其他元素。

- 屏幕中间是设计器界面。在这里，可以拖放 UI 元素，以及移动、管理它们和调整其大小。
- 构成 UI 的每个对象都有可以在 Properties 窗口中进行编辑的特性，该窗口位于设计界面的右侧。

虽然 Blend IDE 看起来并不是非常复杂(与其他以设计器为中心的应用程序相比，比如 Adobe 的 Photoshop)，但它的功能非常强大，相关信息将在接下来的练习中介绍。

4.3.2 向 UI 中添加动画对象

当用户点击或单击某个矩形时，SimpleRectangles 应用程序可以更改该矩形的不透明度。下面我们通过加入飞入动画效果来扩展这一功能。当用户点击或单击矩形时，文本将飞入屏幕。

| 试一试 | 使用 Expression Blend 创建文本块 |

要创建将在用户点击或单击任意矩形时飞入的文本块，请按照下面的步骤进行操作。

(1) 在工具箱中，单击 TextBlock 工具，如图 4-24 所示。现在 TextBlock 工具处于选中状态。

(2) 在设计器界面中，在屏幕中央红色和绿色的矩形上面(在平板边界以外)绘制一个矩形，如图 4-25 所示。要绘制矩形，请单击设计界面中想要放置矩形左上角的位置，在按住鼠标左键的情况下，将鼠标指针移动到矩形右下角的位置。在移动鼠标时，Blend 会显示矩形的尺寸，如图 4-25 中突出显示的部分所示。将矩形宽度设置为大约 700 像素，高度设置为 100 像素。

图 4-24　TextBlock 工具

图 4-25　绘制 TextBlock 矩形

(3) 单击 Properties 窗口，并在 Name 框中输入 FlyInRectangle，如图 4-26 所示。这将成为可以在编写代码时使用的控件的名称。

(4) 在工具箱中，单击黑色鼠标指针工具，它将选择刚刚绘制的 TextBlock。在 Properties 窗口中，向下滚动到 Text 部分，将文本的大小设置为 24 磅(24 pt)，如图 4-27 所示。

图 4-26　在 Properties 窗口中设置 TextBlock 的名称

图 4-27　将文本大小设置为 24 磅

(5) 在 Text 部分中，单击第二个(段落标记)选项卡，将水平对齐方式设置为 Center，如图 4-28 所示。

(6) 在设计器界面中，双击 TextBlock 的矩形以选中其文本，然后输入 **You've tapped the**

screen 以更改默认的文本"TextBlock"。设计界面将更新,如图 4-29 所示。

图 4-28 将水平文本对齐方式设置为 Center

图 4-29 更新的设计界面

示例说明

可以使用工具箱选取一个UI元素并将其放置在设计界面上。在该练习中,使用TextBlock工具将一个文本框放置在MainPage.xaml页面上。使用Properties窗口设置文本的名称、大小以及水平对齐方式。此外,还更改了默认文本。

把新的 TextBlock UI 元素添加到页面 UI 元素的层次结构中,并显示在 Objects and Timeline 工具窗口中,如图 4-30 所示。

现在,你已经准备好为 FlyInRectangle UI 元素制作动画。使用 Blend 创建动画相当轻松。借助情节提要,只需几步便可完成上述操作,相关信息将在接下来的练习中介绍。

图 4-30 添加到 UI 元素层次结构的 FlyInRectangle

试一试　　**使用 Blend 创建动画**

要创建移动 FlyInRectangle 元素的动画,请按照下面的步骤进行操作。

(1) 在 Objects and Timeline 工具窗口中,单击 New 按钮(即加号,如图 4-31 所示)新建情节提要。此时将打开 Create StoryBoard Resource (创建情节提要资源)对话框。在 Name (Key)文本框中输入 **FlyInStoryboard**,然后单击 OK 按钮。

(2) 将创建情节提要对象,并启动记录模式,正如设计界面顶部的FlyInStoryboard timeline recording is set on (FlyInStoryboard时间线记录设置为启用)标签所指示的。时间线窗格显示在Objects and Timeline工具窗口中,如图 4-32 所示。

图 4-31 Objects and Timeline 对话框中的 New 按钮

图 4-32 时间线窗格

该窗格包含一个水平刻度,在时间线中代表秒。0 值下面的黄色小箭头和垂直黄线指出设计界面显示情节提要的初始状态。

(3) 单击时间线上的刻度值 2。现在，黄色箭头和线指出设计界面表示情节提要在 2 秒时的状态。

(4) 单击 You've tapped the screen 文本并将其移动到屏幕的中央。由于情节提要处于记录模式，因此，通过这一简单的移动，你告诉设计器，你想要创建一个设置文本动画的情节提要，使文本在情节提要启动后 2 秒移动到选定的位置。

(5) 在时间线窗格中，有一个小的播放按钮。单击该按钮。情节提要将启动，并为文本设置动画，将其从初始位置移动到在前一步骤中指定的新位置。

(6) 在 Objects and Timeline 工具窗口中，展开 FlyInRectangle 节点。该节点嵌套了一个新的 RenderTransform 节点，后者表示文本位置的更改(在步骤(4)中添加的小动画)，如图4-33 所示。

图 4-33　FlyInRectangle 嵌套的 RenderTransform 对象

(7) 单击 RenderTransform 节点，在 Properties 窗口中更改其特性。你创建的动画有些不太自然，因为文本以恒定的速度移动。如果在开始时缓慢移动，逐渐加速，并在停止前再次减速，那么移动效果会更加自然。可以在 Properties 窗口的 Easing 部分中轻松地完成上述更改，如图 4-34 所示。可以在这里看到一个图表，显示动画属性(在这种情况下，为文本块的位置，通过垂直轴标记)如何随着时间(通过水平轴标记)的推移而变化。

(8) 在图表的左下角和右上角，可以发现两个底框(grip)。要更改该图表，请依次单击这两个底框，并将其移动到新的位置，如图 4-35 所示。

(9) 在 Objects and Timeline 工具窗口中，单击 FlyInStoryboard 名称(在工具窗口的选项卡的正下方)以在 Properties 窗口中显示相关的特性。

(10) 在 Properties 窗口中，勾选 AutoReverse 复选框。单击时间线中的 Play 按钮，可以看到，现在文本块飞入，然后自动飞出。

(11) 使用 File | Save All 命令保存做出的所有更改。

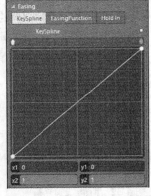

图 4-34　RenderTransform 对象的原始缓动

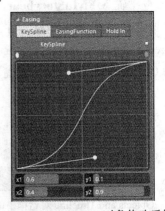

图 4-35　RenderTransform 对象修改后的缓动

示例说明

创建动画的关键对象是在步骤(1)中添加到页面的情节提要。该情节提要使用时间线在设计界面上定义对象的状态。在步骤(3)和步骤(4)中，定义了文本块"You've tapped the screen"的两个状态，即两个不同的位置。情节提要记录了文本块的属性如何更改。当在步骤(5)中播放该情节提要时，针对 0~2 秒之间的每一帧(每秒大约 30 帧)计算了文本块的属性值，这就是你感觉到的流畅的动画。

在步骤(7)和步骤(8)中，你更改了属性值的计算方式。图 4-35 中的图表显示了属性如何随着时间的推移而变化。可以看到，在动画的开始和结尾处，属性随着时间的推移缓慢变化(图表中的线比较平坦)，而在动画的中间处，属性变化得比较迅速(图表中的线倾斜度比较大)。

在许多情况下，你会发现使用在步骤(10)中设置的 AutoReverse 标志是非常好的做法。你不需要创建一个新的情节提要来镜像动画。设置该标志会自动为你执行此操作。

4.3.3 启动动画

现在，你几乎已经完成了所有操作步骤。最后一步是在你点击或单击屏幕时触发情节提要。这很简单，可以在 Blend 中执行此操作，相关信息将在接下来的练习中介绍。

| 试一试 | 启动动画 |

要启动你在前一个练习中创建的动画，请按照下面的步骤进行操作。

(1) 在 Projects 工具窗口中，双击 MainPage.xaml.cs 文件将其打开。在文件的底部找到 RectangleTapped 事件处理程序方法。

(2) 在方法的结尾添加以下两行代码：

C#

```
FlyInStoryboard.SkipToFill();
FlyInStoryboard.Begin();
```

(3) 在菜单中，选择 Project | Run Project 命令。Blend IDE 将构建项目(就像使用 Visual Studio 一样)，部署项目，并启动 SimpleRectangles 应用程序。

(4) 当应用程序启动时，尝试点击或单击矩形。可以检查在每次点击或单击某个矩形时动画是否启动。如果连续点击或单击两个矩形(在 2 秒以内)，就可以检查动画是否总是从开头启动。

示例说明

你在步骤(2)中添加的代码行只是停止动画，然后从开头重新启动。正如你在步骤(3)中所体验到的，Expression Blend 也可以构建和部署 Windows 8 风格应用。

第Ⅰ部分　Windows 8 应用程序开发简介

注意：可以在本书的合作 Web 站点 www.wrox.com 上找到本练习对应的完整代码进行下载，具体位置为 Chapter04.zip 下载压缩包中的 SimpleRectangles-Blend 文件夹。

4.3.4　将 Visual Studio 与 Blend 一起使用

在前面的练习中，你只了解了 Blend 的一小部分功能。Expression Blend 提供了丰富的功能、许多高级特性(包括令人惊叹的 UI 编辑功能)，同时还支持数据绑定、示例数据、风格设计以及模板等。尽管 Blend 的许多设计功能已经集成到 Visual Studio 2012 中，但 Blend 仍然是设计师的理想工具。

在真正的 Windows 8 风格应用程序项目中，Blend 和 Visual Studio 配合使用。通常情况下，开发人员在 Visual Studio 中创建基本的 UI 以及编写应用程序的后台逻辑。而设计师使用 Blend 通过丰富的动画效果、媒体和良好的布局来增强 UI。

在本书接下来的章节中，你将看到许多示例，说明这两种卓越的工具如何组合成一个旗舰工具集来创建 Windows 8 应用程序。

4.4　小结

Windows 8 提供了非常出色的技术，用于承载 Windows 8 风格应用程序。但是，如果没有正确的工具集，开发人员就无法高效地使用这些技术。Microsoft 提供了很多工具，可以使应用程序开发变得非常轻松，下面列出了部分重要的工具。

- Microsoft Visual Studio 2012 是旗舰开发环境，支持所有 Windows 8 语言以及用于 Windows 8 风格应用程序开发的完整技术群组。该工具有一个免费版本，即 Visual Studio 2012 Express for Windows 8，可以从 MSDN 下载该版本。
- Microsoft Expression Blend 是一种旨在帮助 UI 设计师以一种效率较高的方式建立专业应用程序 UI 的工具。Blend 也提供了一个免费版本。

可以在 Visual Studio 和 Blend 中创建、开发、构建和运行 Windows 8 风格应用程序。Visual Studio 提供了卓越的编码体验，而 Blend 是你编辑外观出众的现代化 UI 所不可或缺的工具。

第 5 章将介绍有关 Windows 8 风格应用程序开发原则的更多内容，同时，你还可以了解到异步编程的基本原理。

练　习

1. 哪种免费的开发工具支持所有 Windows 8 语言？
2. 如何查找示例 Windows 8 应用程序？
3. 哪个工具窗口列出了 Visual Studio 项目的结构？

4. 如果想要在 Visual Studio 中启动应用程序，可以使用哪些命令？
5. 可以使用哪项 Visual Studio 功能快速找到命令或选项？
6. 当使用 Expression Blend 创建动画时的关键对象是什么？

 注意： 可以在附录 A 中找到上述练习的答案。

本章主要内容回顾

主　题	主　要　概　念
Visual Studio 2012 Express for Windows 8	该工具是 Visual Studio 2012 系列中的一个免费成员。可以从 MSDN Web 站点下载该工具。该工具包含创建、调试和部署 Windows 8 风格应用程序所需的所有功能
新建应用程序项目	使用 File | New Project 命令(或者 Ctrl+Shift+N 组合键)可以显示 New Project 对话框。在 Installed Templates (已安装的模板)选项卡下，选择想要使用的编程语言，然后选择目标模板。输入应用程序的名称，还可以选择更改项目的位置。单击 OK 按钮即可创建项目
基于示例新建一个新项目	使用 File | New Project 命令(或者 Ctrl+Shift+N 组合键)可以显示 New Project 对话框。选择 Online 选项卡，然后展开 Samples 选项卡。在该对话框中，可以浏览在线示例。也可以使用对话框右上角的搜索框来筛选示例。当找到想要查找的示例时，输入应用程序的名称，并且可以选择更改项目的位置。单击 OK 按钮即可基于指定的示例创建项目
安装 Visual Studio 扩展	使用 Tools | Extension Manager 命令可以打开 Extension Manager 对话框。在该对话框中，选择 Online Extensions 选项卡，浏览 Visual Studio 库以查找相应的控件、模板和工具，或者浏览示例库查找相应的项目示例。如果找到扩展，就可以通过单击 Download 按钮立即开始使用该扩展。当安装扩展时，可能需要重新启动 Visual Studio。在这种情况下，扩展管理器会通知你
使用快速启动查找命令	在 Visual Studio 2012 中，通过 Quick Launch 工具，可以轻松地找到相应的命令，而无需遍历整个菜单结构。单击 IDE 主窗口右上角的 Quick Launch 搜索框，或者按 Ctrl+Q 快捷键。当输入表达式时，IDE 会列出匹配的命令、选项以及打开的文档名称。可以单击结果列表中的某个条目，Visual Studio 会启动相应的命令，或者将你导航到选定的文档
在 Expression Blend 中打开 Visual Studio 项目	Expression Blend 可以打开使用 Visual Studio 创建的 Windows 8 风格应用程序项目。启动 Blend 以后，使用 File | Open Project 命令(或者 Ctrl+Shift+O 组合键)，并选择相应的解决方案文件。Blend 将打开该解决方案，并在 Projects 工具窗口中显示其结构

第 II 部分

创建Windows 8应用程序

- 第 5 章：现代 Windows 应用程序开发的原则
- 第 6 章：使用 HTML5、CSS 和 JavaScript 创建 Windows 8 风格应用程序
- 第 7 章：使用 XAML 创建 Windows 8 风格用户界面
- 第 8 章：使用 XAML 控件
- 第 9 章：构建 Windows 8 风格应用程序
- 第 10 章：创建多页应用程序
- 第 11 章：构建连接应用程序
- 第 12 章：利用平板电脑功能

第 5 章

现代 Windows 应用程序开发的原则

本章包含的内容：
- 掌握 Windows 8 设计语言的概念
- 了解同步编程与异步编程之间的差别
- 在 C# 5.0 中使用全新的异步模式
- 在 JavaScript 中创建异步逻辑

适用于本章内容的 wrox.com 代码下载

可以在 www.wrox.com/remtitle.cgi?isbn=012680 上的 Download Code 选项卡中找到适用于本章内容的 wrox.com 代码下载。代码位于 Chapter05.zip 下载压缩包中，并且单独进行了命名，如对应的练习所述。

本书的这部分内容将介绍有关创建 Windows 8 应用程序的信息。Windows 8 支持多种编程语言，其中包括 JavaScript、C#和 C++，接下来的章节将涉及所有这些编程语言。

但是，在开始编程之前，你必须首先了解现代 Windows 应用程序开发的基本原则。这一章将介绍 Windows 8 设计语言的主要概念，然后，你将在 C#和 JavaScript 中探索和尝试异步编程模式。

5.1 Windows 8 风格应用程序

在了解全新的 Windows 8 风格应用程序的原则和特征之前，你必须首先回顾 Windows 应用程序开发的历史，了解是什么导致了 Windows 8 设计语言的出现。因此，下面就回顾一下这段历史，介绍怀旧风格的应用程序。

很久以前，当人们刚刚开始使用计算机时，他们需要帮助才能了解各种计算机软件的工作方式。为了简化用户的工作并且更贴近实际生活，软件开发人员开始使用各种象征表示,并基于现实生活中所熟知的一些概念来构建其软件。或许使用范围最广泛的象征表示要算是"桌面"。在遵循这种象征表示的现代操作系统中,用户可以在其计算机上看到文档和应用程序,就像是现实生活中在桌子上看到这些东西一样。

尽管按照维基百科的说法,桌面象征表示已经走过了40多年的发展历史(由Alan Kay 于1970年在施乐帕洛阿尔托研究中心(PARC)首次引入),但在现今的设备中,你仍然可以找到相同的概念。新的设备具有功能更为强大的硬件,有助于以更加贴切的方式描绘桌面上的对象。

例如,如果查看现今设备的主屏幕,即使是最小的手机,也可以看到绘制精美的图标。各种颜色、阴影以及三维(3-D)效果使它们看起来就像是现实世界中的实体对象。如果启动一个电子书阅读器应用程序,就可能会首先看到一个书架,这个书架看起来绝对真实,可以看到清晰的木质纹理以及摆放整齐的图书。随后,当打开某一本电子书时,它会像真实的图书一样打开,在翻页时,逼真的动画效果会让你感觉像是在阅读真实的图书。

这就是图示法设计风格,它使用来自现实世界的象征表示,在数字世界中使用超级逼真的图形来描绘对象。

但是,在这些概念出现以后,世界已经发生了翻天覆地的变化。新一代的用户已经成长起来,他们不需要帮助即可了解和使用计算机。现在,人们想要的并不是精美的图形,而是尽可能地简化操作并提高工作效率。用户不再关注应用程序是否绘制得精美或者超级精美,他们更希望看到应用程序可以帮助他们快速解决所遇到的问题。在现今节奏飞快的世界中,快速使用信息成为成功的关键。这称为信息图设计风格,Windows 8风格应用程序的用户界面(User Interface,UI)即遵循这些原则。

5.1.1 Windows 8 设计语言的概念

Microsoft遵循信息图设计原则,为Windows 8创建了一种全新的设计语言。尽管每种应用程序都有自己的外观,但是是它们有通用的模式和主题,可以帮助用户以类似的方式了解和使用它们。通过在操作系统使用的应用程序中遵循相同的设计概念,可以帮助用户提高使用你的软件时的工作效率。

尽管该设计语言的起源可以在早期版本的Windows Media Center和Zune媒体播放器应用程序中找到,但是直到Windows Phone 7,Microsoft才完全致力于这一全新的发展方向,并最终使这种语言广为人知。从那时起,Xbox 360的操作面板不断地进行调整以适应该设计,并且Windows 8也严重依赖于它。将来,你可能会发现越来越多的应用程序采用这些概念。

注意:对于Windows 8,可以创建两类应用程序,分别是传统的桌面应用程序和新的Windows 8风格应用程序。并没有强制你使用Windows 8。但是,在支持触控技术的设备上,Windows 8概念可能实用性更强。因此,如果打算使用平板电脑或者其他用户可以通过触控手势控制应用程序的设备,那么应该考虑使用Windows 8。

5.1.2　Windows 8 应用程序的一般设计原则

关于 Windows 8，你可能首先会注意到的是，它与你过去使用过的操作系统有着明显的不同。Windows 8 打破了旧有的习惯，如果想要接受它，就必须要开放思想，能够接受新鲜的事物。

需要考虑一些事情，首先就是软件和设备是数字世界的一部分。如果在自己的手机或计算机上看到了一本书的照片，就可能会使你联想到阅读，因为你的大脑将数字照片与真实的图书联系在一起。但是，大脑不需要完美的照片或者逼真的图像就可以产生这种联想，因为你知道那只不过是在设备上存储的模拟对象的一个数字副本。鉴于此，可以在保持图像最初用途的同时对其进行简化，正如你在图 5-1 中看到的。

软件不需要将模拟世界复制到数字世界中。它并不是一定要看起来像其他一些东西，它实际上就是一个数字应用程序。真实和简单可以帮助用户更快速地了解程序，这一点在信息图设计风格中非常重要。

图 5-1　使用简化图形的 Windows 8 风格图标

需要认识到的第二件事情就是为什么要创建应用程序。创建应用程序主要是为了生产和使用信息。在这种情况下，你必须将信息放在中心位置，去除任何对生产和使用信息没有帮助的内容，总之，要记住一点，那就是一定要简单。重点应该放在内容上，而不应该是保存内容的框架。如果用户正在使用特定的内容，那么所有窗口、边框、线条和背景图像(也就是所谓的镶边)对他们并不是非常重要。如果它们有助于体现最初的目标，那么可以使用它们，但不要仅仅为了使应用程序看起来美观奇特而使用。

　注意：请务必牢记，现在，绝大多数人都使用移动设备，你在应用程序中使用的所有额外的镶边都会耗电，从而缩短宝贵的电池使用时间。

为了说明这一点，我们来看一下所有内置的 Windows 8 风格应用程序。这些应用程序并不在窗口中运行，而是在整个屏幕中运行，从而为内容提供足够的空间。Windows 8 风格应用程序甚至会隐藏经典的 Windows 任务栏，以便释放一些屏幕空间(请务必谨记，移动设备的屏幕一般都比较小)，同时有助于用户集中注意力关注当前应用程序。

现在，用户会从各种来源获得大量的数据，因此，当有一种方法能够针对他们的需求量身定制相应的信息时，他们会感到非常欣慰。在平板电脑设备上，应用程序可能知道你是谁、你在哪、你把持设备的是哪个位置、你周围有什么人以及你当前对什么信息感兴趣。应用程序可以对自身进行自定义设置，从而提供个性化强、具有相关性而且联系在一起的内容。如果设备支持触控手势，那么可以直接与内容进行交互，这是另一个层次的用户体验,远远超出使用传统的鼠标和键盘组合。

在 Windows 8 设计语言中,内容永远是第一位的,如果想要聪明地使用这种语言,就需要对版式有很好的了解。要通过一种易读的格式显示信息,字体、字号、颜色和空格是关键因素。Microsoft 提供了一些有关最佳实践的建议,甚至还提供了一些控件和字体,供你免费使用,不需要额外的授权许可。

在 Windows 8 设计语言中,动画也非常重要,因为运动可以进一步帮助用户了解相应的软件。连贯可靠地使用动画可以使你的应用程序更加直观明了,尽管用户并不会有意关注这些。可以使用快速流畅的动画向用户发出信号,说明你的应用程序可以高效响应,同时使界面更加贴近现实生活。

不过先别急着唱颂歌。我们需要考虑一个问题,那就是,如果应用程序与其他任何应用程序使用相同的布局、字体、动画和风格,那么会对应用程序的独特外观产生怎样的影响?Windows 8 为了应对可用性方面的挑战而提供了一组设计原则,Microsoft 相信这组设计原则可以使应用程序变得更好。这组原则并不是应用程序为了能够在 Windows 8 上运行而应该满足的严格意义上的期望状态列表。在遵从 Windows 8 设计原则的同时,也可以明确为自己的应用程序打上独特的烙印。为了说明这一点,我们看一下内置的应用程序或者可以从 Windows 应用商店获得的应用程序,你会发现,它们各不相同,并且全都能够反映出作者的特点。你应该从设计语言中得到启发,但也不要忘了在 Windows 8 和你自己的风格之间实现平衡。

5.1.3 应用程序结构和导航模型

Windows 8 风格应用程序属于下一代软件,之所以这么说,某种意义上是因为它们所面向的不仅仅是台式电脑和笔记本电脑,还包括最新的手持式平板电脑设备。平板电脑设备支持触控手势,它们通常不附带其他任何输入设备(包括鼠标和键盘)。Windows 8 操作系统已做了充足的准备,完全可以在平板电脑上运行(例如,它拥有一个虚拟键盘,使可以在触摸屏上输入文本),你在设计应用程序时也应该考虑这一点,使其能够使用手势进行控制。实际上,Microsoft 建议设计 Windows 8 风格应用程序以实现触控优先的体验,这意味着你应该对应用程序进行相应的设计和优化,以适应将手势作为主要输入方法的情况。

注意:尽管触控手势是 Windows 8 风格应用程序的主要输入方法,但是也可以完全通过鼠标和键盘来使用它们。

不过,很遗憾,手势存在以下两个问题。
- 用户使用手指进行操作的精确度比不上鼠标。这意味着你必须扩大 UI 上的触控目标。
- 触控手势不容易探测。只有在系统中统一地使用手势时,这种类型的输入才能出色地完成操作,因为在这种方式中,用户必须先学习一次,然后就能在任何地方使用相同的手势,甚至在你的应用程序中也不例外。

幸运的是，Microsoft 针对 Windows 8 风格应用程序开发了一种导航系统，解决了上述问题。

注意：在第 14 章中，可以了解到更多有关触控手势的内容。

在 Windows 8 风格应用程序中，导航的基本单位是页面。你或许可以猜到，该名称来源于网络，因为这些应用程序页面的工作方式与 Web 页面非常类似。用户一次只能处理一页，导航指的是从一页转到另一页。不会出现任何窗口或弹出对象，因为它们可能会破坏这种连贯性，并使 UI 变得复杂。

可以将页面组织成一个平面系统，也可以组织成一个分层系统。

在平面系统中，所有页面都位于同一个层次结构级别。这种模式非常适合于应用程序仅包含少量页面，并且用户必须能够在选项卡之间进行切换的情况。游戏、浏览器或者文档创建应用程序通常都会归入这一类别。在这些应用程序中，用户可以使用位于屏幕顶部的导航栏(navigation bar，有时简写为 nav bar)在页面之间进行切换，如图 5-2 所示。

图 5-2　具有选项卡式导航栏的 Windows 8 风格 Internet Explorer

可以通过任何方式在导航栏上表示页面，但是，一种比较典型的方法是使用缩略图。

分层系统对用户来说更为熟悉，因为它采用与 Web 站点页面完全相同的组织模式。分层模式非常适合于具有大量页面，并且这些页面可以分为多个部分的应用程序。

层次结构的根页面是中心页，它是应用程序的入口点。在中心页上，用户可以大概了解在应用程序的各部分中提供的内容，因此这个首页应该能够吸引用户，使他们愿意浏览相应部分中包含的页面。图 5-3 中显示了 Bing Finance 应用程序的中心页示例。该欢迎页面是一个摘要,用户可以通过该页面大致了解应用程序中最重要的相关数据。

图 5-3　Bing Finance 应用程序的中心页

从中心页,用户可以导航到应用程序的第二个级别,也就是部分页。部分页通常包含可以分组、排序和筛选的列表。在图 5-4 中,可以看到 Bing Finance 应用程序的部分页,其中列出了该应用程序中包含的股票。

从部分页上的列表,用户可以选择一项,并导航到层次结构的第三个级别,也就是详细信息页。详细信息页可能包含有关选定项的所有信息,并且页面布局可能会因内容的类型而有所差异。在图 5-5 中,可以看到 Bing Finance 应用程序中某一支股票的详细信息页。

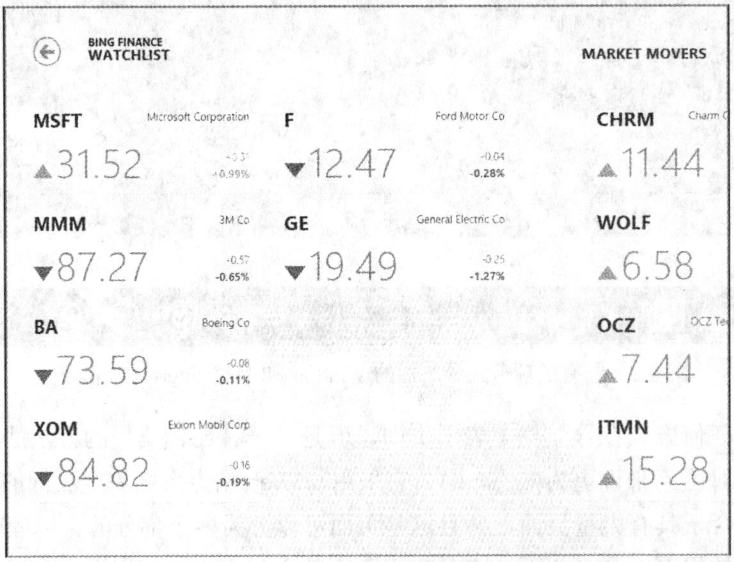

图 5-4　Bing Finance 应用程序的 Watchlist 部分页

用户可以通过激活(触摸)屏幕上的某一项进入层次结构中更深的级别,也可以使用页面顶部的 Back 按钮返回。很明显，如果应用程序比较简单，那么可以省略中心页或部分页，以降低层次结构的深度。

在第 2 章中，你了解了有关超级按钮栏和应用栏的内容。超级按钮栏可以从右侧滑入，而应用栏可以从屏幕底部向上滑入，从而为用户显示更多选项。这两种栏都是可以扩展的，可以向其中添加特定于自己的应用的选项。

图 5-5　Bing Finance 应用程序中某一支股票的详细信息页

应用栏应该包含上下文命令，如果具有的命令过多，甚至可以包含弹出菜单。超级按钮栏包括 Settings 超级按钮，该按钮提供可单个访问点，可以访问在用户的当前上下文中相关的所有设置。这意味着你应该将你应用程序的设置也添加到 Settings 超级按钮中。在图 5-6 中，可以看到内置的 Weather 应用程序如何扩展 Settings 超级按钮以包括其自己的选项。

图 5-6　Weather 应用程序的 Settings 超级按钮

一开始，你可能会认为导航概念非常复杂，因为其中涉及应用程序栏、超级按钮栏、导航栏、层次结构以及Back按钮。或许真的是比较复杂。但是，如果在操作系统和应用程序中连贯地使用所有这些概念，那么毫无疑问，用户迟早会掌握它们，最后，他们甚至可能会喜欢上这些东西。

下面我们来看一下如何创建基本的Windows 8风格应用程序。

试一试　创建基本的Windows 8风格应用程序

要创建你的第一个Windows 8风格应用程序，请按照下面的步骤进行操作。

(1) 通过在Start屏幕上单击Visual Studio 2012的图标启动该程序。

(2) 选择File | New Project (或者按Ctrl+Shift+N组合键)显示New Project对话框。

(3) 从左侧的树视图中选择Installed | Templates | Visual C# | Windows Store类别，然后在中间窗格中选择Grid Application (网格应用程序)项目类型，如图5-7所示。

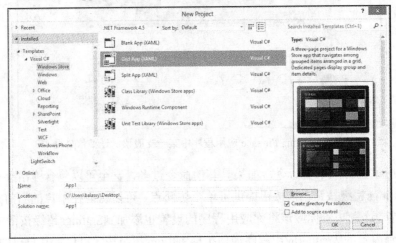

图5-7　New Project对话框

(4) 单击OK按钮。Visual Studio将创建一个空的项目骨架，并在代码编辑器中打开App.xaml.cs主文件。

(5) 通过单击Debug | Start Without Debugging (开始执行(不调试))菜单项启动应用程序。Visual Studio将编译并启动应用程序，你将拥有一个正在运行的Windows 8风格应用程序，如图5-8所示。

(6) 通过从左向右滚动查看应用程序中的组。

(7) 单击某个组标题以打开该组的详细信息页。

(8) 通过从左向右滚动查看组详细信息页上的内容，然后单击其中一个项目(item)以导航到该项目的详细信息页。

(9) 查看该项目详细信息页的内容，然后通过单击Back按钮两次导航回主屏幕，其中Back按钮是位于屏幕顶端较大的向左箭头。

第 5 章 现代 Windows 应用程序开发的原则

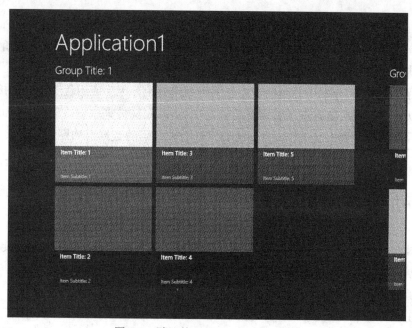

图 5-8 默认的 Grid Application 类型

示例说明

根据选择的项目模板，Visual Studio 生成了一个空的骨架，其中包含开始使用 C#创建 Windows 8 风格应用程序所需的一切内容。可以通过单击 View | Solution Explorer 菜单项(或者只需按 Ctrl+Alt+L 组合键)打开解决方案资源管理器窗口，在该窗口中，可以看到项目中的所有文件，如图 5-9 所示。

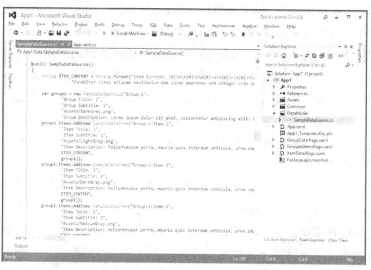

图 5-9 解决方案资源管理器窗口中项目文件夹的内容

应用程序包含三个页面，分别是主页、组详细信息页以及项目详细信息页。在解决方案资源管理器窗口中(同时也在你的项目文件夹中)，可以找到 GroupedItemsPage.xaml、GroupDetailPage.xaml 和 ItemDetailPage.xaml 文件，它们分别表示这些页面。

生成的文件还包含代码以实现页面之间的导航。可以通过双击GroupedItemsPage.xaml.cs文件来定位这些代码行。你可能需要单击GroupedItemsPage.xaml文件左侧的三角形箭头来打开层次结构。向下滚动到以this.Frame.Navigate开头的行。

把应用程序(组和项目)中显示的数据硬编码到模板中，因为应用程序不会连接到任何数据源。可以通过在解决方案资源管理器窗口的DataModel文件夹中双击SampleDataSource.cs文件，然后向下滚动到SampleDataSource类来查看硬编码的数据，如图5-9所示。

5.2 异步开发平台

随着时间的推移，客户端应用程序对于从网络下载的数据的依赖程度越来越高。由于传输的数据量显著增加，网络延迟越来越频繁地导致应用程序冻结，让最终用户和开发人员都伤透了脑筋。

随着在服务器端连接客户端的数量的迅猛增长，服务器应该能够扩展并管理越来越多的工作负载。但是，通常情况下，客户端请求的数据需要服务器从外部服务和数据库提取，只有提取了这些数据以后，才能够对请求进行处理。即使服务器仅仅是在等待外部数据，也会针对当前请求分配其资源，这就限制了服务器的可扩展性。

有一种广为人知的编程方法可以用于解决 UI 响应能力和服务器可扩展性的问题，那就是对软件进行设计，使其可以同时执行多项任务。例如，应用程序的一个部件通过网络下载数据(这可能需要一定的时间)，同时，应用程序的另一个部件可以负责响应鼠标和键盘事件(这些事件由用户生成)。如果应用程序可以处理这些 UI 事件，那么用户会认为该应用程序正在工作并且可以响应，因此，他或她会感到满意，即使网络速度比较慢也可以接受。否则，程序会显示为冻结状态，毫无疑问，这会破坏用户的使用体验。

你已经看到过一些遵循该设计的应用程序。例如，可以浏览最喜欢的 Web 站点，同时在后台复制硬盘上的文件以及听喜欢的音乐。为了实现这种功能，操作系统会不断切换正在运行的应用程序，同时只为它们分配非常短的执行时间。在这一短暂的时间片以后，操作系统会切换到下一个应用程序，让它执行到下一个时间片。

但是，如果透过表面看本质，就会发现操作系统并不是在应用程序之间切换，而是在更小的单位之间进行切换，这种单位称为线程。线程是操作系统可以调度的最小处理单位。每一个应用程序都可以创建多个线程，并针对它们执行不同的任务，操作系统将负责同时执行这些线程。这种概念称为多线程，当在Web浏览器中的多个选项卡上浏览多个Web站点时，或者在邮件程序中撰写一封新电子邮件而之前的一封邮件正在后台发送时，可以享受到这种概念所带来的好处。

在传统的应用程序中，通过单个线程执行所有任务，与这种方式相比，多线程应用程序在用户友好性方面通常要好得多，这一点你应该能够想象得到。但是，创建多线程应用程序并不那么容易，现在的开发人员总是尝试在其代码中避免出现这些难题。在本章后面的内容中,你将了解到,并发执行会增加应用程序的复杂性,并使代码的可读性和可维护性大大降低。

5.2.1 异步编程简介

你应该按照自己所想的方式来编写代码。当进行逻辑思维时,你的大脑会创建一系列紧密联系在一起的连续想法。令人感到欣慰的是,编程语言从很早以前就开始通过编程逻辑支持开发人员表达这种思维方式,这种编程逻辑就是一系列不连续的步骤,一个接一个地执行。这种方法称为同步编程,由于这是最简单的编码方式,因此绝大多数开发人员都倾向于编写同步代码。

所有程序都由任务组成,所谓任务,就是应该完成的一些或短或长的作业单位。正如可以在图 5-10 中显示的同步编程模型中看到的,当在同步模型中安排任务时,下一个任务只能在前一个任务彻底完成后才能开始执行。

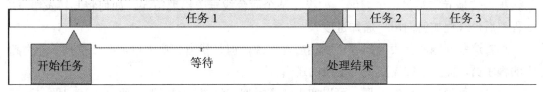

图 5-10 同步编程模型

由于任务始终按照明确的顺序完成,因此早期任务的输出总是可供后面的任务使用。换句话说,后面的任务依赖于前面的任务。

如果某个任务需要很长的时间才能完成(原因是它需要执行一个运行时间很长且需要进行大量计算的操作,从速度缓慢的磁盘读取较大的文件或者连接到响应速度比较慢的服务器),问题就出现了。由于默认情况下操作系统会为每个进程分配单个线程,因此,该线程将忙于等待运行时间较长的操作的结果,从而无法响应任何(UI)事件。在这种情况下,该线程被阻止了。

尽管程序实际上仍在运行(即"非常繁忙"地等待),但是最终用户会感觉程序已经冻结,这是一种非常糟糕的用户体验。在当今时代,智能移动设备和触控驱动型应用程序日益盛行,用户非常在意丰富的用户体验,应用程序必须始终能够快速响应,不受任何因素的限制,不管是网速、磁盘还是 CPU,都不应该对应用程序的响应造成影响。为了实现这种理想的用户体验,你必须尽最大努力避免线程被阻止。

对于上述问题,一种比较自然的解决方法是从单线程同步模型转变为图 5-11 中所示的线程模型。

在该模型中,每个任务都在一个单独的线程中执行,基础操作系统负责同步执行这些任务。使用该模型,可以将运行时间较长的任务移动到一个后台线程,通过一个 UI 线程来响应 UI 事件,从而使应用程序保持足够的响应能力。操作系统通过为线程分配 CPU 时间片并在它们之间进行切换来管理线程,正是由于操作系统承担了这一重担,因此,这似乎是一种非常便捷的解决方案,甚至在线程数超过 CPU 的情况下也能应对自如。

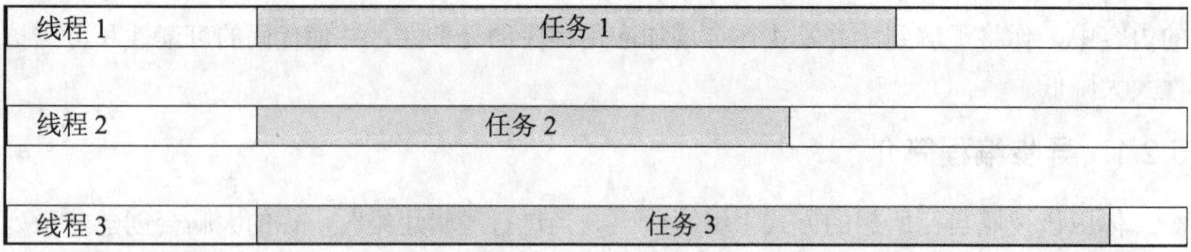

线程 1
任务 1
线程 2
任务 2
线程 3
任务 3

图 5-11　线程同步模型

然而，实际上并非如此。

当编写多线程应用程序时，需要面对一些非常烦人的问题。例如，如果有一个被多个线程使用的数据结构，如何才能确保可以安全地进行并发访问？换句话说，你是否确定可以编写出线程安全的代码？你是否知道如何在线程之间封送数据，也就是说，如果在一个线程中拥有一个值，如何才能将该值传递给另一个线程？用户是否能够取消运行时间较长的进程？传播异常是另一个问题。如果在某个后台线程中出现错误，如何将其转发给 UI 线程？后台线程如何向用户通知进度？

尽管这些问题所代表的问题可以相应地解决，但是找出解决方案需要一位技术能力超强的程序员，而且往往需要使用复杂的逻辑。

通过一种稍加简化的模型，可以实现非常类似的结果，同时避免很多上述问题。这需要使用异步编程模型，如图 5-12 所示。

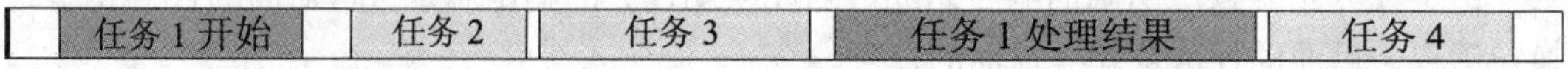

任务 1 开始
任务 2
任务 3
任务 1 处理结果
任务 4

图 5-12　异步编程模型

在异步编程模型中，多个任务在同一个线程中执行。但是，把运行时间较长的任务拆分为一些较小的单元，以确保它们不会长时间阻止线程。与同步模型相比，这是一个非常明显的差别，在同步模型中，任务会作为单个完整的单元按顺序执行。此外，在同步模型中，下一个任务只有在前一个任务完成后才能开始。但是，在异步模型中，下一个任务可以在上一个任务让出执行时间后立即开始。第二个任务不必等到第一个任务彻底完成后才开始执行。

例如，如果任务是从 Web 站点下载文件，那么可以发送请求(该操作很快就能完成)，然后可以释放线程以响应 UI 事件。如图 5-13 所示，当网卡通知收到来自服务器的响应时，就可以开始处理结果。尽管使用这种模型不会使任务更快地完成，但是应用程序所带来的用户体验能大大改善。

发送请求
任务 2
任务 3
处理响应
任务 3
来自网卡的通知

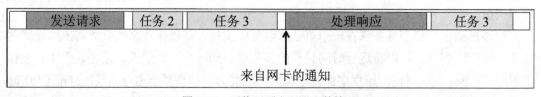

图 5-13　下载而不出现阻止的情况

由于任务交叉分布在单个线程中，因此不再有线程安全、数据封送、异常传播、进度报告、取消等相关问题。

遗憾的是，异步模型仍然不完美。不利的因素就是，在将同步代码重新写入异步模型以后，很难进行识别。你负责将任务拆分为较小的、不会阻止的单元，并确保这些单元能够在不再需要线程时立即将其释放。通常情况下，这意味着编写开始任务的代码所执行的却是其他操作，而最后需要通过回调功能来处理结果。这往往需要很长时间才能实现，而生成的代码很难阅读和维护，因为你完全丧失了连续的控制流。

很明显，你会处于一种两难的境地。是通过一种可以高效响应的系统来取悦于用户，还是通过易于编写的简单代码来取悦开发人员？如果使用.NET，那么二者便可以兼得。

5.2.2 .NET 平台上的异步编程发展历史

自从第一版.NET Framework 开始，该平台便具备了对异步编程的内置支持。在过去的十年中，Framework 已经发布了很多版本，随着版本的不断升级，多种方法都得到了发展进化，现在，可以使用多种设计模式在.NET 中创建异步逻辑。

在第一版.NET Framework中，可以使用异步编程模型(Asynchronous Programming Model，APM)。在APM中，异步操作通过两个方法来实现，即BeginOperationName和EndOperationName，这两个方法分别用于开始和完成异步操作(OperationName)。在下面的代码段中，可以看到异步操作的用法，该代码段所实现的操作是异步下载文件。该代码可以在NetFx\ NetFxAsyncHistory\APMForm.cs可下载代码文件中找到。

```
private void StartDownload( string url )
{
  HttpWebRequest req = (HttpWebRequest) WebRequest.Create( url );
  IAsyncResult result = req.BeginGetResponse( this.OnResponse, req );
}

private void OnResponse( IAsyncResult result )
{
  HttpWebRequest req = (HttpWebRequest) result.AsyncState;
  HttpWebResponse resp = (HttpWebResponse) req.EndGetResponse( result );
  Stream str = resp.GetResponseStream();
  // 待办事项：在此处理响应流
}
```

使用了 BeginGetResponse()方法来开始异步下载并注册要在异步操作完成时由Framework 调用的回调方法。BeginGetResponse()方法返回一个 IAsyncResult 实例，可以使用该实例来查询异步操作的当前状态。当下载完成时，Framework 调用了指定的 AsyncCallback()回调方法，在该方法中，可以调用 EndGetResponse()方法来获取结果并完成下载。

以上便是.NET 1.0 可以实现的所有功能，正如可以看到的，这种方法可行，但需要一大段完整的代码。此外，APM 并不明确支持异常处理、取消以及进度监控。这些都要由你来实现。

.NET Framework 的第二个主要版本主要关注事件和委托,并引入了基于事件的异步模式(Event-based Asynchronous Pattern,EAP)。EAP 的优势在于,它只需一个针对异步操作(OperationName)的方法名称(OperationNameAsync)即可实现。但是,在调用该方法之前,你必须注册要在操作完成时调用的回调方法。

下面的代码段说明了如何使用实现 EAP 的 WebClient 类来下载字符串(该代码可以在 NetFx\NetFxAsyncHistory\EAPForm.cs 可下载代码文件中找到)。

```
private void StartDownload( string url )
{
  WebClient wc = new WebClient();
  wc.DownloadStringCompleted += this.OnCompleted;
  wc.DownloadStringAsync( new Uri( url ) );
}

private void OnCompleted( object sender,
  DownloadStringCompletedEventArgs e )
{
  string result = e.Result;
  // 待办事项: 在此处处理字符串结果
}
```

与之前的示例代码相比,上述示例中的代码量大大减少,而且看上去更加整洁,不是吗?但是,如果想象一下围绕上述代码行构建的整个应用程序,应该会认识到,尽管代码块在单个线程中异步运行,但是,要了解哪个代码块在何时运行仍然非常困难。你无法轻松地跟踪执行路径,因为你的代码反映了一个完全混合的控制流。此外,如果使用 lambda 表达式(这是 C# 3.0 中引入的一种全新的精简语言语法)重写此代码,就可以获得先编写后执行的代码。该代码可以在 NetFx\NetFxAsyncHistory\EAPForm.cs 可下载代码文件中找到。

```
WebClient wc = new WebClient();
wc.DownloadStringCompleted += ( s, args ) =>
{
  string result = args.Result;
  // 待办事项: 在此处处理字符串结果
};
wc.DownloadStringAsync( new Uri( url ) );
```

在该示例中,只有一个回调,但其他类(例如,BackgroundWorker 类)可能需要多个回调,当检查代码时,控制流会完全从内到外进行查看。并且这仅仅是单个操作。如果想要异步完成多个任务,情况会变得更糟。此外,异常处理问题也没有得到解决,因为当相应的调用已经返回时,如何向调用者传播异常?

为了解决所有这些难题,.NET Framework 4.0 引入了一种全新的方法,名为基于任务的异步模式(Task-based Asynchronous Pattern,TAP)。在 TAP 之前,当开发人员想要异步解决某个问题时,他们必须弄清楚执行路径,而且正如你在前面所看到的,这会导致回调以及混合的控制流。TAP 的主要目标是使开发人员可以像使用同步代码一样处理异步代码,同时帮助他们清晰地看到控制流。

为此,在.NET 4.0中添加了一组新的类,称为任务并行库(Task Parallel Library,TPL)。该库中最重要的对象是Task类,它为开发人员提供了一个选项,可以打破"执行路径"的思维方式,而将关注重点放在"工作单元"上。Task类的一个实例是指将在将来的某个点交付的值。你不需要关心该值如何计算以及在哪个线程中进行计算。需要了解的只是需要一定的时间来交付结果,并且可以使用Task对象防止当前执行流被阻止,直到结果到达。

使用Task对象,可以查询异步执行的状态,等待执行完成,最后获取结果值。该类甚至还存在一个常规版本,即Task<TResult>,可以使用该版本以一种强类型化的方式来访问异步操作的结果。

下面的代码段说明了如何使用Task类来下载网页。该代码可以在NetFx\NetFxAsyncHistory\TAPForm.cs可下载代码文件中找到。

```
Task.Factory.StartNew( () =>
{
 WebClient wc = new WebClient();
 string result = wc.DownloadString( url );
 // 待办事项:在此处处理字符串结果
} );
```

使用任务,可以编写与过去的同步代码非常类似的异步逻辑。Microsoft比较倾向于这种方法,这一点不足为奇,并且.NET 4.5包含一些新的方法,可以直接返回Task实例。例如,WebClient类具有一个称为DownloadStringTaskAsync()(TaskAsync后缀是适用于返回Task对象的方法的命名约定)的新方法,该方法可以进一步简化你的工作,如下面的代码所示。该代码可以在NetFx\NetFxAsyncHistory\TAPForm.cs可下载代码文件中找到。

```
WebClient wc = new WebClient();
var task = wc.DownloadStringTaskAsync( url );
// 待办事项:在此处处理任务结果字符串
```

到目前为止,你已经看到了多种异步执行代码的方法,所有这些方法都由.NET Framework基类库提供。这种体系结构的优势在于,这些类在所有.NET语言中都可用。但是,由于这种方式会使得解决方案一般化,因此你不能充分实现较高的工作效率,并且无法享受到自己最喜欢的编程语言所带来的舒适感。另一方面,特定于语言的解决方案可能对使用该语言的开发人员会特别方便。但是,这种解决方案可能只能供他们使用。

Microsoft在这方面有着丰富的经验,因为它在.NET 3.0中通过语言集成查询(Language Integrated Query,LINQ)采用了一种类似的方法。LINQ严重依赖于一组扩展方法,这组方法处理与IEnumerable实例相关的复杂工作,但是,C#中的语言语法使得它们的用法非常整洁,从而使生成代码的可读性大大增强。由于这种解决方案的优势已经得到了证明,因此Microsoft再次采用了同样的方法,正如你将在本章后面的内容中看到的,在C# 5.0中为任务添加了直接语言支持。通过这种新的语言语法,你再也不需要编写另一个回调了。

注意：本章中的代码段说明了如何启动并完成异步操作，但并不解决处理结果所涉及的细节问题。仅仅这一点在桌面应用程序中就已经相当复杂了。在使用异步逻辑创建图形用户界面(Graphical User Interface，GUI)应用程序时，应该始终牢记一条重要的规则，那就是在后台线程中运行的代码不能直接接触 UI！例如，这表示你不能在一个窗口中直接显示来自某个异步回调的值。检查本章的配套代码(可从 www.wrox.com 下载)，查看有关如何在 Windows 窗体应用程序中使用 Invoke()方法来解决此问题的示例。

5.2.3 使用 C# 5.0 进行异步编程

在C# 5.0 中，Microsoft通过向语言中添加两个新的关键字，进一步简化了异步编程。新的关键字受到了F#中的await/async模式的启发，毫无疑问，它们使得你的代码变得更加整洁。但是，需要一些时间才能完全了解它们的工作原理。而在你熟悉了这种新的语法以后，异步编程就会变得妙趣横生！

这两个新的关键字是 async 修饰符和 await 运算符。当使用它们时，要始终牢记，它们的主要目标是减少在使用 Task 类时需要处理的语法量，就像 LINQ 使用 select 关键字和扩展方法针对 IEnumerable 所执行的操作一样。使用这两个新的关键字，可以向编译器传递机械的作业，即将同步方法转化为异步逻辑。

下面借助一个简短的示例来详细介绍这两个新的关键字。下面的代码段显示了一个包含 WebClient.DownloadString()调用的异步方法，该调用可能需要较长的时间才能执行完成。该代码可以在 CS5\CS5Async\Form1.cs 可下载代码文件中找到。

```csharp
private void DownloadSync( string url )
{
  WebClient wc = new WebClient();
  string result = wc.DownloadString( url );
  this.txtStatus.Text = result;
}
```

通过使用新的关键字，可以将上述代码转换为一种异步方法，如下所示：

```csharp
private async void DownloadAsync( string url )
{
  WebClient wc = new WebClient();
  string result = await wc.DownloadStringTaskAsync( url );
  this.txtStatus.Text = result;
}
```

加粗的代码表示代码中更改的部分。首先，你在一个方法或一个 lambda 表达式中使用 async 修饰符向编译器指出，该代码块是异步的。使用 async 修饰符标记的方法称为 async 方法。

第 5 章　现代 Windows 应用程序开发的原则

其次，在 async 方法中，你可能具有多个代码行，但在特定点，执行会到达某个需要较长时间才能执行完成的操作或函数调用。真正需要使用异步逻辑来避免阻止当前线程的也就是这一点。

注意：在传统的方法中，在此处你会通过一个回调处理程序来订阅完成事件，并将控制权返回给调用方。await 运算符可以自动实现此功能。如果将 await 运算符应用于某个异步方法中运行时间较长的函数调用，它就会指示编译器将该方法的剩余部分订阅为该任务的延续处理程序，然后立即返回调用方。当任务完成时，该任务会调用延续，而延续会在调用方的同步上下文中运行。

请注意，异步方法用于管理异步性，而不是用于创建异步性。异步方法不会开始新的线程，而是在后台使用众所周知的回调，但是它们不需要你掌握创建它们的技能。实际上，这一重任由编译器通过生成完全管理控制流的代码来承担。为了使其能够正常工作，等待的操作必须返回 void、Task 或 Task<T>实例。最初，这看起来像是一个苛刻的限制，但你很快就会认识到，实际上它完全服务于你的需求，并且可以帮助使你的代码实现标准化。

在接下来的"试一试"练习中，你将在 C#中创建一个经典的 Windows 窗体应用程序，用于从网络下载内容，同时使用新的 async 和 await 关键字保持 UI 的响应能力。

获取 C# 5.0

要使用新的C#语言元素，需要可以识别这些元素的某个版本的C#编译器。如果拥有 Visual Studio 2012和.NET Framework 4.5，那么可以立即开始，因为它们都附带了C# 5.0。但是，也可以通过从http://msdn.microsoft.com/en-us/vstudio/gg316360下载并安装Visual Studio Async社区技术预览版(Community Technology Preview，CTP)来获取Visual Studio 2010，因为即使只有Visual Studio 2010，仍然可以尝试使用这种新的语法。从本质上说，Async CTP是Visual Studio的一个次要修补程序，用于升级C#编译器和代码编辑器，从而能够识别async和await关键字。在编写本书时，最新可用版本是版本3，该版本与Visual Studio Express、Silverlight 5、Windows Phone SDK 7.1以及Roslyn CTP兼容。

注意：可以在本书的合作Web站点www.wrox.com上找到本练习对应的完整代码进行下载，具体位置为Chapter05.zip下载压缩包中的CS5TryItOut文件夹。

试一试　编写同步代码

要创建一个在运行时间较长的操作中无法响应的桌面应用程序，请按照下面的步骤进行操作。

(1) 启动 Visual Studio,并创建一个新的 Windows 窗体应用程序项目。

(2) 在设计器中打开 Form1,并从工具箱的 Common Controls (公共控件)部分拖放一个 TextBox (文本框)和一个 Button (按钮)到该窗体上。你将使用该按钮开始一个运行时间较长的操作,并使用该文本框显示有关该操作的当前状态的消息。

(3) 打开 Properties 窗口,对于 TextBox 的 Name 属性,输入 txtStatus,对于 Button 的 Name 属性,输入 btnStart。在 Button 的 Text 属性框中,输入 Start。将文本框的 Multiline 属性更改为 true,并按照图 5-14 所示排列控件。

(4) 双击 Start 按钮切换到代码视图,并为其生成一个事件处理程序存根。

(5) 为了提高后面的代码的可读性,创建以下简短的方法,用于在 Form1 类中的一个新行将指定的消息添加到文本框中:

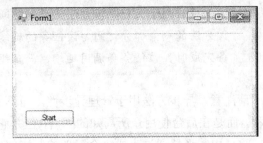

图 5-14　设计器中控件的布局

```
private void Write( string message )
{
  this.txtStatus.Text += message + "\r\n";
}
```

(6) 输入以下代码,以便在应用程序启动时以及事件处理程序正在运行时,使用新的 Write()方法显示某些状态消息。该代码还可以改变鼠标光标,以指示应用程序正忙。

```
public Form1()
{
  InitializeComponent();
  Write( "Ready." );
}
private void btnStart_Click( object sender, EventArgs e )
{
  this.Cursor = Cursors.WaitCursor;
  Write( "Click event handler started." );
  // 待办事项:真正的工作从此处开始...
  Write( "Click event handler ended." );
  this.Cursor = Cursors.Default;
}
```

(7) 编译并启动应用程序,以测试在你单击 Start 按钮时是否显示消息,如图 5-15 所示。

(8) 输入以下代码,在用于运行需要较长运行时间的操作的 btnStart_Click()方法后面创建 DoWork()方法。该方法用于从 Internet 下载页面并返回其长度。

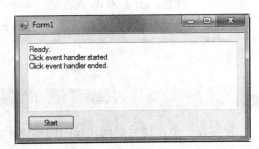

图 5-15　显示默认消息

```csharp
private int DoWork()
{
  string result = new WebClient().DownloadString(
    "http://gyorgybalassy.wordpress.com" );
  return result.Length;
}
```

为了编译该代码，必须在文件的顶端添加以下 using 指令：

```csharp
using System.Net;
```

(9) 将你在步骤(6)中在 btnStart_Click()事件处理程序中输入的待办事项注释替换为以下代码行，用于开始下载并显示结果：

```csharp
int length = DoWork();
Write( "Download completed. Downloaded bytes: " + length.ToString() );
```

此时，代码应该如下所示：

```csharp
using System;
using System.Net;
using System.Windows.Forms;

namespace WindowsFormsApplication1
{
  public partial class Form1 : Form
  {
    public Form1()
    {
      InitializeComponent();
      Write( "Ready." );
    }
    private void btnStart_Click( object sender, EventArgs e )
    {
      this.Cursor = Cursors.WaitCursor;
      Write( "Click event handler started." );
      int length = DoWork();
      Write( "Download completed. Downloaded bytes: " + length.ToString() );
      Write( "Click event handler ended." );
      this.Cursor = Cursors.Default;
    }
    private int DoWork()
    {
      string result = new WebClient().DownloadString(
      "http://gyorgybalassy.wordpress.com" );
      return result.Length;
    }
    private void Write( string message )
    {
```

```
        this.txtStatus.Text += message + "\r\n";
    }
  }
}
```

(10) 编译并启动应用程序。单击 Start 按钮，请注意，需要等待大约 3 秒钟的时间，然后才会显示图 5-16 中所示的消息。

示例说明

上述代码为你显示了从网络下载内容的经典同步实现。

在步骤(2)中创建的用户界面上的 Button 用于开始下载，而多行 TextBox 用于提供一些反馈信息，使你了解当前正在进行的操作。

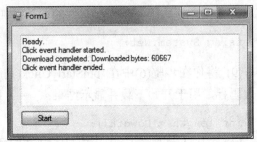

图 5-16 同步执行

在步骤(5)中创建的 Write 方法是一个辅助方法，用于简化向状态文本框中添加新的消息行的操作。Write()方法中的 "\r\n" 字符串控制在新行中书写消息。

当应用程序启动时，将显示 "Ready" 消息，程序将等待用户操作。当用户单击 Start 按钮时，将执行你在步骤(6)中创建的 btnStart_Click()事件处理程序，该处理程序将更改鼠标光标，并显示 "Click event handler started" (单击事件处理程序已启动)状态消息。在此之后，将调用你在步骤(8)中创建的 DoWork()方法，该方法是应用程序的精髓，因为它负责通过使用 WebClient 类的 DownloadString()方法来执行下载操作。请注意，这是一个同步方法，它会阻止执行，直到所需的内容从 Internet 完全下载完成。在该方法阻止线程的过程中，应用程序无法处理其他 UI 事件，窗口变得无法响应。

为了使示例较为简单，只是从 DoWork()方法返回所下载内容的长度，然后通过单击事件处理程序的其余部分进行显示。

现在，在执行了此 "试一试" 练习以后所得到的代码完全同步，DownloadString()调用会阻止线程，直到内容完全下载完成。由于该调用在 UI 线程中，因此应用程序完全无法响应。请注意，在下载过程中，你甚至无法移动或关闭窗口。

接下来的练习将详细为你介绍如何解决上述问题。

 注意：可以在本书的合作Web站点www.wrox.com上找到本练习对应的完整代码进行下载，具体位置为Chapter05.zip下载压缩包中的CS5TryItOut文件夹。

试一试   使用异步回调

要使用异步回调解决线程阻止问题，请按照下面的步骤进行操作。

(1) 使用前一个"试一试"练习的最终代码，现在，将使用 DownloadString 方法的异步版本。将前一个练习的步骤(8)中的 DoWork()方法替换为下面两个方法：

```
private void DoWork()
{
  Write( "DoWork started." );

  WebClient wc = new WebClient();
  wc.DownloadStringCompleted += OnDownloadCompleted;
  wc.DownloadStringAsync( new
                        Uri( "http://gyorgybalassy.wordpress.com" ) );

  Write( "DoWork ended." );
}

private void OnDownloadCompleted( object sender,
  DownloadStringCompletedEventArgs e )
{
  Write( "Download completed. Downloaded bytes: " +
                              e.Result.Length.ToString() );
}
```

在这种情况下，首先通过 OnDownloadCompleted()事件处理程序订阅 WebClient 实例的 DownloadStringCompleted 事件，然后开始异步下载。

(2) 由于在这种情况下，由回调负责在 UI 上显示结果长度，因此将 btnStart_Click 事件处理程序中的方法调用简化为以下形式：

```
DoWork();
```

此时，代码应该如下所示：

```
using System;
using System.Net;
using System.Windows.Forms;

namespace WindowsFormsApplication1
{
  public partial class Form1 : Form
  {
    public Form1()
    {
      InitializeComponent();
      Write( "Ready." );
    }

    private void btnStart_Click( object sender, EventArgs e )
    {
      this.Cursor = Cursors.WaitCursor;
      Write( "Click event handler started." );
```

```
      DoWork();
      Write( "Click event handler ended." );
      this.Cursor = Cursors.Default;
    }

    private void DoWork()
    {
      Write( "DoWork started." );

      WebClient wc = new WebClient();
      wc.DownloadStringCompleted += OnDownloadCompleted;
      wc.DownloadStringAsync( new Uri(
        "http://gyorgybalassy.wordpress.com" ) );

      Write( "DoWork ended." );
    }

    private void OnDownloadCompleted( object sender,
      DownloadStringCompletedEventArgs e )
    {
      Write( "Download completed. Downloaded bytes: " +
        e.Result.Length.ToString() );
    }

    private void Write( string message )
    {
      this.txtStatus.Text += message + "\r\n";
    }
  }
}
```

(3) 编译并测试应用程序。请注意，现在你几乎再也看不到鼠标等待光标，"started"和"ended"消息几乎总是立即显示。尽管"Download completed"结果消息在几秒钟以后显示，但是应用程序仍然保持响应能力，如图 5-17 所示。

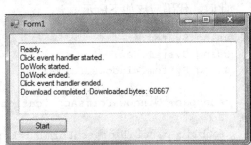

图 5-17　异步执行

示例说明

在步骤(1)中输入的 DownloadStringAsync()方法会在后台线程中启动下载，然后立即返回。由于该方法并不阻止 UI 线程，因此 DoWork()方法的其余部分以及按钮事件处理程序可以执行。由于按钮事件处理程序返回地非常迅速，因此应用程序的消息循环可以继续，并且应用程序可以响应进一步的 UI 消息。

在步骤(1)中输入的 OnDownloadCompleted()方法是一个回调方法，当 WebClient 对象从给定的 URL 完全下载了相应的内容时调用该方法。但是，在下载异步开始之前，必须指定哪个方法作为回调方法，可以通过在以下行中订阅 DownloadStringCompleted 事件来执行

第 5 章 现代 Windows 应用程序开发的原则

该操作：

```
wc.DownloadStringCompleted += OnDownloadCompleted;
```

在调用 **OnDownloadCompleted** 回调方法时，它会在 e 参数的 Result 属性中获取下载的结果，然后，会使用 Write()方法将其长度显示在 UI 上。

这种方法的问题在于，代码不会反映控制流。单击操作会触发一个事件处理程序，而该事件处理程序会调用一个方法，然后该方法和处理程序都会返回。但是，作业尚未完成，因为在将来的某个点，回调会完成作业，即向用户显示结果。

在进一步了解更多内容之前，先花一点时间思考一下，如果第一次下载失败，或者结果太小，由此导致不得不从另一个 URL 下载内容，那么需要如何更改代码。没错，可能需要另一个回调。

> **注意**：可以在本书的合作 Web 站点 www.wrox.com 上找到本练习对应的完整代码进行下载，具体位置为 Chapter05.zip 下载压缩包中的 CS5TryItOut 文件夹。

试一试 ── 在 C#中使用新的异步关键字

要在 C#中使用新的 async 和 await 关键字，请按照下面的步骤进行操作。

(1) 找到在前一个"试一试"练习中输入的 DoWork()方法，将其替换为下面的代码，其中使用了新的 async 和 await 关键字：

```
private async void DoWork()
{
  Write( "DoWork started." );
  WebClient wc = new WebClient();
  string result = await wc.DownloadStringTaskAsync(
    new Uri( "http://gyorgybalassy.wordpress.com" ) );
  Write( "Download completed. Downloaded bytes: " +
                                      result.Length.ToString() );
  Write( "DoWork ended." );
}
```

> **注意**：请注意，如果将 Visual Studio Async CTP 与 Visual Studio 2010 结合使用，就必须添加对 AsyncCTPLibrary.dll 文件的引用，否则代码无法编译。要添加引用，请右击解决方案资源管理器窗口中的 References 分支，然后单击 Add Reference 打开 Add Reference 对话框。单击 Browse 按钮并从之前安装 Visual Studio Async 社区技术预览版的文件夹中选择 AsyncCTPLibrary.dll 文件。

(2) 构建并测试应用程序。你应该看到图 5-18 中所示的结果。

(3) 要进一步简化你的代码，你甚至可以将在前一个"试一试"练习中创建的 btnStart_Click() 事件处理程序转换为异步方法，方法是直接在其中使用 async 和 await 关键字。

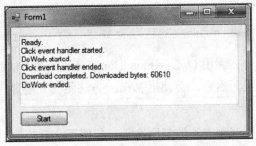

图 5-18　使用异步方法的控制流

```
private async void btnStart_Click( object
sender, EventArgs e )
{
  this.Cursor = Cursors.WaitCursor;
  Write( "Click event handler started." );

  WebClient wc = new WebClient();
  string result = await wc.DownloadStringTaskAsync(
    new Uri( "http://gyorgybalassy.wordpress.com" ) );
  Write( "Download completed. Downloaded bytes: " +
                                      result.Length.ToString() );

  Write( "Click event handler ended." );
  this.Cursor = Cursors.Default;
}
```

(4) 使用新的语法，可以非常轻松地检查结果，并向代码中添加一个回退下载。可以像使用同步代码一样执行此操作，就在前一个下载之后添加，如下面的代码所示：

```
private async void btnStart_Click( object sender, EventArgs e )
{
  this.Cursor = Cursors.WaitCursor;
  Write( "Click event handler started." );

  WebClient wc = new WebClient();
  string result = await wc.DownloadStringTaskAsync(
    new Uri( "http://gyorgybalassy.wordpress.com" ) );
  if( result.Length < 100000 )
  {
  Write( "The result is too small, download started from second URL." );

  result = await wc.DownloadStringTaskAsync(
    new Uri( "https://www.facebook.com/balassy" ) );
  }
  Write( "Download completed. Downloaded bytes: " +
                                      result.Length.ToString() );

  Write( "Click event handler ended." );
  this.Cursor = Cursors.Default;
}
```

示例说明

在步骤(1)中修改应用程序,并在步骤(2)中构建与测试该应用程序以后,可以从图 5-18 中所显示的输出中看到,这一次控制流与之前完全不同。DoWork()方法将开始,但当执行到达等待的方法时,控制权将返回调用方,同时事件处理程序完成。当等待的方法准备好返回其结果时,将继续执行异步方法的其余部分。代码看上去完全同步,因为使用回调完成的神奇功能完全由编译器来完成。

在步骤(3)中,你已经了解了如何避免使用 DoWork()方法,同时又能保持相同的行为,如图 5-19 所示。

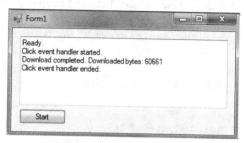

图 5-19 使用异步事件处理程序的控制流

现在,你已经熟悉了 C# 5.0 中提供的新关键字,下面我们来看一下如何在 C# 5.0 中实现取消。

注意:可以在本书的合作Web站点www.wrox.com上找到本练习对应的完整代码进行下载,具体位置为Chapter05.zip下载压缩包中的CS5TryItOut文件夹。

试一试 在 C# 5.0 中实现取消

要使用 C# 5.0 取消运行时间较长的异步操作,请按照下面的步骤进行操作。

(1) 要支持在 UI 上进行取消,请从工具箱将一个 Button 控件拖放到 Form1 上。对于该控件的 Name 属性,输入 btnCancel,而对于其 Text 属性,输入 Cancel。在设计器中双击 Cancel 按钮,以生成一个空的 btnCancel_Click()事件处理程序方法。

(2) 用于实现取消的首选模式取决于一种轻型对象,称为取消令牌。输入以下代码,向 Form1 类中添加一个 CancellationTokenSource 对象,稍后将使用该对象通知运行时间较长的操作取消:

```
private CancellationTokenSource cts;
```

(3) 现在,可以通过输入以下代码,实现在步骤(1)中生成的 Cancel 按钮的事件处理程序以通知取消:

```
private void btnCancel_Click( object sender, EventArgs e )
{
  Write( "Cancellation started." );
  this.cts.Cancel();
  Write( "Cancellation ended." );
}
```

(4) 在前面的"试一试"练习中,你已经在btnStart_Click()事件处理程序中使用了DownloadStringTaskAsync()方法。如果在该方法的第二个参数中提供了取消令牌,那么它支持取消:

```
cts = new CancellationTokenSource();
WebClient wc = new WebClient();
string result = await wc.DownloadStringTaskAsync(
  new Uri( "http://gyorgybalassy.wordpress.com" ), cts.Token );
```

此时,代码应该如下所示:

```
using System;
using System.Net;
using System.Windows.Forms;

namespace WindowsFormsApplication1
{
  public partial class Form1 : Form
  {
    private CancellationTokenSource cts;

    public Form1()
    {
      InitializeComponent();
      Write( "Ready." );
    }

    private async void btnStart_Click( object sender, EventArgs e )
    {
      this.Cursor = Cursors.WaitCursor;
      Write( "Click event handler started." );

      cts = new CancellationTokenSource();
      WebClient wc = new WebClient();
      string result = await wc.DownloadStringTaskAsync(
        new Uri( "http://gyorgybalassy.wordpress.com" ), cts.Token );
      if( result.Length < 100000 )
      {
        Write( "The result is too small, download started from second URL." );
        result = await wc.DownloadStringTaskAsync(
          new Uri( "https://www.facebook.com/balassy" ) );
      }
      Write( "Download completed. Downloaded bytes: " +
                                    result.Length.ToString() );

      Write( "Click event handler ended." );
      this.Cursor = Cursors.Default;
    }

    private void btnCancel_Click( object sender, EventArgs e )
```

```
        {
            Write( "Cancellation started." );
            this.cts.Cancel();
            Write( "Cancellation ended." );
        }

        private void Write( string message )
        {
            this.txtStatus.Text += message + "\r\n";
        }
    }
}
```

(5) 通过开始并立即取消下载来编译并测试应用程序。请注意，将抛出图 5-20 中显示的异常。

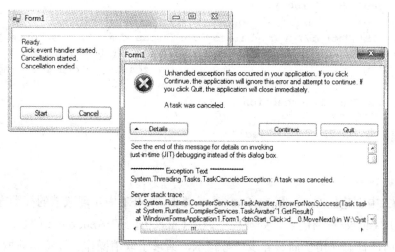

图 5-20　抛出 TaskCanceledException 异常

(6) 为了使代码实现故障安全，应该通过一个 try-catch 代码块将等待的方法封装在 btnStart_Click()事件处理程序中，如下所示：

```
try
{
    string result = await wc.DownloadStringTaskAsync(
        new Uri( "http://gyorgybalassy.wordpress.com" ), cts.Token );
    Write( "Download completed. Downloaded bytes: " +
                                          result.Length.ToString() );
}
catch( TaskCanceledException )
{
    Write( "Download cancelled." );
}
```

(7) 运行上述代码，你会注意到，这次下载正常取消了，如图 5-21 所示。

(8) 甚至可以使用取消机制来实现超时。为此，必须在使用步骤(6)中创建的try代码块中的DownloadStringTaskAsync方法调用开始异步操作之前，调用CancellationTokenSource的CancelAfter()方法，如下所示：

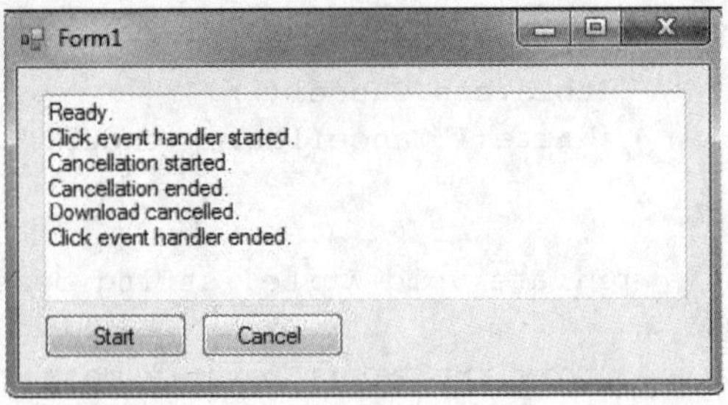

```
cts = new
CancellationTokenSource();

WebClient wc = new WebClient();
try
{
  cts.CancelAfter( 100 );
  string result = await wc.DownloadStringTaskAsync(
    new Uri( "http://gyorgybalassy.wordpress.com" ), cts.Token );
  Write( "Download completed. Downloaded bytes: " +
                                        result.Length.ToString() );
}
catch( TaskCanceledException ex )
{
  Write( "Download cancelled." );
}
```

图 5-21　带有取消的下载

示例说明

在步骤(2)中创建的 CancellationTokenSource 是在.NET 中实现取消的标准方法。当在步骤(3)中创建的 Cancel 按钮的事件处理程序调用 CancellationTokenSource 的 Cancel()方法时，会设置一个内部标志，用于向该异步任务指示，请求了取消操作。要将当前取消令牌实例与当前异步方法相关联，可以在步骤(4)中将其作为一个方法参数传递给 DownloadStringTaskAsync()方法。

在内部，DownloadStringTaskAsync()方法会定期检查令牌，如果请求了取消操作，那么它将中止下载。出于某些方面的原因，.NET Framework 的创建者决定取消属于一种异常操作。因此，该操作总是会引发 TaskCanceledException 异常，可以使用在步骤(6)中添加的 try-catch 代码块很好地对其进行处理。如果没有该封装，该异常会导致应用程序崩溃。

在步骤(8)中，你看到了 CancellationTokenSource 对象的另一种用法，即实现超时。在内部，该代码使用指定的超时初始化 System.Threading.Timer 对象。当计时器激活时，它会调用 CancellationTokenSource 对象的 Cancel()方法。由于这实际上是一个取消操作，因此，将抛出同样的 TaskCanceledException 异常，并且需要由你来检测发生的是超时，还是用户启动的取消操作。

到现在为止，你已经了解了如何使用异步逻辑创建用户友好的应用程序。在下一节中，会将该知识应用到 Windows 8 和 Windows 运行时中。

5.2.4　Windows 运行时上的异步开发

在Windows 8中，Windows运行时为Microsoft提供了机会，使其可以彻底重新设计Windows的应用程序编程接口(Application Programming Interface，API)。现在，历史重现，因为在十多年以前Microsoft开始使用.NET Framework时，同样的事情再次发生。当时，最初的目标之一是在可以轻松地从任何.NET语言访问的低级Win32函数的基础上，创建一种高级的、面向对象的API。该目标已经实现。但是，所面临的挑战最近又有了新的变化。

正如你在本章前面的内容中所了解到的，随着内容丰富的交互式 UI 的不断发展演进，异步编程变得越来越重要。通过提供一种又一种新方法来支持异步方式，.NET Framework 不断调整以应对这种新的挑战。尽管 Microsoft 的.NET Framework 架构师尽了他们最大的努力提供越来越简单的语法，用于创建异步逻辑，但是.NET 开发人员仍然原地踏步。Microsoft 认识到，如果让开发人员在同步 API 与异步 API 之间进行选择，绝大多数开发人员还是会选择同步 API，原因就是它比较简单。即使为异步方法提供了整洁的语法，也还是同步逻辑更易于理解。

在设计 Windows 运行时时，Microsoft 始终牢记这一点，并遵循一条简单的规则，那就是，如果预期某个 API 的运行时间超过 50 毫秒，该 API 就是异步的。这意味着，无法对其进行同步调用。不管你喜欢与否，你都必须通过异步的途径进行处理。在这一严格的决定背后的想法是，确保 Windows 8 风格应用程序始终响应用户输入，永远不会提供不好的用户体验。

注意：在 Windows 运行时的各个部分中，你都会发现仅异步形式的 API，特别是当执行文件系统操作或网络操作时。根据 Microsoft 的统计，在完整的 Windows 运行时中，有大约 15%是仅异步形式的 API。如果已经执行过一些 Silverlight 或 Windows Phone 开发，那么很难注意到它们，因为这些平台都遵循类似的网络访问规则。

在接下来的练习中，将介绍如何使用新的异步文件打开对话框"文件打开选取器"。

注意：可以在本书的合作 Web 站点 www.wrox.com 上找到本练习对应的完整代码进行下载，具体位置为 Chapter05.zip 下载压缩包中的 WinRTTryItOut 文件夹。

试一试　使用文件打开选取器

在开始该练习之前，请确保在My Pictures文件夹中包含JPG图像文件。可以从C:\Windows\Web\Wallpaper文件夹中复制一些JPG图像文件到My Pictures文件夹，以便应用程序可以从中进行选择。

要尝试新的文件打开选取器，请按照下面的步骤进行操作。

(1) 通过在 Start 屏幕上单击 Visual Studio 2012 的图标启动该程序。

(2) 选择 File | New Project (或者按 Ctrl+Shift+N 组合键)以显示 New Project 对话框。

(3) 从左侧的树视图结构中选择 Installed | Templates | Visual C# | Windows Store 类别，然后在中间窗格中选择 Blank Application 项目类型，如图 5-22 所示。

图 5-22 New Project 对话框

(4) 单击 OK 按钮。Visual Studio 将创建一个空的项目骨架，并在代码编辑器中打开 App.xaml.cs 主文件。

(5) 通过单击 View | Solution Explorer 菜单项(或者按 Ctrl+Alt+L 组合键)打开解决方案资源管理器窗口。

(6) 双击 MainPage.xaml 文件，将其在设计器中打开。注意设计窗格中间的通知，该通知指出设计器仍在加载中。请耐心等待，直到设计器加载完成，并且显示应用程序 UI 的图像。

(7) 通过单击 View | Toolbox 菜单项(或者按 Ctrl+Alt+X 组合键)打开工具箱窗口。

(8) 打开工具箱中的 Common XAML Controls (常用 XAML 控件)部分，然后将一个 Button 控件拖放到设计界面上。

(9) 双击设计器界面上的按钮，生成将在用户单击该按钮时调用的事件处理程序方法。Visual Studio 将在 MainPage.xaml.cs 文件中切换到代码视图，并且可以看到新生成的 Button_Click_1()事件处理程序。

(10) 滚动到文件的顶部，并添加下面的 using 语句：

```
using Windows.Storage;
using Windows.Storage.Pickers;
using Windows.UI.Popups;
```

(11) 向下滚动到 Button_Click_1()方法，并在其签名中添加 async 修饰符。然后向方法主体中添加以下代码行：

```
FileOpenPicker picker = new FileOpenPicker
```

```
{
  ViewMode = PickerViewMode.Thumbnail,
  SuggestedStartLocation = PickerLocationId.PicturesLibrary,
};
picker.FileTypeFilter.Add(".jpg");
StorageFile file = await picker.PickSingleFileAsync();
MessageDialog dlg = new MessageDialog(
  "Selected: " + file.Path, "Selection completed");
await dlg.ShowAsync();
```

此时,方法应该如下所示:

```
private async void Button_Click_1(object sender, RoutedEventArgs e)
{
  FileOpenPicker picker = new FileOpenPicker
  {
    ViewMode = PickerViewMode.Thumbnail,
    SuggestedStartLocation = PickerLocationId.PicturesLibrary,
  };
  picker.FileTypeFilter.Add(".jpg");
  StorageFile file = await picker.PickSingleFileAsync();
  MessageDialog dlg = new MessageDialog(
"Selected: " + file.Path, "Selection completed");
  await dlg.ShowAsync();
}
```

(12) 通过单击 Debug | Start Without Debugging 菜单项启动应用程序。Visual Studio 将编译并启动该应用程序。

(13) 单击应用程序中唯一的按钮以打开文件选取器。选择任何图像文件,然后单击 Open 按钮。文件选取器将关闭,所选文件的完整路径将显示在一个弹出对话框中。

示例说明

在该练习中,创建了一个 Windows 8 风格应用程序,允许用户从他或她的 My Pictures 文件夹中选择一个图像文件。

在步骤(8)和步骤(9)中,应用程序的主页上添加了一个按钮控件,并生成了由 Windows 在用户单击该按钮时调用的方法。

可以使用 Windows.Storage.Pickers.FileOpenPicker 类来向用户显示标准的 Windows 8 风格文件选择 UI。由于默认情况下其名称空间不包含在源文件中,因此在步骤(10)中添加了该名称空间。在该步骤中,还添加了另外两个要在代码中使用的名称空间。

在步骤(11)中,添加了一段代码,该代码首先显示文件选取器,然后在一个弹出对话框中显示所选文件的完整路径。在前两条语句中,对文件选取器进行了配置,使其在用户的 My Pictures 文件夹中启动,仅显示 JPEG 文件,同时将这些文件显示为缩略图。

PickSingleFileAsync()方法用于显示文件选取器。请注意,该方法的名称以 Async 结尾,这意味着它是一个异步方法。因此,必须在调用前添加 await 关键字,并将 async 关键字添加到承载函数的签名中。

该操作的结果是一个 Windows.Storage.StorageFile 对象，该对象用于描述选定的文件。该对象的 Path 属性包含所选文件的完整路径，也就是在弹出对话框中显示的内容。

使用 Windows.UI.Popups.MessageDialog 类向用户显示一个新的 Windows 8 风格弹出对话框。请注意，用于实现此功能的 ShowAsync()方法也是一个异步方法，因此，也必须在它之前使用 await 关键字。

PickSingleFileAsync()方法的返回值的类型为 PickSingleFileOperation，用于实现 IAsyncOperation<StorageFile>接口。该接口是 Windows 运行时中最重要的接口之一，因为它是异步 API 的标准，并且你使用它的机会会非常频繁。

在本章前面的内容中，你已经了解到，.NET Framework 中的 Task 和 Task<T>类型指的是将在将来的某个点交付的值。Windows 运行时和.NET 彼此关系非常密切，但是 Windows 运行时并不等同于.NET Framework，它的功能必须也能够用于其他无法访问.NET Framework 的语言(例如，JavaScript)。

为了将差异抽象化，Windows运行时以IAsyncOperation接口的形式提供了其自己未来的类型。Windows 运行时中的所有异步 API 都返回一个 IAsyncOperation 或 IAsyncOperation<T>对象，可以使用其Completed属性设置一个回调方法，用于在异步操作完成时调用，并且使用其GetResults方法以T类型对象的形式返回结果。

如果回想一下前面的某个"试一试"练习，就可能会想起来，在当时的代码中并没有 IAsyncOperation<StorageFile>。而是使用PickSingleFileAsync()方法直接返回一个StorageFile对象。这就是await关键字所实现的部分神奇功能。它不仅处理异步执行，还会解包结果，并返回未包装前的原始结果对象。

由于 IAsyncOperation 不是由.NET Framework 提供的，而是 Windows 运行时提供的，因此，即使是在 JavaScript 中编写 Windows 8 风格应用程序，也可以利用其强大的功能。

5.2.5 使用 JavaScript Promise 进行异步编程

在本章前面的内容中，你已经了解到 Microsoft 如何使异步编码模式成为开发人员技术中的杰出成员，这些技术包括.NET Framework、C#以及 Windows 运行时。但是，Windows 运行时对于具有 Web 开发背景的开发人员是开放的，同时还直接支持 JavaScript。这一节将介绍如何使用一种称为 Promise 的新概念在 JavaScript 中应用异步模式。

JavaScript 是一种单线程语言，这意味着任何运行时间较长或者等待的操作都会阻止该单个线程，从而使应用程序看起来好像处于冻结状态。很长时间以来，这在 Web 领域已经成为一种众所周知的行为，这些运行时间较长的操作(通常为网络调用)中的绝大多数都使用回调实现，这一点也就不足为奇了。但是，正如你在本章前面的内容中所看到的，回调经常会导致代码复杂难懂，并且不容易维护。

Windows运行时实现Common JS Promises/A方案以克服这些问题。Promise是一个

JavaScript对象，用于在将来的某个时间返回一个值，就像C#中的任务一样。向Windows 8 风格应用程序公开的所有异步Windows运行时API都封装在Promise对象中，因此，可以在JavaScript中通过一种自然的方式来使用它们。

在 Promise 对象中使用频率最高的方法是 then()函数，该函数包含三个参数，其语法格式如下所示：

then(fulfilledHandler, errorHandler, progressHandler)

- 在 fulfilledHandler 参数中，可以指定一个回调方法，用于在 Promise 对象成功完成时(换句话说，实现时)调用。
- 在 errorHandler 参数中，可以选择指定在 Promise 对象完成但包含错误的情况下调用的回调方法。
- 在 progressHandler 参数中，可以选择指定在 Promise 对象提供进度信息时调用的回调方法。请注意，并不是所有 Promise 对象都可以通知进度。

注意：可以在 http://wiki.commonjs.org/wiki/Promises/A 上了解有关原始 Promises/A方案的内容。

现在，你已经了解了 Promise 的基本概念，接下来便可以在实际工作中使用它们。在接下来的练习中，你将在 JavaScript 中创建一个 Windows 8 风格应用程序，使用 Promise 在 Twitter 上异步搜索内容。

注意：可以在本书的合作 Web 站点 www.wrox.com 上找到本练习对应的完整代码进行下载，具体位置为 Chapter05.zip 下载压缩包中的 JSTryItOut 文件夹。

试一试　使用 JavaScript Promise 创建简单的 Twitter 客户端

要在 JavaScript 中创建 Windows 8 风格应用程序，请按照下面的步骤进行操作。

(1) 通过在 Start 屏幕上单击 Visual Studio 2012 的图标启动该程序。

(2) 选择 File | New Project (或者按 Ctrl+Shift+N 组合键)以显示 New Project 对话框。

(3) 从左侧树视图结构中选择 Installed | Templates | JavaScript | Windows Store 类别，然后在中间窗格中选择 Blank App 项目类型，如图 5-23 所示。

(4) 单击 OK 按钮。Visual Studio 将创建一个空的项目骨架，并在代码编辑器中打开 default.js 主文件。

(5) 通过单击 Debug | Start Without Debugging 菜单项启动应用程序。Visual Studio 将编译并启动该应用程序，并将运行你的第一个 JavaScript Windows 8 风格应用程序。顾名思义，可以看到该应用程序实际上空的。它只是在其界面上显示"Content goes here"文本。

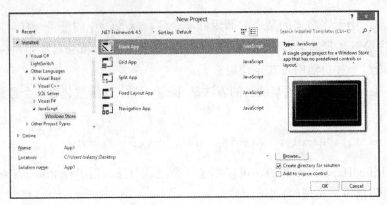

图 5-23 New Project 对话框

(6) 通过按 ALT+F4 快捷键退出该应用程序，或者如果使用的设备支持触控手势，那么可以使用关闭手势退出应用程序。

(7) 返回 Visual Studio，通过选择 View | Solution Explorer 菜单项(或者按 Ctrl+Alt+L 组合键)打开解决方案资源管理器窗口。

(8) 在解决方案资源管理器窗口中，可以看到该应用程序的三个主文件，如下所述。

- default.html 文件，其中包含用于描述应用程序的用户界面的标记。
- default.css 文件，位于 css 文件夹中，用于定义应用程序的外观。
- default.js 文件，位于 js 文件夹中，其中包含应用程序逻辑。

(9) 双击default.html文件以在代码编辑器中打开该文件。在代码中找到<body>和</body>标记，并将该内容替换为以下代码：

```
<p>Enter a keyword to search for on Twitter:</p>
<div>
  <input type="text" id="txtKeyword" value="Budapest" />
  <button id="btnSearch">Search</button>
</div>
<div id="divStatus">Ready.</div>
<div id="divResult"></div>
```

(10) 在解决方案资源管理器的css文件夹中，双击default.css文件，在代码编辑器中打开该文件。在文件的顶部找到body{ }部分，将其替换为下面的内容：

```
body { padding: 30px; }
#txtKeyword { width: 500px; }
#divStatus { padding: 10px; }
#divResult { padding: 10px; margin-top: 10px; line-height: 2em; }
```

(11) 在解决方案资源管理器的 js 文件夹中，双击 default.js 文件，在代码编辑器中打开该文件。在带有"Initialize your application here"注释的 app.onactivated 事件处理程序函数中找到 if 代码块。在其中添加下面的代码：

```
var btnSearch = document.getElementById("btnSearch");
btnSearch.addEventListener("click", onSearchButtonClicked);
```

(12) 将下面的函数代码块附加到 default.js 文件的结尾：

```javascript
function onSearchButtonClicked(e) {
  var txtKeyword = document.getElementById("txtKeyword");
  var divStatus = document.getElementById("divStatus");
  var divResult = document.getElementById("divResult");

  var url = "http://search.twitter.com/search.json?q=" + txtKeyword.value;

  WinJS.xhr({ url: url })
    .then(
      function complete(result) {
        divStatus.style.backgroundColor = "lightGreen";
        divStatus.innerHTML = "Downloading " + result.response.length +
                              " bytes completed. <br />";

        var hits = JSON.parse(result.responseText).results;

        for (var i = 0; i < hits.length; i++) {
          divResult.innerHTML += hits[i].text + "<br/>";
        }
      },

      function error(e) {
        divStatus.style.backgroundColor = "red";
        divStatus.innerHTML = "Houston, we have a problem!";
      },

      function progress(result) {
        divStatus.style.backgroundColor = "blue";
        divStatus.innerHTML = "Downloaded " + result.response.length +
            " bytes. <br />";
      }
    );
}
```

(13) 通过单击 Debug | Start Debugging 菜单项(或者按 F5 键)启动应用程序。

(14) 输入任意关键字(或者接受默认关键字)，然后单击 Search 按钮。结果应该与图 5-24 中显示的内容类似。

示例说明

根据选择的项目模板，Visual Studio 生成了一个空的骨架，其中包含开始在 JavaScript 中创建 Windows 8 风格应用程序所需的全部内容。在步骤(7)和步骤(8)中对生成的模板代码进行了复查。

在步骤(9)中，创建了用于描述应用程序页面的结构的标记。标记包含两个输入控件、一个称为 txtKeyword 的文本字段以及一个称为 btnSearch 的按钮。该标记还包含两个 div 元素(divStatus 和 divResult)，作为输出的占位符。请注意，id 特性包含元素的名称，可以使用该名称在应用程序代码和样式表中指代它们。

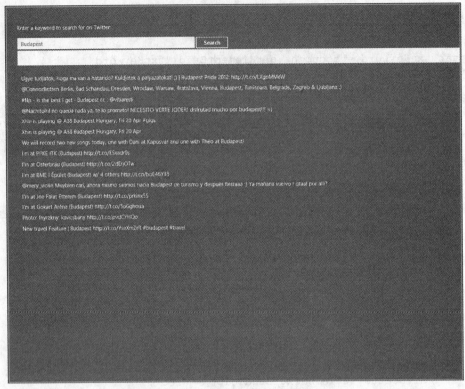

图 5-24　运行中的 Twitter 搜索应用程序

在步骤(10)中，使用了层叠样式表(Cascading Style Sheet，CSS)来定义 UI 元素的外观。

在接下来的步骤中，向应用程序中添加了逻辑。在步骤(11)中，使用 onSearchButtonClicked 事件处理程序订阅了搜索按钮的单击事件。当用户单击 Search 按钮时将调用该函数。在步骤(12)中添加了该事件处理程序函数。

在步骤(12)中添加的 onSearchButtonClicked 事件处理程序向 Twitter 发送一个异步搜索请求，并显示结果。在该函数的前 3 行中，创建了 UI 元素的快捷变量。在第 4 行中，基于用户在文本输入字段中输入的关键字构建了 Twitter 搜索的 URL。

WinJS.xhr()方法是使用 JavaScript 创建 Windows 8 风格应用程序时用到的最重要的函数之一，因为通过该方法，可以使用 Promise 通过网络进行异步通信。WinJS.xhr()函数会返回一个 Promise 对象，可以调用其 then()方法来指定 complete()、error()和 progress()回调。把这些回调指定为 then()函数的三个函数类型参数。请注意，不必为这些函数进行命名，在这里，使用名称仅仅是为了提高代码的可读性。

当异步下载成功完成时，会调用第一个回调(complete)。在前两行中，为用户设置了一个友好的浅绿色背景以及一条状态消息。然后，将 Twitter 返回的文本数据解析为一个 hits 对象，该对象是一个包含结果命中次数的数组。接着，使用 for 循环，对结果进行了迭代，并将其逐个添加到结果窗格中。

当异步下载完成但出现错误时，会调用第二个回调(error)。如果想要对其进行测试，就可以在搜索输入字段中输入一个单引号(')，然后单击 Search 按钮。该错误处理程序会在红色背景下显示一条固定不变的错误消息。

当 WinJS.xhr()函数报告进度时，会调用第三个回调(progress)。该函数会以蓝色背景在状态窗格中显示下载的字节数。在绝大多数网络中，下载都比较快，因此，你必须睁大眼睛捕捉进度信息。如果眨了眼睛，那么很可能就会错过显示的信息。

如果在没有附加调试程序的情况下对应用程序进行了测试(通过使用 Debug | Start Without Debugging 菜单项，或者按 Ctrl+F5 快捷键)，那么你可能已经了解到，有时候 Search 按钮不起作用。之所以会出现这种情况，根本原因在于事件订阅代码并不完美，不过，现在你已经了解了 Promise 的工作方式，因此，可以在接下来的练习中解决该问题。

 注意：可以在本书的合作Web站点www.wrox.com上找到本练习对应的完整代码进行下载，具体位置为Chapter05.zip下载压缩包中的JSPromisesTryItOut文件夹。

试一试 在应用程序初始化时使用 Promise

要优化应用程序初始化代码，请按照下面的步骤进行操作。

(1) 在代码编辑器中打开 default.js 文件，并删除在之前的"试一试"练习中添加的以下代码：

```
var btnSearch = document.getElementById("btnSearch");
btnSearch.addEventListener("click", onSearchButtonClicked);
```

(2) 在 app.onactivated()函数中，找到以 args.setPromise 开头的代码行，并将其更改为以下代码：

```
args.setPromise(WinJS.UI.processAll().then(function () {
    var btnSearch = document.getElementById("btnSearch");
    btnSearch.addEventListener("click", onSearchButtonClicked);
}));
```

(3) 使用 Debug | Start Without Debugging 菜单项(或者按 Ctrl+F5 快捷键)在不附加调试程序的情况下启动应用程序，并对应用程序进行测试。

示例说明

WinJS.UI.processAll 函数用于初始化已经在 HTML 标记中定义的 UI 元素，并返回一个将在初始化成功完成时执行的 Promise 对象。使用 then 函数，可以确保仅在标记初始化以后才附加用于订阅 Search 按钮的单击事件的代码。

在前面的练习中，只是作为一个过程调用了 then()方法，而没有使用其返回值。但是，它的返回值其实非常重要，因为 then()函数也会返回一个 Promise 对象，当然，还有一个 then()函数返回另一个 Promise 对象，依此类推。这使可以通过一种非常自然的方式串联多个 then()函数，甚至是多个异步操作。

在之前的"试一试"练习中，首先创建了一个用于在 Titter 上进行搜索的 Windows 8 风格应用程序。在接下来的练习中，将扩展之前的应用程序，并将搜索结果保存到一个文件中。请注意，现在将拥有多个异步操作，并且应该按照下面的顺序来执行。

(1) 从 Twitter 下载搜索结果。
(2) 创建一个目标输出文件。
(3) 将搜索结果写入该输出文件。

令人欣慰的是，Windows 运行时提供了异步方法，可以返回 Promise 对象以实现该目标。

> 注意：可以在本书的合作 Web 站点 www.wrox.com 上找到本练习对应的完整代码进行下载，具体位置为 Chapter05.zip 下载压缩包中的 JSChainingPromisesTryItOut 文件夹。

试一试　串联 Promise 对象

要了解如何串联 Promise 对象，请按照下面的步骤进行操作。
(1) 在 Visual Studio 中，打开在之前的练习中创建的项目，然后打开 default.js 文件。
(2) 找到 onSearchButtonClicked()函数，并在其开头添加以下代码行：

```
var content;
```

(3) 找到 then()方法的 complete()函数，并在其结尾添加以下代码行：

```
content = result.responseText;
```

(4) 删除 then()方法结尾的分号(;)，并将其替换为以下代码行：

```
.then(
  function () {
    var folder = Windows.Storage.ApplicationData.current.temporaryFolder;
    return folder.createFileAsync("temp.txt",
      Windows.Storage.CreationCollisionOption.replaceExisting);
  }
)
.then(
  function (storageFile) {
    divStatus.innerHTML += "Saving the results to " + storageFile.path +
                                                     "<br />";
    return Windows.Storage.FileIO.writeTextAsync(storageFile, content);
  }
```

```
)
.then(
  function () {
    divStatus.innerHTML += "Done.";
  }
);
```

此时,onSearchButtonClicked()函数应该如下所示:

```
function onSearchButtonClicked(e) {
  var content;
  var txtKeyword = document.getElementById("txtKeyword");
  var divStatus = document.getElementById("divStatus");
  var divResult = document.getElementById("divResult");

  var url = "http://search.twitter.com/search.json?q=" + txtKeyword.value;

  WinJS.xhr({ url: url })
    .then (
      function complete(result) {
        divStatus.style.backgroundColor = "lightGreen";
        divStatus.innerHTML = "Downloading " + result.response.length +
                        " bytes completed. <br />";

        var hits = JSON.parse(result.responseText).results;
        for (var i = 0; i < hits.length; i++) {
          divResult.innerHTML += hits[i].text + "<br/>";
        }

        content = result.responseText;
      },

      function error(e) {
        divStatus.style.backgroundColor = "red";
        divStatus.innerHTML = "Houston, we have a problem!";
      },

      function progress(result) {
        divStatus.style.backgroundColor = "blue";
        divStatus.innerHTML = "Downloaded " + result.response.length +
            " bytes. <br />";
      }
    )
    .then (
      function () {
        var folder = Windows.Storage.ApplicationData.current.temporaryFolder;
        return folder.createFileAsync("temp.txt",
          Windows.Storage.CreationCollisionOption.replaceExisting);
      }
    )
    .then (
```

```
            function (storageFile) {
                divStatus.innerHTML += "Saving the results to " + storageFile.path +
                    "<br />";
                return Windows.Storage.FileIO.writeTextAsync(storageFile, content);
            }
        )
        .then (
            function () {
                divStatus.innerHTML += "Done.";
            }
        );
}
```

(5) 通过按 Ctrl+F5 快捷键启动应用程序,并在 Twitter 上搜索任意关键字。请注意,现在不仅仅会显示搜索结果,还会将其保存到一个文件中,文件的路径将显示在绿色的状态窗格中。可以在图 5-25 中看到示例输出。

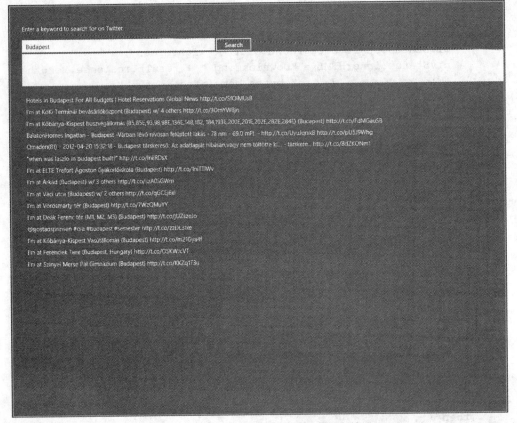

图 5-25　在 Twitter 搜索应用程序中保存结果

(6) 使用 Windows 资源管理器浏览在绿色状态窗格中显示的文件夹,并验证 temp.txt 文件的内容。

示例说明

在步骤(2)中，创建了一个名为 content 的逻辑变量，而在步骤(3)中，将从 Twitter 返回的原始结果保存到该变量中。这是稍后要写入输出文件中的内容。

在步骤(4)中，在异步进程链的结尾添加了 3 个新的 then 代码块。请注意，尽管 then() 函数最多可以接受 3 个参数，但在这个简单的示例中，仅定义了第一个参数，并在 Promise 成功完成时调用。如果不想使用错误和进度处理程序，就可以省略它们。

在第一个新的 then 代码块中，使用了 Windows 运行时的 createFileAsync()函数，在应用程序的临时文件文件夹中创建了一个名为 temp.txt 的文件。顾名思义，createFileAsync() 函数是一个异步函数，与所有异步函数一样，它也会返回一个 Promise 对象。

下一个 then 代码块会使用该 Promise 对象，而该 Promise 对象将在文件成功创建时执行。创建了文件以后，使用 writeTextAsync()函数将内容保存到该文件中。writeTextAsync() 也是一个异步函数，可以返回一个 Promise 对象。

最后一个 then 代码块用于处理该 Promise 对象的已完成事件，并在整个进程成功完成时显示一条简单的消息。

5.3 小结

Windows 8 带来了新一代的应用程序，这些应用程序为了应对当今执行环境的挑战而进行了优化。现代的应用程序越来越多地在触控驱动的设备上执行，并且其用户大都希望获得最佳用户体验。

Windows 8 设计语言是在移动设备上以及桌面领域中提供卓越用户体验的关键因素。新的信息图设计概念打破了传统的图示法设计风格，重点关注内容，而不是内容周围的镶边。通过遵循Windows 8 设计原则，可以创建用户友好的应用程序，完美地适应Windows 8。

为了获得最佳用户体验，需要具有响应快速并且流畅的应用程序。在大数据结构和高延迟网络通信的时代，无法通过传统的单线程编程模型实现该目标。必须使用异步编程技术，而 Windows 运行时通过仅提供异步 API 来实现各种功能，强制用户使用异步编程技术。

令人感到欣慰的是，Windows 8 中的两大编程语言(C#和 JavaScript)都直接支持异步编程。在 C# 5.0 中，提供了两个新的关键字，即 async 和 await，可以使用它们创建异步方法，而不必使用回调并打破源代码中的线性控制流。在 JavaScript 中，可以使用 Promise 编写形式复杂但易于阅读和维护的异步逻辑。

练 习

1. Windows 8 设计语言是什么？
2. 哪种类型的应用程序最适合平面导航模式和分层导航模式？
3. 线程执行模型和异步执行模型之间的区别是什么？

4. C# 5.0 如何支持异步编程?

5. 什么是 JavaScript Promise?

 注意:可以在附录 A 中找到上述练习的答案。

本章主要内容回顾

主　题	主　要　概　念
图示法设计风格	图示法设计风格是一种设计概念,它使用来自真实世界的象征表示,并在数字世界中使用超级逼真的图形来描绘对象
信息图设计风格	信息图设计风格是一种设计概念,它主要关注信息和内容,而不是包含它们的框架
平面导航	平面导航是一种导航模式,在这种导航模式中,所有页面都位于同一层次结构级别
分层导航	分层导航是一种导航模式,在这种导航模式中,应用程序的页面分为多个部分和级别
线程	线程是操作系统可以调度的最小执行单元
异步编程模型	在异步编程模型中,多个任务在同一个线程中执行,但把运行时间较长的任务分成多个较小的单元,以确保它们不会阻止线程过长的时间
任务对象	任务是一个.NET 对象,指代将在将来的某个点交付的值
async 和 await	async 和 await 是 C# 5.0 中的两个新关键字,可以使用它们创建异步方法
IAsyncOperation<T>	IAsyncOperation<T>接口是将来要在 Windows 运行时中使用的类型
JavaScript Promise	Promise 是一个 JavaScript 对象,遵从 Common JS Promises/A 方案,并在将来的某个时间返回一个值

第 6 章

使用 HTML5、CSS 和 JavaScript 创建 Windows 8 风格应用程序

本章包含的内容:
- 了解超文本标记语言、层叠样式表和 JavaScript 的基础知识
- 从 HTML5 应用程序访问 Windows 运行时
- 使用 JavaScript 创建 Windows 8 风格应用程序

适用于本章内容的 wrox.com 代码下载

可以在 www.wrox.com/remtitle.cgi?isbn=012680 上的 Download Code 选项卡中找到适用于本章内容的 wrox.com 代码下载。代码位于 Chapter06.zip 下载压缩包中,并且单独进行了命名,如对应的练习所述。

在本书前面的内容中,你已经了解到,Windows 8 为 Web 开发人员带来了许多新的机会。在过去,Web 开发人员可以使用他们掌握的技术创建在 Web 服务器上运行并且包含编程逻辑的 Web 站点,以及只能通过 Web 浏览器访问的用户界面(User Interface,UI)。Windows 8 改变了这种状况,它允许 Web 开发人员继续使用他们现有的关于创建在桌面上运行的应用程序的知识。过去只能在 Web 服务器上以及 Web 浏览器中使用的技术如今也大量用于创建各种经典的客户端应用程序。

本章提供了这些技术的简要概述。首先,本章讲述如何创建经典的 Web 页面以及如何对其进行设计,然后介绍如何使用相同的技术在 Windows 8 上创建各种桌面应用程序。

 注意: 本章包含对 HTML5、CSS 和 JavaScript 的简要介绍。如果之前曾经使用过这些技术,那么可以忽略简介部分,直接跳转到 6.2 节。

6.1 Web 上的 HTML5 和 CSS

在 Tim Berners-Lee 发明万维网时,他需要一种语言来描述内容,这些内容包含丰富的修饰图像、各种格式以及大量连接在一起的页面。由于在 1989 年时还没有这样的语言,因此,他创建了超文本标记语言(HyperText Markup Language,HTML),这种语言逐渐发展成为构建 Web 页面的标准。

在过去 20 年中,HTML 一直在不断地发展演变(尽管演变速度比较缓慢),以便满足新兴 Internet 的新要求。现在,绝大多数 Web 站点都使用 HTML 4 构建,但自从万维网联合会(W3C)在 2008 年 1 月发布了 HTML5 的工作草案以后,越来越多的浏览器供应商开始支持各种新增功能,这为 Web 创建者打开了利用 HTML5 的优势的大门。

HTML 最初用于描述 Web 页面的静态内容,现在,这仍然是该语言的主要目的。但是,在提及 HTML5 时,包括的范围通常要更宽泛。术语 HTML5 通常用作一个涵盖性的术语,涉及下一代 Web 站点使用的一百多种规范。这些技术不断开发相应的标准,以支持各种新的要求,包括播放多媒体、存储数据、使用文件、访问用户的地理坐标、在浏览器中脱机使用 Web 站点等。

这一章首先介绍 HTML 语言本身在版本 5 中提供的增强功能。本章后面的内容还将介绍一些相关的标准,因为它们中的大部分也可用于 Windows 8 应用程序。

6.1.1 了解 HTML5 技术

从严格意义上讲,HTML5 是下一版本的 HTML 标准,其绝大多数功能都继承自 HTML 4,废弃了其中的一小部分功能,并添加了一些新功能。由于该语言本身由 HTML 元素及其特性构成,因此,从本质上说,HTML5 向语言中添加一些新的元素和特性。

可以将新添加的元素和特性分组为以下类别:

- 语义和结构元素
- 媒体元素
- 窗体元素和输入类型
- 绘图

1. 新的语义和结构元素

以前,Web开发人员主要使用div容器将简单的元素封装成较大的部分,以便可以将其作为一个整体进行指代和引用,并对其设置格式。例如,div元素也用于创建页眉、菜单和页脚。现在,绝大多数Web页面的标记代码都由许多彼此嵌套的无意义的div元素构成,这些元素维护起来非常困难。

HTML5 引入一些新的结构元素,如 header、nav、footer、figure、summary、aside 等。这些新元素不仅可以帮助你更加轻松地了解标记,而且由于它们向代码提供了语义,还可以帮助搜索引擎和屏幕阅读器了解特定内容部分的目的。

2. 新的媒体元素

以前,如果Web开发人员想要在某个Web页面中嵌入音频或视频文件,他或她就不得不依赖于第三方浏览器插件,因为浏览器中不提供对多媒体的直接支持。但是,这些插件会引起很多与其在桌面上的部署、稳定性和安全性相关的问题。此外,浏览器插件在绝大多数移动设备上都不可用,从而使得无法在这些设备上使用多媒体内容。

为了解决上述所有问题,HTML5 引入新的媒体元素,如 audio、video、track 等。有了这些新的元素,浏览器可以本机播放多媒体内容,而无须用户安装任何第三方插件。

3. 新的窗体元素和输入类型

窗体是HTML标准的组成部分,因为它们用于将数据发布到服务器上。尽管以前的HTML版本对窗体提供了大力支持,但它们还是为Web开发人员留下了很多重复性的工作。例如,如果想要让用户向某个窗体中输入数字、日期、电子邮件地址或URL,则可以为他或她提供的仅仅是一个常规的文本框,而随后诸如验证输入的内容以及检查输入的内容是否为有效的数字、日期或电子邮件地址等任务都需要你自己来完成。

为了减轻你的工作负担,HTML5引入新的输入类型,如颜色、日期、时间、电子邮件等。需要做的只是将输入设置为上述类型,浏览器将呈现适当的输入字段(例如,呈现一个日期选取器以用于输入日期),同时也会执行相应的输入验证。

4. 绘图

HTML5 引入新的 canvas 元素,可以使用该元素通过编写脚本来动态绘制图形。由于图形不再硬编码到 Web 页面中,因此它们可以根据设备或页面的当前状态进行自我调整,甚至可以与它们进行交互。某些浏览器甚至对 canvas 支持硬件加速呈现,使得网络成为图形密集型应用程序和游戏的完美运行环境。

正如可以看到的,HTML5 在多个方面对之前的版本进行了扩展。在这些方面中,有一个通用的主题,那就是,这些新功能可以帮助你使用非常整洁的标记创建现代化的 Web 站点,需要的代码编写工作大大减少,同时不需要使用浏览器插件。

6.1.2 使用 HTML 的初步操作

在使用 HTML5 创建第一个 Web 页面之前,你必须了解 HTML 元素的基本语法。如果了解了相应的语法,那么了解页面的工作原理就要容易得多。

HTML页面由HTML元素组成。通常情况下,HTML元素包含使用特定标记进行修饰的内容。下面显示的是一个示例元素,用于使用强调字体呈现文本:

```
<strong> This will be printed in bold in most browsers. </strong>
```

该元素的第一部分是开始标记,后跟内容,最后该元素以结束标记结束。有一点非常重要,那就是标记集由 HTML 标准固定,因此,你不能发明新的标记,如果使用了自己发明的标记,那么 Web 浏览器将无法识别它们。

上面示例中的 strong 标记指示浏览器使用强调突出显示效果(在绝大多数浏览器中以粗体字母表示)呈现元素的内容。使用尖括号(< >)区分标记与内容，而结束标记与开始标记的差别在于，它的开始尖括号后面多了一个正斜杠字符(/)。

某些元素不包含内容，可以使用自结束标记来标记这些元素。自结束标记是在结束尖括号前面带有一个正斜杠字符(/)的单个标记。例如，下面的 br 标记指示浏览器呈现一个换行符：

```
<br />
```

某些元素需要附加参数才能正常使用。例如，img 元素用于呈现一幅图像，但是，必须定义应该显示哪个图像文件。可以在需要此类附加配置的元素中使用 HTML 特性。特性就是在开始标记内定义的名称-值对。下面的示例显示如何使用 img 标记的 src 特性来显示图像文件 budapest.png：

```
<img src="budapest.png" />
```

单个元素可以具有多个特性，各个特性之间使用空格进行分隔。例如，img 标记也可以具有一个 alt 特性，该特性可以包含在图像因为某种原因而无法呈现时显示的替代文本：

```
<img src="budapest.png" alt="A nice photo of Budapest, capital of Hungary."/>
```

对于 HTML 元素，下一点需要牢记的是，不能将它们叠加。这意味着，可以将一个元素完整嵌入另一个元素中，但是，不能部分嵌入。下面的示例正确使用 em 元素进行强调，同时使用 strong 元素进一步强调其中的部分内容。绝大多数浏览器会使用斜体效果呈现 em 元素，而使用粗体字符效果呈现 strong 元素。在该示例中，单词 important 将为加粗并倾斜。

```
<strong>The is <em>important!</em></strong>
```

请注意，在上面的示例中，完整的 em 元素都在 strong 元素中。但是，如果调整结束标记的顺序，那么将得到错误的标记，因为外部的 strong 元素在内部的 em 元素之前已经结束，如下面的示例所示：

```
<strong>This is <em>important!</strong></em>
```

这就称为重叠。你必须想办法避免出现这种情况(尽管许多Web浏览器可以在这种情况下正确呈现内容，而不会出现任何错误)。

 注意：如果想要确保自己使用的标记正确无误，就可以使用 W3C 标记验证服务，该服务可以从 http://validator.w3.org 获得。

这是 HTML 语言的基本语法，在接下来的"试一试"练习中，你将使用这种语法来创建一个 Web 页面。在完成该练习以后，你将了解到如何向该页面中添加一些奇特的设计。

第6章 使用HTML5、CSS和JavaScript创建Windows 8风格应用程序

 注意：可以在本书的合作Web站点www.wrox.com上找到本练习对应的完整代码进行下载，具体位置为Chapter06.zip下载压缩包中的HTML\TryItOut文件夹。

试一试　使用HTML5创建Web页面

要创建HTML Web页面，请按照下面的步骤进行操作。

(1) 通过在Start屏幕上单击Visual Studio 2012的图标启动该程序。

(2) 选择File | New | Web Site (或者按Alt+Shift+N组合键)以显示New Web Site对话框。

(3) 从左侧树视图结构中选择Installed | Templates | Visual C#类别，然后在中间窗格中选择ASP.NET Empty Web Site 项目类型。

(4) 单击OK按钮，Visual Studio将新建空白项目骨架。

(5) 通过选择View | Solution Explorer菜单项(或者按Ctrl+Alt+L组合键)打开解决方案资源管理器窗口。在解决方案资源管理器窗口中，右击WebSite1项，然后选择Add | Add New Item。在Add New Item对话框中，选择HTML Page模板，并在Name文本框中输入default.html，单击Add按钮。

(6) Visual Studio会新建一个HTML文件，其中包含一些默认的内容，并且会在编辑器中打开该文件。找到<title>和</title>标记，并将其替换为下面的代码：

```
<title>My first webpage</title>
```

(7) 找到<body>和</body>标记，并在其中添加下面的代码：

```
<h1>Hello World!</h1>

This is a link that opens the
<a href="http://wrox.com" target="_blank">Wrox homepage</a>
on a new browser window.

<h2>Text elements</h2>

<p>
  This is a paragraph with a line break and
  <br />
  some <strong>important</strong> information.
</p>

<h2>Lists</h2>

<section>
  <h3>Numbered list</h3>
  This is a numbered list of programming languages:
  <ol>
```

```html
      <li>JavaScript</li>
      <li>C++</li>
      <li>C#</li>
    </ol>
</section>

<section>
    <h3>Bulleted list</h3>
    This is a bulleted list of colors:
    <ul>
      <li>red</li>
      <li>white</li>
      <li>green</li>
    </ul>
</section>

<h2>Form elements</h2>

<form>
    <label for="txtName">Name:</label>
    <input type="text" id="txtName" /> <br />

    <label for="txtEmail">E-mail:</label>
    <input type="email" id="txtEmail" /> <br />

    <label>Gender:</label>
    <label for="radFemale">Female</label>
    <input id="radFemale" name="gender" type="radio" />
    <label for="radMale">Male</label>
    <input id="radMale" name="gender" type="radio" />
    <br />

    <label for="selContinent">Continent:</label>
    <select id="selContinent">
      <option>Asia</option>
      <option>Africa</option>
      <option>North America</option>
      <option>South America</option>
      <option>Antarctica</option>
      <option selected="selected">Europe</option>
      <option>Australia</option>
    </select>
    <br />

    <label for="chkAccept">I accept the terms:</label>
    <input id="chkAccept" type="checkbox" />
      <br />

      <button>Save</button>
</form>
```

(8) 通过单击 Debug | Start Without Debugging 菜单项(或者按 Ctrl+F5 快捷键)启动应用程序。Visual Studio 将启动开发人员 Web 服务器，并在你的默认 Web 浏览器中打开该页面。显示的结果应该类似于图 6-1 中所示的内容。

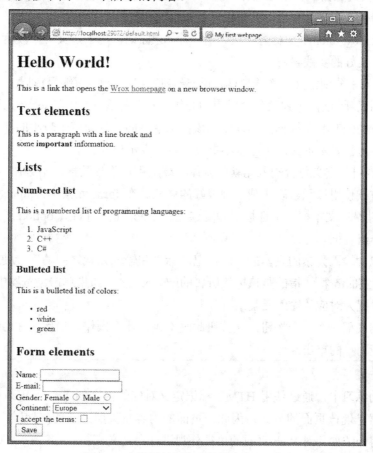

图 6-1　未设置任何格式的基本 Web 页面

示例说明

在本练习中，创建一个简单的 Web 页面，用于说明最常用的 HTML 元素。

在步骤(5)中，创建一个基本的 HTML 页面骨架，其中包含在绝大多数 Web 页面中都会显示的元素。

第一行中的<!DOCTYPE html>声明通知浏览器，在处理该页面时应该遵从 HTML5 标准。

在 DOCTYPE 之后是根 html 元素，其中包含一个 head 元素和一个 body 元素。body 元素包含页面的内容，而 head 元素包含有关页面的其他信息，以供浏览器使用。在步骤(6)中，设置页面的标题，该标题将显示在呈现该页面的浏览器选项卡上。

在步骤(7)中，添加用于定义页面内容的标记。第一行包含一个 h1 元素，用于呈现页面上的顶级标题。此外，该标记还包含 h2 和 h3 元素，分别负责显示第二级和第三级标题。

在顶级标题之后，有一个包含 a (锚定)标记的句子，用于将其内容转换为可以单击的超链接。请注意，在源代码中，把该句子拆分为三行，各行之间使用换行符和多个空格分隔，但在浏览器中，该句子会在一行中呈现。这是因为，标记的格式设置不会影响呈现的页面。如果想要浏览器执行某些操作，就必须通过使用相应的标记明确通知它执行该操作。这就解释了为什么在标记中会存在那么多的
标记来创建换行符。

在第二级 Text elements 标题之后，有一个<p>标记，用于定义一个段落，为包装较长的内容提供了良好的实践参考。

ul 和 ol 元素分别定义一个无序(项目符号)列表和一个有序(编号)列表，其中包含由 li 元素定义的列表项。这两个列表包含对应的介绍语句和标题，包装在 section 元素中。section 元素是一个新的 HTML5 标记，可以使用该标记将页面拆分为若干较小的部分，既可以更改页面内容的可视表示形式，也可以不更改其可视表示形式。

form 元素用于定义包含输入元素的窗体。要从用户收集数据，不必使用 form 本身，但通过这种方式使用该元素确实是一种很好的做法。在 form 元素中，input 元素会基于对应的 type 特性呈现文本框、单选按钮和复选框。select 元素可将其 option 子元素转换为浏览器中的一个组合框。

请注意包含输入元素的文本的label标记。标签和输入元素之间的连接使用for与id特性进行创建。标签的for特性指的是该标签所属的id输入元素。如果单击浏览器中的标签文本，那么焦点将设置为对应的输入元素。

在窗体的底部，有一个按钮，该按钮此时不执行什么操作。稍后，你将编写一些客户端代码以响应用户的单击操作。

在前面的练习中，通过使用 HTML 标记定义对应的内容创建一个 Web 页面。由于并未定义浏览器呈现该页面的方式，因此，页面的内容将按照默认的(有点普通)风格进行显示。下一节将介绍如何对 Web 页面的可视外观进行自定义。

6.1.3 使用 CSS 设置页面样式

最初，HTML 是一种独立的标准，之所以这样说，是因为可以使用它来定义内容的结构以及内容的可视表示形式。可以使用 big、center 和 color 等 HTML 元素以及 align、height 和 width 等特性来定义希望用于在浏览器中呈现页面的方式。

在现今的 Web 站点中，仍然可以使用这些元素和特性，但它们已经从 HTML5 中移除，因为它们具有以下两点严重的缺陷。

- 使用这些元素和特性使代码变得更加复杂，阅读起来非常困难。虽然其他HTML元素可以定义内容的结构和语义，但是这些表示形式元素用于定义内容的可视表示形式。混合使用"什么"和"如何"会导致不必要的复杂性。

- 当使用这些表示形式的HTML元素时，需要将内容与设计紧密结合在一起。内容以及有关其在浏览器中的显示方式的定义驻留在同一个HTML文件中，因此，要独立于内容为页面提供一种全新的外观会非常困难。

这两点缺陷指出了一个方向，即将内容的结构和语义部分与内容的可视表示形式分隔开来。这种分隔具有以下优点。

- 将设计与内容分隔开来有助于创建可维护性更强的代码。一个文件包含 HTML 内容，另一个文件包含表示形式语义。
- 可以轻松地更改内容和可视表示形式，而不会彼此产生影响。如果作为一位 Web 开发人员或者内容管理者，那么必须只更改 HTML 文件。但是，如果作为一位 Web 设计师，那么必须更改设计文件。
- 创建一致的设计变得非常容易，因为可以轻松地将设计附加到 Web 站点中的所有 Web 页面。

很多年以来，一直有一个标准来帮助实现这种分隔，那就是层叠样式表(Cascading Style Sheet，CSS)。由于具备明显的优势，多年以来，CSS 一直是 Web 创建者广泛使用的一种技术，现在，可以使用该技术来定义 Windows 8 风格应用程序的外观。

6.1.4 使用 CSS 的初步操作

在使用 CSS 设置之前创建的 Web 页面的样式，必须了解 CSS 的工作原理。

可以使用 CSS 声明来描述特定内容的外观。CSS 声明是属性名-值对，用于定义位置、大小、颜色、边框、字体等。在下面的示例中，可以看到 text-align、color 以及 margin 属性：

```
text-align: center;
color: red;
margin: 5px 10px;
```

从语法上来说，属性名和值通过冒号(:)进行分隔，多个声明之间使用分号(;)进行分隔。

可以使用对应的 style 特性，将 CSS 设置直接附加到想要设置格式的 HTML 元素中。在下面的示例中，可以看到一个具有自定义格式的 HTML 段落：

```
<p style="font-style: italic; border: 1px solid blue; margin-left: 30px;
     width: 300px; padding: 10px; text-align: center;" >
  Everything is difficult for one, nothing is impossible for many.
     (István Széchenyi)
</p>
```

浏览器将在一个带有蓝色边框的框中呈现该段落，并且段落文本以斜体形式居中显示。该框具有少量内边距(padding)，并且通过设置较大的左侧边距进行缩进，如图 6-2 所示。

这种技术称为内联样式，尽管该样式按预期工作，并且将所有格式设置集中到单个 style 特性中，但是它并不会将各式设置与内容分离，因为如果需要另一个具有类似各式的段落，则必须重复所有样式设置。

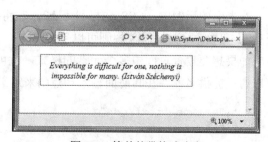

图 6-2　简单的带格式内容

一种更好的方式是使用样式块。样式块是页面中的一个 HTML style 元素,可以包含多种格式设置规则,如下面的代码段所示:

```
<style type="text/css">
  /* Style rules come here… */
</style>
```

使用样式块,可以将使用的所有样式定义集中到页面中的单个位置。可以在同一个页面中轻松地重复使用它们。但是,如果想要在多个页面上使用相同的样式,则必须在相应的页面上重复样式块。

为了解决该问题,可以将所有样式设置移动到一个外部文件中,该文件称为外部样式表。外部样式表是一个纯文本文件(通常情况下使用.css 扩展名进行命名),可以在页面的 head 部分中使用 HTML link 标记将该文件附加到多个页面中,如下面的代码所示:

```
<link href="style.css" rel="stylesheet" type="text/css" />
```

外部样式表是最常用的方法,因为使用这些文件,可以轻松地在 Web 站点中的多个页面上重复使用现有的格式设置定义,并且仍然可以在一个中心位置管理自己的设计。如果按照最佳实践进行操作,那么在重新设计 Web 站点时只需修改 CSS 文件。

这种方法的另一个优势在于,浏览器只需下载一次 CSS 文件,然后便可以将其存储在下载缓存中。当下一个页面引用同一个 CSS 文件时,浏览器不必下载该文件,从而可以节省网络带宽,并且可以大大提高页面的呈现速度。

然而,如果使用样式块或外部样式表将样式定义与内容分离开来,就必须指定希望使用它来设置页面哪一部分的格式。此时,便需要使用 CSS 选择器。通过 CSS 选择器,可以将样式定义附加到以下内容中:

- 某个 HTML 标记的所有实例(例如,所有 h1 标题)
- 多个 HTML 元素
- 单个 HTML 元素

如果想要设置某个 HTML 标记的所有实例的格式,则可以通过该标记的名称选择它们。例如,如果想要将所有 h2 二级标题的格式设置为具有带有下划线的文本,则可以使用下面包含一个选择器和一个声明的 CSS 规则:

```
h2 { text-decoration: underline; }
```

在上面的示例中,CSS 选择器为 h2,它将接下来的{}块中的 CSS 声明附加到页面的所有 h2 元素中。单个 CSS 规则可以包含多个 CSS 选择器,并且也可以包含多个 CSS 声明。

如果想要设置页面中多个元素的格式,就可以使用 CSS 类选择器。在一个样式表中,可以通过提供名称并在其前面输入句点(.)来定义一个新的 CSS 类,如下面的示例所示:

```
<style type="text/css">
  . famous
```

```
{
  font-style: italic;
  font-size: 120%;
}
</style>
```

然后，可以使用 class HTML 特性将新类附加到任何 HTML 元素中，如下面的代码所示：

```
<p class= " famous " >Albert Wass</p>
```

请注意，CSS 类本身并不定义可以使用它来设置格式的标记的名称。这意味着可以将同一个 CSS 类附加到各种 HTML 元素中，如下面的代码所示：

```
<span class= " famous " >László Bíró</span>
```

> **注意**：建议根据用途对类进行命名，而不要基于类的外观形式进行命名，因为如果重新设计站点，它们的外观就可能会发生变化，但用途会保持不变。例如，建议将类命名为 highlight，因为它可以明确地表示该类的用途，而与究竟采用哪种方式来突出显示内容没有关系。但是，在将某个类命名为 bigredtext 的情况下，如果对站点的外观进行更改，决定使用蓝色边框和黄色背景突出显示内容，而不是使用红色较大字体进行突出显示，那么该类名称就显得比较奇怪。

现在，你已经了解了如何为页面中的所有或部分元素设置样式。但是，如果想仅对一个HTML元素设置格式，类就有点大材小用了。令人欣慰的是，还有第三种类型的CSS选择器，可以使用这种选择器来选择单个HTML元素，即，根据其HTML id特性进行选择。顾名思义，id特性必须包含一个任意值，用于唯一地标识页面中的单个元素。可以通过CSS id选择器引用该值，该选择器以#符号开头，如下面的示例所示：

```
<style type="text/css">
  # first
  {
    font-weight: bold;
    color: red;
  }
</style>

<p>
  Lake <span id= " first " >Balaton</span> is the largest lake in Central Europe.
</p>
```

> **注意**：如果想要对几个单词设置格式，但没有仅包含这些单词的 HTML 元素，那该怎么办？在这种情况下，可以使用内联 span 元素来包装内容，如下面的示例所示：
>
> ```
> <p>
>   Did you know that <span class=" important ">Harry Houdini </span>
>   was born in Budapest?
> </p>
> ```
>
> 如果想要对页面的一个较大部分设置格式，就可以将相应的内容包装到一个 HTML div 元素中。span 和 div 元素都有 style、class 与 id 特性，可以使用这些特性来设置包装内容的格式。

现在，你已经了解了三种基本的选择器类型的相关内容，接下来可以组合使用这三种选择器。例如，可以仅选择附加了 important 类的那些列表项(li 元素)，如果也将重要选择器附加到其他元素中，那么该操作非常有用：

```
<style type="text/css">
.important
{
  color: red;
}

li.important
{
  font-variant: small-caps;
}
</style>

<p class=" important ">
  This paragraph will be rendered with red letters.
</p>

<ul>
  <li>orange</li>
  <li class=" important ">apple</li>
  <li>grape</li>
</ul>
```

在上面的示例中，段落和第二个列表项将呈现为红色，这借助于 important CSS 类来实现。此外，由于使用 li.important 混合选择器，第二个列表项还将以小型大写字母形式呈现。

HTML 元素会从其父元素继承绝大多数样式设置，这非常有用，因为你不必针对每个元素定义每个样式设置。如果设置某个父元素的格式，其样式就将传播到它的子元素中。由于 body 元素是最外层的元素，用于包装所有内容元素，因此，建议针对 body 元素定义页面级别的设置，如下面的示例所示：

```
body
{
  font-family: Verdana, Arial, Sans-Serif;
  font-size: 75%;
}
```

该选择器可设置页面上所有元素的字体系列和字号，因为将继承这些 CSS 特性。但是，并不是所有 CSS 特性都采用这种行为方式，之所以如此，CSS 有一个非常充分的理由。例如，并不会继承 border 特性，因为在绝大多数情况中，当向某个元素中添加边框时，并不希望向其所有子元素都添加类似的边框。

现在，你已经了解到一个 CSS 特性的值可能来自各种源，比如：

- 来自浏览器的默认样式
- 来自某个外部样式表
- 来自某个页面中样式块
- 来自某个内联 style 特性
- 来自某个父元素

依赖于元素层次结构的 CSS 的另一个方面是层次结构选择器。使用子级选择器，可以选择作为另一个元素的子级的元素。在下面的代码段中，可以看到两条 CSS 规则。第一条适用于所有链接(HTML 定位点)，而第二条仅适用于在某个列表项中使用的那些链接。

```
a { text-decoration: none; }
li a { text-decoration: none; }
```

当然，也可以将类和 ID 选择器与层次结构选择器结合使用。下面的 CSS 规则适用于在某个列表项中具有 error 类的所有链接，其中，该列表项的 id 特性中的值为 errors：

```
li#errors a.error { font-weight: bold; }
```

本节简要介绍了 CSS 的语法。但是，它只能表示 CSS 最常用的部分，这些部分可能在 Windows 8 应用程序中也会使用。如果想要了解有关伪类、伪元素、子级、相邻同级以及特性选择器的信息，请访问 MSDN 库中的文章 "Understanding CSS Selectors"(了解 CSS 选择器)，网址为 http://msdn.microsoft.com/en-us/library/aa342531.aspx。

> **注意**：如果想要确保自己的样式表正确无误，请使用 W3C CSS 验证服务，该服务可以从 http://jigsaw.w3.org/css-validator/获取。

现在，你已经拥有了设置一个完整 Web 页面的样式所需的所有内容。在接下来的练习中，你将使用 CSS 设置之前创建的 HTML5 Web 页面的格式。

注意：可以在本书的合作 Web 站点 www.wrox.com 上找到本练习对应的完整代码进行下载，具体位置为 Chapter06.zip 下载压缩包中的 CSS\TryItOut 文件夹。

试一试 使用 CSS 功能向 Web 页面中添加设计和布局

要了解如何使用 CSS 设置在前一个练习中创建的 Web 页面的格式，请按照下面的步骤进行操作。

(1) 通过在 Start 屏幕上单击 Visual Studio 2012 的图标启动该程序。

(2) 选择 File | Open | Web Site (或者按 Alt+Shift+O 组合键)以显示 Open Web Site 对话框。选择在前一个练习中创建 Web 站点的文件夹，然后单击 Open 按钮。

(3) 通过选择 View | Solution Explorer 菜单项(或者按 Ctrl+Alt+L 组合键)打开解决方案资源管理器窗口。在解决方案资源管理器窗口中，右击 WebSite1 项，然后选择 Add | Add New Item。在 Add New Item 对话框中，选择 Style Sheet 模板，然后在 Name 文本框中输入 default.css，单击 Add 按钮。

(4) Visual Studio 将新建一个 CSS 文件，其中包含一些默认内容，并在编辑器中打开该文件。将模板生成的内容替换为下面的代码，然后按 Ctrl+S 组合键保存所做的更改：

```css
body {
  font-family: "Segoe UI";
  font-size: 11pt;
  font-weight: 300;
  line-height: 1.36;
  margin: 20px;
}

h1, h2, h3 {
  color: #8c2633;
  clear: both;
  font-weight: 200;
}
h1 { font-size: 42pt; margin-top: 0; margin-bottom: 10px; }
h2 { font-size: 20pt; margin-bottom: 5px; }
h3 { font-size: 11pt; margin: 0; }

a { text-decoration: none; }
a:hover { text-decoration: underline; }

.left-column { width: 60%; float: left; margin-right: 10%; }
.right-column { width: 30%; float: left; }

form { line-height: 2; }
```

```css
label {
  display: inline-block;
  width: 120px;
}
label[for^=rad] { width: auto; }

input[type=radio] { margin-right: 20px; }
input[type=checkbox] { padding: 0; }

button {
  background-color: rgba(182, 182, 182, 0.7);
  line-height: 1;
  border-width: 0;
  padding: 6px 8px 6px 8px;
  min-width: 80px;
  margin-left: 124px;
}
```

(5) 在解决方案资源管理器窗口中，双击 default.html 文件，将它在编辑器中打开。在结束</head>标记前面添加以下代码：

```html
<link rel="stylesheet" type="text/css" href="default.css" />
```

(6) 向下滚动并将class="left-column"特性添加到第一个section元素中，然后将class="right-column"特性添加到第二个section元素中。此时，section元素应该如下所示：

```html
<section class="left-column" >
  <h3>Numbered list</h3>
  This is a numbered list of programming languages:
  <ol>
    <li>JavaScript</li>
    <li>C++</li>
    <li >C#</li>
  </ol>
</section>

<section class="right-column" >
  <h3>Bulleted list</h3>
  This is a bulleted list of colors:
  <ul>
    <li>red</li>
    <li>white</li>
    <li>green</li>
  </ul>
</section>
```

(7) 通过单击 Debug | Start Without Debugging 菜单项(或者按 Ctrl+F5 组合键)启动应用程序。Visual Studio 将启动开发人员 Web 服务器，并在默认 Web 浏览器中打开页面。结果应该类似于图 6-3 中所示的内容。

图 6-3 带有格式的 Web 页面

示例说明

在该练习中，使用 CSS 设置之前创建的 Web 页面的格式。在步骤(4)中，在一个单独的 CSS 文件中创建 CSS 代码，而在步骤(5)中，将它连接到 HTML 页面。

在步骤(4)中添加的第一条 CSS 规则用于设置 body 元素的格式。由于 body 元素包含所有内容，因此，该规则可以有效地定义页面上所有元素的字体样式和行间距。

第二条 CSS 规则用于定义页面上所有 h1、h2 和 h3 标题的文本颜色和字体粗细。该规则适用于所有标题，其后是三条单独的规则，分别用于定义三个标题级别的不同字号和边距。

在标题规则的后面是两条用于为页面上的链接设置格式的规则。a 选择器适用于所有链接并删除下划线。a:hover 选择器仅适用于鼠标当前选中的那些链接，并且会显示下划线。

.left-column 和 .right-column 选择器彼此相邻放置两个 section 元素。默认情况下，section 元素是一个块元素，这意味着它与页面宽度相当。通过减小 width 并使用 float 属性，可以将其放置在单行中。

接下来的 form 选择器适用于 form 元素，将从 body 元素继承的 1.36 倍行间距增加为 2 倍行间距。这样就可以在窗体中的输入元素之间提供一些垂直空间。

接下来的 CSS 规则用于设置窗体内容的格式。要垂直对齐所有输入元素，必须将标签宽度设置为相同的值。但是，label 元素是一个内联元素，这意味着不能设置其 width 和 height

属性，因为它们只能在块元素中使用。可以通过将 display 属性设置为 inline-block 来组合内联和块行为。正如可以看到的，label 选择器将所有 label 元素的宽度设置为 120 像素。但是，对于单选按钮的标签，这会导致问题，因此，接下来的一行对这一问题进行修复：

```
label[for^=rad] { width: auto; }
```

这真的是一个非常复杂的选择器，适用于 for 特性以 rad 开头的所有 input 元素。在方括号([])中，可以为 HTML 特性及其值定义筛选器。接下来的两条 CSS 规则使用相同的技术为页面上的单选按钮和复选框设置格式。

最后，按钮在页面的底部设置格式。请注意如何通过将边框宽度设置为零来移除按钮边框，以及如何通过设置其左边距将其与其他输入控件对齐。

在前面的练习中，对一个 HTML 页面的外观进行了自定义设置。但是，该页面仍然是静态的，这意味着它不会响应用户的操作。如果想要创建一个交互式页面，就需要了解如何编写可以在浏览器中运行的代码。

6.1.5 运行客户端代码

HTML 和 CSS 标准为你提供了一种一流且方便的方式来创建 Web 页面，并定义页面的外观。但是，这些标准主要关注的是静态内容，它们并没有为你提供任何可以用于创建交互式页面的选项。要创建可以响应用户操作并且会动态变化的 Web 页面，需要一些可以通过浏览器在客户端执行的代码。

目前，在不安装任何插件的情况下，只有一种语言得到所有主要浏览器的支持，而且允许创建客户端逻辑，这种语言就是 JavaScript。JavaScript 是一种解释型、面向对象的动态脚本语言，这意味着它具有类型、运算符、核心对象以及方法。它的语法来源于 Java 语言，而 Java 语言本身继承自 C 语言，因此，如果了解 C 语言或者 C#，那么很多编码结构你都不会感到陌生。

6.1.6 使用 JavaScript 的初步操作

就像许多其他语言一样，JavaScript 语言的基本构建块也是类型。该语言具有 5 种基本类型，分别是数字、字符串、布尔值、对象和函数。

当声明一个变量时，不必指定其类型。浏览器会自动通过存储在该变量中的值来推断其类型，如下所示：

```
var a = 9;                  // 数字
var b = "Hello World!";     // 字符串
var c = true;               // 布尔值
```

JavaScript 是一种动态语言，这意味着类型与值相关联，而不与变量相关联。因此，可以通过在变量中存储不同类型的值来更改变量的类型，很自然地，这也会更改各种运算符针对该变量的工作方式，如下所示：

```
var d = 9;              // d 的类型为数字
var e = d + 27;         // e 为 36
d = 'September';        // d 的类型现在更改为字符串
var f = d + 2;          // f 为'September27'
```

这种动态的性质为语言提供强大的功能。例如，可以创建一个对象，稍后根据需要向该对象动态添加属性，如下面的示例所示：

```
var city = { Name: 'Budapest', Population: 2551247 };
city.Founded = 1873;
// 这里，可以按照 city.Name、city.Population 和 city.Founded 的形式访问值。
```

请注意，不需要指定想要实例化的类。相反，只需要定义想要存储在对象中的值。JavaScript 是一种面向对象的语言，使用对象，而不使用类。

函数也是 JavaScript 中非常出色的成员。它们可以不带任何参数，也可以带有多个参数，并且可以选择性地使用 return 语句返回值，如下面的示例所示：

```
function add( a, b )
{
  return a+b;
}
```

函数参数也是弱类型的，这意味着需要由你来确定如何使用它们。例如，可以调用前面的 add()函数，其中带有数字或字符串参数，如下面的示例所示：

```
add(5, 21);                  // 返回 26
add('Hello', 'World');       // 返回'HelloWorld'
```

甚至可以从参数列表的结尾处省略任意数量的参数，如下面的代码所示：

```
add(1998);    // 该函数返回"NaN",意思是"Not-a-Number"(不是数字),
              // 表示返回值不是一个有效的数字。
```

如果没有为某个函数参数提供值，或者没有为某个变量分配值，它将成为 undefined，如下面的示例所示：

```
add('May');   // 返回"Mayundefined"
```

可以通过针对 undefined 对某个变量进行测试来检查该变量是否具有值，如下面的示例所示：

```
function add( a, b )
{
  if( b !== undefined )
    return a+b;
  else
    return a;
}
add('May');             // 返回'May'
add('May', 'a');        // 返回'Maya'
```

JavaScript 有一个非常独特的功能,那就是函数的行为方式与其他任何变量一样,因此,也可以在对象中使用它们。例如,可以创建一个具有属性和函数的对象,如下面的示例所示:

```
function getPerson( title, firstName, lastName )
{
  return {
    Title: title,
    FirstName: firstName,
    LastName: lastName,
    getDisplayName: function()
    {
      return title + ' ' + firstName + ' ' + lastName;
    }
  };
}
var p = getPerson( 'Dr.', 'James', 'Plaster');   // 在这里,姓名的各个部分
                                                  // 可以通过p.Title、
                                                  // p.FirstName 和
                                                  // p.LastName 属性进行访问

var name = p.getDisplayName();                    // 姓名为"Dr. James Plaster"
```

也可以以参数的形式来传递函数,就像其他任何变量一样,如下面的示例所示:

```
function getEnglishName( firstName, lastName )
{
  return firstName + ' ' + lastName;
}

function getHungarianName( firstName, lastName )
{
  return lastName + ' ' + firstName;
}
function getPerson( firstName, lastName, nameFunc )
{
  return {
    FirstName: firstName,
    LastName: lastName,
    getDisplayName: function()
    {
      return nameFunc ( firstName, lastName );
    }
  };
}

var en = getPerson( 'ErnÐ', 'Rubik', getEnglishName ).getDisplayName();
var hu = getPerson( 'ErnÐ', 'Rubik', getHungarianName ).getDisplayName();
// 在这里,en是"ErnÐ Rubik",而hu是"Rubik ErnÐ"
```

甚至可以将函数用作参数而不为其提供名称，并将其嵌入在函数调用中，如下面的示例所示：

```
var p = getPerson( 'Flórián', 'Albert', function(fn, ln) {
  return fn + ' ' + ln;
} );
var en = p.getDisplayName(); // en 是"Flórián Albert"
```

注意：这里只是对 JavaScript 语言进行了简要的介绍，重点关注将在本章后面使用的功能，稍后将使用这些功能在 JavaScript 中创建 Windows 8 风格应用程序。可以在 W3Schools JavaScript 教程中了解更多有关 JavaScript 的内容，网址为 http://www.w3schools.com/js。

在接下来的练习中，将使用 JavaScript 响应用户在之前的练习中创建的 Web 页面上执行的操作。

注意：可以在本书的合作 Web 站点 www.wrox.com 上找到本练习对应的完整代码进行下载，具体位置为 Chapter06.zip 下载压缩包中的 JavaScript\TryItOut 文件夹。

试一试 向 Web 页面中添加客户端代码

要了解如何使用 JavaScript 向你在前一个练习中创建的 Web 页面添加交互性，请按照下面的步骤进行操作。

(1) 通过在 Start 屏幕上单击 Visual Studio 2012 的图标启动该程序。

(2) 选择 File | Open | Web Site (或者按 Alt+Shift+O 组合键)以显示 Open Web Site 对话框。选择在前一个练习中创建 Web 站点的文件夹，然后单击 Open 按钮。

(3) 通过选择 View | Solution Explorer 菜单项(或者按 Ctrl+Alt+L 组合键)打开解决方案资源管理器窗口。在解决方案资源管理器窗口中，右击 WebSite1 项，然后选择 Add | Add New Item。在 Add New Item 对话框中，选择 JavaScript File 模板，然后在 Name 文本框中输入 default.js，单击 Add 按钮。

(4) Visual Studio 将新建一个 JavaScript 文件，并在编辑器中打开该文件。将以下代码添加到 default.js 文件中，然后按 Ctrl+S 组合键保存所做的更改：

```
function load() {
  var btn = document.getElementsByTagName('button')[0];
  btn.disabled = true;

  btn.addEventListener('click', function (event) {
```

```
    var lbl = document.getElementById('lblMessage');
    var txt = document.getElementById('txtName');
    var name = txt.value;

    txt.addEventListener('keypress', function () {
      lbl.innerText = '';
    });

    lbl.innerText = name.length === 0 ?
      'Please enter your name!' :
      'Thank you, ' + name + '!';

    event.preventDefault();
  });

  var chk = document.getElementById('chkAccept');
  chk.addEventListener('click', function (event) {
    btn.disabled = !this.checked;
  });
}
```

(5) 在解决方案资源管理器窗口中，双击 default.html 文件将它在编辑器中打开。在结束</head>标记前面添加以下代码：

```
<script type="text/javascript" src="default.js"></script>
```

此时，head 元素应该如下所示：

```
<head>
  <title>My first webpage</title>
  <link rel="stylesheet" type="text/css" href="default.css" />
  <script type="text/javascript" src="default.js"></script>
</head>
```

(6) 向下滚动并将以下特性添加到开始<body>标记中：

```
onload="load();"
```

此时，<body>标记应该如下所示：

```
<body onload="load();">
```

(7) 向下滚动并在结束</button>标记和</form>标记之间添加以下元素：

```
<span id="lblMessage" />
```

(8) 在解决方案资源管理器窗口中，双击 default.css 文件将它在编辑器中打开。在文件的结尾添加以下代码：

```
#lblMessage { color: red; }
```

(9) 通过单击 Debug | Start Without Debugging 菜单项(或者按 Ctrl+F5 组合键)启动应用程序。Visual Studio 将启动开发人员 Web 服务器，并在默认的 Web 浏览器中打开页面。

请注意，不能单击 Save 按钮，因为在页面加载过程中该按钮处于禁用状态。选中 I accept the terms 复选框，此时，Save 按钮将变为启用状态。

单击 Save 按钮，此时将显示"Please enter your name!"(请输入你的姓名!)错误消息。在 Name 文本框中输入你的姓名，请注意，当开始在文本框中输入姓名时，该错误消息将消失。再次单击 Save 按钮，此时将在按钮旁边显示"Thank you"消息，如图 6-4 所示。

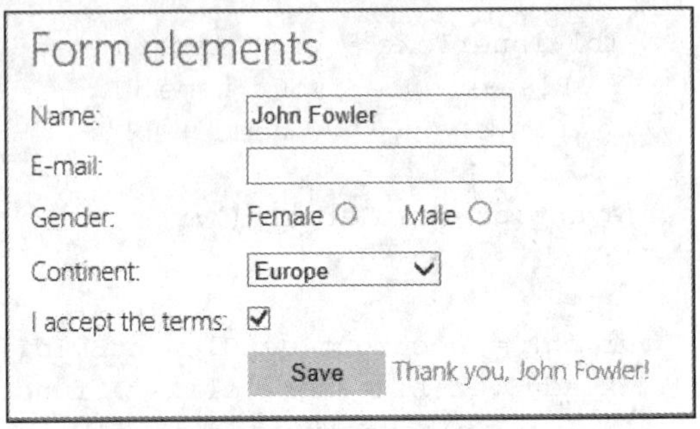

示例说明

在该练习中，向 Web 页面中添加 JavaScript 逻辑，该逻辑通过浏览器在客户端上运行。

图 6-4 交互式窗体

在步骤(4)中，在一个单独的 JavaScript 文件中创建 JavaScript 代码，然后在步骤(5)中通过向 head 中添加一个 script 标记来将该代码连接到 HTML 页面。

在步骤(6)中，将一个事件处理程序附加到 body 元素的 load 事件中，该事件处理程序将在 body 元素完全加载到浏览器中以后，在 default.js 文件中执行 load()函数。操作的顺序非常重要，由于 JavaScript 代码会引用页面元素。因此，首先必须完全加载页面。

在步骤(7)中，向页面中添加一个新的占位符元素，JavaScript代码会使用该元素显示消息。然后，在步骤(8)中，使用CSS设置该元素的格式。

在步骤(4)中添加的 load()函数将访问页面上的 HTML 元素，并根据用户的操作对其进行修改。从 JavaScript 引用 HTML 元素最常用的技术是使用 document.getElementById()函数，该函数使用元素的 id 特性的值。document.getElementsByTagName()函数的用途类似，但该函数返回具有指定标记名称的元素的列表。

当页面加载时，load()函数将立即执行。它首先会通过其名称获取对Save按钮的引用，然后禁用该按钮。接下来，使用addEventListener()函数将一个事件处理程序附加到Save按钮的单击事件中。

事件处理程序是在用户单击按钮时执行的代码块。该代码首先获取对显示消息的标签和 Name 文本框的引用。下面的代码将从 Name 文本框获取输入的文本，并将其存储在 name 变量中：

```
var name = txt.value;
```

然后，为 Name 文本框的 keypress 事件订阅一个简单的处理程序，当在文本框中输入内容的过程中，每次用户按某个键都会调用该处理程序。该处理程序仅仅是一行代码，可以通过将其设置为空文本来清除消息。

接下来的三行代码(是单个表达式)会根据输入的姓名的长度来显示相应的消息:

```
lbl.innerText = name.length === 0 ?
   'Please enter your name!' :
   'Thank you, ' + name + '!';
```

上述代码的读取结果如下:当名称为空时,将显示消息"Please enter your name!";否则,消息为"Thank you [此处显示姓名]!"。实际上,这是以下代码的简短形式:

```
if(name.length === 0)
{
   lbl.innerText = 'Please enter your name!';
}
else
{
   lbl.innerText = 'Thank you, ' + name + '!';
}
```

click事件处理程序中的最后一个"event.preventDefault();"代码行用于抑制当单击按钮时浏览器会执行的默认操作。在这种情况下,浏览器会将窗体发送到服务器,这是你不希望出现的。

在按钮单击事件处理程序之后,最后三个代码行将附加复选框的单击事件的事件处理程序。在该事件处理程序中,该对象引用处理程序所附加到的 HTML 元素,在这种情况下为复选框,因此,可以使用其 checked 属性来查询用户是选中还是未选中该复选框。根据该值,将通过一行代码来启用或禁用按钮,该代码行为以下代码的简短形式:

```
if(this.checked === true)
{
   btn.disabled = false;
}
else
{
   btn.disabled = true;
}
```

在该练习中,你了解了用于操纵页面上的对象的基本 JavaScript 技术。本章后续部分将介绍如何使用上述知识来创建 Windows 8 风格应用程序。

> **注意:** 如果想要了解更多有关 HTML5、CSS 和 JavaScript 的信息,可以在 http://www.w3schools.com 上找到有关这些技术的快速教程。

6.2 Windows 运行时上的 HTML5 应用程序

在本章前面的内容中,你已经了解了 Web 开发人员用于创建在 Web 浏览器中运行的应用程序的基本技术。过去，只有 Web 浏览器可以识别 HTML、CSS 和 JavaScript，能够执行使用这些技术构建的复杂应用程序逻辑。如果开发人员想要在桌面应用程序中利用 Web 技术，那么他或她必须将 Web 浏览器嵌入相应的应用程序中，因为桌面无法直接执行 Web 代码。

然而，在 Windows 8 中，Microsoft 针对客户端应用程序扩展了该 Web 平台，现在，可以使用 HTML、CSS 和 JavaScript 创建完全在客户端上运行的 Windows 8 风格应用程序。Windows 8 平台包含在本机执行 Web 代码所需的所有内容。

在图 6-5 中，可以看到使用 JavaScript 编写的 Windows 8 风格应用程序与传统的桌面应用程序的比较情况。在右侧，可以看到，对于桌面应用程序，Web 浏览器负责托管和运行 JavaScript 应用程序代码。另一方面，对于 Windows 8 风格应用程序，Microsoft 提供了一种 JavaScript 引擎(代码名称为"Chakra")，用于承载和执行应用程序的 HTML、CSS 和 JavaScript 代码。

也可以注意到 Windows 8 风格应用程序的另一个组件，称为 Windows JavaScript 库，有关该组件的内容将在下一节中介绍。

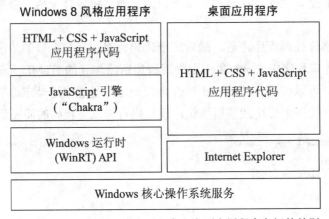

图 6-5　Windows 8 风格应用程序和桌面应用程序之间的差别

Windows JavaScript 库(WinJS)

如果作为一位Web开发人员，那么你可能会喜欢也可能会痛恨JavaScript。你喜欢JavaScript的原因在于，它是一种功能非常强大并且灵活的编程语言。它的关注点完全放在Web上，可以使用非常少的几行代码编写出相当复杂的逻辑，这是源于其弱类型的性质。但是，编写良好的代码或者调试存在问题的代码是另一回事。JavaScript编码与调试工具比不上C#和Visual Basic工具，这由该语言的特征决定。

通常情况下，JavaScript开发人员通过使用客户端库来解决此问题，客户端库提供了一些现成可用的解决方案，用于执行一些典型的编程任务。使用客户端库，可以加快应用程序开发速度，针对类似的问题提供标准的解决方案。虽然一些库可供下载，但是所有库都没有针对Windows 8 进行优化。为了简化开发人员的工作，Microsoft创建一个新库，称为Windows JavaScript库(Windows Library for JavaScript, WinJS)，其中包含大量有用的名称空间、类和函数,在JavaScript中创建Windows 8 风格应用程序时可以使用它们。

WinJS 提供了下列组件:
- 用于将代码组织到名称空间和类中的辅助函数
- WinJS.Promise 对象,用于封装 JavaScript promise 的功能,WinJS 中的所有异步函数都使用该对象
- 一个应用程序模型,用于管理应用程序的生命周期
- 一个导航框架,可以用于创建多页用户界面
- 基于模板的数据绑定,可以将数据从存储变量无缝地传输到 UI 元素
- 用户界面(UI)控件,可以封装和增强典型的 HTML 控件
- 默认 CSS 样式和动画,用于构建与其他 Windows 8 风格应用程序和 Windows 8 操作系统本身一致的 UI
- 用于处理典型编码任务的辅助函数

正如可以在上面的列表中看到的,WinJS 是一个非常庞大并且非常有用的库,可以自然地将 Windows 运行时功能集成到 JavaScript 编程语言中。

6.3 使用 JavaScript 创建 Windows 8 风格应用程序

接下来的几节将介绍使用 JavaScript 创建 Windows 8 风格应用程序的各个方面。首先,你将了解到新的文件系统应用程序编程接口(API),接着将介绍面向 JavaScript 的 Windows 运行时数据绑定服务。在讲述了数据管理的相关内容以后,将介绍如何查询设备属性以及如何向应用程序中添加直接触控操纵。在本章的最后几节中,将动态地创建图像和 Windows 8 风格动画。

> 注意:由于本书的篇幅限制,本章不能介绍使用 JavaScript 创建 Windows 8 风格应用程序的所有细节。请注意,JavaScript 是 Windows 8 平台上一个非常出色的成员,可以从 JavaScript 访问所有 Windows 运行时功能,就好像从 C# 或 Visual Basic 进行访问一样。

6.3.1 访问文件系统

Windows 运行时为需要访问文件系统来读取和写入文件的应用程序提供一种全新的 API。由于文件操作可能需要较长的时间,因此新 API 的方法是异步的,从而强制开发人员避免阻止 UI 线程并创建可以响应式应用程序。在 JavaScript 中,可以通过 Promise 对象方便地管理异步方法,并使用 then()方法将它们串联在一起。

Windows.Storage 名称空间中的 FileIO 类提供以下方法,用于读取和写入文件:
- appendLinesAsync()

- appendTextAsync()
- readBufferAsync()
- readLinesAsync()
- readTextAsync()
- writeBufferAsync()
- writeBytesAsync()
- writeLinesAsync()
- writeTextAsync()

这些方法可以作用于 IStorageFile 实例,该实例提供有关文件及其内容以及对其进行操纵的方式的信息。通常情况下,可以通过向用户显示文件打开或文件保存选取器来获取 IStorageFile 对象。文件选取器与过去的文件打开和文件保存对话框非常类似,但它们针对 Windows 8 风格应用程序彻底进行了重新设计。可以在 Windows.Storage.Pickers 名称空间中找到 FileOpenPicker 和 FileSavePicker 类。

在接下来的练习中,将创建一个类似于记事本的简单应用程序,然后可以使用该应用程序打开、编辑和保存文本文件。

注意:可以在本书的合作 Web 站点 www.wrox.com 上找到本练习对应的完整代码进行下载,具体位置为 Chapter06.zip 下载压缩包中的 FileSystem\TryItOut 文件夹。

试一试 从 HTML5 应用程序访问文件系统

在开始该练习之前,请确保在你的桌面上具有 TXT 文本文件(也就是,纯文本文件)。可以使用记事本创建一些包含简单内容的纯文本文件。在该练习中,将创建一个应用程序,用于显示这些文件的内容。

要了解如何从 HTML5 应用程序访问文件系统,请按照下面的步骤进行操作。

(1) 通过单击 Start 屏幕上的 Visual Studio 2012 图标启动该程序。

(2) 选择 File | New Project (或者按 Ctrl+Shift+N 组合键)以显示 New Project 对话框。

(3) 从左侧的树型视图结构中选择 Installed | Templates | JavaScript | Windows Store 类别,然后在中间窗格中选择 Blank App 项目类型。

(4) 单击 OK 按钮。Visual Studio 将创建一个空的项目骨架,并在代码编辑器中打开 default.js 主文件。

(5) 通过选择 View | Solution Explorer 菜单项(或者按 Ctrl+Alt+L 组合键)打开解决方案资源管理器窗口。

(6) 在解决方案资源管理器窗口中,双击 default.html 文件将它在代码编辑器中打开。

(7) 找到<body>和</body>标记之间的内容,并将其替换为下面的代码:

```
<p>
  <button id="btnOpen">Open...</button>
  <button id="btnSave">Save as...</button>
  Selected file:
  <span id="lblPath">(No file selected, click Open to select a file)</span>
</p>
<textarea id="txtContent" style="width: 100%; height: 100%;"></textarea>
```

(8) 单击工具栏上的 Save 图标(或者按 Ctrl+S 组合键)保存所做的更改。关闭 default.html 文件的编辑器选项卡,返回编辑 default.js 文件的过程。

(9) 在 app.onactivated 事件处理程序中找到 Initialize your application here 注释行,在该行后面添加下面的代码:

```
var btnOpen = document.getElementById('btnOpen');
btnOpen.addEventListener('click', onOpenButtonClicked);

var btnSave = document.getElementById('btnSave');
btnSave.addEventListener('click', onSaveButtonClicked);
```

(10) 将下面的代码附加到 default.js 文件的结尾:

```
function onOpenButtonClicked() {
  var picker = new Windows.Storage.Pickers.FileOpenPicker();
  picker.suggestedStartLocation =
                  Windows.Storage.Pickers.PickerLocationId.desktop;
  picker.fileTypeFilter.replaceAll(['.txt', '.ini', '.log']);

  picker.pickSingleFileAsync().then(function (file) {
    if (file !== null) {
      var lblPath = document.getElementById('lblPath');
      lblPath.innerText = file.path;

      Windows.Storage.FileIO.readTextAsync(file).then(function (content) {
        var txtContent = document.getElementById('txtContent');
        txtContent.value = content;
      });
    }
  });
}

function onSaveButtonClicked() {
  var txtContent = document.getElementById('txtContent');
  var content = txtContent.value;

  var picker = new Windows.Storage.Pickers.FileSavePicker();
  picker.suggestedStartLocation =
                  Windows.Storage.Pickers.PickerLocationId.desktop;
  picker.fileTypeChoices.insert('Plain text', ['.txt']);
```

```
      picker.pickSaveFileAsync().then(function (file) {
        if (file !== null) {
          Windows.Storage.FileIO.writeTextAsync(file, content).then(function () {
            var dlg = new Windows.UI.Popups.MessageDialog(
              'Your content is successfully saved to ' + file.path, 'Save
                                                              completed');
            dlg.showAsync();
          });
        }
      });
    }
```

(11) 通过单击 Debug | Start Debugging 菜单项(或者按 F5 键)启动应用程序。显示的结果应该类似于图 6-6 中所示的内容。

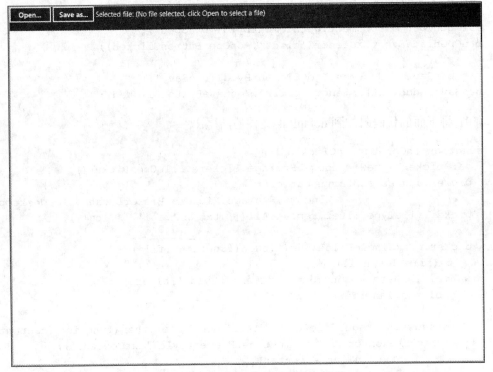

图 6-6　文本编辑器应用程序的主屏幕

(12) 单击 Open 启动文件打开选取器。选择一个文件，然后单击选取器对话框右下角的 Open 按钮。你的应用程序会将内容加载到可编辑的区域中，如图 6-7 所示。

(13) 更改可编辑区域中的文本，然后单击 Save as 按钮将所做的更改保存到一个新文件中。在文件保存选取器的底部输入该文件的名称，然后单击选取器对话框右下角的 Save 按钮。

(14) 单击 Close 按钮关闭用于通知你保存操作结果的弹出消息对话框，如图 6-8 所示。

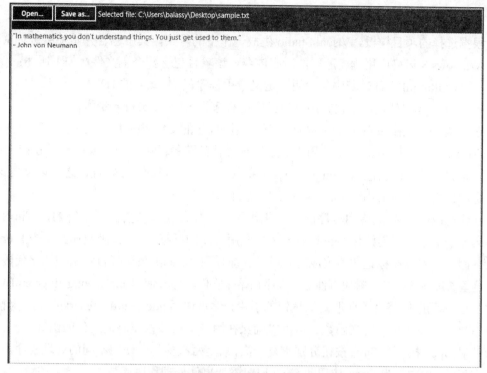

图 6-7 打开文件后文本编辑器应用程序的主屏幕

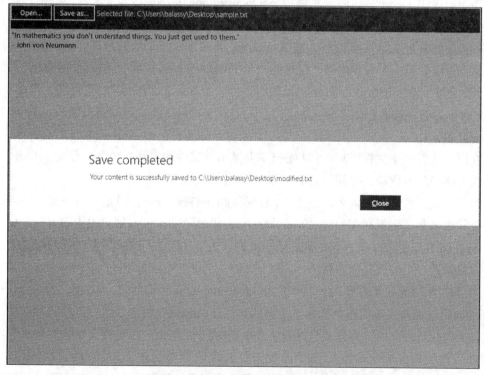

图 6-8 成功保存后显示的通知对话框

示例说明

根据选择的项目模板，Visual Studio 生成一个空的骨架，其中包含开始使用 JavaScript 创建 Windows 8 风格应用程序所需的所有内容。该项目包含两个主文件，如下所述：

- default.html 文件，其中包含用于定义应用程序的 UI 元素的 HTML 标记。
- default.js 文件，其中包含用于定义应用程序行为的 JavaScript 逻辑。

在步骤(7)中，在 default.html 文件中创建应用程序的 UI。该 UI 包含两个按钮，分别是 Open 和 Save；一个 span 元素，用于显示所选文件的路径；以及一个 textarea 元素，用于提供文本编辑功能。请注意，button、span 和 textarea 元素都有 id 特性，之所以需要该特性，是因为稍后要在 JavaScript 代码中引用它们。

在步骤(9)中，扩展应用程序的初始化代码。正如你在本章前面所了解的，WinJS.UI.processAll()函数负责初始化 Windows 8 风格应用程序的标记。由于该函数返回一个 Promise 对象，因此，可以在标记初始化成功完成后立即使用 then()函数运行自定义初始化代码。

这里通过向两个按钮附加事件处理程序初始化它们。首先，使用 document.getElementById()函数通过按钮的 id 特性值获取对该按钮的引用，然后调用 addEventListener()函数，为按钮的单击事件订阅一个自定义函数。这可以确保在用户单击该按钮时调用你的函数。同样的逻辑针对 Open 按钮和 Save 按钮分别重复一次，只是两次操作中使用不同的处理程序函数。

在步骤(10)中，为 Open 按钮和 Save 按钮添加事件处理程序函数。

当用户单击 Open 按钮时，将调用 onOpenButtonClicked()函数。在该函数中，首先创建 FileOpenPicker 类的一个实例，然后配置该实例将在其中打开文件夹以及该实例将显示的文件类型。在配置选取器以后，使用 pickSingle-FileAsync()函数来打开选取器对话框。请注意，该函数是一个异步函数，将返回一个 Promise 对象，因此，可以使用 then()函数来处理其返回值。pickSingle-FileAsync()函数将返回一个 StorageFile 实例，代码将直接在 then()函数的 file 参数中接收到该实例。如果用户关闭选取器对话框而没有打开文件，file 参数将包含 null 值。

在用户选择一个文件以后，你将在 UI 上显示该文件的路径。为此，使用 HTML span 元素作为路径的占位符，并使用其 innerText 属性替换其默认值。

为了读取所选文件的内容，使用 FileIO 类的 readTextAsync()函数。请注意，该函数也是一个异步函数，将返回在 UI 上的 textarea 元素中显示的文件的字符串内容。

textarea 元素提供一些内置功能，用于编辑其内容，因此，逻辑不包含任何特殊的代码用于在编辑过程中处理任何事件。

当用户单击Save As按钮时，将调用onSaveButtonClicked()函数。首先，使用textarea元素的value属性来检索编辑后的文本，并将其存储在content变量中。然后，对FileSavePicker类进行实例化，该类的行为方式与FileOpenPicker类非常类似。在配置其默认文件夹和文件类型以后，使用pickSaveFileAsync()函数来打开选取器对话框。该异步函数将返回一个StorageFile实例，如果用户取消保存对话框，那么该实例的值可能为null。紧接着，使用FileIO类的writeTextAsync()函数以将字符串内容写入目标文件中。在保存函数异步返回以后，创建一个新的MessageDialog实例，并调用showAsync()方法以显示有关成功保存的通知对话框。

6.3.2 管理数据

在任何应用程序中，数据管理都是一个重要的组件。数据从数据库、文件或网络服务读取，然后显示在 UI 上。用户搜索数据并对其进行修改，稍后所做的更改将传播回原始数据源。数据首先从数据源流动到 UI，然后再从 UI 流动到数据源。

由于数据管理是一项典型的编程任务，因此现代的编程环境提供一些功能使其更易于完成。通常情况下，它们具有数据源组件，可以使用这些组件连接到数据库、文件或网络服务，此外还具有 UI 控件，可以显示数据并为用户提供输入功能。数据源与 UI 组件之间的连接通过数据绑定来设置。

数据绑定可以确保数据无缝地流入 UI 元素或从 UI 元素流出。单向数据绑定可将数据从存储变量抽取到 UI，并确保在基础数据发生更改时 UI 会自动更新。双向数据绑定扩展单向数据绑定的功能，它可以在数据在 UI 上发生修改以后将其重新抽取到基础数据源。

根据数据的大小和结构，存在下面两种类型的绑定。

- 简单绑定，可将单个值连接到单个 UI 元素的单个属性。例如，可以在一个文本框中显示存储在一个字符串变量中的名称。
- 列表绑定，可将多个值连接到一个可以管理列表的 UI 元素。例如，可以提取存储在一个字符串数组中的国家/地区名称列表，并在一个表或组合框中显示它。

在 Windows 8 中，WinJS 仅支持单向绑定，这意味着可以轻松地将数据从一个变量抽取到 UI。要处理数据修改，必须为 UI 元素的更改事件连接事件处理程序，并手动将修改后的数据写回数据源。

可以通过声明方式或编程方式来定义绑定。通过声明性绑定，可以使用描述应该将数据对象的哪些属性绑定到当前元素的一个特性的表达式来扩展 HTML 标记。例如，下面的 img 元素将呈现一幅图像，该图像的 URL 存储在数据对象的 avatarUrl 属性中：

```
<img data-win-bind="src: avatarUrl" />
```

WinJS还支持编程性绑定。这意味着可以使用WinJS.Binding名称空间中的对象和函数，通过JavaScript代码来设置和操纵数据绑定。例如，下面的代码显示一幅图像，该图像的URL存储在data.avatarUrl属性中：

```
var data = WinJS.Binding.as({ avatarUrl: 'myphoto.png' });
data.bind('avatarUrl', function (newValue, oldValue) {
   var target = document.getElementById('picture');
   target.src = newValue;
});
```

在接下来的练习中，将创建一个图像浏览器应用程序，并了解如何以声明方式在HTML5 Windows 8 风格应用程序中绑定数据。

试一试　在 HTML5 应用程序中使用简单数据绑定

在开始该练习之前，请确保在 Pictures Library 文件夹中包含图像文件。如果需要图像，可以在 C:\Windows\Web 文件夹中找到一些。在该练习中，将创建一个 HTML5 Windows 8 风格应用程序，用于显示这些图像文件。

要了解如何在 HTML5 应用程序中使用数据绑定，请按照下面的步骤进行操作。

(1) 通过在 Start 屏幕上单击 Visual Studio 2012 的图标启动该程序。

(2) 选择 File | New Project (或者按 Ctrl+Shift+N 组合键)以显示 New Project 对话框。

(3) 在左侧树型视图结构中选择 Installed | Templates | JavaScript | Windows Store 类别，然后在中间窗格中选择 Blank App 项目类型。

(4) 单击 OK 按钮。Visual Studio 将创建一个空的项目骨架，并在代码编辑器中打开 default.js 主文件。

(5) 通过选择 View | Solution Explorer 菜单项(或者按 Ctrl+Alt+L 组合键)打开解决方案资源管理器窗口。

(6) 在解决方案资源管理器窗口中，双击 default.html 文件将它在代码编辑器中打开。

(7) 找到<body>标记和</body>标记之间的模板生成的内容，并将其替换为下面的代码：

```
<h1>
  Your
  <span data-win-bind="innerText: name"></span>
  Library
</h1>
```

(8) 单击工具栏上的 Save 图标(或者按 Ctrl+S 组合键)以保存所做的更改。

(9) 在解决方案资源管理器窗口中，双击 css 文件夹中的 default.css 文件，将它在代码编辑器中打开。

(10) 在文件的结尾添加下面的代码：

```
h1 {
  margin: 20px;
}

h1 span {
  font-weight: bold;
}
```

(11) 单击工具栏上的 Save 图标(或者按 Ctrl+S 组合键)以保存所做的更改。

(12) 在解决方案资源管理器窗口中，双击 js 文件夹中的 default.js 文件，将它在代码编辑器中打开。

(13) 在 app.onactivated 事件处理程序中找到 WinJS.UI.processAll()函数调用，并将其替换为下面的代码：

```
args.setPromise(WinJS.UI.processAll().then(function () {
```

```
    var lib = Windows.Storage.KnownFolders.picturesLibrary;
    var data = WinJS.Binding.as({ name: lib.name });
    var element = document.getElementById('span');
    WinJS.Binding.processAll(element, data);
}));
```

(14) 单击工具栏上的 Save 图标(或者按 Ctrl+S 组合键)以保存所做的更改。

(15) 通过选择 View | Solution Explorer 菜单项(或者按 Ctrl+Alt+L 组合键)打开解决方案资源管理器窗口。在解决方案资源管理器窗口中，双击 package.appxmanifest 文件将它在清单编辑器中打开。

> **注意**：清单文件是一个 XML 文件，其中包含在部署过程中使用的所有信息。第 9 章将介绍有关清单文件的更多信息。

(16) 在清单编辑器中，转到 Capabilities 选项卡，并在 Capabilities 列表中选中 Pictures Library Access (图片库访问)选项。

(17) 通过单击 Debug | Start Debugging 菜单项或者按 F5 键启动应用程序。显示的结果应该类似于图 6-9 中所示的内容。

Your Pictures Library

图 6-9 图像浏览器应用程序的主屏幕

示例说明

根据选择的项目模板，Visual Studio 生成一个空的骨架，其中包含开始使用 JavaScript 创建 Windows 8 风格应用程序所需的所有内容。

在步骤(7)中，在 default.html 文件中创建应用程序的 UI。这个简单的 UI 只包含一个 h1 标题元素，显示单词"Your"和"Library"，还有一个 span 元素，充当这两个单词之间的占位符。该占位符将呈现库的名称。请注意该 span 元素的 data-win-bind 特性，该特性定义把数据源对象的 name 属性绑定到 span 元素的 innerText 属性。

在步骤(10)中，使用 CSS 对应用程序的外观稍做修改，在标题周围添加边距，同时使用粗体文本突出显示库的名称。

在步骤(13)中，对应用程序的初始化代码进行扩展。由于 WinJS.UI.processAll()函数返回一个 Promise 对象，因此，可以在标记初始化成功完成以后立即使用 then()函数运行自定义初始化代码

首先，创建一个对 Pictures Library 文件夹的引用。大家对这个文件夹都非常熟悉，并且 Windows 运行时提供一个属性以便方便地访问该文件夹。

紧接着，使用 WinJS.Binding 类的 as()函数通过一种引人注目的方式将 Pictures Library 文件夹的名称存储在一个局部 data 变量中。

接下来，创建一个对 HTML span 元素的引用，该元素是数据应该绑定到的标记层次结构中的根元素。

最后，使用 WinJS.Binding.processAll()函数将 UI 元素与数据源连接起来，更新所有绑定，并将值从数据源对象传输到 UI 控件。这会导致 Pictures Library 文件夹的名称显示在标题中。

该应用程序访问 Pictures Library 文件夹，这是一个安全敏感性很高的操作，默认情况下，任何应用程序都不允许执行此操作。为了解决此问题，你的应用程序必须明确请求访问 Pictures Library 文件夹的权限。这是你的应用程序的一项功能，你必须使用应用程序的清单文件向 Windows 8 指明这一点。这就是必须在步骤(15)的应用程序 Capabilities 列表中选中 Pictures Library Access 选项的原因。如果在调试模式中运行应用程序，但没有选中该选项，那么你将接收到异常，如图 6-10 所示。

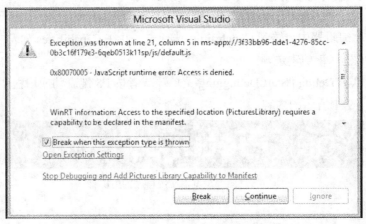

图 6-10　仅在调试模式中抛出拒绝访问异常

在前面的练习中，你已经了解了如何将单个值绑定到单个 HTML 元素的单个特性。这种绑定称为简单绑定。在接下来的练习中，将介绍如何使用列表绑定将多个值绑定到单个 UI 控件。

试一试　在 HTML5 应用程序中使用列表绑定

要了解如何在 HTML5 应用程序中使用列表绑定，请按照下面的步骤进行操作。

(1) 打开在前一个练习中创建的应用程序。

(2) 在代码编辑器中打开 default.html 文件，并在结束</h1>标记后面插入下面的代码：

```html
<div id="tmpl" data-win-control="WinJS.Binding.Template">
  <div>
    <img src="#" data-win-bind="alt: name; src: url; title: path" />
    <br>
    <span class="name" data-win-bind="innerText: name"></span>
    <br />
    <span class="date" data-win-bind="innerText: date"></span>
```

```
    </div>
  </div>

  <div id="lv"
    data-win-control="WinJS.UI.ListView"
    data-win-options="{itemDataSource : files.dataSource, itemTemplate:
      select('#tmpl')}">
  </div>
```

(3) 单击工具栏上的 Save 图标(或者按 Ctrl+S 组合键)以保存所做的更改。

(4) 在解决方案资源管理器窗口中,双击 css 文件夹中的 default.css 文件,将它在代码编辑器中打开。

(5) 在文件的结尾添加下面的代码:

```
#lv.win-listview
{
  height: 500px;
  width: 500px;
}

#lv .win-container {
  margin: 20px;
  padding: 10px;
}

#lv .win-item {
  width: 205px;
  height: 165px;
}

#lv .win-item img {
  width: 192px;
  height: 120px;
}

.name {
  font-weight: bold;
}

.date {
font-size: small;
}
```

(6) 单击工具栏上的 Save 图标(或者按 Ctrl+S 组合键)以保存所做的更改。

(7) 在解决方案资源管理器窗口中,双击 js 文件夹中的 default.js 文件,将它在代码编辑器中打开。

(8) 通过在文件的最开头添加下面的代码,创建一个全局变量:

```
var files = new WinJS.Binding.List;
```

(9) 找到"WinJS.Binding.processAll(element, data);"行,并在它后面添加下面的代码:

```
lib.getItemsAsync().then(function (items) {
  items.forEach(function (item) {
    if (item.isOfType(Windows.Storage.StorageItemTypes.file)) {
      files.push({
        url: URL.createObjectURL(item),
        name: item.name,
        path: item.path,
        date: item.dateCreated
      });
    }
  });
});
```

(10) 通过单击 Debug | Start Debugging 菜单项(或者按 F5 键)启动应用程序。显示的结果应该类似于图 6-11 中所示的内容。

图 6-11　带有图像的图像浏览器应用程序

请注意,如果将鼠标悬停在某幅图像的上方,会弹出一个工具提示,其中包含该图像的完整路径。此外,如果的图像超过 4 幅,就可以水平滚动列表。

示例说明

在该练习中,使用一个 ListView 控件对现有代码进行扩展,该控件使用声明性数据绑定显示 Pictures Library 文件夹中的图像。

在步骤(2)中,向页面中添加两个 div 元素。第二个 div 元素使用 data-win-control 特性进行标记,在执行 WinJS.UI.processAll()函数时,该特性将转换为一个 WinJS.UI.ListView 控件。该 div 元素具有一个 data-win-options 特性,该特性包含 ListView 控件的设置。

- itemDataSource 属性定义包含 ListView 控件要显示的数据的对象。在这种情况下，该属性是在后面步骤中创建的 files 对象的 dataSource 属性。
- itemTemplate 属性指向页面中的另一个 HTML 元素，该元素用于在 ListView 中呈现单个项目。在这种情况下，该元素是 ListView 之前的 div 元素。由于 ListView 引用模板，因此，必须在页面中的 ListView 之前声明模板。

模板div也通过data-win-control特性进行标记，并且它将转换为一个WinJS.Binding.Template实例。在模板中，data-win-bind特性将数据源的属性连接到HTML元素的属性。

在步骤(5)中，添加一些 CSS 类，用于控制 ListView 的呈现。ListView 使用 9 个内置的 CSS 类，可以使用这些类自定义整个控件及其包含的项目的呈现。这里使用 win-listview、win-container 和 win-item 类来更改 ListView 的默认外观。

在步骤(8)中，创建一个全局变量，用作 ListView 的数据源。ListView 支持任何可以实现 IListDataSource 接口的数据类型。WinJS 提供了若干种 IListDataSource 对象类型，WinJS.Binding.List 就是其中的一个。

在步骤(9)中，使用Pictures Library文件夹中文件的数据填充数据源。通过getItemsAsync()和forEach()函数，异步枚举该库中的所有项目，针对每个文件创建一个自定义形状的对象，并将这些对象添加到数据源中。数据源针对每个文件都包含一个对象，该对象具有url、name、path和date属性。可以在步骤(2)中看到，在ListView的项目模板中引用了这些属性。

在前一个练习中，你已经看到，数据绑定提供一种便捷的方式将一个变量中的数据显示在 UI 上。在接下来的练习中，你将看到，数据绑定在数据源与 UI 控件之间构建一个实时连接，并且可以在基础数据发生更改时自动更新 UI。为了证明这一点，你将扩展图像库浏览器应用程序并为图像列表提供删除功能。

注意：可以在本书的合作 Web 站点 www.wrox.com 上找到本练习对应的完整代码进行下载，具体位置为Chapter06.zip 下载压缩包中的Binding\TryItOut文件夹。

试一试 更新数据源

要了解如何在 HTML5 应用程序中使用列表绑定更新基础数据源，请按照下面的步骤进行操作。

(1) 打开在前一个练习中创建的应用程序。

(2) 在解决方案资源管理器窗口中，双击 js 文件夹中的 default.js 文件，将它在代码编辑器中打开。

(3) 找到下面的代码块：

```
args.setPromise(WinJS.UI.processAll().then(function () {
```

```
var lib = Windows.Storage.KnownFolders.picturesLibrary;
var data = WinJS.Binding.as({ name: lib.name });
var element = document.getElementById('span');
WinJS.Binding.processAll(element, data);

lib.getItemsAsync().then(function (items) {
  items.forEach(function (item) {
    if (item.isOfType(Windows.Storage.StorageItemTypes.file)) {
      files.push({
        url: URL.createObjectURL(item),
        name: item.name,
        path: item.path,
        date: item.dateCreated
      });
    }
  });
});

// 在此处放置本练习中的代码
}));
```

(4) 将下面的代码行添加到上面的代码段中标记有"在此处放置本练习中的代码"注释的行中：

```
var lv = document.getElementById('lv');
lv.addEventListener('iteminvoked', function (eventObj) {
  eventObj.detail.itemPromise.then(function (listViewItem) {
    var binding = files.dataSource.createListBinding();
    binding.fromIndex(listViewItem.index).then(function (dataItem) {
      files.dataSource.remove(key);
      binding.release();
    });
  });
});
```

此时，代码应该如下所示：

```
args.setPromise(WinJS.UI.processAll().then(function () {
  var lib = Windows.Storage.KnownFolders.picturesLibrary;
  var data = WinJS.Binding.as({ name: lib.name });
  var element = document.getElementById('span');
  WinJS.Binding.processAll(element, data);

  lib.getItemsAsync().then(function (items) {
    items.forEach(function (item) {
      if (item.isOfType(Windows.Storage.StorageItemTypes.file)) {
        files.push({
          url: URL.createObjectURL(item),
          name: item.name,
          path: item.path,
          date: item.dateCreated
```

```
      });
    }
  });
});

var lv = document.getElementById('lv');
lv.addEventListener('iteminvoked', function (eventObj) {
  eventObj.detail.itemPromise.then(function (listViewItem) {
    var binding = files.dataSource.createListBinding();
    binding.fromIndex(listViewItem.index).then(function (dataItem) {
      var key = dataItem.key;
      files.dataSource.remove(key);
      binding.release();
    });
  });
});
}));
```

(5) 通过单击 Debug | Start Debugging 菜单项(或者按 F5 键)启动应用程序。单击任意图像。如果所有操作都正确执行，单击的图像就应该从列表中消失，并且列表本身应该重新排序。不用担心，该图像文件并没有从你的磁盘中删除。

示例说明

在该练习中，使用一个自定义事件处理程序对现有 ListView 控件进行扩展，该自定义事件处理程序用于从 ListView 的数据源中删除一个项目。

在步骤(4)中添加的前两行代码将一个新的事件处理程序附加到 ListView 控件的 iteminvoked 事件中。当用户单击或点击(在基于触控的设备上)列表中的一个项目时，会引发 iteminvoked 事件。

在该事件处理程序中，首先使用事件处理程序的 eventObj 参数的 detail 属性访问单击的 ListView 项目。使用该对象的 itemPromise 属性，可以将单击的项目作为一个 Promise 对象进行处理，并将一个 then()函数连接到该项目。当实现该 Promise 对象时，将调用 then()函数的内联函数，并且单击的项目将在 listViewItem 参数中传递到该函数。listViewItem 对象表示通过 ListView 呈现的可见对象。请注意，这并不是原始的数据项，只是原始数据项的投影版本，用于在 UI 上显示。

此时，便需要使用数据绑定。数据绑定有助于从列表视图项重新获取基础数据项。列表视图项具有一个 index 属性，并且你使用了 fromIndex()函数，该函数将返回作为列表视图项源的原始数据项。

下一步是请求数据源移除该数据项。要操纵数据源中的任何数据项，必须通过其唯一标识符引用该数据项，这个唯一的标识符称为键。当向数据源中添加项目时，可以为每一项创建一个唯一的键，或者如果没有执行该操作，数据源将自动创建一个唯一的键。可以通过数据项的 key 属性来获取它的键。在该代码中，使用这个键调用数据源的 remove()函数以移除指定的项目。

在该代码块的最后一行中，调用绑定对象的 release()函数，用于向绑定发出信号，你已经完成了所有修改操作，它应该向所有订阅的 UI 控件通知相应的更改。这会导致 ListView 从 UI 中移除指定的项目，并自动对自己进行重新排序。

在前面的三个练习中，介绍了如何使用数据绑定在 UI 上呈现和操纵数据。数据绑定是一种功能非常强大的工具，因为它有助于消除一些代码行，这样，你在每天创建数据驱动型应用程序时都会使用它。

6.3.3 关注用户的设备

以前，客户端应用程序只能在传统的台式计算机和笔记本电脑上运行。而 Windows 8 引入一种新的设备类型，即平板电脑。平板电脑与台式计算机和笔记本电脑有非常明显的区别，因为它提供一些全新的交互类型。可以携带一台平板电脑，将其以横向或纵向模式握在手中，并使用触控手势控制应用程序。通常情况下，平板电脑具有一组内置的传感器，应用程序可以访问这些传感器，以便检测设备的位置、用户所处的位置、环境中的光线级别等。

注意：有关传感器的更多详细信息将在第 12 章中介绍。

Windows 8 可以在非常多的设备上运行，应用程序必须谨慎地处理这些设备的各种特征。即使应用程序并不依赖内置的传感器，它也必须至少关注各种设备互不相同的屏幕。应用程序必须适应屏幕的以下 4 个特征。

- **大小**——这指的是设备显示屏的物理尺寸。
- **分辨率**——这指的是显示屏中的像素数。若要启用所有 Windows 8 功能，所需的最小分辨率至少为 1366×768 像素。
- **方向**——该特征指示用于如何在他或她的手中把持设备(也就是，以横向模式还是纵向模式)。
- **模式**——在 Windows 8 中，用户可以采用全屏模式或对齐模式运行 Windows 8 风格应用程序。在全屏模式中，应用程序占据整个屏幕，而在对齐模式中，应用程序通过一个宽度为 320 像素的列停靠在屏幕的边缘。

Windows 运行时提供相应的 API，用于对设备参数进行查询，并响应屏幕更改。为了提供最佳用户体验，Windows 8 风格应用程序必须使用这些 API 对自身进行优化，以便适应当前的显示条件。当用户旋转设备或者将应用程序从全屏模式更改为对齐模式时，可以重新定位 UI 元素，或者重新设置这些元素的大小。

在接下来的练习中，将创建一个图片浏览器应用程序，该应用程序可以对自身进行调整以适应各种屏幕尺寸。

第 6 章　使用 HTML5、CSS 和 JavaScript 创建 Windows 8 风格应用程序

 注意：可在本书的合作 Web 站点 www.wrox.com 上找到本练习对应的完整代码进行下载，具体位置为 Chapter06.zip 下载压缩包中的 ViewState\TryItOut 文件夹。

试一试　创建灵活的布局

在开始该练习之前，请确保在 Pictures Library 文件夹中至少包含 10 个图像文件。如果需要添加图像，就可以在 C:\Windows\Web 文件夹中找到一些。

要了解如何创建可以响应屏幕尺寸更改的应用程序，请按照下面的步骤进行操作。

(1) 通过在 Start 屏幕上单击 Visual Studio 2012 的图标启动该程序。

(2) 选择 File | New Project (或者按 Ctrl+Shift+N 组合键)以显示 New Project 对话框。

(3) 从左侧的树型视图结构中选择 Installed | Templates | JavaScript | Windows Store 类别，然后在中间窗格中选择 Blank App 项目类型。

(4) 单击 OK 按钮。Visual Studio 将创建一个空的项目骨架，并在代码编辑器中打开 default.js 主文件。

(5) 通过选择 View | Solution Explorer 菜单项(或者按 Ctrl+Alt+L 组合键)打开解决方案资源管理器窗口。

(6) 在解决方案资源管理器窗口中，双击 default.html 文件将它在代码编辑器中打开。

(7) 在<body>和</body>标记之间找到模板生成的<p>Content goes here</p>内容，并将它替换为下面的代码：

```
<div id="tmpl" data-win-control="WinJS.Binding.Template">
  <section>
    <img src="#" data-win-bind="src: url" />
    <div>
      <span class="name" data-win-bind="innerText: name"></span>
      <br />
      <span class="date" data-win-bind="innerText: date"></span>
    </div>
  </section>
</div>

<div id="host">
  <div id="lv" data-win-control="WinJS.UI.ListView"
              data-win-options="{ itemDataSource: data.items.dataSource,
                                  itemTemplate: select('#tmpl'),
                                  layout: {type: WinJS.UI.GridLayout}}" />
</div>
```

(8) 在结束</head>标记之前添加下面的代码：

```
<script src="/js/data.js"></script>
```

(9) 单击工具栏上的 Save 图标(或者按 Ctrl+S 组合键)以保存所做的更改。

(10) 在解决方案资源管理器窗口中,双击 css 文件夹中的 default.css 文件,将它在代码编辑器中打开。

(11) 在文件的结尾添加下面的代码:

```css
#host {
height: 100%;
width: 100%;
}

#lv {
  height: 100%;
  width: 100%;
}

  #lv .win-item {
    width: 410px;
    height: 350px;
    padding: 10px;
  }

  #lv .win-item img {
    width: 400px;
    height: 300px;
  }

.name {
  font-weight: bold;
}

.date {
  font-size: small;
}
```

(12) 单击工具栏上的 Save 图标(或者按 Ctrl+S 组合键)以保存所做的更改。

(13) 在解决方案资源管理器窗口中,右击 js 文件夹,并选择 Add | New item。在 Add New Item 对话框中,选择 JavaScript File,并在 Name 文本框中输入 data.js,单击 OK 按钮。

(14) 将下面的代码添加到 data.js 文件中:

```javascript
(function () {
  "use strict";

  var images = new WinJS.Binding.List;
  var lib = Windows.Storage.KnownFolders.picturesLibrary;

  lib.getItemsAsync().then(function (items) {
    items.forEach(function (item) {
      if (item.isOfType(Windows.Storage.StorageItemTypes.file)) {
```

```
        images.push({
          url: URL.createObjectURL(item),
          name: item.name,
          date: item.dateCreated
        });
      }
    });
  });

  WinJS.Namespace.define("data", {
    items: images
  });
})();
```

(15) 单击工具栏上的 Save 图标(或者按 Ctrl+S 组合键)以保存所做的更改。

(16) 通过选择 View | Solution Explorer 菜单项(或者按 Ctrl+Alt+L 组合键)打开解决方案资源管理器窗口。在解决方案资源管理器窗口中，双击 package.appxmanifest 文件将其在清单编辑器中打开。

(17) 在清单编辑器中，转到 Capabilities 选项卡，并在 Capabilities 列表中选中 Pictures Library Access 选项。

(18) 通过在工具栏上选择 Simulator 启动应用程序，如图 6-12 所示。

可以在图 6-13 中看到正在运行的应用程序。

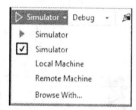

图 6-12　在 Simulator 中启动应用程序

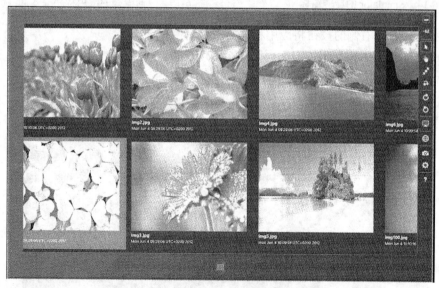

图 6-13　Simulator 中的图像浏览器应用程序

请注意，可以水平滚动应用程序以查看所有图像。

(19) 使用右侧的旋转图标(如图 6-14 所示)将 Simulator 从横向模式旋转为纵向模式。

可以在图 6-15 中看到纵向模式的应用程序。请注意，尽管图像会自动旋转，但布局并不是最理想的，因为应用程序并不使用完整的设备屏幕。

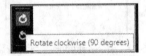

图 6-14　Simulator 的旋转图标　　　　图 6-15　纵向模式的应用程序

使用 Simulator 右侧的按钮将应用程序重新旋转回横向模式。

(20) 拖动应用程序的顶部边缘，并将它移动到屏幕的左侧(在 Simulator 内)，以将它切换到对齐模式，如图 6-16 所示。

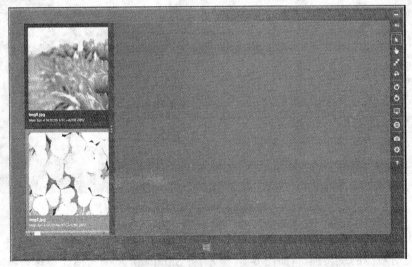

图 6-16　对齐模式的应用程序

如果应用程序未切换到对齐模式,就可能是因为Simulator在运行时的分辨率过低。Windows 8至少需要1366×768像素的分辨率才能支持对齐模式。可以使用Simulator右侧的Change Resolution按钮来模拟该屏幕尺寸,如图6-17所示。

请注意,尽管应用程序的大小会自动调整以适应对齐模式,但图像太大,水平滚动列表非常不方便。

在接下来的步骤中,将对应用程序进行优化,以便能够自动调整以适应纵向模式和对齐模式。

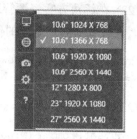

图 6-17　Simulator中的Change Resolution 功能

(21) 在解决方案资源管理器窗口中打开 default.css 文件。将下面的代码添加到文件的结尾:

```
@media screen and (-ms-view-state: snapped) {
  #lv .win-item {
    width: 100%;
    height: 210px;
    padding: 5px;
  }

    #lv .win-item img {
      width: 280px;
      height: 210px;
    }

    #lv .win-item div {
      display: none;
    }
}

@media screen and (-ms-view-state: fullscreen-portrait) {
  #lv .win-item {
    width: 100%;
    height: 310px;
  }

    #lv .win-item div {
      display: inline-block;
      margin-left: 10px;
      height: 300px;
      vertical-align: bottom;
      font-size: 20pt;
    }

  .date {
    font-size: 14pt;
  }
}
```

(22) 在解决方案资源管理器窗口中打开 default.js 文件。找到以 var activation 开头的代码行,并在其后添加下面的代码:

```
var appView = Windows.UI.ViewManagement.ApplicationView;
var appViewState = Windows.UI.ViewManagement.ApplicationViewState;
```

(23) 找到代码行"args.setPromise(WinJS.UI.processAll());",并将其替换为下面的代码:

```
args.setPromise(WinJS.UI.processAll().then(function () {
  window.addEventListener('resize', onResize);
}));
```

(24) 找到代码行"app.start();",并在其后添加下面两个函数:

```
function onResize(eventArgs) {
refresh(appView.value);
}

function refresh(newViewState) {
  var newLayout;

  switch (newViewState) {
    case appViewState.snapped:
      newLayout = new WinJS.UI.ListLayout();
      break;
    case appViewState.filled:
      newLayout = new WinJS.UI.GridLayout();
      break;
    case appViewState.fullScreenLandscape:
      newLayout = new WinJS.UI.GridLayout();
      break;
    case appViewState.fullScreenPortrait:
      newLayout = new WinJS.UI.ListLayout();
      break;
  }

  var lv = document.getElementById('lv').winControl;
  WinJS.UI.setOptions(lv, {
    layout: newLayout
  });
}
```

(25) 在 Simulator 中采用横向模式、纵向模式和对齐模式运行应用程序并对其进行测试。请注意,现在应用程序可以完全调整其布局以适应可用的屏幕尺寸,并根据视图模式更改滚动方向,如图 6-18 和图 6-19 所示。

第 6 章　使用 HTML5、CSS 和 JavaScript 创建 Windows 8 风格应用程序

图 6-18　在纵向模式中经过优化的布局

图 6-19　在对齐模式中经过优化的布局

示例说明

在该练习中，创建一个图像浏览器应用程序，该应用程序与在前面的练习中创建的那

个非常类似。但是，这个版本的应用程序会关注用户的设备。

在步骤(7)中，创建应用程序的 UI。该应用程序使用一个 WinJS.UI.ListView 控件来显示 Pictures Library 文件夹中的图像。请注意在 data-win-options 特性中设置的 ListView 控件的配置参数。

- itemDataSource 属性用于配置将绑定到 ListView 控件的数据对象。在步骤(14)中，在 data.js 文件中创建 data.items.dataSource 对象，你在步骤(8)中把该文件连接到该页面。
- itemTemplate 属性指向 ListView 之上的 div 元素，用于定义列表中每个项目的布局和内容。
- 在这里，layout 属性非常重要，因为它可以定义整个列表的布局。在此处设置的默认值是 WinJS.UI.GridLayout 对象，该对象提供水平滚动，并在多行多列中呈现项目。这是横向模式中使用的默认呈现方式。

在步骤(11)中，使用 CSS 来定义应用程序的外观。请注意，通过 id 特性(#lv)引用 ListView 控件，并使用 ListView 控件的内置.win-item CSS 类对列表项设置格式。

在步骤(13)和步骤(14)中，创建 ListView 的数据源对象。此处的代码与你在本章前面的内容中看到的代码非常类似，不过，这次代码与应用程序的其他部分完全隔离。自执行函数(注意底部的())提供代码封装，而最后一个代码行中的 define()函数可确保只有必要的数据会从该作用域发布。

在步骤(18)~步骤(20)中，对应用程序的默认行为进行测试。当应用程序的视图状态发生更改时，Windows 8 会自动重新呈现应用程序。但是，它并不知道如何高效地使用屏幕。这完全由应用程序来决定。

在步骤(21)中，添加两组 CSS 规则，把它们装到@media 块中。这些@media 块是依赖于-ms-view-state 属性的媒体查询，仅当应用程序处于对齐模式和纵向模式时才应用 CSS 规则。把在这些媒体查询中定义的 CSS 规则添加到之前定义的不带任何媒体查询块的规则中。对于对齐模式，div 元素(用于呈现文本)处于隐藏状态，把图像缩放到 280×210 像素以适应对齐模式的 320 像素宽度。对于纵向模式，文本不是在下面呈现，而是在图像的右侧使用较大的字体呈现。

当更改应用程序的外观时，媒体查询可以发挥非常强大的功能，但是，不能使用它们来更改应用程序的行为。在该示例中，必须添加一些代码，以便根据视图状态更改 ListView 的滚动方向。

在步骤(24)中，添加一个 refresh()函数，用于将 ListView 的布局从 GridLayout 更改为 ListLayout，因为 GridLayout 提供水平滚动，而 ListLayout 提供垂直滚动，所以后者更适合对齐模式和纵向模式。

在步骤(23)中，确保当用户更改应用程序的屏幕尺寸时，列表布局会相应地刷新。为此，订阅 onResize 事件处理程序以处理 resize 事件。

正如你在前面的练习中所看到的，在 Windows 8 中，使用 HTML5 和 CSS3 创建灵活的 UI 非常轻松。媒体查询提供一种非常方便的方式来更改应用程序的外观，你只需使用 CSS 即可，并且 Windows 8 提供一些事件和 API，使可以在 JavaScript 代码中对应用程序进行优化。

6.3.4 滚动和缩放

在现代基于触控的设备上，触控手势是与 Windows 8 风格应用程序进行交互的主要方式。直接操纵是一种很自然地控制应用程序的方式，但仅当手势的使用方式在操作系统和所有应用程序中都保持一致时才可以实现。为了开发 Windows 8 触控交互方案，Microsoft 进行了深入的调查研究，将触控处理的最佳实现深度集成到操作系统中。为了确保手势在每个应用程序中按照一致且最优的方式进行处理，WinJS 中的控件内置了对触控交互的支持。

由于很多内容无法在较小的屏幕上正常显示，因此需要两种基本的交互方式，即滚动和缩放。可以使用滑动手势滚动内容，并使用收缩手势对内容进行缩放。用户很快就可以熟练掌握滚动和缩放手势，因为他们也可以使用这些手势在 Windows 8 开始屏幕以及其他 Windows 8 风格界面上进行导航。

在接下来的练习中，将创建一个图像浏览器应用程序，在该应用程序中，可以使用触控手势进行缩放、平移和滚动。

> **注意**：可以在本书的合作 Web 站点 www.wrox.com 上找到本练习对应的完整代码进行下载，具体位置为 Chapter06.zip 下载压缩包中的 Zoom\TryItOut 文件夹。

试一试   实现缩放和平移

要了解如何创建可以使用触控手势在其中进行缩放和平移的应用程序，请按照下面的步骤进行操作。

(1) 通过单击 Start 屏幕上的 Visual Studio 2012 图标启动该程序。

(2) 选择 File | New Project (或者按 Ctrl+Shift+N 组合键)显示 New Project 对话框。

(3) 从左侧树型视图结构中选择 Installed | Templates | JavaScript | Windows Store 类别，然后在中间窗格中选择 Blank App 项目类型。

(4) 单击 OK 按钮。Visual Studio 将创建一个空的项目骨架，并在代码编辑器中打开 default.js 主文件。

(5) 在 Windows 资源管理器中打开 C:\Windows\Web\Wallpaper\Nature 文件夹，并将 img1.jpg、img2.jpg、img3.jpg 和 img4.jpg 4 个文件复制到剪贴板中。

(6) 切换回 Visual Studio，通过选择 View | Solution Explorer 菜单项(或者按 Ctrl+Alt+L 组合键)打开解决方案资源管理器窗口。右击 images 文件夹，然后单击 Paste。

(7) 在解决方案资源管理器窗口中，双击 default.html 文件，将它在代码编辑器中打开。

(8) 在<body>和</body>标记之间找到模板生成的<p>Content goes here</p>内容,并将它替换为下面的代码:

```
<div class="step">
  <img src="images/img1.jpg" />
</div>
```

(9) 在解决方案资源管理器窗口中,双击 css 文件夹中的 default.css 文件,将它在代码编辑器中打开。在文件的结尾添加下面的代码:

```
.step {
overflow: auto;
-ms-content-zooming: zoom;
-ms-content-zoom-limit-min: 10%;
-ms-content-zoom-limit-max: 500%;
width: 100%;
height: 100%;
}

.step img {
  width: 100%;
  height: 100%;
}
```

(10) 通过在工具栏上选择 Simulator 启动应用程序,如图 6-20 所示。

如果使用的设备支持触控手势,那么不使用Simulator也可以运行应用程序。但是,如果计算机仅支持鼠标和键盘,那么Simulator有助于对应用程序进行测试并模拟各种触控手势。

(11) 在 Simulator 的右侧,可以看到一些按钮,这些按钮可用于模拟触控手势。如果将鼠标悬停在这些按钮的上方,将弹出工具提示,如图 6-21 所示。

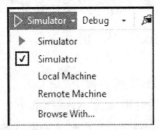
图 6-20 在 Simulator 中启动应用程序

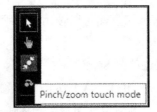
图 6-21 Simulator 的触控按钮

(12) 单击 Simulator 的 Touch 模拟收缩/缩放按钮,并将鼠标悬停在应用程序显示的图像上方。按住鼠标左键并向前旋转鼠标滚轮(远离你的方向)可以将图像放大,先后滚动滚轮(朝向你的方向)可以将图像缩小。

(13) 单击 Simulator 的 Basic 触控模式按钮(从上数第二个按钮),并将鼠标悬停在应用程序上方。在按住鼠标左键的同时移动鼠标可以平移放大的图像。

第 6 章 使用 HTML5、CSS 和 JavaScript 创建 Windows 8 风格应用程序

示例说明

在该练习中，创建一个简单的图像查看器应用程序，在该应用程序中，可以使用触控手势进行缩放和平移。

在步骤(8)中，创建应用程序的简单 UI。请注意，图像通过包装到 div 元素的经典 img 标记来显示。div 元素具有一个名为 step 的 CSS 类，该类在步骤(9)中定义。

在步骤(9)中，仅使用CSS step类便实现缩放和平移功能。只需要-ms-content-zooming: zoom 和 overflow: auto CSS 声明即可启用缩放。使用 -ms-content-zoom-limit-min 和 -ms-content-zoom-limit-max属性，定义最小和最大缩放级别。如果想要启用缩小功能，需要使用前者，因为默认的最小缩放级别为 100%。

正如你在前面的练习中所看到的，仅使用 CSS 便可非常轻松地实现缩放和平移。在接下来的练习中，将通过增加滚动功能来扩展之前的应用程序。

 注意：可以在本书的合作站点www.wrox.com上找到本练习对应的完整代码进行下载，具体位置为Chapter06.zip下载压缩包中的ZoomAndScroll\TryItOut 文件夹。

试一试 实现滚动

要了解如何创建可以使用触控手势在其中进行滚动的应用程序，请按照下面的步骤进行操作。

(1) 启动 Visual Studio 并打开在前一个练习中创建的应用程序。

(2) 通过选择 View | Solution Explorer 菜单项(或者按 Ctrl+Alt+L 组合键)打开解决方案资源管理器窗口。

(3) 在解决方案资源管理器窗口中，双击 default.html 文件，将它在代码编辑器中打开。

(4) 找到<body>元素并将其内容(在前一个练习中添加的内容)替换为下面的代码：

```
<div id="scroller">
  <div class="step">
    <img src="images/img1.jpg" />
  </div>
  <div class="step">
    <img src="images/img2.jpg" />
  </div>
  <div class="step">
    <img src="images/img3.jpg" />
  </div>
  <div class="step">
    <img src="images/img4.jpg" />
  </div>
</div>
```

(5) 在解决方案资源管理器窗口中,双击 css 文件夹中的 default.css 文件,将它在代码编辑器中打开。在文件的结尾添加下面的代码:

```css
#scroller {
 overflow: auto;
 display: -ms-flexbox;
 width: 100%;
 height: 100%;
}
```

(6) 通过在工具栏上选择 Simulator 启动应用程序。单击 Simulator 右侧的 Basic 触控模式模拟图标以启用触控手势。将鼠标悬停在图像上方,然后按住鼠标左键并将图像向左移动。请注意,该图像将滚动,并且下一幅图像将显示在右侧。

(7) 切换回 Visual Studio,并将下面两个代码行添加到#scroller CSS 规则中:

```css
-ms-scroll-snap-type: mandatory;
-ms-scroll-snap-points-x: snapInterval( 0%, 100% );
```

此时,代码应该如下所示:

```css
#scroller {
 overflow: auto;
 display: -ms-box;
 width: 100%;
 height: 100%;
 -ms-scroll-snap-type: mandatory;
 -ms-scroll-snap-points-x: snapInterval( 0%, 100% );
}
```

(8) 在 Simulator 中启动应用程序,并使用触控手势滚动图像。请注意,现在你始终会看到一幅完整图像,因为滚动对齐到图像边界。

可以测试在前一个练习中创建的缩放和平移功能是否也能正常工作。

示例说明

在该练习中,通过增加滚动功能对之前的图像查看器应用程序进行扩展,因此,现在用户可以使用自然的触控手势在图像之间进行切换。

在步骤(4)中,对应用程序的 UI 进行更改,使其不仅显示一幅图像,而且显示 4 幅图像。这些图像彼此独立地包装到单独的 div 元素中,并附加 step CSS 类,该类可提供在前一个练习中所了解到的缩放功能。所有这 4 幅图像都包装到一个名为 scroller 的外部 div 元素中,该元素可提供动功能。

在步骤(5)中,在 CSS 中配置 scroller div。为了实现滚动,添加 overflow: auto 和 display: -ms-box CSS 规则。通过这两个规则,div 会自动转变为可使用触控手势进行滚动。

在步骤(7)中,配置滚动的对齐行为。通过将-ms-scroll-snap-type 属性设置为 mandatory,做出如下定义:滚动始终进行调整,以使其停靠在某个对齐点。选择的对齐点是距离滚动

第 6 章 使用 HTML5、CSS 和 JavaScript 创建 Windows 8 风格应用程序

位置通常会停止的点最近的那个点。

在-ms-scroll-snap-points-x 属性中，定义对齐点在 X 轴上的位置。0%表示图像的左边缘，100%表示图像的右边缘。snapInterval 定义应该在 X 轴上重复指定的距离。

6.3.5 Windows 8 风格应用程序中的画布图形

许多应用程序都需要一个绘图界面，在该界面中，用户可以动态地绘制自定义形状、呈现文本以及操纵图像。在台式计算机中，这个问题在很久以前就已经解决了，但在浏览器中，编程式绘图在 HTML5 出现之前一直是个让人头疼的问题。

HTML5 引入<canvas>元素，该元素提供一个矩形区域，可以使用画布绘图 API 在其中绘制任何想要的图形。使用 canvas 元素，可以执行下列操作：

- 绘制形状
- 为形状填充颜色
- 创建渐变和图案
- 呈现文本和图像
- 操纵像素

简而言之，可以使用 canvas 元素在 JavaScript 中动态创建光栅图像。

请注意，canvas 元素的行为方式与真实的画布类似：它只记住最后绘制的图像，这一点非常重要。canvas 元素不支持图层、对象或事件处理程序，因此，不能操纵之前创建的图形。如果想要修改图像，就必须在画布上重新绘图。

这种低级 API 的缺陷在于，不能轻松地向绘图中添加交互性。另一方面，在现代 Web 浏览器中，这种直接图像绘制方式速度确实非常快。最新的浏览器也支持硬件加速呈现，这进一步加快画布操作的速度，同时使 canvas 元素成为完美的宿主，即使对于那些包含大量图形的应用程序和游戏也没有问题。

在 Windows 8 中，可以在 Windows 8 风格应用程序中使用画布 API。在接下来的练习中，将通过在 JavaScript 中绘制一个笑脸来介绍画布 API 的基本知识。

 注意：可以在本书的合作站点www.wrox.com上找到本练习对应的完整代码进行下载，具体位置为Chapter06.zip下载压缩包中的Canvas\TryItOut文件夹。

试一试 在 Windows 8 画布上进行绘图

要了解在 Windows 8 风格应用程序中如何在画布上进行绘图，请按照下面的步骤进行操作。

(1) 通过在 Start 屏幕上单击 Visual Studio 2012 的图标启动该程序。

(2) 选择 File | New Project (或者按 Ctrl+Shift+N 组合键)显示 New Project 对话框。

(3) 从左侧树型视图结构中选择 Installed | Templates | JavaScript | Windows Store 类别，

然后在中间窗格中选择 Blank App 项目类型。

(4) 单击 OK 按钮。Visual Studio 将创建一个空的项目骨架,并在代码编辑器中打开 default.js 主文件。

(5) 通过选择 View | Solution Explorer 菜单项(或者按 Ctrl+Alt+L 组合键)打开解决方案资源管理器窗口。双击 default.html 文件,将它在代码编辑器中打开。

(6) 在<body>和</body>标记之间找到模板生成的<p>Content goes here</p>内容,并将它替换为下面的代码:

```
<canvas id="canvas" width="400" height="400"></canvas>
```

(7) 在解决方案资源管理器窗口中,双击 css 文件夹中的 default.css 文件,将它在代码编辑器中打开。

(8) 在 default.css 文件的结尾添加下面的代码:

```
canvas {
  background-color: White;
  border: 3px solid orange;
  ma rgin: 15px;
}
```

(9) 在解决方案资源管理器窗口中,双击 js 文件夹中的 default.js 文件,将它在代码编辑器中打开。

(10) 找到包含 "args.setPromise(WinJS.UI.processAll());" 的行,并在其后添加下面的代码行:

```
var canvas = document.getElementById('canvas');
var ctx = canvas.getContext('2d');

var line = '#000';
var head = '#ffff00';
var eye = '#fff';
var pupil = 'green';
var mouth = '#FF0000';
var nose = 'BLACK';

ctx.save();

ctx.shadowColor = "#999";
ctx.shadowBlur = 20;
ctx.shadowOffsetX = 5;
ctx.shadowOffsetY = 5;

ctx.fillStyle = head;
ctx.beginPath();
ctx.arc(200, 200, 100, 0, Math.PI * 2, false);
ctx.fill();
```

```
ctx.restore();

ctx.strokeStyle = line;
ctx.lineWidth = "2";
ctx.stroke();

ctx.strokeStyle = mouth;
ctx.beginPath();
ctx.moveTo(135, 225);
ctx.quadraticCurveTo(200, 285, 265, 225);
ctx.stroke();

ctx.moveTo(135, 225);
ctx.quadraticCurveTo(200, 310, 265, 225);
ctx.stroke();

ctx.strokeStyle = line;
ctx.fillStyle = eye;
ctx.lineWidth = '1';

ctx.beginPath();
ctx.arc(160, 160, 15, 0, Math.PI * 2, false);
ctx.stroke();
ctx.fill();

ctx.beginPath();
ctx.arc(240, 160, 15, 0, Math.PI * 2, false);
ctx.stroke();
ctx.fill();

ctx.fillStyle = pupil;
ctx.beginPath();
ctx.arc(162, 162, 6, 0, Math.PI * 2, false);
ctx.fill();

ctx.beginPath();
ctx.arc(238, 162, 6, 0, Math.PI * 2, false);
ctx.fill();

ctx.save();

ctx.fillStyle = nose;
ctx.translate(200, 190);
ctx.rotate(45 * Math.PI / 180);

ctx.beginPath();
ctx.fillRect(0, 0, 16, 16);
ctx.fill();

ctx.restore();
```

```
ctx.font = '48px Calibri';
var text = 'Smile!';
var textSize = ctx.measureText(text);
var textx = 200 - textSize.width / 2;
ctx.strokeText(text, textx, 360);
ctx.fillText(text, textx, 360);
```

(11) 通过单击 Debug | Start Debugging 菜单项(或者按 F5 键)启动应用程序。显示的结果应该类似于图 6-22 中所示的内容。

示例说明

在该练习中,创建一个简单的Windows 8 风格应用程序,该应用程序在画布上绘制一个笑脸。

在步骤(6)中,向承载绘图的 HTML 标记中添加 canvas 元素。请注意,在标记中明确指定canvas元素的宽度和高度,这非常罕见,因为,按照你在前面的内容中所了解到的,使用 CSS 处理这些类型的布局设置是更好的选择。

图 6-22　在画布上绘图

但是,canvas 并不是普通的元素！width 和 height 特性可以控制坐标空间的大小。如果缺少这些特性,画布的坐标空间就将默认为 300 像素宽、150 像素高。然后,当在 CSS 中指定画布的宽度和高度时,300×150 像素的坐标空间将伸缩为指定的大小,通常这会产生一个变形的绘图。为了确保绘图不发生伸缩,应该在 HTML 中定义宽度和高度。在这种情况下,画布的宽度和高度均为 400 像素。

在步骤(8)中,为 canvas 元素添加 CSS 设置。正如可以看到的,可以控制画布的边框、背景颜色以及布局,就像其他任何 HTML 元素一样。

在步骤(10)中,添加用于呈现绘图的代码。通过前两行代码,创建上下文对象,该对象公开可以用于在画布上进行绘图的 API。

紧接着,在 6 个以 var 开头的代码行中,定义稍后用于设置填充和笔划样式的颜色。请注意,可以通过多种方式来定义颜色,例如,使用名称、使用 RGB 代码、采用大写形式、小写形式等。

接下来,通过第一个 ctx.save()函数,保存当前的绘图上下文。这是必需的,因为下面以 ctx.shadow 开头的几行会更改阴影设置。由于这些设置是全局性的,因此,稍后所有绘图元素都会继承它们。使用 arc()和 fill()函数,绘制的第一个对象是黄色的圆圈。由于只有此对象需要阴影,因此在绘制该圆圈以后,立即使用 ctx.restore()函数还原原始上下文。

接下来的三行代码将在之前绘制的圆圈周围绘制一条宽度为 2 像素的黑线:

```
ctx.strokeStyle = line;
ctx.lineWidth = "2";
ctx.stroke();
```

在接下来的步骤中,使用两条线绘制出嘴。第一个 quadraticCurveTo()函数绘制上嘴唇,第二个绘制下嘴唇。

在绘制完嘴之后,使用 4 个圆圈绘制眼睛。首先,使用下面三行代码将眼睛的样式设置为白色填充和黑色细笔划:

```
ctx.strokeStyle = line;
ctx.fillStyle = eye;
ctx.lineWidth = '1';
```

接着,绘制左眼和右眼,然后是左瞳孔和右瞳孔。

绘制完眼睛以后,又绘制鼻子。鼻子绘制起来有一点麻烦,因为它是一个旋转的矩形。使用 translate()函数,你将画布原点从左上角移动到鼻子所在位置的中心点,然后使用 rotate()函数将坐标空间旋转 45°。此时,坐标空间的放置形式如图 6-23 所示。

由于你希望仅将这种变换应用于鼻子矩形,因此,在绘制鼻子之前对上下文进行保存,然后再还原。

通过最后 6 行代码,你在脸下面显示了"Smile!"文本。measureText()是一个非常有用的函数,因为可以使用它来按照当前在上下文中设置的字号和字形计算任何文本所需的宽度。在该示例中,使用该函数将文本正确放置在绘图的水平中心点。最后,通过 strokeText()和 fillText()函数,呈现带有边框的文本。

图 6-23 经过平移和旋转的坐标空间

6.3.6 使用 Windows 8 动画库

在 Windows 8 平台上,动画扮演着非常重要的角色,因为它们使 Windows 8 风格应用程序更加贴近生活。设计良好的动画不仅漂亮,还可以使用户在了解发生了什么或者将要发生什么时充满自信,从而增强用户体验。动画是 Windows 8 设计语言不可或缺的一个组成部分。

但是,创建良好的动画并不是一件容易的事。尽管动画可以为应用程序增加美感,并可添加一些独特的个性化特征,但是它们必须在整个平台上保持一致,才能实现其意图而不会造成混乱。此外,对于使用电池供电的设备,必须对动画进行优化,充分考虑用户所使用的设备。

为了应对这些挑战,Microsoft 提供了 Windows 8 动画库,它可以帮助你轻松地将经过优化的一致动画添加到 Windows 8 风格应用程序中。Windows 8 动画库包括以下方案：

- 应用程序导航
- 设置内容动画
- 显示或隐藏 UI 元素
- 动画集合更改
- 动画选择

就像 WinJS 中的许多其他函数一样，动画也使用 Promise 对象。为了提供快速流畅的用户体验，动画必须在一个单独的线程中播放，而不阻止 UI。相关函数都是异步的，并返回 Promise 对象，可以使用该对象来串联动画。从内部来讲，动画是在基于标准的 CSS3 动画和过渡基础上构建的，并以最优的方式利用设备的硬件功能。

在接下来的练习中，将创建一个 Windows 8 风格应用程序，并通过添加最常用的动画来增强用户体验。

> **注意**：可以在本书的合作 Web 站点 www.wrox.com 上找到本练习对应的完整代码进行下载，具体位置为 Chapter06.zip 下载压缩包中的 Animation\TryItOut 文件夹。

试一试 使用 Windows 8 动画库

要了解如何在 Windows 8 风格应用程序中使用 Windows 8 动画库，请按照下面的步骤进行操作。

(1) 通过在 Start 屏幕上单击 Visual Studio 2012 的图标启动该程序。

(2) 选择 File | New Project (或者按 Ctrl+Shift+N 组合键)显示 New Project 对话框。

(3) 从左侧树型视图结构中选择 Installed | Templates | JavaScript | Windows Store 类别，然后在中间窗格中选择 Blank App 项目类型。

(4) 单击 OK 按钮。Visual Studio 将创建一个空的项目骨架，并在代码编辑器中打开 default.js 主文件。

(5) 通过选择 View | Solution Explorer 菜单项(或者按 Ctrl+Alt+L 组合键)打开解决方案资源管理器窗口。双击 default.html 文件，将它在代码编辑器中打开。

(6) 在<body>和</body>标记之间找到模板生成的<p>Content goes here</p>内容，并将它替换为下面的代码：

```
<h1>Animations</h1>

<h2>Content</h2>

<p id="content1">
Lorem ipsum dolor sit amet, consectetuer adipiscing elit, sed diam nonummy
nibh euismod tincidunt ut laoreet dolore magna aliquam erat volutpat. Ut wisi
```

```
enim ad minim veniam, quis nostrud exerci tation ullamcorper suscipit lobortis
nisl ut aliquip ex ea commodo szeretlek. Tucsok autem vel eum iriure dolor in
hendrerit in vulputate velit esse molestie consequat, vel illum dolore eu feugiat
nulla facilisis at vero eros et accumsan et iusto odio dignissim qui blandit
praesent luptatum zzril delenit augue duis dolore te feugait nulla facilisi.
</p>

<p id="content2">
    At vero eos et accusamus et iusto odio dignissimos ducimus qui blanditiis
praesentium voluptatum deleniti atque corrupti quos dolores et quas molestias
excepturi sint occaecati cupiditate non provident, similique sunt in culpa qui
officia deserunt mollitia animi, id est laborum et dolorum fuga. Et harum quidem
rerum facilis est et expedita distinctio. Nam libero tempore, cum soluta nobis
est eligendi optio cumque nihil impedit quo minus id quod maxime placeat facere
possimus, omnis voluptas assumenda est, omnis dolor repellendus. Temporibus autem
quibusdam et aut officiis debitis aut rerum necessitatibus saepe eveniet ut et
voluptates repudiandae sint et molestiae non recusandae. Itaque earum rerum hic
tenetur a sapiente delectus, ut aut reiciendis voluptatibus maiores alias
consequatur aut perferendis doloribus asperiores repellat.
</p>

<button id="btnShow">Show content</button>
<button id="btnNext">Next content</button>
<button id="btnHide">Hide content</button>

<h2>Panels</h2>

<p>
    <button id="btnShowPanel">Show panel</button>
    <button id="btnHidePanel">Hide panel</button>
</p>

<div id="panel">
    <p>Hello from a side panel!</p>
</div>
```

可以在<p>标记之间写入任何内容。例如，可以从 http://lipsum.com 复制并粘贴著名的 Lorem ipsum 占位符文本(如本示例中所示)。

(7) 在解决方案资源管理器窗口中，双击 css 文件夹中的 default.css 文件，将它在代码编辑器中打开。

(8) 将模板生成的内容替换为下面的代码：

```
body        { margin: 15px; }
p           { line-height: 1.8em; }
h2          { margin-top: 20px; }
#content1   { opacity: 0; }
#content2   { display: none; }
#btnNext    { display: none; }
#btnHide    { display: none; }
```

```css
#panel
{
  position: fixed;
  right: 0px;
  top: 0px;
  width: 450px;
  height: 100%;
  background-color: #323232;
  opacity: 0;
  z-index: 1;
}

#panel p
{
  position: absolute;
  top: 45%;
  text-align: center;
  width: 100%;
}
```

(9) 在解决方案资源管理器窗口中,双击 js 文件夹中的 default.js 文件,将它在代码编辑器中打开。

(10) 找到包含 Initialize your application here 注释的代码行,并在其后添加下面的代码行:

```javascript
var headings = document.querySelectorAll('h1, h2');
WinJS.UI.Animation.enterPage(headings, { top: '100px', left: '500px' });

btnShow.addEventListener('click', onBtnShowClicked);
btnNext.addEventListener('click', onBtnNextClicked);
btnHide.addEventListener('click', onBtnHideClicked);

btnShowPanel.addEventListener('click', onBtnShowPanelClicked);
btnHidePanel.addEventListener('click', onBtnHidePanelClicked);
```

(11) 向下滚动,并在"app.start();"行后面添加下面的代码:

```javascript
function onBtnShowClicked() {
  WinJS.UI.Animation.enterContent(content1);
  btnShow.style.display = 'none';
  btnNext.style.display = 'inline';
}

function onBtnNextClicked() {
  WinJS.UI.Animation.exitContent(content1).then(function() {
    content1.style.display = 'none';
    content2.style.display = 'block';
    btnNext.style.display = 'none';
    btnHide.style.display = 'inline';
```

```
    return WinJS.UI.Animation.enterContent(content2);
  });
}

function onBtnHideClicked() {
  WinJS.UI.Animation.exitContent(content2);
  content1.style.display = 'block';
  content2.style.display = 'none';
  btnShow.style.display = 'inline';
  btnNext.style.display = 'none';
  btnHide.style.display = 'none';
}

function onBtnShowPanelClicked() {
  panel.style.opacity = '1';
  WinJS.UI.Animation.showPanel(panel);
}

function onBtnHidePanelClicked() {
  WinJS.UI.Animation.hidePanel(panel).then(function () {
    panel.style.opacity = '0';
  });
}
```

(12) 通过单击 Debug | Start Debugging 菜单项(或者按 F5 键)启动应用程序。请注意，当应用程序启动时，标题会从右下角飞到其最终位置。

(13) 单击 Show content 按钮。请注意，段落文本不会立即显示，而是通过淡入效果浮动到其最终位置。

(14) 单击 Next content 按钮。请注意，段落文件会更改为较长的文本，页面上的控件会向下移动，以便为新内容提供足够的屏幕空间。

(15) 单击 Show panel 按钮。请注意，将从右侧缓慢地飞入一个很窄的面板，但不会更改页面上的其他内容。可以在图 6-24 中看到该面板。

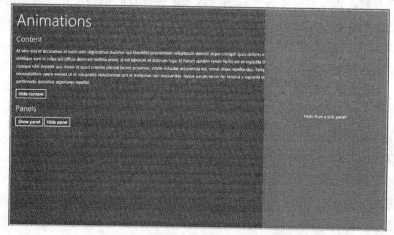

图 6-24　动画示例

单击 Hide panel 按钮可使面板飞出。

(16) 单击 Hide content 按钮可隐藏段落文本，并使应用程序返回其开始状态。

示例说明

在该练习中，使用 Windows 8 动画库创建一个简单的 Windows 8 风格应用程序，用于演示一些基本的动画。

在步骤(6)中，创建应用程序的基本标记。请注意下面的 HTML 标记。

- 一个 h1 和两个 h2 标记，用于呈现应用程序的标题和标头。
- 两个 p 标记，包含当单击 Show content、Next content 和 Hide content 按钮时将设置动画的内容。当应用程序启动时显示第一段，当单击 Next content 按钮时切换到第二段。
- 按钮使用 button 元素来呈现。
- 右侧面板使用一个 div 元素创建。
- 绝大多数元素都有一个 id 特性，使其可以通过 JavaScript 和 CSS 代码唯一地进行访问。

在步骤(8)中，使用 CSS 设置页面上元素的可视外观。

使用 display:none CSS 声明完全隐藏的元素，使用 opacity: 0 声明使元素不可见。二者之间的差别在于，不可见的元素会继续占据屏幕空间，而隐藏的元素将从 UI 中完全移除，因此会将其占用的空间提供给其他元素。

请注意 panel div 如何使用 position、right、top、width 和 height 属性变换为一个完整高度的框，并移动到页面的右侧。z-index 属性可确保面板在位于其他 UI 元素之上的另一个图层中呈现。

在步骤(10)中，添加一些在应用程序启动时运行的代码。

第一行代码将创建一个JavaScript列表，其中包含页面上的所有标题(h1和h2元素)。第二行将使用Windows 8动画库的enterPage动画效果为这些元素设置动画。请注意enterPage()函数的第二个参数，该参数用于设置标题飞入其最终位置的偏移量。在该示例中，当页面加载时，标题显示在其最终位置右侧500像素、下方100像素的位置，然后，enterPage动画效果将其移动到在HTML和CSS中定义的位置。在此处使用该偏移量设置仅仅是出于演示说明目的。Microsoft建议将offset参数设置为null，以便创建Windows 8风格动画。

应用程序初始化代码中接下来的 5 行代码将事件处理程序函数附加到页面上的按钮的 click 事件。请注意，可以直接访问页面上的 HTML 对象，而不必使用在 HTML 标记中定义的 id 来调用 document.getElementById。

在步骤(11)中，实现在用户单击 UI 上的按钮时执行的事件处理程序函数。

使用 style.display 属性来显示或隐藏 UI 元素。将该属性设置为 "none" 可隐藏元素。将该属性设置为 inline 或 block 可以相应地显示内联元素或块元素。style.opacity 属性的行为方式与此类似。当将它设置为 0 时，元素将变为不可见。当将它设置为 1 时，元素将变为可见。

当单击 Show content 按钮时，将调用 onBtnShowClicked()函数，用于对段落文本启动 enterContent 动画效果，隐藏 Show content 按钮，并显示 Next content 按钮。由于 enterContent()函数异步启动动画，因此，当文本仍在显示动画效果时，按钮已经开始更改。两个效果同时发生。

当单击 Next content 按钮时，将调用 onBtnNextClicked()函数。该事件处理程序将异步启动 exitContent 动画效果，仅当动画完成后，才使用 then()函数执行其他代码。在第一段文本缓慢淡出后，Next content 按钮将隐藏，同时显示 Hide content 按钮。最后，将启动 enterContent 动画效果，以便淡入第二段文本。

当单击 Hide content 按钮时，将调用 onBtnHideClicked()函数，该函数使用 exitContent 动画和 style.display 属性将元素还原为其原始状态。

当单击 Show panel 和 Hide panel 按钮时，将相应地调用 onBtnShowPanelClicked()和 onBtnHidePanelClicked()函数。当单击 Show panel 按钮时，showPanel 动画将启动，并将面板从屏幕的右侧飞入。当单击 Hide panel 按钮时，hidePanel 动画会将面板从屏幕中飞出。在这里，可以看到另一个使用 then()函数进行串联的效果示例。仅当 hidePanel 将面板从屏幕中移出以后，才会使用 style.opacity 属性将面板设置为不可见。

6.4 小结

在浏览器中，已经证明 HTML、CSS 和 JavaScript 都非常适合用于创建真实的应用程序。在过去的几年中，相关技术和操作实践不断发展演进，并且 Web 开发人员也已经做好准备使用成熟的模式与纯粹的 HTML 和 JavaScript 语言实现复杂的解决方案。在 Windows 8 中，Microsoft 向 Web 开发人员开放了 Windows 开发人员平台，使他们可以继续使用其已经掌握的知识来开发 Windows 8 风格应用程序。现在，这些为所有 Web 站点提供支持的技术也开始在客户端上发挥重要的作用。

Windows 运行时的功能和服务完全可用于 JavaScript 应用程序。它提供一种特定的组件，即 Windows JavaScript 库(WinJS)，该组件可以确保 JavaScript 开发人员能够以一种已知且自然的方式访问这些功能和服务，而不用考虑语言的特征和限制。

此外，该库还针对一些常见的编码任务提供辅助函数，进一步减轻开发人员的工作。使用 WinJS 控件，可以快速创建 Windows 8 风格应用程序，而这些应用程序可以使用声明性数据绑定或编程性数据绑定轻松地管理数据。Windows 8 动画库有助于通过针对设备进行优化的动画效果来为应用程序增加美感、活力、运动效果以及个性化特征。

练 习

1. 可以将新的 HTML5 元素分为哪 4 组？
2. 什么是 Windows JavaScript 库(WinJS)？

3. 什么是数据绑定?
4. 什么是 CSS 媒体查询?
5. 为什么应该使用 Windows 8 动画库,而不是在 JavaScript 中实现你自己的动画效果?

 注意:可以在附录 A 中找到上述练习的答案。

本章主要内容回顾

主 题	主 要 概 念
HTML5	HTML5 是下一代超文本标记语言标准,它是可以在浏览器中创建丰富的 Internet 应用程序
Windows JavaScript 库(WinJS)	Windows JavaScript 库(WinJS)是一个 JavaScript 代码库,用于针对常见的编码模式发布一些系统级别的功能和辅助函数,从而简化在 JavaScript 中创建 Windows 8 风格应用程序所需的操作
document.getElementById 和 document.getElementsbyTagName	使用 document.getElementById()和 document.getElementsByTagName() 函数,可以在 JavaScript 代码中获取对 DOM 元素的引用
addEventListener	使用 addEventListener()函数,可以将一个函数附加到 DOM 元素中,以便响应用户执行的操作
简单绑定	简单绑定是一种数据绑定类型,用于将单个数据值连接到单个UI元素
列表绑定	列表绑定是一种数据绑定类型,用于将一个值数组连接到一个复杂的 UI 元素,该元素可以处理一个列表或表中的多个值
WinJS.UI.ListView	ListView 是一个 WinJS 控件,可以在 Windows 8 风格应用程序中提供标准的列出行为
@media	@media 关键字可引入 CSS 媒体查询,可以使用该查询针对具有特定功能的设备定制 CSS 选择器
对齐模式	对齐模式是 Windows 8 风格应用程序的一种显示模式。在对齐模式中,应用程序将停靠到屏幕的边缘,显示在一个宽度为 320 像素的框中
canvas	canvas 是一种 HTML5 元素,使可以使用 JavaScript 创建光栅图形

第 7 章

使用 XAML 创建 Windows 8 风格用户界面

本章包含的内容:
- 了解 XAML 的概念以及如何使用它来描述用户界面
- 了解布局管理机制
- 了解资源的概念以及如何在应用程序中共享资源
- 初步认识可以在 Windows 8 风格应用程序中使用的基本控件
- 熟悉 Windows 8 风格应用程序中功能强大的数据绑定引擎

适用于本章内容的 wrox.com 代码下载

可以在 www.wrox.com/remtitle.cgi?isbn=012680 上的 Download Code 选项卡中找到适用于本章内容的 wrox.com 代码下载。代码位于 Chapter07.zip 下载压缩包中,并且单独进行了命名,如对应的练习所述。

这一章将介绍使用可扩展应用程序标记语言(eXtensible Application Markup Language, XAML)开发 Windows 8 风格应用程序的基本知识。本章首先介绍布局管理的工作方式,以及如何使用资源创建可重用的组件,接下来介绍 Windows 8 风格应用程序支持的基本控件以及动画和媒体框架。阅读完本章的全部内容以后,你将了解到如何使用样式和模板重新设计用户界面(User Interface, UI)的样式,并将熟悉各种数据处理方案。

7.1 使用 XAML 描述用户界面

很多年以前,人们所关注的仅仅是功能。人们仅仅满足于使用某种喜欢的工具完成一项任务。即使工具并不是非常易于使用，相应工具的开发人员仍然可以在市场上保持相当强劲的竞争力。

在开发新一代应用程序时，你必须考虑一些新的要求和标准，这些要求和标准在用户体验、技术革新、创造力以及响应能力方面设定了更高的目标。如今，人们的期望水平大大提高。一种产品要想具备强大的竞争力，必须提供卓越的用户体验，其中涉及可用性、可视设计、内容以及数据表示形式等多个方面。现在，软件设计的最高目标是构建人们喜欢的一种产品。

这些新要求大大改变了对工具和技术的需求。不久之前，Windows 窗体还是 Microsoft 开发人员技术群组中最流行的 UI 技术。开发人员对这种技术青睐有加，因为它使用起来非常简单，并且它是一种生产性技术，可以用于构建 Windows 客户端应用程序。在满足功能性要求方面也相对比较容易。

但是，现今的新要求迅速突显出 Windows 窗体已经过时。尽管 Windows 窗体曾经是一种非常高效的技术，但是它有一个非常严重的弱点，那就是控制模型非常严格。要更改某个控件的可视外观，例如，基于按钮或者列表的控件，用户需要完成大量的工作。使用这种技术设计创新型用户体验几乎不可能实现，最起码实现起来也非常困难。

> **注意：** 在设计用户界面时，首先，你必须使用面板定义屏幕的布局。接下来，你必须在面板上放置控件，例如，按钮、其他显示列表的控件或者你认为有用的任何控件。你构建的布局应该能够处理各种显示设备的不同分辨率和纵横比。完成这些基本的操作以后，可以使用优美的动画以及一些视觉自定义效果来改善应用程序的外观。

并不是只有 Windows 窗体技术经历了上述状况。其他许多 Microsoft 和非 Microsoft 技术也都经历了同样的命运。

Microsoft 很快就认识到这一点。在.NET Framework 3.0 中，Microsoft 发布了一种新的技术，称为 Windows Presentation Foundation (WPF)。WPF 用于使开发人员可以自由构建各种创新体验，从而根据自己的想法构建任何 UI。该技术本身引入了一些新的、非常重要的概念，如下所述。

- **一个全新的控制模型**——WPF 将控件划分为两个主要的类别，即具有一个子级的控件，以及具有多个子级的控件(有关控件的概念以及如何使用它们的更多详细信息将在本章后面的内容中介绍)。差不多就是这样。这是 WPF 包含的唯一一个约束。例如，可以拥有一个 Button 控件，并在该控件内放置另一个 Button。然后，还可以在内部的 Button 中再添加一个 ListBox。当然，这并没有太大的意义，但是，它充分显示了 WPF 中引入的新控制模型的灵活性。
- **声明性 UI**——WPF 通过一种新的方式来描述 UI。你不再需要编写代码和逻辑来构建 UI。可以使用一种基于 XML 的语言完全通过声明的方式来执行此操作，这种语言称为可扩展应用程序标记语言(XAML)。如果之前曾经使用超文本标记语言(HyperText Markup Language，HTML)进行过任何 Web 开发工作，那么这个概念对你应该非常熟悉。

- **向量图形**——WPF 引入了一种包含向量图形的 UI。向量图形使用数学方法来呈现内容，而不是使用像素。组件包括曲线和线条以及点数。这意味着，通过不同的分辨率以及不同的每英寸点数(Dots-Per-Inch，DPI)值，UI 仍然可以提供让人满意的视觉效果。按比例增大和按比例缩小可以轻松地实现，而不会造成质量下降。在基于 XAML 的 UI 中，你应该总是能够看到栩栩如生的完美字体和绘图。
- **样式和模板**——新的控件基于基元和基本形状构建。这些小小的视觉效果构成了控件的可视化树。使用模板和样式，可以更改或完全更换任何控件的可视化树，同时仍然保留相应控件所表示的所有功能。

这些新概念取得了巨大的成功，因此，Microsoft决定构建一种可以支持基于XAML的开发的Web技术。该项目的代码名称为WPF Everywhere (WPF/E)，并且很快便以Silverlight的形式公开发布。

从战略角度来说，XAML 对于 Microsoft 变得非常重要。今天，在所有 Microsoft 产品中几乎都可以找到 XAML。可以使用 XAML 来构建 WPF、Silverlight 或 Windows Phone 应用程序。事实上，XAML 在 Windows Workflow Foundation (WF) 4.0 中用于定义运行时间较长的工作流并以可视化的方式显示它们。

当开发 Windows 8 风格应用程序时，可以在两种不同的技术之间进行选择。可以使用 HTML5 和 JavaScript 来构建 UI，或者可以选择使用 XAML。

XAML本身就是一个XML文档，并没有什么特别的地方。有一个功能非常强大的分析器用来处理该文档中的元素。这意味着不管向该文档中添加什么内容，都会基于它创建一个实例。

对应的语法非常直观明了。在绝大多数情况下，语法都来源于XML规范，但也添加了一些非常好的内容，正是这些添加的内容使得XAML的功能更加强大。

在下面的代码示例中，创建了一个新的Button控件，并且其Content属性设置为"Hello XAML"。可以使用特性语法为对象设置属性。通过使用这种方法，XAML元素的特性可以映射到对象本身的属性。

```
<Button Content="Hello XAML"/>
```

下面的代码使用渐变画笔创建一个矩形。可以使用特性语法轻松地指定简单的颜色，例如，"White"或"Black"。但是，你可能希望使用一种更为精致复杂的颜色来填充该矩形。此时，渐变画笔应该是一个完美的选择。它包含一个渐变停止点列表，渐变停止点可以定义渐变画笔中显示的颜色。为了描述该复杂值的分配情况，必须切换到另外一种语法，称为属性语法。在下面的示例中，矩形的 Fill 属性设置为 LinearGradientBrush：

```
<Rectangle Width="100" Height="100">
    <Rectangle.Fill>
```

```
        <LinearGradientBrush EndPoint="0.5,1" StartPoint="0.5,0">
            <GradientStop Color="Black"/>
            <GradientStop Color="#FF1875AA" Offset="1"/>
        </LinearGradientBrush>
    </Rectangle.Fill>
</Rectangle>
```

下面的代码演示了标记扩展的使用。在本章后面的内容中,你将了解到有关绑定、资源以及如何引用其他对象的信息。这些功能都可以通过标记扩展来实现。标记扩展需要一种带有花括号的特殊语法,如下所示:

```
<TextBlock Text="{Binding FirstName}" Foreground="{StaticResource
                                                    whiteBrush}"/>
```

此时,你不应该纠结该代码究竟是什么意思。需要做的就是熟悉 XAML 中的语法。

7.2 使用名称空间

如果之前曾经使用面向对象的语言创建应用程序,那么你应该知道,可能会出现具有相同名称但名称空间不同的不同组件和控件彼此共存的情况。名称空间是代码的逻辑容器。它们用于帮助那你避免出现元素名称冲突,这并不是 XAML 所特有的。标准的 XML 规范定义 XML 名称空间和语法。Microsoft 可提供一个非常出色的附加功能,可以直接映射到公共语言运行时(Common Language Runtime,CLR)名称空间。

当将一个 XAML 元素添加到文档中时,默认情况下,XAML 分析器会尝试在默认名称空间中解析该类型。如果该类型位于其他名称空间中,就必须使用 xmlns:prefix 特性显式引用该名称空间。在这里,前缀作为完整名称空间的快捷方式。因此,无论什么时候你想要引用某个特定名称空间中的一个对象,都必须以 prefix:MyControl 形式进行引用,其中 prefix 是该特定名称空间的自定义快捷名称。

默认名称空间是一个未指定前缀的 xmlns 声明。在 Windows 8 风格应用程序中,XAML 中的默认名称空间为 http://schemas.microsoft.com/winfx/2006/xaml/presentation,该名称空间直接映射到 Windows.UI.Xaml.Controls 名称空间。所有的基本控件都位于该名称空间中。

在接下来的练习中,你将了解到如何使用 XAML 创建你的第一个 Windows 8 风格应用程序。

注意:可以在本书的合作站点 www.wrox.com 上找到本练习对应的完整代码进行下载,具体位置为 Chapter07.zip 下载压缩包中的 GreetMeApplication 文件夹。

试一试 使用 XAML 构建 GreetMe 应用程序

在该练习中,你将使用 XAML 创建一个简单的 Windows 8 风格应用程序。你将在 UI

上放置一个 Button 控件并处理其 Click 事件。当该事件触发时，将向用户发出问候。要完成该过程，请按照下面的步骤进行操作。

(1) 打开 Visual Studio 2012，并新建 Windows 8 风格应用程序项目。对于该项目的名称，请输入 GreetMeApplication。

(2) 在项目加载以后，确保你当前正在进行编辑的文件是 MainPage.xaml。

(3) 要向 UI 中添加一个 Button 控件，请查找名称为 LayoutRoot 的 Grid 面板，并在 Grid 元素中添加下面的代码：

```xml
<StackPanel HorizontalAlignment="Center" VerticalAlignment="Center"
    Orientation="Horizontal">
  <TextBlock Text="Your name: "/>
  <TextBox x:Name="txtName" Text="" Width="200" Margin="8,0,8,0"/>
  <Button Content="Greet Me" />
</StackPanel>
```

(4) 要订阅 Button 控件的 Click 事件，请将 Button 声明更改为下面的代码：

```xml
<Button Content="Greet Me" Click="Button_Click"/>
```

(5) 要为Click事件编写事件处理程序，请右击XAML代码编辑器，然后选择View Code。此时将打开一个名为MainPage.xaml.cs的新文件。在MainPage类中添加下面的代码：

```csharp
private void Button_Click(object sender, RoutedEventArgs e)
{
  var dialog = new Windows.UI.Popups.MessageDialog("Hello "+ txtName .Text );
  dialog.ShowAsync();
}
```

(6) 通过按F5键运行应用程序。将名称输入TextBox中，然后单击GreetMe按钮。图 7-1 显示了该操作的结果。

图 7-1　运行 GreetMe 应用程序

示例说明

这是一个非常简单的应用程序，但是其中包含很多需要了解的内容。当在步骤1中创建项目时，Visual Studio会为你准备项目结构。图7-2在解决方案资源管理器窗口中显示了创建的结构。

在Assets文件夹中，你将看到应用程序用到的一些图形，例如，徽标和初始屏幕图片。除此之外，还有另外两个XAML文件。其中一个是App.xaml，表示应用程序对象。该对象是应用程序运行时将要创建的第一个对象。在App.xaml中，可以从x:Class特性看出，Application对象是GreetMeApplication.App。在解决方案资源管理器中，可以看到，App.xaml文件下面是一个代码隐藏文件，名为App.xaml.cs。代码隐藏文件包含使用标记定义对象联接的代码，在该示例中为App对象。如果将其打开，将看到下面的代码：

图 7-2　解决方案资源管理器窗口中的项目结构

```
sealed partial class App : Application
{

  public App()
  {
    this.InitializeComponent();
    this.Suspending += OnSuspending;
  }

  protected override void OnLaunched(LaunchActivatedEventArgs args)
  {
    // 当应用已在运行时不要重复应用初始化
    // 以便确保窗口处于活动状态
    if (args.PreviousExecutionState == ApplicationExecutionState.Running)
    {
      Window.Current.Activate();
      return;
    }

    if (args.PreviousExecutionState == ApplicationExecutionState.Terminated)
    {
      //待办事项：从之前挂起的应用程序加载状态
    }

    // 创建一个框架以作为导航上下文，并导航到第一页
    var rootFrame = new Frame();
    if (!rootFrame.Navigate(typeof(MainPage)))
    {
```

```
            throw new Exception("Failed to create initial page");
        }

        // 将该框架放置在当前窗口，并确保其处于活动状态
        Window.Current.Content = rootFrame;
        Window.Current.Activate();
    }
    private void OnSuspending(object sender, SuspendingEventArgs e)
    {
        var deferral = e.SuspendingOperation.GetDeferral();
        //待办事项：保存应用程序状态并停止任何后台活动
        deferral.Complete();
    }
}
```

这就是创建应用程序对象的地方。在 OnLaunched()方法中，将创建一个 Frame 控件。该 Frame 控件负责在不同的页面之间进行导航，就像 Web 浏览器一样，只不过在这种情况下，这些页面是基于 XAML 的视图。使用 Frame (名为 rootFrame)，控件导航将首先进入 MainPage。这就是为什么在应用程序运行以后会立即显示 MainPage。该 Frame 控件还不是可见 Window 的一部分，因此，把该 Frame 设置为窗口的当前内容。

可以看到其他一些关于执行状态和挂起事件的代码。你现在不必关注这部分代码。这些代码与应用程序生命周期相关。相关信息将在第 9 章中详细介绍。

Grid 面板会在 MainPage 内部伸展。面板用于创建布局。相关信息将在本章后面的内容中详细介绍。现在，需要考虑的是像控件(如 Button 控件)容器之类的面板。Grid 的 x:Name 特性指定可以用于从代码隐藏文件或从 XAML 代码引用面板的变量的名称。在该示例中，变量的名称为 LayoutRoot。稍后，你发现该名称太过常见。通常情况下，页面上的第一项往往是一个名为 LayoutRoot 的面板。

在步骤(3)中，将一个StackPanel面板放置在LayoutRoot中，并且使用HorizontalAlignment和VerticalAlignment属性将该面板置于屏幕的中心位置。TextBlock控件用于显示简单的文本，而TextBox控件用于接受用户输入。请注意，TextBox控件名为txtName。StackPanel中的第三个元素是一个Button控件。为了在该Button控件中显示"Greet Me"字符串，把其Content属性设置为"GreetMe"。

在步骤(4)中，将 Click 事件设置为指向一个名为 Button_Click 的方法。Click 事件用于对用户执行的操作做出响应。当用户在某个按钮上单击时，将触发 Click 事件。可以使用事件处理程序订阅这些事件。在这种情况下，当触发 Click 事件时，将向 Button_Click 事件处理程序发出通知。XAML 分析器会在 MainPage 类中查找该方法。在名为 MainPage.xaml.cs 的代码隐藏文件中，MainPage 类必须实现该方法。

在步骤(5)中，在事件处理程序的主体中，使用一个 DialogMessage 向用户发出问候。DialogMessage 将显示"Hello"字符串，后跟在名为 txtName 的 TextBox 中输入的文本。

7.3 了解布局管理系统

当创建应用程序的 UI 时，所面临的最困难的问题之一是适应不同的显示分辨率、纵横比和 DPI 设置。如果考虑 Windows 8 将来可能面对的显示屏幕和硬件(例如，平板电脑、台式电脑、笔记本、电视等)，这似乎真的是一个非常严峻的挑战。因此，在构建 UI 时，必须格外谨慎，确保它可以根据需要进行缩放和调整，从而很好地适应各种不同的情况。基于 XAML 的 Windows 8 风格应用程序具有一个非常灵活的布局管理系统，可以显著地帮助你满足这些要求。

该布局管理系统的核心是 Panel 类。基于 XAML 的 Windows 8 风格应用程序具有很多 Panel 类，当在 UI 上排列可视元素的布局时，可以提供非常大的灵活性和完美的策略。

7.3.1 新概念：依赖项属性

在了解布局管理的详细信息之前，你应该先了解一个新概念。在基于XAML的Windows 8 风格应用程序中，引入了一种全新的属性，称为依赖项属性。框架中最重要的基类是 DependencyObject。每个控件、面板和形状都是继承自该类。只有DependencyObject可以具有依赖项属性。

在绝大多数情况下，你完全没有必要特别留意这些属性是依赖项属性，但是，你应该知道，只有依赖项属性才支持数据绑定、动画以及样式设计。所有控件都是派生自 DependencyObject 类，它们的绝大多数(但不是全部)属性都是依赖项属性，这意味着在处理控件属性时，可以获得所有益处。

7.3.2 通过附加属性进一步了解依赖项属性

设计UI控件模型并不是一项可以轻松完成的任务，如果想要使操作尽可能简单，同时又最大限度地提高灵活性，就更难以实现。面板是布局管理系统的核心。一个面板就是一个简单的控件容器。面板的职责就是根据某种特定的逻辑排列这些子级元素。在很多技术中，对于特定的面板，控件都具有相应的属性。如果设置这些属性，并将控件添加到某个面板中，该面板就应该知道如何排列相应的控件。但是，这意味着控件的设计者必须知道框架中存在哪些类型的面板，以及应该支持哪些类型的属性。

这会引入一种非常严格的模型。如果想要创建一种新的面板，该面板支持循环排列方式，并且会将元素放置在预定义的位置，那么会出现什么情况？控件的作者没有办法提前知道有一天你会创建这样一个非常炫酷的面板，并且该面板需要控件中具有一个 SlotIndex 属性。

如果不能在开发过程中向控件添加一个属性，那么你应该在以后附加属性。这就是附加属性的作用。可以针对某个属于其他类型的对象设置一个依赖项属性。附加属性基本上也是依赖项属性。

对此，可以这样考虑：在某个内存区域中，为一个实例保存一个特殊值，稍后，当需要该值时,可以检查该内存区域,确认是不是其他人已经针对给定的实例保存了相应的值。附加属性的优势在于,你不需要处理上述任何问题和步骤。在 XAML 中,它们看起来几乎都是控件的属性。

下面的代码说明了 CircularPanel 类中一个名为 SlotIndex 的附加属性的声明方法:

```
// 表示索引的附加属性
public static readonly DependencyProperty SlotIndexProperty =
  DependencyProperty.RegisterAttached("SlotIndex", "Int32",
  "MyPanels.CircularPanel",...)
```

下面的代码显示你应该如何使用它:

```
<Button Content="Press Me" local:CircularPanel.SlotIndex="1"/>
```

Button控件对CircularPanel或SlotIndex一无所知。该信息仅对CircularPanel类有价值。你在CircularPanel类中定义了SlotIndex属性,不过,你在Button控件上仍然设置了该属性。

注意:CircularPanel 是一个虚构的面板,并不是 Windows 8 风格应用程序的组成部分。

7.3.3 影响控件大小和布局的属性

说到布局,它并不总是与面板有关。控件本身拥有很多属性,它们会对控件的大小和布局产生巨大的影响。下面列出了其中的一些属性。

- **Width 和 Height 属性**——通过为 Width 和 Height 属性设置明确的值,可以获得预期的结果。控件会占据必要的空间,以便增大到适当的大小。如果不提供明确的值,这些属性将设置为默认值 Auto,这意味着控件的实际大小由其他因素来确定。
- **Margin 属性**——Margin 属性是一个由 4 个数字组成的集合,这 4 个数字分别指定 Left、Top、Right 和 Bottom 边距(按照该顺序)。对于 Margin 值,可以使用负数来指示 Margin 对控件的最终大小和位置有直接的效果。
- **Padding 属性**——Padding 属性也是一个由 4 个数字组成的集合,这 4 个数字分别指定 Left、Top、Right 和 Bottom 填充(按照该顺序)。填充属性针对包含内容的控件定义。填充值用于确定容器控件与被包含控件的边缘之间的距离。
- **HorizontalAlignment 属性**——该属性用于确定控件在水平空间中的对齐方式是 Left、Center、Right 还是 Stretched。
- **VerticalAlignment 属性**——该属性用于确定控件在垂直空间中的对齐方式是 Top、Center、Bottom 还是 Stretched。

所有面板都要考虑 Width、Height 和 Margin 属性。但是,对齐属性并不总是需要考虑在内。该行为依赖于面板的类型及其自己的布局算法。

7.3.4 Canvas 面板

Canvas 面板是最基本的面板，具有最简单的布局策略。当将一个控件添加到该面板中时，该控件将显示在面板的左上角。如果想要指定该控件与左上角的距离，就可以使用 Canvas.Left 和 Canvas.Top 附加属性。在下面的代码以及图 7-3 中，可以看到，在 Canvas 面板的(120,100)位置放置了一个按钮：

```
<Canvas>
  <Button Canvas.Left="120" Canvas.Top="100"/>
</Canvas>
```

Canvas面板还有第三个附加属性，称为Canvas.ZIndex。如果两个控件彼此重叠，后添加到面板的Children集合中的控件位于上方。如果想要更改显示顺序，应该针对子级设置ZIndex属性，以反映元素相应的顺序。

对于 Canvas 面板，你在开始时需要了解的差不多也就这些了。简单的布局策略意味着布局算法非常快，对于性能优化，这可能非常重要。

在图7-3中，你还应该注意到一点。Button 控件的大小仅占据了能够呈现其内部内容所必需的空间。这是因为没有针对 Button 控件设置 Width 和 Height 属性，因此，它使用默认值 Auto。在这种情况下，Auto 意味着由 Canvas 面板确定属性的最终宽度和高度，而根据 Canvas 面板，Button 控件只需要正确呈现其内容的空间。如果将 Width 和 Height 属性设置为某个特定的值，那么控件将填充所需的空间。

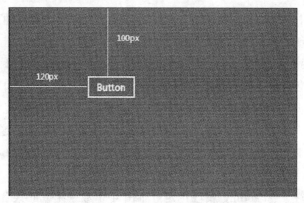

图 7-3 放置在 Canvas 面板中的 Button 控件

7.3.5 StackPanel 面板

StackPanel也是一个非常直观明了的面板。该面板将其所有子级沿水平方向或垂直方向一个挨一个放置，具体的放置方向取决于其Orientation属性。StackPanel面板没有任何附加属性。如果把Orientation属性设置为Vertical，则StackPanel的布局算法会考虑使用HorizontalAlignment属性，而不是VerticalAlignment属性。相反，如果把Orientation属性设置为Horizontal，则StackPanel的布局算法会考虑使用VerticalAlignment属性，而不是HorizontalAlignment属性。

下面的代码涉及两个StackPanel面板，一个为水平方向；另一个为垂直方向。图 7-4 显示了指定的布局：

```
<StackPanel Orientation="Horizontal">
  <Button Content="Left" HorizontalAlignment="Left"/>
  <Button Content="Center" HorizontalAlignment="Center"/>
  <Button Content="Right" HorizontalAlignment="Right"/>
  <Button Content="Strech" HorizontalAlignment="Stretch"/>
</StackPanel>

<StackPanel Orientation="Vertical">
  <Button Content="Top" VerticalAlignment="Top"/>
  <Button Content="Center" VerticalAlignment="Center"/>
  <Button Content="Bottom" VerticalAlignment="Bottom"/>
  <Button Content="Strech" VerticalAlignment="Stretch"/>
</StackPanel>
```

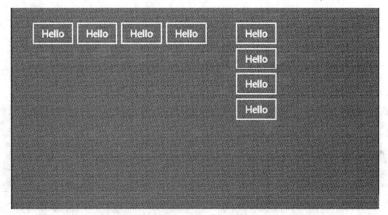

图 7-4　采用水平方向和垂直方向的 StackPanel 面板

7.3.6　Grid 面板

Grid 面板具有更为高级的布局策略，因此，相比于前面的两种面板要稍微复杂一些。所谓 Grid 面板，顾名思义，它支持类似于网格形式的布局，其中包含行和列。该面板的子级总是放置在某个单元格中。如果未定义行或列，那么 Grid 面板将包含一个单元格，填充该面板的整个区域。

1. 定义行和列

可以通过向 Grid 面板中添加 RowDefinitions 和 ColumnDefinitions 来定义行和列。默认情况下，行和列会平均划分可用的空间。可以针对 RowDefinition 和 ColumnDefinition 项目设置 Height 和 Width 属性来更改这种行为。Height 和 Width 属性支持下面三个不同的值。

- Auto——Auto 意味着行或列应该根据内容调整大小。
- 固定值——通过提供明确的值，可以确保 Height 和 Width 属性值不会受到其他任何值的影响，从而使行或列可以占据所需的空间。

- **比例缩放**——星号值表示应该占据剩余的空间。在这里，剩余一词非常关键。当通过 Auto 与固定值设置了大小的行和列占据各自的空间以后，剩余的空间可以由比例缩放的行和列来占据。如果多行采用比例缩放形式，那么这些行将平均划分剩余的空间。星号可以具有一个关联的数字，用于表示其所占的比例。

下面将通过一个简单示例进行说明：

```
<Grid>
  <Grid.RowDefinitions>
    <RowDefinition Height="Auto"/>
    <RowDefinition Height="100"/>
    <RowDefinition Height="1*"/>
    <RowDefinition Height="1*"/>
    <RowDefinition Height="2*"/>
  </Grid.RowDefinitions>
</Grid>
```

上面的代码段仅包含布局代码，因此不会显示任何内容。在该配置中，Grid 面板的第 1 行根据该行的内容调整大小。第 2 行大小为 100 像素。剩余的空间在第 3、第 4 和第 5 行之间按比例划分。这 3 行占据剩余空间的比例分别为 25%、25%和 50%。图 7-5 显示了这种情况下 Grid 面板的布局情况。

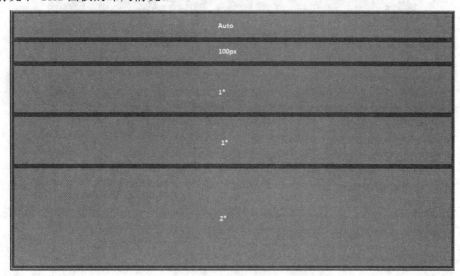

图 7-5 使用 Grid 面板设置的复杂布局

2. 在网格内放置控件

要指定控件的行或列索引，应该使用 Grid.Rows 和 Grid.Columns 附加属性。下面的代码将在第 2 行、第 3 列放置 Button 控件(请注意，索引从 0 开始)。

```
<Button Grid.Row="1" Grid.Column="2"/>
```

从布局上来说，在 Grid 面板的某个单元格中放置一个控件意味着该控件可以占据该单元格提供的所有空间。可以使用控件的对齐和边距属性调整控件在单元格内的位置与大小。

控件可能会跨多行或多列。可以使用 Grid.RowSpan 和 Grid.ColumnSpan 属性实现上述行为。

3. VariableSizedWrapGrid 面板

使用 VariableSizedWrapGrid 面板，可以创建与在 Windows 8 主屏幕上看到的布局非常类似的布局。该面板的布局策略非常简单。

该面板按照从左到右或者从上到下的顺序排列其子级控件，具体取决于 Orientation 属性，当然，前提是存在可用空间。当没有更多的可用空间来容纳另一个元素时，该面板将开始使用新的一行或一列。

也可以使用MaximumNumberOfRowsOrColumns属性指定最大行数或最大列数。如果把Orientation属性设置为Horizontal，那么MaximumNumberOfRowsOrColumns属性将用于限制行数。如果把Orientation属性设置为Vertical，那么MaximumNumberOfRowsOrColumns属性将用于限制列数。

使用此面板的布局或多或少都是统一的。如果想要将更多的空间控制权提供给面板中的每个控件，就可以设置 ItemHeight 和 ItemWidth 属性。通过为这两个属性分配值，可以确保面板中的每个项目都具有相同的固定单元格大小。

有时候，你可能希望为某个项目分配更多的空间。使用VariableSizedWrapGrid.ColumnSpan和VariableSizedWrapGrid.RowSpan附加属性，可以指定某个项目跨多行或多列。

下面通过一个简单的示例进行说明：

```xml
<VariableSizedWrapGrid ItemHeight="150" ItemWidth="150"
                                            MaximumRowsOrColumns="3" >
  <Rectangle Margin="8" Fill="LightGreen"
                                  VariableSizedWrapGrid.ColumnSpan="2"
     VariableSizedWrapGrid.RowSpan="2"/>
  <Rectangle Margin="8" Fill="Red"/>
  <Rectangle Margin="8" Fill="Red"/>
  <Rectangle Margin="8" Fill="Red"/>
  <Rectangle Margin="8" Fill="Red"/>
  <Rectangle Margin="8" Fill="Red"/>
  <Rectangle Margin="8" Fill="Red"/>
  <Rectangle Margin="8" Fill="Red"/>
  <Rectangle Margin="8" Fill="Red"/>
  <Rectangle Margin="8" Fill="Red"/>
  <Rectangle Margin="8" Fill="Red"/>
  <Rectangle Margin="8" Fill="Red"/>
  <Rectangle Margin="8" Fill="Red"/>
  <Rectangle Margin="8" Fill="Red"/>
  <Rectangle Margin="8" Fill="Red"/>
  <Rectangle Margin="8" Fill="Red"/>
</VariableSizedWrapGrid>
```

在该示例中，VariableSizedWrapGrid面板需要排列18个矩形。为ItemWidth和ItemHeight属性设置的值表示每个矩形的宽度与高度均为150像素。唯一的例外是第一个矩形，该矩形将VariableSizedWrapGrid.ColumnSpan和VariableSizedWrapGrid.RowSpan附加属性设置为2。这些设置可以确保该矩形跨两行和两列，因此其大小为300×300。可以在图7-6中看到显示的结果。

> **注意**：也可以使用其他布局容器，例如，CarouselPanel 或 WrapGrid 面板，但是，这些面板的使用范围仅限于 ItemsPanelTemplate。第 8 章将介绍有关使用 ItemsPanelTemplate 自定义 ItemsControls 布局的更多详细信息。

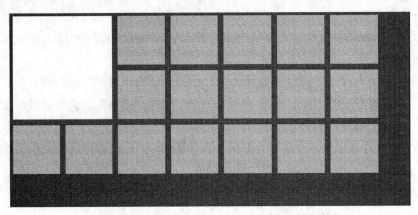

图 7-6　使用 VariableSizedWrapGrid 面板实现的复杂布局

在接下来的练习中，将介绍如何在 Windows 8 风格应用程序中使用 XAML 构建灵活的布局。

试一试　构建复杂的布局

在该练习中，将创建一个简单的 Windows 8 风格应用程序，其中包含稍微有一点复杂的布局。添加一个菜单，并对空间进行划分以支持一个包含详细信息的列表。

(1) 使用 Visual Studio 2012 新建 Windows 8 风格应用程序，选择 Blank App (XAML) 项目模板。

(2) 在解决方案资源管理器窗口中，双击 MainPage.xaml 文件。

(3) 在设计器界面上，将 Grid 划分为主列，如图 7-7 所示。

(4) 在设计器界面上，将 Grid 划分为两行，如图 7-8 所示。

(5) 从工具箱中，将一个 StackPanel 拖动到第 1 行。

(6) 打开 Properties 窗口，并确保 StackPanel 处于选中状态。

(7) 在 Properties 窗口中，打开 Layout 部分。设置下列属性：

- HorizontalAlignment：Left
- VerticalAlignment：Bottom

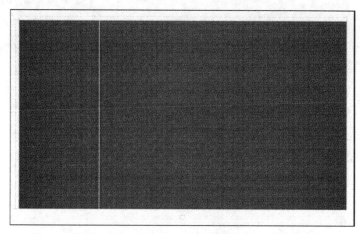

图 7-7 使用 Visual Studio 2012 设计器向 Grid 面板中添加列

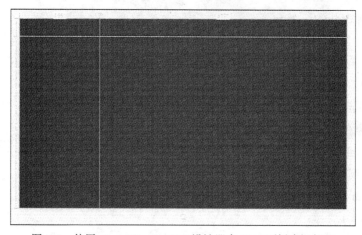

图 7-8 使用 Visual Studio 2012 设计器向 Grid 面板中添加行

- RowSpan：1
- ColumnSpan：2
- Row 和 Column：0
- Width 和 Height：Auto
- Margin：30 (Left),0,0,0

(8) 打开 Documents Outline 窗口并将其固定。

(9) 确保 StackPanel 处于选中状态，如图 7-9 所示。

(10) 在 Properties 窗口中，将 StackPanel 的 Orientation 属性设置为 Horizontal。

(11) 在工具箱中，找到 TextBlock 元素并双击，以将其添加到 StackPanel 中。将此过程重复 3 遍，最终添加 4 个 TextBlock。

(12) 选择 StackPanel 中的所有 TextBlock，然后在 Properties 窗口中设置下列属性：

图 7-9 Document Outline 窗口

- Margin：15 (Left), 0,0,0
- FontSize：36
- Text：MenuItem

(13) 选择包含 StackPanel 的 Grid 面板。

(14) 在工具箱中找到 Rectangle 元素并双击。

(15) 针对 Rectangle 元素设置以下属性：

- HorizontalAlignment：Stretch
- VerticalAlignment：Stretch
- RowSpan 和 ColumnSpan：1
- Column：0
- Row：1
- Width 和 Height：Auto
- Margin：20

(16) 在 Properties 窗口中，选择 Brush 部分，并将 Fill 属性设置为任意红色阴影。

(17) 选择包含 StackPanel 的 Grid 面板。

(18) 在工具箱中找到 StackPanel 元素并双击。

(19) 针对新的 StackPanel 设置下列属性：

- HorizontalAlignment：Stretch
- VerticalAlignment：Stretch
- RowSpan 和 ColumnSpan：1
- Column：1
- Row：1
- Width 和 Height：Auto
- Margin：20
- Background：#FFD4D4D4

(20) 按 F5 键运行该应用程序。图 7-10 显示了你应该看到的结果。

图 7-10　复杂布局的结果

示例说明

通过在 Grid 面板稍微靠上并且稍微靠左的位置单击，可以指示 Visual Studio 向 Grid 面板中添加两行和两列。

第 1 个 StackPanel 用作菜单容器。它将 ColumnSpan 属性设置为 2，因为你希望该菜单跨列显示。把 Orientation 属性设置为 Horizontal，以确保菜单项按水平方式排列。通过设置对齐属性，可以确保面板菜单位于第 1 行第 1 列的左下角。

该菜单通过 4 个 TextBlock 来表示。设置左侧 Margin 可确保在菜单项之间具有一定的空白区域。

Rectangle 元素作为占位符使用。在本章稍后的内容中，会将其替换为 ListBox。将 Rows 属性设置为 1 可将该矩形移动到第 2 行。将 Margin 属性设置为 20 可在全部 4 条边的外侧都提供一定的空白区域。

第 2 个 StackPanel 将在后面的练习中进行填充。现在，它只是一个代表项目详细信息的占位符。

注意：在该练习中，你使用了 Visual Studio 2012 可视化设计器来构建 UI。也可以使用 XAML 编辑器实现相同的结果。有时候，使用 XAML 编辑器设置属性速度更快并且更为方便。如果喜欢使用可视化设计器，Expression Blend 就是一种能够大大提高工作效率的工具，可以使用它来创建用户界面。在第 8 章中，你将使用 Expression Blend 来自定义用户界面。

现在，你已经了解了如何创建布局，接下来，你可能想要向其中添加内容并对 UI 进行自定义设置。在尝试创建统一的 UI 时，很快你就会感觉到需要一些在应用程序中共享的对象，例如，公共可视化外观或者一些数据对象。下一节将介绍如何创建这种资源。

7.4 XAML 中可重用的资源

在使用 XAML 构建 UI 时，将需要不同的对象，例如，颜色、样式、模板、数据对象或其他任何可以想到要用作可重用组件的对象。可以将资源想象成一个大的字典容器，而用户可以向该容器中添加任何想要的对象，稍后在需要时通过 XAML 或代码使用单个键从该容器中引用所需的对象。资源的类型为 ResourceDictionary，在 FrameworkElement 类中定义，这意味着每个面板或控件都有一个可供使用的 Resources 部分。

向 Resources 集合中添加项目非常简单。下面的代码示例演示了如何向 Grid 面板的 Resources 部分添加两个 SolidColorBrush 资源项(请注意，这两个资源项都设置了 x:Key 属性)。该属性用于引用资源。

```
<Grid.Resources>
  <SolidColorBrush x:Key="foregroundBrush" Color="White"/>
```

```
<SolidColorBrush x:Key="backgroundBrush" Color="Black"/>
</Grid.Resources>
```

7.4.1 引用资源

要使用某个资源，必须使用 StaticResource 标记扩展引用该资源。顾名思义，该引用是静态的，这意味着无法在运行过程中将引用更改为指向其他资源。但是，当然可以更改被引用资源的属性。下面的代码说明了如何引用资源：

```
<Button Content="Click Me"
  Background="{StaticResource backgroundBrush}"
  Foreground="{StaticResource foregroundBrush}"/>
```

> **注意**：引用不存在的资源本身并不会导致编译器错误，但设计器会向你发出警告。如果使用提供的键找不到被引用的资源，在视图尝试在 InitializeComponent()方法内部进行初始化时，会在运行期间向你发出异常。这可能会导致令人厌烦的错误，因此，你应该始终确保所有被引用的资源都可以访问。

7.4.2 资源的层次结构

你应该将资源看成对象，而这些对象仅仅是 UI 层次结构中的一部分，就像其他任何控件一样，因为它们在作为可视化树的组成部分的控件上定义。当在某个控件的属性中设置对某个资源的引用时，必须确保该资源可以访问，并且对给定的控件可见。

可以在三个不同的级别定义资源，如下所述。

- **应用程序资源**——在 App.xaml 中，有一个针对应用程序对象的 Resource 部分。添加到该部分中的对象在应用程序中的任何位置都可见。
- **页面资源**——在顶级控件上创建的每个页面中，可以定义资源。添加到该部分中的资源对相应页面上的每个控件可见，但对其他页面上放置的任何其他控件都不可见。
- **本地资源**——由于 Resources 属性是在 FrameworkElement 类中定义的，因此可以将资源添加到控件或面板中。这些资源属于本地资源，只能由给定控件或面板中的元素访问。

7.4.3 资源字典

如果各项工作都做得很好，那么绝大多数 XAML 代码都应该属于某个 Resource 部分，只有布局和控件会放置在 Children 和 Content 部分中。你很快就会发现，资源部分非常巨大，维护起来非常困难。为了解决这个问题，可以使用单独的 ResourceDictionary 文件。

ResourceDictionary 文件是单独的 XAML 文件，其中仅包含资源对象。ResourceDictionary

文件的可见性和层次结构由合并位置来确定。默认情况下，在这些单独的文件中的资源不可见。你必须将其合并到你认为合适的任意级别上的某个 Resource 部分中。将文件合并到 Resource 部分中以后，可以认为位于这些单独的文件中的资产是直接在给定的 Resource 部分中定义的。下面的代码示例说明了资源字典的内容：

```
<ResourceDictionary
  xmlns="http://schemas.microsoft.com/winfx/2006/xaml/presentation"
  xmlns:x="http://schemas.microsoft.com/winfx/2006/xaml">
  <SolidColorBrush x:Key="brBrush" Color="Red" />
</ResourceDictionary>
```

ResourceDictionary 文件是一种非常出色的工具，可用于对资源进行划分。下面的代码示例显示了如何将一个 ResourceDictionary 文件合并到 Application.Resources 部分中：

```
<Application.Resources>
  <ResourceDictionary>
    <ResourceDictionary.MergedDictionaries>
      <ResourceDictionary Source="MyResource.xaml"/>
    </ResourceDictionary.MergedDictionaries>
  </ResourceDictionary>
</Application.Resources>
```

7.4.4 系统资源

可以通过资源这种常见的方式来在许多页面上重用画笔、样式以及其他对象。在前面的内容中，你已经了解了如何定义自己的资源。但是，在构建 Windows 8 风格应用程序时，你可能需要确保应用程序的设计符合本机操作系统的设计。为了实现这一点，需要使用与 Windows 8 操作系统相同的颜色、字体和字形。可以通过引用内置的系统资源来满足这一要求。可以使用各种资源，包括画笔、颜色、字形和大小，以及许多其他共享对象。

要了解这些系统资源，最佳并且可能最简单的方式就是使用Visual Studio 2012 的Properties窗口，如图 7-11 所示。例如，如果想要确保某个矩形具有与应用栏的背景相同的颜色，就可以启动Visual Studio 2012，单击Rectangle，找到Fill属性，然后单击System Resources。将显示适用的系统范围的画笔资源列表。需要做的仅仅是从中选择一种画笔

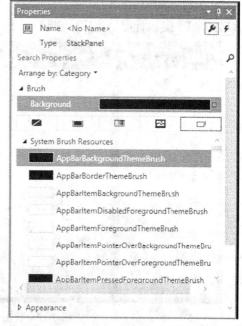

图 7-11 Properties 窗口中的系统资源

资源，如AppBarBackgroundThemeBrush。

在接下来的练习中，你将了解到如何创建资源并在应用程序中重用现有的资源。

试一试　使用资源

在该练习中，将创建一个画笔资源，并将其放置在页面的 Resources 部分中。然后，从某个矩形引用该资源。

(1) 打开之前的项目。

(2) 选择灰色的 StackPanel。在 Properties 窗口中，将 Name 属性设置为 detailsPanel。

(3) 在 Properties 窗口中，选择 Brush 部分。

(4) 选择 Background 属性。

(5) 在该属性的颜色条的右侧，有一个小的浅灰色方形，称为 Advanced Properties。单击该方形。

(6) 选择 Convert to New Resource。

(7) 在弹出的对话框中，为新资源提供名称 lightBrush。

(8) 确保该文档处于选中状态，并且 Page 选项在 ComboBox 中也处于选中状态。

(9) 单击 OK 按钮。

(10) 选择红色矩形并选择其 Fill 属性。

(11) 在 Brushes 部分中，在 Stroke 属性下找到一系列图标。单击最后一个图标，即 Brush Resources。

(12) 在 Brush Resources 选项卡中，可以看到本地资源以及系统范围的资源。

(13) 单击 lightBrush。

(14) 按 F5 键运行应用程序。应该会看到图 7-12 中所示的结果。

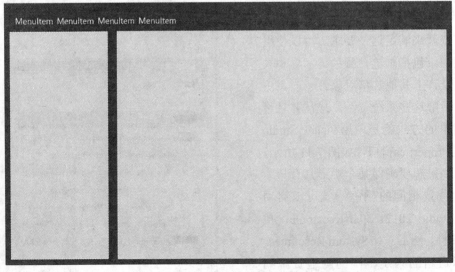

图 7-12　使用 Resources 结果

示例说明

Convert to New Resource(转换为新资源)窗口将新建资源,并将该资源保存到指定的位置。在该示例中,将其保存到当前文档中,即当前的 Page.Resources 部分。

Page.Resources 部分应该如下所示:

```
<Page.Resources>
  <SolidColorBrush x:Key="lightBrush" Color="#FFD4D4D4"/>
</Page.Resources>
```

稍后,可以通过以下方式重用这些资源:从代码引用它们、使用 Advanced Properties 选项创建引用,或者,如果正在使用画笔,也可以使用 Brush Resources 面板。

7.5 Windows 8 风格应用程序中的基本控件

对于 Windows 8 风格应用程序开发,有一些简单的控件可以用于构建 UI。这些控件可以划分为两个主要的类别。

第一个类别包含 ContentControl。这些类型的控件只能包含一个子元素。可以使用 ContentControl 的 Content 属性添加该子元素。ContentControl 本身是一个基类,但是,也可以在 UI 中使用它来组合或分割 UI 的某个部分。可以将所需的任何内容放置到 Content 中。如果添加一个字符串,它将显示文本;如果添加一个 UIElement,它将呈现该元素。UIElement 是一种可以通过可视化的方式显示的组件。

第二个类别包含ItemsControl。这些类型的控件可以包含元素列表。就像ContentControl一样,也可以直接使用ItemsControl。可以通过两种不同的方式,使用项目填充某个ItemsControl,如下所述。

- **可以设置Items属性**——通常情况下,在XAML中会使用这种方式。ItemsControl可以在其Items集合中接受任何类型的对象。这就使得可以创建任何类型的列表或UI。例如,如果想要拥有一个社交留言板,可以在其中放置文本、图像以及视频,那么可以使用一个ItemsControl,并向Items集合中添加TextBlock、Image和MediaElement。
- **可以设置ItemsSource属性**——由于Items集合直接在XAML中或者通过代码使用Items.Add()方法进行操纵,因此在绝大多数情况中都会将ItemsSource属性设置为一个数据项集合。你一次只能使用其中的一个属性。如果设置ItemsSource属性,则不能直接操纵Items集合。如果向Items集合中添加元素,则不能设置ItemsSource属性。

基本上,每个单独的控件都是派生自 ContentControl 类或者 ItemsControl 类。仅有的几个例外情况是 Border、TextBlock 以及 Image 控件,从技术角度来说,它们甚至算不上是控件!对于这些情况,你真的不用过多的关注。它只不过是简单的技术细节问题。这些元素通常的使用方式与控件派生的元素非常类似。

7.5.1 具有简单值的控件

在 Windows 8 风格应用程序中,并不是仅仅包含 ContentControl 与 ItemsControl。还有其他一些不属于上述类别的控件类型。

1. Border 元素

使用Border元素,可以在其他控件周围绘制一个边框和/或背景。Border元素就是一个FrameworkElement,它也是所有控件的一个基类。Border元素只能有一个子元素,因此,如果需要将更多控件组合到一个边框中,请考虑先将它们组合到一个面板中,然后再将该面板作为一个子级添加到Border元素中。

表 7-1 显示了 Border 类的一些最重要的属性。

表 7-1 Border 类的重要属性

属性	说明
CornerRadius	CornerRadius属性用于指定边框的各个角的半径。如果指定一个数字,则所有角都采用相同的角半径。如果指定4个数字,则顺序应为TopLeft、TopRight、BottomRight和BottomLeft
BorderThickness	使用 BorderThickness 属性,可以指定边框 4 条边中边框线的粗细程度。如果指定 4 个数字,则顺序应为 Left、Top、Right 和 Bottom。仅指定一个数字表示对 4 条边应用相同的值

下面的代码示例说明了 Border 元素的使用情况:

```
<Border Width="400" Height="300" Background="LightBlue" CornerRadius="20"
  BorderThickness="1" BorderBrush="LightGray">
  <Grid>
    <!--...-->
  </Grid>
</Border>
```

注意:在 XML 中,可以使用 "<! –" 标记来指示接下来的文本仅仅作为注释。同时,可以使用 "-->" 标记结束注释部分。

2. Image 元素

Image元素用于显示图像。使用Source属性,可以将该元素指向一个图片的位置。支持的图像类型包括PNG、JPEG、GIF、TIFF、BMP、JPEG和XR。如果Image元素无法打开某张图片,则将触发ImageFailed事件。如果图像加载成功,则将触发ImageOpened事件。Image元素可以对图片的大小进行相应地调整,以使其填充对应的空间。可以使用Stretch属性控制这种行为。

表 7-2 显示了不同 Stretch 值所代表的意义。

表 7-2　Stretch 属性的枚举值

值	说　明
None	图片按照原始大小显示
Fill	图片将填充 Image 元素占据的整个区域。不会保留图片的原始纵横比
Uniform	会对图片大小进行调整，以适应 Image 元素占据的区域。保留图片的原始纵横比
UniformToFill	图片将填充Image元素占据的整个区域。保留图片的原始纵横比。如果控件的纵横比与图片的纵横比不同，就可能会对图片进行裁剪

3. TextBlock 元素

TextBlock是一个超级简单的元素，用于显示简单的文本。如果想要显示标签、标题，或者仅仅显示简单的无格式文本，那么TextBlock可能是这一种非常好的选择。要显示较为复杂且有格式的文本，应该使用RichTextBlock控件。

表 7-3 显示了 TextBlock 类最重要的属性。

表 7-3　TextBlock 类的重要属性

属　性	说　明
Text	Text 属性表示 TextBlock 的文本内容。Text 属性可接受简单的文本或者称为 Inlines 的对象。使用 Inlines，可以为文本内容添加简单的格式
TextWrapping	使用 TextWrapping 枚举，可以指定如果没有足够的水平空间来显示完整的内容，那么文本应该换行还是截断
TextTrimming	使用 TextTrimming 枚举，可以指定如果没有足够的空间来显示完整的内容，是否应该对文本进行修剪
IsTextSelectionEnabled	使用 IsTextSelectionEnabled 属性，可以指定是否能够对文本内容进行选择和复制

4. TextBox 控件

TextBox 控件是用于简单文本输入的主要 UI 元素。TextBox 控件及其功能按照支持触摸屏、平板电脑和标准电脑(鼠标和键盘)等方案的方式进行设计。

表 7-4 显示了 TextBox 类最重要的属性。

表 7-4　TextBox 类的重要属性

属　性	说　明
Text	Text 属性表示 TextBox 的文本内容。Text 属性接受简单文本

(续表)

属性	说明
InputScope	InputScope 属性确定应该为触摸屏或平板电脑方案提供哪种类型的键盘。通常情况下，请考虑设置该属性，因为它可以改善用户体验
IsSpellCheckEnabled	使用 IsSpellCheckEnabled 属性，可以设置是否应该对 TextBox 的内容进行拼写检查
IsTextPredictionEnabled	使用 IsTextPredictionEnabled 属性，可以设置是否应该在输入时启用文本预测
SelectedText	使用 SelectedText 属性，可以在 TextBox 中获取当前选定的文本

在下面的代码示例中，可以看到 TextBox 中 InputScope 属性的使用情况：

```
<TextBox x:Name="InputTextBox" IsTextPredictionEnabled="True">
  <TextBox.InputScope>
    <InputScope>
      <InputScope.Names>
        <InputScopeName NameValue="Url"/>
      </InputScope.Names>
    </InputScope>
  </TextBox.InputScope>
</TextBox>
```

5. PasswordBox 控件

PasswordBox 控件是另外一种文本输入控件，但它专门用于接受密码。该控件的行为与你在 Windows 8 登录屏幕上遇到的情况完全相同。

表 7-5 显示了 PasswordBox 类最重要的属性。

表 7-5　PasswordBox 类的重要属性

属性	说明
Password	Password 属性表示控件的内容。使用该属性，可以获取输入的密码
PasswordChar	PasswordChar 属性表示作为密码真实字符的替代项显示的字符
IsPasswordRevealButtonEnabled	使用 IsPasswordRevealButtonEnabled 属性，可以设置用户是否可以显示密码的真实字符。这使用 PasswordBox 控件上的一个特殊按钮来控制

6. 使用 ProgressBar 和 ProgressRing 控件显示进度

ProgressBar 和 ProgressRing 控件都用于表示正在运行的后台进程，但它们的使用大相径庭。

ProgressRing 控件用于表示屏幕包含要加载的内容。在 Windows 8 风格应用程序中，

第 7 章 使用 XAML 创建 Windows 8 风格用户界面

只要后台逻辑需要加载某些数据以在屏幕上显示，便会弹出该控件。因此，有时候会莫名其妙地增加一些等待时间，此时用户应该明白，有一些进程正在后台运行。ProgressRing 控件有一个重要的属性，即 IsActive 属性。当将该属性设置为 true 时，将显示 ProgressBar；而当设置为 false 时，该控件将不可见。

另一方面，ProgressBar 控件表示操作的进度。通常情况下，会显示一个进度条，随着进度向前推进，会以动画形式显示填充的区域。

表 7-6 显示了 ProgressBar 类最重要的属性。

表 7-6 ProgressBar 类的重要属性

属性	说明
Minimum	Minimum 属性表示该控件可能的最小值
Maximum	Maximum 属性表示该控件可能的最大值
Value	Value 属性表示该控件的当前值
IsIndeterminate	使用 IsIndeterminate 属性，可以在 Minimum、Maximum 和 Value 属性值不可用时设置控件以显示进度

7.5.2 内容控件

前面介绍的项目是不属于 ContentControl 或 ItemsControl 系列的控件。这一节将讨论 ContentControl 系列控件。

1. Button 控件

Button 控件可能是可以使用的最简单的控件。它属于 ContentControl 系列，因此 Button 的内容可以是任何对象(而不仅仅是简单的文本)。

对于 Button 控件，有一个成员应该了解，那就是 Click 事件。事件在 Windows 8 风格应用程序中的设计方式考虑了以下要求：它们对触摸屏和鼠标输入都能提供良好的响应能力。因此，仅处理 Click 事件在支持触控的设备和标准个人电脑环境中都可以很好地完成。

下面的代码示例说明了 XAML 中 Button 控件的使用情况：

```
<Button Content="Click Me" Click="Button_Click"/>
```

下面的代码示例说明了代码隐藏文件中 Click 事件的事件处理程序：

```
private void Button_Click(object sender, RoutedEventArgs e)
{
    //待办事项：在此处插入代码
}
```

2. CheckBox 和 RadioButton 控件

CheckBox 和 RadioButton 控件是两种非常类似的控件，因为这两种控件都表示可供选择的选项。这两种控件之间的主要差别在于，通常情况下，CheckBox允许用户选择多个选项，而RadioButton仅允许用户从多个选项中选择一个。可以通过设置RadioButton的GroupName属性来实现上述行为，因为具有相同GroupName值的RadioButton在选择时具有排他性。这两种控件都有一个IsChecked布尔属性，用于表示它们是否处于选中状态。

下面的代码示例说明了RadioButton控件的使用情况：

```
<StackPanel>
  <RadioButton GroupName="Settings" IsChecked="True"/>
  <RadioButton GroupName="Settings"/>
  <RadioButton GroupName="Settings"/>
</StackPanel>
```

3. ScrollViewer 控件

通过定义动态布局，可以针对不同的屏幕尺寸和分辨率做好准备。但是，屏幕上的某些部分需要显示的数据总是超过屏幕实际可以显示的数量。可以通过将该区域分组到ScrollViewer 控件中来解决此问题。诸如 ListBox 等派生自 ItemsControl 的类型也会在内部使用 ScrollViewer。

表 7-7 显示了 ScrollViewer 类最重要的属性。

表 7-7 ScrollViewer 类的重要属性

属　　性	说　　明
HorizontalScrollBarVisibility	使用 HorizontalScrollBarVisibility 属性，可以设置水平 ScrollBar 始终可见、从不可见还是仅在需要时可见
VerticalScrollBarVisibility	使用 VerticalScrollBarVisibility 属性，可以设置垂直 ScrollBar 始终可见、从不可见还是仅在需要时可见

4. ToggleSwitch 控件

顾名思义，ToggleSwitch 控件就是一个简单的开关。它有两种状态，即 On 和 Off。可以在 Windows 8 的控制面板上找到很多 ToggleSwitch 控件。

表 7-8 显示了 ToggleSwitch 类最重要的属性。

表 7-8 ToggleSwitch 类的重要属性

属　　性	说　　明
IsOn	IsOn 属性确定开关的状态是 On 还是 Off
OnContent	OnContent 属性确定当控件处于 On 状态时显示的内容
OffContent	OffContent 属性确定当控件处于 Off 状态时显示的内容

下面的代码示例说明了 ToggleSwitch 类的使用情况：

```
<ToggleSwitch OnContent="It's on" OffContent="It's Off" IsOn="True"/>
```

第 7 章 使用 XAML 创建 Windows 8 风格用户界面

在接下来的练习中，将创建一个简单的 UI，用于显示某位足球运动员的详细信息。

试一试　使用基本控件构建用户界面

在该练习中，将创建一位运动员的 Details 视图，同时为运动员列表创建一个 ListBox，具体的操作步骤如下。

(1) 打开之前的项目，或者可以打开 SimpleControlsDemo - Start 解决方案。

(2) 在右侧选择 StackPanel。在 Properties 窗口中，将面板命名为 detailsPanel。

(3) 从工具箱中，按照顺序向 StackPanel 中添加一个 TextBlock、一个 Image 以及另一个 TextBlock，可以通过拖放或者双击每个项目来完成该操作。

(4) 通过单击设计器区域底部的 XAML 选项卡切换到 XAML 编辑器。

(5) 找到 detailsPanel。

(6) 将其当前内容替换为下面的代码：

```
<TextBlock x:Name="txtTitle" HorizontalAlignment="Left"
                                               TextWrapping="Wrap"
  Text="This is a placeholder for Title" FontSize="32"/>
<Image x:Name="playerPhoto" HorizontalAlignment="Center" Height="150"
                                                    Width="200"
  Margin="0,20,0,20"/>
<TextBlock x:Name="txtContent" HorizontalAlignment="Stretch"
                                               TextWrapping="Wrap"
  Text="This is a placeholder for the biography"/>
```

(7) 切换回设计器视图。

(8) 从工具箱中选择 ListBox 控件。

(9) 在 Rectangle 上方绘制一个 ListBox。

(10) 将新的 ListBox 命名为 lboxPlayers。

(11) 按 F5 键运行应用程序。应该会看到图 7-13 中所示的结果。

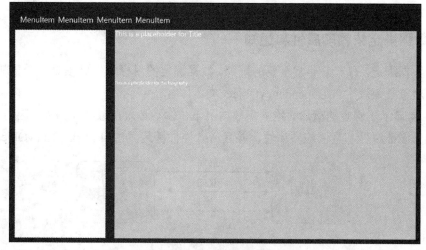

图 7-13　完成的用户界面

示例说明

可以通过多种方式向 UI 中添加控件。例如，可以选择一个目标并双击 New Item 选项，或者可以使用拖放功能。选择要添加的项目然后在设计器界面上绘制该项目也是一种不错的选择。

向 StackPanel 中添加三个控件，会根据 Orientation 属性自动对它们进行排列，默认情况下，该属性设置为 Vertical。

向图像添加一个 Margin 会在控件之间创建一定的空白区域。

可以在设计器视图和 XAML 编辑器视图之间来回切换。如果想要看到这两个区域，就可以选择拆分选项。在该练习中，使用了一种混合方法来设置属性。可以选择是喜欢使用设计器友好的方法，还是更青睐于直接在 XAML 中输入代码。

7.6 处理数据

在绝大多数时间里，你都希望在 UI 上显示数据并接受用户输入，然后将其写回数据模型。如果没有数据绑定，那么可能需要管理大量的探测性代码。

例如，假定你有一个 TextBox，用于表示某个 Person 对象的 FirstName。比如，你希望每当 TextBox 的 Text 属性发生更改时，都要更新 FirstName 属性的值。在这种情况下，你必须订阅 TextBox 的 TextChanged 事件，并在 Person 实例上手动更新 FirstName 属性。

对应的方法相当麻烦。每当 FirstName 属性发生更改，都必须手动更新 TextBox 的 Text 属性。如果 UI 上有多个控件显示同样的 FirstName 属性，就必须手动更新所有这些控件。

使用数据绑定，可以将所有这些统统抛到脑后。数据绑定机制可以作为控件的属性和数据对象之间的黏合剂。在前面的示例中，可以将 TextBox 的 Text 属性绑定到 Person 实例的 FirstName 属性。只要一侧的值发生更改，另一侧便会收到通知并自动更新，这样就不必编写大量附加代码来使两侧保持同步。

7.6.1 数据绑定依赖项属性和通知

对于数据绑定，有一条非常重要的规则。数据绑定的目标属性必须是一个依赖项属性，并且目标对象必须派生自 DependencyObject 类。

图 7-14 显示了绑定的概念。绝大多数情况下，你不必太在意上述约束，因为在控件上定义的绝大多数属性都是依赖项属性，并且所有控件都是派生自 DependencyObject 类。

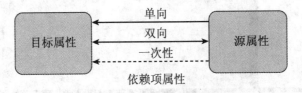

图 7-14 对象之间的数据绑定

可以在XAML中以声明的方式定义数据绑定，也可以在代码中以命令的方式使用Binding类进行定义。Binding类具有很多有用的属性，可以对绑定机制提供更多的控制。表7-9显示了最重要的一些属性。

表7-9 Binding 类的重要属性

属　　性	说　　明
Path	Path 属性可指定你想要绑定到的源属性。源属性可以是任何公共属性
Mode	使用 Mode 属性，可以指定 BindingMode，用于确定绑定的方向。相关信息将在 7.6.2 节中详细介绍
Source	Source 属性指定想要绑定到的类实例
ElementName	也可以在 UI 上的不同控件之间定义绑定。ElementName 属性用于按 Name 属性引用源控件
Converter	该属性接受 IValueConverter 实例，可以作为不兼容属性之间的代理

下面的代码说明了 XAML 中数据绑定的使用情况。把一个 Person 实例添加到 Grid 的 Resources 部分。把 TextBox 的 Text 属性绑定到 Person 的 FirstName 属性。源对象使用 Binding 对象上的 Source 属性指定，而源属性使用 Path 属性来指定。

```
<Grid x:Name="LayoutRoot">
  <Grid.Resources>
    <local:Person x:Key="personData"/>
  </Grid.Resources>

  <TextBox Text="{Binding Path=FirstName, Source={StaticResource personData}}"/>
</Grid>
```

注意：如果 Binding 中的第一个参数是希望绑定到的源属性，那么可以省略 Path 关键字。

数据绑定的主要功能在于，只要源属性通知Binding对象发生了更改，该对象便会更新目标属性。但是，发送有关源属性发生更改的通知并不是Binding对象的责任。该操作必须由包含源属性的对象来执行。

通知机制基于一个称为INotifyPropertyChanged的接口构建。该接口可定义一个称为PropertyChanged的事件。只要源属性发生更改，源对象就必须实现该接口，并触发PropertyChanged事件。下面的代码说明了该接口的实现：

```
public class Person : INotifyPropertyChanged
{
  private string firstName;
```

```
public string FirstName
{
  get { return firstName; }
  set
  {
    firstName = value;
    RaisePropertyChanged("FirstName");
  }
}

private string lastName;

public string LastName
{
  get { return lastName; }
  set
  {
    lastName = value;
    RaisePropertyChanged("LastName");
  }
}
// 辅助方法帮助触发事件
protected void RaisePropertyChanged(string propertyName)
{
  if (PropertyChanged != null)
    PropertyChanged(this, new PropertyChangedEventArgs(propertyName));
}

public event PropertyChangedEventHandler PropertyChanged;
}
```

7.6.2 绑定模式和方向

当创建绑定时，可以指定绑定方向。使用 Mode 属性，可以在下面列出的三种绑定模式中进行选择。

- **OneWay**——该选项可确保只要收到来自源属性的更改通知，绑定便会更新目标对象。更改目标属性的值对源属性没有任何影响。
- **TwoWay**——该选项可确保只要收到更改通知，不管是来自源属性，还是来自目标属性，绑定都会对目标属性和源属性进行同步。
- **OneTime**——该选项与OneWay模式非常类似，不同之处在于，它只是在绑定发生之后立即对目标属性进行更新。而在更新完之后，它便会停止监控更改。在绝大多数情况下，都不需要使用该选项。但是，在某些例外情况中，该选项有助于改善性能。

下面的代码说明了 TwoWay 绑定的使用情况：

```
<TextBox Text="{Binding Path=FirstName, Source={StaticResource personData},
  Mode=TwoWay}"/>
```

7.6.3 DataContext 属性

在数据绑定机制中,还有另外一个非常重要的属性,那就是 DataContext。DataContext 属性使用一种称为属性值继承的选项定义。这意味着,如果构建一个 UI 结构,并在某个 FrameworkElement 上设置 DataContext 属性,则其在可视化树中的所有子级和后代都会自动继承该 DataContext 属性的值。

例如,如果有一个 Grid 面板,其中包含在面板上设置 DataContext 属性的控件的列表,所有这些控件的 DataContext 属性都会设置为父面板的 DataContext 属性的值。

下面的代码说明了上面这种情况:

```
<Grid x:Name="LayoutRoot">
  <Grid.Resources>
    <local:Person x:Key="personData"/>
  </Grid.Resources>

  <StackPanel DataContext="{StaticResource personData}">
    <TextBox Text="{Binding Path=FirstName, Mode=TwoWay}"/>
    <TextBox Text="{Binding Path=LastName, Mode=TwoWay}"/>
  </StackPanel>
</Grid>
```

TextBox 控件上的绑定不再需要引用源对象,因为父 StackPanel 的 DataContext 属性将代为引用。TextBox 是 StackPanel 的子级,因此,它将继承 DataContext 属性的值,这意味着绑定将从继承的 DataContext 值获取源对象。

7.6.4 使用值转换器更改绑定管道中的数据

将绑定描述为目标属性和源属性之间的黏合剂充分表明了二者之间的联系是多么紧密。实际上,将绑定看成一种管道机制应该更为合适。

有时候,需要对这种管道具有更好的控制。举例来说,假如你构建一个 UI,其中显示百分比形式显示汇率变更。如果百分比为正数,就可以使用绿色作为显示该值的字体的背景色。如果百分比为负数,就可以使用红色显示该值。

要绑定到的数据对象具有一个 Double 类型的 Change 属性,用于表示百分比形式的汇率变更。在该示例中,必须将 Foreground 颜色属性直接绑定到 Change 属性。Color 到 Double 的绑定似乎没有太大的意义。幸运的是,数据绑定管道中有一个转换步骤。这一步骤称为值转换。使用转换器,可以注入一些自定义代码,以便将一个值转换为其他值或类型。

转换器是实现 IValueConverter 接口的类。该接口定义下面两个方法。

- Convert(),当读取源属性的值时,将调用该方法。
- ConvertBack(),当将目标属性的值写回源属性时,将调用该方法。

下面的代码说明了 IValueConverter 接口的实现过程。如果价格超过 9.99,TextBlock 属性的 Foreground 就应该为红色;否则,它应该为绿色。将颜色转换回价格值没有什么实际的意义,因此,没有实现 ConvertBack()方法。可以将转换器作为一种资源进行添加,并在以后通过与 Binding 类的 Converter 参数进行绑定来引用它。

```csharp
// 值转换器类
public class PriceToColorConverter : IValueConverter
{
  public object Convert(object value, string typeName, object parameter,
    string language)
  {
    var price = (double)value;
    if (price > 9.99) return Colors.Red;
    else return Colors.Green;
  }

  public object ConvertBack(object value, string typeName, object parameter,
    string language)
  {
    throw new NotImplementedException();
  }
}
```

可以从 XAML 中使用该转换器，具体代码如下所示：

```xml
<Grid x:Name="LayoutRoot">
  <Grid.Resources>
    <!-- ... -->
    <local:PriceToColorConverter x:Key="priceConverter"/>
  </Grid.Resources>

  <StackPanel DataContext="{StaticResource salesData}">
    <TextBlock Foreground="{Binding Path=Price,
      Converter={StaticResource priceConverter}}"
        Text="{Binding Path=Price}"/>
  </StackPanel>
</Grid>
```

前面的代码示例使用 PriceToColorConverter 来确保 TextBlock 的前景采用根据价格值确定的相应颜色进行绘制。转换器放置在网格的资源部分中，并且通过名为 local 的 XML 名称空间进行引用。把"local"前缀映射到 PriceToColorConverter 类的 CLR 名称空间。

除了值以外，Convert()和 ConvertBack()方法还支持其他参数，如下所述。

- typeName——要转换数据的目标属性的类型。
- Parameter——在使用转换器时，可以在绑定机制中添加一个转换器参数。可以将该属性用于所需的任何转换器逻辑。
- Language——这指的是转换的语言。某些转换逻辑可能特定于某种语言和地区。可以使用该参数来决定应用哪种类型的逻辑。

7.6.5 绑定到集合

绝大多数情况下，都需要处理数据列表。ItemsControl 用于显示和可视化任何数据集合。因此，如果具有带有集合的数据源，就可以轻松地对其进行数据绑定。尽管这看上去似乎很容易，但是实际上其中包含一些隐藏的困难。

数据可能会随时发生更改，而 UI（在该示例中，为 ItemsControl）应该了解对其源集合所做的任何更改。可以使用 INotifyPropertyChanged 接口的 PropertyChanged 事件向 Binding 对象通知某个属性发生更改。同样的逻辑也适用于更改集合，不同之处在于，在这种情况下，集合必须针对每一次更改实现 INotifyCollectionChanged 接口并触发 CollectionChanged 事件。

你应该知道，像普通 List 这样的简单集合并不实现该功能。但是，有一种称为 ObservableCollection 的新集合，该集合在设计时充分考虑了这一行为。因此，每次将集合绑定到 ItemsControl 的 ItemsSource 属性时，都应该确保该集合是一个 ObservableCollection。

在接下来的练习中，将创建一个非常简单的主从方案，在该方案中，可以充分了解如何绑定到集合并显示详细信息。

试一试　简单的主从方案

在该练习中，在 ListBox 中填充运动员列表，并绑定详细信息视图及其代表所选运动员的数据的控件。

(1) 打开之前的项目，或者也可以从本书的可下载代码中打开 DataBindingDemo – Start 项目，网址为 www.wrox.com。

(2) 在解决方案资源管理器窗口中，右击 Project 并选择 Add Class 选项。

(3) 将文件命名为 Player.cs。

(4) 将下面的代码添加到 Player 类中：

```
public class Player : INotifyPropertyChanged
{
  private string playerName;

  public string PlayerName
  {
    get { return playerName; }
    set
    {
      playerName = value;
      RaisePropertyChanged("PlayerName");
    }
  }

  private string photoUrl;

  public string PhotoUrl
  {
    get { return photoUrl; }
    set
    {
```

```
      photoUrl = value;
      RaisePropertyChanged("PhotoUrl");
    }
  }

  private string biography;

  public string Biography
  {
    get { return biography; }
    set
    {
      biography = value;
      RaisePropertyChanged("Biography");
    }
  }

  protected void RaisePropertyChanged(string propertyName)
  {
    if( PropertyChanged != null)
        PropertyChanged(this, new PropertyChangedEventArgs(propertyName));
  }
  public event PropertyChangedEventHandler PropertyChanged;
}
```

(5) 将另一个名为 **PlayerDataSource.cs** 的类添加到项目中。

(6) 将下面的代码添加到 **PlayerDataSource** 类中：

```
public class PlayerDataSource
{
  public PlayerDataSource()
  {
    LoadPlayers();
  }

  private ObservableCollection<Player> players;

  public ObservableCollection<Player> Players
  {
    get { return players; }
    set { players = value; }
  }

  private void LoadPlayers()
  {
    players = new ObservableCollection<Player>
    {
      new Player
      {
        PlayerName = "Sample Player 1",
```

```
                PhotoUrl = "/Assets/Player1Photo.jpg",
                Biography = "Sample Biography"
            },
            new Player
            {
                PlayerName = "Sample Player 2",
                PhotoUrl = "/Assets/Player2Photo.jpg",
                Biography = "Sample Biography"
            }
        };
    }
}
```

(7) 在 Document Outline 窗口中，单击根 Grid 面板。

(8) 打开 Properties 窗口，并找到 DataContext 属性。

(9) 单击New按钮。在Select Object对话框中，选择PlayerDataSource类。单击OK按钮。

(10) 单击 ListBox，然后在 Properties 窗口中，找到 ItemsSource 属性，并单击 Advanced Properties。选择 Create Data Binding。在 Path 窗口中，选择 Players 并单击 OK 按钮。

(11) 单击 Details 面板并找到 DataContext 属性。

(12) 单击 Advance Properties 并选择 Create Data Binding。

(13) 将 Binding Type 更改为元素名称。

(14) 在元素名称树视图中，选择 ListBox。

(15) 在路径树视图中，选择 SelectedItem 属性。

(16) 单击 OK 按钮。

(17) 单击 txtTile，在 Properties 窗口中找到 Text 属性，并选择 Advanced Properties。选择 Create Data Binding，然后从路径树视图中选择 PlayerName 属性。单击 OK 按钮。

(18) 单击 playerPhoto，在 Properties 窗口中找到 Source 属性，并选择 Advanced Properties。选择 Create Data Binding，然后从路径树视图中选择 PhotoIUrl 属性。单击 OK 按钮。

(19) 单击 txtContent，在 Properties 窗口中找到 Text 属性，并选择 Advanced Properties。选择 Create Data Binding，然后从路径树视图中选择 Biography 属性。单击 OK 按钮。

(20) 按 F5 键运行应用程序。

示例说明

每次触发PropertyChanged事件的一个属性时，Player类都会实现INotifyPropertyChanged接口。按照这种方式，如果在该类中发生任何数据更改，都会向绑定发出通知，并且它可以更新UI。

PlayerDataSource 类定义一个类型为 ObservableCollection<Player>的 Players 集合。如果集合中发生更改，那么该集合便可以向绑定发出通知。

通过指定 PlayerDataSource 作为主 Grid 面板的 DataContext，整个页面以及其中包含的所有控件都将继承 PlayerDataSource 作为 DataContext。

把 ListBox 绑定到 Players 集合,该集合位于 DataContext 中(请记住,现在 DataContext 是 PlayerDataSource)。

通过把 UI 到 UI 绑定,把 detailsPanel 的 DataContext 被绑定到 ListBox 的 SelectedItem。因此,只要选定项目在 ListBox 中发生更改,detailsPanel 的 DataContext 便会更新。这意味着 detailsPanel 的 DataContext 始终是一个 Player 实例。

把 detailsPanel 中的控件绑定到某一个运动员的属性。由于 detailsPanel 的 DataContext 是 Player,因此,其中的控件会与其 DataContext 共享相同的 Player 实例。

只要ListBox的SelectedItem发生更改,detailsPanel的内容便会自动通过绑定引擎进行更新。

7.7 小结

可以使用基于 XAML 的解决方案来开发 Windows 8 风格应用程序。XAML 提供了一种声明性方式来描述 UI。

目前,已经引入了一种新的、非常灵活的控制模型,以便适应新一代 UI 的需求。通过这种新的控制模型,可以使用所需的任何方式自定义 UI 和控件。

在这些引入的新概念中,包括一种全新的、基于面板的布局管理系统。实现了许多面板以适应开发人员的需求,例如,Grid、StackPanel、Canvas 以及 VariableSizedWrapGrid。

可以使用一种功能强大的数据绑定引擎将数据对象与 UI 联系在一起。此外,还支持简单的对象和集合。如果模型使用 INotifyPropertyChanged 和 INotifyCollectionChanged 接口通知绑定发生了更改,则绑定会自动更新。

第 8 章将介绍一些更为复杂的控件,这些控件可以处理大量的数据,并以各种不同的方式来表示这些数据。此外,还将介绍其他一些重要的 UI 概念,例如,动画和模板化引擎,通关模板化引擎,可以自定义控件以及数据的可视化表示形式。

练 习

1. 如何在应用程序中共享某种预定义的画笔?
2. 如何向绑定通知源属性发生更改?
3. 通过哪个面板可以使用相对坐标自由定位其元素?
4. 如何确保 StackPanel 中的元素之间包含一定的空白区域?
5. 当基础集合发生更改时,绑定如何更新 ListBox?
6. 如何确保绑定既更新源属性也更新目标属性?

注意:可以在附录 A 中找到上述练习的答案。

本章主要内容回顾

主 题	主 要 概 念
可扩展应用程序标记语言 (XAML)	XAML 是一种基于 XML 的语言，可以使用该语言以声明性方式描述用户界面(UI)。它为设计器工具提供可强大的支持，并允许开发人员将 UI 与代码分隔开来
StaticResource	在应用程序中，可以在多个级别共享资源，以便在任意点重用它们。在绝大多数情况下，会共享样式、颜色、画笔和转换器。可以在 XAML 中使用 StaticResource 属性引用这些对象
面板	布局系统基于面板构建。面板负责根据特定的逻辑排列其自己的子级。面板是一种功能强大的工具，可用于构建复杂的 UI
数据绑定	使用数据绑定，可以在两个对象之间建立一种"实时连接"。只要一个对象发生更改，同时也会同步另一个对象。在绝大多数情况下，都会将 UI 控件属性绑定到数据对象属性
INotifyPropertyChanged	要更新某个绑定，必须向其通知发生了更改。可以通过触发在 INotifyPropertyChanged 接口中定义的 PropertyChanged 事件来执行该操作。因此，必须确保包含源属性的源对象实现该接口
ObservableCollection	与简单对象一样，集合也必须向绑定通知集合发生了更改。对于集合，通过使用在 INotifyCollectionChanged 接口中定义的 CollectionChanged 事件来执行该操作。ObservableCollection 可实现该接口
DataContext	FrameworkElement 定义一种称为 DataContext 的属性。这是一种特殊的属性，因为它的值被 FrameworkElement 内的子元素继承。顾名思义，如果将该属性设置为一个数据对象，则可视化树中该对象下面的所有元素也会继承该值，这意味着它们会共享相同的数据上下文
转换器	通过绑定机制，可以将类型完全不同的两个属性绑定到一起。为了确保这些绑定有意义并且可以正常工作，可以向绑定管道中添加一个转换器
BindingMode	使用 BindingMode，可以指定更新的方向。OneWay 绑定只更新目标，而 TwoWay 绑定也可以更新源
ContentControl	这是最简单的控件类型。ContentControl 控件具有一个 Content 属性，用于表示控件的内部可视化内容。该属性的类型为对象，因此，可以向其中添加任何内容
ItemsControl	ItemsControl 表示可视化列表。可以在集合中添加任何类型的项目，ItemsControl 将显示该集合。它是框架中所有基于列表的控件的基类

第 8 章

使用 XAML 控件

本章包含的内容：

- 了解并在 Windows 8 风格应用程序中创建动画和切换
- 了解和应用转换
- 了解如何更改控件的可视化外观
- 了解 Microsoft Expression Blend
- 了解功能强大的 Windows 8 风格特定复杂控件

适用于本章内容的 wrox.com 代码下载

可以在 www.wrox.com/remtitle.cgi?isbn=012680 上的 Download Code 选项卡中找到适用于本章内容的 wrox.com 代码下载。代码位于 Chapter08.zip 下载压缩包中，并且单独进行了命名，如对应的练习所述。

本章将介绍一些更加激动人心的 Windows 8 风格应用程序功能，通过这些功能，可以创建更加令人印象深刻的卓越用户体验。首先，将简要介绍如何使用动画库创建动画，以及如何创建自定义动画。此外，还会介绍一些重要的概念，例如，转换、可视化自定义以及一种称为 Microsoft Expression Blend 的工具。在了解完本章的全部内容以后，你将掌握如何为用户界面(UI)创建自定义可视化体验，并且会非常熟悉如何在 Windows 8 风格应用程序中显示复杂的控件。

8.1 在应用程序中使用动画

动画可以让UI栩栩如生。通过精心设计的动画，可以让应用程序操作更为迅捷、流畅，并且具有强大的响应能力。此外，动画还可以帮助用户了解如何更加快速地使用应用程序。例如，当向某个列表中添加一个新项目时，该新项目以动画形式放入其位置(而不仅仅是简单地在列表控件中弹出),而其他项目以动画形式放入一个新位置。UI可确保该新项目有足够的空间来显示。这些动画虽然很小,但是非常有意义,它们可以帮助用户更加轻松地了解所执行的操作。

尽管动画可以大大增加应用程序的价值,但是在设计时仍然需要格外谨慎。动画和切换应该在整个应用程序以及操作系统中都保持一致。此外,它们还应该操作流畅、迅速。动画运行不流畅真的会让人大失所望。

在构建 Windows 8 风格应用程序时,可以从下面两种不同的动画类型中进行选择。

- **从属动画**——如果创建自定义动画,那么它们很可能会作为从属动画运行。从属动画在 UI 线程中运行。UI 线程通常会忙于处理用户输入或者其他绘图逻辑,因此可能无法为动画生成一致的帧速率,从而使它们显得不是那么流畅。
- **独立动画**——独立动画独立于UI线程运行。工作从CPU转移到图形处理单元 (Graphics Processing Unit,GPU)。GPU是经过优化的硬件单元,可按照一致的帧速率提供精美且内容丰富的图形。这意味着,如果想要具有流畅且没有问题的动画,就应该使用独立动画,因为它们的执行性能更为出色。

> **注意**:深入探究独立动画的内部工作原理并不在本书的介绍范围之内。但是,如果想要了解更多有关创建自定义独立动画的信息,可以访问 http://msdn.microsoft.com/en-us/library/windows/apps/hh994638.aspx 并阅读对应的文章。

有一种方式可以确保你使用的是与其他 Windows 8 风格应用程序一致的独立动画,那就是使用动画库。

8.1.1 动画库

动画库包含一组预定义的动画,这些动画性能比较高、运行流畅,并且与 Windows 动画的外观保持一致。你不用考虑使其快速流畅地运行甚至保持一致性的问题。它们已经利用了平台的独立动画功能,并且在整个 Windows 操作系统 UI 中使用。可以将动画库看成一个动画显示板,用户可以根据需要使用相应的动画,并且它们已经进行了相应的调整,能够满足卓越的 Windows 8 风格 UI 的要求。

动画库支持以下两种类型的动画。

- **主题切换**——这些切换由布局系统自动触发。触发它们是为了响应页面活动布局的更改。通常情况下,这些动画用于为加载、卸载或更改对象位置提供可视化效果。
- **主题动画**——这些动画需要通过代码手动触发,并且可以为动画指定目标。

1. 主题切换

如果要创建简单的动画,那么主题切换是一种非常好的方法,它不会让应用程序的用户感到厌烦,同时仍然保持很强的吸引力,让人一看就喜欢。通常情况下,你会将主题切换用于为以下操作设置动画：添加、删除项目或对项目进行重新排序，或者更改控件的内容。下面的代码段说明了一种称为 EntranceThemeTransition 的切换的使用情况：

```
<Button Content="Animated Button" HorizontalAlignment="Center">
  <Button.Transitions>
    <TransitionCollection>
      <EntranceThemeTransition/>
    </TransitionCollection>
  </Button.Transitions>
</Button>
```

通过使用该代码段，可以为一个按钮设置动画，使其滑入其位置，而不是简单地在其第一次呈现时显示。正如可以从代码段中看到的，可以为一个 UIElement 应用多个切换。实际上，可以根据需要使用任意数量的切换(前提是这样做对用户有实际意义)。

通过允许针对切换设置很多属性，某些切换提供了一定程度的自定义功能。在执行自定义操作时应该格外谨慎，因为这些切换在设计时考虑的是简单、易用，最重要的是一致。

前面的示例代码段并没有考虑这些，因为它只适用于单个 Button 控件。当开始将这些切换应用于其他元素的容器时，真正的工作才刚刚开始。在下面的代码示例中，针对面板定义切换：

```
<WrapGrid>
  <WrapGrid.ChildrenTransitions>
    <TransitionCollection>
      <EntranceThemeTransition/>
      <RepositionThemeTransition/>
    </TransitionCollection>
  </WrapGrid.ChildrenTransitions>
  <Rectangle Fill="Red" Width="100" Height="100" Margin="10"/>
  <Rectangle Fill="Red" Width="100" Height="100" Margin="10"/>
  <Rectangle Fill="Red" Width="100" Height="100" Margin="10"/>
  <Rectangle Fill="Red" Width="100" Height="100" Margin="10"/>
  <Rectangle Fill="Red" Width="100" Height="100" Margin="10"/>
  <Rectangle Fill="Red" Width="100" Height="100" Margin="10"/>
  <Rectangle Fill="Red" Width="100" Height="100" Margin="10"/>
  <Rectangle Fill="Red" Width="100" Height="100" Margin="10"/>
  <Rectangle Fill="Red" Width="100" Height="100" Margin="10"/>
</WrapGrid>
```

在首次呈现时，WrapGrid 面板中包含的每个子级都会滑动到其所属位置。这通过使用 EntranceThemeTransition 来实现。RepositionThemeTransition 可确保只要添加或删除一个子元素，剩余的元素便会重新排列位置，并通过顺畅优美的动画滑动到其新的位置。

当使用诸如 GridView 或 ListView (相关信息将在本章后面的内容中详细介绍)等复杂控件时，不必担心如何配置切换。这些控件默认支持切换。

表 8-1 介绍支持的切换。

表 8-1　支持的主题切换

主 题 切 换	说　　明
AddDeleteThemeTransition	为项目添加或删除设置该切换动画。通常情况下，该主题切换应用于项目容器
ContentThemeTransition	当某个控件的内容发生更改时，设置该切换动画
EntranceThemeTransition	当某个项目第一次显示时，提供该切换
ReorderThemeTransition	当某个列表控件中的项目顺序发生更改时，提供该切换。通常与拖放操作结合使用
RepositionThemeTransition	当控件重新定位到一个新位置时，提供该切换

2. 主题动画和情节提要

对于创建简单动画，主题切换是一种非常出色的方法，但是，可能需要对动画过程拥有更多的控制，同时使其仍然与 Windows 操作系统动画保持一致。

情节提要是可以控制多个动画的对象。可以将情节提要想象为具有一个视频播放器。可以使用情节提要开始、停止、暂停、继续和定位动画。需要使用事件处理程序编写代码来控制 Storyboard 对象。情节提要也支持目标。这意味着，当向情节提要中添加一个动画时，可以为该动画设置目标。目标表示应该设置动画的对象。

下面的代码段说明了使用情节提要处理主题动画的情况：

```
<Grid>
  <Grid.Resources>
    <Storyboard x:Name="hideStoryboard">
      <FadeOutThemeAnimation Storyboard.TargetName="targetRectangle" />
    </Storyboard>
  </Grid.Resources>
  <Rectangle x:Name="targetRectangle" PointerPressed="Rectangle_Tapped"
    Fill="Blue" Width="200" Height="300" />
</Grid>
```

下面更加仔细地分析上面的代码示例。Grid 面板包含一个蓝色的矩形。针对该矩形处理 **PointerPressed** 事件。事件处理程序类似如下：

```
private void Rectangle_Tapped(object sender, PointerRoutedEventArgs e)
{
    hideStoryboard.Begin();
}
```

该代码可确保只要用户单击或点击该矩形，便会启动名为 hideStoryboard 的情节提要。

该情节提要包含一个称为 FadeOutThemeAnimation 的动画，顾名思义，该动画是一个主题动画，它负责实现流畅的淡出动画，以隐藏目标元素。在动画对象中，目标对象通过设置 Storyboard.TargetName 附加属性定义。该属性的值设置为目标 UIElement 的 Name 属性的值。

注意：有关附加属性的更多详细信息在第 7 章中已经介绍过。

这意味着，只要用户点击或单击该矩形，便会对该矩形应用淡出动画。

表 8-2 描述部分支持的主题动画。

表 8-2 支持的最重要的主题动画

主 题 动 画	说　　明
FadeInThemeAnimation	控件首次出现时的不透明动画
FadeOutThemeAnimation	控件从 UI 中删除或隐藏时的不透明动画
PopInThemeAnimation	UI 组件出现时的平移和不透明动画。这是类似弹出效果的动画
PopOutThemeAnimation	UI 组件关闭时的平移和不透明动画。这是类似弹出效果的动画
TapUpThemeAnimation	在点击某个元素之后立即运行的动画
TapDownThemeAnimation	在点击某个元素时运行的动画

正如所见，你很可能需要很多支持的动画才能构建出色且激动人心的 UI。你应该始终牢记，使用动画库中的动画和切换可以保证生成的动画属于独立动画。

8.1.2 了解可视状态

动画有一种非常有用的附加功能，称为可视状态。可视状态用于描述视图的可视状态，以及视图的不同状态之间的切换。可视状态使用简单的情节提要对象来描述状态和切换。Button 控件中定义的状态是一个很好的示例。Button 控件具有已按下状态和鼠标悬停状态以及其他一些状态。

下面的代码段说明可视状态的使用情况：

```
<Grid x:Name="mainGrid">
  <VisualStateManager.VisualStateGroups>
    <VisualStateGroup x:Name="VisibilityGroup">
      <VisualState x:Name="Visible">
        <Storyboard>
          <FadeInThemeAnimation Storyboard.TargetName=
            "targetRectangle" />
        </Storyboard>
      </VisualState>
      <VisualState x:Name="Hidden">
        <Storyboard>
          <FadeOutThemeAnimation Storyboard.TargetName=
            "targetRectangle" />
        </Storyboard>
      </VisualState>
```

```
        </VisualStateGroup>
    </VisualStateManager.VisualStateGroups>

    <Rectangle x:Name="targetRectangle" Fill="Blue" Width="200" Height="300"/>
</Grid>
```

正如所见,可视状态包含情节提要,用于表示控件的状态。可以随时定义可视状态。可视状态必须放置在VisualStateGroup中。在一个VisualStateGroup中,控件一次只能处于一种状态,但是,如果所有状态都位于不同的VisualStateGroup中,那么它可以处于两种或者多种状态。

上面的代码示例在同一个组中定义两种不同的状态。该组称为VisibilityGroup,其中包含Visible和Hidden两种状态。可以在代码中使用VisualStateManager类的GoToState()方法来更改状态。下面的代码示例说明如何更改当前的可视状态:

```
VisualStateManager.GoToState(this, "Hidden", true);
```

GoToState()方法的第一个参数是包含可视状态的控件。在该示例中,可以将其指定为控件,即对当前 Page 控件的引用。GoToState()方法的第二个参数是要切换到的可视状态的名称。第三个也是最后一个参数,是一个布尔值,用于决定是否要使用可视切换。可视切换是可视状态管理中一个较为高级的概念。它们用于根据原始目标可视状态和新的目标可视状态区分发生状态更改的动画。值为 true 表示在可用时使用切换。

注意:可以通过访问以下网址上的内容了解有关可视切换的更多详细信息,http://msdn.microsoft.com/en-us/library/windows/apps/windows.ui.xaml.visualtransition.aspx。

通过设置可视状态,包含的情节提要将自动启动。不需要手动启动情节提要。在这种情况下,如果切换到 Visible 状态,就使用 FadeInThemeAnimation 来显示 targetRectangle。如果切换到 Hidden 状态,就使用 FadeOutThemeAnimation 来隐藏 targetRectangle。

如果要为视图定义多个状态,那么可视状态是一种非常好的方法。例如,可以根据用户的登录状态为某个页面定义两个不同的可视状态。

在下面的练习中,你将应用动画库中的动画来创建精美的可视效果和流畅的体验。

注意:可以在本书的合作 Web 站点 www.wrox.com 上找到本练习对应的完整代码进行下载,具体位置为 AnimationLibraryDemo 文件夹。

试一试　使用动画库

在该练习中,将使用 EntranceThemeTransition、AddDeleteThemeTransition 和 RepositionThemeTransition来为面板中的项目添加和删除操作设置动画效果。

(1) 使用 Blank App (XAML)模板新建项目。

(2) 打开 MainPage.xaml。

(3) 定位到 Page 控件中的 Grid，并在 Grid 中添加一个名为 itemsContainer 的 VariableSizedWrapGrid，如下面的代码所示：

```
<VariableSizedWrapGrid x:Name="itemsContainer"/>
```

(4) 在 itemsContainer 上方添加两个按钮，如下所示：

```
<StackPanel Orientation="Horizontal" HorizontalAlignment="Center"
    VerticalAlignment="Top">
  <Button Content="Add"/>
  <Button Content="Remove" Margin="8,0,0,0"/>
</StackPanel>
<VariableSizedWrapGrid x:Name="itemsContainer" Margin="0,50,0,0"/>
```

(5) 订阅按钮的 Click 事件，如下所示：

```
<Button x:Name="btnAdd" Content="Add" Click="btnAdd_Click_1"/>
<Button x:Name="btnRemove" Content="Remove" Click="btnRemove_Click_1"
  Margin="8,0,0,0"/>
```

(6) 打开 MainPage.xaml.cs 并找到 OnNavigatedTo() 方法。在其中放置代码以向 itemContainer 中添加 20 个红色的矩形。每个矩形的宽度和高度均应为 100 像素，并且每一条边的边距都为 8 像素，如下所示：

```
protected override void OnNavigatedTo(NavigationEventArgs e)
{
  for (int i = 0; i < 20; i++)
  {
    var rectangle = new Rectangle();
    rectangle.Width = 100;
    rectangle.Height = 100;
    rectangle.Fill = new SolidColorBrush(Colors.Red);
    rectangle.Margin = new Thickness(8);
    itemsContainer.Children.Add(rectangle);
  }
}
```

(7) 向 btnAdd 的事件处理程序中添加代码，以添加新的矩形，如下所示：

```
private void btnAdd_Click_1(object sender, RoutedEventArgs e)
{
  itemsContainer.Children.Add(new Rectangle
  {
    Width = 100,
    Height = 100,
    Fill = new SolidColorBrush(Colors.Red),
    Margin = new Thickness(8)
  });
}
```

(8) 向 btnRemove 的事件处理程序中添加代码,以移除第二个矩形,如下所示:

```
private void btnRemove_Click_1(object sender, RoutedEventArgs e)
{
    itemsContainer.Children.RemoveAt(1);
}
```

(9) 按 F5 键运行应用程序。
(10) 单击 Add 和 Remove 按钮。观察项目的行为。
(11) 切换回 Visual Studio 2012,并通过按 Shift+F5 快捷键停止调试。
(12) 为第一次显示添加动画,如下所示:

```
<VariableSizedWrapGrid x:Name="itemsContainer">
  <VariableSizedWrapGrid.ChildrenTransitions>
    <TransitionCollection>
      <EntranceThemeTransition/>
    </TransitionCollection>
  </VariableSizedWrapGrid.ChildrenTransitions>
</VariableSizedWrapGrid>
```

(13) 按 F5 键运行应用程序。观察项目在启动时的行为。
(14) 单击 Add 和 Remove 按钮。观察项目的行为。
(15) 切换回 Visual Studio 2012,并通过按 Shift+F5 快捷键停止调试。
(16) 通过添加下面的代码,为项目移除、添加和重新定位添加动画:

```
<VariableSizedWrapGrid x:Name="itemsContainer">
  <VariableSizedWrapGrid.ChildrenTransitions>
    <TransitionCollection>
      <EntranceThemeTransition/>
      <AddDeleteThemeTransition/>
      <RepositionThemeTransition/>
    </TransitionCollection>
  </VariableSizedWrapGrid.ChildrenTransitions>
</VariableSizedWrapGrid>
```

(17) 单击 Add 和 Remove 按钮。观察项目的行为。
(18) 按 F5 键运行应用程序。

示例说明

在前几个步骤中,构建了布局(正如你现在所习惯的)。该练习真正有意义的部分从步骤(6)开始。当导航到页面时,OnNavigatedTo()方法将运行。首先,MainPage是第一个要打开的页面,因此,在导航任务开始时,调用了OnNavigatedTo()方法。

在步骤(6)中,通过代码添加了 20 个尺寸为 100 像素×100 像素的矩形。这些矩形通过 SolidColorBrush 进行填充,该画笔控件使用红色创建。然后,使用 Margin 属性在元素之间创建一些空白区域。矩形创建完成后,立即将其添加到 itemsContainer 中,后者是一个

VariableSizedWrapGrid面板。

在步骤(7)和步骤(8)中，btnAdd_Click_1事件处理程序使用同样的参数添加一个新的矩形。btnRemove_Click_1 事件处理程序将从itemsContainer的Children集合中移除第二个矩形。

当第一次运行应用程序时，没有显示任何动画，并且没有提供任何可视化提示来说明正在发生什么事情。

在步骤(12)中，添加 EntranceThemeTransition。当运行应用程序时，将看到矩形通过流畅的滑动动画到达其所属位置。但是，项目移除、添加和重新定位仍然没有设置动画效果。

最后，在步骤(16)中，添加 AddDeleteThemeTransition (用于为添加的新项目设置动画，同时也可以为移除的旧项目设置动画)和 RepositionThemeTransition (用于在移除项目以后重新安排剩余项目的位置)。

当再次运行应用程序时，将看到项目移除和添加操作现已包含动画效果。图 8-1 显示了上述操作对应的结果。

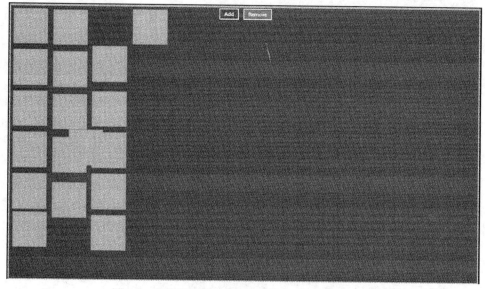

图 8-1　移除项目后重新定位过程中显示的动画效果

如上所述，通过动画库中简单、一致且流畅的动画，可以轻而易举地为 UI 增光添彩。

8.1.3　自定义动画

动画库确实非常有用，而且功能非常强大，但是，它并不能涵盖所有可能的动画方案。如果想要创建一种无法通过主题动画或主题切换来实现的动画，则应该创建自己的自定义动画。

在绝大多数情况下，自定义动画都属于从属动画。这意味着，在使用这些动画时应该谨慎。使用自定义动画，可以自由地创建任何所需类型的动画。可以对任何依赖项属性设置动画。

注意：有关依赖项属性的信息在第 7 章中已经进行了详细的介绍。

下面列出一些常见的动画类型，可以对其使用动画类来连续变化不同类型的属性：
- **DoubleAnimation**——DoubleAnimation 非常适合连续变化 double 类型的属性。例如，可以连续变化 Opacity 属性，或者连续变化转换对象(如旋转)的 double 属性。
- **ColorAnimation**——ColorAnimation 可通过一种简单的方式，在发生某种操作时更改对象的颜色。例如，可以连续变化一种更亮的颜色来表示突出显示的项目。
- **ObjectAnimation**——有时候，对象会具有一个比较复杂的属性，应该使用动画对其进行更改。此类型动画最常见的用法是使用 Visibility 枚举隐藏和显示控件。

注意：除了上面介绍的几种动画类型以外，还存在其他动画类型，例如，使用关键帧的动画以及使用缓动函数的动画。本书中并未详细介绍所有类型的动画。如果想要了解如何创建更为复杂的动画，应该阅读位于 http://msdn.microsoft.com/en-us/library/windows/apps/br243232.aspx 的文章。

绝大多数情况下，可能都会使用 DoubleAnimation，并连续变化 Opacity 等属性，或者连续变化转换的属性。使用这一组动画技术，可以创建想要执行的绝大多数动画。下面的代码段说明了 DoubleAnimation 的使用情况：

```xml
<Grid>
  <Grid.Resources>
    <Storyboard x:Name="hideStoryboard">
      <DoubleAnimation Storyboard.TargetName="targetRectangle"
        Storyboard.TargetProperty="Opacity" Duration="00:00:00.5"
        To="0"/>
    </Storyboard>
  </Grid.Resources>
  <Rectangle x:Name="targetRectangle" PointerPressed="Rectangle_Tapped"
    Fill="Blue" Width="200" Height="300" />
</Grid>
```

该代码段通过在 0.5 秒内将 targetRectangle 的 Opacity 属性连续变化为 0，来隐藏某个矩形。正如所见，可以使用自定义动画，就像使用动画库中的动画一样。你创建一个 Storyboard，并向其中添加一个动画，然后设置 Storyboard.TargetName。但是，这次，你还设置想要连续变化的属性的名称。

动画库中的动画是预定义的动画。针对这些类型的动画指定所有内容，例如，持续时间、要连续变化的属性等。而使用自定义动画，你必须自己指定所有这些信息。

前面的代码示例将 Storyboard.TargetProperty 设置为 Opacity 属性，并将 Duration 设置为 0.5 秒。因此，当情节提要播放时，它会在 0.5 秒内将不透明度连续变化为 0。在情节提要完成后所需的值使用 To 属性来定义。如果需要定义动画的开始值，也可以使用 From 属性。

1. 转换

现在，你已经知道了如何使用自定义动画连续变化对象的属性。但是，在绝大多数情况下，都需要连续变化转换属性，以便对控件执行滑动、缩放或旋转操作。在 Windows 8 风格应用程序中，这些动画称为呈现转换。这些类型的转换在应用时不会影响布局，因此，不必担心出现性能问题，或者莫名其妙地不断更改布局。

支持下面列出的转换类型：

- TranslateTransform
- ScaleTransform
- RotateTransform
- SkewTransform

 注意：可以使用矩阵创建更为复杂的转换。如果想要更加深入地了解转换，可以访问http://msdn.microsoft.com/en-us/library/windows/apps/windows.ui.xaml.media.matrixtransform.aspx，其中提供了有关该主题的更多详细信息。

2. 转换原点

转换必须具有一个中心点。这一点用于确定转换的原点。例如，如果想要指定矩形围绕其中心旋转，那么应该将 RenderTransformOrigin 属性设置为(0.5, 0.5)。

下面显示的坐标都是相对于 UIElement 左上角的相对坐标：

- (0,0)是左上角。
- (1,1)是右下角。
- (0.5, 0.5)是 UIElement 的正中心。

你可能会对椭圆形感到疑惑，因为它没有可视化左上角。不过，从布局的角度，每个 UIElement 都放置在 UI 上的一个边界矩形中，该矩形表示 UIElement 所需的最小宽度和高度。在设置 RenderTransformOrigin 属性时应该考虑该边界矩形。

放置到XAML页面中的每个UIElement都有一个称为RenderTransform的属性。为该属性指定之前描述的任何转换，你将获得转换后的UIElement。下面的代码示例显示这种情况的一个例子：

```
<Rectangle Width="200" Height="200" Fill="Red"
                            RenderTransformOrigin="0.5,0.5">
    <Rectangle.RenderTransform>
```

```xml
    <RotateTransform Angle="45"/>
  </Rectangle.RenderTransform>
</Rectangle>
```

上述代码示例将矩形围绕其中心点旋转 45°。图 8-2 显示了旋转后的矩形。

图 8-2 旋转 45°后的矩形

3. 应用多个转换

如果想要将多个转换应用于一个 UIElement，就可以使用 TansformGroup，如下所示：

```xml
<Rectangle Width="200" Height="200" Fill="Red"
                                        RenderTransformOrigin="0.5,0.5">
  <Rectangle.RenderTransform>
    <TransformGroup>
      <RotateTransform Angle="45"/>
      <TranslateTransform X="100"/>
    </TransformGroup>
  </Rectangle.RenderTransform>
</Rectangle>
```

这些转换非常高效，但同时也存在限制。它们仅限在二维(2D)空间中使用。令人遗憾的是，创建真正的三维(3D)空间需要使用 DirectX 以及大量复杂的代码。但是，如果可以应对一点点的假象，那么 PlaneProjection 可以解决上述问题。

4. 3D 空间中的转换

如果想要创建 3D 形式的转换，可以使用 PlaneProjection 在 2D 空间中模拟这些转换。PlaneProjection 的行为方式与呈现转换非常相似，它们也不会影响布局。

在接下来的练习中，将使用 PlaneProjection 创建自定义动画，用于在 3D 空间中旋转一个面板。

第 8 章 使用 XAML 控件

 注意：可以在本书的合作站点 www.wrox.com 上找到本练习对应的完整代码进行下载，具体位置为 RotatingPanelIn3D 文件夹。

试一试 创建 3D 旋转面板

在该练习中，将创建一个在 3D 空间中旋转的面板。只要单击 Start Rotation 按钮，该面板便会开始旋转 360°。为了实现上述效果，使用自定义动画和 PlaneProjection。

(1) 新建项目，并将其命名为 RotatingPanelIn3D。使用 Blank App (XAML)模板。

(2) 打开 MainPage.xaml 文件，并在其中找到 Grid 面板。

(3) 向网格中添加一个背景色为橙色的 Border，并在 Border 控件内放置简单的文本内容。使用 TextBlock 来显示文本。添加下面的代码：

```
<Border Width="500" Height="350" Background="Orange"
   HorizontalAlignment="Center" VerticalAlignment="Center">
  <Grid>
    <TextBlock Foreground="White" FontSize="40" HorizontalAlignment=
    "Center" VerticalAlignment="Center" Text="Rotating in 3D"/>
  </Grid>
</Border>
```

(4) 在主 Grid 面板中添加一个 Next Button 控件，并订阅 Click 事件，如下所示：

```
<Grid Background="{StaticResource ApplicationPageBackgroundThemeBrush}">
  <Button x:Name="startButton" Content="Start Rotation" HorizontalAlignment=
   "Center" VerticalAlignment="Top"
     Click="startButton_Click_1"
     />

  <Border Width="500" Height="350" Background="Orange"
     HorizontalAlignment="Center" VerticalAlignment="Center">
    <Grid>
      <TextBlock Foreground="White" FontSize="40" HorizontalAlignment=
      "Center" VerticalAlignment="Center" Text="Rotating in 3D"/>
    </Grid>
  </Border>
</Grid>
```

(5) 在 Border 上定义一个 PlaneProjection。将其命名为 rotateTransform，如下所示：

```
<Grid Background="{StaticResource ApplicationPageBackgroundThemeBrush}">
  <Button x:Name="startButton" Content="Start Rotation" HorizontalAlignment=
   "Center" VerticalAlignment="Top"
     Click="startButton_Click_1"
     />
```

```
    <Border Width="500" Height="350" Background="Orange"
      HorizontalAlignment="Center" VerticalAlignment="Center">
     <Border.Projection>
       <PlaneProjection x:Name="rotateTransform"/>
     </Border.Projection>
     <Grid>
       <TextBlock Foreground="White" FontSize="40" HorizontalAlignment=
         "Center" VerticalAlignment="Center" Text="Rotating in 3D"/>
     </Grid>
    </Border>
</Grid>
```

(6) 创建一个 Storyboard 以便旋转面板。将其命名为 rotateStoryboard,如下所示:

```
<Page.Resources>
  <Storyboard x:Name="rotateStoryboard">
    <DoubleAnimation Storyboard.TargetName="rotateTransform"
                     Storyboard.TargetProperty="RotationY"
                     To="360"
                     Duration="00:00:00.5"/>
  </Storyboard>
</Page.Resources>
```

(7) 打开 MainPage.xaml.cs 文件。在 startButton_Click_1 事件处理程序中,通过下面的代码启动情节提要:

```
private void startButton_Click_1(object sender, RoutedEventArgs e)
{
  rotateStoryboard.Begin();
}
```

(8) 按 F5 键运行应用程序,并单击 Start Rotation 按钮。

示例说明

在步骤(3)中,添加一个 Border 控件,该控件具有明确的高度和宽度值,并且与屏幕的中心对齐。将该边框的背景设置为橙色的底纹,并在其中放置一个 TextBlock。该 TextBlock 并未直接添加到 Border 控件中。把它封装到一个 Grid 面板中。通过这种方式,可以确保能够在该边框内添加多个项目,而不仅仅是添加一个 TextBlock。

在步骤(5)中,在 Border 控件上定义 Projection 属性。PlaneProjection 对象命名为 rotateTransform。此时,并未指定其他任何属性,因为在一开始,没有其他需要执行的操作。当想要使用 Storyboard 为转换设置动画时,为其添加一个名称非常有用。

在步骤(6)中,将一个情节提要添加到页面的 Resources 部分。该情节提要使用一个 DoubleAnimation 为 rotateTransform 对象的 RotationY 属性设置动画。To 值可确定在动画完成后对象需要达到的值。使用 Duration 属性,指定完成动画应该花费的时间。在该示例中,完成动画需要 500 毫秒的时间。

在步骤(7)中,通过名称 rotateStoryboard 引用该情节提要。之所以可以这样做,是因为在 Page.Resource 部分中，针对该情节提要指定 x:Name 属性。除了使用 Begin()方法启动情节提要以外，不需要再执行其他任何操作，现在应用程序已经准备好了，可以开始运行。

8.2 设计控件的可视化外观

创建在视觉效果上吸引人的精美UI对于应用程序取得成功起到非常重要的作用。在设计应用程序时充分考虑Windows 8 风格的原则，使用内置的Windows 8 特定控件，这些措施可以对你的工作提供非常大的帮助。但是，在很多情况下，你可能想要更改某个控件的可视化外观。

在 Windows 8 风格应用程序中，控制模型非常灵活，因此，实际上，控件只有一个默认的外观。当仅仅使用内置的控件时，便会看到该外观。不过，可以随时覆盖它们的可视化外观。

每个控件都有一个称为 Template 的属性。该属性用于表示控件的外观和内部可视化结构。如果可以看到控件的内部结构(实际上，你确实可以看到，接下来的"试一试"练习中将执行相应的操作)，那么将看到边框、矩形、面板以及其他基元控件，这些对象组合到一起表示控件本身。要更改控件的内部结构，必须将控件的 Template 属性设置为其他更合适的内容。

下面的代码段说明在设计按钮时使用控件模板的情况：

```xaml
<Button Content="This is the Content" Width="200" Height="200" FontSize="20">
  <Button.Template>
    <ControlTemplate TargetType="Button">
      <Grid>
        <Ellipse Fill="Orange"/>
        <ContentPresenter/>
      </Grid>
    </ControlTemplate>
  </Button.Template>
</Button>
```

Template属性的类型为ControlTemplate。这就是你一个ControlTemplate添加到Template属性中的原因。在ControlTemplate中，应该指定TargetType属性，该属性确定哪些控件可以使用该结构作为模板。

在该示例中，ControlTemplate 包含一个 Grid 面板和一个橙色的 Ellipse，其中，后者作为 Button 的背景。ContentPresenter 是一个新元素。

假定你有一个 ContentControl，并且你想要重新设计其模板。你计划添加大量可视化效果使其更加趣味横生。运行时如何决定哪个元素将显示 ContentControl 的内容？答案非常简单，需要明确创建一个占位符用于显示内容。对于 ContentControl，该占位符称为 ContentPresenter；而对于 ItemsControl，该占位符称为 ItemsPresenter。需要做的只是将该组件放置到模板中，以标记将控件的重要内容放置在什么位置。

注意：有关 ContentControl 和 ItemControl 的内容已在前面的第 7 章中进行了更为详细的介绍。

在该示例中，"This is the Content"文本将显示在 ContentPresenter 所在的位置。但是，该模板太过简单。图 8-3 显示的是经过重新设计的 Button 控件。

这意味着，尽管该按钮的默认外观已经更改，但是，如果开始使用该按钮，就会注意到它缺少可以用于进行交互的所有可视化反馈。

图 8-3　经过重新设计的 Button 控件

8.2.1　将控件与内部结构联系起来

在前一节中创建的模板完全没有灵活性。Button 控件具有很多重要的属性，例如，Background 属性(用于确定控件的背景色)以及 HorizontalContentAlignment 和 VerticalContentAlignment 属性(用于确定按钮内容的对齐方式)。尽管这些属性在重新定义模板之前就已经开始工作，但是现在它们毫无用处。

按钮如何知道哪个可视化元素作为控件的背景？它是边框的背景还是面板的背景？它是否为形状的填充？需要弄清楚这些信息。

难点在于如何通知 Button 控件，把 Background 属性绑定到椭圆形的 Fill 属性。为了实现上述操作，可以使用一个非常熟悉的概念，那就是模板绑定。模板绑定与数据绑定(在前面的第 7 章中已经对此进行了详细的讨论)非常相似，只不过该绑定功能在控件模板中使用。下面的代码示例说明 TemplateBinding 的使用情况：

```
<Button Content="This is the Content" Width="200" Height="200" FontSize="20"
   Background="#FFFB6C09">
  <Button.Template>
    <ControlTemplate TargetType="Button">
      <Grid>
        <Ellipse Fill="{TemplateBinding Background}"/>
        <ContentPresenter HorizontalAlignment="{TemplateBinding
          HorizontalContentAlignment}"
          VerticalAlignment="{TemplateBinding
          VerticalContentAlignment}"/>
      </Grid>
    </ControlTemplate>
  </Button.Template>
</Button>
```

上述代码示例可确保把椭圆形的填充绑定到按钮的背景，而内容的对齐方式可以使用按钮的HorizontalContentAligment和VerticalContentAlignment属性进行调整。图 8-4 显示的是使用经过优化的模板设计的按钮。

8.2.2 响应交互

到目前为止，经过重新设计的按钮并未以可视化的形式响应任何更改或交互。没有任何可视化更改指示鼠标悬停在控件上方，或者用户在点按该控件。Button 控件本身支持很多可以与之建立联系的可视状态。实现这些状态意味着，每次按钮响应任何交互，它都会更改其可视状态，并且情节提要将启动。

图 8-4　使用经过优化的模板设计的按钮

默认情况下，Button 控件支持以下可视状态。

- Normal——这是默认状态。
- Pressed——当用户单击按钮或者触控控件时，将应用 Pressed 状态。
- Disabled——当控件的 IsEnabled 属性为 false 时，将应用 Disabled 状态。
- PointerOver——当鼠标光标悬停在控件上方时，将应用 PointerOver 状态。

这些可视状态属于 CommonStates 可视状态组。Button 也支持焦点更改的可视状态。

如果决定想要实现任何可视状态，Button 将使用你的实现。你不必支持所有状态，而只须支持你感兴趣的那些状态。

下面的代码段说明控件模板中可视状态的使用情况：

```
<Button Content="This is the Content" Height="200" Width="200"
   Background="#FFFB6C09" FontSize="20">
  <Button.Template>
   <ControlTemplate TargetType="Button">
    <Grid x:Name="grid" RenderTransformOrigin="0.5,0.5">
     <Grid.RenderTransform>
      <CompositeTransform/>
     </Grid.RenderTransform>
     <VisualStateManager.VisualStateGroups>
      <VisualStateGroup x:Name="CommonStates">
       <VisualState x:Name="Normal"/>
       <VisualState x:Name="Pressed">
        <Storyboard>
         <DoubleAnimation Duration="0" To="0.9"
          Storyboard.TargetProperty=
          "(UIElement.RenderTransform).
          (CompositeTransform.ScaleX)"
          Storyboard.TargetName="grid"
          d:IsOptimized="True"/>
         <DoubleAnimation Duration="0" To="0.9"
          Storyboard.TargetProperty=
          "(UIElement.RenderTransform).
```

```xml
                  (CompositeTransform.ScaleY)"
                  Storyboard.TargetName="grid"
                  d:IsOptimized="True"/>
              </Storyboard>
            </VisualState>
            <VisualState x:Name="Disabled"/>
            <VisualState x:Name="PointerOver">
              <Storyboard>
                <ObjectAnimationUsingKeyFrames
                  Storyboard.TargetProperty="
                  (UIElement.Visibility)"
                  Storyboard.TargetName="mouseOverEllipse">
                  <DiscreteObjectKeyFrame KeyTime="0">
                    <DiscreteObjectKeyFrame.Value>
                      <Visibility>Visible</Visibility>
                    </DiscreteObjectKeyFrame.Value>
                  </DiscreteObjectKeyFrame>
                </ObjectAnimationUsingKeyFrames>
              </Storyboard>
            </VisualState>
          </VisualStateGroup>
          <VisualStateGroup x:Name="FocusStates"/>
        </VisualStateManager.VisualStateGroups>
        <Ellipse Fill="{TemplateBinding Background}"/>
        <ContentPresenter HorizontalAlignment="{TemplateBinding
          HorizontalContentAlignment}"
        VerticalAlignment="{TemplateBinding
          VerticalContentAlignment}"/>
      <Ellipse x:Name="mouseOverEllipse" Visibility="Collapsed">
        <Ellipse.Fill>
          <LinearGradientBrush EndPoint="0.5,1" StartPoint="0.5,0">
            <GradientStop Color="#FFFFE800" Offset="1"/>
            <GradientStop Color="Transparent" Offset="0"/>
          </LinearGradientBrush>
        </Ellipse.Fill>
      </Ellipse>
    </Grid>
  </ControlTemplate>
 </Button.Template>
</Button>
```

上述代码包含一些激动人心的想法，下面我们将对其进行解释。

首先，我们看一下实际的可视化内容，先将可视状态抛到脑后。你会发现新的控件模板与之前的模板非常类似。其中包含一个椭圆形，用作控件的可视化表示形式，还有一个 ContentPresenter 用于支持内容。

但是，这一新版本还有一个新的椭圆形，称为 mouseOverEllipse，并且带有渐变填充。椭圆形底部的渐变显示颜色#FFFFE800，即黄色底纹。在椭圆形的顶部，渐变更改为透明。基本上，这个新的椭圆形用于为按钮创建突出显示的可视化元素。默认情况下，

mouseOverEllipse 处于折叠状态，因此不可见。

现在，我们来研究一下该模板的可视状态。可以在 CommonStates VisualStateGroup 中找到前面讨论的可视状态。PointerOver 状态定义一个情节提要，其中包含一个对象动画，用于将 mouseOverEllipse 的 Visibility 属性更改为 Visible。只要鼠标光标悬停在按钮控件的上方，便会激活 PointerOver 状态，并且把 mouseOverEllipse 的 Visibility 属性设置为 Visible。当鼠标光标离开 Button 控件的区域时，控件将切换回 Normal 可视状态，同时恢复所有属性更改。在使用可视状态时，可以自由获取该行为。

如果进一步观察研究，你会发现同时也实现了 Pressed 状态。Pressed 状态使用一个情节提要来控制两个 DoubleAnimation。这些动画可以连续变化在模板的根网格中定义的 CompositeTransform 对象的 ScaleX 和 ScaleY 属性。这意味着，当按相应的按钮时，该按钮将略微收缩一点，以便针对 Click 事件提供比较优美形象的可视化反馈。图 8-5 显示了处于两种不同状态的按钮。

 注意：在绝大多数情况下，你都想要重复使用控件模板，或者将它们用作某种特定的控件类型的默认模板。你应该将这些模板放置在资源中，以便可以重用。一种比较常见的做法是将控件模板放置在一个样式中，并将该样式设置为某种控件类型的默认样式。

你一定会认为对于实现简单的操作和修改，这种方法所使用代码太多且比较复杂。你可能还想了解如何知道某个控件支持哪种类型的可视状态，以及如何在不重新定义整个控件的模板的情况下修改默认模板。

在绝大多数情况下，你只是想要根据自己的自定义设计来调整控件的

图 8-5　处于 Normal 和 PointerOver 状态的按钮

模板，而不希望从头开始。遗憾的是，Visual Studio 2012 没有提供更多相应的功能来支持这种情况。如果需要可视化设计器来创建新的控件模板，或者编辑现有的控件模板，则应该使用 Microsoft Expression Blend。

Visual Studio 和 Expression Blend 共享相同的项目结构，这意味着，可以将自己的项目加载到 Blend 中。Blend 主要用于面向交互设计师，但开发人员也可以使用该工具。

8.2.3　使用 Expression Blend

Microsoft Expression Blend 非常适合用于揭示控件的原始模板，或者为你显示控件支持的可视状态类型。在设计器界面上，可以轻松地调整可视化结构，或者创建动画以对控件进行自定义设置。图 8-6 显示了 Microsoft Expression Blend 的外观。

第Ⅱ部分 创建 Windows 8 应用程序

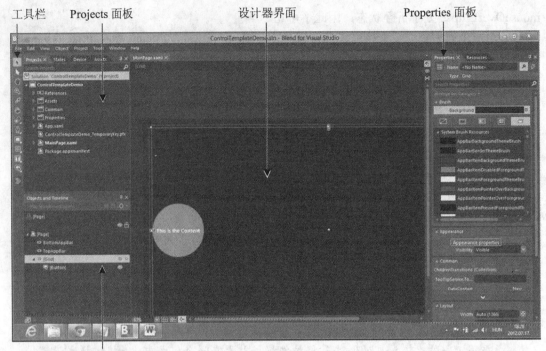

图 8-6 Microsoft Expression Blend

1. 工具栏

图 8-7 显示了 Expression Blend 工具栏。

在工具栏上，你会发现一些非常有用的工具，可以帮助你更加轻松地构建 UI。其中，最重要的工具是选择工具，即以鼠标光标表示的第一个图标。如果该工具处于活动状态，那么可以在设计器界面上选择和移动项目。

如果向 UI 中添加一个控件，则将切换到"绘图模式"中。这意味着，当单击设计器界面(或者设计器界面上的任何项目)时，将开始绘制与之前添加的控件相同的控件。如果想要切换回选择模式，就应该单击工具栏上的选择工具(或者按 V 键)。

图 8-7 Expression Blend 工具栏

 注意：后面将介绍有关设计器界面及其模式的更多详细信息。

在工具栏的下半部分中，也可以找到一些控件。如果按住 Button、TextBlock、Grid 或 Rectangle 控件，则将显示其他选项(也就是，同一类别中的其他控件)。如果只是单击这些工具栏项目，则切换到绘图模式中。可以在设计器界面上绘制这些控件，就像在 Microsoft "画图"工具中所做的那样。

2. Projects 面板

图 8-8 中所示的 Projects 面板基本上就是 Visual Studio 的解决方案资源管理器的 Blend 版本。可以看到与你的解决方案相关联的文件。

3. Assets 面板

图 8-9 中所示的 Assets 面板包含可以添加到 UI 中的所有内容，并将这些内容分组为多个不同的类别。可以在该面板中找到控件、面板、图形、媒体元素、样式等。此外，它还支持搜索控件。如果需要一个 Button 控件，则只需找到该控件，并将其拖放到设计器界面上。

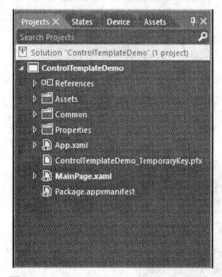
图 8-8　Expression Blend 的 Projects 面板

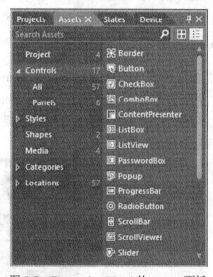
图 8-9　Expression Blend 的 Assets 面板

4. States 面板

图 8-10 中所示的 States 面板可显示控件支持的可视状态。如果选择一种可视状态，则设计器界面将切换到该状态。更改的任何属性都将作为情节提要中的动画添加到活动的可视状态中。设计器界面周围的红色边框以及显示的消息向你发出警告，指出你正处于可视状态编辑模式。

5. Device 面板

图 8-11 中显示的 Device 面板可帮助你模拟 Windows 8 设备的不同属性。可以模拟方向、贴靠状态、分辨率、主题以及指定应用程序部署位置的选项，包括远程设备、本地设备或模拟器。

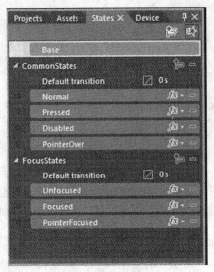 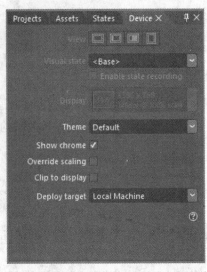

图 8-10　Expression Blend 的 States 面板　　　　图 8-11　Expression Blend 的 Device 面板

6. Objects and Timeline 面板

图 8-12 中所示的 Objects and Timeline 面板可显示页面上的控件的可视化树。可以看到自己构建的整个层次结构。选择树结构中的任何节点也会在设计器界面中选择相应的控件。也可以在树结构中拖放项目。该面板还提供一个选项，用于切换到时间线模式，以及创建和管理复杂的情节提要。

图 8-12　Expression Blend 的 Objects and Timeline 面板

7. 设计器界面

图 8-13 中显示的设计器界面支持下面三种不同的模式：

- **设计模式**——在该模式中，你处于完全可视化设计器模式，不会看到任何 XAML 代码。

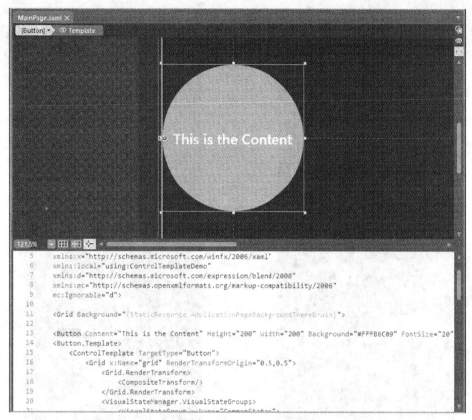

图 8-13　处于拆分模式的 Expression Blend 设计器界面

- **代码模式**——在该模式中，你可以看到和编辑 XAML 代码，但是无法看到可视化表示形式。
- **拆分模式**——在该模式中，你既可以看到XAML代码编辑器，也可以看到可视化编辑器，并且可以在两个编辑器中进行编辑，而Expression Blend可以使两个视图保持同步。

8. Properties 面板

图 8-14 中显示的 Properties 面板与你在 Visual Studio 2012 中看到的 Properties 面板非常类似。实际上，Visual Studio 就是采用了 Expression Blend 的 Properties 面板。当选中某个元素时，其对应的所有属性都会在该部分中列出。当切换到事件模式时，还可以使用 Properties 面板来订阅事件。但是，该选项很少使用，因为绝大多数编码操作都是在 Visual Studio 2012 中完成的。

9. Resources 面板

通过图 8-15 中显示的 Resources 面板，可以大致了解整个应用程序中的所有资源。在该面板上，可以在各部分之间移动资源，并且还可以对某些资源就地进行编辑。使用拖放功能，可以将资源应用于位于设计器界面中的元素。

图 8-14　Expression Blend 的 Properties 面板　　图 8-15　Expression Blend 的 Resources 面板

注意：在实际操作中，可以同时使用 Expression Blend 和 Visual Studio，这一点对于软件开发人员具有很大的价值。需要做的只是在两个应用程序中打开自己的项目。但也要格外谨慎！有一点应该始终牢记，那就是，如果使用 Expression Blend 更改任何内容，那么必须先保存文件，然后才能切换回 Visual Studio。否则，Visual Studio 将覆盖你所做的所有更改。当然，对于从 Visual Studio 切换到 Expression Blend 的情况也是如此。如果在活动 IDE 中保存文件，那么当切换到另一个 IDE 中时，它会向你发出警告，提示你应该重新加载该文件，因为另一个应用程序对其进行了更改。在这种情况下，你应该接受建议并执行重新加载操作。

在接下来的练习中，将使用 Expression Blend 创建在之前设计的按钮。

注意：可以在本书的合作站点 www.wrox.com 上找到本练习对应的完整代码进行下载，具体位置为 ControlTemplateDemo 文件夹。

第 8 章 使用 XAML 控件

试一试 使用 Expression Blend 对模板进行自定义

(1) 打开 Expression Blend，并选择 New Project。

(2) 在 New Project 对话框中，确保选中 XAML 选项。选择 Blank App (XAML)模板。

(3) 将应用程序命名为 ControlTemplateDemo。单击(或点击)OK 按钮。

(4) 在工具栏上，选择 Button 控件。图 8-16 显示了工具栏上的 Button 控件。

(5) 使用鼠标在设计器界面上绘制一个 Button 控件。

(6) 单击 Properties 面板以查看新按钮的属性。

(7) 单击 Background 属性，并从调色板中选择橙色底纹。

(8) 在 Properties 面板中，找到 Layout 部分，并将 Width 和 Height 属性都设置为 200。

(9) 在 Properties 面板中，找到 Text 部分，并将 FontSize 属性设置为 20。

(10) 右击 Button，然后从显示的上下文菜单中选择 Edit Template。

图 8-16　工具栏上的 Button 控件

(11) Edit Template 提供了很多选项。选择 Edit a Copy。

(12) 输入 MyButtonTemplate 作为资源的名称，然后单击 OK 按钮。

(13) 查看 Objects and Timeline 面板。可以看到 Button 控件的原始内部结构。

(14) 在 Objects and Timeline 面板上，右击 Template 根项目下的顶级项目。从显示的上下文菜单中选择 Delete。

(15) 在工具栏上，双击 Grid 面板。图 8-17 显示了工具栏上的 Grid 面板。

(16) 在工具栏上，按住矩形，然后从列表中选择椭圆形。

(17) 双击椭圆形。

(18) 单击 Assets 面板将其激活。

(19) 在Search TextBox中，开始输入单词contentpresenter。当结果列表找到ContentPresenter 控件时，双击该控件。

(20) 在工具栏上，单击并按住矩形工具，然后从弹出菜单中选择椭圆形。双击该椭圆形。图 8-18 显示了工具栏上的 Rectangle 工具。

(21) 在 Properties 面板上，在 Name TextBox 中输入 mouseOverEllipse。

(22) 在 Objects and Timeline 面板上，选择第一个椭圆形。在 Properties 面板上，找到 Fill 属性。在 Fill 属性旁边，有一个小的灰色矩形，当将鼠标悬停在该矩形上面时，会在工具提示中显示文本"Default"。单击该矩形，并选择 Template Binding 选项。在 Template Binding 选项提供的列表中，选择 Background。

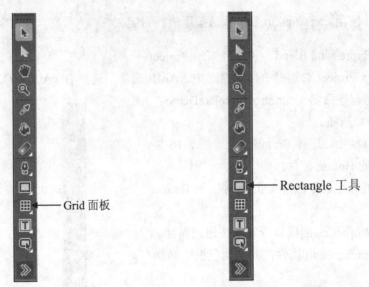

图 8-17　工具栏上的 Grid 面板　　　图 8-18　工具栏上的 Rectangle 工具

(23) 在 Objects and Timeline 面板上，选择 ContentPresenter。在 Properties 面板上的 Search TextBox 中，开始输入单词 horizontalcontentalignment。在 HorizontalContentAlignment 属性旁边，有一个小的灰色矩形，当将鼠标悬停在该矩形上面时，会在工具提示中显示文本"Default"。单击该矩形，并选择 Template Binding 选项。在 Template Binding 选项提供的列表中，选择 HorizontalAlignment。

(24) 在 Properties 面板上，在 Search TextBox 中，开始输入单词 verticalcontentalignment。在 VerticalContentAlignment 属性旁边，有一个小的灰色矩形，当将鼠标悬停在该矩形上面时，会在工具提示中显示文本"Default"。单击该矩形，并选择 Template Binding 选项。在 Template Binding 选项提供的列表中，选择 VerticalAlignment。

(25) 在 Objects and Timeline 面板上，选择 mouseOverEllipse。在 Properties 面板上，确保 Search TextBox 为空。

(26) 单击 Fill 属性。选择 Gradient brush 选项。

(27) 在调色板编辑器下方，有一个指示器线。小的图形(箭头)表示渐变停止点。单击左侧的箭头，并在 A (Alpha)值旁边的 TextBox 中输入 0。

(28) 单击右侧的箭头，然后在调色板上选择一种浅黄色。

(29) 在 Properties 面板上，找到 Appearance 部分，并将 Visibility 属性设置为 Collapsed。

(30) 单击 States 面板以将其激活。

(31) 选择 PointerOver 可视状态，然后将 Visibility 属性设置为 Visible。

(32) 在设计器界面顶部的痕迹菜单中，单击[Button]退出模板编辑模式。

(33) 按 F5 键运行应用程序。将鼠标移动到按钮上方以测试状态更改情况。

示例说明

在该练习中，所做的操作与在纯 XAML 环境中完全相同。唯一的差别在于，在该示例中，使用 Expression Blend 来执行同样的操作，而没有编写任何代码。

在步骤(1)~(9)中，只是向 Button 控件中添加一些属性(例如，宽度和高度、背景色以及字体大小)。

在步骤(10)~(21)中，为 Button 控件创建控件模板(至少创建其可视化结构)。

在步骤(22)~(24)中，应用模板绑定，以确保某些属性(例如，Button 控件的背景色)绑定到模板中相应控件的属性。

在步骤(25)~(31)中，将 mouseOverEllipse 的行为方式配置为像 Button 控件上突出显示的可视化效果一样，并使用可视状态执行切换。

这些是在练习过程中执行的主要步骤。但是，某些步骤非常重要，需要你了解，因为可以通过这些步骤了解有关 Expression Blend 的很多内容。下面我们简单回顾一下最重要的步骤。

在步骤(2)中，选择 XAML 选项。但是，你可能也已经选择 HTML 选项。Expression Blend 同时支持基于 XAML 和基于 HTML 的开发，这使得它的功能非常强大，并且与众不同。

在步骤(4)中，选择 Button 控件。该操作会将 Expression Blend 转入绘图模式。当鼠标光标移动到设计器界面上时，它将更改为十字准线。当绘制新项目时，会自动将其添加到 Objects and Timeline 面板中的选定项目。同时，还会将该新项目设置为选定项目。现在，Properties 面板将显示新的 Button 控件的属性。

在步骤(8)中，找到 Layout 部分。Properties 面板中的属性分组为不同的部分，这些部分可以折叠，也可以展开。

在步骤(10)中，可以在设计器界面上或者在 Objects and Timeline 面板上单击 Button 控件。当执行右击操作时，这两个部分将以同样的方式进行响应。通过 Edit Template 选项，可以进入控件的模板并对其进行自定义设置。通过选择 Edit a copy 选项，Button 控件的原始内容和结构将可见。如果想要进行细微的调整，那么这是一个非常好的选项。新的对话框为 Resource 对话框。必须指定资源的名称，因为新的控件模板将另存为资源。

在步骤(15)中，当清空原始内容以后，可以通过双击工具栏上的 Grid 面板，向模板中添加一个新的面板。

在步骤(22)中，使用属性选项来访问一些高级功能，例如，模板绑定、数据绑定或引用资源。Template Binding 选项只显示可以绑定到的父控件的合适属性。

在步骤(31)中，激活 PointerOver 可视状态。当单击该状态时，设计器界面会立即显示一个红色边框以及一条消息，指示录制处于打开状态。现在在 Properties 面板上设置的所有内容都会成为将在激活该状态时运行的动画的一部分。

上面的操作似乎包含很多步骤。但是，不用担心，一旦你了解了 Expression Blend 并且实际使用一段时间，上述过程可能在一分钟之内就能完成，这样就可以在自定义 UI 时大大提高工作效率。

8.3 使用复杂控件

对于 Windows 8 风格应用程序设计原则和具有默认样式的基本控件组，其中一个主要的优势在于能够在应用程序和 Windows 操作系统中创建统一的用户体验。随着你使用的 Windows 8 风格应用程序越来越多，便会在 UI 中注意到很多类似的内容以及熟悉的概念。这些应用程序可能会使用类似的列表控件，并具有类似的布局。用于这些控件的交互模式和手势都相同。从用户体验的角度来说，这非常好，特别是对于缩短满怀自信地使用应用程序所需的时间更是大有裨益。

这种相似性来源于一些设计良好的 UI 模式，这些模式由内置的复杂控件构成，例如，GridView、ListView、FlipView、SemanticZoom 或 AppBar 控件。使用这些控件，可以使应用程序更易于理解，并让用户更为熟悉。

8.3.1 了解 ListViewBase 控件

复杂的列表控件派生自 ListViewBase 类(ListBox 除外)。该类包含复杂 Windows 8 风格列表控件所需的所有逻辑。派生自 ListViewBase 的类支持支持很多功能，例如，针对触控和鼠标进行优化的交互模式、按需异步加载、分组、多项选择以及语义式缩放等。

ListView 和 GridView 控件派生自 ListViewBase，这意味着，使用这些控件，可以自由获取前面提到的这些功能。对于 ListView 和 GridView 控件，另外一个非常有意思的方面在于它们非常类似。这些控件不会在 ListViewBase 中创造附加的属性，但它们在呈现数据方面大相径庭。

8.3.2 使用 GridView 控件

图 8-19 中所示的 GridView 控件表示水平滚动项目网格。在许多需要排列照片的应用程序中都可以看到该布局。通常情况下，新闻和照片应用程序倾向于使用这种布局格式。

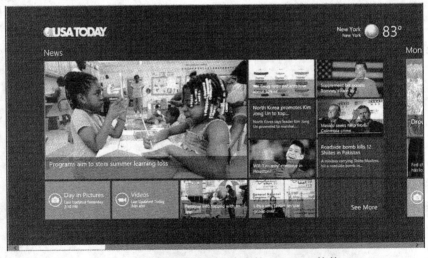

图 8-19　USA Today 应用程序中的 GridView 控件

1. 绑定到数据

GridView 控件是一个 ItemsControl，因此，它会公开像 Items 和 ItemsSource 等可以用于将项目列表指定为数据源的属性。将 GridView 绑定到集合就像将任何 ItemsControl 绑定到集合一样简单。

 注意：第 7 章提供了有关 ItemsControl、Items 和 ItemsSource 的更多详细信息。

下面的代码示例说明如何绑定到 GridView：

```xaml
<Page.Resources>
  <local:PlayersCollection x:Key="players"/>
<Page.Resources>

<GridView ItemsSource="{Binding Source={StaticResource players}}"
 Margin="0,120,0,0" MaxHeight="500">
  <GridView.ItemTemplate>
    <DataTemplate>
      <StackPanel Margin="20">
        <TextBlock Text="{Binding Name}" FontWeight="Bold" />
        <TextBlock Text="{Binding BirthDate}"/>
        <CheckBox Content="Complete" IsChecked="{Binding
          IsTeamCaptain}" IsEnabled="False"/>
      </StackPanel>
    </DataTemplate>
  </GridView.ItemTemplate>
</GridView>
```

该代码段绑定到一个运动员集合。该集合位于 Page.Resources 部分中。当使用绑定设置 ItemsSource 属性时，可以将 Source 引用为 StaticResource。该 GridView 还配置为使用自定义 ItemTemplate 显示项目。所有这些功能的工作方式都与处理简单 ItemsControl 时完全相同。

如果有很多数据需要显示，那么可能想要以可视化方式对其进行分组，以便用户可以更加轻松地处理显示的信息。分组不是一项特定于 GridView 的功能。ListViewBase 类也支持该功能。

2. 分组数据

分组以便以可视和逻辑的方式为数据进行分区非常常见。但是，更改数据集合的原始结构和内容在性能方面要付出非常昂贵的代价。它还需要编写大量的代码。为了解决此问题，可以使用一个称为 CollectionViewSource 的类。

CollectionViewSource 会将原始集合封装起来，无论你执行什么操作(例如，排序、分组或筛选)都使其保持不变。可以更改、添加或删除排序、分组和筛选规则，但原始集合完全不会发生更改。

要对 CollectionViewSource 启用分组,请按照下面的步骤进行操作。

(1) 将 CollectionViewSource 对象的 Source 属性设置为分组数据。

(2) 将 IsSourceGrouped 属性设置为 true。这样便会对数据启用分组。

(3) 将 ItemsPath 属性设置为表示组中项目的属性的名称。

下面的代码示例说明 CollectionViewSource 类的使用情况:

```
<Page.Resources>
  <CollectionViewSource x:Name="teamsList" IsSourceGrouped="True"
    ItemsPath="Players"/>
<Page.Resources>

<GridView ItemsSource="{Binding Source={StaticResource teamsList}}"
  Margin="0,120,0,0" MaxHeight="500">
    …
</GridView>
```

在该示例中,你有一个 Team 对象集合。每个 Team 对象都有一个 Player 对象集合。这里需要做的是将球队用作组,将运动员用作组项。该代码段配置 CollectionViewSource 以支持这种情况。

请注意,在上面的代码段中,并未设置 Source 属性。这是因为,在绝大多数情况中,将在代码隐藏文件中使用代码来执行此操作。可以将 Source 属性设置为任何集合。

3. 定义可视化组

尽管 CollectionViewSource 已经准备好在分组视图中显示,但是 GridView 仍然需要进行一些优化。GridView 需要知道应该使用哪个属性来显示分组标题。可以使用 GroupStyle 属性对此进行指定。

通过 GroupStyle 属性,可以对分组的可视化表示形式进行彻底的自定义。GroupStyle 属性会定义一个 HeaderTemplate,用于对标题的外观进行自定义设置。

下面的代码示例说明 GroupStyle 的定义:

```
<Page.Resources>
  <CollectionViewSource x:Name="teamsList" IsSourceGrouped="True"
    ItemsPath="Players"/>
<Page.Resources>

<GridView ItemsSource="{Binding Source={StaticResource teamsList}}"
  Margin="0,120,0,0" MaxHeight="500">
    <GridView.ItemTemplate>
      <DataTemplate>
        <StackPanel Margin="20">
          <TextBlock Text="{Binding Name}" FontWeight="Bold" />
          <TextBlock Text="{Binding BirthDate}"/>
```

```xml
        <CheckBox Content="Complete" IsChecked="{Binding
            IsTeamCaptain}" IsEnabled="False"/>
      </StackPanel>
    </DataTemplate>
  </GridView.ItemTemplate>

  <GridView.GroupStyle>
    <GroupStyle HidesIfEmpty="True">
      <GroupStyle.HeaderTemplate>
        <DataTemplate>
          <Grid Background="LightGray">
            <TextBlock Text='{Binding TeamName}'
                       Foreground="Black" Margin="30"
                       Style="{StaticResource HeaderTextStyle}"/>
          </Grid>
        </DataTemplate>
      </GroupStyle.HeaderTemplate>

      <GroupStyle.Panel>
        <ItemsPanelTemplate>
          <VariableSizedWrapGrid/>
        </ItemsPanelTemplate>
      </GroupStyle.Panel>
    </GroupStyle>
  </GridView.GroupStyle>

</GridView>
```

该代码示例显示按 Team 分组的 Player。在 GroupStyle 中，定义一些属性，如下所述：
- HidesIfEmpty 属性，用于定义当组中不包含任何项目时是否显示该组。
- HeaderTemplate 属性，用于定义应该在组的标题中显示哪些数据。该属性绑定到 TeamName 属性。
- TextBlock 用于表示标题文本的样式引用 HeaderTextStyle 系统资源。
- 覆盖组的默认面板。使用 GroupStyle.Panel 属性，把它设置为使用 VariableSizedWrapGrid。

正如所见，可以使用很多属性和选项来自定义 GridView 控件的分组功能。

8.3.3 使用 ListView 控件

ListView 控件是一个垂直排列的可滚动项目列表。该控件一个接一个表示项目，同时支持一些功能，以便于用户使用和了解。默认情况下，ListView 没有可视化表示形式。只会呈现其中包含的项目。图 8-20 显示的是在 PC Settings 应用程序中使用的 ListView 控件。其中，设置组表示为一个垂直项目列表。

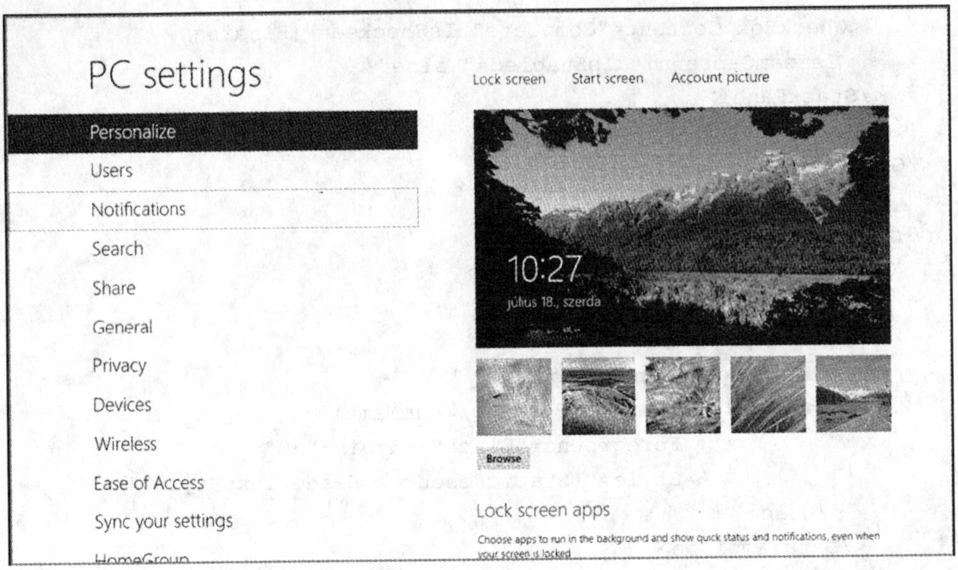

图 8-20 PC Settings 应用程序中的 ListView 控件

1. 比较 ListView 与 ListBox

ListBox 和 ListView 都属于 ItemsControl，并且它们的行为方式非常类似。这两种控件都用于以可视化方式排列项目列表。默认情况下，这些控件以垂直堆叠的形式显示包含的项目。

但是，二者之间存在一些细微但非常重要的差别。从技术的角度，它们具有不同的基类。ListBox 直接继承自 Selector 类，而 ListView 继承自 ListViewBase 类。除此之外，这两种控件之间的重要差别源于它们的默认可视化外观。

ListView 控件在设计时考虑了 Windows 8 风格原则和触控应用程序，而 ListBox 控件更像是遗留下来的东西。默认情况下，ListView 控件为其项目提供更多的空间，以便更适合于对其进行触控操作，并且它没有像 ListBox 那样的可视化外观。

对于触控和选择，它们的行为也大相径庭。当尝试滚动 ListBox 控件的内容时，会注意到它将突出显示第一个点击的元素。由于滚动和选择操作使用相同的触控手势开始，因此，ListBox 控件在一开始无法了解二者的差别。

ListView 对于选择操作使用完全不同的手势和鼠标操作，因此在这种情况下不会出现上述问题。此外，ListView 还支持动画库中的切换和动画，以便当在列表中添加或移除项目时，帮助用户更加轻松地了解发生了什么操作。

这些就是这两种控件之间细微但非常重要的差别。在 Windows 8 风格应用程序中，建议首选 ListView 控件。

下面的代码示例显示如何使用 ListView 控件：

```
<ListView ItemsSource="{Binding Source={StaticResource players}}">
  <ListView.ItemTemplate>
    <DataTemplate>
      <Grid Height="100" Margin="8">
```

```
        <Grid.ColumnDefinitions>
          <ColumnDefinition Width="Auto"/>
          <ColumnDefinition Width="*"/>
        </Grid.ColumnDefinitions>
        <Border Width="100" Height="100">
          <Image Source="{Binding PlayerPhoto}" Stretch="UniformToFill"/>
        </Border>
        <StackPanel Grid.Column="1" VerticalAlignment="Top"
          Margin="8,0,0,0">
          <TextBlock Text="{Binding Name}"/>
          <TextBlock Text="{Binding BirthDate}"/>
          <TextBlock Text="{Binding TeamName}"/>
        </StackPanel>
      </Grid>
    </DataTemplate>
  </ListView.ItemTemplate>
</ListView>
```

该代码示例以垂直形式显示运动员列表。每个项目都有一个 Image，用于显示 Player 的照片。在照片的旁边，显示姓名、出生日期以及球队名称信息。

8.3.4 使用 FlipView 控件

FlipView 控件属于 ItemsControl，一次仅显示一个项目。FlipView 控件仅关注于列表中的一个项目，这一概念尽管听起来有点奇怪，但是非常有用。可以将该控件当成一个表示具有很多页面的详细信息视图的控件。如果使用触控设备，那么当用户使用轻扫手势更改当前项目时，FlipView 控件可提供流畅的切换效果。如果用户使用鼠标作为输入设备，那么该控件可在两侧提供页导航控件。图 8-21 显示使用中的 FlipView 控件。

图 8-21　Photos 应用程序中的 FlipView 控件

下面的代码段说明 FlipView 控件的使用情况：

```xml
<FlipView Width="480" Height="250 ItemsSource="{Binding Photos}"/>
  <FlipView.ItemTemplate>
    <DataTemplate>
      <Grid>
        <Image Width="480" Height="250" Source="{Binding Image}"
            Stretch="UniformToFill"/>
        <Border Height="80" VerticalAlignment="Bottom">
          <TextBlock Text="{Binding ImageTitle}"/>
        </Border>
      </Grid>
    </DataTemplate>
  </FlipView.ItemTemplate>
</FlipView>
```

请注意 FlipView 控件如何使用 ItemTemplate 属性来定义单个项目应该采用的显示方式。不过，该控件仍然一次只能显示一个项目。

8.3.5 使用 SemanticZoom

毫无疑问，SemanticZoom 控件是 Windows 8 风格应用程序中最为炫酷的功能。通过 SemanticZoom 控件，可以定义两个不同的缩放级别，用于显示同一组数据。这意味着，如果拥有很多数据，那么可以创建一个详细的缩放级别，其中可以看到每个数据片段，同时还可以定义数据的概述表示形式。SemanticZoom 控件在两个级别之间提供完美的切换，同时也支持手势。可以使用收缩和缩放手势在两种缩放级别之间进行切换。

SemanticZoom 控件具有两个属性，分别对应于两种缩放级别：

- ZoomedOutView
- ZoomedInView

可以将任何实现ISemanticZoomInformation接口的控件添加到这些属性中。XAML框架提供两种实现该接口的控件，分别是GridView和ListView。图 8-22 显示使用SemanticZoom 控件的Windows 8 开始菜单。

注意：不要将 SemanticZoom 与视觉缩放相混淆。SemanticZoom 提供同一组数据的不同表示形式，而视觉缩放不会更改视图。它只是放大可查看的区域。

下面的代码示例显示如何使用 SemanticZoom：

```xml
<SemanticZoom>
  <SemanticZoom.ZoomedOutView>
    <!--此处为已缩小视图的 GridView 或 ListView -->
  </SemanticZoom.ZoomedOutView>
  <SemanticZoom.ZoomedInView>
    <!--此处为已放大视图的 GridView 或 ListView -->
  </SemanticZoom.ZoomedInView>
</SemanticZoom>
```

第 8 章 使用 XAML 控件

在接下来的练习中，你将了解到如何使用 Windows 8 中的新控件，同时，还将学习有关准备好的应用程序模板的更多信息。

 注意：可以在本书的合作站点 www.wrox.com 上找到本练习对应的完整代码进行下载，具体位置为 ComplexControlsDemo 文件夹。

图 8-22　使用 SemanticZoom 控件的 Windows 8 Start 菜单

试一试　使用 Windows 8 中的复杂控件

(1) 打开 Visual Studio 2012 并选择 File | New | Project。

(2) New Project 对话框提供大量用于 Windows 8 风格应用程序的 XAML 应用程序模板。选择 GridApp (XAML)模板。

(3) 将项目命名为 ComplexControlsDemo。单击或点击 OK 按钮。

(4) 按或点击 F5 键运行应用程序。

(5) 尝试滚动应用程序。然后选择一个 GridViewItem 并单击它。

(6) 详细信息页是一个 FlipView 控件。尝试使用屏幕左边和右边的箭头，或者使用轻扫手势来更改当前活动的项目。

示例说明

正如所见，该模板创建一个示例应用程序和一个基线结构以便你开始使用。现在，需要了解该代码示例中的每一部分，以便能够改进或者重用它，这一点非常重要。

首先，我们来研究一下数据模型。该解决方案拥有一个 DataModel 文件夹，其中包含 SampleDataSource.cs 文件。如果打开该文件，将看到 SampleDataSource 类。该类仅公开一个称为 AllGroups 的属性。AllGroups 属性的类型为 ObservableCollection<SampleDataGroup>，这意味着，组中的每个项目都是一个 SampleDataGroup 实例。

SampleDataGroup类公开两个集合，分别是Items和TopItems。这两个集合都包含SampleDataItem。每个SampleDataItem都有Content以及对其Group的引用。SampleDataGroup和SampleDataItem都继承自SampleDataCommon。

该基类包含包含这些类的一些常见属性(Title、Subtitle、Description、Image、UniqueId)。因此，组和项目都有 Title 和 Subtitle 属性。SampleDataSource 类为该模型层次结构创建很多示例数据。

现在，打开 GroupedItemsPage.xaml 文件。GridView 位于该文件中。找到 Page.Resources 部分。在该部分中，你将找到一个配置的 CollectionViewSource。由于你想要显示分组的数据，因此，CollectionViewSource 可以作为一个非常便捷的对象来帮助你实现这一目标。

可以看到，Source 属性绑定到 Groups 属性，IsSourceGrouped 属性设置为 true，而 ItemsPath 属性绑定到 TopItems，示例代码如下：

```xml
<CollectionViewSource
        x:Name="groupedItemsViewSource"
        Source="{Binding Groups}"
        IsSourceGrouped="true"
        ItemsPath="TopItems"
        d:Source="{Binding AllGroups, Source={d:DesignInstance
          Type=data:SampleDataSource, IsDesignTimeCreatable=True}}"/>
```

如果将一个 GridView 绑定到该 CollectionViewSource，那么它将绑定到前面检查的一个分组数据集合。

现在，找到名为itemGridView的GridView。把其ItemsSource绑定到CollectionViewSource。IsItemClickEnabled属性设置为true，因此，当用户单击或触控GridView中的一个项目时，将触发ItemClick事件。你通过ItemView_ItemClick事件来订阅该事件。如果仔细观察GridView，就会发现同时也设置了很多其他内容，例如，一个自定义GroupStyle或者GridView的一个自定义面板。

```xml
<GridView
  x:Name="itemGridView"
  AutomationProperties.AutomationId="ItemGridView"
  AutomationProperties.Name="Grouped Items"
  Grid.Row="1"
  Margin="0,-3,0,0"
  Padding="116,0,40,46"
  ItemsSource="{Binding Source={StaticResource groupedItemsViewSource}}"
  ItemTemplate="{StaticResource Standard250x250ItemTemplate}"
  SelectionMode="None"
  IsItemClickEnabled="True"
  ItemClick="ItemView_ItemClick">

  <GridView.ItemsPanel>
    <ItemsPanelTemplate>
      <VirtualizingStackPanel Orientation="Horizontal"/>
```

```xml
        </ItemsPanelTemplate>
      </GridView.ItemsPanel>
      <GridView.GroupStyle>
        <GroupStyle>
          <GroupStyle.HeaderTemplate>
            <DataTemplate>
              <Grid Margin="1,0,0,6">
                <Button
                  AutomationProperties.Name="Group Title"
                  Content="{Binding Title}"
                  Click="Header_Click"
                  Style="{StaticResource TextButtonStyle}"/>
              </Grid>
            </DataTemplate>
          </GroupStyle.HeaderTemplate>
          <GroupStyle.Panel>
            <ItemsPanelTemplate>
              <VariableSizedWrapGrid Orientation="Vertical"
                Margin="0,0,80,0"/>
            </ItemsPanelTemplate>
          </GroupStyle.Panel>
        </GroupStyle>
      </GridView.GroupStyle>
</GridView>
```

在代码隐藏文件中,该事件处理程序如下所示:

```csharp
void ItemView_ItemClick(object sender, ItemClickEventArgs e)
{
    // 导航到相应的目标页面,通过以导航参数的形式
    // 传递所需信息来配置新页面
    var itemId = ((SampleDataItem)e.ClickedItem).UniqueId;
    this.Frame.Navigate(typeof(ItemDetailPage), itemId);
}
```

这意味着,如果单击 GridView 的某个项目,ItemClickEventArgs 将通过 ClickedItem 属性通知你单击的是哪个项目。它仍然是一个对象,因此,你必须将其强制转换为相应的类型,即 SampleDataItem 类型。然后,可以开始导航到 ItemDetailPage,同时作为新页面的参数传递 UniqueId。

ItemDetailPage的工作方式与此非常类似。它使用CollectionViewSource,只不过这次把它绑定到一个FlipView控件。在其ItemTemplate中的FlipView控件定义整个UserControl,以显示当前选定(显示的)项目的所有内容。

注意:进一步研究该模板非常值得。它说明本章中没有介绍的其他一些 Windows 8 风格应用程序功能。此外,它还引入一些非常精美且实用的图案,可供你稍后在应用程序中使用。

8.3.6 使用 AppBar 控件

在很多情况中，你都会面临这样一种情况，那就是你想要向 UI 中添加额外的功能、命令或操作，但不希望在内容区域专门留出相应的空间以及额外的可视化形式。Windows 8 风格应用程序针对上述问题提供一种非常好的解决方案。使用一种 Windows 8 风格模式，即 AppBar 控件，可以针对该问题构建一种统一的解决方案。

每个 Page 都有两个 AppBar 区域，即 TopAppBar 和 BottomAppBar。如果遵循 Windows 8 风格应用程序设计原则，那么应该使用 TopAppBar 添加导航控件(例如，后退按钮)，而使用 BottomAppBar 显示与应用程序和当前页面相关的命令与工具。图 8-23 显示实际使用中的 AppBar 控件。

下面的代码示例说明如何使用 AppBar 控件：

```
<Page.TopAppBar>
  <AppBar>
    <StackPanel Orientation="Horizontal" HorizontalAlignment="Right">
      <Button Style="{StaticResource RemoveAppBarButtonStyle}"
        Click="RemoveButton_Click"/>
      <Button Style="{StaticResource AddAppBarButtonStyle}"
        Click="AddButton_Click"/>
    </StackPanel>
  </AppBar>
</Page.TopAppBar>
```

图 8-23　AppBar 控件

8.4　小结

动画使应用程序更加贴近实际生活。使用动画库，可以创建流畅、统一的用户体验，但是，除了这些预定义的动画以外，还可以创建自定义动画。

第 8 章 使用 XAML 控件

使用转换和投影，可以应用自己能够想到的任何动画类型，同时仍然保持应用程序高效运行。甚至可以创建一种使用类似三维效果的转换的意识。

使用控件模板，可以彻底改变控件的可视化外观，同时仍然保留控件提供的所有功能。

在 Windows 8 风格应用程序中，提供很多激动人心的方式，以使用一些特定的复杂控件来显示数据，这些控件包括 GridView、ListView、FlipView 或者 SemanticZoom 等。

第 9 章将介绍更多与操作系统集成的信息，以便使用操作系统提供的控件和服务。此外，还将介绍其他一些重要的功能，例如，数据持久性、本地化、通知以及动态磁贴。

练 习

1. 独立动画与从属动画之间的区别是什么？
2. 什么是动画库？
3. 什么是呈现转换？
4. 如何将某个控件的属性绑定到其模板内的另一个属性？
5. 为什么在将集合绑定到 GridView 时应该使用 CollectionViewSource？
6. SemanticZoom 的用途是什么？

注意：可在附录 A 中找到上述练习的答案。

本章主要内容回顾

主　题	主　要　概　念
独立动画	独立动画是在 GPU 上计算的快速、流畅的动画
从属动画	从属动画可能并不是很流畅，因为它们在 CPU 上计算。绝大多数自定义动画都是从属动画，因此，在使用它们时应该格外谨慎
动画库	动画库是一种 API，它可以提供一组预定义的动画和切换，这些动画和切换都是独立动画，并且与 Windows 8 的行为保持一致
情节提要	动画使用情节提要进行控制。一个情节提要可以同时控制多个动画
可视状态	可以为控件分配不同的可视状态。对于每个可视状态，可以定义 UI 的显示形式。可视状态使用情节提要进行描述。当更改状态时，动画负责切换到新的状态
呈现转换	在绝大多数情况下，你都会为转换设置动画。呈现转换在执行布局逻辑以后应用，因此，它不会影响布局。可以对单个 UIElement 应用一个或多个转换

(续表)

主 题	主 要 概 念
控件模板	要更改控件的可视化外观,可以为控件的 Template 属性分配一个新的控件模板。通过控件模板,可以重新定义控件的内部可视化结构,而不影响控件的行为和逻辑
ContentPresenter	如果 ControlTemplate 包含 ContentControl,那么应该为控件明确定义一个占位符,以便它可以在该位置显示对应的内容。可以使用 ContentPresenter 来标记内容应该在控件中放置的位置
CollectionViewsource	CollectionViewSource是一种基于数据集合的视图。它支持分组、排序和筛选功能,而不会影响基础原始集合。对于显示诸如GridView或ListView等复杂控件的数据,这是一种非常好的方式
分组	ItemsControl表示可视化列表。列表中的项目可以使用GroupStyle和HeaderTemplate按照任意属性以可视化方式进行分组

第9章

构建 Windows 8 风格应用程序

本章包含的内容：

- 了解 Windows 8 应用程序的生命周期
- 了解应用程序软件包的角色以及 Windows 8 部署它们的方式
- 使用最常见的命令界面，例如，应用程序栏和上下文菜单
- 将应用设置与设置超级按钮相集成
- 在应用中使用对话框消息
- 持久化应用的状态
- 将应用与 Start 屏幕集成，并使用动态磁贴通知

适用于本章内容的 wrox.com 代码下载

可以在 www.wrox.com/remtitle.cgi?isbn=012680 上的 Download Code 选项卡中找到适用于本章内容的 wrox.com 代码下载。代码位于 Chapter09.zip 下载压缩包中，并且单独进行了命名，如对应的练习所述。

在第 7 章和第 8 章中，你已经了解到如何使用可扩展应用程序标记语言(XAML)为 Windows 8 风格应用程序创建用户界面(UI)，以及一些基本的 UI 控件。Windows 8 风格应用程序使用一组模式来提供统一的用户体验。这一章将介绍有关模式的信息，这些模式可以确定如何使应用程序实现与 Windows 8 操作系统随附的 Windows 8 应用程序相同的用户交互体验。此外，你还将了解到一些有关如何将你的应用与操作系统的开始屏幕相集成的重要细节。

9.1 Windows 8 应用程序的生命周期

在之前的任何 Windows 版本中，甚至是在 Windows 8 的 Desktop 模式中，用户都可以

同时运行多个应用程序，每个应用程序都在自己对应的窗口中显示相应的信息。在这种模式中，尽管用户可能在绝大多数时间里仅仅关注其中的一个应用，但是，每个运行的应用程序都会消耗资源。

对于 Windows 8 风格应用程序，总是有一个前台应用程序占据屏幕并管理用户交互，而其他应用程序处于隐藏状态。Windows 8 操作系统通过一种非常简单的策略来管理资源。位于前台的应用程序获取资源用于提供最佳的用户体验，而位于后台某个位置的应用程序(这些应用程序暂时对用户不可见)在内存中处于冻结状态，除了用于保留它们的内存资源以外，它们不会获得其他任何资源。如果用户在应用程序之间进行切换，并将另一个应用切换回前台，那么该应用将获得资源，而被切换到后台的应用程序将处于冻结状态(也就是说，该应用程序不再占有资源)。

> **注意**：当某个应用程序转入后台时，Windows 8 不会立即将其挂起。在将某个应用挂起之前，操作系统会等待大约 5 秒钟的时间，以防止在应用快速更改的情况下出现不必要的挂起和恢复。

正如所见，Windows 8 应用的生命周期模型与桌面应用程序有所不同。该模型可帮助用户感觉就像你的应用程序永远处于活动状态一样。

9.1.1 应用程序生命周期状态

如图 9-1 所示，Windows 8 应用程序可以处于以下四种状态中的一种：未运行、正在运行、已挂起和已终止。从生命周期的角度，"未运行"和"已终止"状体实际上具有相同的含义，那就是应用程序要么尚未启动，要么已经因任何原因而关闭。

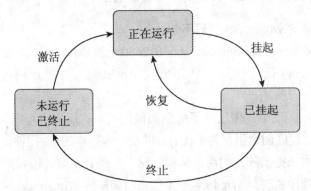

图 9-1 Windows 8 应用程序生命周期

当某个应用程序启动时(由用户启动，或者由另一个应用程序启动)，将激活它，并转入正在运行状态。在该状态中，正在运行的应用程序位于前台，可以获得可用的资源，从而使其能够迅速响应、流畅运行，因此成为用户关注的焦点。通常情况下，只能有一个应用程序处于正在运行状态，如果是在对齐模式中，两个应用并排显示在屏幕上，此时这两个应用都处于正在运行状态。

如果切换到另一个应用,之前位于前台的那个应用将发送到后台,而其状态也将转为已挂起。已挂起的应用程序不会接收 CPU 或其他系统资源,从而可以防止系统资源从前台应用流出。已挂起状态表示处于该状态的应用程序会保留其占用的内存,除此之外,不再占有其他任何资源。

如果用户启动很多应用程序,那么已挂起的应用程序可能会保留过多的内存,从而影响前台应用程序的总体操作和响应能力。在这种情况下,操作系统会终止一个或多个已挂起应用程序,从而确保前台应用获得所需的资源。已停止的应用会转入已终止状态,Windows 8 会关闭这些应用并收回它们占用的内存资源。

该生命周期的结果就是,前台应用程序始终拥有系统可以提供的最大资源,同时也会节约电池电量。当前台应用程序等待用户输入时,它只会消耗非常少的 CPU 周期。而已挂起的应用消耗的系统资源更是微不足道,它们仅仅占用必要的内存资源。

9.1.2 管理应用程序状态更改

从应用程序开发的角度,Windows 8 应用生命周期模型有一些问题。假定一个应用程序显示股票交易率,并且每隔 30 秒刷新一次。当该应用位于前台时,用户可以细致入微地查看发生的变化。但是,如果该应用转入后台,其代码无法运行,于是便无法刷新交易率。因此,当用户在 10 分钟以后将该应用切换回前台时,它显示的是 10 分钟以前的信息,可能需要多花 30 秒钟的时间才能显示当前交易率。

假定在另一个应用位于前台时,之前位于前台的应用程序由于系统资源级别过低而被 Windows 8 终止。我们说,当用户激活应用程序时,他或她希望看到自己上次查看该应用程序时所显示的信息。从应用程序的角度,这种激活就像是在用户将其显式关闭以后重新启动。应用应该知道自己是在终止以后激活的,因此,它可以显示上次所显示的信息,而不是欢迎屏幕。

当应用程序更改其状态时,操作系统会向其发送事件,上述情况可以借助于这种事件进行处理。如表 9-1 所述,这些事件可以在应用程序类(通常在新的 Visual Studio 项目中称为 App)中捕获并进行处理。

表 9-1 应用程序生命周期事件

应用程序事件	图 9-1 中的状态切换	说明
OnLaunched	激活	应用程序要么已经被用户或要么被其他一些应用程序启动。事件处理程序方法接收到一个类型为 LaunchActivatedEventArgs 的参数。可以检查该参数的 Kind 属性,以找出该应用程序的启动方式。PreviousExecutionState 属性会告诉你应用程序在本次激活之前所处的状态。该属性的值(ApplicationExecutionState 枚举值之一)为 Terminated 或 ClosedByUser,分别表示该应用之前由系统关闭的或者由用户关闭

(续表)

应用程序事件	图9-1中的状态切换	说明
Suspending	挂起	由于用户切换到另一个应用,因此,系统将你的应用程序挂起。事件处理程序方法接收到一个 SuspendingEventArgs 参数。在该事件处理程序中,通常会保存应用程序的状态,以便将来应用程序被系统终止时可以对其进行还原。也可以将不必要的资源释放回系统
Resuming	恢复	当用户切换回已挂起应用程序时,将调用该事件处理程序。在该事件处理程序中,可以回收在 Suspending 事件处理程序中释放的资源
No event	终止	当系统需要资源并决定终止应用程序时,它不允许你截获终止进程,因此,没有提供任何事件处理程序来响应终止事件

9.1.3 挂起、恢复和关闭应用程序

Windows 8 要求你坚持挂起和恢复应用程序的策略。当切换到另一个应用程序时,系统不会立即挂起应用程序。它为你留出几秒钟的时间来重新考虑并根据需要切换回原来的应用。在几秒钟以后,如果应用程序仍然位于后台,那么操作系统会将其挂起,并且应用程序对象会接收到 Suspending 事件。

你应该在该事件处理程序方法中实施一些活动,如下所述。

- 可以保存应用程序状态。例如,可以保存在财经应用中最后使用的数据的相关信息。
- 如果对资源持有任何排他锁(例如,你锁定一个在应用程序中使用的文件),那么可以在财经应用挂起时释放该锁,并为其他应用提供对该文件的访问权限。
- 如果可能,可以减少内存使用量。例如,如果在内存中保留一个较大的矩阵用于加速特定的操作,那么可以将其保存到磁盘上,并释放其占用的内存资源。

操作系统对应用要求非常严苛。应用最多拥有 5 秒钟的时间来执行所有活动。如果 Suspending 事件没有在 5 秒钟内返回,该应用将被终止。该应用不应该启动可能会阻止执行的操作(例如,弹出消息以及等待用户输入,或者向 Internet 上传数据)。

当切换回已挂起的应用程序时,操作系统会将其转入前台,并且应用程序会立即接收到 Resuming 事件。在这段时间里,可以还原继续应用程序的正常操作所需的所有信息,如下所述。

- 可以还原应用程序状态。
- 可以将数据重新加载到内存中,之前为了降低内存使用量,把这些数据保存在 Suspending 事件中。

在从已挂起状态恢复应用程序时,操作系统不会限制还原应用程序的数据和 UI 所花费的时间。

Windows 8 允许你在关闭应用程序时保存其状态。如果用户显式关闭应用程序(通过按

Alt+F4 快捷键，或者使用关闭手势)，该应用会立即转入后台。但是，该应用并不会立即关闭。操作系统会等待几秒钟的时间，然后将该应用程序挂起。该应用程序会接收到一个 Suspending 事件，并有 5 秒钟的时间来保存其状态。在从事件处理程序返回以后(或者 5 秒钟的时间过去以后)，操作系统才会关闭相应的应用程序进程。

现在，你已经了解了 Windows 8 应用程序生命周期管理的基本原理，下面便可以开始实际使用。

9.1.4 使用应用程序生命周期事件

下面我们创建一个非功能性应用程序，来说明如何处理生命周期事件。该应用程序可以提供以下功能。

- 跟踪应用程序生命周期事件并保存它们。
- 当激活应用程序时，它还原保存的状态。
- 它可以模拟超过操作系统允许的 5 秒响应时间的错误挂起事件处理程序。

要检查生命周期事件，可以从准备好的应用程序 AppLifeCycleDemo Start 解决方案开始，该解决方案位于 Chapter09.zip 下载压缩包中。

注意：可在本书的合作站点 www.wrox.com 上找到本练习对应的完整代码进行下载，具体位置为 AppLifeCycleDemo Complete 文件夹。

试一试 使用应用程序生命周期事件

要完成上述准备好的应用程序并检查生命周期事件，请按照下面的步骤进行操作。

(1) 使用 File | Open Project 命令(或者按 Ctrl+Shift+O 组合键)，从本章对应的下载压缩包中的 AppLifeCycleDemo Start 文件夹打开 AppLifeCycleDemo.sln 文件。该解决方案包含一个 EventTracer.cs 文件，其中具有一个负责记录跟踪消息的静态类。MainPage.xaml.cs 和 App.xaml.cs 文件预先准备了一些空方法。在该练习中，你将完成这些方法。

(2) 在解决方案资源管理器中，双击 App.xaml.cs 文件以将其打开。在默认构造函数的主体中插入下面粗体形式的代码：

```
public App()
{
  this.InitializeComponent();
  this.Suspending += OnSuspending;
  this.Resuming += OnResuming;
  DelayOnSuspending = TimeSpan.FromMilliseconds(100);
}
```

(3) 在代码编辑器中，向下滚动到 OnSuspending()方法。在操作系统挂起该应用程序之前，会调用该方法。将下面粗体形式的代码复制到方法主体中，并在方法标头中添加 async

修饰符：

```
private async void OnSuspending(object sender, SuspendingEventArgs e)
{
  var deferral = e.SuspendingOperation.GetDeferral();
  EventTracer.WriteLine("Application is being suspended.");
  await Task.Delay(DelayOnSuspending);
  EventTracer.WriteLine("The app has {0} ms left after saving its state.",
    (e.SuspendingOperation.Deadline - DateTime.Now).TotalMilliseconds);
  deferral.Complete();
}
```

(4) 要跟踪应用程序恢复的时间，请向下滚动到 OnResuming()方法，并将下面粗体形式的代码复制到方法主体中：

```
void OnResuming(object sender, object e)
{
  EventTracer.WriteLine("Application is being resumed.");
}
```

(5) 当应用程序启动时，它可以还原其保存的状态。为了实现该功能，请导航到 OnLaunched()方法。将下面粗体形式的代码复制到方法主体中：

```
protected override void OnLaunched(LaunchActivatedEventArgs args)
{
  EventTracer.WriteLine(
    "Application launched. (Kind='{0}', PreviousExecutionState='{1}')",
    args.Kind, args.PreviousExecutionState);

  if (args.PreviousExecutionState == ApplicationExecutionState.Running)
  {
    Window.Current.Activate();
    return;
  }

  var rootFrame = new Frame();
  if (!rootFrame.Navigate(typeof(MainPage)))
  {
    throw new Exception("Failed to create initial page");
  }

  Window.Current.Content = rootFrame;
  Window.Current.Activate();
}
```

(6) 此时，App.xaml.cs 文件中的代码应该如下所示(为简便起见，删除了注释)：

```
using System;
using System.Threading.Tasks;
using Windows.ApplicationModel;
```

```csharp
using Windows.ApplicationModel.Activation;
using Windows.UI.Xaml;
using Windows.UI.Xaml.Controls;
namespace AppLifeCycleDemo

{
sealed partial class App : Application
{
  private const string APP_DATA_FILE = "MyAppData.txt";

  public App()
  {
    this.InitializeComponent();
    this.Suspending += OnSuspending;
    this.Resuming += OnResuming;
    DelayOnSuspending = TimeSpan.FromMilliseconds(100);
  }

  protected override void OnLaunched(LaunchActivatedEventArgs args)
  {
    EventTracer.WriteLine(
      "Application launched. (Kind='{0}', PreviousExecutionState='{1}')",
        args.Kind, args.PreviousExecutionState);

      if (args.PreviousExecutionState == ApplicationExecutionState.Running)
      {
        Window.Current.Activate();
        return;
      }
      var rootFrame = new Frame();
      if (!rootFrame.Navigate(typeof(MainPage)))
      {
        throw new Exception("Failed to create initial page");
      }

      Window.Current.Content = rootFrame;
      Window.Current.Activate();
  }

    public static TimeSpan DelayOnSuspending { get; set; }

    private async void OnSuspending(object sender, SuspendingEventArgs e)
    {
      var deferral = e.SuspendingOperation.GetDeferral();
      EventTracer.WriteLine("Application is being suspended.");
      await Task.Delay(DelayOnSuspending);
      EventTracer.WriteLine("The app has {0} ms left after saving its state.",
        (e.SuspendingOperation.Deadline - DateTime.Now).TotalMilliseconds);
      deferral.Complete();
    }
```

```
    void OnResuming(object sender, object e)
    {
      EventTracer.WriteLine("Application is being resumed.");
    }
  }
}
```

(7) 进行了上述修改以后，应用程序可以开始运行了。在启动应用程序之前，先启动任务管理器，方法是按 Ctrl+Alt+Delete 组合键，然后单击或点击 Task Manager。在任务管理器启动以后，单击 Details 选项卡。

(8) 切换回 Visual Studio IDE，通过按 Ctrl+F5 快捷键启动应用程序。如图 9-2 所示，应用程序会通过执行 OnLaunched 事件处理程序启动，并显示事件跟踪消息。

图 9-2　应用显示启动跟踪消息

(9) 按住 Alt 键，然后多次按 Tab 键，直到切换到任务管理器，然后松开 Alt 键。任务管理器显示 AppLifeCycleDemo 仍然处于运行状态，如图 9-3 所示。

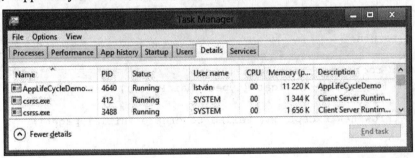

图 9-3　应用仍然处于运行状态

(10) 等待几秒钟的时间。现在，AppLifeCycleDemo Windows 8 应用没有位于前台，因此，操作系统会将其挂起。应用的状态会在任务管理器中发生变化，如图 9-4 所示。

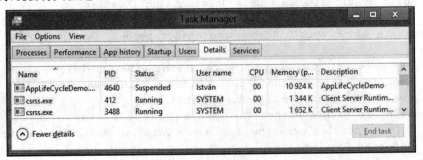

图 9-4　应用挂起

(11) 切换回应用。该应用会立即恢复,并将显示属于 Suspending 和 Resuming 事件的跟踪消息,如图 9-5 所示。

图 9-5 应用显示 Suspending 和 Resuming 跟踪消息

(12) 通过按 Alt+F4 快捷键关闭应用程序。

示例说明

当从 Visual Studio 启动应用程序时,调用了 OnLaunched()方法,并显示了如图 9-2 所示的跟踪消息。在步骤(8)中,当切换到任务管理器时,操作系统会在几秒钟内使该应用程序保持活动状态,然后将其挂起。当应用程序接收到 Suspending 事件时,将执行下面的代码行(在 OnSuspending()方法主体内):

```
var deferral = e.SuspendingOperation.GetDeferral();
EventTracer.WriteLine("Application is being suspended.");
await Task.Delay(DelayOnSuspending);
EventTracer.WriteLine("The app has {0} ms left after saving
  its state.",
  (e.SuspendingOperation.Deadline -
  DateTime.Now).TotalMilliseconds);
deferral.Complete();
```

上述代码获得了一个延期对象,因为它将要执行异步方法调用。正如你在第 5 章中所了解到的,await Task.Delay()调用会立即从 OnSuspending 方法返回,因为操作系统不会知道当前上下文中有一个异步调用。获取一个延期对象可以以信号的形式通知这种情况,OnSuspending()方法的调用者便会知道,自己应该等待 deferral.Complete()操作完成的信号。

该代码段显示了两条跟踪消息。第一条消息显示了方法的开始,而第二条消息显示了延迟操作之后剩余的时间。剩余时间是通过事件参数的 SuspendingOperation 对象的 DeadLine 属性计算得出的。延迟任务使得应用程序等待了 100 毫秒。

在步骤(10)中,当应用程序恢复时,触发了 OnResuming 事件,该事件显示了一条新的跟踪消息,如图 9-5 所示。

注意:可以尝试运行应用程序并单击"Suspend with High Delay"按钮。该操作的结果就是,Suspending 事件的长度增加 7 秒。可以通过任务管理器确认操作系统将终止应用程序,因为它没有及时响应 Suspending 事件。

你已经了解到，Visual Studio可以构建和部署应用程序，因此，可以通过按F5键(如果想要进行调试)或者Ctrl+F5快捷键(如果不想进行调试)启动该程序。下面将介绍该过程中一个非常重要的步骤，那就是部署应用程序。

9.2 部署 Windows 8 应用程序

在之前的 Windows 版本中，当构建应用程序时，可以通过启动其可执行文件立即运行该应用程序。在 Windows 8 中，应用程序在应用程序沙盒中运行，因此，如果不部署应用程序，便无法运行其可执行文件。部署过程通过在操作系统中注册应用程序来对其进行准备。该过程还会注册相应的功能，用于确定应用程序在沙盒中的运行方式，例如，是否可以使用网络摄像机，是否可以访问文档库等。应用程序可以向操作系统中添加扩展，例如，它们可以扩展搜索超级按钮。注册这些扩展也是部署过程的组成部分。

> 注意：沙盒是一种安全机制，可以分隔正在运行的应用程序，并阻止它们访问不允许其使用的系统资源。沙盒会阻止程序通过任意机制彼此直接进行通信。因此，只允许采用预定义的(从安全性的角度，即可控的)方式进行通信和访问。于是，沙盒可以保护系统免遭意外编程错误的危害，这些意外错误会破坏应用程序的既定安全级别，同时还可以免受恶意或不可信程序(例如，间谍软件以及计算机病毒)的侵害。

9.2.1 应用程序软件包

对于 Windows 8 风格应用程序，并不需要编写安装实用程序，而是必须对应用程序进行包装，让操作系统来安装它。通常情况下，只有提交到 Windows 应用商店的应用程序才能在 Windows 8 计算机上安装，但是，通过在计算机上安装 Visual Studio 2012，可以获得一种特殊的开发人员证书，允许在计算机上部署应用程序。

> 注意：有关 Windows 应用商店以及相关提交过程的信息将在第 16 章中进行介绍。

该应用程序软件包是一个基于开放打包约定(Open Packaging Convention，OPC)标准生成的容器。该结构使用标准.zip 文件存储应用程序、对应的资源以及相关信息。当在 Visual Studio 中运行应用程序时，IDE 会在后台创建并部署该应用程序软件包。可以创建一个独立的软件包，以便稍后提交到 Windows 应用商店。

在接下来的练习中，你将了解到如何创建应用程序软件包，当然，仅仅是为了发现其结构。

第 9 章 构建 Windows 8 风格应用程序

试一试 创建应用程序软件包

要创建并检查应用程序软件包，请按照下面的步骤进行操作。

(1) 打开你在前一个练习中创建的 AppLifeCycleDemo 解决方案。也可以在本章对应的下载压缩包的 AppLifeCycleDemo Complete 文件夹中找到该解决方案。

(2) 使用 Store | Create App Package 命令。此时将显示 Create App Package 对话框，并询问你是否想要构建软件包并上传到 Windows 应用商店，如图 9-6 所示。选择 No 单选按钮，然后单击 Next 按钮。

图 9-6　Create App Package 对话框

(3) 在该对话框的下一个页面中，可以指定软件包设置，如图9-7所示。保留默认提供的所有设置不变，然后单击 Create 按钮。

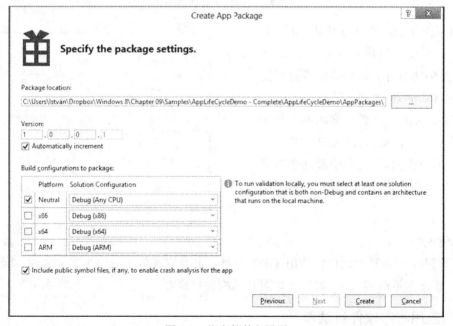

图 9-7　指定软件包设置

(4) IDE 将构建 AppLifeCycleDemo 项目，并在几秒钟内创建软件包。此时，将再次弹出 Create App Package 对话框，其中带有一个指向包含应用程序软件包的文件夹的超链接，如图 9-8 所示。单击该超链接可在 Windows 资源管理器中打开该文件夹。

图 9-8　指向新创建的软件包的超链接

(5) 在软件包文件夹中，可以看到一个名称以 Debug_Test 结尾的文件夹。打开该文件夹，并找到具有.appx 文件扩展名的软件包文件，如图 9-9 所示。将该文件的扩展名重命名为.zip。当外壳程序询问是否确定要更改文件扩展名时，选择 Yes 按钮。

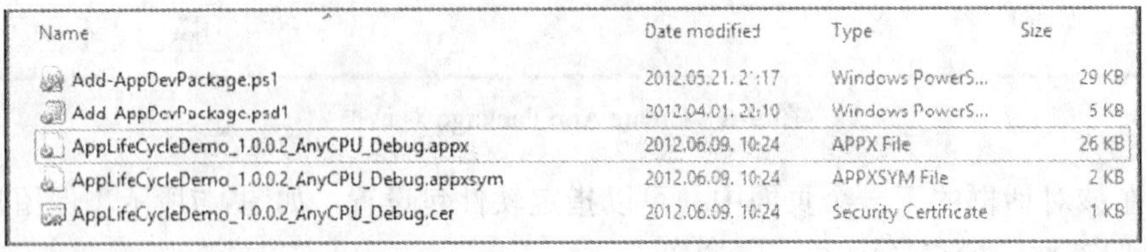

图 9-9　应用程序软件包文件

(6) 双击该.zip 文件打开其内容。可以立即识别出该应用程序的可执行文件，如图 9-10 所示，还有其他资源和资产，例如，Common 文件夹以及 App.xaml 和 MainPage.xaml 文件。你还可以在其中找到一个 AppxManifest.xml 文件，该文件在应用程序部署过程中起到非常重要的作用，相关信息将在后面问你进行介绍。

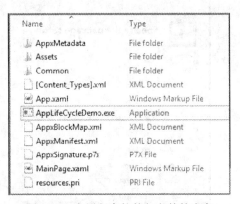

图 9-10　应用程序软件包文件的内容

示例说明

在步骤(4)中创建的软件包使用 OPC 标准，并且它实际上是一个.zip 文件。因此，当将.appx 扩展名重命名为.zip 时，可以对其结构进行检查。

9.2.2　应用程序软件包清单

应用程序的部署过程涉及很多操作，而不仅仅是解压缩软件包并复制相关文件。它会检查应用程序的完整性，准备要用于运行应用程序的沙盒，注册应用程序预先提供的扩展，同时还需要执行其他一些重要的操作步骤。

有一个非常重要的文件，其中保存部署过程中使用的所有信息。该文件就是应用程序软件包清单文件。可以在解决方案资源管理器中找到该文件，其文件名为 Package.appxmanifest，如图 9-11 所示。

该文件是一个 XML 文件，但是 Visual Studio 提供了一个设计器用于编辑该文件。当双击 Package.appxmanifest 文件时，该设计器将打开，如图 9-12 所示。

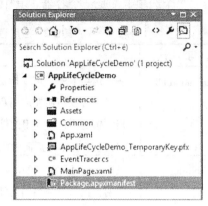

图 9-11　应用程序软件包清单文件

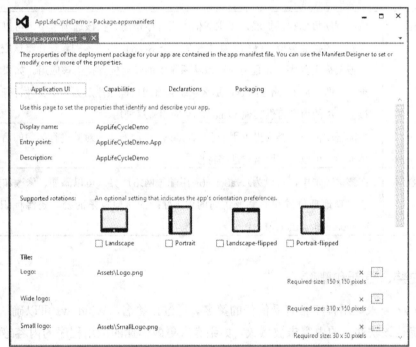

图 9-12　设计器中的 Package.appxmanifest 文件

　注意：可以检查 Package.appxmanifest 文件的内容。在解决方案资源管理器中，右击该文件，并从显示的上下文菜单中选择 View Code 命令。Package.appxmanifest 文件将在代码编辑器中打开，并且可以检查其 XML 结构。

应用程序软件包清单设计器包含 4 个选项卡，分别是 Application UI、Capabilities、Declarations 以及 Packaging。JavaScript 应用程序还包含一个附加的选项卡，标题为 Content

URIs。每个选项卡都是一个容器,其中包含某种特定类型的信息,如表 9-2 所述。

表 9-2 应用程序软件包清单编辑器选项卡

选 项 卡	说 明
Application UI	在该选项卡中,可以指定用于标识应用程序软件包以及描述影响应用外观的属性的信息。可以声明在应用程序的动态磁贴中使用的徽标和文本,定义启动屏幕图片,指定锁定屏幕中使用的锁屏提醒徽标以及其他很多操作(有关锁屏提醒徽标的更多详细信息将在本章后面的内容中进行介绍)
Capabilities	正如你已经了解到的,Windows 8 应用程序在沙盒中运行。在该选项卡中,应用可以声明自己想要使用的功能。沙盒会阻止应用使用其未显式声明的任何功能。该功能可以阻止恶意代码(以某种方式托管从而传染应用)使用不需要的功能。例如,如果没有在该选项卡中声明麦克风功能,那么应用将无法启用麦克风。如果它尝试启用,则会引发异常
Declarations	应用程序可以提供扩展,以供其他应用程序使用。在该选项卡中,可以声明应用程序提供的扩展类型。例如,如果添加一个 Search 声明,则系统会将该应用注册为一个搜索提供程序,并且用户可以从系统中的任何位置搜索该应用。如果添加另一个声明,即 File Open Picker,那么系统会将应用程序注册为一个文件打开选取器,使该应用中的内容可供其他 Windows 8 应用程序使用
Packaging	要部署软件包,必须提供用于在 Windows 应用商店中对其进行标识的信息。在该选项卡中,可以为应用指定这些特性
Content URIs	在该选项卡中,可以为 JavaScript 应用配置网络边界。可以添加、修改和删除具有用于管理地理位置和剪贴板访问的Web标准的访问权限的统一资源标识符(Uniform Resource Identifier,URI)

9.2.3 安装、更新和删除

Windows 要求应用程序带有受信任的签名。通过该签名,Windows 可以确认签名者的身份,并确认该软件包的内容未被篡改。如果有人更改了你的应用程序的内容(例如,更改了表示你的软件包的.zip 文件中的可执行文件),签名将失效。出于安全方面的原因,Windows 不会部署未签名的软件包。

注意:Windows 8 保留了一个受信任认证机构列表,所谓认证机构,就是创建用于以数字方式对代码和文档进行签名的证书的第三方。如果应用程序使用直接或间接来自某个受信任认证机构的证书进行了签名,那么认为该签名是受信任的。

通常情况下,用户会通过 Internet 浏览 Windows 应用商店,或者直接在计算机上使用

Store 应用程序进行浏览。在他们购买了某个应用(或者免费下载)以后，将接收到一个许可证，使他们可以安装该应用。当使用 Visual Studio 时，会提供一个特殊的开发人员许可证，允许你在不打包的情况下安装自己的应用。

> 注意：可以通过开发人员许可证检查安装过程使用的未打包文件。在 Visual Studio 中构建应用程序以后，可以在解决方案资源管理器中右击相应的项目节点，然后选择 Open Folder in Windows Explorer (在 Windows 资源管理器中打开文件夹)命令。在 Windows 资源管理器中，导航到 bin\Debug\AppX 文件夹。在安装过程中将使用该文件夹中的文件。

与之前的 Windows 版本不同的是，Windows 8 不需要提升的权限即可安装应用程序，也就是说，你不需要以管理员的身份登录计算机。在安装过程中不需要任何自定义操作，因为 Windows 在安装应用程序过程中所需的所有信息都包含在软件包中。这就使得整个安装用户体验快速而简单，不会提示用户输入任何附加信息。用户甚至不需要了解诸如注册表或程序文件等相关信息。获取应用程序就好像在超市购买啤酒一样：从货架上拿下想要购买的啤酒，支付对应的价钱，然后就可以尽情享用了。

如果某位用户不喜欢某个应用程序，或者仅仅是不想再使用它，那么他或她可以轻松地卸载该应用程序。就像安装过程一样，应用程序移除也是一个非常简单的过程，不需要任何用户交互。由于某个应用程序可以为同一计算机上的多个用户安装，因此，当某个用户卸载它时，应用程序只会从该用户的上下文中移除。当最后一个用户卸载该应用程序时，安装文件将从计算机中删除。

作者可以对自己的应用程序进行更新。Windows 更新功能会监测应用程序是否有更新的版本，并在新版本可用时向用户发出通知。尽管更新是由系统监测的，但它们并不会自动安装。用户必须选择安装某个应用的任意更新版本。

现在，你已经了解了 Windows 8 应用程序生命周期的基本知识。下面将介绍如何向应用中添加命令界面。

9.3 命令界面

桌面应用程序具有一些标准的元素可用于执行命令，例如，菜单和工具栏。这些修饰元素会占用 UI 空间，并且经常会使用户产生混淆，因为它们提供了太多的选项，很难在某个特定的上下文中执行。

Windows 8 应用程序用于提供全屏用户体验，不包含任何无法为应用程序增加功能价值的不必要的修饰元素。当与应用程序进行交互时，可以通过多种方式来表达意图，只需触控或单击 UI 的可视化元素。卓越的用户体验设计基于所有应用程序共同使用的直观形式和约定(使用模式)而构建。

每个应用程序都可能会使用无法轻松附加到 UI 上的任何元素的命令，因为没有任何对应的可视化组件。此类命令可能包括打开文档、将联系人卡片移动到一个新的文件夹或者打印电子邮件。当然，可以始终将触发命令的按钮控件放置在 UI 上，但是，这样，它们始终会占用屏幕空间，并且可能会带来困扰，因为即使不需要使用它们，它们也会放置在那里。

Windows 8 提供了一些使用模式，用于解决该问题。这些模式完美地适合 Windows 8 设计原则，并且正如你在本节中所了解到的，可以轻松地使用它们。

9.3.1 使用上下文菜单

上下文菜单是一种轻量级菜单，可以将其附加到 UI 元素。用户可以通过以下方式立即访问该菜单：右击特定的元素，或者使用"点击并按住"手势。一些控件(例如，文本框和超链接)提供了预定义的上下文菜单，但是，可以替换默认的命令，并显示你自己的自定义命令。

你应该使用上下文菜单来显示与用户直接相关但无法通过其他方式轻松访问的命令。典型的用法是显示剪贴板注释，以及显示针对无法选择的 UI 组件进行操作的命令。显示和使用上下文菜单的主要类型是在 Windows.UI.Popups 名称空间中定义的 PopupMenu 类，相关信息将在接下来的练习中介绍。

要检查命令界面(包括上下文菜单)，可以使用 Chapter09.zip 下载压缩包中提供的准备好的解决方案(SimplePuzzle)。这是一个非常简单的拼图游戏，游戏在开始时会打乱一些使用数字进行了标记的拼图块，你的任务是通过移动这些拼图块还原其原有顺序，如图 9-13 所示。

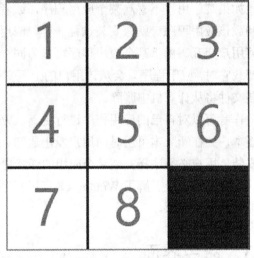

图 9-13　打乱的拼图

该准备好的项目包含用于控制该游戏的所有代码，并且在接下来的练习中，你将添加一个上下文菜单，可以开始一局新游戏，或者重新开始当前游戏。

 注意：可以在本书的合作站点www.wrox.com上找到本练习对应的完整代码进行下载，具体位置为Chapter09.zip下载压缩包中的SimplePuzzleContextMenu文件夹。

| 试一试 | 向应用程序中添加上下文菜单 |

要向准备好的示例应用程序中添加上下文菜单，请按照下面的步骤进行操作。

(1) 选择 File | Open Project 命令(或者按 Ctrl+Shift+O 组合键),打开本章对应的下载压缩包的 SimplePuzzle Start 文件夹中的 SimplePuzzle.sln 文件。

(2) 通过按 Ctrl+F5 快捷键构建并启动应用程序。当应用程序启动后,它会立即创建一个新的拼图,并随机打乱图块的顺序。可以通过单击或点击相应图块的方式移动与空白拼图单元相邻的图块。尝试解决这个题目(最终的解决方案在图 9-13 中显示)。当尝试解决该题目时,新的一局游戏便开始了。

(3) 通过按 Alt+F4 快捷键关闭应用程序。

注意:如果题目太难,你没有办法解决,那么可以对其进行简化。打开 GameController.cs 文件,找到 StartNew()方法。在方法主体的中间位置,找到 await Shuffle(10)语句,将其更改为 await Shuffle(4)。从步骤(2)再次开始该练习。这一次,题目将变得非常容易解决。

(4) 在解决方案资源管理器中,双击 Mainpage.xaml 文件将其打开。在设计器中,转到 XAML 窗格,并选择<Grid x:Name="LayoutRoot"...>节点,然后将下面粗体形式的特性添加到其中:

```
<Grid x:Name="LayoutRoot" Background="#124372" RightTapped=
  "MainPageRightTapped" >
```

(5) 在 XAML 编辑器中,在修改后的代码行中右击 RightTapped 一词,并选择"Navigate to Event Handler"(定位到事件处理程序)命令。IDE 将创建一个空的方法。将 async 修饰符添加到该方法中,并将下面粗体形式的代码复制到方法主体中:

```
private async void MainPageRightTapped(object sender,
  RightTappedRoutedEventArgs e)
{
  var menu = new PopupMenu();
  menu.Commands.Add(new UICommand("New Game", command =>
    {
      _game.StartNew(_height, _width);
    }));
  menu.Commands.Add(new UICommandSeparator());
  menu.Commands.Add(new UICommand("Restart Game", command =>
    {
      _game.RestoreStartPositions();
    }));
  var point = e.GetPosition(null);
  await menu.ShowForSelectionAsync(new Rect(point,
    new Size(0, 0)));
}
```

(6) 通过按 Ctrl+F5 快捷键运行应用程序。在屏幕上的任何位置右击(或者使用"点击并按住"手势)以显示上下文菜单,如图 9-14 所示。

(7) 单击或点击 New Game 命令,此时将提供一个新的题目。

(8) 移动一些拼图块。然后再次显示上下文菜单,并使用 Restart Game 命令。拼图块将重置为与新游戏开始时相同的状态。

(9) 关闭 SimplePuzzle 应用程序。

示例说明

准备好的项目包含一个GameController.cs文件,该文件定义负责实现拼图游戏逻辑的GameController 类型。在步骤(4)中,向LayoutRoot网格中添加一个事件处理程序,而在步骤(5)中,定义该事件处理程序方法的主体。只要在应用程序屏幕上右击(或者使用"点击并按住"手势),便会显示上下文菜单。

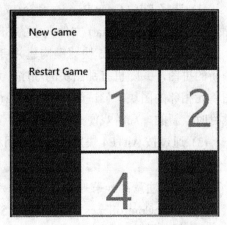

图 9-14 上下文菜单显示在屏幕上

在 MainPageRightTapped()方法的主体中,通过以下方式准备上下文菜单:创建一个PopupMenu 实例,并向 PopupMenu 的 Commands 容器中添加两个 UICommand 对象和一个UICommandSeparator 对象,示例代码如下:

```
var menu = new PopupMenu();
menu.Commands.Add(new UICommand("New Game", command =>
  {
    _game.StartNew(_height, _width);
  }));
menu.Commands.Add(new UICommandSeparator());
menu.Commands.Add(new UICommand("Restart Game", command =>
  {
    _game.RestoreStartPositions();
  }));
```

每个 UICommand 构造函数都接受两个参数。第一个参数是要显示的命令的名称,而第二个参数是用于在用户出发该命令时作为响应而执行的方法。在该示例中,两条命令都使用 lambda 表达式定义,其中,命令参数指代用户触发的 UI 命令。这些命令使用_game成员(一个 GameController 实例)分别开始和重新开始游戏。UICommandSeparator 在两条命令之间声明一个简单的分隔线。

使用下面的语句显示准备好的 PopupMenu:

```
await menu.ShowForSelectionAsync(new Rect(point, new Size(0, 0)));
```

显示上下文菜单并等待用户输入是一个异步操作,这一点可以从 await 体现出来。ShowForSelectionAsync()方法接受一个 Rectangle 参数,用于指定上下文菜单的放置位置。位置通过下面的代码行计算得出,其中,GetPosition()方法获取相对于屏幕的鼠标(或触控)坐标:

```
var point = e.GetPosition(null);
```

正如你刚刚所见，使用上下文菜单非常容易，不过老实说，在该练习中滥用它了。上下文菜单的主要问题在于并不是非常直观。用户完全不知道该菜单的存在，除非他或她尝试右击(或者使用"点击并按住"手势)。

使用一些更为直观的命令解决方案会获得更好的效果。Windows 8 提供了一种更好的方式来包含这些命令，即将其放置在应用栏中。

9.3.2 使用应用栏

应用栏提供了一种更为直观的方式，可以按需向用户显示相应的命令。默认情况下，应用栏不可见。仅当用户从屏幕顶部或底部边缘轻扫手指时才会显示应用栏。也可以通过编程方式在选择对象或者右击时显示应用栏。当在 Visual Studio 中启动新的 Windows 8 应用项目时，应用程序不仅会针对从屏幕边缘轻扫手指操作以编程方式显示应用栏，而且还会针对在屏幕上右击或者按 Windows+Z 快捷键显示应用程序栏。

添加应用栏所需的操作步骤要比创建上下文菜单稍多一些，但是，从编程的角度，该过程还要更容易一些，相关信息将在接下来的练习中介绍。

试一试   向屏幕中添加应用栏

在该练习中，将向 SimplePuzzle 应用程序的应用栏中添加一些命令。

要向应用程序中添加带有命令的应用栏，请按照下面的步骤进行操作。

(1) 选择 File | Open Project 命令(或者按 Ctrl+Shift+O 组合键)，从本章对应的下载压缩包的 SimplePuzzle Start 文件夹中打开 SimplePuzzle.sln 文件。如果在之前的练习中对该项目进行了修改，就请使用 Chapter09.zip 下载压缩包提取该项目，以便可以对处于原始状态的项目开始操作。

(2) 在解决方案资源管理器中，双击 MainPage.xaml 文件，以将其在设计器中打开。

(3) 在 XAML 窗格中，在<Grid x:Name="LayoutRoot"...>节点之前输入下面的代码：

```
<Page.BottomAppBar>
  <AppBar x:Name="CommandBar">
    <Grid>
      <Grid.ColumnDefinitions>
        <ColumnDefinition/>
        <ColumnDefinition/>
      </Grid.ColumnDefinitions>
      <StackPanel Orientation="Horizontal">
        <Button x:Name="NewGameButton" Height="84" VerticalAlignment="Top"
          &#xE0B4;
          <AutomationProperties.AutomationId>
            NewGameButton
          </AutomationProperties.AutomationId>
          <AutomationProperties.Name>
            New Game
```

```xml
      </AutomationProperties.Name>
    </Button>
  </StackPanel>
  <StackPanel Grid.Column="1" HorizontalAlignment="Right"
    Orientation="Horizontal">
    <Button x:Name="ResetGameButton" Height="84"
      VerticalAlignment="Top"
      Style="{StaticResource AppBarButtonStyle}">
      &#xE102;
      <AutomationProperties.AutomationId>
        RestartGameButton
      </AutomationProperties.AutomationId>
      <AutomationProperties.Name>
        Restart
      </AutomationProperties.Name>
    </Button>
  </StackPanel>
 </Grid>
 </AppBar>
</Page.BottomAppBar>
```

(4) 通过按 Ctrl+F5 快捷键运行应用程序。当应用程序启动后，右击该应用程序(或者从屏幕的底部边缘轻扫手指)。将显示应用程序栏，其中包含两个按钮，一个对齐到左侧，另一个对齐到右侧，如图 9-15 所示。正如所见，第一个按钮看起来有点奇怪。

图 9-15　显示在屏幕上的应用栏

(5) 关闭应用程序。

(6) 在 MainPage.xaml 文件中，向第一个<Button>节点(名称为 NewGameButton)添加一个 Style 特性，如下面粗体形式的代码所示：

```xml
<Button x:Name="NewGameButton" Height="84" VerticalAlignment="Top"
  Style="{StaticResource AppBarButtonStyle}" >
  &#xE0B4;
  <AutomationProperties.AutomationId>
    NewGameButton
  </AutomationProperties.AutomationId>
  <AutomationProperties.Name>
    New Game
  </AutomationProperties.Name>
</Button>
```

(7) 再次运行应用程序。这次，第一个按钮将正常显示，如图 9-16 所示。

(8) 关闭应用程序。

图 9-16　现在第一个按钮按预期显示

第 9 章 构建 Windows 8 风格应用程序

示例说明

命令栏的布局通过在步骤(3)中插入的大段 XAML 代码来定义。布局的骨架非常简单,如下所示:

```xml
<Page.BottomAppBar>
  <AppBar x:Name="CommandBar">
    <Grid>
      <Grid.ColumnDefinitions>
        <ColumnDefinition/>
        <ColumnDefinition/>
      </Grid.ColumnDefinitions>
      <StackPanel Orientation="Horizontal">
        <!--左对齐按钮 -->
      </StackPanel>
      <StackPanel Grid.Column="1" HorizontalAlignment="Right"
        Orientation="Horizontal">
        <!--右对齐按钮 -->
      </StackPanel>
    </Grid>
  </AppBar>
</Page.BottomAppBar>
```

Page 有一个 BottomAppBar 属性,并且 AppBar 控件分配到该属性。该控件使用一个具有两列的网格,每一列包含一个 StackPanel,并且第二个对齐到右侧。把按钮放置到相应的 StackPanel,具体取决于其对齐方式。

应用程序栏中按钮的定义如下所示:

```xml
<Button x:Name="NewGameButton" Height="84" VerticalAlignment="Top"
  Style="{StaticResource AppBarButtonStyle}">
  &#xE0B4;
  <AutomationProperties.AutomationId>
    NewGameButton
  </AutomationProperties.AutomationId>
  <AutomationProperties.Name>
    New Game
  </AutomationProperties.Name>
</Button>
```

该定义并不是特别容易理解,因此,我们来看一下它如何显示应用栏按钮。显示的关键是 Style 特性,该特性使用 AppBarButtonStyle 资源。该资源在 StandardStyle.xaml 文件中定义,并且负责按照你在图 9-16 中看到的形式显示应用栏按钮。当在步骤(3)中输入 XAML 片段时,NewGameButton 还没有 Style 特性,这就是你在图 9-15 中看到那个奇怪按钮的原因。

<AutomationProperties.AutomationId>元素定义一个标识符,Windows 8 自动化可以使用该标识符访问应用栏按钮。<AutomationProperties.Name>元素设置要为按钮显示的名称。有趣的是,<Button>元素的内容是通过十六进制代码(如&#xE0B4;)表示的简单字符。这个奇怪的代码表示的是一个 Segoe UI Symbol 字体的字符(AppBarButtonStyle 为应用栏按钮分配该字体)，如图 9-17 所示。

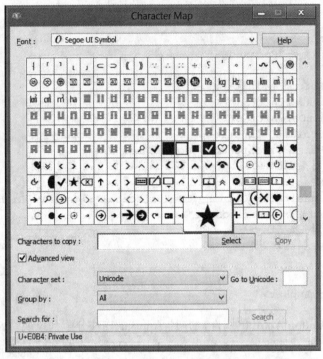

图 9-17　字符映射表中的 Segoe UI Symbol 字体

　　注意：可以在 Windows 8 中使用 Segoe UI Symbol 字体，成百上千的预定义 Windows 8 风格图标都采用该字体提供。打开字符映射表应用程序可以浏览该字体。特定字符的代码显示在应用窗口的左下角，在图 9-17 中以矩形突出显示。

正如你在该练习中所看到的，应用栏按钮是具有预定义样式的标准按钮控件。可以像普通的按钮一样响应应用栏按钮事件，这一点不足为奇。在接下来的练习中，你将向 New Game 和 Restart Game 按钮中添加事件处理程序。

试一试　响应应用栏按钮事件

要向应用栏按钮中添加事件处理程序，请按照下面的步骤进行操作。

(1) 打开在前一个练习中处理的解决方案，除非该解决方案在 Visual Studio 中仍然处于打开状态。

(2) 打开 MainPage.xaml 文件，然后在编辑器的 XAML 窗格中，导航到表示 NewGameButton 的<Button>元素。将 Tapped 特性添加到该元素中，如下面粗体形式的代码所示：

```
<Button x:Name="NewGameButton" Height="84" VerticalAlignment="Top"
  Style="{StaticResource AppBarButtonStyle}"
  Tapped="NewGameButtonTapped" >
```

(3) 在 XAML 窗格中，右击 Tapped 特性并选择"Navigate to Event Handler"命令。IDE 将创建事件处理程序方法的骨架。输入该方法的主体，如下面粗体形式的代码段所示：

```
private void NewGameButtonTapped(object sender,
  Windows.UI.Xaml.Input.TappedRoutedEventArgs e)
{
  _game.StartNew(_height, _width);
}
```

(4) 返回 MainPage.xaml 文件，现在，导航到表示 ResetGameButton 的<Button>元素。将 Tapped 特性添加到该元素中，如下面粗体形式的代码所示：

```
<Button x:Name="ResetGameButton" Height="84" VerticalAlignment="Top"
  Style="{StaticResource AppBarButtonStyle}"
  Tapped="ResetGameButtonTapped" >
```

(5) 在 XAML 窗格中，使用"Navigate to Event Handler"命令，设置事件处理程序方法的主体，如下面粗体形式的代码段所示：

```
private void ResetGameButtonTapped(object sender,
  Windows.UI.Xaml.Input.TappedRoutedEventArgs e)
{
  _game.RestoreStartPositions();
}
```

(6) 通过按 Ctrl+F5 快捷键运行应用程序。移动一些拼图块，然后右击或者使用 Windows+Z 快捷键以显示应用程序栏。单击 Restart 和 New Game 按钮检查这些功能是否正常。

(7) 关闭应用程序。

示例说明

在该练习中，你按照与在第 8 章中了解到的相同方式为应用栏按钮分配了事件处理程序代码。不过，这次使用的是 Tapped 事件。

由于 SimplePuzzle 采用异步方式工作，因此，当运行应用程序时，可以在应用打乱拼图块的同时使用 Restart 命令。这可能会导致错误，因此，建议你在该初始化阶段禁用 Restart 应用程序栏按钮。可以观察到的另外一种情况是，在单击 New Game 或 Restart 按钮以后，应用栏仍然显示在屏幕上。在接下来的练习中，你将了解到如何解决这些问题。

注意:可以在本书的合作站点www.wrox.com上找到本练习对应的完整代码进行下载,具体位置为Chapter09.zip下载压缩包中的SimplePuzzleAppBar文件夹。

试一试 推敲应用栏行为

要解决Restart按钮的问题并隐藏应用栏,请按照下面的步骤进行操作。

(1) 打开在前一个练习中处理的解决方案,除非该解决方案在Visual Studio中仍然处于打开状态。

(2) 打开GameController.cs文件,导航到StartNew()方法,并将await Shuffle(10)语句更改为下面的形式:

```
await Shuffle(height * width * 10);
```

上述更改会大面积地打乱拼图块,并且比之前的解决方案需要更多的时间,因此,为你提供了足够的时间,来检查是否在初始化题目的同时禁用了Restart按钮。

(3) 打开MainPage.xaml.cs文件,并通过下面显示的粗体形式的代码扩展Page_Loaded()方法的主体:

```
private void Page_Loaded(object sender, RoutedEventArgs e)
{
  _game = new GameController(PuzzleCanvas);
  _game.GameStarted += (s, arg) => VisualStateManager
    .GoToState(this, "InProgress", true);
  _game.ShuffleStarted += (s, arg) => ResetGameButton.IsEnabled = false;
  _game.ShuffleCompleted += (s, arg) => ResetGameButton.IsEnabled = true;
  _game.GameCompleted += GameCompleted;
  _height = 3;
  _width = 3;
  StartNewGame();
}
```

(4) 通过按Ctrl+F5快捷键运行应用程序。在屏幕上右击,或者使用Windows+Z快捷键显示应用栏,然后单击New Game按钮。观察在打乱拼图块的过程中Restart按钮处于禁用状态,而后又重新启用它的行为。关闭应用。

(5) 在MainPage.xamle.cs文件中,将下面的代码段附加到NewGameButtonTapped()方法的主体中,然后将同样的代码段附加到ResetGameButtonTapped()方法的主体中:

```
CommandBar.IsOpen = false;
```

第 9 章 构建 Windows 8 风格应用程序

(6) 通过按 Ctrl+F5 快捷键运行应用程序。在屏幕上右击，或者使用 Windows+Z 快捷键显示应用程序栏，然后单击 New Game 按钮。观察在你单击按钮后应用程序栏立即隐藏的行为。关闭应用。

示例说明

在步骤(3)中，添加了一些语句，用于在拼图游戏进入初始化阶段(触发 ShuffleStarted 事件)时禁用 Restart 按钮。与此类似，当题目准备好开始解决时(触发 ShuffleCompleted 事件)，重新启用该按钮。

在步骤(5)中，将应用栏的 IsOpen 属性设置为 false 将在单击两个按钮中的任何一个时立即隐藏应用栏。

现在，不可以随时使用 Restart 按钮，因为在打乱拼图块的过程中，该按钮会处于禁用状态。但是，可以使用 New Game 按钮。如果无意中单击了该按钮，可能会放弃解决了一部分的题目，即使快要解决完成也是如此。如果应用能够在放弃之前要求用户确认，那么会大大改善用户体验。在下一节中，你将了解到如何创建可以用于实现该用途(当然，还可以实现其他功能)的简单对话框。

9.3.3 使用消息对话框

应用程序可能会经常使用消息向用户通知某些信息，例如，成功保存一个文件、通知用户某个运行时间较长的进程已经完成等。此外，还可能存在应用程序等待确认的情况，例如，删除图片、移动文件夹等。

Windows.UI.Popups 名称空间定义一个 MessageDialog 类，可以显示具有标题的简单消息。可以向 MessageDialog 类的 Commands 容器中添加用于执行相关操作的按钮。使用 DefaultCommandIndex 属性，可以标记当用户按 Enter 键时应该执行的命令。与此类似，使用 CancelCommandIndex 属性可以标记当用户按 Esc 键时要执行的命令。

使用 MessageDialog 相当简单，相关信息将在接下来的练习中介绍。

注意：可以在本书的合作站点 www.wrox.com 上找到本练习对应的完整代码进行下载，具体位置为 Chapter09.zip 下载压缩包中的 SimplePuzzleMessages 文件夹。

试一试 向应用程序中添加消息对话框

在该练习中，将向应用程序中添加三条消息。前两条消息分别用于确认 New Game 和 Restart 操作；第三条消息将在你解决了题目时显示。要向应用程序中添加这些消息，请按照下面的步骤进行操作。

(1) 打开在前一个练习中处理的解决方案，除非该解决方案在 Visual Studio 中仍然处于打开状态。

(2) 打开 MainPage.xaml 文件，并将以下代码行附加到文件顶部 using 指令的结尾：

```
using Windows.UI.Popups;
```

(3) 在 NewGameButtonTapped()方法的标头中添加 async 修饰符，并将下面粗体形式的代码插入方法主体中：

```
private void NewGameButtonTapped(object sender,
  Windows.UI.Xaml.Input.TappedRoutedEventArgs e)
{
  if (_game.State == GameState.InProgress || _game.State ==
                                              GameState.Shuffle)
  {
    bool abort = true;
    var messageDialog = new MessageDialog(
      "Are you sure you want abort this game and start a new one?",
      "Game is in progress");
    messageDialog.Commands.Add(
      new UICommand("Yes", (command) => { abort = true; }));
    messageDialog.Commands.Add(
      new UICommand("No", (command) => { abort = false; }));
    messageDialog.DefaultCommandIndex = 1;
    await messageDialog.ShowAsync();
    if (!abort) return;
  }
  _game.StartNew(_height, _width);
  CommandBar.IsOpen = false;
}
```

(4) 导航到 ResetGameButtonTapped()方法。在该方法的标头中添加 async 修饰符，并将下面粗体形式的代码插入方法主体中：

```
private async void ResetGameButtonTapped(object sender,
  Windows.UI.Xaml.Input.TappedRoutedEventArgs e)
{
  if (_game.State == GameState.InProgress)
  {
    bool restart = true;
    var messageDialog = new MessageDialog(
      "Are you sure you want to restart this game?",
      "Game is in progress");
    messageDialog.Commands.Add(
      new UICommand("Yes", (command) => { restart = true; }));
    messageDialog.Commands.Add(
      new UICommand("No", (command) => { restart = false; }));
    messageDialog.DefaultCommandIndex = 0;
    messageDialog.CancelCommandIndex = 1;
```

```
    await messageDialog.ShowAsync();
    if (!restart) return;
}
_game.RestoreStartPositions();
CommandBar.IsOpen = false;
}
```

(5) 向 GameCompleted()方法中添加 async 修饰符,并将其主体更改为下面显示的粗体形式的代码:

```
private async void GameCompleted(object sender, EventArgs e)
{
  VisualStateManager.GoToState(this, "Completed", true);
  var messageDialog = new MessageDialog(
    "You have successfully solved the puzzle!",
    "Game Completed");
  messageDialog.Commands.Add(
    new UICommand("OK"));
  await messageDialog.ShowAsync();
  _game.StartNew(_height, _width);
}
```

(6) 通过按 Ctrl+F5 快捷键运行应用程序。在应用程序栏中,单击 New Game 按钮。此时将显示在步骤(3)中指定的确认消息,如图 9-18 所示。

图 9-18 当单击 New Game 按钮时显示的消息对话框

(7) 单击 Yes 按钮,并开始解决题目。当题目解决完成时,将显示一个消息对话框,通知你已经解决了该题目。当显示该消息时,题目将转入后台,这表示该消息对话框并不会阻止 UI,如图 9-19 所示。

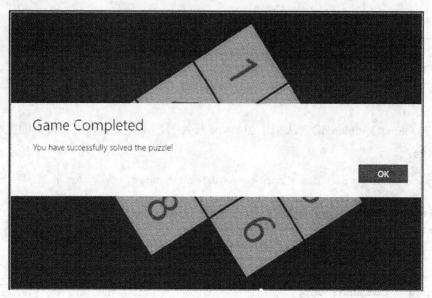

图 9-19 当解决题目时显示的消息对话框

示例说明

在步骤(3)中，通过将两个字符串传递给 MessageDialog()构造函数，对该函数进行实例化。这两个字符串参数分别声明消息和标题。然后，向对话框的 Commands 容器中添加两个 UICommand()实例。每个实例表示一条命令，文本分别为"Yes"和"No"。UICommand构造函数的第二个参数接受一个 lambda 表达式，用于设置 abort 标志。DefaultCommandIndex 属性设置为 1，表示第二个("No")按钮，因为索引值从零开始。对话框使用 ShowAsync() 方法异步显示。

在步骤(7)中，可以观察到异步操作，因为在消息对话框等待用户单击 OK 按钮的过程中，题目转入后台。

在步骤(4)中，使用与步骤(3)中相同的方法来显示对话框。

SimplePuzzle 应用程序可以处理不同的表格尺寸，而不仅仅是 3×3 的拼图。下一节将介绍如何使用设置超级按钮更改表格尺寸。

9.3.4 在应用程序中使用设置超级按钮

按照惯例，Windows 8 风格应用程序应该将 UI 的管理与设置超级按钮中包含的应用程序范围内的设置相集成。Windows.UI.ApplicationSettings 名称空间提供 SettingsPane 类以用于实现该目标。使用该类，应用程序可以向设置超级按钮中添加自定义命令，并在用户单击或点击其中的任何按钮时对其进行响应。

注意：对于想要提交到 Windows 应用商店的应用程序，要求对应用程序范围的设置使用设置超级按钮，并会通过审批过程对其进行检查。

可以使用 SettingsPane 类，通过预定义的表格尺寸设置来控制 SimplePuzzle 游戏，相关信息将在接下来的练习中介绍。尽管该练习使用简单的命令，但当具有许多设置时，通常情况下可以添加显示应用程序设置面板的命令。

试一试　　与设置超级按钮集成

在该练习中，你将使用一个准备好的示例。要将 SimplePuzzle 与设置超级按钮相集成，请按照下面的步骤进行操作。

(1) 选择 File | Open Project 命令(或者按 Ctrl+Shift+O 组合键)，从本章对应的下载压缩包的 SimplePuzzle Settings 文件夹中打开 SimplePuzzle.sln 文件。

(2) 打开 MainPage.xaml.cs 文件，向下滚动到文件的结尾。可以在此处找到两个新方法，即 SettingsCommandsRequested()和 OnSettingsCommand()，如下面的代码段所示：

```
void SettingsCommandsRequested(SettingsPane sender,
  SettingsPaneCommandsRequestedEventArgs args)
{
  var size3By3 = new SettingsCommand(SIZE3BY3, "3x3", OnSettingsCommand);
  args.Request.ApplicationCommands.Add(size3By3);
  var size3By4 = new SettingsCommand(SIZE3BY4, "3x4", OnSettingsCommand);
  args.Request.ApplicationCommands.Add(size3By4);
  var size4By4 = new SettingsCommand(SIZE4BY4, "4x4", OnSettingsCommand);
  args.Request.ApplicationCommands.Add(size4By4);
}

void OnSettingsCommand(IUICommand command)
{
  var id = command.Id.ToString();
  _height = id == SIZE4BY4 ? 4 : 3;
  _width = id == SIZE3BY3 ? 3 : 4;
}
```

这些方法使用常量值，而这些常量值可以在类定义的开头找到，如 SIZE3BY3 等。

(3) 将下面粗体形式的代码添加到 Page_Loaded()方法的开头：

```
private void Page_Loaded(object sender, RoutedEventArgs e)
{
  SettingsPane.GetForCurrentView().CommandsRequested +=
    SettingsCommandsRequested;
  // --- 在此代码段中省略了其他行
}
```

(4) 通过按 Ctrl+F5 快捷键启动应用程序。你将看到一个显示为 3 行 3 列的题目。

(5) 按 Windows+C 快捷键显示超级按钮栏，然后单击 Settings 按钮。可以在此处看到可用的表格尺寸，如图 9-20 所示。

(6) 单击 4×4。按 Windows+Z 快捷键，然后单击 New Game 按钮。选择 Yes，正如所见，新的游戏将使用由 4 行 4 列组成的表格。

(7) 关闭应用程序。

示例说明

在步骤(3)中，做出了如下声明：应该在设置超级按钮从应用程序中显示时调用 SettingsCommandsRequested 事件处理程序方法。该方法使用事件参数的 Request.ApplicationCommands 容器向超级按钮中添加命令。例如，通过下面两条语句添加了 3×3 命令：

```
var size3By3 = new SettingsCommand(SIZE3BY3,
"3x3", OnSettingsCommand);
args.Request.ApplicationCommands.Add(size3By3
);
```

图 9-20　在设置超级按钮中
　　　　　显示表格尺寸

该命令通过新建的 SettingsCommand 实例来表示，它接受三个参数，分别是命令标识符(SIZE3BY3 常量)、命令文本("3×3")以及命令事件处理程序(OnSettingsCommand)。

在步骤(6)中，当单击 4×4 时，调用了 OnSettingsCommand()方法。它从方法参数中提取出命令的标识符，并相应地对表格尺寸进行了设置。

解决拼图题目可能需要较长的时间。如果可以保存游戏的状态并在以后从该状态继续运行游戏，是不是会大大改善用户体验？下一节将介绍如何修改 SimplePuzzle 应用程序以允许实现该功能。

9.4　持久化应用程序数据

绝大多数应用程序都存储每个用户的数据，例如，首选项、游戏状态、最高得分、小组件布局等。当安装应用程序时，系统会为其提供自己的每用户数据存储位置，用于存储相应的应用程序数据。你不需要了解该数据的存储位置或存储方式，因为由系统负责管理物理存储。要读取、写入或删除数据，可以使用应用程序数据 API，通过该 API，可以非常轻松地处理该数据。

需要知道，应用程序数据的生存时间与应用程序的生存期相关，这一点非常重要。如果移除应用程序，那么所有应用程序数据也将移除。应用程序数据不适合存储应用程序的持久数据，例如，用户信息或者其他应该在数据库中持久存储的重有且不可替换的数据。如果移除某个应用程序，并且丢失了配色方案设置，没有关系。但是，如果丢失了应用程序中存储的所有联系人，那么结果可能是灾难性的。

9.4.1　应用程序数据存储

Windows 8 提供了三个应用程序数据存储，如表 9-3 所述。在为应用程序设计数据管理时，你应该确定哪个存储适合某种特定类型的应用程序数据。

表 9-3 应用程序数据存储

数据存储	说 明
本地	该存储保存仅在当前设备上存在的数据。如果数据漫游到其他设备没有太大的意义，或者具有较大的大小而不适合进行漫游，那么应该将数据保存在该存储中
漫游	保存在该存储中的数据存在于安装了该应用的所有设备上。它存储在云中，并且存在一种复制机制负责在设备之间同步数据。由于 Windows 限制每个应用可以漫游的应用程序数据大小，因此，最好的做法是仅对用户首选项、链接以及小型数据文件使用漫游数据
临时	该存储中的数据不会漫游，并且可以随时移除，例如，当用户启动磁盘清理实用程序时。因此，你应该在此处存储应用程序会话过程中产生的临时信息，即将该存储当成缓存使用。并不保证该数据在相应的应用程序会话结束后仍然持久存在，因为系统可能会根据需要回收该数据所使用的空间

可以使用应用程序存储中的设置和文件。设置的大小比较小(最多几千字节)，并且在物理上存储在系统注册表中。可以将自己的设置组织到逻辑容器中，最多包含 32 个层次级别，而且可以存储复合设置，例如，一个字符串和整数构成的设置对。可以向存储中添加文件，添加的文件将物理存储在文件系统中，在用户配置文件下面。可以将这些文件组织到文件夹中(最多包含 32 个级别)。

注意：可以选择对应用的应用程序数据进行版本控制。通过该操作，可以创建应用的未来版本，该版本只是更改应用程序数据的格式，而不会导致与之前版本的应用产生兼容性问题。有关更多详细信息，请参阅 http://msdn.microsoft.com/en-us/library/windows/apps/windows.storage.applicationdata.setversionasync.aspx。

9.4.2 ApplicationData 类

Windows 运行时提供 ApplicationData 类，位于 Windows.Storage 名称空间中。该类是所有应用程序数据存储、设置和文件的中心位置。表 9-4 列出了该类最重要的一些成员。

表 9-4 重要的 ApplicationData 类成员

成 员	说 明
ClearAsync	该方法可从本地、漫游和临时应用程序数据存储中移除所有应用程序数据
Current	该属性提供对与当前应用关联的应用程序数据存储的访问权限
DataChanged	当同步漫游应用程序数据时，将触发该事件
LocalFolder	可用于获取本地应用数据存储中的根文件夹
LocalSettings	可用于获取本地应用数据存储中的应用程序设置容器

(续表)

成员	说明
RoamingFolder	可用于获取漫游应用数据存储中的根文件夹
RoamingSettings	可用于获取漫游应用数据存储中的应用程序设置容器
RoamingStorageQuota	可用于获取可以从漫游应用数据存储同步到云的数据的最大大小
TemporaryFolder	可用于获取临时应用数据存储中的根文件夹
Version	可用于获取应用数据存储中应用程序数据的版本号

当使用 ApplicationData 类时，只需很少的几步便可以在 SimplePuzzle 应用程序中保存和还原拼图题目表格。本章对应的下载压缩包的 SimplePuzzle ManageState 文件夹中提供了一个准备好的示例，可以说明如何使用 ApplicationData。该示例将在每次挂起或关闭应用程序时保存其状态。当启动 SimplePuzzle 应用程序时，它会识别是否存在可以恢复的游戏，并为用户提供恢复保存的游戏或者开始新游戏的选项。当解决了某个拼图题目时，它将移除之前保存的状态。

该工作最大的一部分可以在App.xaml.cs文件中找到，如程序清单9-1(代码文件：App.xaml.cs)所示。为简便起见，省略了未更改的代码部分以及相关的注释。

程序清单 9-1：App.xaml.cs 文件(摘录)

```csharp
sealed partial class App : Application
{
  // --- 应用程序状态常量
  private const string PUZZLE_STATE = "PuzzleState";
  private const string TABLE_ROWS = "TableRows";
  private const string TABLE_COLS = "TableCols";
  private const string EMPTY_CELL = "EmptyCell";
  private const string TABLE_CELLS = "TableCells";

  public App()
  {
    this.InitializeComponent();
    this.Suspending += OnSuspending;
    this.Resuming += OnResuming;
  }

  // --- 省略了一些方法

  private void OnSuspending(object sender, SuspendingEventArgs e)
  {
    if (Game.State != GameState.Completed)
    {
      SavePuzzleState();
    }
  }
```

```csharp
private void OnResuming(object sender, object e)
{
  RestorePuzzleState();
}

internal static GameController Game { get; set; }

internal static void SavePuzzleState()
{
  var puzzleState = new ApplicationDataCompositeValue();
  puzzleState[TABLE_ROWS] = Game.Height;
  puzzleState[TABLE_COLS] = Game.Width;
  puzzleState[EMPTY_CELL] = Game.EmptyPosition;
  var cellValues = "";
  for (int i = 0; i < Game.Height * Game.Width; i++)
  {
    if (Game[i] != null)
    {
      cellValues += String.Format("{0}:{1};", i,
        Game[i].PuzzleId);
    }
  }
  puzzleState[TABLE_CELLS] = cellValues;
  ApplicationData.Current.LocalSettings.Values[PUZZLE_STATE] =
                                                puzzleState;
}

internal static bool IsStateSaved()
{
  var data = ApplicationData.Current.LocalSettings.Values[PUZZLE_STATE]
    as ApplicationDataCompositeValue;
  return data != null;
}

internal static void RestorePuzzleState()
{
  var puzzleState = ApplicationData.Current
    .LocalSettings.Values[PUZZLE_STATE]
    as ApplicationDataCompositeValue;
  if (puzzleState == null) return;
  Game.Height = (int)puzzleState[TABLE_ROWS];
  Game.Width = (int)puzzleState[TABLE_COLS];
  Game.InitEmptyTable();
  Game.EmptyPosition = (int)puzzleState[EMPTY_CELL];
  var cellValues = ((string)puzzleState[TABLE_CELLS])
    .Split(new char[] { ':', ';' }, StringSplitOptions.RemoveEmptyEntries);
  for (int i = 0; i < cellValues.Length-1; i += 2)
  {
    Game.AddPuzzle(int.Parse(cellValues[i]),
```

```
            int.Parse(cellValues[i + 1]));
        }
    }

    internal static void RemovePuzzleState()
    {
        ApplicationData.Current.LocalSettings.Values.Remove(PUZZLE_STATE);
    }
}
```

上述代码中的关键方法是 SavePuzzleState()、IsStateSaved()、RestorePuzzleState()和 RemovePuzzleState()。

SavePuzzleState()方法使用 ApplicationDataCompositeValue 实例(puzzleState)来存储表格高度、表格宽度、空单元格位置以及每个单元格中的拼图块。当汇集 puzzleState 时，会使用 Values 容器将其保存到 ApplicationData.Current.LocalSettings 数据存储中。

IsStateSaved()方法检查 LocalSettings 存储中是否包含具有 PUZZLE_STATE 键的值，该键用于保存游戏状态。

RestorePuzzleState()方法的工作方式与 SavePuzzleState()方法类似，但它会从 LocalSettings 存储读取数据值，并相应地初始化拼图题目。由于 Values 容器存储对象值，因此，从该容器中读取的数据元素应该强制转换为相应的类型。

使用 Values 容器的 Remove()方法，可以移除应用程序数据设置，如 RemovePuzzleState()方法所演示的。

注意：当加载 SimplePuzzle ManageState 文件夹中的解决方案时，建议查看 MainPage.xaml.cs 文件，发现这些方法在其中的使用方式。

在前面的练习中，无论何时启动 SimplePuzzle 应用程序，都会显示默认的徽标。在实际的应用程序中，你可能希望显示更具吸引力的徽标。下一节将介绍如何将应用程序与 Start 屏幕进行集成，以及如何更改 SimplePuzzle 应用程序的徽标。

9.5 应用程序和 Start 屏幕

虽然可能听起来有点奇怪，但 Start 屏幕是 Windows 8 应用程序非常重要的部分。当使用 Windows 8 时，可以在主屏幕上看到应用程序动态磁贴。即使某个应用程序没有启动，动态磁贴也会共享可能对你非常重要的信息。当设计应用程序时，在设计时应该充分考虑 Start 屏幕。这一节将介绍一些基本的设计原则和工具，以使应用程序与 Start 屏幕完美集成。

9.5.1 应用程序徽标与启动屏幕

当使用 Visual Studio 创建一个新的 Windows 8 应用时,会自动创建一个启动屏幕以及一些徽标,它们会放置在应用程序项目的 Assets 文件夹中。在部署应用程序时,将从压缩到应用程序软件包中的应用程序清单中提取徽标信息。

通过编辑 Package.appxmanifest 文件,可以声明这些徽标。软件包清单编辑器的 Application UI 选项卡包含徽标信息(如图 9-21 所示)以及启动屏幕信息。可以在 Packaging 选项卡上设置将在 Windows 应用商店中显示的徽标。

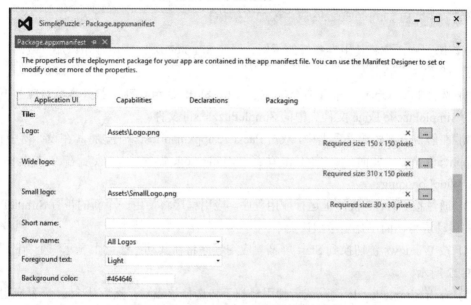

图 9-21 Application UI 页面上的徽标信息

Windows 8 UI 设计指南定义一些预期的徽标尺寸(宽度和高度,以像素为单位),如表 9-5 所述。尽管可以使用其他尺寸的徽标,因为 Windows 8 会将其调整为正确的尺寸,但这样会使它们看起来很不专业,因此,请始终使用正确的尺寸。

表 9-5 Windows 8 应用徽标

徽 标	尺 寸	说 明
小徽标	30×30	显示在 Start 屏幕上的徽标,在处于所有应用和搜索视图中时显示
普通徽标	150×150	显示在 Start 屏幕上的徽标,当应用程序动态磁贴设置为小(默认值)时显示
宽徽标	310×150	显示在 Start 屏幕上的徽标,当应用程序动态磁贴设置为宽时显示
Windows 应用商店徽标	50×50	显示在 Windows 应用商店中的应用程序徽标

注意：有关 Windows 应用商店的更多详细信息将在第 16 章中介绍。

可以将应用程序设置为显示小动态磁贴或宽动态磁贴。如果应用程序没有宽徽标，那么对应的动态磁贴不能设置为宽。在接下来的练习中，你将对 SimplePuzzle 应用程序进行设置，使其具有宽徽标。

试一试　向 SimplePuzzle 应用添加宽徽标

在该练习中，你将使用准备好的示例。要向 SimplePuzzle 应用程序添加宽徽标，请按照下面的步骤进行操作。

(1) 选择 File | Open Project 命令(或者按 Ctrl+Shift+O 组合键)，打开本章对应的下载压缩包的 SimplePuzzle Logo 文件夹中的 SimplePuzzle.sln 文件。

(2) 在解决方案资源管理器中，双击 Package.appxmanifest 文件，将其在设计器中打开。在 Application UI 页面上，向下滚动到"Wide logo"字段，然后在文本框中输入 Assets\WideLogo.png。

(3) 通过按 Ctrl+F5 快捷键运行应用程序。应用程序将使用一个新的带有 SimplePuzzle 文本的启动屏幕，而不是显示默认文本。

(4) 按 Windows 键切换到 Start 屏幕。应用程序将在其动态磁贴上显示一个新的徽标，如图 9-22 所示。

(5) 右击 SimplePuzzle 磁贴或者使用轻扫手势选择该磁贴，然后从 Start 屏幕应用程序栏中选择 Larger。现在，应用程序动态磁贴将按照更宽的尺寸显示，并且具有一个不同的徽标(在中间带有 W)，如图 9-23 所示。

图 9-22　SimplePuzzle 应用程序的新徽标

图 9-23　SimplePuzzle 应用程序的宽徽标

(6) 开始输入 SimplePuzzle。在几次按键之后，该应用将显示在搜索屏幕中，如图 9-24 所示。在该屏幕中，将显示应用的小徽标。

(7) 切换回 SimplePuzzle 应用程序，并将其关闭。

图 9-24　SimplePuzzle 应用程序的小徽标

示例说明

上述准备好的应用程序在其 Assets 文件夹中包含4个徽标。在步骤(2)中,声明 Assets\WideLogo.png 文件应该用作宽磁贴模式下 SimplePuzzle 的应用徽标。由于为应用程序清单分配了宽徽标,因此,在步骤(5)中,可以使用 Larger 命令以显示宽徽标。

更改徽标仅仅是对应用动态磁贴进行自定义设置时可以采用的方式之一。对于动态磁贴,还可以采取很多控制方式。例如,可以使其变得栩栩如生,相关信息将在下面介绍。

 注意:在 Package.appxmanifest 文件的 Application UI 页面上更改多个属性(例如,名称、背景色、前景文本等)以后,请尝试运行 SimplePuzzle 应用程序。

9.5.2 使用通知让应用磁贴变得栩栩如生

相比于其他图示法操作系统(例如,运行在 Apple iPad 和 iPhone 上的 iOS),Windows 8 有很多与众不同的特征因素,其中最重要的一个特征就是它能够使显示的动态磁贴呈现有关当前位于 Start 屏幕上的应用的最新信息。例如,Video 和 Music 应用程序动态磁贴可以分别显示有关正在播放的视频或音乐的信息。也可以使用通知让自己的应用动态磁贴变得更加栩栩如生。例如,可以向动态磁贴中添加文本块、图像和锁屏提醒,相关信息将在本节中介绍。

提供了很多预定义的模板来描述应用动态磁贴的布局。例如,如图9-25所示,通过 TileSquareText02模板,可以指定两个文本块以在动态磁贴中显示。如图9-26所示,使用另外一个模板 TileWideImageAndText01,可以指定一幅图像(在动态磁贴的顶部)和一个文本块。可以通过具体的文本和图像元素设置模板中的占位符,并相应地更新应用的动态磁贴。

 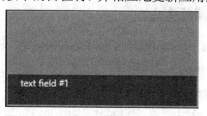

图 9-25 TileSquareText02 模板　　　　图 9-26 TileWideImageAndText01 模板

也可以启用通知队列。当启用时,最多可以针对动态磁贴自动循环设置 5 个磁贴通知。该队列遵循 FIFO (先入先出)原则,因此,如果队列已满,当新通知到达时,将移除最早的通知。

也可以启用计划(定期)更新。在这种情况下,操作系统会定期(最短时间间隔为半小时,最长间隔为一天)轮询统一资源标识符(URI)以获取要显示的动态磁贴的说明。

1. 磁贴通知格式

磁贴通知是一个 XML 文档，用于定义要显示的磁贴的具体布局。该 XML 格式非常简单，可以使用 TileUpdateManager.GetTemplateContent()方法轻松地了解该文件，如下面的代码段所示：

```
var tileXml = TileUpdateManager.GetTemplateContent(
  TileTemplateType.TileWideImageAndText01);
var xmlText = XDocument.Parse(tileXml.GetXml()).ToString();
```

该方法的参数是一个 TileTemplateType 枚举值，并且将返回一个 XmlDocument 实例，表示具有空占位符的模板。如果运行该代码段，它将生成下面的 XML 文档：

```
<tile>
  <visual>
    <binding template="TileWideImageAndText01">
      <image id="1" src="" />
      <text id="1"></text>
    </binding>
  </visual>
</tile>
```

 注意：XDocument.Parse()方法用于使用换行符和缩进设置 XML 文档的精美格式。

磁贴通知 XML 的结构非常容易理解。在前面的 XML 代码段中，<image>是磁贴中的图像的占位符，而<text>是文本块的占位符。

2. 更新磁贴通知

Windows.UI.Notifications 名称空间提供 TileUpdateManager 类型，负责处理磁贴更新。TileUpdateManager 的使用模式相当简单，如下面的代码段所示：

```
// --- 获取磁贴通知模板 XML
var tileXml = TileUpdateManager.GetTemplateContent(
  TileTemplateType.TileSquareText04);
// --- 使用用户指定的文本更新磁贴通知模板
tileXml.GetElementsByTagName("text")[0].InnerText = Message.Text;
// --- 创建 TileNotification 实例
var notification = new TileNotification(tileXml);
// --- 更新应用程序的磁贴
TileUpdateManager.CreateTileUpdaterForApplication().Update(notification);
```

上述方案使用下面两个关键的方法：

- CreateTileUpdaterForApplication()方法，该方法提供负责管理属于你的应用的磁贴通知更新的对象。
- Update(notification)方法，该方法根据以参数形式传递的 TileNotification 实例执行通知更新。

使用该模式，唯一需要执行的任务就是修改用于描述磁贴布局的 XML 文档。

> **注意**：要了解所有磁贴模板，请参阅 http://msdn.microsoft.com/en-us/library/windows/apps/windows.ui.notifications.tiletemplatetype.aspx。

3. 删除磁贴通知

如果没有任何要显示的通知，就可以使用 Clear()方法轻松地还原磁贴的原始状态，如下面的代码段所示：

```
TileUpdateManager.CreateTileUpdaterForApplication().Clear();
```

4. 管理普通和宽磁贴通知

应用程序动态磁贴可以采用小(方形)或大(宽)形式。通知模板要么适用于方形动态磁贴，要么适用于宽动态磁贴，具体可以根据模板名称来确定。如果尝试将宽模板用于方形磁贴(或者反过来)，那么动态磁贴将不会更新。但是，你应该提前知道某个应用磁贴当前处于方形还是宽形式，因此，你不能自己猜测需要应用方形模板还是宽模板！

可以创建一个包含两个模板的磁贴通知，一个用于方形模板，另一个用于宽模板，就像下面的示例所示：

```
<tile>
  <visual>
    <binding template="TileSquareText04">
      <text id="1">Hello from SimplePuzzle</text>
    </binding>
    <binding template="TileWideText04">
      <text id="1">Hello from SimplePuzzle</text>
    </binding>
  </visual>
</tile>
```

该示例使用具有两个模板的两个<binding>元素。当应用程序具有普通尺寸时，将使用 TileSquareText04 模板；否则，将应用 TileWideText04 模板。

5. 使用磁贴图像

可以通过允许使用 image 标记的任何预定义模板在应用程序动态磁贴中显示图像，例如前面提到的 TileWideImageAndText01 模板：

```xml
<tile>
  <visual>
    <binding template="TileWideImageAndText01">
      <image id="1" src="" />
      <text id="1"></text>
    </binding>
  </visual>
</tile>
```

以上示例中的 src 特性用于定义磁贴图像的源。可以使用三种不同类型的源，如表 9-6 所述。

表 9-6 磁贴图像源

源	说 明
应用程序图像	这种类型的图像是应用程序的组成部分(随应用一起部署)。可以通过以下方式访问这些图像：使用"ms-appx:///"前缀，后跟图像在应用程序软件包中的相对路径。例如，Assets 文件夹中的 Logo.png 图像可以通过"ms-appx:///Assets/Logo.png"形式进行访问
本地图像	这种类型的图像可以在当前用户的本地文件夹中找到。可以通过以下方式访问这些图像：使用 ms-appdata:///local/前缀，后跟图像在应用程序软件包中的相对路径。例如，SmallLogo.png 图像可以通过 ms-appdata:///local/SmallLogo.png 形式进行访问
Web 图像	这种类型的图像可以通过 Web URI 进行访问，如 http://mysite.com/myLogo.png

6. 其他动态磁贴功能

磁贴的其他一些功能可能在应用程序中也会非常有用，下面列出部分有用的功能。

- 就像可以显示磁贴通知一样，也可以为应用的动态磁贴添加锁屏提醒。锁屏提醒可以是 0~99 之间的数字(大于 99 的数字将显示为 99)，或者是可以从预定义集中选择的字形。
- 磁贴通知可以具有到期设置。当通知到期时，它会自动清除，就像通过编程方式对其进行操作一样。
- 应用程序可以将辅助动态磁贴固定到屏幕，需要得到活动用户的确认。辅助动态磁贴是应用的快捷方式。当使用辅助动态磁贴启动或激活应用程序时，该动态磁贴可以向应用传递一个参数，应用的逻辑可以处理该参数。例如，Weather 应用的辅助动态磁贴表示地理位置。当通过某个地理位置启动 Weather 应用时，该应用在启动后将显示该特定地理位置的天气信息。

7. 磁贴通知示例

可以在本章对应的代码下载压缩包的 LiveTiles 文件夹中找到一个有关磁贴通知的示例。该示例演示了很多显示磁贴通知的情景方案。在 Visual Studio 中打开 LiveTiles.sln 解决方案，并检查MainPage.xaml和MainPage.xaml.cs文件以了解这些方案的详细信息。

9.6 小结

Windows 8 为 Windows 8 应用提供了一种非常简单的资源管理策略。当应用程序位于前台时，它可以使用资源(例如，CPU、内存、网络等)以便提供最佳用户体验。而当应用转入后台时，则会将其挂起，并且不再为其提供资源访问权限。当应用挂起稍后又恢复时，它可以捕获相应的事件，并使用这些事件保存和还原应用程序的状态。

在 Windows 8 应用中，你只是将一些常用的命令控件永久性地放置在应用的屏幕上。对于那些只能在特定的上下文中使用的命令，可以使用应用栏和上下文菜单。可以将应用的设置与设置超级按钮相集成。

在 Windows 8 中，Start 屏幕可能要算是用户体验中最重要的一部分了。应用程序动态磁贴不一定必须是简单图标，可以通过磁贴通知使它们变得更加栩栩如生。

第 10 章将介绍另外一组应用程序模式，分别使用多页以及在其中导航。

练 习

1. Windows 8 何时终止 Windows 8 应用程序?
2. 可以使用什么键来显示应用栏?
3. 哪种应用程序数据存储允许在用户的所有设备上保存信息?
4. 哪种对象负责更新磁贴通知?

 注意：可以在附录 A 中找到上述练习的答案。

本章主要内容回顾

主 题	主 要 概 念
正在运行状态	位于前台的 Windows 8 应用处于正在运行状态。在该状态中,应用程序可以获取可用的资源,从而使其可以获得持续响应的能力
已挂起状态	当 Windows 8 应用转入后台(也就是说,另一个 Windows 8 应用切换到前台)时,其状态将变为已挂起。已挂起的应用程序不会接收到 CPU 周期或其他系统资源。否则,系统资源可能会从前台应用中流出
应用程序终止	操作系统可以终止已挂起的应用程序,以释放内存资源,从而使得前台应用程序可以获得足够的内存和资源来提供整体操作和响应能力

(续表)

主 题	主 要 概 念
应用程序软件包	在部署之前，Windows 8 应用将打包到一个应用程序软件包中，其中包含该应用的可执行文件和资源。该软件包将部署到用户的计算机中。安装只是简单地复制软件包中的文件
沙盒	沙盒是一种安全机制，可以分隔正在运行的应用程序，阻止它们访问不允许其使用的系统资源
应用程序软件包清单	应用程序软件包清单文件描述要部署的软件包的相关信息。该文件包含以下信息：运行应用的沙盒(也就是，应用程序可以使用的资源类型)、应用为其他 Windows 8 应用程序提供的扩展以及特定应用的可视化特性(如徽标、启动屏幕等)
上下文菜单	上下文菜单是特定于 UI 控件的菜单，其中包含在当前上下文中可以针对特定用户控件执行的操作(如剪贴板操作)。当用户右击相应的控件(或者应用"点击并按住"手势)时，将显示上下文菜单
应用程序栏	应用栏属于上下文菜单，可以为用户提供特定于应用程序的功能，如新建项目、保存信息、打开图像等。应用栏可以位于屏幕的底部或顶部，并在以下情况下打开：用户从屏幕的顶部或底部边缘轻扫手指，或者按 Windows+Z 快捷键
消息对话框	可以弹出消息对话框，以向用户显示信息，或者要求用户对某项特定的操作进行确认。尽管消息对话框等待用户输入，但它们不会阻止 UI
应用程序数据存储	应用程序数据存储可以为应用安装目标对象的每个用户持久保存应用程序级别的信息。本地存储保存仅在用户的当前设备上存在的数据。漫游存储保存在用户的所有设备之间同步的数据。临时存储的作用像是一个缓存，系统可以移除该存储中保存的数据以便腾出所需的空间
磁贴通知	应用程序可以向其位于 Start 屏幕上的动态磁贴发送通知。这些通知可以使用文本块和图像。通常情况下，这些通知反映了应用程序中发生的更改，使用户只需看一下 Start 屏幕上的动态磁贴，便可以了解相应应用的状态

第10章

创建多页应用程序

本章包含的内容:

- 了解 Windows 8 应用中使用的基本导航模式
- 初识 Page 类并了解页面之间的导航机制
- 通过文件关联从你的应用启动其他应用程序
- 使用拆分应用程序和网格应用程序模板创建具有自定义内容的应用

适用于本章内容的 wrox.com 代码下载

可以在 www.wrox.com/remtitle.cgi?isbn=012680 上的 Download Code 选项卡中找到适用于本章内容的 wrox.com 代码下载。代码位于 Chapter10.zip 下载压缩包中,并且单独进行了命名,如对应的练习所述。

在第 9 章中,你了解到很多重要的 Windows 8 应用用户界面(UI)模式,例如,使用上下文菜单和应用栏、将应用与设置超级按钮相集成、保存应用程序状态、使用对话框消息等。这些练习中的示例都是只包含一个屏幕的简单应用程序,或者按照 Windows 8 风格应用的术语,应该是包含一个页面的应用。

实际的应用程序通常会使用多个页面。这一章将如何创建具有多个页面的应用程序。首先,你将了解到 Windows 8 应用中使用的导航概念,并且将初步认识支持分页功能的 UI 控件。

通过 Visual Studio,Microsoft 提供了两种项目模板,即网格应用程序模板和拆分应用程序模板,这两种模板非常适于处理多页应用程序。在这一章中,你将发现有关这些模板的详细信息,并了解到如何使用它们创建自己的内容。

10.1 导航基本知识

在 Windows 8 风格应用程序设计中，内容是一个关键因素。如果应用通过某种方式呈现其内容，而用户认为使用这种方式可以获取卓越的体验，那么应用会获得成功并流行起来；否则，它将会成为众多默默无闻的应用中的一员。可使用很多元素来提供卓越的用户体验，例如，整洁的布局和拓扑、出色的动画、直观的 UI 控件等。这些都是非常重要的元素，但是，有一个更基本的元素来管理所有这些元素，那就是导航。

导航模式

当用户浏览应用内容时，他们会使用导航从一个内容元素漫游到另一个内容元素。Windows 8 语言的设计者创建了很多非常直观明了的导航模式，用户可使用这些导航模式找到它们所要查找的内容。

1. 中心导航

或许最常用的导航模式应该算是中心导航。在这种情况中，把内容放置在一个中心页中，该页面可以通过键盘(使用 PgUp 和 PgDown 键)、鼠标滚轮甚至使用滑动触控手势水平滚动。实际上，中心页是一个相当宽的页面，其宽度是屏幕的若干倍。当滑动或滚动中心页时，内容将会飞入。内容是逐步增加的，以便用户总是知道还有更多的内容可以发现。

例如，当启动 Finance 应用时，可以看到与图10-1中类似的屏幕。可以看到，右侧的内容超出屏幕范围。可以通过直觉猜测到，向左滚动或滑动屏幕可以提供更多的内容。当使用触控功能并到达中心页的边缘时，可以看到回弹效果，表示不再有其他可以滚动显示的内容。

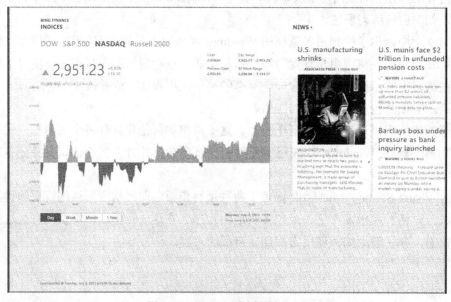

图 10-1　Finance 应用的中心页

2. 直接导航

中心页通常与直接页面导航结合使用。在这种情况下，可以选择希望使用导航控件查看的内容类型，例如应用程序栏。例如，Finance 应用提供一个顶部应用栏，通过该应用栏，可以直接选择页面，如图 10-2 所示。该应用栏显示一个可用页面的列表，其中包含一个白色背景的 Today 页面，表示该页面是当前页面。例如，当选择 Currencies 页面时，可直接导航到该页面，而不必滑动或滚动中心页。

图 10-2　Finance 应用的应用栏提供直接导航

3. 分层导航

在很多应用程序中，会为你提供大量的信息，仅使用中心模式无法顺利进行导航。你可能具有几百甚至几千个信息元素，仅仅通过滚动无法在几秒钟内快速找到你感兴趣的主题。

针对这种情况，解决方案就是分层导航。你在某个层次结构中显示内容，其中，单独的页面显示单独的层次结构级别。在导航过程中，可以在该层次结构的节点中上下移动，并查看当前节点中的内容。例如，当启动 Store 应用时，它的第一个屏幕将在一个中心页中显示应用程序类别，如图 10-3 所示。这是层次结构的根级别。当选择某个项目时，将到达低一级的层次结构，显示所选类别中的应用程序，如图 10-4 所示。

4. 语义式缩放

Windows 8 提供了一种称为语义式缩放的功能。如果有很多项目，使用滚动和滑动功能很难完整查看，那么可使用该功能加速导航。语义式缩放使用收缩手势在包含很多项目的列表中进行放大或缩小。也可以用 Ctrl 键外加数字键盘上的"+"和"−"键分别实现放大与缩小，或者还可以单击 Start 屏幕右下角的缩放图标。

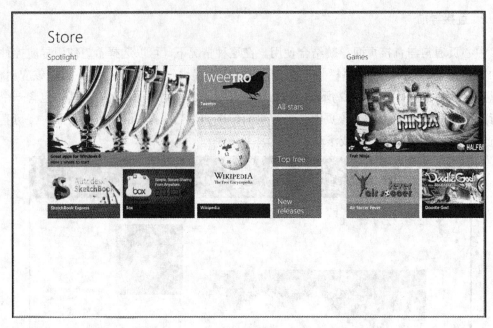

图 10-3　Store 应用内容的低级层次结构级别

图 10-4　所选应用类别中的应用程序

例如，People 应用可以显示联系人。通常情况下，绝大多数经常使用任何类型的社交应用的用户都会拥有几百甚至几千个联系人。通过语义式缩放，可以更加轻松地在这些联系人中进行导航。当缩小联系人列表时，People 应用程序会使用语义式缩放显示一个字母表，如图 10-5 所示。当单击或点击某个项目时，会立即放大联系人列表，显示对应的字母下记录的联系人。

第 10 章　创建多页应用程序

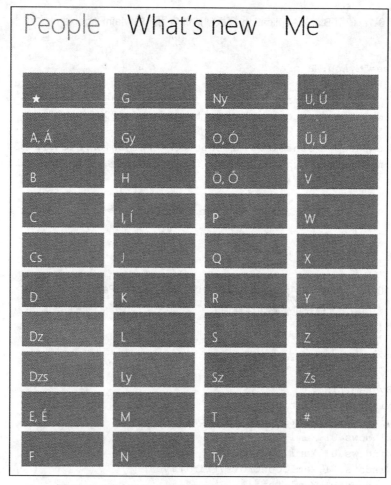

图 10-5　通过语义式缩放显示的 People 应用中的联系人

这一章将如何使用这些模式(语义式缩放除外)创建多页应用程序。

　注意：在第 8 章讨论 GridView 控件的过程中已经介绍了语义式缩放的相关信息。

10.2　使用页面

你在本书前面的练习中创建的每个 Windows 8 应用都使用页面。在这些示例中，你使用了以 Page 结尾的文件名，如 BlankPage.xaml 或 MainPage.xaml。Page 控件是一种基本控件，包含很多函数，只需少数几行代码便可快速实现应用。当使用 C# Blank Application 模板新建应用程序时，它将提供一个 MainPage.xaml 文件以及相关的 MainPage.xaml.cs 文件，程序清单 10-1 和程序清单 10-2 分别显示了这两种情况。

程序清单 10-1：使用 Blank Application 模板创建的应用序的 MainPage.xaml 文件

```xml
<Page
  x:Class="MyApp.MainPage"
  IsTabStop="false"
  xmlns="http://schemas.microsoft.com/winfx/2006/xaml/presentation"
  xmlns:x="http://schemas.microsoft.com/winfx/2006/xaml"
  xmlns:local="using:MyApp"
  xmlns:d="http://schemas.microsoft.com/expression/blend/2008"
  xmlns:mc="http://schemas.openxmlformats.org/markup-compatibility/2006"
  mc:Ignorable="d">

  <Grid Background="{StaticResource ApplicationPageBackgroundThemeBrush}">

  </Grid>
</Page>
```

程序清单 10-2：使用 Blank Application 模板创建的应用的 MainPage.xaml.cs 文件
              (为简便起见省略了注释)

```csharp
using System;
using System.Collections.Generic;
using System.IO;
using System.Linq;
using Windows.Foundation;
using Windows.Foundation.Collections;
using Windows.UI.Xaml;
using Windows.UI.Xaml.Controls;
using Windows.UI.Xaml.Controls.Primitives;
using Windows.UI.Xaml.Data;
using Windows.UI.Xaml.Input;
using Windows.UI.Xaml.Media;
using Windows.UI.Xaml.Navigation;

namespace MyApp
{
  public sealed partial class MainPage : Page
  {
    public MainPage()
    {
      this.InitializeComponent();
    }

    protected override void OnNavigatedTo(NavigationEventArgs e)
    {
    }
  }
}
```

MainPage.xaml 文件包含一个 Page 控件，该控件嵌入一个 Grid 控件。网格是页面 UI

元素的一个占位符。当查看 Document Outline 工具窗口时，可看到该页面还包含一个用于表示顶部和底部应用程序栏的占位符，如图 10-6 所示。

默认情况下，MainPage.xaml.cs 文件包含两个方法，如下所述。

- MainPage()构造函数，用于根据 XAML 说明初始化所有控件。
- OnNavigatedTo()方法，只要用户导航到该页面，便会调用该方法。例如，当应用程序启动时。

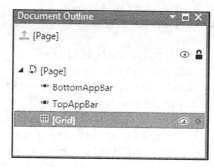

图 10-6　一个空白页面的 Document Outline 工具窗口

Page 类具有在页面中实现导航所需的整个基础架构，相关信息将在下一节中介绍。

10.2.1　向后导航和向前导航

最简单的页面导航形式是顺序导航，在某个页面开始任务，然后顺序导航到其他页面(除非任务彻底完成)。在接下来的练习中，你将了解到这样一种简单的导航模式的实现细节。你选择使用一个准备好的应用，模拟在潜水员的数字日志中记录潜水日志记录的步骤。该应用程序不允许你输入数据，因为它仅是为了演示导航功能。该日志记录任务使用 4 个页面。

  注意：可在本书的合作站点 www.wrox.com 上找到本练习对应的完整代码进行下载，具体位置为 DiveLog - PageByPage 文件夹。

试一试　在页面之间导航

要完成模拟记录潜水日志的简单应用程序，请按照下面的步骤进行操作。

(1) 选择 File | Open Project 命令(或者按 Ctrl+Shift+O 组合键)，打开本章对应的下载压缩包的 DiveLog - Start 文件夹中的 DiveLog.sln 文件。在几秒钟内，该解决方案将加载到 IDE 中。

(2) 在解决方案资源管理器中，选择 DiveLog 项目节点，用 Ctrl+Shift+A 组合键添加一个新项目。在 Add New Item 对话框中，选择 Blank Page 模板，输入名称 Step2.xaml，然后单击 Add 按钮。

(3) Step2.xaml 文件将在设计器中打开。在 XAML 窗格中，移除<Grid>元素(包括</Grid>结束标记)，并将其替换为下面的代码段：

```
<Grid Background="{StaticResource PageBackgroundBrush}">
  <Grid.RowDefinitions>
    <RowDefinition Height="140"/>
    <RowDefinition Height="*"/>
```

```xml
</Grid.RowDefinitions>
<!-- Back button and page title -->
<Grid>
  <Grid.ColumnDefinitions>
    <ColumnDefinition Width="Auto"/>
    <ColumnDefinition Width="*"/>
  </Grid.ColumnDefinitions>
  <Button x:Name="backButton" Click="GoBack"
      IsEnabled="{Binding Frame.CanGoBack, ElementName=PageRoot}"
      Style="{StaticResource BackButtonStyle}" />
  <TextBlock x:Name="pageTitle" Grid.Column="1"
      Text="Step 2: Depth and Bottom Time"
      Style="{StaticResource PageHeaderTextStyle}"
      Foreground="{StaticResource TitleForegroundBrush}"/>
</Grid>
<StackPanel HorizontalAlignment="Left" Height="557.927" Margin="116,0"
    Grid.Row="1" VerticalAlignment="Top" Width="1240.652">
  <TextBlock HorizontalAlignment="Left" TextWrapping="Wrap"
     Style="{StaticResource H2Style}"
     Text="Specify the maximum depth and the bottom time." />
  <Button x:Name="NextButton" Margin="0,24,0,0"
     Style="{StaticResource ButtonStyle}"
     Click="NextButtonClicked">Next</Button>
</StackPanel>
</Grid>
```

(4) 在 XAML 窗格中，右击代码底部的<Button>元素(名为 NextButton)的 Click 特性，然后选择 Navigate to Event Handler 命令。

(5) 在方法主体中输入下面粗体形式的代码：

```
private void NextButtonClicked(object sender, RoutedEventArgs e)
{
  Frame.Navigate(typeof(Step3));
}
```

(6) 将以下新方法添加到 Step2.xaml.cs 文件中：

```
private void GoBack(object sender, RoutedEventArgs e)
{
  if (this.Frame != null && this.Frame.CanGoBack) this.Frame.GoBack();
}
```

(7) 在编辑器中打开 Step1.xaml.cs 文件。向下滚动到 NextButtonClicked()方法，并在其主体中添加下面粗体形式的代码：

```
private void NextButtonClicked(object sender, RoutedEventArgs e)
{
  Frame.Navigate(typeof(Step2));
}
```

(8) 通过按 Ctrl+F5 快捷键运行应用程序。当应用程序启动时，将显示第一个页面，如图 10-7 所示。单击 Start Dive Log Entry 按钮，应用程序将移到下一个页面，如图 10-8 所示。

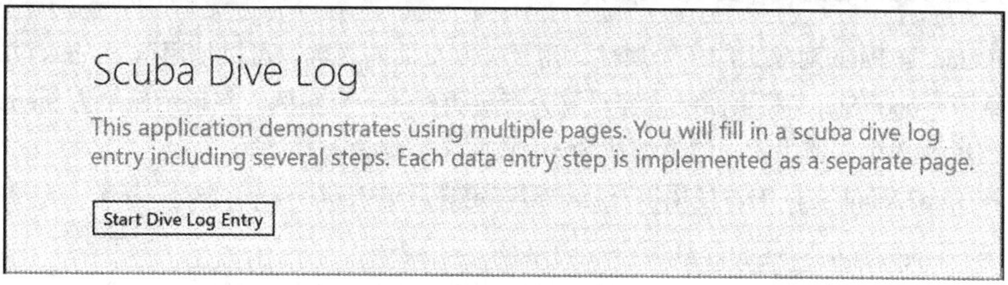

图 10-7　DiveLog 应用的第一个页面

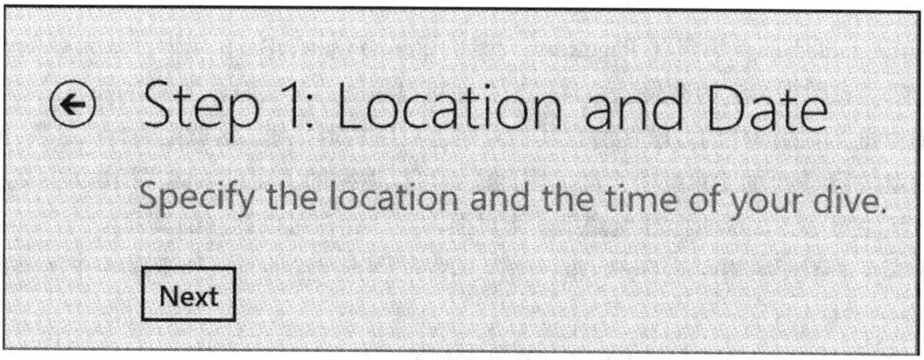

图 10-8　Location and Date 页面

由于该页面是第二个页面，因此，可以看到后退按钮(在图 10-8 中突出显示)，单击该按钮可以返回第一个页面。试试看吧！

(9) 现在，你再次回到第一个页面。再次单击 Start Log Entry 按钮，然后在继续导航后面页面的过程中，单击 Next 按钮、Next 按钮，然后再次单击 Start Next Entry 按钮。你又将回到第一个页面。在这种情况下，可以看到后退按钮，如图 10-9 所示。

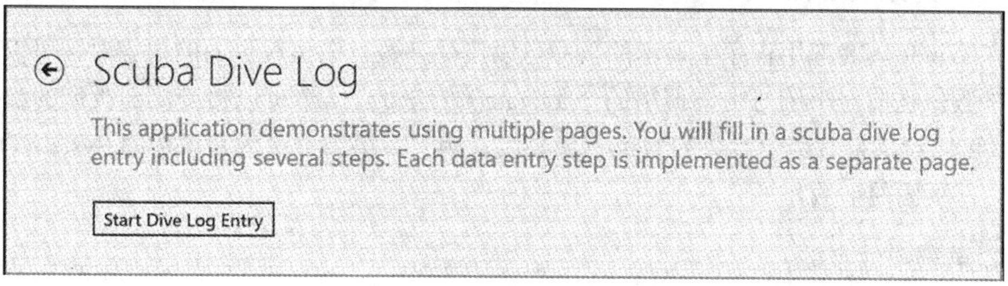

图 10-9　在第一个页面上显示后退按钮

(10) 关闭应用。

示例说明

使用的 DiveLog.sln 解决方案包含三个页面(MainPage.xaml、Step1.xaml 和 Step3.xaml)，且具有预设导航代码。在步骤(2)和步骤(3)中，添加一个新的页面文件 Step2.xaml，并设置

其内容。在步骤(5)中,添加代码用于从 Step2 页面导航到 Step3 页面:

```
Frame.Navigate(typeof(Step3));
```

Frame 是 Page 对象上的一个属性,用于控制页面的内容。可以使用 Navigate()方法以及参数值 typeof(Step3)将页面的内容设置为指定类型的一个实例,在该示例中为 Step3。

在步骤(7)中,使用相同的方法从 Step1 页面导航到 Step2 页面。

在 Step2.xaml 文件中,使用以下标记语言定义后退按钮:

```
<Button x:Name="backButton" Click="GoBack"
    IsEnabled="{Binding Frame.CanGoBack, ElementName=PageRoot}"
    Style="{StaticResource BackButtonStyle}" />
```

把 IsEnabled 属性绑定到 PageRoot 元素的 Frame.CanGoBack 属性。该元素表示 Page 实例本身。该数据绑定的结果就是,仅当存在可以返回的页面时,才能在 Step2 页面上使用后退按钮。按照同样的方法在所有其他页面上启用后退按钮。这就是为什么在图 10-7 中隐藏后退按钮(该页面是第一个页面,因此没有可以返回的页面),而在图 10-9 中又显示了后退按钮(由于从 Step3 页面导航到第一个页面,因此存在可以返回的页面)。

所有页面都使用相同的 GoBack()方法,即导航回前一个页面,如步骤(6)中所添加的方法代码:

```
private void GoBack(object sender, RoutedEventArgs e)
{
  if (this.Frame != null && this.Frame.CanGoBack) this.Frame.GoBack();
}
```

该方法的主体通过检查以了解是否存在可以返回的前一个页面(Frame.CanGoBack),并调用 Frame.GoBack()方法返回到该页面。

10.2.2 参数和导航事件

在 Windows 8 应用程序中显示的页面可以接受参数。在呈现页面的内容时,可以使用这些参数。在前一个练习中,调用的 Navigate()方法带有一个可以接受页面类型的参数。但是,可以调用带有两个参数的 Navigate()方法,其中,第二个参数是可选的 System.Object 实例,即页面的参数。

1. 导航事件参数

每次导航到一个页面时,都会调用目标页面的 OnNavigatedTo()方法,并带有一个 NavigationEventArgs 参数,该参数具有多个属性,如表 10-1 所述。

表10-1 NavigationEventArgs 属性

属 性	说 明
Content	获取目标页面的内容的根节点

(续表)

属 性	说 明
NavigationMode	获取一个表示导航过程中的移动方向的值。该属性从 NavigationMode 枚举获取其值： ● New——导航到一个页面的新实例(不是在访问的页面栈中向前或向后)。 ● Back——在访问的页面栈中向后导航。 ● Forward——在访问的页面栈中向前导航。 ● Refresh——导航到当前页面(可能包含不同的数据)
Parameter	获取传递到目标页面的任何参数对象以用于导航(Frame 的 Navigate()方法的第二个参数)
SourcePageType	该属性的名称有点会让人产生混淆。它虽然称为 SourcePageType，但它获取的却是目标页面的数据类型
Uri	获取目标页面的统一资源标识符(URI)。当使用 JavaScript 时，该属性包含一个非空值

2. 使用导航参数

使用 Navigate()和 OnNavigatedTo()方法可以非常轻松地传递与处理页面参数，通过一个准备好的示例可以具体地演示这一过程，可以在本章对应的下载压缩包的 DiveLog – Parameters 文件夹中找到该示例。该示例包含一个经过修改版本的 DiveLog 应用程序，其中向页面中添加了一些文本块，如图 10-10 所示。

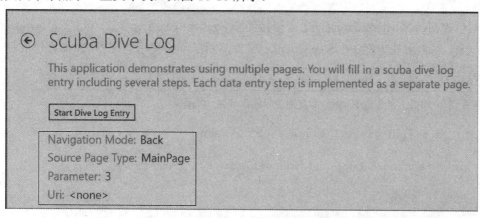

图 10-10 DiveLog 页面上的附加标签

每个页面的按钮单击事件处理程序代码都使用带有两个参数的 Frame.Navigate()方法，如下所示：

```
Frame.Navigate(typeof( PageType ), Frame.BackStackDepth);
```

PageType 是表示目标页面的类型。Frame 背后的导航逻辑会在前进和后退时保留访问的页面栈。Frame.BackStepDepth 属性表示该栈的深度，代码使用该值作为页面参数。在图 10-10 中，该值显示在 Parameter 标签中。值 "3" 表示在导航到 MainPage 页面时，该栈的深度为 3。

图 10-10 中的标签会在 OnNavigatedTo()方法中刷新，该方法在每个页面中刚好都一样：

```
protected override void OnNavigatedTo(NavigationEventArgs e)
{
  NavigationModeLabel.Text = e.NavigationMode.ToString();
  SourcePageLabel.Text = e.SourcePageType.Name;
  ParameterLabel.Text = (e.Parameter ?? "<none>").ToString();
  UriLabel.Text = e.Uri == null ? "<none>" : e.Uri.ToString();
}
```

3. 从页面导航离开

当运行该示例时，可以看到随着你在页面中前后移动，导航栈的深度如何增加或减少。Navigation Mode 标签的值还会通知你导航的方向，如图 10-10 所示。

在许多情况中，了解何时将离开某个页面非常重要。如果用户在页面上输入信息，那么除非输入有效的数据，否则你可能不允许导航离开。可以重写 OnNavigatingFrom()方法，以接受 NavigationCancelEventArgs 参数。将该参数的 Cancel 属性设置为 true 可阻止离开页面。

捕获离开页面之前的那一刻可能也会非常有用。页面可能会为其数据分配内存，而离开该页面后便不再需要该内存。由于在离开页面后，对应的页面并不会释放(稍后你可能还会导航回该页面)，因此，由你来负责(同时也是对你最为有利的方式)释放暂时不使用的资源。

可以重写 OnNavigatedFrom()方法，以接受 NavigationEventArgs 参数，就像 OnNavigatedTo()方法一样。示例解决方案中的 Step3.xaml.cs 文件演示了如何使用这些方法，如程序清单 10-3 所示。

程序清单 10-3：在 Step3.xaml.cs 文件中导航离开某个页面

```
public sealed partial class Step3 : Page
{
  private static bool _lastCancelled;

  public Step3()
  {
    this.InitializeComponent();
    _lastCancelled = false;
  }

  protected async override void OnNavigatedFrom(NavigationEventArgs e)
  {
```

```
  var dialog = new MessageDialog(
    "You are leaving Step 3 page.",
    "Navigation Message");
  dialog.Commands.Add(new UICommand("OK"));
  await dialog.ShowAsync();
  base.OnNavigatedFrom(e);
}

protected override void OnNavigatingFrom(NavigatingCancelEventArgs e)
{
  _lastCancelled = !_lastCancelled;
  e.Cancel = _lastCancelled;
  if (_lastCancelled) NavigationModeLabel.Text = "Navigation Cancelled";
  base.OnNavigatingFrom(e);
}

// --- 为简便起见省略了其他方法
}
```

实现了OnNavigatingFrom()方法，以便会每隔一次通过将e.Cancel标志(通过_lastCancelled标志)设置为true来阻止离开页面，并在屏幕上发出已取消状态的信号通知。每次成功导航离开Step3 页面时，OnNavigatedFrom()方法都会在屏幕上弹出一个对话框。

注意：OnNavigatedFrom事件呈现的对话框消息是异步显示的，因此它不会阻止UI。尽管该事件在上述示例中可以很好地使用，但通常情况下，在导航事件中显示对话框和消息时，应该避免这种编码方法。

注意：在代码中，可以捕获其他页面对象的导航事件。当然，在该示例中，不能使用任何受保护的 OnNavigatedTo()、OnNavigatingFrom() 或 OnNavigatedFrom()方法。相反，你应该分别订阅对应页面对象的NavigatedTo、NavigatingFrom 和 NavigatedFrom 事件。

10.2.3　使用应用栏进行导航

正如你在本章前面的内容中所了解到的，可以通过应用栏使用直接导航模式显式选择要导航到的页面，而不是按顺序遍历各个页面。正如你在图 10-2 中所看到的，Finance 应用就使用这种模型。可以按照第 9 章所介绍的，使用同样的方法创建一个应用栏。但是，使用应用栏进行页面导航比你想象的要稍微复杂一点,相关信息将在接下来的练习中介绍。

1. 直观的解决方案

在接下来的练习中,你将使用一个准备好的示例(继续使用 DiveLog 应用程序),向 MainPage 对象中添加一个应用栏。该应用栏包含 4 个按钮,每个页面对应一个按钮。

试一试   使用应用栏进行页面导航

要完成上述准备好的应用程序,请按照下面的步骤进行操作。

(1) 选择 File | Open Project 命令(或者按 Ctrl+Shift+O 组合键),打开本章对应的下载压缩包的 DiveLog - AppBar 文件夹中的 DiveLog.sln 文件。

(2) 在设计器中打开 MainPage.xaml 文件。该文件包含一个显示在页面顶部的应用程序栏,使用下面的 XAML 代码段定义:

```xml
<Page.TopAppBar>
  <AppBar x:Name="CommandBar" Style="{StaticResource AppBarStyle}">
    <StackPanel Orientation="Horizontal">
      <Button x:Name="NewEntryButton"
        Style="{StaticResource TopAppBarButtonStyle}"
        Tapped="NewEntryButtonTapped" Content="New Entry">
      </Button>
      <Button x:Name="LocationButton"
        Style="{StaticResource TopAppBarButtonStyle}"
        Tapped="LocationButtonTapped" Content="Location &amp; Time">
      </Button>
      <Button x:Name="DepthButton"
        Style="{StaticResource TopAppBarButtonStyle}"
        Tapped="DepthButtonTapped"
        Content="Maximum Depth &amp; Bottom Time">
      </Button>
      <Button x:Name="CompletedButton"
        Style="{StaticResource TopAppBarButtonStyle}"
        Tapped="CompletedButtonTapped" Content="Completed">
      </Button>
    </StackPanel>
  </AppBar>
</Page.TopAppBar>
```

(3) 打开MainPage.xaml.cs文件,并在应用栏按钮的事件处理程序方法中添加下面粗体形式的代码:

```csharp
private void NewEntryButtonTapped(object sender, TappedRoutedEventArgs e)
{
    Frame.Navigate(typeof(MainPage), Frame.BackStackDepth);
}

private void LocationButtonTapped(object sender, TappedRoutedEventArgs e)
{
    Frame.Navigate(typeof(Step1), Frame.BackStackDepth);
```

}

private void DepthButtonTapped(object sender, TappedRoutedEventArgs e)
{
  Frame.Navigate(typeof(Step2), Frame.BackStackDepth);
}

private void CompletedButtonTapped(object sender, TappedRoutedEventArgs e)
{
  Frame.Navigate(typeof(Step3), Frame.BackStackDepth);
}

(4) 通过按 Ctrl+F5 快捷键运行应用程序。当主页显示时，在屏幕上右击，或者使用 Windows+Z 快捷键以显示应用栏(或者从屏幕的顶部边缘轻扫手指)。该应用栏显示 4 个按钮，如图 10-11 所示。

图 10-11　包含表示页面的按钮的应用栏

(5) 单击或点击 Maximum Depth & Bottom Time 应用栏按钮。此时将直接转到 Step2 页面。Parameter 标签显示 0，表示这是导航栈中的第一个页面，因此你从 Start 页面直接转到该页面，如图 10-12 所示。如果按顺序导航到 Step2 页面(首先从 MainPage 到 Step1，再到 Step2)，Parameter 标签应该显示 1。

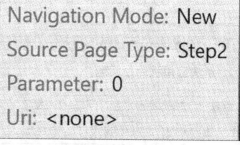

图 10-12　Step2 页面的 Parameter 值为 0

(6) 现在，在屏幕上右击(或者按 Windows+Z 快捷键)以再次显示应用栏。在页面 Step2 上将不会显示应用栏！

(7) 按后退按钮返回到第一个页面，在此处再次尝试显示应用栏。此时将显示与步骤(4)中完全一样的应用栏。

(8) 关闭 DiveLog 应用。

示例说明

当应用程序启动时，通过执行 App.xaml.cs 文件中的以下代码段显示主页：

```
var rootFrame = new Frame();
if (!rootFrame.Navigate(typeof(MainPage)))
{
  throw new Exception("Failed to create initial page");
}
Window.Current.Content = rootFrame;
```

```
Window.Current.Activate();
```

作为上述代码的结果,将显示如图 10-13 所示的布局容器层次结构。

当尝试显示应用栏时,Windows 运行时会从 Window.Current 向下遍历到 Frame,再到 Frame 中的页面,以便搜索应用栏。Frame 保留一个 MainPage 实例,其中具有一个应用栏,因此,会显示该应用栏。如果没有找到应用栏,搜索会通过 MainPage 中的 Frame 继续遍历层次结构,除非找到应用程序栏或者层次结构结束处。

在从 MainPage 导航到 Step2 以后,即执行 Frame.Navigate(typeof(Step1)调用的结果,布局层次结构发生了变化,如图 10-14 所示。

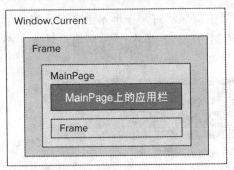 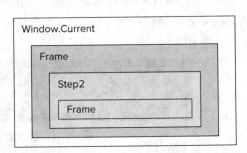

图 10-13 当显示 MainPage 时的布局容器层次结构　　图 10-14 当显示 Step2 页面时的布局容器层次结构

在该层次结构中,搜索算法未找到任何应用栏,因此,在步骤(6)中没有显示应用程序栏。

当然,可以解决该问题,相关信息将在接下来的练习中介绍。

2. 解决应用程序栏问题

解决上述缺少应用栏的问题的关键在于利用你刚刚了解到的遍历机制。你不应该使用图10-13和图10-14中所示的布局层次结构,而应该创建另一个层次结构,如图10-15所示。

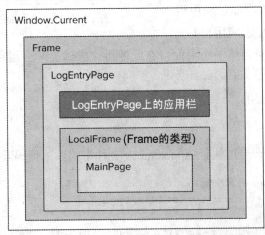

图 10-15 经过修复的布局层次结构

该层次结构包含一个新的 Page 对象，称为 LogEntryPage。该页面保存应用栏，并嵌套一个新的 Frame 对象，名为 LocalFrame。当在页面之间导航时，将使用 LocalFrame，而不是 Windows.Current 的 Frame。因此，当导航到 Step2 页面时，布局层次结构应该如图 10-16 所示。正如可以看到的，搜索算法会找到并显示 LogEntryPage 的应用栏。

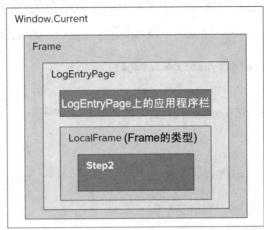

图 10-16　在导航到 Step2 页面之后经过修复的布局层次结构

试一试　解决应用程序栏问题

要应用布局层次结构更改并解决应用栏问题，请按照下面的步骤进行操作。

(1) 如果在完成前一个练习之后关闭了 Visual Studio，打开该程序并加载上次使用的 DiveLog.sln 文件。

(2) 在解决方案资源管理器中，选择 DiveLog 项目节点，并通过 Project | Add New Item 对话框使用 Blank Page 模板添加一个新页面。将该页面命名为 LogEntryPage。

(3) 当新的页面在设计器中打开时，将<Grid>元素(包括</Grid>结束标记)替换为下面的 Frame 定义：

```
<Frame x:Name="LocalFrame" />
```

(4) 在设计器中打开 MainPage.xaml 文件。在 XAML 窗格中，选择整个<Page.TopAppBar>代码段(从开始到</Page.TopAppBar>结束标记的最后一个字符)，并通过按 Shift+Del 快捷键剪切选定的内容。切换回 LogEntryPage.xaml 文件，将光标定位到在上一步中添加的<Frame>定义的开头。按 Ctrl+V 快捷键粘贴<Page.TopAppBar>定义。

(5) 打开 MainPage.xaml.cs 文件，并选择属于最后 4 个方法(NewEntryButtonTapped()、LocationButtonTapped()、DepthButtonTapped()和 CompletedButtonTapped())的代码。通过按 Shift+Del 快捷键剪切该代码。

(6) 打开 LogEntryPage.xaml.cs 文件，并将光标置于类定义的结束括号之前。通过按 Ctrl+V 快捷键粘贴在上一步中剪切的代码。

(7) 在粘贴的代码中，将出现的所有 Frame 都更改为 LocalFrame。在这 4 个方法中，

Frame 都出现两次,因此,总共需要更改 8 处。

(8) 将下面的代码行附加到在步骤(6)中粘贴的 4 个方法中的每一个:

```
CommandBar.IsOpen = false;
```

(9) 将下面粗体形式的代码输入到 OnNavigatedTo()方法的主体中:

```
protected override void OnNavigatedTo(NavigationEventArgs e)
{
    LocalFrame.Navigate(typeof(MainPage));
}
```

现在,完整的 LogEntryPage.xaml.cs 文件代码应该如下所示(为简便起见,移除了注释以及未使用的 using 指令):

```csharp
using Windows.UI.Xaml.Controls;
using Windows.UI.Xaml.Input;
using Windows.UI.Xaml.Navigation;

namespace DiveLog
{
    public sealed partial class LogEntryPage : Page
    {
        public LogEntryPage()
        {
            this.InitializeComponent();
        }

        protected override void OnNavigatedTo(NavigationEventArgs e)
        {
            LocalFrame.Navigate(typeof(MainPage));
        }

        private void NewEntryButtonTapped(object sender, TappedRoutedEventArgs e)
        {
            LocalFrame.Navigate(typeof(MainPage), LocalFrame.BackStackDepth);
            CommandBar.IsOpen = false;
        }

        private void LocationButtonTapped(object sender, TappedRoutedEventArgs e)
        {
            LocalFrame.Navigate(typeof(Step1), LocalFrame.BackStackDepth);
            CommandBar.IsOpen = false;
        }

        private void DepthButtonTapped(object sender, TappedRoutedEventArgs e)
        {
            LocalFrame.Navigate(typeof(Step2), LocalFrame.BackStackDepth);
            CommandBar.IsOpen = false;
```

```
    }

    private void CompletedButtonTapped(object sender, TappedRoutedEventArgs e)
    {
        LocalFrame.Navigate(typeof(Step3), LocalFrame.BackStackDepth);
        CommandBar.IsOpen = false;
    }
  }
}
```

(10) 打开 App.xaml.cs 文件，在 OnLaunched()方法的主体中找到以下代码行：

```
if (!rootFrame.Navigate(typeof(MainPage)))
```

(11) 将 MainPage 替换为 LogEntryPage，如下所示：

```
if (!rootFrame.Navigate(typeof( LogEntryPage )))
```

(12) 通过按 Ctrl+F5 快捷键运行应用程序。可使用应用栏导航到每个页面，因为现在它会在每个页面上显示，这一点与前一个练习中有所不同。尝试使用应用栏在页面中进行导航。

(13) 关闭应用程序。

示例说明

在步骤(2)中，向项目中添加LogEntryPage文件以实现图 10-15 中所示的布局概念。在步骤(3)中，创建LocalFrame元素。在后续的步骤(步骤(4)~步骤(8))中，将应用栏以及相关的事件处理程序方法移动到LogEntryPage中。在步骤(9)和步骤(10)中，将LogEntryPage设置为应用程序的根页面。对App.xaml.cs文件进行了修改，以便应用程序使用LogEntryPage，而不是MainPage。在步骤(9)中添加的代码会在应用程序启动后，立即使其前进到MainPage。

正如可以看到的，除了移动应用栏代码，你并未对现有页面的代码进行其他任何修改。上述更改的结果就是，现在应用程序可以按预期运行。

到现在为止，你在本章中仅仅使用了页面导航。但是，可以导航到 Web 页面，并通过关联的应用程序打开文件，相关信息将在下一节中介绍。

10.2.4 启动文件和 Web 页面

可以使用与相应的文件扩展名相关联的任何应用从当前正在运行的应用启动其他文件。Windows.System 名称空间包含一个 Launcher 对象，该对象负责实现上述功能。使用 Launcher 对象非常简单，本章对应的下载压缩包的 LaunchFiles 文件夹中的 LaunchFiles.sln 示例解决方案对此进行了演示说明。

Launcher 是一个静态类，包含两个方法，如下所示。
- LauchFileAsynch()方法，该方法接受文件(IStorageFileObject)参数，并打开与指定的文件类型关联的应用程序。

- LaunchUriAsync()方法,该方法接受 Uri 参数,并通过给定的 Uri 启动默认(或指定的)浏览器。

这两个方法都有一个重载,接受又一个 LauncherOptions 类型的参数。使用该选项,可以指定若干选项以启动文件关联或 URI。

下面我们来看一些有关 Launcher 用法的示例。要启动与.png 文件扩展名相关联的默认应用程序,请使用下面的简单代码段:

```
const string FILE = @"Assets\Surface.png";
// ...
var file = await Package.Current.InstalledLocation.GetFileAsync(FILE);
if (file != null)
{
  bool success = await Launcher.LaunchFileAsync(file);
  if (success)
  {
    // --- 应用程序成功启动
  }
  else
  {
    // --- 应用程序尚未启动
  }
}
else
{
  // --- 访问文件时出现问题
}
```

要启动 URI,请遵循同样的模式,如下所示:

```
const string URI = "http://msdn.com";
// ...
bool success = await Launcher.LaunchUriAsync(file);
if (success)
{
  // --- URI 成功启动
}
else
{
  // --- URI 尚未启动
}
```

使用 LauncherOptions 参数,可以在启动应用之前要求用户进行确认,如下面的代码段中粗体形式的代码所示:

```
const string FILE = @"Assets\Surface.png";
// ...
var file = await Package.Current.InstalledLocation.GetFileAsync(FILE);
if (file != null)
{
  var options = new LauncherOptions();
```

```
    options.TreatAsUntrusted = true;
    bool success = await Launcher.LaunchFileAsync(file);
    if (success)
    {
      // --- 应用程序成功启动
    }
    else
    {
      // --- 用户不允许启动该应用程序
    }
else
{
  // --- 访问文件时出现问题
}
```

使用 LauncherOptions，甚至可以让用户使用 Open With 对话框启动关联的应用，如下所示：

```
const string FILE = @"Assets\Surface.png";
// ...
var file = await Package.Current.InstalledLocation.GetFileAsync(FILE);
if (file != null)
{
  var transform = StartOpenWithButton.TransformToVisual(null);
  var popupLocation = transform.TransformPoint(new Point());
  popupLocation.Y += StartOpenWithButton.ActualHeight;
  var options = new LauncherOptions();
  options.DisplayApplicationPicker = true;
  options.UI.PreferredPlacement = Placement.Below;
  options.UI.InvocationPoint = popupLocation;
  bool success = await Launcher.LaunchFileAsync(file, options);
  // --- 处理启动状态
}
// --- 处理文件问题
```

该代码将 DisplayApplicationPicker 属性设置为 true，此设置会导致弹出 Open With 选取器对话框。在该对话框中，可以选择用于打开指定文件的应用程序。把 PreferredPlacement 属性设置为 Placement.Below，因此考虑将选取器对话框的左上角位置作为 InvocationPoint 属性的值。该位置根据用于运行该代码段的按钮(StartOpenWithButton)的位置计算得出。

 注意：可以在本章对应的下载压缩包的 LaunchFiles 文件夹下的 MainPage.xaml.cs 文件中找到前面代码的所有示例。

现在，你已经了解了导航的一些基本概念和相应的细节。下面将介绍两个非常重要的 Visual Studio 应用程序模板的行为方式，即拆分应用程序模板和网格应用程序模板。

10.3 使用拆分应用程序模板和网格应用程序模板

Microsoft的Windows 8团队采取了非常多的措施以使开发人员可以轻松地遵循Windows 8设计模式,包括内容表示形式和导航。为了支持这些模式,Visual Studio提供了两个Windows 8应用程序模板,使开发人员可以迅速上手,从而推动应用程序开发。

- 拆分应用程序模板,该模板支持分层导航。它是一个由两个页面组成的项目,适用于在分组项中进行导航的应用程序,如图10-17所示。第一个页面允许选择组,第二个页面显示项列表以及所选项的详细信息。

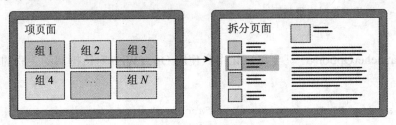

图10-17 拆分应用程序模板的导航结构

- 网格应用程序模板,该模板支持分层导航,如图10-18所示。它是一个由三个页面组成的项目,适用于在项组之间进行导航的应用程序。第一个页面允许选择组,另外两个页面分别用于显示组和项详细信息。

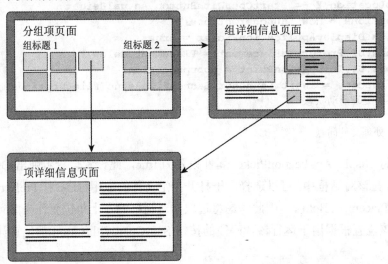

图10-18 网格应用程序模板的导航结构

这些模板配备了有用的工具,用于管理应用程序的行为,如下所示。

- **示例数据源**——模板在设计时提供示例数据。这有助于在不运行应用程序的情况下预览UI。

第 10 章 创建多页应用程序

- **应用程序布局**——这些模板中的页面用于管理应用程序的不同可视状态。如果旋转所用的设备(例如，从横向视图旋转为纵向视图)，或者在屏幕上贴靠两个应用程序，页面布局就会调整以适应新的可视状态。
- **状态管理**——你不必考虑保存和还原应用程序状态(可以回顾一下第 9 章中有关 Windows 8 应用生命周期的讨论)的问题。这些模板会处理 Suspending 和 Resuming 应用程序事件。
- **导航支持**——应用会自动处理键盘和鼠标导航事件。例如，当用户按 Alt+左方向键或 Alt+右方向键快捷键时，应用程序会分别向后或向前导航。此外，如果鼠标支持后退和前进按钮，那么这些按钮也可以正确地用于进行页面导航。

在使用拆分应用程序模板或网格应用程序模板创建应用程序之前，建议你先了解它们提供的结构和工具集。

10.3.1 模板的结构

当使用拆分应用程序模板或网格应用程序模板新建应用时，项目将配备很多有用的代码文件，如图 10-19 所示。尽管你在该图中看到的是一个基于拆分应用程序模板构建的应用程序，但对于这两种模板，这些文件具有相同的内容。表 10-2 列出了这些代码文件所起的作用。

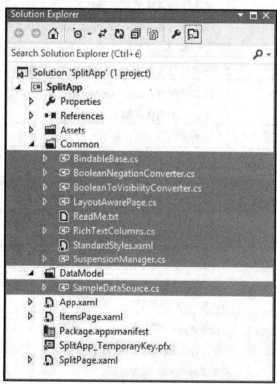

图 10-19 拆分应用程序模板和网格应用程序模板创建的代码基础架构文件

第Ⅱ部分 创建 Windows 8 应用程序

表10-2 拆分应用程序模板和网格应用程序模板中的公共基础架构文件

文 件	说 明
BindableBase.cs	该文件包含BindableBase抽象类,它是一个辅助类,用于实现INotifyPropertyChanged接口,该类在XAML数据绑定中发挥非常重要的作用,相关信息已在第8章中进行了介绍。可以使用该类派生模型类(也就是,表示要在应用程序中显示的数据的类)。SampleDataSource.cs文件中的模型类即派生自该类
BooleanNegationConverter.cs	这是一个数据绑定转换器类,用于对某个布尔标志的值求反。该类并不直接在模板中使用
BooleanToVisibilityConverter.cs	这是一个数据绑定转换器类,用于将布尔值true与false转换为Visibility枚举的Visible和Collapsed值。尽管该转换器并不直接在模板中使用,但如果想要将某个UI元素的可见性绑定到布尔值,该转换器类有助于非常方便地实现
LayoutAwarePage.cs	该文件可实现 LayoutAwarePage 类,用于向页面中添加功能,包括应用程序生命周期管理、处理可视状态以及导航等。有关该类的更多详细信息将在稍后介绍
Readme.txt	该文件包含针对 Common 文件夹中的文件的非常简短的常规说明
RichTextColumns.cs	该文件包含 RichTextColumns 类,有助于管理富文本和相关滚动任务的多列。该类仅在网格应用程序模板中使用
StandardStyles.xaml	该文件包含预定义的资源(样式、数据模板等)
SuspensionManager.cs	该文件包含 SuspensionManager 类的实现,该类用于捕获全局会话状态,以简化应用生命周期管理
SampleDataSource.cs	该类为应用定义示例数据源,可在设计时使用

除了上述通用的文件之外,拆分应用程序模板和网格应用程序模板还包含各自的页面文件,分别在表 10-3 和表 10-4 中进行了描述。

表10-3 拆分应用程序模板页面

页 面 文 件	说 明
ItemsPage.xaml	这是应用程序的起始页面。该页面在一个 GridView (在对齐模式中为 ListView)中显示项组
SplitPage.xaml	在 ItemsPage 视图中选择一组将导航到该页面。其中,将在左侧包含项列表,在右侧包含所选项的详细信息。在对齐模式中,该视图的工作方式就好像列表和项详细信息是两个单独的页面一样

表10-4 网格应用程序模板页面

页面文件	说明
GroupedItemsPage.xaml	这是应用程序的起始页面。该页面在一个 GridView (在对齐模式中为 ListView)中显示所有组及其中包含的项
GroupDetailPage.xaml	在 GroupedItemsPage 视图中选择一个组标头将导航到该页面。该页面包含有关组及其中项的详细信息
ItemDetailPage.xaml	在 GroupedItemsPage 视图或 GroupDetailPage 视图中选择一项将导航到该页面。该页面包含所选项的详细信息

就像绝大多数 Windows 8 应用程序一样，这些模板也使用模型-视图-视图模型(Model-View-ViewModel，MVVM)设计模式来区分构成应用程序的各个对象的职责。如果想更好地了解这些模板，那么不可避免地要了解 MVVM 的基本概况。

要尽可能松散地处理应用程序中协同操作的组件，MVVM 建议你围绕模型、视图和视图模型这三个角色划分应用程序组件的构建版本。模型表示检索内容(应用程序数据)并将修改内容写回存储(数据库)的对象。视图是显示应用程序内容的 UI。在使用 XAML 的 Windows 8 应用中，视图是表示 UI 的 XAML 代码。

为将模型与视图彼此分隔，通过视图模型在二者之间传输数据。当向模型查询某种类型的内容时，它会检索表示该内容的视图模型。视图使用视图模型显示来自模型的数据。当用户修改 UI 上的某些信息时，视图会使用一个 ViewModel 对象，并将其发送到模型以持久保存。

注意: Microsoft 模式和实施方案团队发表了一篇关于 MVVM 的重要文章(可以访问 http://msdn.microsoft.com/en-us/library/gg430869(v=PandP.40).aspx 了解相关内容)，该文章通过一个应用程序示例提供一种深层次的方法。尽管该示例使用 Silverlight，但可以轻松地应用于使用 C#编写的 Windows 8 应用程序。

当开始使用新的拆分应用程序模板或网格应用程序模板时，这些模板包含一个模型、许多视图模型以及若干个视图(每个页面类型对应一个视图)组件。如果要对应用程序进行自定义设置，就必须按照下面的步骤进行操作。

(1) 修改模型以检索想要显示的内容的类型。也可以修改模型以保存修改后的内容。

(2) 随着模型不断发展演进，指定 ViewModel 类，以表示从模型检索或通过模型持久保存的数据。

(3) 根据应用的内容更改预定义的 UI (模板页面)，并使用 XAML 数据绑定将视图模型与 UI 关联到一起。

(4) 可选择更改样式、内容和数据模板以提供自己的可视化设计。

(5) 可以选择向应用程序中添加新的页面并实现其导航逻辑。

可以在本章对应的下载压缩包的 FamilyTrips Split 和 FamilyTrips Grid 文件夹中找到两个准备好的示例应用程序，这两个应用程序分别使用拆分应用程序模板和网格应用程序模板创建。这些应用程序可显示照片及相应的描述信息，图 10-20 中显示了一个示例。

图 10-20　基于网格应用程序模板创建的 FamilyTrips 应用

建议打开这些示例应用程序，并定期将它们与新建的(未经过自定义)的拆分应用程序和网格应用程序版本进行比较，相关信息将在下一节中介绍。

10.3.2　管理示例数据和运行时数据

DataModel 文件夹包含一个 SampleDataSource.cs 文件，该文件用于表示内存中模板应用程序的内容，就好像是从数据库中读取(或者从 Internet 数据源查询)的一样。表10-5列出了该文件中的各种类型及其所起的作用。

表10-5　SampleDataSource.cs 文件中的类型

类　　型	说　　明
SampleDataCommon	该类型表示具有唯一ID、标题、子标题、说明和图像的项的抽象ViewModel类
SampleDataItem	从 SampleDataCommon 继承特性并添加 Content 属性的数据项(视图模型)
SampleDataGroup	从 SampleDataCommon 继承特性并添加一个表示属于该组的 SampleDataItem 实例的 Items 属性的数据项(视图模型)
SampleDataSource	具有若干(只读)操作的 Model 类，如 GetGroups、GetGroup 和 GetItem

SampleDataSource类在页面设计过程中用作示例数据。该行为是在应用程序页面的XAML文件的CollectionViewSource资源中定义的，如下所示：

```
<!--把 d:Source 拆分为三个单独的行以提高可读性 -->
<!--但是,应该将其看成是一行! -->
<CollectionViewSource
  x:Name="itemsViewSource"
  Source="{Binding Items}"
  d:Source="{Binding AllGroups,
    Source={d:DesignInstance Type=data:SampleDataSource,
    IsDesignTimeCreatable=True}}" />
```

<CollectionViewSource>元素的 d:source 特性指示,应该在设计时使用 SampleDataSource 的 AllGroups 属性。Source 特性定义运行时数据源。

数据通过 UI 控件的 ItemsSource 属性绑定到 UI 元素。例如,ItemsPage.xaml 包含一个 GridView 和一个 ListView 元素,用于按名称(itemsViewSource)引用 CollectionViewSource,如下所示:

```
<GridView
  <!-- ... -->
  ItemsSource="{Binding Source={StaticResource itemsViewSource}}"
  <!-- ... -->
/>

<ListView
  <!-- ... -->
  ItemsSource="{Binding Source={StaticResource itemsViewSource}}"
  <!-- ... -->
/>
```

拆分应用程序模板和网格应用程序模板不仅在设计时使用 SampleDataSource 类,还将其用作运行时数据源。运行时分配在应用的起始页面的 LoadState()方法中完成,如下所示:

```
protected override void LoadState(Object navigationParameter,
    Dictionary<String, Object> pageState)
{
  var sampleDataGroups =
            SampleDataSource.GetGroups((String)navigationParameter);
  this.DefaultViewModel["Items"] = sampleDataGroups;
}
```

由于 Source={Binding Items}声明,将 sampleDataGroups 放置在 DefaultViewModel 容器的 Items 元素中会将数据绑定到 CollectionViewSource。

 注意:FamilyTrips 示例应用程序(基于拆分的版本和基于网格的版本)包含一个 TripDataSource 类,用于表示应用的设计时数据源和运行时数据源。TripDataSource 使用与 SampleDataSource 非常类似的结构构建。

10.3.3 布局管理

上面所述的两种模板会从位于 Common 文件夹中的 LayoutAwarePage 类派生所有页面类。该类负责管理应用程序的布局。当旋转移动设备的屏幕或者在应用旁边贴靠其他应用时，会自动为你管理屏幕布局。

加载从 LayoutAwarePage 类继承的页面以后，它会立即订阅当前窗口的 SizeChanged 事件。当触发该事件时，LayoutAwarePage 类会自动将该页面移动到相应的可视状态。当窗口尺寸发生更改时，并不仅仅是现有控件的尺寸发生更改，而且有时候页面的整个布局也会发生更改。例如，当一个基于拆分应用程序模板的应用贴靠到屏幕上时，ItemsPage 视图的布局会从 GridView 更改为 ListView，之所以会发生此更改，原因就在于下面声明中粗体形式的标记：

```xml
<VisualStateManager.VisualStateGroups>
  <VisualStateGroup x:Name="ApplicationViewStates">
    <VisualState x:Name="FullScreenLandscape"/>
    <VisualState x:Name="Filled"/>
    <VisualState x:Name="FullScreenPortrait">
      <!-- 为简便起见省略了详细信息 -->
    </VisualState>
    <VisualState x:Name="Snapped">
      <Storyboard>
        <!-- 省略了 Back 按钮和 Title 的动画 -->
        <ObjectAnimationUsingKeyFrames
            Storyboard.TargetName="itemListView"
          Storyboard.TargetProperty="Visibility">
          <DiscreteObjectKeyFrame KeyTime="0" Value="Visible"/>
        </ObjectAnimationUsingKeyFrames>
        <ObjectAnimationUsingKeyFrames
            Storyboard.TargetName="itemGridView"
          Storyboard.TargetProperty="Visibility">
          <DiscreteObjectKeyFrame KeyTime="0" Value="Collapsed"/>
        </ObjectAnimationUsingKeyFrames>
      </Storyboard>
    </VisualState>
  </VisualStateGroup>
</VisualStateManager.VisualStateGroups>
```

该标记将 ListView 的 Visibility 属性设置为 Visible（因此显示该控件），并将 GridView 的 Visibility 属性设置为 Collapsed（因此隐藏该控件）。可以使用类似的解决方案，在窗口尺寸发生更改时相应地改变应用的布局。

1. 使用逻辑页面

拆分应用程序模板的 SplitPage 视图有一个需要一定的技巧才能处理的问题。最初，它将屏幕划分为两个窗格，一个列表视图在左侧，一个详细信息视图在右侧。但是，当窗口的布局更改为纵向或者对齐模式时，剩余窗口的宽度不足以显示这两个窗格。

在这种情况下，该页面允许在列表视图和详细信息视图之间进行内部导航，就好像这一个物理页面实际上是两个页面一样。SplitPage 视图作为两个逻辑页面进行处理。当用户从列表导航到某一项时，列表视图将隐藏，而仅显示详细信息视图。当在详细信息窗格中使用后退按钮时，只是导航回列表视图。

2. 使用富文本列

网格应用程序模板的 **ItemDetailPage** 视图使用一个 FlipView 控件来表示其内容。FlipView 的模板包含一个 ScrollView (为了使你能够水平滚动从而查看比较长的内容)，它使用 RichTextColumns 控件在屏幕上通过多列显示内容，如下所示：

```xml
<common:RichTextColumns x:Name="richTextColumns" Margin="117,0,117,47">
  <RichTextBlock x:Name="richTextBlock" Width="560"
    Style="{StaticResource ItemRichTextStyle}">
    <Paragraph>
      <Run FontSize="26.667" FontWeight="Light" Text="{Binding Title}"/>
      <LineBreak/>
      <LineBreak/>
      <Run FontWeight="SemiBold" Text="{Binding Subtitle}"/>
    </Paragraph>
    <Paragraph LineStackingStrategy="MaxHeight">
      <InlineUIContainer>
        <Image x:Name="image" MaxHeight="480" Margin="0,20,0,10"
          Stretch="Uniform" Source="{Binding Image}"/>
      </InlineUIContainer>
    </Paragraph>
    <Paragraph>
      <Run FontWeight="SemiLight" Text="{Binding Content}"/>
    </Paragraph>
  </RichTextBlock>

  <common:RichTextColumns.ColumnTemplate>
    <DataTemplate>
      <RichTextBlockOverflow Width="560" Margin="80,0,0,0">
        <RichTextBlockOverflow.RenderTransform>
          <TranslateTransform X="-1" Y="4"/>
        </RichTextBlockOverflow.RenderTransform>
      </RichTextBlockOverflow>
    </DataTemplate>
  </common:RichTextColumns.ColumnTemplate>
</common:RichTextColumns>
```

<RichTextBox>元素的 Width 特性定义，第一列的宽度为 560 像素。第一个<Paragraph>元素嵌套项的标题、子标题和说明。第二个<Paragraph>元素包含图像，第三个嵌套可能很长(甚至需要占用多列)的内容。

当<RichTextColumns>元素的内容不适合在页面上的一列中显示时，会自动添加附加的列用于显示超出前一列范围的内容。<common:RichTextColumns.ColumnTemplate>元素为附

加的富文本列定义一个模板。它使用一个<RichTextBlockOverFlow>元素，其宽度为 560 像素，与第一列宽度相同。如果将其更改为 280，则会识别为溢出列，如图 10-21 所示，因为它们比第一列窄。

图 10-21　溢出列比第一列窄

 注意：FamilyTrips 示例应用并不修改原始布局机制。但是，它们会更改 StandardStyles.xaml 资源文件中的一些样式，以便对页面设计进行自定义设置。

10.3.4　其他需要了解的功能

通过了解拆分应用程序模板和网格应用程序模板的相关信息，可以获得一些非常好的想法。下面列出了一些值得研究学习的内容。

- 查看 LayoutAwarePage 类的构造函数，了解 Visual state switching 部分中的方法以确定如何在该类中管理窗口尺寸更改。
- 也可以在其他应用程序中使用 SuspensionManager 类。查看该类以了解它如何保存和加载应用程序更改。
- RichTextColumns 类实现一个面板控件，可以按照需求创建附加列以显示溢出富文本内容。它通过相对较少的代码完成比较复杂的作业。
- StandardStyles.xaml 文件包含也可以在其他应用程序中使用的各种资源样式和模板。

10.4 小结

绝大多数应用程序都具有多个屏幕，或按 Windows 8 专业术语的说法，应该是具有多个页面。一些导航模式可以帮助用户直观地浏览应用内容，也就是，展开多个页面。这些模式包括中心导航、直接导航、分层导航以及语义式缩放。

多页方案中的关键对象是 Page 对象，它是表示应用程序页面的基本 UI 元素。每个 Page 实例都有一个关联的 Frame 对象(该对象可以通过 Frame 属性进行访问)，用于控制页面的内容。通过传递表示目标页面的类型，可以使用 Frame 属性导航到其他页面。

可以处理与导航相关的事件，例如，NavigatingFrom、NavigatedFrom 和 NavigatedTo。如果想要在从 Page 派生的类中处理这些事件，就可以分别重写 OnNavigatingFrom()、OnNavigatedFrom() 和 OnNavigatedTo() 方法。

不需要从空白页面开始构建应用程序。拆分应用程序模板和网格应用程序模板使可以快速上手，并且适合多种不同的情景方案。这些模板附带了大量出色的预定义辅助工具。它们有助于管理示例数据源、随着应用程序窗口尺寸更改的可视状态(例如，旋转设备或者在屏幕上贴靠应用程序)以及应用程序生命周期状态，当然，还可以针对这些内容执行其他许多操作。

第 11 章将介绍 Windows 8 的一些非常重要的新功能，可以使用这些新功能构建连接应用程序，这种应用程序彼此协同工作或者与 Internet 上的服务协同工作。

练 习

1. 下面这种情况称为什么导航模式：可以从组列表中选择一项，并且当导航到组时，可以从要导航到的列表中选择一项？
2. Page 对象的哪个属性在导航中起到非常关键的作用？
3. 如何从当前页面导航到另一个页面？
4. 如何阻止从一个页面导航离开？
5. 哪个预定义的类提供在拆分应用程序和网格应用程序项目中管理窗口尺寸更改的功能？

注意：可在附录 A 中找到上述练习的答案。

本章主要内容回顾

主 题	说 明
导航模式	Windows 8 语言的设计者创建了很多导航模式，这些导航模式非常直观明了，可以帮助用户轻松地找到他们想要查找的内容。最重要的导航模式式包括中心导航、直接导航、分层导航以及语义式缩放

(续表)

主 题	说 明
Page 控件	Page UI 控件是在创建具有导航功能的 Windows 8 应用程序过程中使用的关键构建块。从 Page 派生应用屏幕，并在应用中获得隐式的导航支持，包括通过历史记录和导航事件向前与向后导航
Frame 控件	Page 的 Frame 属性是一个 Frame 类实例。Frame 是一个容器，可以保存和显示页面。从一个页面导航到另一个页面表示将一个 Frame 的内容更改为另一个 Page 实例
Frame.Navigate()方法	Frame 实例的 Navigate()方法是页面导航中的关键操作。该方法接受两个参数。第一个参数是要导航到的页面的类型，第二个参数是可选的，表示用作参数或页面的对象。该参数可以用于传递在页面初始化中使用的数据
OnNavigatingFrom()方法、NavigatingFrom 事件	当将要从一个页面导航到另一个页面时，将针对源 Page 实例触发 NavigatingFrom 事件。可以通过重写 OnNavigatingFrom()方法在源页面中处理该事件。如果想要阻止导航，可以将事件参数的 Cancel 属性设置为 true
OnNavigatedFrom()方法、NavigatedFrom 事件	当已经从一个页面导航到另一个页面时，将针对源 Page 实例触发 NavigatedFrom 事件。可以通过重写 OnNavigatedFrom()方法在源页面中处理该事件
OnNavigatingTo 方法、NavigatedTo 事件	当已经从一个页面导航到另一个页面时，将针对目标 Page 实例触发 NavigatingTo 事件。可以通过重写 OnNavigatingTo()方法在目标页面中处理该事件
Launcher 类	Launcher 类可以用于通过与应用程序关联的文件或者通过 URI 来启动相应的应用程序。该类提供了 LaunchFileAsync()和 LaunchUriAsynch()方法，分别用于实现上述两种用途
拆分应用程序模板	拆分应用程序模板支持分层导航。它是一个由两个页面构成的项目，适用于在分组项之间导航的应用。第一个页面允许选择组，第二个页面显示项列表以及所选项的详细信息
网格应用程序模板	网格应用程序模板支持分层导航。它是一个由三个页面构成的项目，适用于在项组之间导航的应用。第一个页面允许选择组。另外两个页面分别专门用于显示组和项详细信息

第11章

构建连接应用程序

本章包含的内容：

- 将应用程序与熟知的操作系统功能相集成
- 与其他 Windows 8 风格应用进行通信
- 了解应用如何轻松处理来自 Internet 的数据源数据
- 了解应用如何使用存储在 Microsoft 云中的用户数据

适用于本章内容的 wrox.com 代码下载

可以在 www.wrox.com/remtitle.cgi?isbn=012680 上的 Download Code 选项卡中找到适用于本章内容的 wrox.com 代码下载。代码位于 Chapter11.zip 下载压缩包中，并且单独进行了命名，如对应的练习所述。

应用程序不是岛屿。它们存在于一个生态系统中，可以将其与其他应用程序和服务联系在一起，这种联系有时候通过操作系统来实现，有时候通过 Internet 来实现。一定要知道如何使 Windows 8 风格应用使用操作系统提供的功能来访问特定资源，或者访问其他 Windows 8 风格应用提供的数据和服务。本章将介绍这些相关的集成选项。

此外，你还将了解到 Windows 8 风格应用程序中的各种联网选项。在阅读完本章内容以后，你将能够在自己的应用中完成网络信息处理以及使用联合数据源。本章结尾的部分介绍了如何使用更高级的抽象软件开发工具包 Live SDK 将应用集成到 Microsoft 的在线服务中。

11.1 与操作系统和其他应用程序集成

Windows 仅是一种外壳程序，提供一些核心功能，使你可以使用自己的个人电脑或平板电脑。这就是操作系统的用途。可以对操作系统进行一定程度的自定义设置，但是，要想让你的计算机真正属于你，并使你在使用计算机时获得较高的工作效率，关键还是在于你使用的应用程序。应用程序提供你所需的各种功能，例如，可以使用 RSS 阅读器阅读新闻源，可以使用字处理器读取和创建文档等。但是，如果特定的功能进入不同的应用程序，就会存在两点缺陷。

> **注意**：RSS是Really Simple Syndication的缩写形式，意思是真正简单的联合。它是一种标准，允许用户从特定资源创建数据源，例如，Web日志(博客)输入内容，其他用户可以订阅该数据源以接收更新。本章稍后将介绍RSS及其用法。

首先，在上述应用中，至少有一部分可能由不同的公司构建，并且由不同的用户界面(UI)架构师(如果存在)设计。因此，它们的 UI 从一开始就各不相同，由此可能导致当两个应用程序尝试通过不同的方式实现同样的核心功能(例如，打开或保存文件)时，用户会产生一定的混淆。

其次，应用程序趋向于像一个个岛屿一样，它们存在于同一台计算机上，但彼此相互隔离，不会(或者无法)彼此进行联系。在绝大多数时间里，它们甚至不了解彼此的任何事情。想象一下是否有这种可能性，那就是存在一种特定的机制，允许各种应用程序彼此协调工作。你的计算机不单单提供各种部件的集合，这些部件还可以彼此独立地进行工作。

但是，当一个应用尝试与其他应用进行联系时，存在一个非常严重的体系结构难题。对于任意数量的其他应用程序，该应用程序如何了解其所有可公开调用的接口？解决该问题的唯一方法就是创建每个应用程序都可以选择支持的一个接口，创建该接口以后，它便可供其他所有应用程序访问。

Windows 8 的架构师很早就发现了这些问题，因此，他们创建了选取器和合约来解决这些问题。

11.1.1 选取器：统一的数据访问设计

很多应用程序都需要访问文件，要么是为了存储自己的数据，要么是为了访问并使用用户的文件。处理第一种情况的方法非常直接。应用可以在其隔离的存储中创建、修改和删除文件。其他任何 Windows 8 风格应用都无法访问另一个应用的隔离存储，因此也就更谈不上出现干扰的问题了。但只有在应用不需要访问用户的个人文件时，这种方式才可取。

很明显，出于安全方面的原因，如果没有得到用户的许可，任何 Windows 8 风格应用都无法使用这些文件。如果想要通过某种应用程序打开用户的 Documents 库或其他可能包含敏感数据的位置中的文件，必须由用户向该应用程序授权。

同样的情况也适用于其他资源，例如，联系人信息。任何人都不希望某个应用在不事先征得用户同意的情况下就能够删除或者仅仅读取其联系人信息。必须对应用程序进行控制，并且用户必须始终了解当前正在对他或她的数据执行什么操作。

为了实现这一点，Microsoft 要求所有应用通过合约(将在本章后面的内容中进行讨论)或选取器申请访问敏感信息的权限。

选取器可以看成旧的 Windows 或.NET API 中的对话框窗口的后代。可使用一个称为 FileOpenPicker 的类来打开文件，而不是使用.NET 中的旧版 OpenFileDialog。如果之前曾经使用过 OpenFileDialog，那么很快就会了解对应的选取器。但是，选取器与旧版的对话框还有一些不同之处。它们不是基于窗口的，而是占用整个屏幕来显示数据。由于具有足够的空间，因此，当前 UI 选取器针对触控功能进行了优化。

相比于常用的对话框窗口，还有另外一个非常重要的附加功能，那就是应用程序可以通过合约指出，它们提供选取器可以用于对自身进行扩展的功能。有关该功能的更多详细信息将在本章后面介绍。

最后但同样重要的是，选取器可以通过统一的方式访问受限的资源。当某个应用程序将文件打开或联系人选取等操作交由选取器来完成时，操作方式始终是相同的，所有应用呈现相同的、为人熟知的 UI。

按照本章的要求，需要了解 4 个选取器，分别是 FileOpenPicker、FileSavePicker、FolderPicker 以及 ContactPicker。前三个选取器可以在 Windows.Storage.Pickers 名称空间中找到，而最后一个位于 Windows.ApplicationModel.Contacts 名称空间中。所有这些选取器都可以使用 new 关键字轻松地进行实例化，并且它们提供了异步方法，使其可以完成自己的工作。

下面的代码示例显示了使用 FileOpenPicker 打开文件并将其内容加载到 StorageFile 对象是多么简单：

```
async void OpenFile(object sender, RoutedEventArgs e)
{
  FileOpenPicker foPicker = new FileOpenPicker();
  StorageFile file = await foPicker.PickSingleFileAsync();
  if (file != null)
  {
    //对该文件执行某种操作
  }
}
```

FileOpenPicker用于打开一个或多个文件，甚至从应用程序由于安全规定而无法访问的位置打开。表11-1列出了FileOpenPicker的关键属性。其中一些属性与FileSavePicker类共享。

表 11-1　FileOpenPicker 类的重要属性

属　　性	说　　明
ViewMode	定义选取器显示文件的方式。可以将其设置为 Thumbnail 或 List
FileTypeFilter	设置当用户想要筛选文件时对他或她可用的文件类型
SuggestedStartLocation	该属性设置选取器在显示时将打开的位置。只能使用熟知的位置(如桌面、Documents 库、Pictures 库或 Videos 库)

在将属性设置为所需的值以后，应该在两个用于显示选取器的方法中选择一个进行调用。顾名思义，PickSingleFileAsync()方法用于打开单个文件。该方法的返回值类型为 IAsyncOperation<StorageFile>，但是，通过使用await关键字，它在表面上可以返回一个 StorageFile对象，因此，不必在代码中等待后台处理(IAsyncOperation)完成，并在之后手动提取操作的结果(StorageFile)。该StorageFile类的实例可用于读取和操纵用户选择的文件的属性与内容。但是，请务必牢记，如果某个应用使用FileOpenPicker从以其他方式受到限制的位置打开文件，那么它将无法在不使用FileSavePicker的情况下保存对该文件所做的更改。

另一种显示 FileOpenPicker 的方法是通过调用 PickMultipleFileAsync()方法。当使用 await 关键字时，它将返回只读的 StorageFile 对象列表。该列表包含用户以 StorageFile 对象形式选择的所有文件。

图 11-1 显示了使用中的 FileOpenPicker。

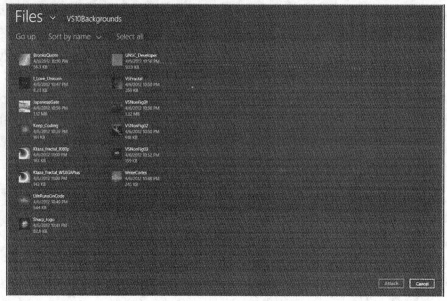

图 11-1　Mail 应用打开的 FileOpenPicker

FileSavePicker可以用于将文件保存到某个位置，并使用用户选择的名称。它与 FileOpenPicker类共享SuggestedStartLocation属性，当然，它自己还包括其他一些属性。表 11-2 列出了FileSavePicker的其他关键属性。

表 11-2　FileSavePicker 类的重要属性

属　　性	说　　明
DefaultFileExtension	在保存文件时，FileSavePicker 附加到文件名中的默认扩展名字符串
FileTypeChoices	包含可能的文件类型和扩展名选项的列表
SuggestedFileName	在打开选取器以后，用户可以改写的默认文件名
SuggestedSaveFile	通过该属性，可以让选取器不仅为用户建议文件名和扩展名，还可以建议某个现有的文件

第 11 章 构建连接应用程序

使用该选取器相对比较简单。在创建FileSavePicker并设置其属性以后，只需要调用PickSaveFileAsync()方法。当使用await关键字时，它将返回一个StorageFile对象。可以任意修改文件的内容，所有修改都会得到保存。要向StorageFile中添加内容，可以使用FileIO类，该类可以在Windows.Storage名称空间中找到。

实际上，隔离存储以外的文件可以由任意应用查看，要么通过使用合约，要么使用选取器。这意味着，可能会出现多个应用同时尝试更新某一个文件的情况。为了避免产生冲突，应该向操作系统指出，在应用完成对文件的操作之前，不应该对该文件进行更新。当处理 Windows 8 风格应用的隔离存储以外的文件时，应该使用 CachedFileManager 类(位于 Windows.Storage 名称空间中)向操作系统发出信号通知，指出什么时候不能更新文件。

第三个应该引起注意的选取器类是 FolderPicker。通过该类，不仅可以让用户选择文件，而且可以选择整个文件夹。可以在前面的两个选取器类中找到该选取器类的所有重要属性。要使用该选取器类，请在创建 FolderPicker 对象并设置其属性之后，调用 PickSingleFolderAsync()方法。当使用 await 关键字时，它会返回一个 StorageFolder 对象。该对象可用于访问有关某个目录的所有数据以及该目录中的所有数据，包括名称、创建日期、特性，当然，还包括其中的文件。

最后一个选取器是 ContactPicker，该选取器与之前的三个稍有不同。它允许应用访问当前用户的联系人。当某个应用程序使用 ContactPicker 时，它要么为用户提供自己的 UI 用于选取联系人，要么将用户定向到另一个可以读取联系人因而能够充当联系人选取器的应用程序。在每台 Windows 8 计算机上预安装的 Contacts Windows 8 风格应用是默认的联系人选取器应用程序。如果不想创建自定义的 UI 来选取联系人，就可以使用 Contacts 应用。

使用ContactPicker甚至比使用文件或文件夹选取器更为简单。在创建ContaetPicker对象并设置其属性以后，必须调用PickSingleContactAsync()或PickMultipleContactsAsync()方法。当使用await关键字时，前一个方法将返回ContactInformation对象，表示用户选取的联系人。后一个方法将返回只读的ContactInformation对象列表。

ContactPicker 的两个重要属性是 SelectionMode 和 DesiredFields。SelectionMode 控制选取器是将联系人显示为独立的对象，还是显示为它们包含的字段的集合。DesiredFields 指出应用对联系人信息的哪些部分感兴趣。

在接下来的练习中，你将编写一个应用，该应用可以打开一个或多个联系人，然后将这些联系人的姓名保存在一个文本文件中，而该文本文件位于应用的隔离存储之外。

注意：可以在本书的合作站点www.wrox.com上找到本练习对应的完整代码进行下载，具体位置为Chapter11.zip下载压缩包中的PickerSample\End文件夹。

试一试	使用选取器

要了解如何使用选取器打开联系人并保存文件，请按照下面的步骤进行操作。

(1) 打开位于本章对应的下载压缩包Chapter11.zip文件(可以从www.wrox.com下载)的PickerSample\Begin目录中的解决方案。熟悉对应的UI。

(2) 在解决方案资源管理器中双击 MainPage.xaml.cs 文件以将其打开。在文件顶部已经存在的 using 指令下面插入以下 using 指令：

```
using Windows.ApplicationModel.Contacts;
using Windows.Storage;
using Windows.Storage.Pickers;
using Windows.Storage.Provider;
using Windows.UI.Popups;
```

(3) 向MainPage类中添加一个ContactInformation对象列表，如下面粗体形式的代码所示：

```
public sealed partial class MainPage : Page {
  List<ContactInformation> contacts = null;

  public MainPage() {
…
```

(4) 在 MainPage.xaml 文件中，找到两个按钮的声明，并向其 Click 事件中添加一个事件处理程序订阅。需要添加的标记在下面的代码中以粗体显示：

```
<Button Click="OpenContacts" >Open Contacts</Button>
<Button Click="SaveContactsToFile" >Save to file</Button>
```

(5) 在 MainPage.xaml.cs 文件中，创建 OpenContacts()方法，如下所示：

```
async void OpenContacts(object sender, RoutedEventArgs e)
{
  ContactPicker cp = new ContactPicker();
  var res = await cp.PickMultipleContactsAsync();
  if (res.Count > 0)
  {
    contacts = new List<ContactInformation>(res);
    lbxFiles.Items.Clear();
    foreach (var item in contacts) lbxFiles.Items.Add(item);
    tbkStatus.Text = string.Format("{0} contacts selected", res.Count);
  }
}
```

(6) 创建 SaveContactsToFile()方法。目前来说，该方法将保留为空。

```
async void SaveContactsToFile(object sender, RoutedEventArgs e)
{
}
```

(7) 通过按 F6 键或者在 Visual Studio 的主菜单中单击"BUILD - Build Solution"构建应用程序。如果出现 Errors 窗口并显示代码中存在错误，请尝试按照上面窗口中的建议解决这些错误。如果无法解决某个错误，请在辅助代码中打开 PickerSample\End 解决方案，并将你的代码与可行的解决方案中的代码进行比较。启动应用程序，并测试第一个按钮是否能够按预期工作。单击或点击该按钮，选择一些联系人，然后单击或点击 OK 按钮。图 11-2 显示了该应用程序在选择两个联系人以后的外观。

图 11-2　选取了两个联系人

(8) 向之前创建的 SaveContactsToFile()方法添加代码以使用 FileSavePicker。不同之处在下面的代码中以粗体显示：

```
async void SaveContactsToFile(object sender, RoutedEventArgs e)
{
  if (contacts != null)
  {
    FileSavePicker fsp = new FileSavePicker { SuggestedFileName = "contacts",
    DefaultFileExtension = ".txt" };
    fsp.SuggestedStartLocation = PickerLocationId.Desktop;
    fsp.FileTypeChoices.Add("Plain text", new List<string>() { ".txt" });
    StorageFile sf = await fsp.PickSaveFileAsync();
  }
  else await new MessageDialog("No contacts selected.", "Error").ShowAsync();
}
```

(9) 修改 SaveContactsToFile()方法的代码以便向文件中实际写入内容。需要添加的代码以粗体显示：

```
async void SaveContactsToFile(object sender, RoutedEventArgs e)
{
  if (contacts != null)
  {
```

```csharp
FileSavePicker fsp = new FileSavePicker { SuggestedFileName = "contacts", 
DefaultFileExtension = ".txt" };
fsp.SuggestedStartLocation = PickerLocationId.Desktop;
fsp.FileTypeChoices.Add("Plain text", new List<string>() { ".txt" });
StorageFile sf = await fsp.PickSaveFileAsync();
if (sf != null)
{
  CachedFileManager.DeferUpdates(sf);
  await FileIO.WriteLinesAsync(sf, contacts.Select(c => c.Name));
  if (await CachedFileManager.CompleteUpdatesAsync(sf) ==
  FileUpdateStatus.Complete)
  tbkStatus.Text = sf.Name + " was saved";
  else await new MessageDialog("Error while saving file",
  "Error").ShowAsync();
}
  else await new MessageDialog("No file selected.", "Error").ShowAsync();
}
  else await new MessageDialog("No contacts selected.", "Error").ShowAsync();
}
```

(10) 通过按 F6 键或者在 Visual Studio 的主菜单中单击"BUILD - Build Solution"构建应用程序。如果出现 Errors 窗口并显示代码中存在错误，请尝试按照上面窗口中的建议解决这些错误。如果无法解决某个错误，请在辅助代码中打开 PickerSample\End 解决方案，并将你的代码与工作解决方案中的代码进行比较。

(11) 通过按F5键运行应用程序，像之前在步骤(7)中那样选择一些联系人，单击或点击 Save to file按钮。显示的确切视图取决于桌面上的内容，但图11-3显示的是大致应该看到的内容。请注意FileSavePicker的下半部分。在这里，可以设置想要保存的文件的名称的类型。保存文件，并确认已在你选择的位置创建。

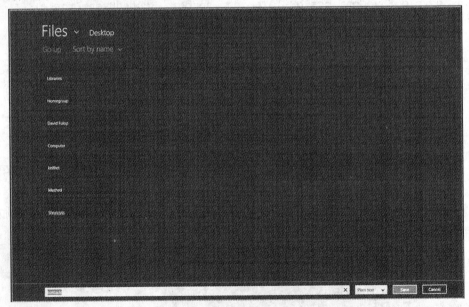

图 11-3 显示桌面内容的 FileSavePicker

示例说明

在步骤(2)中向MainPage.xaml.cs文件添加的Windows.ApplicationModel.Contacts名称空间包含在步骤(5)的OpenContacts()方法中使用的ContactPicker类。在步骤(5)中调用PickMultipleContactsAsync()方法以后，把结果(res)保存到contacts字段并添加到ListBox中。

将联系人姓名保存到文件中稍微有一点复杂。在步骤(8)中，创建一个FileSavePicker，并对其进行设置以便在打开时显示用户的桌面，同时显示默认文件名"contacts"。还是在步骤(8)中，也将附加到文件名的默认文件扩展名设置为".txt"，对视图进行了筛选以便仅显示纯文本文件。在执行了上述操作以后，在步骤(8)中调用 PickSaveFileAsync()方法以向用户显示 FileSavePicker。

在步骤(9)中添加的代码负责向用户使用FileSavePicker选择的文件中实际写入内容。WriteLinesAsync接收到一个用于向其中写入内容的StorageFile对象以及一个可枚举字符串对象(一个列表或数组)。在步骤(9)中在WriteLinesAsync (DeferUpdates和CompleteUpdatesAsync)前后对CachedFileManager类的两个调用非常有必要，它们可以确保不会出现由于同时对文件进行多次更新所导致的任何冲突。

11.1.2 了解合约的概念

Windows 8 严重依赖 Windows 8 风格应用，而这种应用在特定类型的沙盒环境中运行，该环境的限制程度虽然比不上 Microsoft 的手机应用环境，但二者之间还是存在一些类似之处。为了释放应用程序间通信的能量，Windows 8 摒弃了完全类似于岛屿形式的应用程序管理方案，它允许应用程序以一种清晰、易于理解的方式彼此进行联系。

此外，应用还可以执行一些精选操作，当然，需要获得操作系统和用户的许可。这些操作包括运行后台任务、访问受限的资源(如打印机)以及注册从而与特定文件类型和协议相关联。

合约的观点就是，在彼此联系或者与操作系统联系以使用精选操作系统功能时，应用必须保持隔离。当某个应用尝试向另一个应用发送某些数据或者从该应用接收数据时，它不需要了解有关另一个应用的内部工作的复杂知识。尽管不必了解另一个应用，但取而代之的是应用必须知道操作系统提供的一个全局连接点。通过这种方式，所有应用都可以正确地工作，而不仅仅只是那些通过编程方式设置为彼此了解的应用。

当某个应用尝试与操作系统集成时，它应该以一种托管的方式执行该操作，也就是说，不依赖于 P/Invoke 等技术，而是通过一个统一的全局连接点，并且它应该提前将自己的操作意图通知操作系统和用户。在安装应用程序之前，用户会自动得到相关意图的通知。

上述很多全局连接点都存在，并且每一个都有对应的合约，你的应用必须遵守该合约以便交换数据、文件等。

例如，如果诸如 SkyDrive 之类的应用可以用于访问文件，那么它可以声明此功能，当另一个应用使用 FileOpenPicker 访问文件时，选取器会将 SkyDrive 应用程序列出作为可能的数据源以供打开文件。另一个应用不必了解任何有关 SkyDrive 或 SkyDrive 应用的信息，因为这两个应用完全通过 Windows 运行时提供的 API 彼此进行联系。

另一个示例是共享。如果某个应用可以使用特定类型的数据(纯文本、URL 等)，并且想要指出该数据可以来自其他应用，那么使用合约可以让操作系统插手帮忙，并将该应用与其他所有可以提供该数据的应用连接在一起。

很多合约都可用，其中一些可能使用起来比较容易，而另外一些可能真的比较复杂。接下来的几节将介绍在常规情况下如何使用合约，以及如何在特定情况下使用一些更为常用的合约。

1. 使用合约

可以通过完成一些步骤让任何应用程序使用合约。

首先，你必须向操作系统指出你的应用想要与其他应用或操作系统本身进行通信。可以通过编辑每个 Windows 8 风格应用默认情况下都会具有的 Package.appxmanifest 文件来执行该操作。在 Declarations 选项卡下，可以声明应用想要使用的合约。

在声明应用可以参与特定合约描述的数据或功能交换以后，你必须响应特定的生命周期事件，或者通过对应于该合约的新组件扩展应用。例如，如果指出自己的应用可以作为联系人选取器使用，那么可以向应用中添加一个联系人选取器页面，以便向任何尝试使用你的应用选取联系人的应用显示。

图 11-4 显示了一个 Windows 8 风格应用的 Declarations 选项卡。可以选择在 Available Declarations 下添加声明。有些声明只能在应用中使用一次，而有些可以通过不同的设置添加多次。可以在 Supported Declarations 列表下查看、编辑和删除已添加的声明。图 11-4 中显示的应用声明它遵守 File Save Picker 合约。这意味着该应用遵守该合约指定的要求，并且当其他 Windows 8 风格应用尝试通过 FileSavePicker 保存文件时，该应用会显示在其中。

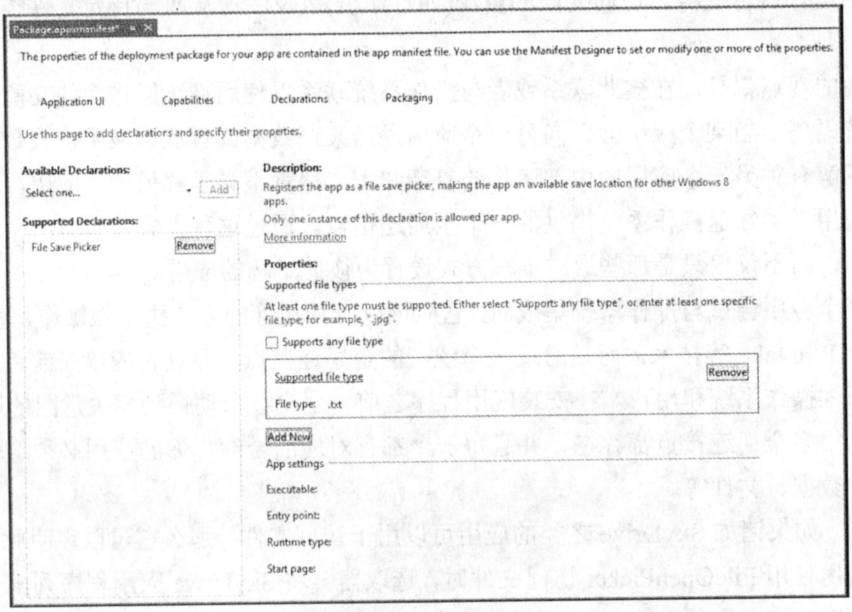

图 11-4　声明遵守合约

在某个声明可以用作文件保存程序的应用安装到 Windows 8 系统以后，该应用会出现在每个应用的 FileSavePicker UI 中。可以在应用中切换，以便通过单击文件保存程序应用的名称来保存文件。图 11-5 显示 SkyDrive 应用作为一种可能的"保存位置"列出，因为它向系统声明可以使用它来保存文件。

下面几节将研究你可能会经常使用的两种合约，即搜索合约和共享合约。

图 11-5　在 FileSavePicker UI 上显示的 SkyDrive 应用

2. 搜索合约

遵守搜索合约表示你的应用程序具有搜索功能，并且你想要将其与操作系统自己的搜索功能进行集成。从较高的层次上来说，这意味着可以将搜索功能构建到你的应用中而无需为该功能创建 UI，它可以通过超级按钮栏上的 Search 按钮进行访问。

但是，对于该合约来说，并不仅仅包含上述这些内容。例如，当用户尝试查找某些内容时，会将你的应用作为搜索提供程序列出。通过这种方式，用户可以从应用以外搜索你的应用的内容，至少从技术上来说是这样(当然，实际的搜索委派代码来完成)。此外，当用户在搜索框中输入内容时，该应用可以提供有帮助的搜索建议。

与搜索功能集成的基本原理相对比较简单。在声明你的应用使用搜索合约以后，它必须响应与用户在 Windows 中搜索某些内容的事件相对应的生命周期事件。可以通过重写 Application 类的 OnSearchActivated()方法来执行该操作。要访问更高级别的搜索合约功能，可以使用 SearchPane 类。

在接下来的练习中，你将了解到如何通过实现搜索合约向应用程序中添加搜索功能。

 注意：可以在本书的合作站点www.wrox.com上找到本练习对应的完整代码进行下载，具体位置为Chapter11.zip下载压缩包中的ContractsSample\SearchEnd文件夹

试一试 使用搜索合约

(1) 从 Chapter11.zip 下载压缩包(可以 www.wrox.com 下载)中的辅助代码打开 ContractsSample\Begin 应用。熟悉对应的UI,并注意某些功能(如添加或删除便笺)并未实现。现在还不要尝试构建或运行项目,因为在执行完本练习中的操作步骤之前,该项目还无法工作。

(2) 在解决方案资源管理器中双击 Package.appxmanifest 文件。在编辑器窗口中,单击 Declarations 选项卡,并将搜索合约添加到 Supported Declarations 列表中。保存项目,并关闭编辑器窗口。

(3) 打开 MainPage.xaml.cs 文件,并在其他 using 指令下面添加以下 using 指令:

```
using Windows.ApplicationModel.Search;
```

(4) 在 MainPage 类中创建两个字段,一个 SearchPane 以及一个 NoteItem 列表。添加下面粗体形式的代码以完成此操作:

```
public sealed partial class MainPage : Page
{
  SearchPane sp = null;
  List<NoteItem> notes = null;

  public MainPage()
  {
…
```

(5) 在构造函数中,创建一个 SearchPane 实例。仅添加下面粗体形式的代码:

```
public MainPage()
{
  this.InitializeComponent();
  …

  sp = SearchPane.GetForCurrentView();
}
```

(6) 打开 App.xaml.cs 文件,并向类中添加以下方法:

```
protected override void OnSearchActivated(SearchActivatedEventArgs args)
{
  ActivateMainPage(args);
  Page.ShowSearchResults(args.QueryText);
}
```

(7) 在保存后关闭该文件,然后切换回 MainPage.xaml.cs 文件。通过向 MainPage 类中添加下面的代码,实现你在上一步中调用的方法:

```
internal void ShowSearchResults(string searchText)
{
```

```
    tbkFilter.Text = "Filtered to notes containing " + searchText;
    lbxNotes.Items.Clear();
    foreach (var n in notes)
    {
        if (n.Title.ContainsSubstring(searchText))
            lbxNotes.Items.Add(n);
    }
    btnRemoveFilter.IsEnabled = true;
}
```

(8) 在 MainPage.xaml 文件中，找到名为 btnRemoveFilter 的 Button，并通过添加下面粗体形式的标记添加对其 Click 事件的订阅：

```
<Button Name="btnRemoveFilter" HorizontalAlignment="Stretch"
                                                    IsEnabled="False"
Click="RemoveFilter" >Remove filter</Button>
```

(9) 切换回 MainPage.xaml.cs 文件，通过向类中添加以下代码创建 RemoveFilter()方法：

```
void RemoveFilter(object sender, RoutedEventArgs e)
{
    btnRemoveFilter.IsEnabled = false;
    tbkFilter.Text = string.Empty;
    lbxNotes.Items.Clear();
    foreach (var n in notes) lbxNotes.Items.Add(n);
}
```

(10) 重写 MainPage 类的 OnNavigatedTo()和 OnNavigatedFrom()方法。添加下面的代码：

```
protected override void OnNavigatedTo(NavigationEventArgs e)
{
    base.OnNavigatedTo(e);
    sp.SuggestionsRequested += sp_SuggestionsRequested;
}

protected override void OnNavigatedFrom(NavigationEventArgs e)
{
    base.OnNavigatedFrom(e);
    sp.SuggestionsRequested -= sp_SuggestionsRequested;
}
```

(11) 添加 sp_SuggestionsRequested()方法以完成该类，如下所示：

```
void sp_SuggestionsRequested(SearchPane sender,
SearchPaneSuggestionsRequestedEventArgs args)
{
    foreach (var s in lbxNotes.Items.OfType<NoteItem>().Select(n => n.Title))
    {
        if (s.ContainsSubstring(args.QueryText) &&
            args.Request.SearchSuggestionCollection.Size < 5)
            args.Request.SearchSuggestionCollection.AppendQuerySuggestion(s);
```

        }
    }

(12) 通过按 F6 键或者在 Visual Studio 的主菜单中单击"BUILD - Build Solution"构建应用程序。如果出现 Errors 窗口并显示代码中存在错误,请尝试按照上面窗口中的建议解决这些错误。如果无法解决某个错误,请在辅助代码中打开 ContractsSample\SearchEnd 解决方案,并将你的代码与可行的解决方案中的代码进行比较。

(13) 通过按 F5 键运行应用程序。打开超级按钮栏,并单击或点击其中的 Search 按钮,如图 11-6 所示。

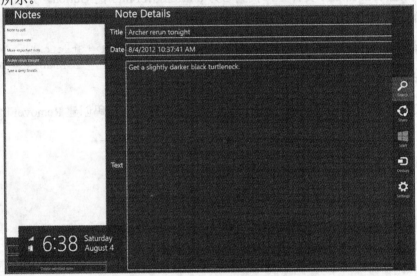

图 11-6 在应用运行时打开 Search 窗格

(14) 开始在搜索框中输入 **note**。请注意,应用程序中的 NoteItem 的标题作为建议显示在搜索框下面,如图 11-7 所示。

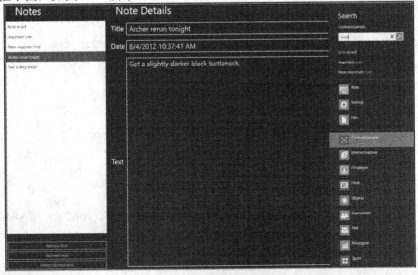

图 11-7 来自应用的搜索建议显示在 Search 窗格上

(15) 在按 Enter 键(或者单击/点击放大镜图标)以后,将对 ListBox 的内容进行筛选,缩小为仅显示标题中具有查询文本的 NoteItems,如图 11-8 所示。单击或点击"Remove filter"按钮可取消搜索功能产生的结果。

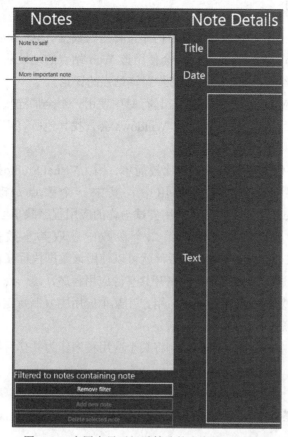

图 11-8　应用中显示经过筛选的内容的 ListBox

(16) 保存项目,在接下来的"试一试"练习中需要使用该项目。

示例说明

通过步骤(2)中所执行的操作,你的应用向操作系统表明它想要集成搜索功能。部署了该应用以后,Windows 8 会识别出该意图,并在用户使用 Search 超级按钮进行搜索时显示该应用的图标。

在步骤(6)中,你为该应用订阅了 Windows 的搜索功能将要打开的应用程序的生命周期事件。当用户在使用 Search 超级按钮查找某些内容的过程中单击或点击你的应用图标时,将调用该方法(OnSearchActivated())。该方法的当前内容会让应用筛选 ListBox 的内容。这是你在步骤(7)中添加的 ShowSearchResults()方法所要实现的目标。

在步骤(4)和步骤(5)中,创建了 SearchPane 对象,该对象使可以从你的应用程序访问系统的搜索功能。稍后,当应用程序可以提供搜索建议(步骤(10))时,使用该对象将一个处理程序方法挂接到事件。当用户使用 Windows 的搜索功能并选择你的应用时,它最多会向操作系统发送 5 条建议(其中包括 NoteItems，NoteItems 具有一个 Title，Title 包含用户在搜索框中输入的文本)。你在步骤(11)中添加了该方法。

3. 共享目标合约

应用程序经常会使用可能对其他应用也非常有用的数据。例如，如果在 Internet Explorer 中打开一个 Web 站点，另一个应用可能会使用该 Web 站点的地址从中下载所有图像，或者仅仅将该地址发送给你的好友，并附带你对该站点的评论。

Windows 8 风格应用可以在 Windows 运行时中使用一个全局连接点来共享数据。当某个应用尝试与其他应用共享某些数据时，Windows 会查找其他所有声明遵守共享目标合约的 Windows 8 风格应用。

将某个应用程序作为共享目标相对比较简单，因为Visual Studio提供了一个模板，可以用于将所有需要的组件添加到应用中。其中一个要点是改写 Application 类的 OnShareTargetActivated()方法。当某个应用尝试与你的应用程序共享信息时，Windows运行时会调用该方法。可以从该方法的第二个参数中获取共享数据，该参数是一个 ShareTargetActivatedEventArgs实例。然后，就可以使用该数据执行任何操作。

请注意，在共享进行时，用户不能离开共享源应用程序，这一点非常重要。这与复制和粘贴操作不同，在复制、粘贴操作中，用户在某个应用中复制特定的内容，切换到另一个应用程序，然后粘贴复制的数据。

在接下来的练习中，你将了解到如何将某个应用程序作为共享目标。

注意：可以在本书的合作站点www.wrox.com上找到本练习对应的完整代码进行下载，具体位置为Chapter11.zip下载压缩包中的ContractsSample\ShareEnd 文件夹。

试一试　使用共享目标合约

要了解如何使用共享目标合约使你的应用程序能够通过 Windows 8 的 Share 超级按钮接收并处理来自其他应用程序的数据，请按照下面的步骤进行操作。

(1) 打开在前面的"试一试"练习("使用搜索合约")中开发的ContractsSample应用程序。如果尚未完成该应用程序，就可以打开Wrox Web站点上提供的辅助代码的 ContractsSample\SearchEnd目录中的解决方案。

(2) 在解决方案资源管理器中右击项目节点(ContractsSample)，然后选择 Add | New Item 命令。在 Add New Item 窗口中，选择 Share Target Contract 模板。在 Name 文本框中输入名称 ShareTargetPage.xaml，如图 11-9 所示。单击 Add 按钮，让 Visual Studio 添加应用需要的所有附加文件和引用。在添加完文件以后，可以打开项目的 Package.appxmanifest 文件。正如你将看到的，Visual Studio 已经将共享目标合约添加到声明中。

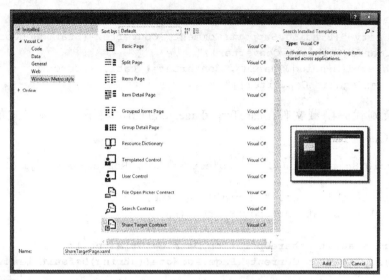

图 11-9　将共享目标合约添加到应用中

(3) 打开 MainPage.xaml.cs 文件，并添加一个名为 AddNote()的方法，该方法可创建一个新的 NoteItem，并将其添加到现有的便笺集合中。在类中插入下面的代码：

```
public async void AddNote(string title, DateTime createdAt, string text)
{
  if (Dispatcher.HasThreadAccess)
  {
    notes.Add(new NoteItem { Title = title, TakenAt = createdAt, Text = text });
    lbxNotes.Items.Clear();
    foreach (var n in notes) lbxNotes.Items.Add(n);
  }
  else
  {
    await Dispatcher.RunAsync(Windows.UI.Core.CoreDispatcherPriority.High,
      new Windows.UI.Core.DispatchedHandler(() => {
        notes.Add(new NoteItem { Title = title, TakenAt = createdAt, Text =
          text });
        lbxNotes.Items.Clear();
        foreach (var n in notes) lbxNotes.Items.Add(n);
      }));
  }
}
```

(4) 打开新添加的 ShareTargetPage.xaml 文件，并找到模板包含的唯一一个文本框。通过按照下面的粗体代码所示修改代码，将该文本框的 Text 属性的 Binding 设置为 TwoWay 模式：

```
<TextBox
  Grid.Row="1"
  Grid.ColumnSpan="2"
  Margin="0,0,0,27"
```

```
Text="{Binding Comment, Mode=TwoWay }"
Visibility="{Binding SupportsComment, Converter={StaticResource
    BooleanToVisibilityConverter}}"
IsEnabled="{Binding Sharing, Converter={StaticResource
    BooleanNegationConverter}}"/>
```

(5) 切换到代码隐藏文件(ShareTargetPage.xaml.cs),将下面粗体形式的代码插入ShareButton_Click方法中:

```
async void ShareButton_Click(object sender, RoutedEventArgs e)
{
  this.DefaultViewModel["Sharing"] = true;
  this._shareOperation.ReportStarted();

  var url = await _shareOperation.Data.GetUriAsync();
  ((App)Application.Current).Page.AddNote((string)DefaultViewModel
                                                        ["Comment"],
    DateTime.Now, url.AbsoluteUri);
  this._shareOperation.ReportCompleted();
}
```

(6) 代码修改完毕!通过按F6键或者在Visual Studio的主菜单中单击"BUILD - Build Solution"构建应用程序。如果出现Errors窗口并显示代码中存在错误,请尝试按照上面窗口中的建议解决这些错误。如果无法解决某个错误,请在辅助代码中打开ContractsSample\SearchEnd解决方案,并将你的代码与可行的解决方案中的代码进行比较。开始测试应用程序:启动应用程序,切换到Start屏幕,并启动Internet Explorer。在Internet Explorer中导航到某个Web页面,然后打开超级按钮栏。单击或点击Share按钮。你的应用程序应该作为可能的共享目标列出,如图11-10所示。

图11-10 Share窗格上的共享目标

(7) 选择 ContactsSample 应用作为目标。在显示的页面(请参见图 11-11)中，输入新便笺的标题，然后单击 Share 按钮。

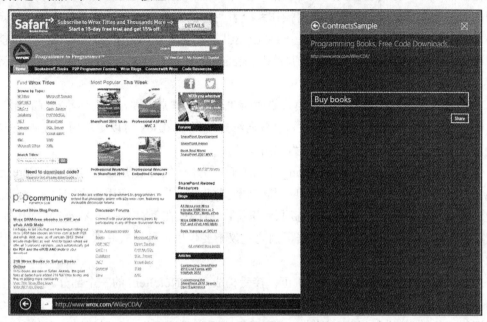

图 11-11　使用中的 ShareTargetPage

(8) 从 Internet Explorer 切换回 ContactsSample 应用程序，并确保新的便笺已添加，如图 11-12 所示。

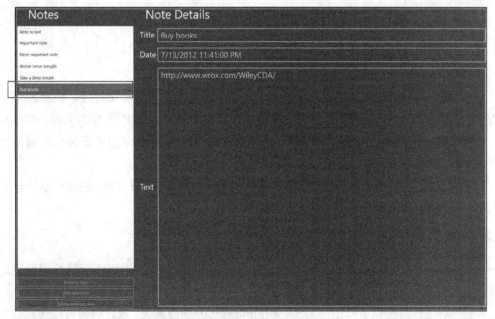

图 11-12　ContactsSample 应用中的新便笺

示例说明

在步骤(2)中，你向自己的应用中添加了一个页面。这转而又向应用中添加了一些带有资源的附加文件，更重要的是，它向操作系统表明你的应用可以通过共享功能接收特定类型的数据。这会导致当用户尝试从另一个应用共享信息时，该应用会显示为一个可能的共享目标。可以通过打开清单编辑器并单击 Declarations 选项卡来查看(并修改)接受的数据格式。

在步骤(4)中将 TextBox 的绑定模式修改为 TwoWay 非常重要，因为你希望保存用户在共享信息时将在 TextBox 中输入的文本。双向绑定使得 TextBox 可以更新用于控制(在该示例中为存储)数据的基础业务对象(称为视图模型)。

你在步骤(5)中添加到 ShareButton_Click()方法的几行代码负责通过调用 AddNote 方法从 Windows 获取数据(进而从共享源应用转向数据)并将其发送到应用程序的另一部分进行处理。这里，假定数据是 URI (统一资源标识符)。原因就在于对 GetUriAsync()的调用。应用程序可以共享许多其他类型的数据，因此建议不要仅以一种格式获取数据，但要确认使用的是正确的格式。

AddNote()方法(在步骤(3)中添加)可以接受构成一个 NoteItem 的三个部分。然后，它将新的 NoteItem 添加到后备集合和 ListBox 中。由于该方法可以(并且会)从 Page 的 UI 线程外部调用，并对 UI 进行修改，因此一定要确保成功完成该操作。可以通过检查其对 UI 的访问权限(HasThreadAccess)来执行此操作，如果没有相应的权限，则通过 Dispatcher 运行代码。

11.2 访问 Internet

Windows 8 风格应用程序可以连接到基础操作系统以及其他应用程序。但是，某些应用程序需要"走出"设备并接触到 Internet 上的 Web 站点、在线服务和数据库。Windows 运行时提供了一些类用于实现此功能。可以构建能够与任何 Web 站点或服务进行通信并访问在线数据库的应用程序。

接下来的几节将介绍如何处理设备连接性的更改、使用 Live SDK 创建可以处理联合数据源并连接到 Microsoft 在线服务的应用程序。

11.2.1 检测 Internet 连接性的更改

在构建需要使用 Internet 的应用程序时，首要的任务是使应用程序能够检测设备是否在线，并使应用能够识别 Internet 连接状态的更改。

Windows运行时提供了一个称为NetworkInformation的静态类，通过该类可以访问有关当前连接的状态的所有基本信息(或者缺少连接)。该类型位于Windows.Networking.Connectivity名称空间中。

通过订阅该类唯一的事件 NetworkStatusChanged,可以在网络连接性发生更改时获得自动更新。但是,该事件本身不会向你发送任何有关网络状态或属性的信息。可以通过在同一个类中调用 GetInternetConnectionProfile()方法来查询当前网络的配置文件,从而获得当前网络信息。该方法将返回一个 ConnectionProfile 对象。如果没有活动连接,那么返回值将为 null。

通过 ConnectionProfile 对象,可以获取当前网络连接的详细信息。例如,可以标识网络,或者获取可用的连接级别以及查询网络的安全设置。

在接下来的练习中,你将了解如何在 Windows 8 风格应用程序中读取连接信息。

注意:可以在本书的合作站点www.wrox.com上找到本练习对应的完整代码进行下载,具体位置为Chapter11.zip下载压缩包中的NetworkSample\NetInfoEnd文件夹。

试一试 获取网络信息

要了解如何使用网络信息 API 读取当前连接性信息,并确保在网络状态更改时对你的应用程序进行更新,请按照下面的步骤进行操作。

(1) 打开在 Chapter11.zip 下载压缩包的辅助代码的 NetworkSample\NetInfoBegin 目录中找到的解决方案。快速熟悉对应的 UI。在接下来的"试一试"练习中,你也将使用该应用程序。实际上,在该练习中,可以看到的唯一一个 UI 元素是位于应用程序左下角的 TextBlock,名为 tbkNetStatus。

(2) 打开 MainPage.xaml.cs 文件,并在代码中已经存在的 using 语句下面添加以下 using 语句:

```
using Windows.Networking.Connectivity;
using System.Text;
```

(3) 通过向 MainPage 类中添加以下代码重写 OnNavigatedTo()和 OnNavigatedFrom()方法:

```
protected override void OnNavigatedTo(NavigationEventArgs e)
{
  NetworkInformation.NetworkStatusChanged +=
  NetworkInformation_NetworkStatusChanged;
  RefreshNetworkInfo();
}

protected override void OnNavigatedFrom(NavigationEventArgs e)
{
  NetworkInformation.NetworkStatusChanged -=
  NetworkInformation_NetworkStatusChanged;
}
```

(4) 创建在上一步中使用的 NetworkInformation_NetworkStatusChanged()方法，如下所示：

```
void NetworkInformation_NetworkStatusChanged(object sender)
{
  RefreshNetworkInfo();
}
```

(5) 通过向类中添加以下代码创建 RefreshNetworkInfo()方法：

```
async void RefreshNetworkInfo()
{
  ConnectionProfile profile =
                    NetworkInformation.GetInternetConnectionProfile();
  StringBuilder sb = new StringBuilder();
  if (profile != null)
  {
    sb.Append("Connected to ");
    sb.Append(profile.GetNetworkNames()[0]);
    sb.Append(". Connectivity level is ");
    sb.Append(profile.GetNetworkConnectivityLevel().ToString());
    sb.Append(".");
  }
  else sb.Append("Disconnected.");
  await Dispatcher.RunAsync(Windows.UI.Core.CoreDispatcherPriority.Normal,
  () => tbkNetStatus.Text = sb.ToString());
}
```

(6) 通过按 F6 键或者在 Visual Studio 的主菜单中单击"BUILD - Build Solution"构建应用程序。如果出现 Errors 窗口并显示代码中存在错误，请尝试按照上面窗口中的建议解决这些错误。如果无法解决某个错误，请在辅助代码中打开 NetworkSample\NetInfoEnd 解决方案，并将你的代码与可行的解决方案中的代码进行比较。

(7) 运行应用程序。请注意，在左下角中，打开页面后会立即显示网络状态。图 11-13 中显示的状态表示设备已连接到一个称为 SubCommSatFour 的网络，并且 Internet 可以访问(当然，如果设备没有可用的网络连接，你将会看到 Disconnected 状态)。

(8) 尝试禁用 Wi-Fi 连接然后再次启用，查看 UI 如何相应地进行更新。

(9) 保存 NetworkSample 项目，在接下来的"试一试"练习中还需要使用它。

示例说明

执行繁重工作的方法是你在步骤(6)中添加的 RefreshNetworkInfo()。当调用该方法时，它会通过调用 GetInternetConnectionProfile()方法获取当前网络的配置文件信息。如果返回值为 null，则表示没有活动连接。如果存在连接，该方法将查询其名称和连接级别(它是否可以访问 Internet)。

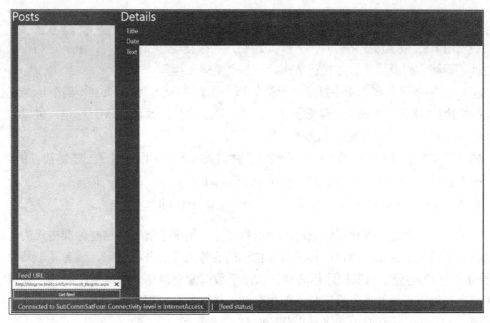

图 11-13　连接信息

为了在连接状态发生更改时获得自动状态更新，在步骤(3)中注册获取NetworkStatusChanged事件非常必要。订阅的方法(NetworkInformation_NetworkStatusChanged())仅仅调用RefreshNetworkInfo()方法。但是，由于仅当存在更改时才会刷新UI (显示信息)，因此，必须在Page准备好时调用一次RefreshNetworkInfo()方法，这就是在OnNavigatedTo中执行其他方法调用的原因。

11.2.2　使用数据源

如果曾经想要对博客、新闻频道或 Internet 论坛中的特定主题保持更新，那么你可能已经订阅过数据源。

基本上，数据源可以描述为包含有关某一主题的信息的项列表。该主题本身以及数据源项的确切内容的范围非常宽泛。某些数据源包含纯文本，其中的一些使用 HTML 标记进行了格式设置，还有一些甚至可能包含图像或嵌入的视频。但是，每个数据源项(一篇博文或者对某个论坛主题帖的新回帖)都有很多附加元数据(例如，有关作者的信息、发布的日期、关键字、链接或者其他标识符)。

很早以前，曾经创建了相应的标准用于规范数据源和数据源项的格式。现在，最流行的标准是真正简单的联合(Really Simple Syndication，RSS)和 Atom。这两种标准都基于可扩展标记语言(eXtensible Markup Language，XML)，因此，从本质上来说，创建用于遵循其中一种格式的数据源是文本字符串。

第Ⅱ部分　创建 Windows 8 应用程序

> **联合格式**
>
> 在使用 RSS 或 Atom 文档时，了解其到底是什么样子非常有意义。由于它们相对简单的特性，了解它们最简单的方式就是执行一些"反向工程"。
>
> 在你选择的 Web 浏览器中打开一个数据源，并查看标记，结构会立即清晰地呈现在你面前(如果浏览器隐式处理和呈现数据源，并且不显示背后的原始 XML 标记，可以右击该文档，并选择 Source 或 View source)。
>
> 如果想要通过阅读详细的文档和示例来了解相关内容，下面提供了一些链接可供访问：
> - RSS——http://www.rssboard.org/rss-specification/
> - Atom——http://www.atomenabled.org/developers/syndication/

在过去，当创建必须使用数据源的应用程序时，需要了解有关这些标准格式的知识，并且必须编写用于将原始 XML 转换为你自己的业务对象的分析引擎，或者基于某种可用(免费或者付费)的分析引擎构建你的软件。由于数据源变得越来越常用，因此，处理它们的需求也变得越来越常见。为了解决创建强壮、快速的分析引擎以及对应的软件基础架构的难题，Windows 运行时内置了一个分析引擎。

当尝试在应用程序中嵌入数据源支持时，Windows.Web.Syndication 名称空间提供了相关类型。该名称空间包含很多类型，使你可以充分利用数据源的任何小功能，不过，最重要的类是 SyndicationClient。

该类型负责联系服务器、检索请求的数据源并对其进行处理。在这里，处理的意思就是分析，即将检索到的 XML 转换为可管理的业务对象。可以使用 SyndicationClient 的 RetrieveFeedAsync()方法来执行该操作。当使用 await 关键字(换句话说，就是在方法调用之前使用 await 关键字)时，该方法会返回一个 SyndicationFeed 对象。SyndicationFeed 包含 RSS 或 Atom 数据源的所有数据，其中包括标题、作者列表，当然，还包括数据源项。

可以使用 Items 属性访问数据源项。该列表包含 FeedItem 实例。每个 FeedItem 对象都对应于一篇博文或论坛帖子，具体取决于数据源的主题。要访问数据源项的内容，可以使用 FeedItem 的属性，例如，Authors、Title、PublishedDate 或 Content。请注意，其中的某些属性并不是核心对象(如字符串、整型、日期时间等)，因此，需要执行一些附加的处理。

联系服务器和下载数据被认为是用户必须了解的操作，因此，在构建需要使用联合数据源的应用时，应该始终确保在 Package.appxmanifest 文件中启用"Internet (客户端)"功能。

在接下来的练习中，你将使用数据源读取功能扩展在前一个"试一试"练习中处理的应用。

> **注意**：可以在本书的合作站点 www.wrox.com 上找到本练习对应的完整代码进行下载，具体位置为 Chapter11.zip 下载压缩包中的 NetworkSample\FeedEnd 文件夹。

试一试 使用数据源

要了解如何使用联合 API 为你的应用程序增加 RSS 和 Atom 数据源支持,请按照下面的步骤进行操作。

(1) 打开前一个"试一试"练习("获取网络信息")中的NetworkSample解决方案。如果尚未完成该解决方案,那么可以从本章的辅助代码(可以从www.wrox.com下载)的NetworkSample\NetInfoEnd文件夹中打开该解决方案。

(2) 在解决方案资源管理器中双击 Package.appxmanifest 文件以打开清单编辑器。单击 Capabilities 选项卡,并确保选中"Internet (Client)"功能,如图 11-14 所示。保存并关闭编辑器。

(3) 打开 MainPage.xaml.cs 文件,并在其他已有的 using 指令后面添加以下 using 指令:

```
using Windows.Web.Syndication;
using Windows.UI.Popups;
```

(4) 切换到 MainPage.xaml 文件。找到内容为"Get feed"的 Button,并通过插入下面粗体形式的标记向其 Click 事件添加一个事件处理程序:

```
<Button Click="GetFeed" HorizontalAlignment="Stretch" Content="Get feed" />
```

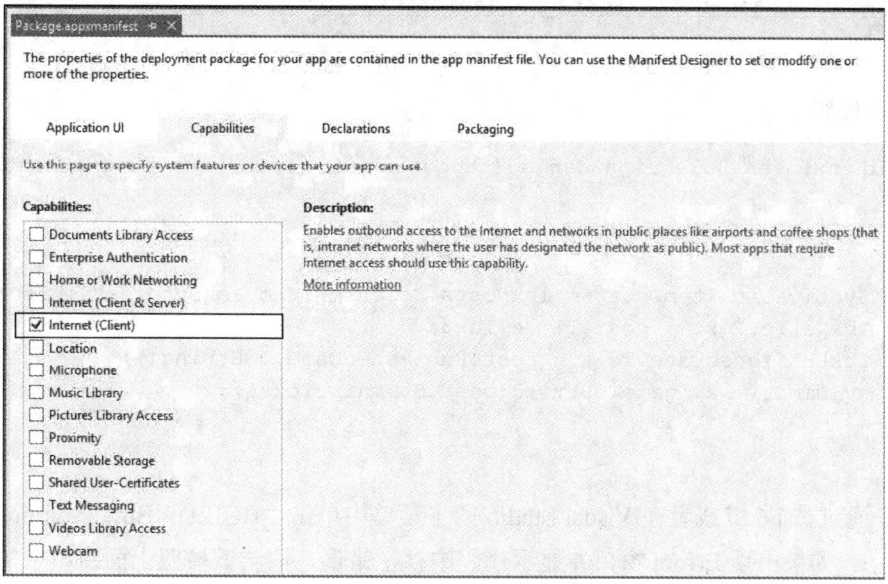

图 11-14 清单编辑器的 Capabilities 面板

(5) 切换回 MainPage.xaml.cs 文件,并创建 GetFeed()方法。向类中添加以下代码:

```
async void GetFeed(object sender, RoutedEventArgs e)
{
  if (!string.IsNullOrWhiteSpace(tbFeedUrl.Text) &&
    Uri.IsWellFormedUriString(tbFeedUrl.Text.Trim(), UriKind.Absolute))
  {
    SyndicationClient client = new SyndicationClient();
```

```
    try
    {
      tbkFeedStatus.Text = "Downloading feed";
      var feed = await client.RetrieveFeedAsync(new Uri(
        tbFeedUrl.Text.Trim(), UriKind.Absolute));

      tbkFeedStatus.Text = "Feed downloaded";
      lbxPosts.Items.Clear();
      foreach (var item in feed.Items) lbxPosts.Items.Add(item);
    }
    catch (Exception ex)
    {
      tbkFeedStatus.Text = "Error: " + ex.Message;
    }
  }
}
```

(6) 切换到 MainPage.xaml 文件。在文件中找到 ListBox，并为其 SelectionChanged 事件订阅一个处理程序方法。在标记中插入下面粗体形式的部分：

```
<ListBox Grid.Row="1" Name="lbxPosts" DisplayMemberPath="Title.Text"
MaxWidth="350"
  SelectionChanged="lbxPosts_SelectionChanged" />
```

(7) 切换回 MainPage.xaml.cs 文件，并创建 lbxPosts_SelectionChanged()方法。向类中添加以下代码：

```
void lbxPosts_SelectionChanged(object sender, SelectionChangedEventArgs e)
{
  if (lbxPosts.SelectedIndex > -1)
  {
    SyndicationItem post = lbxPosts.SelectedItem as SyndicationItem;
    tbkTitle.Text = post.Title.Text;
    tbkPublishedDate.Text = post.PublishedDate.ToString();
    wvSummary.NavigateToString(post.Summary.Text);
  }
}
```

(8) 通过按 F6 键或者在 Visual Studio 的主菜单中单击"BUILD - Build Solution"构建应用程序。如果出现 Errors 窗口并显示代码中存在错误，请尝试按照上面窗口中的建议解决这些错误。如果无法解决某个错误，请在辅助代码中打开 NetworkSample\FeedEnd 解决方案，并将你的代码与可行的解决方案中的代码进行比较。

(9) 运行应用程序进行测试。在 TextBox 中输入某个数据源地址(或者使用已经输入的默认地址)，然后单击或点击 Get Feed 按钮。请注意，应用程序在 UI 底部的一个 TextBlock 中报告它已启动，稍后，报告已完成数据源下载。此外，当下载完成时，数据源项(确切地说是其标题)将显示在 ListBox 中。如果单击或点击其中的一个，其内容将显示在应用程序的右侧，如图 11-15 所示。

第 11 章 构建连接应用程序

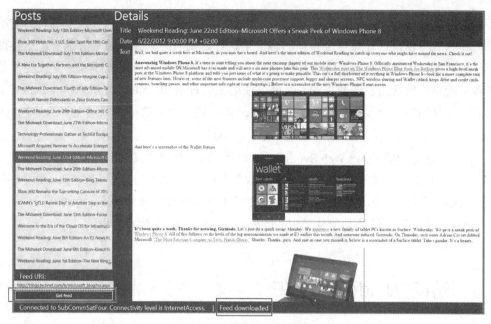

图 11-15　显示数据源的应用

示例说明

通常情况下，并不需要选中 Internet (Client)功能(步骤(2))，Windows 8 风格应用程序默认情况下具有该功能。

在步骤(5)中创建的 GetFeed()方法(当用户单击或点击对应的 Button 时调用)负责联系服务器、处理数据源并将其显示在 UI 上。SyndicationClient 的 RetrieveFeedAsync()方法会联系服务器(通过 Uri 参数指定)并将检索到的原始 XML 数据转换为 SyndicationFeed，称为数据源。该方法是一个异步方法，因此，如果希望在后台进行 XML 处理的过程中 UI 能够保持响应能力，建议使用 await 关键字。当所有数据分析完成后，GetFeed()方法只须迭代数据源的 Items 集合的所有元素，并将每一项推入 ListBox 中。

在步骤(7)中注册获取 ListBox 的 SelectionChanged 事件必不可少，用于通过所选数据源项的内容刷新详细信息窗格(应用程序的右侧)。订阅的方法只须从 ListBox 获取所选项，并设置三个控件的内容。WebView 控件(wvSummary)唾手可得，因为 FeedItem 的 Summary 趋向于不仅包含纯文本，还包含带格式的文本。WebView 不费吹灰之力便可显示丰富的内容。

在使用 SyndicationClient 时，还有许多其他内容需要引起注意。

首先，SyndicationClient 可以使用本地缓存。因此，当用户尝试获取数据源时，SyndicationClient 对象可以不返回实际的数据源，也就是说，如果能够在本地缓存中找到该数据源，就会返回本地缓存中的内容。通常情况下，这样做没有任何问题，但是，如果想要控制该行为，则需要将客户端的 BypassCacheOnRetrieve 属性设置为 false。

第二点需要注意的是，某些服务器对不同的客户端提供不同的数据源。浏览器趋向于以不同的方式解释和显示数据的某些部分，因此，如果服务器可以确定客户端背后的确切引擎，那么它可以发送针对这个具体的客户端进行定制的数据源。通常情况下，这样做也没有任何问题，因此你不必对此有任何担心。但是，如果由于应用程序未指定类型而导致服务器拒绝向你的应用发送数据源，就可以使用 SetRequestHeader() 方法来执行该操作。要传递到该方法的第一个参数是字符串"User-Agent"，第二个参数是浏览器引擎的标识符。

> 注意：Windows.Web.Syndication 名称空间中的类型是为读取数据源而创建的。但是，如果管理数据源的 Web 站点支持 Atom 发布协议，那么可以创建不仅能够检索和显示数据源，还能发送新项以及修改或删除现有项的应用程序。用于实现此目标的类型位于 Windows.Web.AtomPub 名称空间中。

11.3 访问 Windows LIVE

Windows Live 是 Microsoft 的一个产品品牌，用于标识公司免费为所有用户提供的公共在线服务和基于 Web 的应用程序。提供的服务包含很多功能，其中一些比较重要的功能如电子邮件(Hotmail)；即时消息传递(Messenger)；文件存储、同步和共享(SkyDrive)以及日程排定(Calendar)。

无需多言，这些功能彼此联系在一起。例如，当向电子邮件中附加图片或其他文件时，可以选择通过 SkyDrive 代为发送，因此，收件人不必下载可能很大的文件。他或她会收到一个指向其在线存储的链接，并且可以使用任何 Web 浏览器从在线存储中检索文件。

除了上述服务以外，还有很多本机的客户端应用程序可以通过 Windows Live Essentials 软件包集中下载。对于 Windows 8，其中的一些应用程序是多余的(例如，你不需要使用 Live Messenger，因为可以改用内置的 Messaging 应用程序连接到即时消息传递服务)，而有一些则仍然像过去一样有用(如 Movie Maker)。

> 注意：任何具有 Microsoft 账户(以前称为 Live ID)都可以使用这些服务和应用程序。如果还没有，可以在 http://live.com 上免费创建一个(或多个)。

当开始通过 Microsoft 账户使用 Windows 8 时，Windows Live 服务的重要性逐渐凸显出来。当登录操作系统时，它会立即将你连接到这些服务。Mail 应用程序会下载你的电子邮件，Messaging 应用程序会连接到你的 IM 账户等。

这些应用程序都由 Microsoft 构建，因此，其与 Microsoft 在线服务的紧密集成显而易见，同样，这种集成为用户带来的好处也显而易见。但是，幸运的是，Microsoft 允许你将自己的应用也紧密地与 Windows Live 集成，就像其自己构建的应用一样。公司提供了相应的方法，可以通过一个可下载的软件包将应用与 Windows Live 集成，这个软件包称为 Live

SDK (Software Development Kit，软件开发工具包)。

要通过 Windows Live 集成增强你的应用，首先需要从 Live Connect 开发人员中心下载 Live SDK 并安装该软件包。然后可以向应用中添加 Live SDK 动态链接库(Dynamic Link Library，DLL)的引用。在此之后，你就可以使用所有有用的类型，从而轻松地访问用户在 Windows Live 上具有的几乎所有资源。

当然，这些资源可能是私人的或受限的，也就是说，用户可能不希望在应用中共享这部分资源。授权使用这些资源涉及两个步骤。

首先，你必须在 Windows Live 上注册你的应用。你将获得一个标识符，Windows Live 将使用该标识符识别哪个应用程序尝试与其进行联系。可以通过以下方式注册应用：导航到 https://manage.dev.live.com/，单击 My apps 链接，使用你的 Microsoft 账户登录并创建应用。此后，你便可以为你的应用请求一个标识符，以便能够联系 Live Connect 服务。该标识符是一个软件包名称，你必须将其与应用的 Package.appxmanifest 文件中的原始软件包名称进行交换。

授权的第二步由用户来完成。当构建必须连接到 Windows Live 的应用程序时，必须指定应用想要使用用户数据的哪些部分，如联系人、文件、日历等。当用户首次启动应用程序时，它会连接到 Windows Live，Windows Live 会要求他或她确认应用程序可以访问它想要使用的资源。如果用户同意，便不再需要进一步的登录或确认。下一次，Windows Live 便会知道该特定的用户已经允许该特定的应用程序访问一组特定的资源。当然，用户可以随时撤消授予的访问权限。

适用于 Windows 8 风格应用的 Live SDK 附带了一个称为 SignInButton 的控件。该按钮可以放置在应用的 UI 上，使用户可以登录或注销 Microsoft 在线服务。作用域(应用想要访问的 Live 配置文件的部分)可以通过该按钮进行管理。此外，其 SessionChanged 事件可以向应用通知，用户已经选择登录或注销。

当用户连接时，应用可以创建一个 LiveConnectClient，可用于管理会话以及检索或修改 Live 服务中的数据和文件。这些操作都需要得到用户的同意。Windows Live 只会向用户询问一次(即在首次尝试连接到 Microsoft 在线服务时)，以允许应用程序正常工作。

在接下来的练习中，你将了解到如何创建可以连接到 Windows Live 并检索用户的名称和 Live 个人资料图片的 Windows 8 风格应用程序。此外，还会介绍如何访问 SkyDrive 并向其中上传文件。该练习可能要比之前的长一些，不过不用担心，这并不表示该练习执行起来特别困难。

注意：可以在本书的合作站点 www.wrox.com 上找到本练习对应的完整代码进行下载，具体位置为 Chapter11.zip 下载压缩包中的 LiveSample\End 文件夹。但是，此处缺少软件包名称，如果想要使用该应用程序，就需要创建一个软件包名称。

试一试 将你的应用与 Windows Live 服务集成

请注意,对于该练习,需要一个 Microsoft 账户以便使用这些服务,并且可能会多次要求你确认身份。要了解如何使用 Live SDK 将 Live 服务与你的应用集成,请按照下面的步骤进行操作。

(1) 下载并安装适用于 Windows 8 风格应用的 Live SDK。导航到 http://msdn.microsoft.com/en-us/live/,然后单击 Downloads 链接。在显示的页面上,选择针对 Windows 8 构建的 SDK 版本,并开始下载。当浏览器要求提供进一步的指令时,单击 Run 按钮。图 11-16 可能会在这方面为你提供一些帮助,但请注意,Microsoft 可能会随时更改该页面的布局。当下载完成以后,安装程序将启动。按照屏幕上的说明安装 SDK。

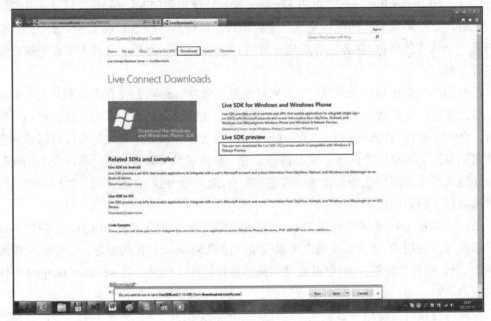

图 11-16 下载适用于 Windows 8 的 Live SDK

(2) 在 Visual Studio 2012 中,使用 Blank App 模板创建一个 C# Windows 8 风格应用程序。将其命名为 LiveSample。

(3) 在解决方案资源管理器中双击 Package.appxmanifest 文件将其打开。单击 Packaging 选项卡查看软件包信息。需要大概了解其中的两项内容,即软件包显示名称和发布者。

(4) 切换回浏览器,并在 Live Connect 上注册你的 Windows 8 风格应用程序。在开发人员中心中单击 My apps 链接,然后单击显示为 application management site for Windows 8 style apps 的链接。仔细阅读站点上显示的信息,并按照其中所述的步骤进行操作。你会在页面底部发现两个 TextBox,必须将软件包信息的相应部分复制并粘贴到此处。单击 I accept 按钮前进到接下来的两个步骤。

(5) 你的应用现已注册。在页面上的步骤(3)下,可以看到自己的软件包名称。复制该软件包名称,然后切换回 Visual Studio 的清单编辑器。使用你从开发人员中心 Web 站点获取的软件包名称改写应用程序的软件包名称。保存项目，然后关闭清单编辑器。

(6) 将 Live SDK DLL 添加到你的项目中。要执行该操作，请在解决方案资源管理器中右击 References 节点，然后选择 Add Reference 命令。在显示的窗口中，在左侧菜单中选择 Windows 选项卡以及下面的 Extensions。Live SDK 应该显示在窗口中间的列表中，如图 11-17 所示。选中它，然后单击 OK 按钮。

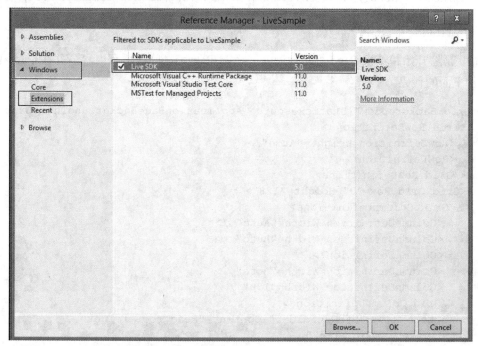

图 11-17　向应用中添加 Live SDK DLL

(7) 通过在解决方案资源管理器中右击 Common 节点，然后选择 Add | Class 命令，向项目的 Common 文件夹中添加一个称为 LiveItemInfo 的新类。使用下面的代码改写文件的内容：

```
namespace LiveSample.Common
{
  class LiveItemInfo
  {
    public string Id { get; set; }
    public string Name { get; set; }
    public string Source { get; set; }
    public override string ToString()
    {
      return this.Name;
    }
  }
}
```

(8) 打开 MainPage.xaml 文件，并通过添加下面粗体形式的代码行修改<Page>标记：

```xml
<Page
  x:Class="LiveSample.MainPage"
  IsTabStop="false"
  xmlns="http://schemas.microsoft.com/winfx/2006/xaml/presentation"
  xmlns:x="http://schemas.microsoft.com/winfx/2006/xaml"
  xmlns:d="http://schemas.microsoft.com/expression/blend/2008"
  xmlns:mc="http://schemas.openxmlformats.org/markup-compatibility/2006"
  xmlns:LiveControls="using:Microsoft.Live.Controls"
  mc:Ignorable="d">
```

(9) 删除开始和结束 Page 标记(<Page...>和</Page>)之间的所有内容,并在 Page 标记下添加下面的代码:

```xml
<Grid Background="{StaticResource ApplicationPageBackgroundThemeBrush}">
  <Grid.RowDefinitions>
    <RowDefinition Height="Auto"/>
    <RowDefinition/>
  </Grid.RowDefinitions>
  <Grid Grid.Row="0" Height="128">
    <Grid.ColumnDefinitions>
      <ColumnDefinition Width="Auto" />
      <ColumnDefinition Width="Auto" />
      <ColumnDefinition/>
      <ColumnDefinition Width="Auto" />
      <ColumnDefinition Width="138" />
    </Grid.ColumnDefinitions>
    <Button Name="btnGetFolder" Content="Read root folder"
      Click="btnGet_Click"
      Grid.Column="1" />
    <Button Name="btnUploadFile" Content="Upload picture"
      Click="btnUploadFile_Click" Grid.Column="2" />
    <TextBlock Name="tbkStatus" FontSize="24" VerticalAlignment="Center"
      Grid.Column="3" />
    <Image Name="imgProfilePic" MaxHeight="128" Grid.Column="4"
      Margin="5,0" />
  </Grid>
  <ListBox Name="lbxContents" Grid.Row="1">
    <ListBox.ItemTemplate>
      <DataTemplate>
        <TextBlock Text="{Binding}" FontSize="20" />
      </DataTemplate>
    </ListBox.ItemTemplate>
  </ListBox>
</Grid>
```

(10) 通过向文件中添加下面粗体形式的标记,在 UI 上的第一个按钮前面添加一个 SignInButton (btnGetFolder)。保存文件并关闭。

```xml
    </Grid.ColumnDefinitions>
    <LiveControls:SignInButton Scopes="wl.signin wl.basic wl.skydrive_update"
```

```
SessionChanged="SignInButton_SessionChanged" />
<Button x:Name="btnGetFolder" Content="Read root folder"
  Click="btnGet_Click"
  Grid.Column="1" />
```

(11) 在 MainPage.xaml.cs 文件中,添加以下 using 指令:

```
using LiveSample.Common;
using Microsoft.Live;
using Microsoft.Live.Controls;
using Windows.UI.Xaml.Media.Imaging;
using Windows.Storage.Pickers;
using Windows.Storage;
```

(12) 通过将下面粗体形式的代码复制到文件中,向 MainPage 类中添加一个称为 client 的 LiveConnectClient:

```
public sealed partial class MainPage : Page
{
  LiveConnectClient client = null;

  public MainPage() …
```

(13) 将以下方法添加到类中:

```
void SignInButton_SessionChanged(object sender,
  LiveConnectSessionChangedEventArgs e)
{
  if (e.Status == LiveConnectSessionStatus.Connected)
  {
    client = new LiveConnectClient(e.Session);
    LoadProfile();
  }
  else if (e.Error != null) tbkStatus.Text = e.Error.Message;
}
```

(14) 前面的方法调用 LoadProfile()方法,但该方法尚不存在。将其添加到类中,如下所示:

```
async void LoadProfile()
{
  LiveOperationResult lor = await client.GetAsync("me");
  tbkStatus.Text = "Welcome, " + lor.Result["name"].ToString();
  lor = await client.GetAsync("me/picture");
  imgProfilePic.Source = new BitmapImage(new
    Uri(lor.Result["location"].ToString()));
}
```

(15) 通过向类中添加以下代码创建 btnGet_Click()方法:

```
async void btnGet_Click(object sender, RoutedEventArgs e)
```

```csharp
{
  if (client.Session != null)
  {
    LiveOperationResult lor = await client.GetAsync(@"/me/skydrive/files");
    lbxContents.Items.Clear();
    foreach (var item in (dynamic)lor.Result["data"])
    {
      lbxContents.Items.Add(new LiveItemInfo
      { Name = item.name, Id = item.id, Source = item.source });
    }
  }
}
```

(16) 向类中添加最后一个方法 btnUploadFile_Click(),如下所示:

```csharp
async void btnUploadFile_Click(object sender, RoutedEventArgs e)
{
  var picker = new FileOpenPicker { ViewMode = PickerViewMode.List,
    SuggestedStartLocation = PickerLocationId.Desktop };
  picker.FileTypeFilter.Add(".jpg");
  picker.FileTypeFilter.Add(".jpeg");
  picker.FileTypeFilter.Add(".png");
  StorageFile file = await picker.PickSingleFileAsync();
  if (file != null)
  {
    tbkStatus.Text = "Uploading image...";
    try
    {
      await client.BackgroundUploadAsync("me/skydrive", file.Name, file);
      tbkStatus.Text = "Image uploaded.";
    }
    catch (LiveConnectException ex)
    {
      tbkStatus.Text = ex.Message;
    }
  }
}
```

(17) 通过按 F6 键或者在 Visual Studio 的主菜单中单击"BUILD - Build Solution"构建应用程序。如果出现 Errors 窗口并显示代码中存在错误,请尝试按照上面窗口中的建议解决这些错误。如果无法解决某个错误,请在辅助代码中打开 LiveSample\End 解决方案,并将你的代码与可行的解决方案中的代码进行比较。请注意,即使示例应用程序不包含任何错误,它也不会编译,除非你已经按照步骤(1)以及步骤(3)~(6)中的说明,安装了适用于 Windows 8 风格应用程序的 Live SDK,添加了对 DLL 的引用,并且将软件包名称替换为从 Live 开发人员中心获取的名称。

(18) 启动应用程序,并等待直到 SignInButton 启用。单击或点击该按钮以登录 Windows Live。图 11-18 显示了应该出现的窗口。

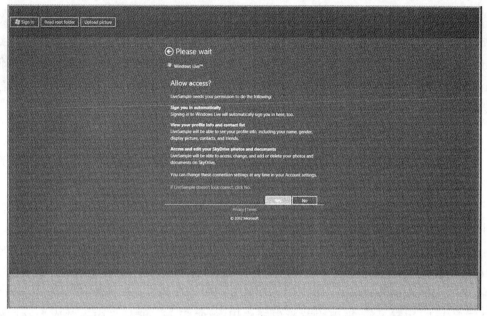

图 11-18　Windows Live 询问用户是否允许应用访问所需的资源

(19) 单击或点击 Yes 按钮以后，应用程序应该下载你的个人资料图片，将其显示在右上角，并通过包含你姓名的文本向你发出问候。单击或点击 Read root folder 按钮。一段时间(一般是几秒钟，具体取决于 Internet 连接的速度以及 Live 服务器的状态)以后，你的 SkyDrive 根目录中包含的内容应该会显示出来。图 11-19 显示的是目前 UI 应该具有的大致外观。当然，你的姓名、SkyDrive 的内容以及个人资料图片会有所不同。

图 11-19　应用访问 Live 配置文件和用户的 SkyDrive 以后的 UI

(20) 单击或点击 Upload picture 按钮。在显示的 FileOpenPicker 中选择一幅图像，然后单击或点击选取器底部的 Open 按钮。在应用程序指示图像已上传之后，再次单击或点击 Read root folder 按钮。新上传的图片的名称应该与其他文件和文件夹一起显示。可以使用 Internet Explorer 或者其他 Web 浏览器导航到 http://skydrive.live.com，以确认该图像确实已上传并且完好无损。

示例说明

上面练习中的前 5 步是为了设置环境并将 Windows Live 与你的应用集成。当应用联系 Microsoft 在线服务时，它可以通过软件包名称识别应用程序。

在步骤(6)中，在应用程序中引用了 Live SDK。该操作必不可少，因为只有这样才能使用用于处理 Windows Live 服务的类型。

需要向 Page 标记中添加额外的 xmlns 特性，以允许使用 SignInButton 类，该操作在步骤(10)中完成。SignInButton 包含作用域。通过作用域，可以声明想要访问用户数据的哪些部分。在这里，你的应用指出，它需要访问基本配置文件信息，并且需要 SkyDrive 的完全访问权限(读取和写入)。当用户首次启动应用时(实际上，就是当应用首次尝试连接到 Microsoft 在线服务时)，Windows Live 会列举这些访问请求。这就是你在图 11-18 中所看到的情况。

可以访问 http://msdn.microsoft.com/en-us/library/live/hh243646.aspx，以了解更多有关可用作用域类型的信息。

当与 Windows Live 服务的会话发生更改时(例如，应用程序连接到 Windows Live)，SignInButton 会触发 SessionChanged 事件。如果连接了应用，那么在步骤(13)中添加的代码会通过创建 LiveConnectClient 并加载配置文件信息来响应会话更改。

在步骤(14)中添加的 LoadProfile()方法使用该客户端的 GetAsync()方法下载配置文件信息("me")，然后下载个人资料图片("me/picture")。图片的 location 属性包含 Uri，使得应用程序可以访问该图像。

同样，在步骤(15)中添加的btnGet_Click()方法使用GetAsync()方法获取用户的SkyDrive 的根目录中包含的内容("/me/skydrive/files")。然后，该方法迭代处理数据，并将每一项作为一个新的LiveItemInfo对象添加到ListBox中。要在对象中使用索引器([]运算符)，需要将 lor.Result对象强制转换为动态对象。

在步骤(16)中添加的 btnUploadFile_Click()方法首先设置一个 FileOpenPicker，然后使用客户端的 BackgroundUploadAsync()方法将文件上传到用户的 SkyDrive 的根目录("me/skydrive")，并使用与本地计算机上相同的文件名。

11.4 小结

这一章介绍了如何将你的应用程序连接并集成到其周围的生态系统中。

第 11 章 构建连接应用程序

首先，介绍了选取器的概念。通过这些类，所有应用都可以在用户尝试访问资源(例如，打开文件或联系人、保存图像、使用相机等)时维护统一的设计和 UI。

需要使用合约，以便 Windows 8 可以指导一些有关应用程序的重要信息，例如，执行某些操作的需求，像以编程方式访问用户的精选文件夹(Documents、Music 等)、运行后台任务或者与特定文件类型相关联。此外，合约还声明与操作系统和其他应用集成，例如，应用可以将自身显示在 Windows 8 的 Search 窗格上，可以作为共享源或共享目标，并且可以通过前面提到的选取器和对应的合约声明为其他应用提供其文件打开或保存功能。

在与 Windows 集成以后，你了解了如何处理来自 Internet 的输入。首先，你了解到如何获取网络信息以及对其所做的更改。然后介绍了数据源的概念以及如何通过联合 API 处理数据源。

本章的最后一部分介绍了 Live SDK 的相关内容。通过这个可下载的扩展，可以将自己的应用集成到 Microsoft 的在线生态系统中。你的应用可以使用存储在云中的用户数据，甚至还可以对数据执行操作。

第 12 章将介绍如何构建可以获取用户位置的应用程序，以及如何增强你的应用，从而能够处理来自平板电脑设备必须提供的各种传感器的输入。

练 习

1. 选取器的用途是什么？
2. 如何将可以轻松访问的搜索功能构建到应用程序中？
3. 要想准备你的应用以使其作为共享目标，最简单的方式是什么？
4. 如何将 Internet 数据源转换为业务对象？
5. 应用如何向 Windows Live 请求访问存储在 Windows Live 服务中的应用的用户数据的权限？

注意：可以在附录 A 中找到上述练习的答案。

本章主要内容回顾

主 题	主 要 概 念
选取器	这是一种类，它可以允许应用程序访问一组特定的资源(如文件或联系人)，当然，需要提前通知用户并获得许可

(续表)

主　题	主　要　概　念
合约	合约就是声明，表示应用程序想要使用操作系统的特定功能，并遵守相应合约指定的要求。当用户安装应用时，会针对上述内容向他或她发出警告
数据源	数据源针对相关数据对象提供基于 XML 的表示形式。最有名的数据源类型是 RSS 和 Atom
Windows Live	这是 Microsoft 免费在线服务的品牌名称。提供的服务包括邮件、即时消息传递、日历以及基于云的文件存储
Live SDK	这是针对你的应用提供的一个可以免费下载的扩展，它使应用可以联系 Windows Live、检索并处理用户的数据，以及上传或修改数据

第 12 章

利用平板电脑功能

本章包含的内容：

- 了解平板电脑与传统台式电脑或笔记本电脑之间的差别
- 将位置、移动和设备姿势数据合并到应用中
- 使用 Windows 运行时 API 增强传感输入的用户体验

适用于本章内容的 wrox.com 代码下载

可以在 www.wrox.com/remtitle.cgi?isbn=012680 上的 Download Code 选项卡中找到适用于本章内容的 wrox.com 代码下载。代码位于 Chapter12.zip 下载压缩包中，并且单独进行了命名，如对应的练习所述。

过去，运行 Windows 操作系统的计算机都是配备了鼠标和键盘的台式电脑设备或笔记本电脑设备。因此，为在 Windows 上运行而编写的每个应用程序都针对这些类型的输入设备进行了优化。

现在，Windows 开始逐渐用于平板电脑这种尺寸的设备，于是带来了许多新的用户，也是你的潜在客户。但是，这些用户对平板电脑应用程序在输入方面的要求更高，他们不满足于仅仅支持触摸屏。通常情况下，平板电脑用户在使用设备时会将其持握在手中。通过本章所述的方法，可以使用设备的姿势和移动信息创建更具魅力的应用程序以响应这些属性的更改，甚至允许用户通过移动平板电脑来控制应用程序。

此外，这一章还会介绍如何访问和使用平板电脑设备提供的位置信息。平板电脑通常都会配备全球定位系统(Global Positioning System, GPS)，可以精确定位其在地球上的位置。但是，正如你将看到的，Windows 8 中的位置 API 并不仅仅用于传导 GPS 数据，它还可以执行许多其他操作。通过将位置数据合并到应用中，可以针对用户的当前位置进行自定义设置，从而创造更加卓越的用户体验。

12.1 适应平板电脑设备

尽管现在已经开始共享相同的操作系统，但平板电脑设备还是与台式电脑有着很大的差别，甚至与笔记本电脑也有所区别。对于现在的平板电脑设备来说，其所要实现的用途与传统计算机的用途大不相同。平板电脑被认为是主要用于内容使用的设备，这意味着，它们的用途是让你通过一种轻松、自然而又趣味横生的方式浏览网站、阅读文档、观看视频和使用内容。

通常情况下，通过平板电脑使用内容往往是因为用户需要处理一些临时性的活动。用户希望在各种情况下使用内容(因此需要使用平板电脑设备)，而很多情况并不适合工作环境，例如，躺在床上或者在公共交通工具上。

在硬件级别，平板电脑设计为可以在上述情况中随意使用。它们非常轻巧，甚至用一只手就能轻松掌控。它们的屏幕相对较小，但由于并未配备硬件键盘(至少绝大多数不配备)，因此，7~10英寸的触摸屏便成为用户与平板电脑之间交互的主要途径。

这些外围设备方面的固有限制对外部用户交互产生很大的影响，如果操作系统和应用程序不支持这种新的交互方式，就会导致此类设备很难处理。不过，只要配合使用一些附加硬件，操作系统便可实现这种支持。这就解释了为什么触摸屏和触控输入如此重要，以及为什么应该在适当的情况下将多点触控手势支持合并到应用中。

尽管处理触控事件对于所有Windows 8风格应用都是必需的，但平板电脑设备还是附带了很多附加的内置输入硬件，开发人员可以利用这些硬件实现丰富、新颖的用户交互方式。这些硬件称为传感器。

在绝大多数情况中，在构建应用时可以不必考虑传感器，但在某些情况中，尤其是一些日常情况中，处理传感器数据可以使应用程序更加易于使用，甚至可以增添很多使用乐趣。请记住，并不是所有Windows 8风格应用都会用作与工作相关的应用，如果用户发现你的应用很难使用，或者在Windows应用商店中找到更好的应用程序，那么他们不会花钱购买你的应用。对于应用，用途并非最重要，只要使用起来让用户感觉很舒服，他们就可能愿意花钱购买。

至于传感器，当针对为Windows 8 (或者Windows RT，Windows 8的ARM版本)设计的平板电脑设备编写适用的应用程序时，会获得很多来自加速计、陀螺仪、磁力计和氛围光传感器的数据，供你随意使用。

除了使用传感器以外，也可以访问设备的地理位置读数。这样，你在构建应用时就可以考虑根据用户的当前位置对其服务进行自定义设置，当然，要获得用户的许可。每个专为Windows 8设计的平板电脑设备都有一个辅助GPS接收器。

通常情况下，笔记本电脑和台式电脑没有上述传感器，但某些可能也会包含传感器。因此，在构建应用程序时，应该始终提供一种方式，可以在不使用传感器的情况下访问每一项功能。

12.2 构建位置感知应用程序

如前所述，Windows 8 计算机和设备可以提供一种方式来访问位置信息。通过 Windows 运行时 API，可以测试相应的硬件是否存在并使用其数据。

在 Windows 中，确定设备位置的概念称为位置(或地理位置)。这是因为位置可以通过多种不同的方式来确定。

在精确度要求不太高的情况中，设备或个人电脑可以使用 IP 地址定位或者附近已知的 Wi-Fi 热点来确定其位置。与加电开启全球定位系统(GPS)芯片相比，这种方式在消耗的能源和时间方面都要少很多，因为在使用 GPS 时，需要等待获取卫星信号，然后再计算位置。此外，GPS 信号不能穿过混凝土墙体和天花板，但 Wi-Fi 信号可以，因此，在建筑物内无法通过 GPS 获取信息。

如果某个地区没有大家都知道并且已经注册的 Wi-Fi 热点，但设备具有手机网络连接，那么位置 API 可以使用附近的手机网络中继塔对设备的位置进行三角测量。尽管 Wi-Fi 位置可能并不是非常准确，但它可以为很多情况提供适合的解决方案。

Windows 8 会在下面两种情况下开启 GPS 芯片(当然，前提是该组件存在):
- 不存在已知的 Wi-Fi 热点并且附近没有足够的手机网络中继塔
- 应用程序要求提供更为精确的位置信息，上述位置技术无法提供

如果应用指出精确性非常重要，那么位置 API 将使用 GPS 来精确定位设备的位置。

Windows 运行时的位置 API 用于基于上述技术之一提供位置信息，作为开发人员，你不必担心处理不同的硬件和原始位置数据。可以获取一种灵巧、整洁的编程接口，针对你的需求(例如，指定所需的精确性)对环境进行设置，并获取位置信息。

请记住，应用必须在其清单文件中指出它需要访问地理位置信息，并且当其访问相应的信息时，用户也必须启用该功能。应用首次想要访问位置数据时，操作系统会自动向用户请求相应的许可权限。图 12-1 显示了当某个应用首次尝试读取设备的位置信息时，用户所看到的默认许可对话框。

使用地理位置

使用 Windows 运行时中的位置 API 构建应用非常简单。属于该 API 的所有类型都位于 Windows.Devices.Geolocation 名称空间中。

在应用中，应该创建Geolocator类的一个实例，并订阅其PositionChanged事件。当设备具有新的数据可供应用使用时，将触发该事件。在事件处理程序方法中，可以检查事件参数(也就是，PositionChangedEventArgs 的一个实例)，并处理在Position属性(也就是，Geoposition类的一个实例)中收集的数据。

或者，如果不想持续跟踪用户的位置,就可以针对地理定位器调用 GetGeopositionAsync() 方法。该方法将返回 Geoposition 类的一个实例。

上面所述的类包含两个重要的属性，分别是 Coordinate 和 CivicAddress。Coordinate 属

性是 Geocoordinate 类的一个实例，该类包含表 12-1 中所述的属性。

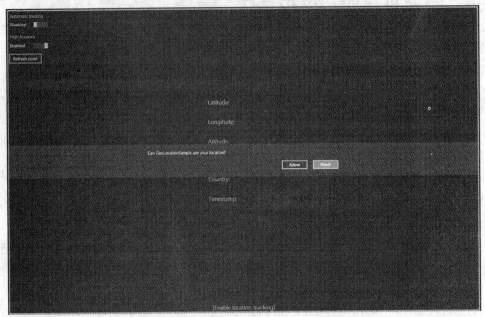

图 12-1　应用程序要求获得读取位置信息的许可

表 12-1　Geocoordinate 类的实例属性

名　　称	类　　型	说　　明
Latitude	double	获取维度坐标，以度为单位
Longitude	double	获取经度坐标，以度为单位
Accuracy	double	获取维度和经度的最大误差，以米为单位
Altitude	double?	如果存在，获取位置的海拔高度，以米为单位
AltitudeAccuracy	double?	获取海拔高度读数的最大误差，以米为单位
Heading	double?	表示相对于地理北极的方位，以度为单位
Speed	double?	如果存在，获取设备的速度，以米/秒为单位
Timestamp	DateTimeOffset	获取计算位置的时间

　　注意：在表12-1中，你看到了一种名为"double"的类型以及另一种名为"double?"的类型。这两种类型并不相同。Double指的是双精度浮点值，表示它可以包含宽泛范围内的任何数值(整数或小数)。如果看到某个值类型在其名称后面带有问号，则表示它是可空的值类型。具有可空的类型的实例可以包含原始类型所包含的任何值，此外，还可以将它们指定为null，表示它们没有定义任何值。纯值类型(如double)的实例不能为null，它们必须始终具有值。可以访问以下网址，了解更多有关可以为null的类型的信息：http://msdn.microsoft.com/en-us/library/1t3y8s4s(v=vs.110).aspx。

CivicAddress类是CivicAddress属性的类型，它保存1个Timestamp (1个DateTimeOffset 实例，用途与Geocoordinate类的Timestamp相同)和4个字符串。这4个字符串的名称在很大程度上不言自明，分别为City、Country、PostalCode和State。

注意：Microsoft当前并未通过位置API提供市镇地址，因此，上述字符串应该始终为空字符串。以后，可能会包括市镇地址，但在那之前，如果想要在自己的应用中使用市镇地址，应该使用第三方服务根据坐标计算地址。

在接下来的练习中，你将了解到如何将位置API与Windows模拟器配合使用以构建和测试位置感知应用程序。但是，在模拟位置更改方面，当前Windows模拟器存在一定的功能限制，因此，如果可能，请始终在真实的平板电脑设备上测试位置感知应用程序，并在测试通过后将其发送到Windows应用商店。

注意：可以在本书的合作站点www.wrox.com上找到本练习对应的完整代码进行下载，具体位置为Chapter12.zip下载压缩包中的GeoLocSample\End文件夹。

试一试　使用位置API

要了解如何使用位置API将位置感知功能合并到Windows 8风格应用中，请按照下面的步骤进行操作。

(1) 从Wrox Web站点(www.wrox.com)下载本章对应的可下载压缩包，并从中打开Ch12-GeoLoc-Begin项目。快速熟悉该应用程序的用户界面(UI)。下面你将使用该项目作为骨架，并向其中添加实用功能。

(2) 在解决方案资源管理器中双击Package.appxmanifest文件，以打开清单的编辑器窗口。如果未显示解决方案资源管理器，就可以从View菜单打开。图12-2显示了解决方案资源管理器的外观。

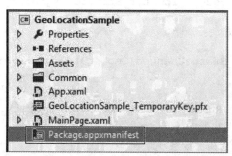

图12-2　解决方案资源管理器中的Package.appxmanifest文件

(3) 在清单编辑器窗口中，切换到Capabilities选项卡，确保在Capabilities列表框中选中 Location，如图 12-3 所示。

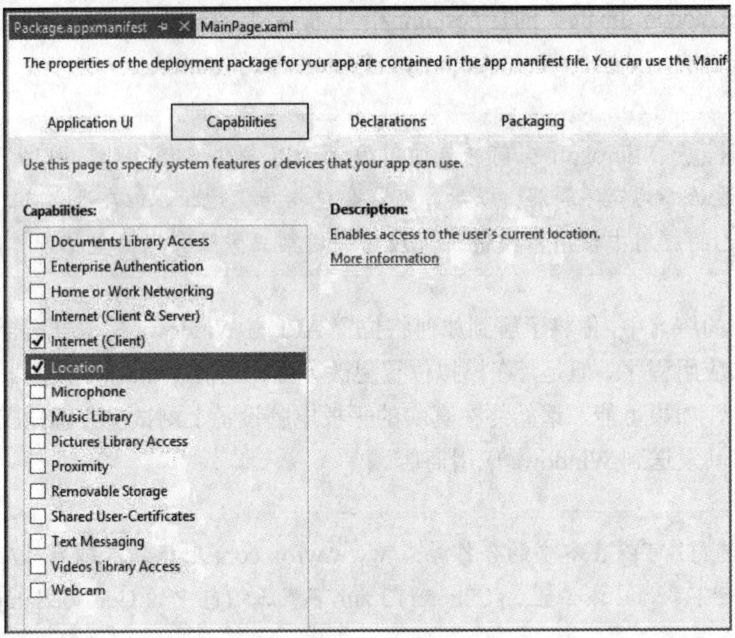

图 12-3　编辑功能

(4) 打开 MainPage.xaml.cs 文件以查看 C#隐藏代码。在文件顶部已经存在的 using 语句下面添加以下代码行：

```
using Windows.Devices.Geolocation;
using Windows.UI.Core;
using System.Threading.Tasks;
```

(5) 紧跟 MainPage 类声明的左花括号后面添加以下代码行：

```
Geolocator locator = null;
```

(6) 在 InitializeComponent()调用的后面，向构造函数中添加以下代码行：

```
locator = new Geolocator();
locator.StatusChanged += locator_StatusChanged;
```

(7) 向类中添加以下方法：

```
async void locator_StatusChanged(Geolocator sender, StatusChangedEventArgs args)
{
  await Dispatcher.RunAsync(CoreDispatcherPriority.Normal,
    new DispatchedHandler(() =>
      tbkStatus.Text = "Geolocation service is " + args.Status.ToString()
  ));
}
```

(8) 在MainPage.xaml文件中找到名为tsLocationTracking和tsAccuracy的两个ToggleSwitch,并为其Toggled事件添加一个事件处理程序。此外,在XAML中找到唯一一个Button。为其Click事件订阅一个方法。需要添加的标记在下面以粗体显示:

```xml
<ToggleSwitch x:Name="tsLocationTracking" Header="Automatic tracking"
    HorizontalAlignment="Left"
    VerticalAlignment="Top" OffContent="Disabled" OnContent="Enabled"
    Toggled="tsLocationTracking_Toggled" />

<ToggleSwitch x:Name="tsAccuracy" Header="High Accuracy"
                                              HorizontalAlignment="Left"
    VerticalAlignment="Top" OffContent="Disabled" OnContent="Enabled"
    IsOn="True" Toggled="tsAccuracy_Toggled" />

<Button Content="Refresh now!" Click="RefreshData" />
```

(9) 在代码隐藏文件(MainPage.xaml.cs)中,找到你刚刚添加的方法(tsLocationTracking_Toggled()),并将下面粗体形式的代码添加到其中。如果找不到该方法,也可以使用花括号添加方法声明(定义方法的第一行代码)。此外,创建tsAccuracy_Toggled()和locator_PositionChanged()方法,以及后者调用的refreshUIAsync()方法:

```csharp
void tsLocationTracking_Toggled(object sender, RoutedEventArgs e)
{
  if (tsLocationTracking.IsOn)
    locator.PositionChanged += locator_PositionChanged;
  else locator.PositionChanged -= locator_PositionChanged;
}

void tsAccuracy_Toggled(object sender, RoutedEventArgs e)
{
  if (locator != null)
  {
    locator.DesiredAccuracy = tsAccuracy.IsOn ?
    PositionAccuracy.High : PositionAccuracy.Default;
  }
}

async void locator_PositionChanged(Geolocator sender,
                                        PositionChangedEventArgs args)
{
  await refreshUIAsync(args.Position);
}

async Task refreshUIAsync(Geoposition pos)
{
  if (!Dispatcher.HasThreadAccess)
  {
    await Dispatcher.RunAsync(CoreDispatcherPriority.Normal,
      async () => await refreshUIAsync(pos));
```

```csharp
  }
  else
  {
    tbkLat.Text = pos.Coordinate.Latitude.ToString();
    tbkLong.Text = pos.Coordinate.Longitude.ToString();
    tbkAlt.Text = pos.Coordinate.Altitude + " m";
    tbkAccuracy.Text = pos.Coordinate.Accuracy + "m";
    tbkCountry.Text = pos.CivicAddress.Country;
    tbkTimestamp.Text = pos.Coordinate.Timestamp.ToString("T");
  }
}
```

(10) 在 MainPage 类的结尾添加 RefreshData()方法，如下所示：

```csharp
async void RefreshData(object sender, RoutedEventArgs e)
{
  if (tsLocationTracking.IsOn)
  await refreshUIAsync(await locator.GetGeopositionAsync());
}
```

代码隐藏文件(MainPage.xaml.cs)应该如下所示(请注意，确切的方法顺序并不重要)：

```csharp
using System;
using Windows.UI.Xaml;
using Windows.UI.Xaml.Controls;
using Windows.Devices.Geolocation;
using Windows.UI.Core;
using System.Threading.Tasks;

namespace GeoLocationSample
{
  public sealed partial class MainPage : Page
  {
    Geolocator locator = null;
    public MainPage()
    {
      this.InitializeComponent();
      locator = new Geolocator();
      locator.StatusChanged += locator_StatusChanged;
    }
    async void locator_StatusChanged(Geolocator sender,
    StatusChangedEventArgs args)
    {
      await Dispatcher.RunAsync(CoreDispatcherPriority.Normal,
        new DispatchedHandler(() =>
          tbkStatus.Text = "Geolocation service is " +
          args.Status.ToString()
      ));
    }
    void tsAccuracy_Toggled(object sender, RoutedEventArgs e)
    {
```

```
    if (locator != null)
    {
      locator.DesiredAccuracy = tsAccuracy.IsOn ?
      PositionAccuracy.High : PositionAccuracy.Default;
    }
  }
  void tsLocationTracking_Toggled(object sender, RoutedEventArgs e)
  {
    if (tsLocationTracking.IsOn)
    locator.PositionChanged += locator_PositionChanged;
    else locator.PositionChanged -= locator_PositionChanged;
  }

  async Task refreshUIAsync(Geoposition pos)
  {
    if (!Dispatcher.HasThreadAccess)
    {
      await Dispatcher.RunAsync(CoreDispatcherPriority.Normal,
      async () => await refreshUIAsync(pos));
    }
    else
    {
      tbkLat.Text = pos.Coordinate.Latitude.ToString();
      tbkLong.Text = pos.Coordinate.Longitude.ToString();
      tbkAlt.Text = pos.Coordinate.Altitude + " m";
      tbkAccuracy.Text = pos.Coordinate.Accuracy + "m";
      tbkCountry.Text = pos.CivicAddress.Country;
      tbkTimestamp.Text = pos.Coordinate.Timestamp.ToString("T");
    }
  }

  async void locator_PositionChanged(Geolocator sender,
    PositionChangedEventArgs args)
  {
    await refreshUIAsync(args.Position);
  }

  async void RefreshData(object sender, RoutedEventArgs e)
  {
    if (tsLocationTracking.IsOn)
      await refreshUIAsync(await locator.GetGeopositionAsync());
  }
 }
}
```

(11) 通过按 F6 键或者在 Visual Studio 的主菜单中单击 "BUILD - Build Solution" 构建应用程序。如果出现 Errors 窗口并显示代码中存在错误，请尝试按照上面窗口中的建议解决这些错误。如果无法解决某个错误，请在辅助代码中打开 GeoLocSample\End 解决方案，并将你的代码与可行的解决方案中的代码进行比较。

(12) 运行应用程序。当启用 Automatic tracking (自动跟踪)功能时，应用会自动更新其屏幕(或者，如果不移动，它将每隔 60 秒钟更新一次)。如果禁用 High Accuracy (高精确度)，那么你可能需要更多地移动位置。此外，请记住，如果在 Windows 模拟器中运行该应用，就可以将模拟的位置数据馈送到应用中，而不必四处移动。应用应该与图 12-4 中所示的内容类似。请注意，如果不使用 GPS，精确性会受到一定的限制。

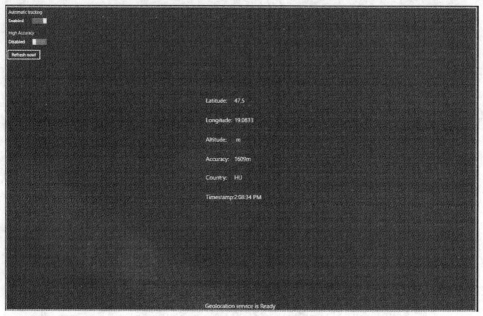

图 12-4　使用中的位置感知应用

示例说明

在步骤(3)中，你首先指出你的应用希望从操作系统接收有关设备位置的数据。这非常重要，因为如果没有此项声明，应用将无法正常运行。

在步骤(4)和步骤(5)中，向类中添加必要的名称空间并创建 Geolocator 类型的字段以后，在步骤(6)中实例化了一个 Geolocator，并订阅了其 StatusChanged 事件。在步骤(7)中添加的事件处理程序方法在页面的底部显示位置服务的当前状态。

在步骤(8)中，针对两个 ToggleSwitch 控件的 Toggled 事件订阅了两个事件处理程序方法。

在步骤(9)中添加到第一个 ToggleSwitch 的事件处理程序(tsLocationTracking_Toggled())中的代码将页面中间的 TextBlock 设置为在每次位置服务报告当前地理位置时刷新其内容。这通过在启用 ToggleSwitch 的情况下使用你为 Geolocator 的 PositionChanged 事件订阅的方法完成。

在步骤(9)中添加到第二个 ToggleSwitch 中的代码只是负责从位置服务请求更低或更高的精确度。

在步骤(10)中添加的最后几行代码通过调用 Geolocator 的 GetGeopositionAsync()方法将"Refresh now!"按钮设置为在单击或点击时刷新屏幕的内容。这不会导致位置服务"重新读取"位置，而只是接收上次的读数。

 注意：虽然位置 API 非常简单并且易于使用，但你还是应该考虑了解 Microsoft 为开发人员提供的一些建议。相关内容可以在以下网址中找到：http://msdn.microsoft.com/en-us/library/windows/apps/xaml/hh465127.aspx。

12.3 使用传感器

用户往往将平板电脑设备(甚至是一些笔记本电脑)持握在手中。这就为应用程序开发人员提供了一个非常好的机会，利用平板电脑的姿势和移动引入一些全新的、自然且直观的控制机制。

我们可以想一下，当前面向手机的移动应用都提供了"摇晃刷新"功能。当摇晃手机时，应用将开始下载新的信息，并自动刷新其 UI。

或者，考虑通过两种配色方案构建的应用，浅色的方案适合明亮的环境，而深色的方案可以在光线较暗的环境中使用应用时放松你的眼睛。如果某种设备可以感知其周围的氛围光的强度，那么应用可以通过更改 UI 主题以提供更适合的视图，从而自动进行调节以适应照明条件。

在过去，只有少数主流个人电脑包含传感器，因此，之前的 Windows 版本不包含任何 (或者只包含有限数量)可以以一种统一、托管的方式为应用提供传感器数据的功能，换句话说，没有太大的必要执行该操作。平板电脑设备出现以后，个人电脑领域开始需要硬件和软件双方面的支持，以便提供同样易于使用的功能。Windows 7 是第一个将传感器和位置平台内置到系统中的 Windows 版本。这使得开发人员可以阅读和使用原始传感器数据。

Windows 8 在很大程度上基于平板电脑设备构建。现在，将传感器输入数据传输到应用程序变得前所未有地重要。因此，Windows 8 在 Windows 运行时中提供了一个非常轻巧、简单但功能强大的托管传感器 API，如果之前曾经使用过 Windows Phone 7 中的传感器 API，那么几分钟就可以掌握该 API 的相关内容，即便没有相关使用经验，一个小时也足够了。

可以通过下面两种方式处理传感器输入。

- 可以访问设备的实际传感器硬件提供的原始数据。
- 可以依赖传感器 API 提供的"逻辑传感器"。这些逻辑传感器可以基于实际读数计算数据，也就是，将这些读数混合成一个简单的聚合，从而为你提供一种更简单的方式来处理复杂的方向。

接下来的几节将介绍这两种技术的相关信息。

> **注意**：你可能无法看到实际使用的传感器应用。当前的 Windows 模拟器无法向你的应用程序提供传感器输入。因此，下面讨论中所述的应用只能使用配备了传感器的实际设备正确测试。

12.3.1 使用原始传感器数据

如前所述，Windows 运行时允许你通过托管的传感器 API 直接访问实际的传感器。通过该 API 可以访问以下三种传感器：

- 加速计
- 陀螺仪
- 氛围光传感器

此外，还有另外一种不能直接访问的硬件传感器，即磁力计。该传感器只能通过传感器融合 API 进行访问，相关信息将在本章后面的内容中介绍。

1. 使用加速计

加速计提供有关移动中的设备在三维(3-D)空间中的速度变化的信息。

如图 12-5 所示，读数划分为三个值，用于在三条轴上表示该值的强度：X、Y 和 Z（相对于设备）。这里的 X 轴和 Y 轴与屏幕的 X 轴和 Y 轴相同。加速计的 X 轴与标准平板电脑的水平边重叠。Y 轴与屏幕的垂直边重叠。如果用户垂直持握平板电脑，那么第三条轴(Z)指向用户；而当平板电脑放在水平表面上时，该轴将向上。

这些值被规范化为地球的重力，因此，如果将设备放置在平整的水平表面，这三个值将告诉你地面的方向(即 Z 轴上大约–1、其他两条轴上大约 0 的位置)。

可以通过位于 Windows.Devices.Sensors 名称空间的 Accelerometer 类使用加速计。你不能对其进行实例化，但它有一个名为 GetDefault()的静态方法。该方法可以返回一个 Accelerometer 实例。如果没有这种硬件，该方法将返回 null。

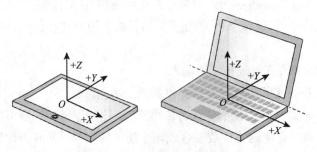

图 12-5　加速计的各个轴

Accelerometer 对象具有两个属性，如下所述。

- ReportInterval，通过该属性，可以设置(或者获取)读数更新的时间间隔(以毫秒为单位)。加速计将按照该频率报告加速度的变化(如果存在任何变化)。如果想要监控更

第 12 章 利用平板电脑功能

广泛的移动(在这种情况下，精确度不是非常重要)，就可以将该属性设置为较大的值。如果想要更加精确地分析加速度变化情况，就可以将 ReportInterval 设置为较小的数值。

- MinimumReportInterval，该属性表示硬件可以接受的两次状态更新之间的最短时间(以毫秒为单位)，因此，不要将 ReportInterval 设置为小于该属性的数字。

可以通过下面两种方式获取加速度读数。

- 如果希望在设备的加速度发生任何更改时得到通知，请订阅 ReadingChanged 事件。
- 如果想要了解设备在特定时刻的即时加速度，就可以随时调用 GetCurrentReading() 方法(当然，如果两次调用之间的时间小于 MinimumReportInterval，就不会看到任何数据变化)。

上述事件和方法均为你提供了 AccelerometerReading 对象。该对象保存三个双精度值，用于指定设备的当前加速度，分别为 AccelerationX、AccelerationY 和 AccelerationZ。此外，该对象还包含一个称为 Timestamp (DateTimeOffset 类的一个实例)的属性，用于表示获取读数的准确时间。

Accelerometer提供了另外一个称为Shaken的事件。通过订阅该事件，可以处理用户快速移动设备同时改变方向的事件。在事件处理程序方法中，除了发送器对象(Accelerometer)之外，你获取的所有参数仅仅是一个AccelerometerShakenEventArgs实例，它可以告诉你摇晃设备的准确时间(通常的Timestamp属性)。处理该事件非常简单，因为事件参数中不包含其他任何有关设备摇晃情况的信息。因此，你不必(事实上，你不能)处理其他任何精确的数据。

在接下来的练习中，你将了解到如何使用个人电脑或平板电脑设备的加速计。

注意：可在本书的合作站点www.wrox.com上找到本练习对应的完整代码进行下载，具体位置为Chapter12.zip下载压缩包中的AccelGyroSample\EndAccelerometer文件夹。

试一试 使用加速计

要了解如何使用加速计让 Windows 8 风格应用侦听并响应设备加速度的变化，请按照下面的步骤进行操作。

(1) 从 www.wrox.com 下载 Chapter12.zip 文件，然后打开 AccelGyroSample\BeginAccelerometer文件夹下的解决方案。开发该应用是为了测试加速计和回转仪功能。

(2) 打开标记文件(MainPage.xaml)，找到前两个按钮。通过为这两个按钮添加下面粗体形式的事件订阅修改该标记：

```
<Button Name="btnEnableDisableAccelerometer"
  Click="btnEnableDisableAccelerometer_Click"
  >Enable accelerometer</Button>
```

421

```xml
<Button Name="btnReadAccelerometer" Click="btnReadAccelerometer_Click"
  IsEnabled="{Binding ElementName=w, Path=AcmEnabled}"
  >Current accelerometer readings</Button>
```

(3) 在解决方案资源管理器窗口中双击 MainPage.xaml.cs 文件的名称将其打开。在文件顶部已经存在的 using 指令下面添加以下 using 指令：

```csharp
using Windows.Devices.Sensors;
using System;
using System.Threading.Tasks;
using Windows.UI.Popups;
```

(4) 通过向类定义中添加下面粗体形式的代码，在 MainPage 类中创建一个 Accelerometer 字段：

```csharp
public sealed partial class MainPage : Page
{
    Accelerometer acm = null;
...
```

(5) 在 InitializeComponent()调用下面，将下面粗体形式的代码添加到构造函数中：

```csharp
public MainPage()
{
  this.InitializeComponent();
  acm = Accelerometer.GetDefault();
  if (acm != null) tbkAccelerometer.Text = "Accelerometer ready.";
  else tbkAccelerometer.Text = "Accelerometer not found.";
}
```

(6) 添加下面两个方法以满足步骤(2)中的事件订阅：

```csharp
async void btnEnableDisableAccelerometer_Click(object sender,
                                               RoutedEventArgs e)
{
  if (acm != null)
  {
    if (!AcmEnabled)
    {
      acm.ReadingChanged += acm_ReadingChanged;
      AcmEnabled = true;
      btnEnableDisableAccelerometer.Content = "Disable Accelerometer";
    }
    else
    {
      acm.ReadingChanged -= acm_ReadingChanged;
      AcmEnabled = false;
      btnEnableDisableAccelerometer.Content = "Enable Accelerometer";
    }
  }
  else
```

```
    {
      await new MessageDialog("No accelerometer present.", "Error").ShowAsync();
    }
}

async void btnReadAccelerometer_Click(object sender, RoutedEventArgs e)
{
  await Task.Delay(1000).ContinueWith(async t =>
  {
  var reading = acm.GetCurrentReading();
  await Dispatcher.RunAsync(Windows.UI.Core.CoreDispatcherPriority.High,
                                                                  () =>
    {
      tbkAccelerometer.Text = string.Format("X: {0}, Y: {1}, Z: {2} @ {3}",
        reading.AccelerationX, reading.AccelerationY, reading.AccelerationZ,
        reading.Timestamp.Minute + ":" + reading.Timestamp.Second);
    });
  });
}
```

(7) 在上面两个方法之后添加第三个方法：

```
async void acm_ReadingChanged(Accelerometer sender,
  AccelerometerReadingChangedEventArgs args)
{
  await Dispatcher.RunAsync(Windows.UI.Core.CoreDispatcherPriority.
                                                        Normal, () =>
    {
      var r = args.Reading;
      rectAcm.Width = 100 + Math.Abs(50 * r.AccelerationX);
      rectAcm.Height = 100 + Math.Abs(50 * r.AccelerationY);
      byte rgb = (byte)Math.Max(0, Math.Min(255, 128 + 10 * r.AccelerationZ));
      rectAcm.Fill = new SolidColorBrush(Color.FromArgb(255, rgb, rgb, rgb));
    });
}
```

现在，MainPage.xaml.cs 文件的内容应该如下所示：

```
using Windows.UI;
using Windows.UI.Xaml;
using Windows.UI.Xaml.Controls;
using Windows.UI.Xaml.Media;
using Windows.Devices.Sensors;
using System;
using System.Threading.Tasks;
using Windows.UI.Popups;

namespace AccelGyroSample
{
  public sealed partial class MainPage : Page
  {
```

```csharp
#region DependencyProperties
public bool AcmEnabled
{
  get { return (bool)GetValue(AcmEnabledProperty); }
  set { SetValue(AcmEnabledProperty, value); }
}
public static readonly DependencyProperty AcmEnabledProperty =
  DependencyProperty.Register("AcmEnabled", typeof(bool),
  typeof(MainPage), new PropertyMetadata(false));

public bool GyroEnabled
{
  get { return (bool)GetValue(GyroEnabledProperty); }
  set { SetValue(GyroEnabledProperty, value); }
}
public static readonly DependencyProperty GyroEnabledProperty =
DependencyProperty.Register("GyroEnabled", typeof(bool),
typeof(MainPage), new PropertyMetadata(false));

#endregion

Accelerometer acm = null;

public MainPage()
{
  this.InitializeComponent();

  acm = Accelerometer.GetDefault();
  if (acm != null) tbkAccelerometer.Text = "Accelerometer ready.";
  else tbkAccelerometer.Text = "Accelerometer not found.";
}

async void btnEnableDisableAccelerometer_Click(object sender,
  RoutedEventArgs e)
{
  if (acm != null)
  {
    if (!AcmEnabled)
    {
      acm.ReadingChanged += acm_ReadingChanged;
      AcmEnabled = true;
      btnEnableDisableAccelerometer.Content = "Disable Accelerometer";
    }
    else
    {
      acm.ReadingChanged -= acm_ReadingChanged;
      AcmEnabled = false;
      btnEnableDisableAccelerometer.Content = "Enable Accelerometer";
    }
  }
```

```csharp
    else
    {
      await new MessageDialog("No accelerometer present.",
        "Error").ShowAsync();
    }
  }

  async void btnReadAccelerometer_Click(object sender, RoutedEventArgs e)
  {
    await Task.Delay(1000).ContinueWith(async t =>
  {
    var reading = acm.GetCurrentReading();
    await Dispatcher.RunAsync(Windows.UI.Core.CoreDispatcherPriority.High,
      () =>
    {
      tbkAccelerometer.Text = string.Format("X: {0}, Y: {1}, Z: {2} @
        {3}",
        reading.AccelerationX, reading.AccelerationY,
          reading.AccelerationZ,
        reading.Timestamp.Minute + ":" + reading.Timestamp.Second);
    });
    });
  }

  async void acm_ReadingChanged(Accelerometer sender,
    AccelerometerReadingChangedEventArgs args)
  {
      await Dispatcher.RunAsync(Windows.UI.Core.
                                        CoreDispatcherPriority.Normal,
      () =>
    {
      var r = args.Reading;
      rectAcm.Width = 100 + Math.Abs(50 * r.AccelerationX);
      rectAcm.Height = 100 + Math.Abs(50 * r.AccelerationY);
      byte rgb = (byte)Math.Max(0, Math.Min(255, 128 + 10 *
        r.AccelerationZ));
      rectAcm.Fill = new SolidColorBrush(Color.FromArgb(255, rgb, rgb,
        rgb));
    });
  }
 }
}
```

(8) 通过按 F6 键或者在 Visual Studio 的主菜单中单击 "BUILD - Build Solution" 构建应用程序。如果出现 Errors 窗口并显示代码中存在错误，请尝试按照上面窗口中的建议解决这些错误。如果无法解决某个错误，请在辅助代码中打开 AccelGyroSample\EndAccelerometer 解决方案，并将你的代码与可行的解决方案中的代码进行比较。

(9) 在平板电脑设备上运行应用，单击或点击启用加速度跟踪的按钮，并四处移动设备，以查看左侧的方块如何根据三条轴上的当前移动更改其大小。图12-6显示了你应该看到的情况。

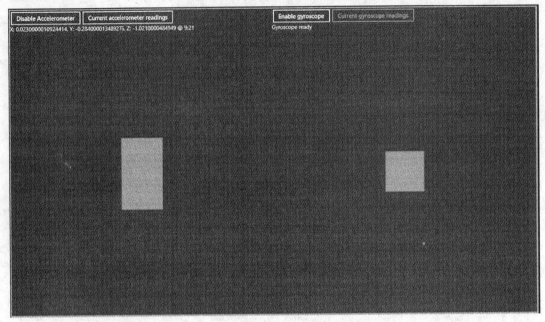

图 12-6　在平板电脑上读取加速计数据

(10) 保存完成的解决方案，在接下来的练习中还需要使用它。

示例说明

在步骤(3)~步骤(5)中，创建了用于使用加速计的基本基础架构。

在步骤(6)中添加的第一个方法(btnEnableDisableAccelerometer_Click())用于测试个人电脑中是否存在加速计，如果存在，将为其 ReadingChanged 事件订阅在步骤(7)中添加的方法。每次设备在任意方向更改加速度时便会触发该事件(从而导致屏幕更新)。

X 轴上的加速度使得方块水平增大。Y 轴上的加速度使得方块垂直增大，而 Z 轴上的加速度使得方块更改其颜色。

请注意，在 acm_ReadingChanged 中，应该通过 Dispatcher 运行实际的代码。之所以需要这么做，是因为该方法将在后台线程中调用，而禁止从该线程更改 UI。Dispatcher 负责在 UI 线程的后台运行代码以避免出现此类错误。

在步骤(6)中添加的第二个方法(btnReadAccelerometer_Click())将在单击或点击第二个按钮时调用。它会等待一秒钟，然后从加速计捕获当前读数(因此，你不必在摇晃设备的同时单击或点击按钮)。

2. 使用陀螺仪

尽管加速计可以通过感知对平板电脑具有效果的移动力告诉你设备在空间中的移动

变化情况，但是它不能表示设备的旋转情况。加速计在 X 轴上报告的某些移动可能表示设备正在推离桌面，或者也可能表示它正在下落，具体取决于设备的旋转。旋转速度可以通过连续读取和处理加速计的数据大致了解，但是该计算过程非常繁琐，而且其精确性很难保证。平板电脑设备附带了另一种称为陀螺仪(经常也会称为回转仪)的传感硬件，它可以为你提供设备在三维空间中的精确旋转速度。

陀螺仪的使用方法与加速计类似，它们的 API 也非常相似。可以通过 Windows.Devices.Sensors 名称空间的 Gyrometer 类来访问陀螺仪。禁止进行实例化，但是可以通过在类中调用静态 GetDefault()方法来获取 Gyrometer 对象。针对 null 测试结果以查看设备中是否包含任何陀螺仪。

如果具有 Gyrometer 对象，那么可以使用 ReportInterval 属性设置两次读取操作之间的最小时间间隔(以毫秒为单位)。MinimumReportInterval 属性可为你提供陀螺仪可以支持的两次读取操作之间的绝对最小时间间隔。

要读取旋转速度，要么订阅 ReadingChanged 事件(当陀螺仪显示新读数时持续进行更新)，要么调用 GetCurrentReading()方法(为你提供当前旋转速度)。

该事件具有一个 GyrometerReadingChangedEventArgs 类型的参数，其中包含一个称为 Reading 的 GyrometerReading 对象。在调用 GetCurrentReading()方法时获取的对象也是这种类型。

GyrometerReading 包含 4 个属性。Timestamp 是 DateTimeOffset 的一个实例，它可以为你提供陀螺仪报告当前读数的时间。另外三个属性分别是 AngularVelocityX、AngularVelocityY 以及 AngularVelocityZ。这三个双精度值可以为你提供三条轴上的旋转速度(以弧度/秒为单位)。如果设备处于静止状态(没有移动)，那么这三个属性应该全部为零。

在接下来的练习中，将继续使用上一个练习中保存的应用程序来介绍如何使用陀螺仪。还是要再次强调一下，请记住，当前的 Windows 模拟器不能将综合传感器读数馈送到你的应用，因此为了查看该示例能否正常使用，你应该在具有传感器的实际设备上对其进行测试。

注意：可以在本书的合作站点 www.wrox.com 上找到本练习对应的完整代码进行下载，具体位置为 Chapter12.zip 下载压缩包中的 AccelGyroSample\EndGyroscope 文件夹。

试一试　使用陀螺仪

要了解如何使用陀螺仪让 Windows 8 风格应用侦听并响应设备旋转速度的变化情况，请按照下面的步骤进行操作。

(1) 打开前一个"试一试"练习"使用加速计"中保存的 AccelGyroSample 解决方案。如果尚未完成该解决方案，就可以从 www.wrox.com Web 站点上获得的附加代码中打开

AccelGyroSample\EndAccelerometer 解决方案。

(2) 打开MainPage.xaml文件，找到与陀螺仪相关联的两个按钮(btnEnableDisable-Gyroscope和btnReadGyro)。为这两个按钮的Click事件添加事件处理程序，如下面粗体形式的代码所示：

```
<Button Name="btnEnableDisableGyroscope"
  Click="btnEnableDisableGyroscope_Click" >Enable gyroscope</Button>
<Button Name="btnReadGyro" Click="btnReadGyro_Click" IsEnabled="{Binding
  ElementName=w, Path=GyroEnabled}">Current gyroscope readings</Button>
```

(3) 打开 MainPage.xaml.cs 文件，在 Accelerometer 字段下面，并向 MainPage 的类定义中添加一个 Gyrometer 字段(在下面以粗体显示)：

```
public sealed partial class MainPage : Page {
  …
  Accelerometer acm = null;

  Gyrometer gyro = null;

  public MainPage() {
    this.InitializeComponent();
  …
```

(4) 将下面粗体形式的代码添加到构造函数中：

```
public sealed partial class MainPage : Page
{
...

Gyrometer gyro = null;

public MainPage()
{
  this.InitializeComponent();

  acm = Accelerometer.GetDefault();
  if (acm != null) tbkAccelerometer.Text = "Accelerometer ready.";
  else tbkAccelerometer.Text = "Accelerometer not found.";

  gyro = Gyrometer.GetDefault();
  if (gyro != null) tbkGyro.Text = "Gyroscope ready";
  else tbkGyro.Text = "Gyroscope not found";
}
```

(5) 添加在步骤(2)中创建了订阅的两个事件处理程序方法，如下所示：

```
async void btnEnableDisableGyroscope_Click(object sender, RoutedEventArgs e)
{
  if (gyro != null)
  {
```

```
    if (!GyroEnabled)
    {
      gyro.ReadingChanged += gyro_ReadingChanged;
      GyroEnabled = true;
      btnEnableDisableGyroscope.Content = "Gyro enabled";
    }
    else
    {
      gyro.ReadingChanged -= gyro_ReadingChanged;
      GyroEnabled = false;
      btnEnableDisableGyroscope.Content = "Gyro disabled";
    }
  }
  else
  {
    await new MessageDialog("No gyroscope present.", "Error").ShowAsync();
  }
}

async void btnReadGyro_Click(object sender, RoutedEventArgs e)
{
  await Task.Delay(1000).ContinueWith(async t =>
{
  var r = gyro.GetCurrentReading();
  await Dispatcher.RunAsync(Windows.UI.Core.CoreDispatcherPriority.
                                                          High, () =>
  {
    tbkGyro.Text = string.Format("X: {0}, Y: {1}, Z: {2} @ {3}",
      r.AngularVelocityX, r.AngularVelocityY, r.AngularVelocityZ,
      r.Timestamp.Minute + ":" + r.Timestamp.Second);
  });
});
}
```

(6) 在上面两个方法之后添加第三个方法，如下所示：

```
async void gyro_ReadingChanged(Gyrometer sender,
                                      GyrometerReadingChangedEventArgs
    args)
{
  await Dispatcher.RunAsync(Windows.UI.Core.CoreDispatcherPriority.
                                                          High, () =>
  {
    var r = args.Reading;
    rectGyro.Width = 100 + Math.Abs(r.AngularVelocityX);
    rectGyro.Height = 100 + Math.Abs(r.AngularVelocityY);
    byte rgb = (byte)Math.Max(0, Math.Min(255, 128 + 15 * r.AngularVelocityZ));
    rectGyro.Fill = new SolidColorBrush(Color.FromArgb(255, rgb, rgb, rgb));
  });
}
```

现在，MainPage.xaml.cs 文件的内容应该如下所示：

```
using Windows.UI;
using Windows.UI.Xaml;
using Windows.UI.Xaml.Controls;
using Windows.UI.Xaml.Media;
using Windows.Devices.Sensors;
using System;
using System.Threading.Tasks;
using Windows.UI.Popups;

namespace AccelGyroSample
{
  public sealed partial class MainPage : Page
  {
    #region DependencyProperties
    public bool AcmEnabled
    {
      get { return (bool)GetValue(AcmEnabledProperty); }
      set { SetValue(AcmEnabledProperty, value); }
    }
    public static readonly DependencyProperty AcmEnabledProperty =
      DependencyProperty.Register("AcmEnabled", typeof(bool),
      typeof(MainPage), new PropertyMetadata(false));

    public bool GyroEnabled
    {
      get { return (bool)GetValue(GyroEnabledProperty); }
      set { SetValue(GyroEnabledProperty, value); }
    }
    public static readonly DependencyProperty GyroEnabledProperty =
      DependencyProperty.Register("GyroEnabled", typeof(bool),
      typeof(MainPage), new PropertyMetadata(false));

    #endregion

    Accelerometer acm = null;

    Gyrometer gyro = null;

    public MainPage()
    {
      this.InitializeComponent();

      acm = Accelerometer.GetDefault();
      if (acm != null) tbkAccelerometer.Text = "Accelerometer ready.";
      else tbkAccelerometer.Text = "Accelerometer not found.";

      gyro = Gyrometer.GetDefault();
      if (gyro != null) tbkGyro.Text = "Gyroscope ready";
```

```csharp
    else tbkGyro.Text = "Gyroscope not found";
}

private async void btnEnableDisableAccelerometer_Click(object sender,
    RoutedEventArgs e)
{
    if (acm != null)
    {
        if (!AcmEnabled)
        {
            acm.ReadingChanged += acm_ReadingChanged;
            AcmEnabled = true;
            btnEnableDisableAccelerometer.Content = "Disable Accelerometer";
        }
        else
        {
            acm.ReadingChanged -= acm_ReadingChanged;
            AcmEnabled = false;
            btnEnableDisableAccelerometer.Content = "Enable Accelerometer";
        }
    }
    else
    {
        await new MessageDialog("No accelerometer present.",
            "Error").ShowAsync();
    }
}

async void btnReadAccelerometer_Click(object sender, RoutedEventArgs e)
{
    await Task.Delay(1000).ContinueWith(async t =>
    {
        var reading = acm.GetCurrentReading();
        await Dispatcher.RunAsync(Windows.UI.Core.CoreDispatcherPriority.High,
            () =>
            {
                tbkAccelerometer.Text = string.Format("X: {0}, Y: {1}, Z: {2} @
                    {3}",
                    reading.AccelerationX, reading.AccelerationY,
                        reading.AccelerationZ,
                    reading.Timestamp.Minute + ":" + reading.Timestamp.Second);
            });
    });
}

async void acm_ReadingChanged(Accelerometer sender,
    AccelerometerReadingChangedEventArgs args)
{
    await Dispatcher.RunAsync(Windows.UI.Core.CoreDispatcherPriority.
                                                                Normal,
```

```csharp
        () =>
    {
        var r = args.Reading;
        rectAcm.Width = 100 + Math.Abs(50 * r.AccelerationX);
        rectAcm.Height = 100 + Math.Abs(50 * r.AccelerationY);
        byte rgb = (byte)Math.Max(0, Math.Min(255, 128 + 10 *
            r.AccelerationZ));
        rectAcm.Fill = new SolidColorBrush(Color.FromArgb(255, rgb, rgb,
            rgb));
    });
}

async void btnEnableDisableGyroscope_Click(object sender,
                                            RoutedEventArgs e)
{
    if (gyro != null)
    {
        if (!GyroEnabled)
        {
            gyro.ReadingChanged += gyro_ReadingChanged;
            GyroEnabled = true;
            btnEnableDisableGyroscope.Content = "Gyro enabled";
        }
        else
        {
            gyro.ReadingChanged -= gyro_ReadingChanged;
            GyroEnabled = false;
            btnEnableDisableGyroscope.Content = "Gyro disabled";
        }
    }
    else
    {
        await new MessageDialog("No gyroscope present.",
            "Error").ShowAsync();
    }
}

async void btnReadGyro_Click(object sender, RoutedEventArgs e)
{
    await Task.Delay(1000).ContinueWith(async t =>
    {
        var r = gyro.GetCurrentReading();
        await Dispatcher.RunAsync(Windows.UI.Core.
                                    CoreDispatcherPriority.High,
            () =>
        {
            tbkGyro.Text = string.Format("X: {0}, Y: {1}, Z: {2} @ {3}",
                r.AngularVelocityX, r.AngularVelocityY, r.AngularVelocityZ,
                r.Timestamp.Minute + ":" + r.Timestamp.Second);
        });
```

```
    });
}

async void gyro_ReadingChanged(Gyrometer sender,
  GyrometerReadingChangedEventArgs args)
{
    await Dispatcher.RunAsync(Windows.UI.Core.CoreDispatcherPriority.High,
      () =>
    {
        var r = args.Reading;
        rectGyro.Width = 100 + Math.Abs(r.AngularVelocityX);
        rectGyro.Height = 100 + Math.Abs(r.AngularVelocityY);
        byte rgb = (byte)Math.Max(0, Math.Min(255, 128 + 15 *
          r.AngularVelocityZ));
        rectGyro.Fill = new SolidColorBrush(Color.FromArgb(255, rgb, rgb,
          rgb));
    });
}
}
```

(7) 通过按 F6 键或者在 Visual Studio 的主菜单中单击"BUILD - Build Solution"构建应用程序。如果出现 Errors 窗口并显示代码中存在错误，请尝试按照上面窗口中的建议解决这些错误。如果无法解决某个错误，请在辅助代码中打开 AccelGyroSample\EndGyroscope 解决方案，并将你的代码与可行的解决方案中的代码进行比较。

(8) 在平板电脑设备上运行应用，并旋转设备以查看右侧的方块如何基于当前围绕其三条轴的旋转更改其大小(和颜色)。单击或点击 Current gyroscope readings 按钮以查看当前旋转数据。图 12-7 和图 12-8 显示了你应该看到的用户界面上的更改。请注意右侧矩形的大小差异。

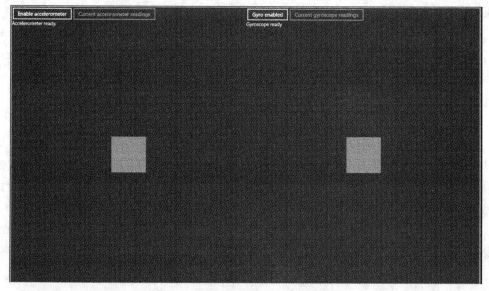

图 12-7　未发生移动情况下应用程序的 UI

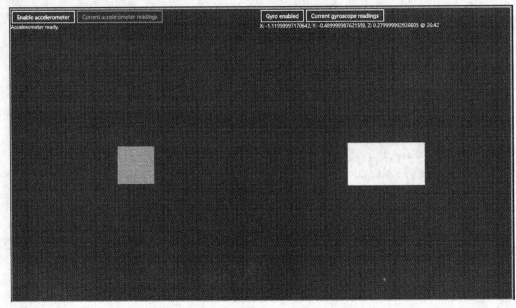

图 12-8　在平板电脑上读取陀螺仪数据

示例说明

在前一个练习("使用加速计")中,插入了必要的 using 指令。在此练习的步骤(3)和步骤(4)中,添加了 Gyrometer,并对其进行了实例化,从而可以使用来自陀螺仪硬件的数据。在步骤(5)中,向两个按钮中添加了功能。

第一个方法(btnEnableDisableGyroscope_Click())检查设备中是否存在陀螺仪,如果存在,则订阅其 ReadingChanged 事件(当再次单击或点击该按钮时取消订阅)。

当陀螺仪接收到新数据时运行的方法是在步骤(6)中添加的方法。如果围绕设备的 X 轴发生了旋转,则会显示在方块的水平边中。Y 轴上的旋转会增加矩形的高度,而围绕 Z 轴的旋转会更改矩形颜色。

你在步骤(5)中添加的第二个方法(btnReadGyro_Click())会等待一秒钟(因此,你不必在旋转设备的同时单击或点击按钮),然后将陀螺仪当前的读数写入按钮下面的 TextBlock。

3. 使用氛围光传感器

平板电脑设备可以通过氛围光传感器硬件确定其周围环境的平均亮度。Windows 运行时针对该传感器提供了一个对应的类,可以使用该类让你的应用了解照明条件并相应地做出响应。例如,如果应用处理氛围光传感器的读数,可在环境的照明条件发生变化时自动切换为深色主题。

由于 Microsoft 希望使其 API 尽可能简单并且统一,因此,可以像前面两种传感器一样轻松地对光传感器进行编程。

要访问光传感器,请针对 Windows.Devices.Sensors 名称空间中的 LightSensor 类调用 GetDefault()方法。如果不存在光传感器硬件,则该方法会返回 null。

在 LightSensor 对象上,可以找到一个名为 ReportInterval 的双精度属性,可使用该属性向传感器通知你希望看到照明条件状态更新的最小时间间隔(以毫秒为单位)。MinimumReportInterval 是一个只读属性,为你提供硬件支持的报告时间间隔物理最小值。

可以通过下面两种常见的方式访问读数:订阅 ReadingChanged 事件以及调用 GetCurrentReading() 方法。如果订阅该事件,第二个事件参数将是 LightSensorReadingChangedEventArgs的一个实例,该实例包含一个Reading属性,而该属性是LightSensorReading的一个实例。GetCurrentReading()也可以返回该类的一个实例。

LightSensorReading 包含常见的 Timestamp (一个 DateTimeOffset 值,为你提供获取读数的时间),此外,还包含一个称为 LuminanceInLux 的浮点类型属性。浮点类型与你在本章第一个练习中遇到的双精度类型比较相似,唯一的差别在于该类型的精度要差一些。该数字提供传感器检测到的氛围光的强度。可轻松地找到与之对应的环境特定亮度类型,不过,下面还是为你提供了一些大致的估计值,以便你能够顺利开始操作。

- 如果设备处于阳光直射条件下,那么该值大约在 25 000 以上。
- 如果在非直射日光条件下,则该值介于 1 000~25 000 之间(下限值表明是多云条件)。
- 如果是在户外,那么读数低于 100 表示晚上。
- 在建筑物中,如果打开灯光,照明云可能在大约 50~500 之间变化。

> **注意**:LightSensor 类的返回值以勒克斯(lux)为单位。它是 SI 亮度单位。你不需要了解任何有关亮度度量单位的信息即可使用该传感器,但是,如果对这一主题感兴趣,可以访问 http://en.wikipedia.org/wiki/Lux 了解相关内容。

12.3.2 使用传感器融合数据

如果发现自己所处的环境要求了解加速度或旋转信息,那么硬件移动传感器(加速计和陀螺仪)会非常有用。但是,在绝大多数情况下,你不希望基于获取的信息为用户提供反馈,而只是想要了解用户持握设备的方式。基于多个移动传感器的读数计算这种表面上很简单的数据可能是一件让人心烦意乱的事情。因此,Microsoft 在传感器 API 基础上创建了一个更高级别的抽象层,它可以解答有关设备方向和姿势的常见问题。这就是传感器融合 API。

传感器融合 API 可以定义新的"逻辑传感器",这些传感器不会绑定到前面所述的某种硬件传感器。融合传感器使用多个硬件传感器来计算其读数。

该 API 定义了下面 4 种逻辑传感器:

- 罗盘
- 测斜仪
- 两个设备方向传感器

1. 通过罗盘使用磁力计

某些应用需要具备有关北极方向的信息。例如，如果构建一个包含地图的应用，就可能希望在将该地图呈现给用户时，通过某种方式使其始终指向北方，以便用户在沿着地图上的指示路线时始终了解他或她所处的方位。为了实现这一点，平板电脑设备包含一个磁力计传感器，它可以分辨设备周围磁场的强度。

与加速计或陀螺仪不同，磁力计没有低级 API，因此，不能使用磁力计实际测量所谓的磁场的强度。但是，通过传感器融合 API，可以使用 Compass 类。使用该类，可以基于所有必要硬件传感器的读数进行计算，从而读取磁力和地理北极的方位。

在熟悉了加速计或陀螺仪 API 之后，使用 Compass 类就变得相当简单。可以通过针对 Compass 类调用 GetDefault()方法来访问 Compass 类。如果该方法返回 null，则表示设备中不包含罗盘。

在获取 Compass()以后，可以设置 ReportInterval 以表示希望以怎样的频率收到有关北极方向变化的通知。MinimumReportInterval 表示允许的最小值(以毫秒为单位)。

如果订阅 ReadingChanged 事件，则每次罗盘具有新的方位时，都会向你发出通知。如果调用 GetCurrentReadings()方法，将获取方法调用那一时刻的当前方位。

ReadingChanged 事件具有一个 CompassReadingChangedEventArgs 类事件参数，该参数在 Reading 属性中包含一个 CompassReading 对象。GetCurrentReadings()方法还为你提供了一个 CompassReading 作为返回值。

CompassReading 指定三个有用的属性。其中一个是通常的 Timestamp，该属性为你提供获取读数的准确时间。另外两个属性包含实际的罗盘数据。HeadingMagneticNorth 是一个双精度值，提供设备相对于磁力北极的角度。HeadingTrueNorth 是一个可空的双精度值，为你提供设备相对于实际的地理北极的角度。如果传感器融合 API 无法确定地理北极的位置，那么该属性将显示 null。

2. 使用测斜仪

测斜仪可以通过计算每条轴上的角度偏移，为你提供用户持握设备的方式。涉及的三个值分别称为上下倾斜、侧滚和偏转。为了形象地记住这三个属性的意思，最简单的方法是想象一下飞机的飞行模式，如下所述。

- 上下倾斜表示飞机的机头上扬或下倾以便爬升或下降的程度。
- 侧滚表示飞机向一侧翻滚的程度(也就是，两个机翼端点之间的高度差)。
- 偏转表示飞机相对于其原始航向右转或左转的程度。

在平板电脑设备上，如果这三个值均为 0，则表示平板电脑屏幕向上静止放在平整表面上。如图 12-9 所示，上下倾斜表示绕屏幕 X 轴的倾斜度；侧滚表示绕 Y 轴的角度偏移；而偏转表示绕 Z 轴的角度偏移。当然，这些值都是通过以度为单位(0~360)的单精度浮点数来表示的。

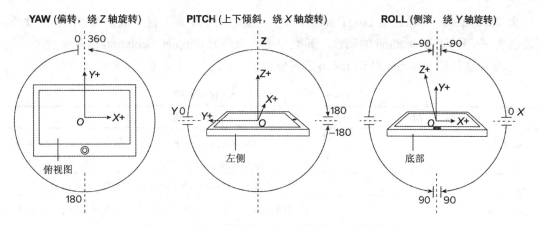

图 12-9 平板电脑设备上的上下倾斜、侧滚和偏转

使用测斜仪与处理原始传感器数据基本上一样，只是数据可以衍生出更多的用途。可以通过针对 Inclinometer 类调用 GetDefault()方法来获取 Inclinometer 对象。要指定希望获取状态更新的最小时间间隔，请将 ReportInterval 属性设置为所需的毫秒数。另一个双精度类型的属性 MinimumReportInterval 可以为你提供能够将 ReportInterval 设置成的绝对最小值。在诸如加速计等其他传感器上设置 ReportInterval 对测斜仪没有任何效果。

订阅 ReadingChanged 事件为你提供了一个选项，即在设备姿势发生更改时自动收到更新。该事件的事件处理程序方法有一个 InclinometerReadingChangedEventArgs 类型的方法参数。该类型的实例在 Reading 属性中包含一个 InclinometerReading 对象，该对象保存重要的数据。

另外一种获取 InclinometerReading 对象的方法是调用 Inclinometer 实例的 GetCurrentReading()方法，可以随时执行此调用。该方法将返回一个 InclinometerReading 对象。

InclinometerReading 保存 4 个属性。其中，PitchDegrees、RollDegrees 和 YawDegrees 表示设备在三条轴(分别为 X 轴、Y 轴和 Z 轴)上的角度偏移。Timestamp 是一个 DateTimeOffset 类型的值，保存获取读数的时间。

3. 通过一种简单的方式检测设备方向

测斜仪可以从根本上简化计算设备姿势所涉及的操作。但是，许多应用程序所需的信息并不要求那么精确和详细。如果只是想知道设备是朝上还是朝下(意思就是背面在下面支撑还是屏幕在下面支撑)，那么处理所有测斜仪数据就有点小题大做了。为了让应用程序能够适应这种情况，Microsoft 创建了另外一种逻辑传感器，称为简易方向传感器。

SimpleOrientationSensor 类位于 Windows.Devices.Sensors 名称空间中。可以通过针对该类调用 GetDefault()方法来获取该类的一个实例。在获得 SimpleOrientationSensor 对象以后，可以订阅 OrientationChanged 事件或者调用 GetCurrentOrientation()方法。事件处理程序的第二个参数将是 SimpleOrientationSensorOrientationChangedEventArgs 的一个实例。你可能会注意到，该类名称很长，不过，它并不是 Windows 运行时中最长的类名称。该对象包含一个 Timestamp，即通常的 DateTimeOffset 类型值，用于指定方向更改的准确时间，此外，还包含一个称为 Orientation 的属性。其类型是一个名为 SimpleOrientation 的枚举类型。

表 12-2 描述了 SimpleOrientation 的可能值。

表 12-2 SimpleOrientation 枚举的值

名 称	说 明
NotRotated	用户以正常姿势将设备持握在手中，比如，纵向姿势(屏幕较短的边与地平面平行)
Faceup	设备静止放在一个平整的水平表面上，屏幕朝上
Facedown	设备静止放在一个平整的水平表面上，屏幕朝下(用户看不到屏幕)
Rotated90DegreesCounterclockwise	用户手持设备，使其较长的边与地平面平行。设备的原始底端(由 NotRotated 模式定义)位于左侧
Rotated180DegreesCounterclockwise	用户以纵向模式手持设备，使其较短的边与地平面平行，但上下颠倒
Rotated270DegreesCounterclockwise	用户手持设备，使其较长的边与地平面平行。设备的原始底端(由 NotRotated 模式定义)位于右侧

4. 其他用于检测设备方向的选项

在绝大多数情况中，简单方向传感器和测斜仪所提供的读数已经足够多了。但是，有些应用程序对于设备的姿势、方向和位置需要更为精确且更为全面的表示。

当使用智能手机时，处理某些增强现实(Augmented Reality，AR)应用时可能遇到过这种情况，尽管你当时可能并不了解这类应用。AR 应用使用你周围的事物(环境)作为表示形式的基础，并向这种表示形式中添加附加的信息。在绝大多数情况中，这意味着应用会从设备的摄像头向屏幕传输(经过修改的或者原始的)图像数据源，并且在这一过程中，它会识别图像上的对象并使用附加信息对其进行修饰。

在小巧的手持设备上进行真正的图像识别可能会非常慢(无法满足要求实时应用的需要)，因此，这些应用依赖来自多个传感器的传感器数据计算用户实际看到的内容。GPS 可以显示你所在的街道，罗盘(或磁力计)可以显示你观测的方向，而测斜仪可以显示你将摄像头对准哪个建筑物。通过这些虽然很小但数量庞大的数据，后端服务器可以确定你应该在屏幕上看到什么建筑物，并绘制出有关该建筑物的附加信息(例如，建造时间、建造者等)。

另一个示例应该是为数众多的"星云图"应用。你将自己的手机(在该示例中为平板电脑)对准夜空，应用便会在屏幕上绘制出已知的星体形成，从而使你了解自己观看的是什么。当然，还存在许多其他类型的增强现实应用。

构建实时的 AR 应用可能会非常困难，因此，Windows 运行时尝试为你提供一种逻辑传感器，用于收集汇总来自几乎所有硬件传感器的数据，并将其表示为一种通用的格式，从而解决这一难题。这种逻辑传感器称为方向传感器。它可以从加速计、陀螺仪和磁力计收集信息，使用这些信息，它可以将设备放置在三维空间中。你只须向该混合体中添加位置信息，便可以在用户将设备的摄像头对准特定事物时分辨他或她所看到的对象(当然，需要一个数据库才能提供显示的对象)。

可以通过 Windows.Devices.Sensors 名称空间中的 OrientationSensor 类访问方向传感器。其 API 与你在本章内容中了解到的其他传感器 API 非常相似。

需要再次强调的是，该传感器最适合在构建繁琐的 AR 应用时使用，而这已经超出了入门读物的介绍范围。因此，对于该传感器不再做进一步的详细研究。不过，了解该传感器的一些知识也大有益处，起码当发现自己需要一种四元和旋转矩阵时，知道有一种传感器可以为你提供所有相关数据，而不必自己通过较低级别的传感器 API 进行计算。

12.4 小结

这一章介绍了开发面向平板电脑设备的应用程序的优势。平板电脑的使用方式与其他传统的个人电脑差别非常大，用户将平板电脑持握在手中。由于在此类设备中包含传感器硬件，因此，可以在你的应用中实现其他一些自然的控制方法。当然，并不是所有平板电脑设备都配备了传感器，但绝大多数都会配备。

位置 API 可以通过 IP 地址确定设备的位置，即根据手机网络中继塔或已知 Wi-Fi 热点的距离进行三角测量。仅当需要更高的精确度，或者其他方法都失败时，才需要使用 GPS 接收器。

平板电脑加入了一些新的硬件部件，这些部件统称为传感器。加速计、陀螺仪和光传感器可以直接访问，因此，可以轻松地确定当前作用于设备的力的强度以及氛围光的强度。Windows 运行时还提供了一种面向逻辑传感器的 API，这种逻辑传感器包括罗盘、测斜仪和设备方向传感器。这些逻辑传感器收集汇总来自多种物理传感器的数据，并对这些数据进行优化，以使其更适合在常见的情景方案中使用。

第 13 章将介绍有关使用 C++创建 Windows 8 应用程序的信息。使用这种略显复杂的语言，可以访问更多的基础框架功能，而仅仅使用 C#、Visual Basic 或 JavaScript 无法访问这些功能。

练习

1. 为什么在面对平板电脑设备时将传感器输入合并到应用程序中非常重要？
2. 地理定位器可能的精确度设置有哪些？使用每一种设置的结果是什么？
3. 加速计和陀螺仪之间的差别是什么？
4. 为什么在物理传感器之外还需要逻辑传感器？
5. 何时应该使用 SimpleOrientationSensor 而不是其他传感器？

注意：可以在附录 A 中找到上述练习的答案。

本章主要内容回顾

主 题	主 要 概 念
位置或地理位置	这是通过使用多种技术(包括 IP 精确定位、基于手机网络中继塔的距离进行三角测量、Wi-Fi 热点或者通过 GPS)确定设备位置的概念
位置感知应用程序	这种应用程序使用位置 API 获取有关设备当前位置的数据，并根据这些数据对其服务进行自定义设置
传感器	这些是个人电脑(或平板电脑)中的硬件部件，用于馈送有关设备环境的数据(例如，照明条件、磁场强度、移动以及姿势或方向)
原始传感器数据	这指的是来自物理传感器的数据。在 Windows 运行时中，此类传感器包括加速计、陀螺仪和氛围光传感器
传感器融合 API	该应用程序编程接口定义逻辑传感器，并允许你访问来自这些传感器的数据。这些逻辑传感器基于来自物理传感器的数据计算其读数，并以不同的方式提供该数据，使你不必编写算法来执行这些复杂的工作

第 III 部分

升级到专业的Windows 8开发

- ➤ 第 13 章：使用 C++创建 Windows 8 风格应用程序
- ➤ 第 14 章：高级编程概念
- ➤ 第 15 章：测试和调试 Windows 8 应用程序
- ➤ 第 16 章：Windows 应用商店简介

第13章

使用 C++创建 Windows 8 风格应用程序

本章包含的内容：
- 了解在哪些情况下 C++编程语言可以作为正确的选择
- 了解 C++语言最重要的一些最新增强功能
- 了解允许使用 C++编写 Windows 8 风格应用程序的新功能

适用于本章内容的 wrox.com 代码下载

可以在 www.wrox.com/remtitle.cgi?isbn=012680 上的 Download Code 选项卡中找到适用于本章内容的 wrox.com 代码下载。代码位于 Chapter13.zip 下载压缩包中，并且单独进行了命名，如对应的练习所述。

在看过本章的标题后，你可能会认为本章只是针对 C++开发人员编写的，但实际情况并不是这样。在这一章中，如果你是 C#、Visual Basic 或 JavaScript 开发人员，那么可以了解到在哪种情况下 C++是可能的最佳 Windows 8 语言选择。如果之前曾经有过使用 C++的经验(即使并不成功)，那么本章内容将使你感受到 C++已经发展成为一种现代、快速、整洁并且安全的语言，与此同时，它也在 Windows 8 风格应用程序开发中广泛使用。

首先，你将了解到 C++的复兴，然后将概括介绍这种编程语言的最新改进。本章将通过非常大的篇幅介绍 Microsoft 在 Visual Studio 2012 中添加到其 C++实现中的新功能，为支持 Windows 8 风格应用程序开发而增添的内容以及与 Windows 运行时的集成。在了解了所有这些新功能和扩展以后，你将对一个小的示例应用程序进行操作以了解上述理论在实际操作中的体现。

注意：讲解 C++编程语言的知识远远超出本书的范围。如果有兴趣学习这种语言，建议你首先了解 Ivor Horton 编写的 *Beginning Visual C++ 2012* 一书(Indianapolis: Wiley，2012)。如果想要获取更多有关这种语言的元素或标准库的参考信息，可访问以下网址：http://cppreference.com。

13.1　Microsoft 与 C++语言

尽管种种事实可能表明.NET语言(C#和Visual Basic)是Microsoft的标准编程语言(并因此在绝大多数产品中使用)，但情况可能并不是如此。Microsoft内部的绝大多数产品开发仍然使用C++来完成，而且使用这种语言进行此类开发的状况似乎还会持续很长时间。

为什么会出现这种情况？是Microsoft不信任自己的托管运行时环境(.NET Framework)吗？它为什么不利用.NET Framework 呢？是 Microsoft 不想(或者不能)利用.NET 在生产效率方面的优势吗？不，这是因为 C++在两个方面提供了超出托管编程语言的优势，那就是性能以及针对系统资源的细化控制。

当使用.NET Framework 的托管语言时，编译器会创建包含 Microsoft 中间语言(Microsoft Intermediate Language，MSIL)代码的可执行程序，或者来自某种中间语言的指令。当该程序运行时，MSIL 指令会通过实时(Just-In-Time，JIT)编译器动态编译为特定于CPU 的指令，然后会执行这种特定于 CPU 的代码。尽管托管语言和 MSIL 包含可以大大提高软件开发效率的构造，但是描述低级指令(如位级运算)会显得纷繁复杂，而使用特定于 CPU 的指令进行声明却可以非常轻松地完成此操作。因此，尽管算法的性能优势主要来源于低级构造，但托管语言还是感受到巨大的挑战。

当然，使用本机语言(包括 C++)也有其缺陷。为了控制所有细节从而获得较高的性能，很多情况下你都必须处理众多细小的琐事。例如，如果想要对内存使用情况进行全面的控制，那么必须显式分配和释放各种资源。这种活动需要付出大量精力，以避免出现内存泄漏，或者重用已经释放的资源。

在前面的内容中，你已经了解到，Windows 最早始于 C 和 C++编程。在当时，开发人员的生产效率非常低，与使用随着 2002 年.NET 的诞生而新兴的托管语言所带来的生产效率巨大提升形成鲜明的反差。托管语言总是以牺牲性能为代价来换取生产效率的提升。在很长一段时间里，由于存在卓越的硬件(特别是在服务器端)，这种折衷交换的做法是可以接受的，因为为了获得 20%的性能提高，与其让开发人员花费几个月的时间来调优应用，还不如直接购买性能更高的硬件，后者实际付出的成本相对要少得多。

智能手机、新一代的平板电脑以及超级移动设备彻底颠覆了旧有的游戏规则。一般情况下，这些设备中的 CPU 不如台式计算机中的 CPU 功能强大，因此，同样的算法在这些设备上可能需要更长的时间才能运行完成。为了保持较低的设备重量，这些设备使用容量

第 13 章 使用 C++创建 Windows 8 风格应用程序

有限的电池作为能量来源。你使用的性能越多,电池的续航时间也就越短。此外,消费者希望通过这些设备获得卓越的用户体验,因此,他们更喜欢响应式的用户界面(UI),而不喜欢支离破碎的动画效果。

针对这些移动设备编写良好应用程序的关键在于效率。应用程序应该在较短的时间内完成更多的活动,同时尽可能地降低 CPU 使用率。它们必须尽量少占用内存以及其他硬件资源。这就给了本机编码出场的机会,因为上面这些要求恰是本机编程语言(包括 C++)最擅长的方面。

因此,Microsoft 希望支持 C++语言使其在 Windows 8 风格应用程序开发中广泛使用也就不足为奇了。Microsoft 不仅解决了使用 C++进行 Windows 8 风格应用程序开发的问题,而且使其更加整洁和安全,从而成为一种现代化的编程语言。

整洁和安全

对于绝大多数程序员,他们要么喜欢 C++,要么讨厌 C++。没有人会说"我有一点喜欢它"或者"还行,不过我并不喜欢那种功能"。喜欢 C++的人之所以喜欢它,是因为该语言可以对应用程序的执行提供全面的控制。针对特定的 C++编程构造,几乎能够提前知道将在 CPU 中执行的所有指令,对于程序员也算是一种刺激。而对于那些讨厌 C++的程序员,他们不喜欢低级构造以及由此带来的常见缺陷。

在最新的 C++实现(可以在 Visual Studio 2012 中找到的实现)中,Microsoft 投入了大量的人力物力,努力使 C++成为一种现代化的语言,在提高生产效率的同时,仍然尽可能地维护对应用程序执行的全面控制。Microsoft 在 C++11 中实现了很多新功能。此外,Microsoft 还对语言进行了扩展,以便能够支持 Windows 8 风格应用程序和 Windows 运行时集成。

> **注意**:C++编程语言是由 Bjarne Stroustrup 于 1979 年在贝尔实验室开发的。当时,这种语言取名为"C with classes",也就是"带类的 C"。该语言于 1998 年经历了第一次标准化过程(C++98),而后在 2003 年又经历了第二次(C++03)。该标准的最新主要修订版为 C++11,于 2011 年 8 月 12 日获得国际标准化组织/国际电工委员会(ISO/IEC)的批准认可。

为了了解哪种类型的功能使得 C++的生产效率比之前大幅提高,我们来看一个使用 C++03 (C++标准的上一个修订版本)编写的代码示例,具体的代码如程序清单 13-1 (代码文件:LegacyCpp\LegacyCpp.cpp)中所示。

程序清单 13-1:一个简单的 C++程序——使用旧的样式

```
// --- 创建一个包含 10 个矩形的向量
vector<rectangle *> shapes;
for (int i = 1; i <= 10; i++)
{
  shapes.push_back(new rectangle(i * 100, i * 200));
```

```cpp
  }

  // --- 这是我们要查找的矩形
  rectangle* searchFor = new rectangle(300, 600);

  // --- 迭代所有矩形
  for (vector<rectangle*>::iterator i = shapes.begin(); i != shapes.end(); i++)
  {
    (*i)->draw();
    if (*i && **i == *searchFor)
    {
      cout << "*** Rectangle found." << endl;
    }
  }

  // --- 释放该程序占用的资源
  for (vector<rectangle*>::iterator i = shapes.begin(); i != shapes.end(); i++)
  {
    delete *i;
  }
  delete searchFor;
```

该程序创建了一个包含 10 个 rectangle 对象的 vector (存储在 shapes 中)，然后将它们放置在一个 for 循环中，并检查其中是否有任何矩形与 searchFor 变量中存储的矩形相匹配。下面几点为这个原本简单的任务增添了让人厌烦的复杂性。

- shapes 变量是一个指向 rectangle 对象的指针向量。第一个 for 循环从 1 循环到 10，用于创建 rectangle 对象并将其附加到 shapes 中。程序员必须要记住，在程序的某一点需要释放这些对象。最后一个具有 delete i 主体的 for 循环用于执行该清理操作。
- searchFor 变量保存指向一个 rectangle 对象的指针。该对象通过最后一行中的 delete searchFor 语句来释放。
- 两个 for 循环使用一个迭代器对象遍历向量的元素。尽管该循环的意图非常明确，但用于表示它的代码似乎有点冗长。
- *i && **i == *searchFor 条件表达式非常简单，但是仍然难于解码。在该表达式中，i 是一个迭代器，而*i 表示指向迭代器当前所指代的 rectangle 对象的指针。**i 表达式是迭代器所指向的矩形，而*searchFor 是该循环所要查找的 rectangle 对象。匹配的条件为，如果迭代器指向一个 rectangle 对象，并且该矩形与你搜索的矩形具有相同的值，那么它就是一个匹配项。尽管上面所表达的意思对于有经验的 C++开发人员显而易见，但读起来还是有点困难。

对于这样的一个程序，一个潜在的缺陷在于，程序员应该完全控制存储 rectangle 对象的堆。对于应该由谁来负责管理存储在 shapes 中的 rectangle 对象这个问题，并不总是完全明确。在程序清单 13-1 中，这种情况很明确，因为代码中针对相应对象包含了释放。但是，如果仅查看用于分配这些对象的 for 循环，那么该意图完全不明了。

现在，通过 Visual Studio 2012 中提供的全新 C++语言，该程序可以采用一种更优美的方式来编写，如程序清单 13-2 (代码文件：ModernCpp\ModernCpp.cpp)所示。

程序清单 13-2：一个简单的 C++程序——使用新样式

```cpp
// --- 创建一个包含 10 个矩形的向量
vector<shared_ptr<rectangle>> shapes;
for (int i = 1; i <= 10; i++)
{
  shapes.push_back(shared_ptr<rectangle>(
    new rectangle(i * 100, i * 200)));
}

// --- 这是我们要查找的矩形
auto searchFor = make_shared<rectangle>(300, 600);

// --- 迭代所有矩形
for_each(begin(shapes), end(shapes), [&](shared_ptr<rectangle>& rect)
{
  rect->draw();
  if (rect && *rect == *searchFor)
  {
    cout << "*** Rectangle found." << endl;
  }
});
```

该程序包含一些用于解决程序清单 13-1 中所指出的问题的元素，如下所述。

- shapes 向量保存引用计数 rectangle 对象(通过 shared_ptr 表示)。一个或多个对象可以保存这样一个指向矩形的指针。当销毁最后一个对象时(拥有指针的对象)，将释放该矩形。
- searchFor 变量声明前面的 auto 关键字会自动通过初始化表达式推断该变量的类型。如果没有使用 auto 关键字，则应该知道，make_shared<rectangle>会创建一个shared_ptr<rectangle>，并使用该类型取代auto关键字。
- for_each()方法明确表明它是一个循环，将遍历 shapes 向量所包含的项。该方法的前两个参数分别为 begin(shapes)和 end(shapes)，明确表明该循环将从第一个元素一直遍历到最后一个元素。第三个参数是一个 lambda 表达式(C++11 中提供的一项新功能)，用于绘制矩形并检查匹配情况。如果将该 lambda 表达式的主体与程序清单 13-1 进行比较，就可以发现这里的 rect 是对矩形的引用，因此，*rect == *searchFor 要比**i == *searchFor 更容易理解。

程序清单 13-2 不包含任何用于显式释放 shapes 中的矩形所占用内存的语句。shared_ptr 类型的行为是自动回收内存，开发人员不必显式执行该操作。

C++中进行了很多变化，以使该语言更加现代化且更具生产效率，上面这个简短的代码段仅仅是其中的一个示例。Microsoft 还根据 C++11 标准，在其 C++编译器中实现了很多新功能。

>   **注意**：自 C++03 标准(于 2003 年发布)修订到 2011 年 8 月新的 C++11 标准得到批准，经过了太长的时间。软件开发领域发生了翻天覆地的变化，C++必须适应这些变化。尽管 Microsoft 还没有在 Visual Studio 中实现所有 C++11 功能，但可以使用能够在生产效率方面提供最佳改进的那些功能。可以在 MSDN 上的 Visual C++团队博客中找到有关这些功能的详细信息，网址为 http://blogs.msdn.com/b/vcblog/archive/2011/09/12/10209291.aspx/。

13.2 C++与 Windows 8 应用

在第 3 章中，你已经了解到，通过为Windows 8 风格应用程序创建独立的分层组件群组，Microsoft引入了一个新的概念，可以重塑Windows API和语言运行时的理念。如图 13-1 所示，这些组件允许C++、C#、Visual Basic以及HTML5/CSS3/JavaScript技术群组在Windows 8 应用编程中广泛使用。

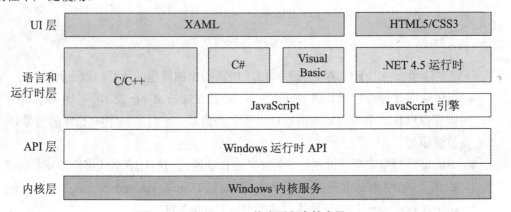

图 13-1 Windows 8 风格应用程序技术层

下面我们对该图进行更加深入的分析，了解哪些类型的 Windows 8 应用可以直接或间接利用 C++来实现。

13.2.1 Windows 8 应用中的 C++特权

图 13-1 显示 4 种编程语言(C/C++、C#、Visual Basic 和 JavaScript/HTML/CSS3)似乎是平等共存的。然而，在实际使用中，C++要比其他三种语言"更高级"一些。C++语言具有一些特权，它可以访问其他编程语言无法获取的 Windows 8 系统资源，如下所述。

- 你仍然可以从 C++中使用数量较少的一组 Win32 API 服务(Windows 内核服务)。这些服务没有加入 Windows 运行时。它们可以通过系统动态链接库(DLL)获得。
- 可以从 C++中轻松地使用 DirectX 技术(Direct2D、Direct3D、DirectWrite、XAudio2 等)。这些技术使用图形处理单元(Graphics Processing Unit，GPU)，并且直接表现

出惊人的性能。
- 通过全新的技术 C++ Accelerated Massive Parallelism (C++ AMP),可以使用现今提供的大规模并行硬件,也就是,GPU 和音频处理单元(Audio Processing Unit,APU)。C++ AMP 使你可以在计算机的 GPU 上运行 C++程序的各个部分。

正如图 13-1 所指出的,可以完全使用 C++编写具有 XAML UI 的 Windows 8 应用。不过,还有其他一些场景方案可以选择使用 C++,如下所述。
- 可以编写使用 DirectX 和 C++的 Windows 8 风格的游戏。由于绝大多数游戏都需要最大限度地利用 CPU 和 GPU 可以提供的性能,因此,C++似乎就成为游戏开发的理想工具。
- 可以编写混合 Windows 8 应用,这些应用使用 C++组件,但通过 C#、Visual Basic (当然,在后台使用.NET Framework,对 UI 使用 XAML)或者具有 HTML5/CSS3 UI 的 JavaScript 来实现。在这种情况下,C++组件可以完成那些需要直接访问系统资源和/或需要可靠性能的任务。

下面我们来看一下 Windows 运行时如何与 C++协同工作。

13.2.2　Windows 运行时与 C++

几乎本书中的每一章都会提到Windows运行时,总是不可避免地要使用其对象和操作。正如你已经了解到的,Windows运行时对象已经在本机代码(C++和程序集)中实现。但是,几乎从来没有提到过这些对象会利用旧组件对象模型(Component Object Model,COM)的一个新版本。

COM 是 Microsoft 于 1993 年开发的一种二进制接口标准,到现在已有将近 20 年的历史。该标准最初的目标是使广泛的编程语言可以创建自己的动态对象,并将其提供给其他进程(即使这些进程是使用其他编程语言编写的也没有关系)。COM 本身已经成为一种涵盖性术语,涉及很多其他相关技术,例如,分布式组件对象模型(Distributed Component Object Model,DCOM)、对象链接与嵌入(Object Linking and Embedding,OLE)、OLE 自动化、COM+以及 ActiveX。

尽管这种二进制标准从技术上来讲非常出色,但使用起来经常会比较困难,通过 C++使用时更是如此,如下所述。
- 对象及其接口必须在 Windows 系统注册表中注册,而这是部署问题的主要来源。
- COM 对象的生命周期管理基于引用计数。当把某个对象的地址分配给一个新变量时,必须手动递增引用计数器。当该对象与该变量分离时,或者释放该变量时,该计数器必须递减。当计数器达到零时,会自动释放 COM 对象。可以想象一下,如果这种手动引用计数使用不当,可能会造成怎样的混乱情况!
- 异常通过从方法调用检索到的 HRESULT 值(32 位整数)进行处理。COM 操作的调用者必须始终检查这些值,以确认操作是否成功。

现在，Windows 运行时使用一种新版本的 COM，在该版本中，不需要接口和对象注册，并且可以提供一种透明的方式来管理引用计数，相关信息将在下一节中介绍。

13.2.3 在 C++中管理 Windows 运行时对象

在 Visual Studio 2012 中，Microsoft 向 C++中添加了一些新功能，使得开发人员可以像过去在 C#和 Visual Basic 中处理.NET Framework 对象那样轻松地管理 Windows 运行时对象。这组新的语言扩展称为适用于 Windows 运行时的 C++。

Windows 运行时的对象属于强类型，并实现自动引用计数。可以使用结构化异常处理来捕获和管理操作失败，而不必使用 HRESULT 值。Windows 运行时对象与 STL 深度集成，因此，在 STL 中实现的所有函数、集合和算法仍然可以与 Windows 运行时类型一起使用。在 Windows 运行时与外部世界之间存在一个边界，新版本的 COM 是这两个领域之间的一个定义良好的二进制合约。这就带来了一些显而易见的问题。

C++程序员应该在什么时候以及如何使用这些语言扩展？他们是否应该将这些新类型用于每一个 Windows 8 应用？如何使用旧的 C++类型和 STL？

这些问题的答案其实非常简单！当需要跨越该边界时，就应该使用 Windows 运行时类型，或者当你想要调用 Windows 运行时操作时，或者当想要为其他语言提供服务时。图 13-2 显示了需要遵循的编程样式。

因此，可以像过去那样编写 C++模块(假定你已经是一名 C++程序员)，并且这些模块可以直接被本机 C 或 C++调用者和被调用者使用。同样的模块可以使用 Windows 运行时对象，或者通过细小的边界层为其他 Windows 运行时对象或其他语言提供操作，该边界层将所有数据传递到各个 Windows 运行时可编译对象。

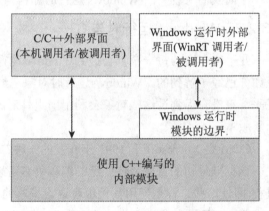

图 13-2　使用 C++处理 Windows 运行时对象

为了允许这种类型的边界跨越，C++附带了组件扩展(C++/CX)，它们可以提供到外部类型系统的绑定，例如，.NET 或 JavaScript 引擎使用的类型系统。表 13-1 汇总列出了 C++/CX 中的新数据类型。

表 13-1　新 C++组件扩展数据类型

类　　型	说　　明
值类型	值类型实例始终存储在调用栈或者应用程序的静态数据中。值结构(使用 value struct 关键字声明)仅包含公共数据字段。值类(使用 value class 关键字声明)较少使用，其中仅包含公共数据字段和方法

(续表)

类型	说明
引用类型	引用类型实例始终在应用程序的内存空间中动态分配和释放。引用类可以使用 ref class 关键字声明,并且它可以包含公共、受保护以及私有函数成员,数据成员,甚至嵌套类。引用结构使用 ref struct 关键字表示。它与引用类基本相同,只是默认情况下,ref class 声明运行时类具有公共可访问性
接口类	接口类(使用 interface class 关键字声明)与本机 C++接口非常类似。但是,它们有很多特别之处,如下所述。 • 所有成员都是隐式公开的 • 不允许使用字段和静态成员 • 其成员可以包括属性、方法和事件 • 用作参数的类型只能是 Windows 运行时类
泛型类型	现在,可以按照与.NET Framework 中的泛型类型相同的语义使用 C++中的泛型接口类。它们使用 generic<typename T1, …, typename Tn>接口类构造声明。泛型接口也可以使用 C++模板定义实现。但是,这些模板只能使用 typename 参数。不支持非类型参数
属性	标准 C++不支持属性。现在,通过 C++/CX 的 property 关键字,可以定义与.NET 语言所用属性具有相同 GET/SET 语义的属性
委托	委托声明类型安全的函数指针,因此,它们类似于函数声明,只不过委托是一种类型。它们使用 delegate 关键字声明
事件	事件是特殊的类型(可以将它们称为"委托属性"),具有与.NET 事件相同的添加/删除语义。它们使用 event 关键字声明。除了添加/删除语义之外,它们还包含引发访问器,用于定义发出事件信号的方式

正如你在前面的内容中所了解到的,Windows 运行时类型是 COM 类型,因此引用计数是它们的固有特征。为了避免通过手动操作来管理引用计数器,针对用于引用 Windows 运行时类型的指针,提供了一种特殊的符号。它们使用"^"("乘幂号"或"句柄")符号来表示它们需要引用计数,并且它们必须使用 ref new 关键字进行分配,如下面的示例代码段所示:

```
Map<String^, int>^ MainPage::CreateMap()
{
  map<String^, int> myMap;
  myMap.insert(pair<String^, int>("One", 1));
  myMap.insert(pair<String^, int>("Two", 2));
  myMap.insert(pair<String^, int>("Three", 3));
  return ref new Map<String^, int>(move(myMap));
}
```

在上面的代码段中,CreateMap()方法创建一个由整数值与字符串键构成的关联词典。

Map 和 String 都是 Windows 运行时类型。该方法返回一个指向 Map 的引用计数指针，因此，使用了 ref new 运算符，并且返回值具有"^"符号。此外，映射的键使用指向 String 的引用计数指针，因此，这些键声明为 String^。

> 注意："^"符号和 ref new 关键字是简单的编译器技巧。没有这些符号，程序员就必须增加和减少 COM (Windows 运行时)对象的引用计数器。现在，有了这些扩展，编译器将负责完成所有这些操作，并生成相应的代码。请注意，你不能对 Windows 运行时对象使用"*"(指针)符号。如果使用，编辑器将生成错误消息。

13.2.4 定义运行时类

当使用 C++编写 Windows 8 应用程序时，除了使用 Windows 运行时对象之外，还会创建 Windows 运行时类型。例如，应用程序及其页面也使用这些运行时类表示。从实现的角度来说，这些应该是具有一些限制的引用类，如下面的代码段所示：

```
public ref class Customer sealed
{
public:
  Customer(String^ firstName, String^ LastName);
  Customer(String^ lastName);
  property String^ FullName
  {
    String^ get();
  }
  void MarkAsKeyAccount();
  ~Customer();
private:
  std::wstring m_firstName;
  std::wstring m_LastName;
};
```

运行时类必须通过 public 修饰符进行标记，以便可以被外部应用程序和其他语言使用。尽管函数成员的参数和返回值可以是任意 C++类型，但公共成员只能使用 Windows 运行时类型。此外，你还必须应用 sealed 关键字，以阻止从这些类派生。

> 注意：类定义中的 public 关键字也会强制编译器将元数据(关于公共函数和数据成员)放入对外公开的.winmd 文件中。如果忘记了.winmd 文件是什么，请参阅第 3 章(在 3.2.2 节中)重新梳理自己的知识。第 14 章将介绍如何创建和使用.winmd 文件。可以省略 sealed 修饰符，但在这种情况下，编译器会发出警告，指出不能从 JavaScript 使用该运行时类型，因为它没有标记为 sealed。

可以使用 ref new 运算符实例化你自己的运行时类，就像其他任何 Windows 运行时类一样，如下所示：

```
Customer^ myCustomer = ref new Customer("John", "Doe");
```

将运行时类用作简单的局部变量也可以提供自动生命周期管理，如下所示：

```
{
  Customer myOtherCustomer("Jane", "Doe");
  myOtherCustomer.MarkAsKeyAccount();
  // ...
  // 处理客户数据，即对其进行查询、修改等
  // ...
} // 自动调用~Customer()
```

在上述代码段中，myOtherCustomer是一个局部变量。编译器会管理其生命周期，只要该变量退出其作用域，便立即自动将其销毁。在该示例中，当应用程序的控制流离开语句块时，将调用~Customer()析构函数。

13.2.5 异常

管理 COM 异常是一项非常艰苦的任务，因为 COM 操作会返回 HRESULT 错误代码。例如，当向某个操作传递了错误的参数时，将检索到一个具有 E_INVALIDARG 代码的 HRESULT 值。如果不检查该代码的返回值并允许程序继续运行，那么迟早会导致应用程序崩溃。

Windows运行时仍然使用COM，不过现在它也允许结构化异常处理。现在，你不必直接处理HRESULT代码，而是可以捕获和处理表示HRESULT代码的异常。表 13-2 显示了这些特定于COM的异常类型以及它们表示的HRESULT代码。

表 13-2　Windows 运行时异常与相关的 HRESULT 代码

异 常 类 型	HRESULT 代码
InvalidArgumentException	E_INVALIDARG
NotImplementedException	E_NOTIMPL
AccessDeniedException	E_ACCESSDENIED
NullReferenceException	E_POINTER
InvalidCastException	E_NOINTERFACE
FailureException	E_FAIL
OutOfBoundsException	E_BOUNDS
ChangedStateException	E_CHANGED_STATE
ClassNotRegisteredException	REGBD_E_CLASSNOTREG
DisconnectedException	E_DISCONNECTED
OperationCanceledException	E_ABORT
OutOfMemoryException	E_OUTOFMEMORY

注意：可以在 Platform 名称空间中找到上述所有异常。

你不需要关注 HRESULT 代码如何封装到异常中，运行时环境会执行该操作。如果想要处理使用 Windows 运行时对象可能出现的问题，可以按照下面的模式进行操作：

```
void MyWIndowsRTOperation(String^ parameter1, int parameter2)
{
  OtherRuntimeObject^ otherObj = ref new OtherObj();
  try
  {
    otherObj->SimpleOperation(parameter1);
    // ...
    otherObj->AnotherOperation(parameter2);
    // ...
    otherObj->CompountOperation(parameter1, parameter2)
    // ...
  }
  catch (NotImpelentedException^ ex)
  {
    // 在某个操作未实现时响应出现的问题
  }
  catch (InvalidArgumentException^ ex)
  {
    // 记录操作无效
    throw ex;
  }
  catch (COMException^ ex)
  {
    // 检查 ex->HResult 值并决定所要执行的操作
  }
  catch (...)
  {
    // 对于其他任何异常，决定所要执行的操作
  }
}
```

前两个catch块处理一个特定的COM异常。第三个catch块接受一个指向COMException实例的指针。由于表 13-2 中的所有异常类型都是派生自COMException异常，因此，该块会捕获其中的所有异常，但NotImplementedException异常和InvalidArgumentException异常除外，因为这两个异常通过前面的catch块处理。在该块中，可以检查异常实例的HResult属性，以决定接下来如何操作。第 4 个catch块用于限制捕获其他任何异常。在该模式中，可以看到，最具体的异常总是最先捕获，而最平常的异常在最后捕获。

由于这些异常派生自 COMException，因此，你可能会尝试通过从 COMException 异常继承新类，创建自己特定于 COM 的异常，并使用自己的失败代码。不过，由于内部实现

细节的问题，它不能正常操作。在这种情况下，需要引发一个 COMException 异常，并向构造函数中传递 HRESULT 代码，如下面的代码段所示：

```
void MyOperation(int param)
{
  if (param == 0)
  {
    throw ref new COMexception(MY_ERROR_CODE);
  }
  // ...
}
// ...

try
{
  // ...
  MyOperation(0);
  // ...
}
catch (COMException^ ex)
{
  if (ex->HResult == MY_ERROR_CODE)
  {
    // 处理你自己的错误代码
  }
  // ...
}
```

COMException实例只能在catch (COMException^ ex)分支中捕获。即使你引发的COMException实例具有已知失败代码，并且在表 13-2 中具有对应的异常类，你也不能通过该异常捕获它，而只能通过COMException异常进行捕获，如下所示：

```
try
{
  // ...
  throw ref new COMException(E_FAIL)
  // ...
}
catch (FailureException^ ex)
{
  // 上面的 COMException 无法在此处捕获
}
catch (COMException^ ex)
{
  if (ex->HResult == E_FAIL)
  {
    // 在此处处理上面的 COMException
  }
}
```

现在，你已经对 C++和 Windows 8 应用程序有了足够的了解。接下来将尝试在 Visual Studio 中使用这些功能。

13.3 使用 Visual Studio 探索 C++功能

Visual Studio 为 C++应用程序提供了巨大的支持。可以在 IDE 中找到所有重要的生产效率增强工具，就像其他编程语言一样。这一节将介绍一些有关创建和编辑 C++应用程序的内容。此外，还将介绍一些新的 C++功能。

前面的章节已经了解到一些有关创建 Windows 8 应用程序 UI 的重要内容，因此，在这一节中，你将使用一个准备好的示例，在每个练习中向该应用程序添加一些新的代码段。在开始对示例进行操作之前，我们先来了解一下如何创建 C++项目。

13.3.1 创建 C++项目

正如你已经了解到的，可以在 Visual Studio 中使用 File | New Project 命令(或者按 Ctrl+Shift+N 组合键)来创建 C++程序。当然，需要在 Templates 下选择 Visual C++节点，如图 13-3 所示。在该图的中间，可以看到 C++在 Visual Studio 2012 Express for Windows 8 中支持的 Windows 8 风格模板类型。

> 注意：其他(非免费)版本的 Visual Studio 2012 包含附加的 C++项目模板，用于创建桌面应用程序和组件。

C++支持与其他语言相同的标准 Windows 8 应用程序模板(空白应用程序、网格应用程序和拆分应用程序)，此外，它还支持其他一些模板，如下所述。

- **空白动态链接库**——使用该项目类型创建编译为.dll 文件的库。尽管该库与.NET 组件库程序集具有相同的扩展名，但它使用的是本机代码，因此，不能从 C#或 Visual Basic 项目引用它。
- **空白静态库**——使用该项目类型，可以编译具有.lib 扩展名的库。可以将这些库与其他项目的可执行文件静态链接。
- **单元测试库**——正如该模板的名称所显示的，可以为 C++应用程序和库创建单元测试项目。
- **WinRT组件DLL**——通过该项目类型，可以创建能够从其他任何语言引用的本机 Windows运行时组件。除了组件库，该项目还创建一个.winmd文件，其中包含有关你的公共类的元数据信息。
- **Direct2D 应用程序和 Direct3D 应用程序**——这些模板有助于分别使用 Direct2D 和 Direct3D 技术开始创建应用程序。

要指定项目的特性，可以使用 New Project 对话框，该对话框为你提供与其他编程语言相同的选项(例如，解决方案和应用程序名称、位置以及解决方案创建模式)。

第 13 章 使用 C++创建 Windows 8 风格应用程序

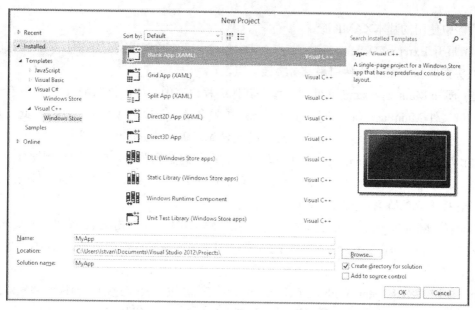

图 13-3　C++编程语言的 Windows 8 风格模板

13.3.2　C++项目的元素

要检查项目的元素，可以使用CppDemo Start解决方案，该解决方案可以在Chapter13.zip下载压缩包中找到。C++项目的结构与使用其他编程语言创建的项目非常类似。但是，还是存在一些细微的差别，相关信息将在接下来的练习中介绍。

试一试　检查 C++项目的元素

要检查一个简单 C++项目的结构，请按照下面的步骤进行操作。

(1) 选择 File | Open Project 命令(或者按 Ctrl+Shift+O 组合键)，从本章对应的下载压缩包的 CppDemo Start 文件夹中打开 CppDemo.sln 文件。在几秒钟之内，解决方案将加载到 IDE 中，并且其结构将显示在解决方案资源管理器窗口中，如图 13-4 所示。

(2) 在 Solution 'CppDemo'节点下，你将找到 CppDemo 项目节点(该解决方案仅包含一个项目)。单击 Assets 文件夹左侧的小三角形展开其内容。可以在 Assets 中看到 4 个图像文件，分别表示不同尺寸的应用程序徽标和启动屏幕。

(3) 展开Common文件夹。该文件包含属于Windows 8 应用程序骨架的各种C++和头文件。其中有一个StandardStyles.xaml文件，该文件保存

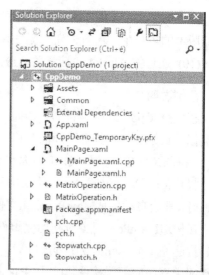

图 13-4　解决方案资源管理器中的
CppDemo 项目

457

应用程序中使用的基本XAML资源。

(4) 展开 External Dependencies 节点。其中包含一百多个节点，包括项目中直接或间接使用的头文件和.winmd 文件引用。折叠该节点。

(5) 展开 MainPage.xaml 文件。就像在其他编程语言中一样，该 XAML 文件嵌套一个代码隐藏文件 MainPage.xaml.cpp，其中，.cpp 扩展名表示该文件使用 C++编写。此处还有另外一个嵌套文件 MainPage.xaml.h，该文件包含 MainPage.xaml.cpp 中的类型定义。

(6) 双击 MainPage.xaml.cpp 文件将其打开。在代码编辑器中，向下滚动到文件底部，在这里，可以看到一些主体为空的方法，并且带有一个以"Feature"开头的注释行。这些是将要在接下来的练习中编写的代码的占位符。

(7) 双击MainPage.xaml.h文件将其打开。在代码编辑器中，单击#include "MainPage.g.h"行并按Ctrl+Shift+G组合键。MainPage.g.h文件将打开并显示MainPage.xaml文件中所述对象的定义。

(8) 使用 Debug | Start Without Debugging 命令(或者按 Ctrl+F5 快捷键)构建并立即启动应用程序。需要几秒钟的时间编译和链接项目文件，然后应用程序将启动，并显示图 13-5 中所示的屏幕。

图 13-5　运行中的 CppDemo 应用程序

(9) 现在，可以从功能列表中选择一项以在列表右侧显示指定方案的输入面板。在该初始版本的项目中，所有按钮都无法使用。

(10) 通过按 Alt+F4 快捷键关闭应用程序。

示例说明

在检查 CppDemo 项目的结构时，你可能会发现它与使用其他编程语言创建的项目非常类似，只是文件夹具有不同的名称。

C++与XAML紧密集成。正如你在步骤(5)中发现的，MainPage.xaml具有代码隐藏文件。此处提供MainPage.xaml.cpp文件以用于帮助创建代码，而每次修改并保存MainPage.xaml文件时，都会自动生成MainPage.g.h文件。在后台，IDE会生成一个MainPage.xaml.hpp文件，用于在构造MainPage对象时初始化组件。

构建完 CppDemo 应用程序以后，在步骤(9)中启动了该应用程序，此时，IDE 也创建了该应用程序的部署软件包(使用 Pakage.appmanifest 文件)并进行了安装，就像在之前章节所示的练习中对其他应用程序所执行的那样。

现在，你已经做好准备对这个简单的 C++应用程序进行修改。

13.3.3　使用 Platform::String 类型

为了提供一种方式将字符串传递给Windows运行时组件，并从Windows运行时操作检索字符串，Microsoft创建了一种新的String类型，该类型位于Platform名称空间中。这种新类型是一种非常精简的包装类型，支持通过一些操作构造不可变字符串对象。该类型比较突出的优势在于，它可以与STL的wstring类型完全协作，相关信息将在接下来的练习中介绍。

> **注意：** 如果你不是 C++程序员，那么也应该知道 C++使用::作用域解析运算符来分隔名称空间和类型元素。由于 Windows 运行时的 String 类在 Platform 名称空间中声明，因此，其限定类型名称为 Platform::String。

试一试　使用 Platform::String 类型

要了解 Platform::String 类型，请按照下面的步骤进行操作。

（1）从 CppDemo Start 文件夹中打开 CppDemo 解决方案，除非该解决方案仍在 Visual Studio IDE 中处于打开状态。

（2）在解决方案资源管理器中，双击 MainPage.xaml.cpp 文件(如果 MainPage.xaml 节点处于折叠状态，将其展开)，找到主体为空的 ReverseStringButton_Tapped()方法。

（3）将下面粗体形式的代码插入方法主体中：

C++

```
void MainPage::ReverseStringButton_Tapped(Object^ sender,
                                   TappedRoutedEventArgs^ e)
{
    String^ yourName = YourName->Text;
    Feature1OutputText->Text += "Your name: " + yourName + "\n";
    wstring inputString(yourName->Data());
    wstring reverseString(inputString.rbegin(), inputString.rend());
    String^ yourReversedName = ref new String(reverseString.c_str());
    Feature1OutputText->Text += "Reversed: " + yourReversedName + "\n";
}
```

在上述代码中，yourName 是一个引用计数指针(通过"^"表示)，把它设置为 YourName 文本框的内容。可以使用该变量将其与字符串参数相连接，因为 String 类声明了"+"运算符，并且设置了 Feature1OutputText 块的 Text 属性。

（4）通过按 Ctrl+F5 快捷键运行应用程序。在功能列表中，第一项处于选中状态。在文本框中输入你的姓名(或者其他任何文本)并单击 Reverse 按钮。功能输出将以倒序写出文本。例如：

```
Your name: My nickame is DeepDiver
Reversed: reviDpeeD si emankcin yM
```

(5) 关闭应用程序。

示例说明

可以针对其他 Windows 运行时类型直接使用 String 类型，其中包括 XAML 控件。这正是上述代码段设置 Feature1OutputText 变量的内容的方式。但是，String 仅实现一小部分操作。每次想要实现更多复杂的操作时，可以将 STL 的 wstring 类型与 String 结合使用。为了设置其初始内容，上面代码段中的 inputString (它是一个 wstring)使用 String::Data()方法来获取指向 C++以 null 终止的字符串的指针。

在下一行中，reverseString 使用迭代一组字符的 wstring 构造函数来创建其内容。借助 rbegin()和 rend()方法，该迭代器可以从字符串的最后一个字符遍历到第一个字符，因此，它可以构造原始字符串的倒序形式。为将倒序字符串写回输出，需要一个 String^实例。yourReversedName 变量会实例化一个新的 String (使用 ref new 运算符)，并使用 c_str()方法获取 reverseString 变量的内容。

Windows 运行时类型与 STL 类型之间的这种协作类型是一种常见的模式。可以通过类似的方式将 Windows 运行时集合与 STL 集合结合使用，相关信息将在接下来的练习中介绍。

13.3.4 使用运行时集合

C++ STL 定义了很多集合以及大量相关操作。此外，正如前面你在表 13-1 中所了解到的，C++11 向 STL 中添加了新的集合类型。可以在任何地方使用 STL 集合，但不能将它们直接传递到 Windows 运行时对象。

解决方案是使用 Platform::Collections 名称空间中提供的 Windows 运行时集合。在接下来的练习中，你将了解到如何利用 Vector 和 VectorView 集合。

| 试一试 | 使用 Vector 和 VectorView 集合 |

要了解如何使用上述集合类，请按照下面的步骤进行操作。

(1) 从 CppDemo Start 文件夹中打开 CppDemo 解决方案，除非该解决方案仍在 Visual Studio IDE 中处于打开状态。

(2) 在解决方案资源管理器中，双击 MainPage.xaml.cpp 文件，并找到返回 nullptr 的 CreateRandomVector()方法。

(3) 将下面粗体形式的代码插入方法主体中：

C++

```
col::Vector<int>^ MainPage::CreateRandomVector()
```

```
{
  vector<int> myNumbers;
  srand((unsigned)time(0));
  for (int i = 0; i < 10; i++)
  {
    myNumbers.push_back(rand()%100 + 1);
  }
  return ref new col::Vector<int>(move(myNumbers));
}
```

该方法使用一个 for 循环设置一个 vector<int>集合，该集合在 STL 中声明，具有随机数字。最后一个代码行中的 return 语句新建一个 Vector<int>集合，该集合使用 move()方法获取随机向量的所有权。

(4) 找到 SumAVectorButton_Tapped()方法，并将下面粗体形式的代码复制到其主体中：

C++

```
void MainPage::SumAVectorButton_Tapped(Object^ sender,
                                       TappedRoutedEventArgs^ e)
{
  wstringstream streamVal;
  WFC::IVectorView<int>^ vv = CreateRandomVector()->GetView();
  int sum = 0;
  int index = 0;
  for_each(begin(vv), end(vv), [&](int value)
  {
    streamVal << "Number " << ++index << " is " << value << endl;
    sum += value;
  });
  streamVal << "Sum of these values is " << sum;
  Feature2OutputText->Text = ref new String(streamVal.str().c_str());
}
```

该方法调用 CreateRandomVector()并使用其 GetView()方法，后一个方法创建随机向量的快照。for 循环汇总该视图的元素，并将其写入 streamVal 流。当计算总和时，该流的内容将发送到 FeatureOutput2Text 块，用于显示该练习的输出。

(5) 通过按 Ctrl+F5 快捷键运行应用程序。在功能列表中，选择 Using Windows Runtime Collections (使用 Windows 运行时集合)项，并单击或点击 Sum Up a Vector 按钮。

(6) 在输出窗格中，程序将显示一个随机向量及其所包含元素的总和。关闭应用程序。

示例说明

CreateRandomVector()操作使用STL的vector类生成其值，并且仅在返回值时将其封装到一个Vector对象中。SumAVectorButton_Tapped()方法希望读取该向量的值而不更改它们，因此，它使用一个VectorView对象(实现IVectorView接口)。WFC标识符是在MainPage.xaml.cpp文件开头定义的Windows::Foundation::Collections名称空间的别名。

在最后一个代码行中，也可以看到一个关于 String 类使用的范例。把该练习中的所有输出都写入 streamVal 字符串流中。在最后一行中，其转换为一个 String，以便可以分配到输出文本块。

> **注意：** Windows 运行时定义了相对较小的一组集合类，每一个都与 STL 集合类对应并与之结合使用。可以在 MSDN Web 页面上找到这些集合的列表，对应的网址为 http://msdn.microsoft.com/en-us/library/windows/apps/hh710418(v=vs.110).aspx。

13.3.5 使用异步操作

在前面的章节中，你已经看到过很多有关使用异步方法调用的示例。在C#中，新的async和await关键字通过编译器演绎神奇，使可以使用异步方法，就好像使用同步方法一样，同时保持高效的UI响应能力。在JavaScript中，可以使用Common JavaScript Promises模式，相关信息在第 5 章中进行了介绍。

不过，C++并没有像 C#这样的编译器技巧，但它有一个非常出色的组件，即并行模式库(Parallel Pattern Library，PPL)，该组件有助于通过相对简单的模式调用异步操作，相关信息将在接下来的练习中介绍。

试一试　　异步写入文件

要异步创建一个具有简短文本消息的简单文本文件，请按照下面的步骤进行操作。

(1) 从 CppDemo Start 文件夹中打开 CppDemo 解决方案，除非该解决方案仍在 Visual Studio IDE 中处于打开状态。

(2) 在解决方案资源管理器中，双击MainPage.xaml.cpp文件，找到WriteFileButton_Tapped方法。

(3) 将下面粗体形式的代码插入方法主体中：

C++

```
void MainPage::WriteFileButton_Tapped(Object^ sender,
                                      TappedRoutedEventArgs^ e)
{
    Feature3OutputText->Text += "File creation has been started.\n";
    StorageFolder^ documentsFolder = KnownFolders::DocumentsLibrary;

    // --- 开始文件创建
    task<StorageFile^> createTask(documentsFolder->CreateFileAsync(
      "MySample.txt", CreationCollisionOption::ReplaceExisting));
    createTask.then([this](StorageFile^ file)
    {
      Feature3OutputText->Text += "File " + file->Name + " has been created.\n";
      // --- 开始向文件中写入
      task<void> writeTask(FileIO::WriteTextAsync(file, YourMessage->Text));
```

```
    writeTask.then([this](void)
    {
      Feature3OutputText->Text += "Text '" + YourMessage->Text +
        "' has been written to the file.\n";
    });
  });
}
```

上述代码段连接了两个异步操作,一个是用于创建MySample.txt文件的createTask,另一个是用于输出用户指定的消息的writeTask。每个任务都使用其then()方法和一个lambda表达式来定义特定任务的后续部分。

(4) 通过按 Ctrl+F5 快捷键运行应用程序。在功能列表中,选择 Asynchronous Method Invocation (异步方法调用)项。在文本框中输入消息,然后单击或点击 Write Message to File (将消息写入文件)按钮。

(5) 在输出窗格中,程序将显示几行输出,指出文件已创建,并且消息已写入。

(6) 启动Windows资源管理器,并在Libraries下选择Documents节点。找到MySample.txt文件,并双击将其打开。可以在这里检查消息是否确已写入。

(7) 返回正在运行的 CppDemo 应用程序并将其关闭。

示例说明

该练习中的代码使用 task<TResult>模板创建并启动一个异步任务,其中,TResult 是该任务预期检索到的结果的类型。该任务的参数是一个实现 IAsyncOperation<TResult>接口的对象。

createTask 使用CreateFileAsync操作,该操作检索StorageFile^对象。writeTask 调用WriteTextAsync操作,该操作不检索任何对象。这些任务串联在一起,createTask的后续部分(then()方法)通过createTask的文件结果实例化writeTask。

可以看到,后续方法中的 lambda 表达式捕获该指针,因此,它们可以访问所有 UI 元素。这就是这些方法将消息写入输出窗格的方式。

> **注意:**可以在 C++中使用多种异步模式。有关详细信息,请参阅 http://msdn.microsoft.com/en-us/library/windows/apps/hh780559.aspx。

13.3.6 使用 Accelerated Massive Parallelism

绝大多数计算机不仅包含一个 CPU,还包含一个性能非常高的 GPU 以及其他一些处理单元(如 APU)。许多操作可以在这些单元上非常快速地执行,因为它们具有特殊的体系结构,允许对特殊操作实现较高程度的并行性。Microsoft 的 C++ Accelerated Massive Parallelism (AMP)是一种开放的规范,用于直接在 C++中实现数据并行。

Direct2D 和 Direct3D 技术使用 GPU 来呈现复杂的图形。GPU 具有一种特定的体系结构，可以通过一种非常快速的方式处理像素和向量。它们可以同时执行很多操作。你不仅可以使用该功能来绘制图形，还可以用于处理数据。C++ AMP 技术使用其自己的库和一个编译器对 C++进行了扩展，其中，该编译器可以生成在 GPU 以及其他加速器单元上执行的代码。

注意：详细介绍 C++ AMP 远远超出了本书的介绍范围。如果对该主题感兴趣，可以在 MSDN 上找到更多相关的详细信息。建议首先访问 http://msdn.microsoft.com/en-us/library/hh265137(v=vs.110)并了解其中的内容。

可以在 Windows 8 应用中使用 C++ AMP，相关信息将在接下来的练习中介绍。在该练习中，你将对一个包含 1000 行和 1000 列的浮点数矩阵执行乘法运算。这是一个非常复杂的操作，因为矩阵非常大。为了同时计算 100 万个单元，该操作需要执行 1000 次浮点数对乘法运算，然后对这些乘法运算的结果进行加总。这总共有 20 亿次运算。

在接下来的练习中，你将使用传统的顺序算法以及 C++ AMP 来实现上述运算。

注意：可以通过阅读 http://en.wikipedia.org/wiki/Matrix_multiplication 中的文章补充自己有关矩阵乘法运算的知识。

试一试　在 Windows 8 应用程序中使用 C++ AMP

要比较顺序矩阵乘法运算算法与 C++ AMP 矩阵乘法运算算法，请按照下面的步骤进行操作。

(1) 从 CppDemo Start 文件夹中打开 CppDemo 解决方案，除非该解决方案仍在 Visual Studio IDE 中处于打开状态。

(2) 在解决方案资源管理器中，双击 MainPage.xaml.cpp 文件，并使用下面粗体形式的代码填充 CalculateSerialButton_Tapped()方法的主体：

C++

```
void MainPage::CalculateSerialButton_Tapped(Object^ sender,
TappedRoutedEventArgs^ e)
{
  Feature4OutputText->Text += "Sequential matrix multiplication
                                              started...\n";
  CalculateSerialButton->IsEnabled = false;
  MatrixOperation matrixOp;
  task<unsigned long long> matrixTask
                          (matrixOp.MultiplyMatrixSeriallyAsync());
  matrixTask.then([this](unsigned long long elapsed)
```

```cpp
    {
      CalculateSerialButton->IsEnabled = true;
      wstringstream streamVal;
      streamVal << "Sequential operation executed in " << elapsed << "ms.\n";
      Feature4OutputText->Text += ref new String(streamVal.str().c_str());
    });
}
```

(3) 将下面粗体形式的代码复制到 CalculateWithAMPButton_Tapped()方法的主体中：

C++

```cpp
void MainPage::CalculateWithAMPButton_Tapped(Object^ sender,
TappedRoutedEventArgs^ e)
{
  Feature4OutputText->Text += "AMP matrix multiplication started...\n";
  CalculateWithAmpButton->IsEnabled = false;
  MatrixOperation matrixOp;
  task<unsigned long long> matrixTask
                          (matrixOp.MultiplyMatrixWithAMPAsync());
  matrixTask.then([this](unsigned long long elapsed)
  {
    CalculateWithAmpButton->IsEnabled = true;
    wstringstream streamVal;
    streamVal << "AMP operation executed in " << elapsed << "ms.\n";
    Feature4OutputText->Text += ref new String(streamVal.str().c_str());
  });
}
```

(4) 在解决方案资源管理器中，双击 MatrixOperation.cpp 文件，并将下面使用顺序方法的粗体形式代码填充到 MultiplySequential()方法的主体中：

C++

```cpp
void MatrixOperation::MultiplySequential(vector<float>& vC,
  const vector<float>& vA, const vector<float>& vB,
  int M, int N, int W)
{
  for (int row = 0; row < M; row++)
  {
    for (int col = 0; col < N; col++)
    {
      float sum = 0.0f;
      for(int i = 0; i < W; i++)
        sum += vA[row * W + i] * vB[i * N + col];
      vC[row * N + col] = sum;
    }
  }
}
```

(5) 将下面粗体形式的代码复制到 MultiplyAMP()方法的主体中：

```cpp
void MatrixOperation::MultiplyAMP(vector<float>& vC,
  const vector<float>& vA, const vector<float>& vB,
  int M, int N, int W)
{
  concurrency::array_view<const float,2> a(M, W, vA);
  concurrency::array_view<const float,2> b(W, N, vB);
  concurrency::array_view<float,2> c(M, N, vC);
  c.discard_data();
  concurrency::parallel_for_each(c.extent,
  [=](concurrency::index<2> idx) restrict(amp) {
    int row = idx[0]; int col = idx[1];
    float sum = 0.0f;
    for(int i = 0; i < W; i++)
      sum += a(row, i) * b(i, col);
    c[idx] = sum;
  });
}
```

(6) 通过按 Ctrl+F5 快捷键构建并启动应用程序。在功能列表中，选择 Using C++ AMP 项，并单击或点击 Multiply Matrices Sequentially (顺序对矩阵执行乘法运算)按钮。根据你所用计算机的性能，大约在 5~20 秒后，你将收到有关操作成功的消息，并指出执行时间。

(7) 现在，单击或点击 Multiply Matrices with C++ AMP 按钮。正如可以从消息中看到的，该操作所需的时间要短一些。其所需时间应该比顺序执行快大约 10~25 倍，具体取决于你的计算机和 GPU。

(8) 关闭应用程序。

注意：可以在本书的合作站点 www.wrox.com 上找到本练习对应的完整代码进行下载，具体位置为 CppDemo Complete 文件夹。

示例说明

相对于你在前面各个练习中了解到的技术，在步骤(2)和步骤(3)中创建的代码非常简单。这些代码段通过异步方式调用顺序矩阵乘法运算和基于 AMP 的矩阵乘法运算。该操作最主要的部分通过 MatrixOperation 类的 MultiplySequential()和 MultiplyAMP()方法来完成，这两个方法在步骤(4)和步骤(5)中创建。

这两个方法都使用扁平向量来表示矩阵。MultiplySequential 方法完全是根据最简单的矩阵乘法运算算法进行操作，不需要做进一步的解释。

但是，MultiplyAMP()方法却完全不同。乍一看，它并不是非常直接明了。前三行定义应该在 GPU 上分别通过 a、b 和 c 变量将 vA、vB 和 vC 向量作为二维浮点数组(矩阵)进行管理，如下所示：

```
concurrency::array_view<const float,2> a(M, W, vA);
concurrency::array_view<const float,2> b(W, N, vB);
concurrency::array_view<float,2> c(M, N, vC);
```

array_view 类型负责管理 CPU 与 GPU 之间的数据移动。c.discard_data()方法声明 GPU 上的 c 矩阵不应该重新复制到 vC 向量中。接下来的两行使用 lambda 表达式声明要在 GPU 上执行的 parallel_for_each 构造,如下所示:

```
concurrency::parallel_for_each(c.extent,
[=](concurrency::index<2> idx) restrict(amp) {
```

它声明该并行循环应该遍历 c 矩阵(c.extent)的所有单元,并且在该循环的主体内,当前单元通过 idx 索引来标识,该索引具有两个维度(矩阵单元的行索引和列索引)。restrict(amp)子句向编译器通知两件事情。首先,循环的主体应该编译为可以在 AMP 兼容硬件(例如,使用 DirectX11 驱动程序的 GPU)上运行的代码。其次,在主体中只允许使用这些可以通过 AMP 进行管理的语句和构造。例如,你不能在循环主体中打开文件,因为该操作无法在 GPU 上执行。循环的主体只计算通过 idx 引用的单元值。

非常好的一点是,该并行构造让 DirectX11 驱动程序和 GPU 来决定并行的程度。例如,如果 GPU 支持 128 个独立处理通道,就可以同时计算 128 个单元值。

13.4 小结

在创建 Windows 8 应用程序时,C++是与其他语言(C#、Visual Basic 和 JavaScript)共存的一种编程语言。由于诸如平板电脑、智能手机以及超级移动计算机等新设备的出现,可以说 C++经历了一次复兴。相比于台式计算机,这些设备的 CPU 和 GPU 在功能上要差一些,并且它们还必须节约用电,然而,用户的期望(最重要的是,UI 的响应能力)却非常高。在这些设备中,应用程序性能是一个关键因素。C++的低级构造及其功能直接利用基础硬件功能,使得 C++成为这些新设备的最佳编程语言。

在过去,C++提供的生产效率从来都没有超过其他(特别是托管)语言。但是,C++11 标准向该语言中添加了一些新的功能,使其更加整洁、快速,并且更加健壮。为了使其能够广泛应用于 Windows 8 应用开发,Microsoft 通过一些新功能对该语言进行了扩展。这些功能可以提供与 Windows 运行时的无缝集成,并且新的构造(例如,泛型、值、引用类型等)使得 C++项托管语言一样强大。

C++在 Windows 8 应用程序开发方面具有一些独特的功能。它可以使用 DirectX 技术,并创建利用 Direct2D、Direct3D、DirectWrite 和 XAudio2 的 Windows 8 应用,除此之外还可以执行许多其他操作。为了利用诸如 GPU 和 APU 等硬件加速设备,Microsoft 创建了一种新技术,称为 C++ AMP,它只能通过 C++进行访问。

第 14 章将介绍一些高级技术,有助于创建混合应用程序(使用多种混合编程语言的应用程序)并执行一些常用的琐碎操作,例如,运行后台任务或者管理网络状态更改。

练 习

1. 为什么C++编程语言在移动Windows 8风格应用程序开发中具有如此重要的作用？
2. 哪种C++新功能允许通过状态管理将算符转换为匿名函数？
3. ^(乘幂号)运算符的作用是什么？
4. 哪种运算符可以用于创建引用计数Windows运行时类型？
5. 如何混合在C++标准模板库(STL)中声明的类型与Windows运行时类型？
6. 你会使用哪种技术创建速度非常快的C++函数来反转大型位图的颜色？

 注意：可以在附录A中找到上述练习的答案。

本章主要内容回顾

主 题	主 要 概 念
C++11	C++标准的最新主要修订版是C++11，于2011年8月12日得到ISO/IEC的批准认可
auto关键字	这是C++11中的一项新功能，可以实现自动类型推断，前提是提供显式的初始值设定项。编译器可以通过初始化值推断变量的类型
C++11中的智能指针	C++11弃用auto_ptr，并且引入了3个新的智能指针，分别是unique_ptr(对象的唯一所有权)、shared_ptr(对象的共享所有权)和weak_ptr(对象的非拥有引用)
右值引用	C++11使用&&符号将右值(右侧的值)引用绑定到标识符
移动语义	C++11引入了移动语义，以便在应该在调用方和被调用方方法之间复制大量数据的情况中提高性能。移动语义允许移动数据的所有权，而不是数据本身
Lambda函数	Lambda函数属于异步函数，允许从表达式的封装作用域内捕获变量
适用于Windows运行时的C++	在Visual Studio 2012中，Microsoft向C++中添加了一些新功能，以便能够像开发人员过去在.NET Framework中那样轻松地管理Windows运行时对象。这组新的语言扩展称为适用于Windows运行时的C++
C++组件扩展	Microsoft提供了C++组件扩展(C++/CX)以便提供到外部类型系统的绑定，如.NET或JavaScript引擎使用的类型系统
引用计数器管理	Windows运行时类型是COM类型，因此引用计数是它们的固有特征。针对引用Windows运行时类型的指针，提供了一种特殊的符号。"^"("乘幂号"或"句柄")符号表示它们是引用计数类型，并且必须使用ref new关键字进行分配。使用"^"和ref new，编译器将自动接管管理引用计数和对象释放的任务

(续表)

主　题	主　要　概　念
COM 异常	Windows运行时仍然使用COM，不过现在它也允许结构化异常处理。现在，你不必直接处理HRESULT代码，而是可以捕获并处理表示这些HRESULT代码的异常
在 Visual Studio 中创建 C++项目	使用 File | New Project 命令(或者按 Ctrl+Shift+N 组合键)，并在 Templates 下选择 Visual C++节点，可以列出可用的 C++模板。设置解决方案属性，然后单击 OK 按钮即可创建选定的项目
Platform::String	该Windows 运行时类型是封装STL 的wstring类型的一种非常精简的包装类型，用于跨越 Windows 运行时边界传递引用计数不可变字符串值
Windows 运行时集合	可以使用这些类型跨越 Windows 运行时边界传递引用计数集合。它们可以与 STL 的标准集合类型结合使用
并行模式库(PPL)	该库提供一些有用的类型，用于使用具有后续内容的任务模式在 C++中实现异步操作
C++ AMP	Accelerated Massive Parallelism (AMP)是 C++的一项独特功能。它可以使用硬件加速设备(如 GPU 和 APU)执行通过 C++编写的程序。对于在这些设备上运行的方法，它可以提供巨大的性能提升

第 14 章

高级编程概念

本章包含的内容:

- 了解适合于使用多种编程语言构建解决方案(混合解决方案)的情况
- 了解 Windows 8 中后台任务的作用和实现
- 了解如何查询连接到计算机的内部和外部输入设备的功能

适用于本章内容的 wrox.com 代码下载

可以在 www.wrox.com/remtitle.cgi?isbn=012680 上的 Download Code 选项卡中找到适用于本章内容的 wrox.com 代码下载。代码位于 Chapter14.zip 下载压缩包中,并且单独进行了命名,如对应的练习所述。

顾名思义,这一章将介绍一些概念,从而使你能够开发更为高级的 Windows 8 应用。到目前为止,你应该已经了解了全部 4 种 Windows 8 编程语言(即 C++、C#、Visual Basic 和 JavaScript)。在前面的章节中,你曾经使用它们作为唯一的选择来实现应用。这一章将介绍如何混合使用这些语言,以便提供在生产效率、用户体验和性能方面都达到最佳的解决方案。

在 Windows 8 中,为了提供最佳的用户体验,只有位于前台的应用程序可以从系统接收资源。位于后台的应用程序(也就是,已挂起应用程序)无法运行代码。但是,在某些情况中,甚至是已挂起应用程序也应该能够连接到外部世界,例如,检查新电子邮件、从 Internet 下载信息等。Windows 8 提供了后台任务的概念,相关信息将在本章内容中介绍。

Windows 8 支持很多输入设备。一个设计良好的应用应该能够使用各种不同的输入设备,具体取决于可用性、设备功能以及用户的选择。在这一章中,你将了解到如何查询输入设备功能,以便能够在应用中提供最佳的用户体验。

14.1 使用多种语言构建解决方案

前面的章节已经介绍了每种 Windows 8 编程语言的特点。你已经了解到，HTML 和 JavaScript 非常适合利用现有的 Web 编程知识。C#和 Visual Basic 适合处理 XAML，尤其是在你已经拥有 Silverlight 和/或 Windows Presentation Foundation (WPF)使用经验的情况下。C++在性能方面具有优势，并且可以直接访问系统资源。

当想要设计一个应用程序并准备开发项目时，需要做出的最重要的决定之一就是选择编程语言。在为某个特定的应用程序选择正确语言时，往往很难选出在各个方面实现最佳平衡的语言，因为有多种选项可供选择。例如，假定你想要创建一个 Web 页面样式的应用程序，并运用你所掌握的 HTML/JavaScript 知识，但是你仍然具有大量使用 C#编写的现有基本代码。或者，假定你必须创建一种速度非常快的算法以及设计良好的用户界面(UI)，并且你了解 C#和 XAML，但你猜想 C++ Accelerated Massive Parallelism (AMP)可能会提供最佳解决方案。

请注意，在创建 Windows 8 应用时，并没有限定你只能使用一种编程语言！可以创建允许混合使用多种编程语言的解决方案。如果已经拥有现有代码库，就可以重用它们，以简化自己的工作。可以将自己的应用程序分解为多个组件，然后便可以为每个组件使用不同的编程语言。Visual Studio 2012 支持混合语言模型。

14.1.1 混合解决方案

通常情况下，使用多种编程语言的解决方案称为混合解决方案。一个 Visual Studio 混合解决方案至少包含两个使用两种不同编程语言的项目。当然，一个 Visual Studio 项目可能仅使用一种编程语言，因为项目是最小的物理编译单元。但是，每个项目可以使用已经构建好的二进制组件，而这些组件可能使用其他语言创建。

一般情况下，一个应用程序可以分解为多个软件层。下面列出了一种可能的分解方案。

- **应用程序的 UI 层**——该层负责呈现和显示 UI，并允许用户交互(包括导航)。
- **应用程序逻辑层**——该层实现应用程序的逻辑(工作流、算法和规则)，通常情况下使用一种更为详细的组件模型。
- **数据和服务访问层**——该层提供对应用程序使用的数据和服务的访问。数据或服务可以属于你的应用程序，也可以由第三方提供。
- **设备访问层**——在某些特定的情况中，必须从应用程序访问特殊的设备(如条码读取器、安全设备、特殊硬件等)。

可以为每个软件层选择一种单独的编程语言。此外，如果在某一层中具有多个物理组件，那么可以在其自己的编程语言中实现每个组件。

如果广泛使用.NET Framework，就应该已经了解到，使用单个.NET 语言编写的程序集可以轻松地彼此引用。在 Visual Studio 解决方案中，可以将一个项目(使用 Visual Basic 编写)作为引用项目添加到另一个项目(使用 C#编写)中，因此，可以在宿主项目中访问引用项目中的类型和操作。例如，一个C#项目可以调用在另一个Visual Basic项目中实现的操作。

Windows 8编程语言更加形色各异。C++会编译为特定于CPU的代码。.NET语言使用仅在运行应用程序时编译为机器指令的中间语言。JavaScript提供了第三种方法，因为它有自己的运行时引擎。如何使这些形色各异的语言相互协作并能够访问彼此的对象和操作？

答案就是Windows运行时。每种编程语言都可以使用Windows运行时对象。如果想要利用任何其他语言中的一个组件，就可以通过Windows运行时对象公开相应的功能！使用Visual Studio，可以轻松地实现。

14.1.2 创建具有C#和C++项目的混合解决方案

为了了解如何使用混合解决方案，我们来创建一个非常简单的Windows 8应用，用于显示1~5000之间的素数。假定你希望创建一个性能优异并且使用较少内存的应用。你决定使用埃拉托色尼素数筛选法来收集2到某个上限值(可以由用户指定)之间的素数。如果上限值为n，该算法将使用一个包含n个布尔值的数组。你选择使用C++语言，因为它可以提供最佳性能，并且也可以通过在单个字节中表示8个标志来节省内存使用。但是，你是一位经验丰富的C#开发人员，因此，你决定使用C#创建该Windows 8应用的UI。

注意：要补充有关埃拉托色尼素数筛选法的知识，可以访问http://www.en.wikipedia.org/wiki/Sieve_of_Eratosthenes。

在接下来的练习中，你将使用一个准备好的示例，该示例可以在Chapter14.zip下载压缩包的CSharpHybrid Start文件夹中找到。该项目包含UI的骨架，你将使用用于实现埃拉托色尼素数筛选法的C++项目对其进行扩展。

试一试 创建具有C#和C++项目的混合解决方案

要使用新的C++项目扩展准备好的C#解决方案，请按照下面的步骤进行操作。

(1) 在Visual Studio中，打开CSharpHybrid Start解决方案。在解决方案资源管理器中，可以看到，该解决方案只包含一个名为CSharpHybrid的C#项目。该解决方案使用C#空白应用程序模板创建，并通过一些自定义样式进行了扩展。

(2) 在解决方案资源管理器中，选择Solution(根)节点。选择File | Add New Project命令。当Add New Project对话框打开时，在Installed节点下选择Visual C++节点，并选择Windows Runtime Component模板，如图14-1所示。

(3) 将该项目命名为PrimeNumbers，然后单击OK按钮。IDE会将这个新项目添加到解决方案中，现在，该解决方案将包含两个项目，一个使用C#语言，另一个使用C++语言。这两个项目彼此独立。

(4) 在解决方案资源管理器中，展开CSharpHybrid (C#)项目节点，然后右击References节点。在弹出的上下文菜单中，选择Add Reference命令。此时将打开Reference Manager对话框。

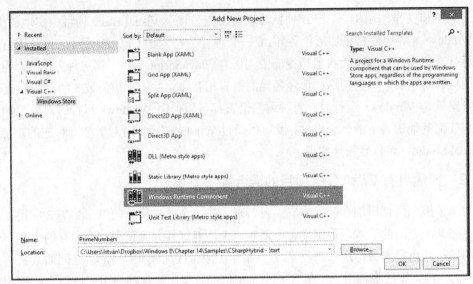

图 14-1　使用 C++ Windows Runtime Component DLL 模板新建项目

(5) 在该对话框中，选择 Solution 节点，并选中 PrimeNumbers 项目，如图 14-2 所示。单击 OK 按钮将该项目引用添加到 CSharpHybrid 中。PrimeNumbers 项目将立即显示在 CSharpHybrid 项目的 References 节点中，如图 14-3 所示。

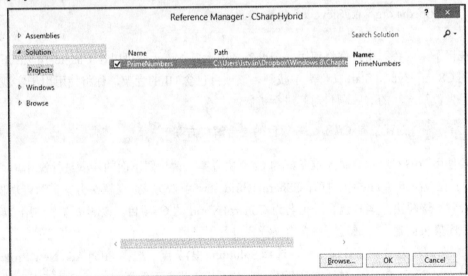

图 14-2　从 CSharpHybrid 引用 PrimeNumbers 项目

(6) 通过按 F7 键构建解决方案。

(7) 在解决方案资源管理器中，右击 Solution 节点，并在显示的上下文菜单中选择"Open Folder in Windows Explorer"(在 Windows 资源管理器中打开文件夹)命令。在 Windows 资源管理器中，导航到 Debug\PrimeNumbers 文件夹。在该文件夹中，可以找到 PrimeNumbers.winmd 文件，其中包含 C++项目的 Windows 运行时元数据，此外，还可以发现一个 PrimeNumbers.dll 文件，如图 14-4 所示。

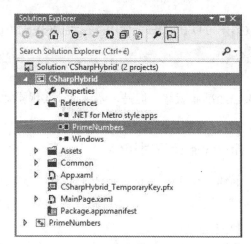

图 14-3　PrimeNumbers 显示在 CSharpHybrid 的引用中

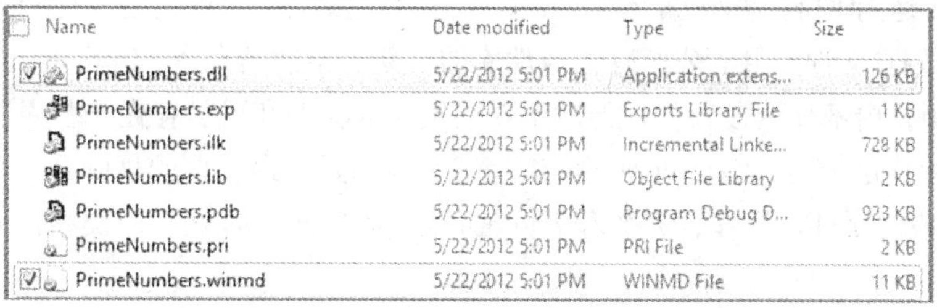

图 14-4　PrimeNumbers.dll 以及相关的.winmd 文件

(8) 在解决方案资源管理器中，展开 MainPage.xaml节点，然后双击MainPage.xaml.cs 文件将其打开。在代码编辑器中，导航到最后一条using指令之后的第一个空行。开始输入P，智能感知功能将显示可能的后续内容的列表，其中包括PrimeNumbers名称空间，如图 14-5 所示。

(9) 按 Tab 键，并使用分号结束该行，如下所示：

图 14-5　智能感知功能提供 PrimeNumbers 的后续内容

```
using PrimeNumbers;
```

(10) 现在，CSharpHybrid 项目(C#)具有一个对 C++项目的有效引用。按 F7 键确认该解决方案仍然可以正常运行。

示例说明

在步骤(1)中打开的解决方案包含 UI 层。为了实现埃拉托色尼素数筛选法，在步骤(2)中，使用 WinRT Component DLL 模板向解决方案中添加了一个 C++项目。该模板会编译为具有元数据文件的 Windows 运行时组件，正如在图 14-4 中所看到的。

为了利用 PrimeNumbers 组件，从 CSharpHybrid 项目对其进行了引用。在步骤(7)中构建了解决方案以后，元数据便可以在 IDE 中使用。在步骤(8)中使用了智能感知功能，它可以提供 using 指令的后续内容。

你的混合项目的骨架已经准备就绪，但是，你还必须实现素数收集算法，并将其与 UI 进行集成。

14.1.3　创建和使用 Windows 运行时组件

可以从任何 Windows 8 语言使用 Windows 运行时组件。因此，如果想要创建能够从任何 Windows 8 应用利用的可重用项目，而不依赖于用于实现某种特殊应用程序的编程语言，那么可以将其实现为 Windows 运行时组件。可以使用 C++、C#和 Visual Basic 来实现该目的，但是，由于自身固有的性质，你不能使用 JavaScript 创建这些组件。

Windows 运行时组件将编译为.dll 文件，并且构建过程总是会生成一个.winmd (Windows元数据)文件，用于公开有关组件库的公共类型的信息。尽管可以随时在Windows 运行时组件项目内部使用该组件，但对于想要发布的类型和成员存在一些限制。

这些限制特定于实现组件所使用的编程语言。但是，最重要的规则是，公共类型及其成员(包括字段、属性、操作、参数和返回值)必须为 Windows 运行时类型，并且独立于所用的语言。

> **注意**：有关使用C++创建Windows运行时组件的规则和限制在相应的MSDN库页面上进行了详细的介绍，网址为http://msdn.microsoft.com/en-us/library/windows/apps/hh441569(v=vs.110).aspx。当然，也可以使用C#和Visual Basic。这些语言也存在其他一些限制，因为.NET和Windows运行时类型系统不同。可以访问http://msdn.microsoft.com/en-us/library/windows/apps/br230301(v=vs.110).aspx了解详细信息。

幸运的是，如果尝试在 Windows 运行时组件的公共接口中公开无效的类型或成员，那么构建过程总是会引发错误。如果遇到以其他方式执行代码(编译为非 Windows 运行时组件)而没有引发的异常错误和警告，则很可能是因为你已经违反了某种限制。

在接下来的练习中，你将实现在前一个练习中准备好的 PrimeNumbers 组件。

试一试　使用 C++实现 Windows 运行时组件

要使用 C++实现 PrimeNumbers 组件，请按照下面的步骤进行操作。

(1) 在 Visual Studio 中，打开 CSharpHybrid Start 解决方案，除非该解决方案仍处于打开状态。

(2) 在解决方案资源管理器中，展开 PrimeNumbers 节点，然后双击 WinRTComponent.h 文件将其打开。在代码编辑器中，输入下面粗体形式的代码以创建素数收集算法的定义。

第 14 章 高级编程概念

C++

```cpp
#pragma once

#include <collection.h>

namespace PrimeNumbers
{
  public ref class Prime sealed
  {
    public:
    Prime();
    Windows::Foundation::Collections::IVectorView<unsigned long long>^
    GetPrimes(int upperBound);
  };
}
```

(3) 打开 WinRTComponent.cpp 文件。删除其内容并输入下面的代码以实现该算法:

C++

```cpp
#include "pch.h"
#include "WinRTComponent.h"
#include <cmath>

using namespace PrimeNumbers;

Prime::Prime() {}

Windows::Foundation::Collections::IVectorView<unsigned long long>^
  Prime::GetPrimes(int upperBound)
{
  // ~DH- 创建一个位数组并将所有元素初始化为 1
  int length = upperBound/8 + 1;
  char* numberFlags = new char[length];
  for (int i = 0; i < length; i++) numberFlags[i] = (char)0xff;

  // ~DH- 使用埃拉托色尼素数筛选法
  int seekLimit = (int)sqrt(upperBound);
  for (int i = 2; i <= seekLimit; i++)
  {
    if (numberFlags[i>>3] & (0x80 >> i % 8))
    {
      for (int j = i + i; j < upperBound; j += i)
      {
        numberFlags[j>>3] &= ~(0x80 >> j % 8);
      }
    }
  }

  // ~DH- 收集素数
```

477

```cpp
  std::vector<unsigned long long> primeNumbers;
  for (int i = 2; i < upperBound; i++)
  {
    if (numberFlags[i>>3] & (0x80 >> i % 8)) primeNumbers.push_back(i);
  }
  return (ref new Platform::Collections::
    Vector<unsigned long long>(move(primeNumbers)))->GetView();
}
```

(4) 通过按 F7 键构建解决方案。现在，PrimeNumbers Windows 运行时组件已经可供使用。

(5) 在解决方案资源管理器中，展开 CSharpHybrid 项目，然后打开 MainPage.xaml.cs 文件。在代码编辑器中，将下面粗体形式的代码输入到该文件中：

C#

```csharp
using Windows.UI.Xaml.Controls;
using Windows.UI.Xaml.Input;
using System.Text;
using PrimeNumbers;

namespace CSharpHybrid
{
  public sealed partial class MainPage : Page
  {
    public MainPage()
    {
      this.InitializeComponent();
    }

    private void DisplayPrimesButton_Tapped(object sender,
      TappedRoutedEventArgs e)
    {
      var builder = new StringBuilder("Prime numbers between 1 and 5000:\n");
      var primes = new Prime().GetPrimes(5000);
      bool appendComma = false;
      foreach (var prime in primes)
      {
        if (appendComma) builder.Append(", ");
        builder.Append(prime);
        appendComma = true;
      }
      OutputText.Text = builder.ToString();
    }
  }
}
```

(6) 通过按 Ctrl+F5 快捷键构建并运行项目。单击或点击 Display Prime Numbers (显示素数)按钮，你将立即看到结果，如图 14-6 所示。

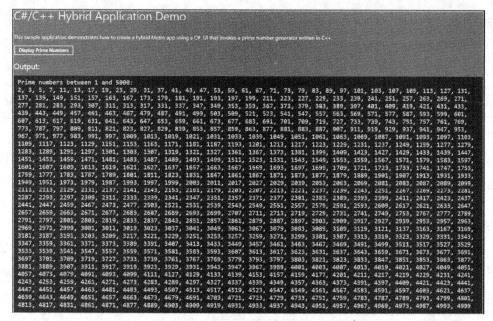

图 14-6　运行中的 CSharpHybrid 项目

(7) 关闭应用程序。

　注意：可以在本书的合作站点 www.wrox.com 上找到本练习对应的完整代码进行下载，具体位置为 CSharpHybrid→Complete 文件夹。

示例说明

在步骤(2)中，你以 public ref class Prime sealed 的形式声明了用于实现素数收集算法的类。在该声明中，public ref class 告诉编译器，该引用类应该在组件接口上公开。需要使用 sealed 修饰符，以便也可以从 JavaScript 代码使用该组件。

GetPrimes()方法接受 int 参数，它不是 Windows 运行时类型，但 C++编译器会自动将其封装到 32 位整数的 Windows 运行时表示形式中。该方法返回一个 IVectorView<usingned long long>，这是一个可以跨越 Windows 运行时边界的正确类型。

你在步骤(3)中指定的算法使用一个 char 数组，在该数组中，每一位表示一个数字。埃拉托色尼素数筛选法使用该数组，最后，它会将筛选法挑选出来的数字转换为一个向量，并使用 GetView()方法检索相关的 IVectorView 对象。

DisplayPrimesButton_Tapped()方法使用 StringBuilder 对象并迭代结果，以显示该算法收集的每个数字。

混合解决方案非常有用，因为它们提供了一种方式，可以将各种 Windows 8 编程语言的最佳功能合并到一个出色的应用程序中。在下一节中，你将了解到如何在应用程序中加入后台任务，即使你的应用没有位于前台，这些后台任务也可以自动运行。

14.2 后台任务

正如你已经在第 9 章中所了解到的，Windows 8 引入了一种新的应用程序行为模型。当用户与 Windows 8 应用交互时，它们位于前台，并且获取相应的系统资源，以便通过持续的响应能力提供卓越的用户体验。但是，当应用程序不在前台时，它会被挂起，并且无法运行任何代码。当用户将该应用程序重新切换到前台时，它可以继续执行其操作。在某些情况中，已挂起的应用会因为系统资源有限而终止。这种模型可以确保用户体验不会受到延迟或运行缓慢等因素的影响，因为在后台运行的应用程序无法获取资源。

但是，在某些情况下，已挂起的应用必须仍然能够与外部世界进行通信。例如，邮件应用必须能够检查收件箱，即使没有位于前台也是如此。此外，当看到 Windows 8 锁屏并且没有显式启动该邮件应用时，它也应该能够显示新邮件的数量。

> **注意**：锁屏指的是在 Windows 启动后(登录之前)看到的屏幕，或者当使用 Windows+L 键序列或通过按 Ctrl+Alt+Del 组合键并选择 Lock 锁定设备时显示的屏幕。

Windows 8 中的某些机制可以使应用即使在没有位于前台时(也就是当其处于已挂起状态时)，也可以更新其内容，如下所述。

- 可以使用播放管理器在后台播放音频(有关开发音频感知应用和使用播放管理器的更多详细信息，请访问 http://msdn.microsoft.com/en-us/library/windows/apps/hh452724.aspx)。
- 通过后台传输 API，可以在后台下载和上传文件。可以查看 MSDN 页面 http://msdn.microsoft.com/en-us/library/windows/apps/hh452979.aspx 上的文章，它可以帮助你更好地使用该功能。
- 可以使用推送通知使应用磁贴保持更新，相关信息在第 9 章中已经介绍。

这些机制针对系统性能和电池使用寿命进行了优化，但是，它们都专门用于完成某种特定类型的任务。Windows 8 还提供了创建后台任务的功能。使用这些功能，已挂起的应用程序可以运行自己的代码以执行任务，并使已挂起应用程序的内容保持最新。

14.2.1 了解后台任务

绝大多数开发人员都知道，Windows 操作系统具有一种称为 Windows 服务的概念可以用于运行后台任务。许多操作系统组件都在 Windows 服务中运行，并且很多程序员都开发 Windows 服务作为其系统的一部分。实际上，Windows 服务在 Windows 8 中仍然可用，并且仍然是操作系统的基本组成部分。那么，问题就出现了，为什么 Windows 8 还要单独提出一个有关后台任务的概念呢？

Windows 服务在其自己的领域内具有绝对的统治地位，尽管操作系统对其拥有完全控制权限，但它们可以任意占用系统资源。它们的存在是为了实现那些繁重的后台处理任务，例如，分析和执行 SQL 查询、压缩文件、提供 Web 服务器等。

与 Windows 服务相对，后台任务是轻量级的构造，它们使用有限数量的系统资源来完成某种特定的琐碎任务。它们主要用于实时类应用程序，例如，聊天应用程序、电子邮件、IP 语音(VOIP)、财经板块、天气预报等。

1. 后台任务和系统资源

由于系统资源数量有限，你应该使用后台任务来处理较小的任务项，它们不需要用户交互，只提供最少的必要操作来使应用程序保持更新(例如，下载新电子邮件、发送用户输入的聊天消息或者从股票交易门户网站下载股票行情自动收录器信息)。很明显，像压缩平板电脑摄像头拍摄的图片或者执行繁琐、耗时的数学运算并不适合作为后台任务进行处理。

后台任务可以与 Windows 8 锁屏进行交互。从用户体验的角度来说，这一点非常重要，因为锁屏是吸引用户注意的绝佳位置。例如，显示未读电子邮件数量、传入聊天消息、来自社交门户的好友请求等，它们可以立即将用户带入相关的应用程序，而不必逐个浏览应用程序查看更新内容。

2. 后台任务的工作方式

后台任务可以在应用程序处于挂起状态时运行。但是，如果应用程序已挂起，则它无法运行任何代码。那么，后台任务如何才能知道何时运行？当然，已挂起的应用程序不能启动后台任务！后台任务由操作系统运行。它们关联到一个用于通知任务运行的触发器，此外，它们还可以关联到一组可选的条件。

例如，有一个名为 UserPresent 的触发器。该触发器表示以下事件：用户登录到计算机，或者休息(在短时间内计算机上没有用户活动)后返回计算机。与该触发器结合使用，InternetAvailable 条件表示后台任务将在用户在场并且 Internet 可用的情况下立即启动。如果用户返回计算机，但 Internet 不可用，那么后台任务不会启动。

当然，操作系统必须知道应用程序具有一个或多个后台任务，而且它还必须知道特定任务所绑定到的触发器和条件。由应用程序负责与操作系统协商有关其自己的后台任务的各种情景方案。如图 14-7 所示，整个过程分为以下几个步骤。

(1) 包含后台任务的应用程序注册有关应该用于启动后台任务的触发器的详细信息。在上述特定情况中，应用程序注册 UserPresent 触发器，这是一个系统事件触发器。

(2) 该应用程序在系统基础结构中注册用于实现后台任务的类。在该阶段中，应用程序会传递在上一步中指定的有关触发器的详细信息。

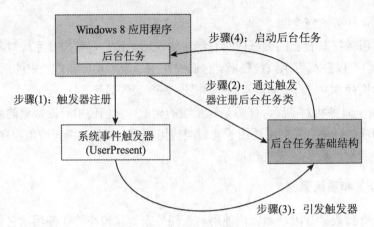

图 14-7 注册和触发后台任务

(3) 当事件触发时(在该示例中,为 UserPresent 事件),系统会通知后台任务基础架构。

(4) 基础结构知道在发生特定事件时应该启动的所有后台类(由于有了之前的注册过程),并通过实例化指定的后台任务类启动相应的任务。

3. 触发器事件和任务条件

Windows 8 后台任务基础结构定义几十个触发器事件。其中的绝大多数都是系统事件触发器。下面列出了其中的一部分。

- UserAway——用户离开(例如,他或她去喝点咖啡休息一下,因此离开计算机)。
- UserPresent——用户在场(例如,他或她休息完后返回,解锁设备并继续工作)。
- TimeZoneChange——设备上的时区发生变更(例如,当系统为适应夏令时而调整时钟时,或者用户在控制面板中更改当前时区)。
- NetworkStatusChange——发生网络变更,包括费用变更(例如,从无线公司网络转变为需要付费的手机网络)或连接变更(例如,Internet 变得不可用)等。

> 注意:可以从以下网址获取 Windows 8 支持的系统事件触发器的完整列表:
> http://msdn.microsoft.com/en-us/library/windows/apps/windows.applicationmodel.background.systemtriggertype.aspx。

表 14-1 列出了其他一些触发器事件所起的作用。

表 14-1 特殊触发器事件

触发器名称	说　　明
TimeTrigger	表示触发后台任务启动的时间事件

第 14 章 高级编程概念

(续表)

触发器名称	说　明
PushNotificationTrigger	表示为了响应收到的原始通知(即，不涉及 UI 的推送通知)而调用应用程序的某个后台任务项的事件
ControlChannelTrigger	允许针对某些网络传输(主要是 Windows.Networking.Sockets 名称空间中的网络传输)在后台接收实时通信
MaintenanceTrigger	只要系统使用交流电源，操作系统便会定期执行维护任务。当应该启动此类后台任务时触发该事件

在注册触发器时，可以选择添加条件，表 14-2 列出了一些重要的条件。

表 14-2　后台任务条件

条 件 名 称	满足条件的情况
InternetAvailable	Internet 可用
InternetNotAvailable	Internet 不可用
SessionConnected	会话已连接
SessionDisconnected	会话已断开连接
UserNotPresent	用户离开
UserPresent	用户在场

4. 锁屏和后台任务

用户可以将应用程序添加到锁屏中，并且这些应用程序可以显示重要的状态信息(如未读电子邮件数、聊天消息数、新加好友数等)。通过将这些应用程序放置在锁屏中，用户表明这些应用程序对于他或她特别重要。

后台任务是在锁屏与应用之间进行通信的关键。当用户看到锁屏时，显示其特定状态信息的应用程序可能并未运行，因此，实时显示最新信息的方式就是向锁屏中添加后台任务。

特定触发器仅限于锁屏上的应用程序。如果不在锁屏上的某个应用尝试使用此类触发器，那么即使触发了相应的事件，后台任务也不会启动。除 SystemTrigger 和 MaintenanceTrigger 之外的所有触发器都要求将应用添加到锁屏中。例如，这意味着你不能使用 TimeTrigger 定期执行后台任务，除非将应用分配到锁屏上。

注意：有一种 SystemTrigger 类型也需要将应用添加到锁屏中，那就是 SessionStart。

5. BackgroundTaskHost.exe 程序

如前所述，即使宿主应用程序没有运行，也可以触发后台任务。这意味着这些任务应该通过一种特殊的方式进行存放，使得操作系统可以将它们与其所有者应用(换句话说，就是为这些任务提供服务的应用)分开进行管理。

后台任务在类库中实现，该类库要么在其主应用程序中运行，要么在系统提供的可执行文件 BackgroundTaskHost.exe 中运行。当创建应用程序时，必须在软件包清单文件中声明宿主，以使系统了解你的意图。但是，对于后台任务触发器类型和宿主过程，存在一些规则，如下所述。

- 通过 TimeTrigger、SystemTrigger 或 MaintenanceTrigger 注册的任务必须存放在 BackgroundTaskHost.exe 文件中。
- 使用 ControlChannelTrigger 侦听的任务只能在宿主应用程序中运行。
- 使用 PushNotificationTrigger 事件的后台任务要么存放在主应用程序中，要么存放在 BackgroundTaskHost.exe 文件中。

注意：根据经验，应该将任务存放在 BackgroundTaskHost.exe 文件中，除非你的应用程序不需要直接存放该任务。

6. 在前台应用程序与后台任务之间进行通信

后台任务可以通过以下两种方式与主应用程序进行通信。

- 后台任务的进度可以报告回应用程序。
- 可以向应用程序通知任务完成。

上面两种机制都假定主应用程序正在前台运行；否则，来自后台任务的通知无法被主应用捕获。这些通知以事件的形式实现，因此，必须在前台应用中使用事件处理程序来响应这些通知事件。通常情况下，这些事件处理程序用于更新 UI。

由于即使前台应用程序已终止，后台任务仍然可以运行，因此，存在一种机制用于在前台应用程序启动时重新构建事件处理程序。位于前台的应用程序可以查询其自己的后台任务，并重新关联完成和进度事件处理程序。

7. 取消后台任务

在某些情况中(如电池电量低、网络断开连接等)，系统可以取消后台任务。为了节省电池电量和 CPU 带宽，取消的任务应该尽快完成其自己的工作，并且它们还可以保存其状态。为了接收取消通知，后台任务应该注册取消事件处理程序。任务必须在 5 秒钟内响应该取消通知，并从处理程序返回；否则，应用程序将终止。

行为正常的应用程序可以使用取消通知保存其状态，以便稍后后台任务重新启动时，可以从保存的状态继续执行该任务。

8. 应用程序更新

后台任务在系统中注册，因此在发生应用程序更新时它们持久化。该注册通过负责为任务提供服务的 Windows 运行时类的全名包含这些任务的入口点。但是，当应用程序更新时，并不保证在前一版本中存在的后台任务在更新后的版本中仍然存在。

应用程序可以为 ServicingComplete 触发器(SystemTrigger 的一个类型)注册后台任务，以便在应用程序更新时收到通知。当通知到达时，应用程序可以注销那些在新的应用程序版本中不再有效的后台任务。

现在，你已经了解了创建后台任务所需的全部基本知识，要想进一步巩固这些知识，最好的方法就是通过一些练习实际应用它们。

14.2.2 实现后台任务

后台任务是一种 Windows 运行时对象，该对象实现位于 Windows.ApplicationModel.Background 名称空间中的 IBackground 接口。后台任务在应用程序清单中声明，其中，将传递 Windows 运行时类型的全名作为任务入口点。任务对其入口点进行注册，通过该注册，系统可以精确了解能够在哪里找到并启动该任务。

1. 创建简单后台任务

在接下来的练习中，将介绍创建和使用后台任务的基本操作步骤。你将创建一个任务，该任务在 Internet 连接可用时触发，并将其报告回前台应用程序。为了实现该任务，你使用了 InternetStatusTaskSample – Start 解决方案，该解决方案可以在 Chapter14.zip 下载压缩包中找到。

试一试	创建后台任务

要创建一个与主应用程序通信的后台任务，请按照下面的步骤进行操作。

(1) 选择 File | Open Project 命令(或者按 Ctrl+Shift+O 组合键)，从本章对应的下载压缩包中的 InternetStatusTaskSample – Start 文件夹中打开 InternetStatusTaskSample.sln 文件。几秒钟之内，该解决方案就可以加载到 IDE 中。

(2) 在解决方案资源管理器中，选择 Solution 节点，然后使用 File | Add New Project 命令向解决方案中添加一个 C# Windows Runtime Component 项目。将该项目命名为 InternetStatusTask。

(3) 展开 InternetStatusTask 节点，然后将 Class1.cs 文件从项目中移除。

(4) 在解决方案资源管理器中，双击 Package.appxmanifest 文件。在清单编辑器中，单击 Declarations 选项卡，并从 Available Declarations 组合框中选择 Background Tasks。单击 Add 按钮。

(5) 在 Supported Task Types 下，单击 System event 复选框。在 Entry point 框中输入 InternetStatusTask.StatusWatcherTask，如图 14-8 所示。

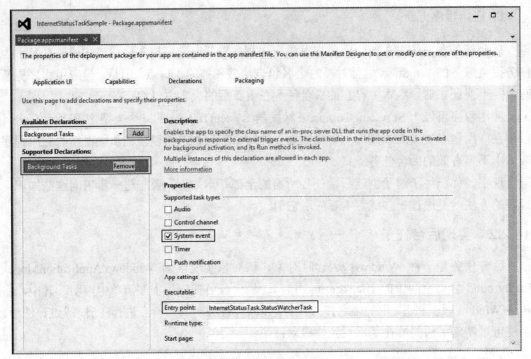

图 14-8 后台任务清单属性

（6）在解决方案资源管理器中，选择 InternetStatusTaskSample 项目，并添加 InternetStatusTask 项目的一个引用。

（7）向 InternetStatusTask 项目中添加一个新的代码文件，并将其命名为 StatusWatcherTask.cs。在该文件中输入以下代码：

C#

```csharp
using System;
using System.Diagnostics;
using Windows.ApplicationModel.Background;
using Windows.Storage;

namespace InternetStatusTask
{
  public sealed class StatusWatcherTask : IBackgroundTask
  {
    public void Run(IBackgroundTaskInstance taskInstance)
    {
      var settings = ApplicationData.Current.LocalSettings;
      var key = taskInstance.Task.TaskId.ToString();
      settings.Values[key] = string.Format(
      "StatusWatcherTask invoked at {0}", DateTime.Now);
    }
  }
}
```

(8) 打开 MainPage.xaml.cs 文件，并输入下面粗体形式的代码：

C#

```csharp
using System;
using Windows.UI.Core;
using Windows.UI.Xaml;
using Windows.UI.Xaml.Controls;
using Windows.UI.Xaml.Input;
using Windows.ApplicationModel.Background;
using Windows.Storage;

namespace InternetStatusTaskSample
{
  public sealed partial class MainPage : Page
  {
    private CoreDispatcher StatusDispatcher;
    public MainPage()
    {
      this.InitializeComponent();
      StatusDispatcher = Window.Current.CoreWindow.Dispatcher;
      UnregisterTaskButton.IsEnabled = false;
    }

    private void RegisterTask_Tapped(object sender, RoutedEventArgs e)
    {
      var builder = new BackgroundTaskBuilder();
      builder.Name = "StatusWatcherTask";
      builder.TaskEntryPoint = "InternetStatusTask.StatusWatcherTask";
      builder.SetTrigger(new SystemTrigger(
      SystemTriggerType.NetworkStateChange, false));
      IBackgroundTaskRegistration task = builder.Register();
      task.Completed += OnCompleted;
      RegisterTaskButton.IsEnabled = false;
      UnregisterTaskButton.IsEnabled = true;
      OutputText.Text += "StatusWatcherTask registered.\n";
    }

    private void UnregisterTask_Tapped(object sender,
                                       TappedRoutedEventArgs e)
    {
      foreach (var cur in BackgroundTaskRegistration.AllTasks)
      {
        if (cur.Value.Name == "StatusWatcherTask")
        {
          cur.Value.Unregister(true);
          OutputText.Text += "StatusWatcherTask unregistered.\n";
        }
      }
      RegisterTaskButton.IsEnabled = true;
```

```
      UnregisterTaskButton.IsEnabled = false;
}

    private async void OnCompleted(IBackgroundTaskRegistration task,
    BackgroundTaskCompletedEventArgs args)
    {
      await StatusDispatcher.RunAsync(CoreDispatcherPriority.Normal,
        () =>
        {
          try
          {
            var key = task.TaskId.ToString();
            var settings = ApplicationData.Current.LocalSettings;
            OutputText.Text += settings.Values[key].ToString() + "\n";
          }
          catch (Exception ex)
          {
            OutputText.Text += ex.ToString() + "\n";
          }
        });
    }
  }
}
```

(9) 通过按 Ctrl+F5 快捷键运行应用程序。单击 Register Background Task 按钮。

(10) 通过以下方式与 Internet 断开连接：从计算机上拔掉网线，或者在 Windows 8 中使用 Settings 超级按钮断开与无线网络的连接。应用程序将显示一条消息，提示 Internet 可用性丢失。

(11) 通过以下方式重新连接到 Internet：将网线重新插入计算机网口，或者使用 Settings 超级按钮连接到相应的无线网络。

(12) 单击 Unregister Background Task 按钮。应用程序应该显示消息，如图 14-9 所示。

(13) 关闭应用程序。

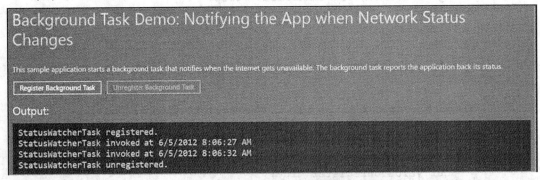

图 14-9　运行中的 InternetStatusTaskSample 应用程序

第 14 章 高级编程概念

 注意：可以在本书的合作站点 www.wrox.com 上找到本练习对应的完整代码进行下载，具体位置为 InternetStatusTaskSample→Simple 文件夹。

示例说明

正如你已经了解到的，后台任务作为 Windows 运行时类实现。在步骤(4)中，当将项目输出类型更改为 WinMD File 时，声明你想要创建一个 Windows 运行时 DLL 和一个相关的 .winmd 文件。

在步骤(6)中输入的代码实现 IBackgroundTask 接口的 Run()方法。它只是将 Internet 不可用的事实保存到应用程序设置中。

注册后台任务需要几步操作，如下所示：

```
var builder = new BackgroundTaskBuilder();
builder.Name = "StatusWatcherTask";
builder.TaskEntryPoint = "InternetStatusTask.StatusWatcherTask";
builder.SetTrigger(new SystemTrigger(
  SystemTriggerType.NetworkStateChange, false));
IBackgroundTaskRegistration task = builder.Register();
task.Completed += OnCompleted;
```

在上述代码中，关键组件是 BackgroundTaskBuilder 类。在调用用于检索任务注册实例的 Register()方法之前，设置了名称、入口点和触发器信息。在上述代码段中，使用了生成器的 SetTrigger()方法将任务与 Internet 访问不可用时的事件相关联。你想要处理任务完成时的事件，因此设置了 Completed 事件。

注销类需要按名称找到相应的后台任务，如下所示：

```
foreach (var cur in BackgroundTaskRegistration.AllTasks)
{
  if (cur.Value.Name == "StatusWatcherTask")
  {
    cur.Value.Unregister(true);
    OutputText.Text += "StatusWatcherTask unregistered.\n";
  }
}
```

BackgroundTaskRegistration 的 AllTasks 集合为你提供了你的应用程序注册的任务列表。代码在该集合中迭代并移除 StatusWatcherTask 实例。

OnCompleted()方法似乎有点长。但是，它并不是非常复杂。最重要的事项在于，它使用一个名为 StatusDispatcher 的 CoreDispatcher 实例调用 RunAsync()方法，以便异步执行事件处理程序。该操作是必需的，因为报告完成状态的线程不是 UI 线程，所以无法访问 UI 的元素。StatusDispatcher 针对 UI 线程执行指定的 lambda 方法。

489

该 lambda 方法的主体提取事件参数，对其进行检查，然后获取任务保存的状态信息，以便在 UI 上设置消息，如下所示：

```
var key = task.TaskId.ToString();
var settings = ApplicationData.Current.LocalSettings;
OutputText.Text += settings.Values[key].ToString() + "\n";
```

如果不按照步骤(8)和步骤(9)中所做的那样在应用程序清单文件中注册后台任务，那么该程序将无法运行。

正如你所看到的，断开网络连接以及连接到网络都会触发后台任务。

2. 管理任务进度和取消

前一个练习中的后台任务是一个超轻量级的任务。它只是保存消息。在现实生活中，后台任务通常会更加复杂，有时候，需要几秒钟(甚至一分钟)才能完成，因此，让后台任务向 UI 报告进度是一项非常有必要的功能。如果任务运行很长时间，那么绝大多数情况下都会取消它(例如，注销任务)。你的任务可以捕获取消通知，然后平稳地停止任务。

试一试   报告后台任务进度和处理取消

要向 StatusWatcherTask 中添加进度报告和取消管理，请按照下面的步骤进行操作。

(1) 从 InternetStatusTaskSample Start 文件夹中打开 InternetStatusTaskSample 解决方案，除非该解决方案仍在 Visual Studio IDE 中处于打开状态。

(2) 打开 StatusWatcherTask.cs 文件，并将现有代码替换为下面的内容：

C#

```csharp
using System;
using System.Diagnostics;
using Windows.ApplicationModel.Background;
using Windows.Storage;
using Windows.System.Threading;

namespace InternetStatusTask
{
  public sealed class StatusWatcherTask : IBackgroundTask
  {
    private volatile bool _cancelRequested = false;
    private BackgroundTaskDeferral _taskDeferral = null;
    uint _progress = 0;
    ThreadPoolTimer _timer = null;
    IBackgroundTaskInstance _instance;
    public void Run(IBackgroundTaskInstance taskInstance)
    {
      taskInstance.Canceled +=
        new BackgroundTaskCanceledEventHandler(OnCanceled);
      _taskDeferral = taskInstance.GetDeferral();
```

```
      _instance = taskInstance;
      _timer = ThreadPoolTimer.CreatePeriodicTimer(
        new TimerElapsedHandler(TimerCallback),
        TimeSpan.FromMilliseconds(2000));
    }

    private void OnCanceled(IBackgroundTaskInstance sender,
      BackgroundTaskCancellationReason reason)
    {
      _cancelRequested = true;
    }

    private void TimerCallback(ThreadPoolTimer timer)
    {
      if (_cancelRequested == false && _progress < 100)
      {
        _progress += 10;
        _instance.Progress = _progress;
      }
      else
      {
        _timer.Cancel();
        var settings = ApplicationData.Current.LocalSettings;
        var key = _instance.Task.TaskId.ToString();
        settings.Values[key] = _cancelRequested
          ? "Task cancelled." : "Task completed.";
        _taskDeferral.Complete();
      }
    }
  }
}
```

(3) 打开 MainPage.xaml.cs 文件，并将下面粗体形式的代码添加到 RegisterTask_Tapped() 方法中：

C#

```
IBackgroundTaskRegistration task = builder.Register();
task.Completed += OnCompleted;
task.Progress += OnProgress;
```

(4) 将下面的 OnProgress() 方法紧接着添加到 OnCompleted() 方法后面：

C#

```
private async void OnProgress(IBackgroundTaskRegistration task,
  BackgroundTaskProgressEventArgs args)
{
  await StatusDispatcher.RunAsync(CoreDispatcherPriority.Normal,
    () =>
```

```
    {
      try
      {
        OutputText.Text += String.Format("Background task progress: {0}%\n",
            args.Progress);
      }
      catch (Exception ex)
      {
        OutputText.Text += ex.ToString() + "\n";
      }
    });
}
```

(5) 通过按 Ctrl+F5 快捷键运行应用程序。单击 Register Background Task 按钮。

(6) 通过以下方式与 Internet 断开连接：从计算机上拔掉网线，或者在 Windows 8 中使用 Settings 超级按钮断开与无线网络的连接。应用程序将开始每隔 2 秒显示一次进度消息。请稍等，直到显示完所有状态消息(也就是说，进度达到 100%)。

(7) 单击 Unregister Background Task 按钮。应用程序应该显示消息，如图 14-10 所示。

(8) 通过以下方式重新连接到 Internet：将网线重新插入计算机网口，或者使用 Settings 超级按钮连接到相应的无线网络。

(9) 单击 Register Background Task 按钮，然后与 Internet 断开连接。当开始显示进度消息时，单击 Unregister Background Task 按钮。在几秒钟以后，任务将取消，如图 14-11 所示。

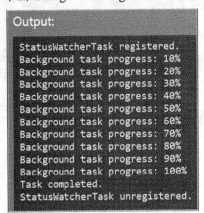

图 14-10 InternetStatusTaskSample 应用程序报告进度

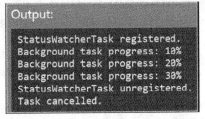

图 14-11 取消后台任务

(10) 重新连接到 Internet，然后关闭应用程序。

 注意：可以在本书的合作站点 www.wrox.com 上找到本练习对应的完整代码进行下载，具体位置为 InternetStatusTaskSample→Reporting 文件夹。

示例说明

StatusWathcerTask 的 Run()方法使用了一个计时器对象来模拟运行时间较长并使用少

量 CPU 的任务。该计时器设置为每隔 2 秒(也就是 2000 毫秒)调用一次 TimerCallback()方法，如下所示：

```
taskInstance.Canceled += new BackgroundTaskCanceledEventHandler
  (OnCanceled);
_taskDeferral = taskInstance.GetDeferral();
_instance = taskInstance;
_timer = ThreadPoolTimer.CreatePeriodicTimer(
  new TimerElapsedHandler(TimerCallback),
  TimeSpan.FromMilliseconds(2000));
```

但是，在激活该计时器之前，它设置了 Cancelled 事件处理程序以便获取取消通知。正常情况下，任务将在 Run()方法返回时完成。但是，在该方法中，Run()会在设置计时器后立即返回，而不是在完成任务后返回。为通知这种情况，代码段通过 GetDeferral()方法获取了一个对象。该调用的结果就是，在调用_taskDeferral 对象的 Complete()方法时，任务完成延迟。OnCanceled 事件处理程序只设置_cancelRequested 标志。

该练习最重要的部分在 TimeCallback()方法中完成，该方法首先检查取消或完成状态。在这两种情况中，都表示任务将要完成。除非任务已经完成，否则将增加进度计数器。然后，它取消计时器，并根据任务是取消还是已完成来设置响应消息。最重要的是，它调用了_taksDeferral.Complete()方法通知任务已完成其作业，如下所示：

```
_timer.Cancel();
var settings = ApplicationData.Current.LocalSettings;
var key = _instance.Task.TaskId.ToString();
settings.Values[key] = _cancelRequested
  ? "Task cancelled." : "Task completed.";
_taskDeferral.Complete();
```

任务的当前进度通过 OnProgress()方法来处理。该方法的结构与 OnCompleted()方法非常类似。使用了 StatusDispatcher 对象将活动定向到 UI 线程。通过下面这个简单的语句在 UI 中刷新进度：

```
OutputText.Text += String.Format("Background task progress:
    {0}%\n",
  args.Progress);
```

在步骤(6)中，当第一次与 Internet 断开连接时，任务已完成。但是，在步骤(9)中，当第二次断开网络连接时，你在后台任务完成前注销它，并且注销导致系统取消了该任务。

现在，你已经了解了后台任务的基本知识，接下来将介绍有关输入设备的内容。

14.3 输入设备

当创建应用程序时，必须准备好使用多种输入设备。在台式计算机中，键盘和鼠标是必不可少的输入设备，与之相对的是，便携式设备和平板电脑使用触笔与触控设备，或者

493

其他类似的数字化器设备。一个好的 Windows 8 应用应该做好相应的准备工作，以便能够在特定设备上提供最佳用户体验。

如果不了解可供应用程序使用的输入设备的类型，那么为用户提供最佳选择就不是一件容易的事。Windows 运行时为你提供了易于使用的对象，可以列出输入设备及其功能。

14.3.1 查询输入设备功能

Windows.Devices.Input 名称空间封装了一些对象类型，它们可以帮助你查询特定的设备功能。表 14-3 对这些类型进行了描述。

表 14-3　用于查询输入设备功能的辅助类

类　　型	说　　明
KeyboardCapabilities	可以使用该类确定任何连接的硬件键盘的功能，包括有线和无线键盘设备
MouseCapabilities	可以使用该类查询任何连接的鼠标设备的功能
TouchCapabilities	可以使用该类确定任何连接的触控数字化器的功能

每个类都有一组属性，用于访问设备功能信息。使用这些属性，可以获取有关输入设备的所有信息。

14.3.2 键盘功能

KeyboardCapabilities 类有单个名为 KeyboardPresent 的整型属性。当该整数值为 0 时，表示没有硬件键盘连接到计算机；否则，表示有硬件键盘连接到计算机。从技术上来说，可以将多个键盘连接到自己的计算机，但从输入功能的角度来说，使用多少个键盘没有关系，只要至少连接一个键盘即可。

下面的代码段说明使用 KeyboardCapabilities 非常简单。可以在 InputDevices\MainPage.xaml.cs 可下载代码文件中找到该代码。

```
var output = new StringBuilder();
// ...
output.Append("\n~DH- Querying keyboard capabilities\n");
var keyboardCaps = new KeyboardCapabilities();
output.Append(keyboardCaps.KeyboardPresent == 0
  ? "No keyboard device is present.\n"
  : "There is a keyboard device present.\n");
// ...
OutputText.Text = output.ToString();
```

14.3.3 鼠标功能

MouseCapabilities 类包含一些属性，表 14-4 列出了这些属性。

表 14-4 MouseCapabilities 类的属性

属 性 名 称	说 明
MousePresent	该属性获取一个整数值,用于表示计算机上是否存在鼠标。值为 0 时表示没有鼠标连接到计算机,值为 1 时表示至少有一个鼠标连接到计算机。该值并不表示连接的鼠标个数
NumberOfButtons	该属性获取一个值,用于表示鼠标上的按钮数。如果连接了多个鼠标,那么该属性将返回按钮数最多的鼠标所具有的按钮数。某些鼠标具有可编程按钮。该属性仅获取鼠标驱动程序报告的按钮数,该数字可能与实际的物理按钮数不同
SwapButtons	该属性获取一个值,用于表示是否有任何连接到计算机的鼠标交换了左键和右键。左手用户通常会交换鼠标按钮
HorizontalWheelPresent	该属性的值表示是否有任何连接到计算机的鼠标具有水平滚轮
VerticalWheelPresent	该属性的值表示是否有任何连接到计算机的鼠标具有垂直滚轮

下面的代码段显示了一个使用 MouseCapabilities 的简单示例(可以在 InputDevices\MainPage.xaml.cs 可下载代码文件中找到该代码)。

```
var output = new StringBuilder();
// ...
output.Append("\n~DH- Querying mouse capabilities\n");
var mouseCaps = new MouseCapabilities();
output.Append(mouseCaps.MousePresent == 0
  ? "No mouse is present.\n"
  : "There is a mouse present.\n");
output.AppendFormat("The mouse has {0} buttons.\n",
                                mouseCaps.NumberOfButtons);
output.AppendFormat("The user has {0}swapped the mouse buttons.\n",
  mouseCaps.SwapButtons == 0 ? "not " : "");
output.Append(mouseCaps.VerticalWheelPresent == 0
  ? "No vertical mouse wheel is present.\n"
  : "There is a vertical mouse wheel present.\n");
output.Append(mouseCaps.HorizontalWheelPresent == 0
  ? "No horizontal mouse wheel is present.\n"
  : "There is a horizontal mouse wheel present.\n");// ...
// ...
OutputText.Text = output.ToString();
```

14.3.4 触控设备功能

TouchCapabilities 类只包含两个属性,如表 14-5 所示。

表 14-5 TouchCapabilities 类的属性

属 性 名 称	说　　明
TouchPresent	该属性表示计算机是否具有任何触控数字化器设备(触笔或人工触控)。任何非零值都表示至少连接了一个触控数字化器设备
Contacts	该属性获取所有触控设备支持的最少接触点数量。在绝大多数情况中，该属性都返回值 1，即使设备允许多点触控也是如此，因为通常也会启用触笔设备，而这种设备仅支持一个接触点

下面提供了一个简短的代码段，用于演示TouchCapabilities的用法(可以在InputDevices\MainPage.xaml.cs可下载代码文件中找到该代码)。

```
var output = new StringBuilder();
// ...
output.Append("~DH- Querying touch capabilities\n");
var touchCaps = new TouchCapabilities();
output.Append(touchCaps.TouchPresent == 0
  ? "No touch device is present.\n"
  : "There is a touch device present.\n");
output.AppendFormat("The touch device supports {0} contacts.\n",
  touchCaps.Contacts);
// ...
OutputText.Text = output.ToString();
```

14.3.5　查询指针设备信息

你的计算机可能具有一个或多个指针设备。在很多应用程序中，了解哪些设备可用非常重要。Windows.Devices.Input 名称空间包含一个名为 PointerDevice 的类，可以使用该类查询指针设备信息。可以调用静态 GetPointerDevices()方法，列出你的系统上安装的所有指针设备。下面的代码段对该类的用法做出了最佳解释。可以在 InputDevices\MainPage.xaml.cs 可下载代码文件中找到该代码。

```
var output = new StringBuilder();
// ...
output.Append("\n~DH- Querying pointer device information\n");
var index = 0;
foreach (var device in PointerDevice.GetPointerDevices())
{
  string deviceType;
  switch (device.PointerDeviceType)
  {
    case PointerDeviceType.Mouse:
      deviceType = "mouse";
      break;
    case PointerDeviceType.Pen:
      deviceType = "pen";
      break;
```

```
      case PointerDeviceType.Touch:
        deviceType = "touch";
        break;
      default:
        deviceType = "unknown";
        break;
    }
    output.AppendFormat("Device #{0} is an {1} {2} device with {3} contacts.\n",
      index, device.IsIntegrated ? "internal" : "external",
      deviceType, device.MaxContacts);
    var rect = device.PhysicalDeviceRect;
    output.AppendFormat(
      "Device #{0} supports the [{1},{2}]-[{3},{4}] rectangle.\n",
      index,
      rect.Left, rect.Top, rect.Right, rect.Bottom);
    index++;
  }
  OutputText.Text = output.ToString();
```

注意：可以在本章对应的下载压缩包的 InputDevices 文件夹中找到之前的几个代码段。

每个设备都通过一个 PointerDevice 实例来表示，并且 foreach 循环对其进行迭代。PointerDeviceType 属性表示某种特定设备的类型可以是 Mouse、Pen 或 Touch 中的任意值。设备可以内置于计算机硬件中，也可以连接到计算机(例如，通过蓝牙控制器)。IsIntegrated 属性表示设备是与硬件集成，还是作为外部设备使用。触控设备可以具有多个接触点，正如 MaxContacts 属性所指出的。触控设备可以在二维坐标系中寻址虚拟点，而这些虚拟点可以使用 PhysicalDeviceRect 属性进行查询。

查询具有一个外部键盘和鼠标的 Windows 8 平板电脑上的所有设备功能会返回图 14-12 所示的信息。程序的输出体现出以下重要的情况。

有 3 个指针设备连接到该平板电脑，这一点可以通过图 14-13 底部的信息看出来。其中的一个(Device #2)是外部鼠标，另外两个内部设备分别是触笔和触控设备。在该图的顶部，包含一条消息，显示"The touch device supports 1 contacts"，但实际上触控设备(Device #1)可以处理多达 8 个接触点。请记住，顶部的消息显示的是来自 TouchCapabilities 的 Contacts 属性的值，该属性检索任何触控设备可以处理的最小接触点数量。之所以显示为 1，是因为触笔(Device #0)只有一个接触点。

还有另外一件有意思的事情，那就是各种指针设备使用不同的坐标映射。例如，尽管鼠标设备检索到[0,0] [1366,768] (或者屏幕的准确分辨率)，但是其他设备使用不同的值，具体取决于特定设备的分辨率和敏感度。

```
--- Querying touch capabilities
There is a touch device present.
The touch device supports 1 contacts.

--- Querying keyboard capabilities
There is a keyboard device present.

--- Querying mouse capabilities
There is a mouse present.
The mouse has 4 buttons.
The user has not swapped the mouse buttons.
There is a vertical mouse wheel present.
No horizontal mouse wheel is present.

--- Querying pointer device information
Device #0 is an internal pen device with 1 contacts.
Device #0 supports the [0,0]-[971.716552734375,548.031494140625] rectangle.
Device #1 is an internal touch device with 8 contacts.
Device #1 supports the [0,0]-[1000.06298828125,551.055114746094] rectangle.
Device #2 is an external mouse device with 1 contacts.
Device #2 supports the [0,0]-[1366,768] rectangle.
```

图 14-12　一个 Windows 8 平板电脑的设备功能

14.4　小结

在创建 Windows 8 应用时，并不局限于仅使用一种编程语言，因为通过 Visual Studio，可以混合使用多种 Windows 8 编程语言创建混合解决方案。如果创建 Windows 运行时组件 DLL 对象，那么可以使用 C++、C#和 Visual Basic 来完成该任务。可以从其他任何编程语言引用这些项目，其中包括 JavaScript。每种语言都有自己的优势，因此，混合使用多种语言可以利用它们各自的最佳功能，并极大地提高你的生产效率。

尽管已挂起的 Windows 8 应用不能从操作系统接收资源，但通过后台任务，可以在应用程序没有位于前台的情况下完成某些活动。后台任务只能使用有限数量的 CPU 时间，并且当计算机使用电池提供能量时，它们的网络吞吐量也受到限制。因此，它们适合用于处理一些轻量级的任务，例如，检查电子邮件、下载少量数据、管理即时消息等。繁重的任务(例如，后台处理图片或者执行需要频繁占用 CPU 的计算)不适合通过 Windows 8 后台任务来处理。在这些情况中，应该使用 Windows 服务。

把后台任务分配给触发器，例如，当用户在场时、Internet 可用时、时区发生更改时等。当注册后台任务时，该任务总是与一个触发器以及一些可选的条件相关联。可以将后台任务添加到锁屏(假定它们与一组特定的触发器相关联)，并且这些任务可以具有比不在锁屏中的后台任务多大约一倍的资源。前台应用程序可以订阅 OnCompleted 和 OnProgress 事件，因此，它们可以通过某种方式与任务进行通信。

Windows 8 计算机可以具有多种输入设备(鼠标、硬件键盘、触笔和触控设备)，具体取决于它们的规格尺寸。为了实现最佳用户体验，你的应用程序应该使用最适合实现特定应用程序功能的输入设备(或者多种输入设备的组合)。Windows.Devices.Input 名称空间为你提供了许多类，可以用于查询输入设备功能，如 KeyboardCapabilities、MouseCapabilities、

TouchCapabilities 以及 PointerDevice 类。

在接下来的第 15 章中，将为你介绍一些有用的测试和调试技术，它们对于创建严谨可靠的 Windows 8 应用程序都是非常好的工具，此外，还会帮助你解答一些疑难问题。

练 习

1. 应该如何设置C#类库，以便可以从使用其他编程语言编写的任何项目对其进行引用？
2. 当使用后台任务时，哪些系统资源受到限制？
3. 后台任务如何与前台应用程序进行通信？
4. 后台任务的运行时间可以超过 1 分钟吗？
5. 为什么查询输入设备功能非常重要？

注意：可以在附录 A 中找到上述练习的答案。

本章主要内容回顾

主 题	主 要 概 念
混合解决方案	Visual Studio 中的解决方案可以包含一组使用不同编程语言的项目。例如，该解决方案中的前台应用程序可以通过 C#来实现，而某个嵌入式运行时组件可以使用 C++来实现
Windows 运行时组件库	它是一个包含可重用的 Windows 运行时对象的项目。此类组件库的主要目标是生成可以在 Windows 8 应用程序中独立于所用编程语言来使用的对象
在 C#和 Visual Basic 中创建 Windows 运行时组件库	使用 File | New Project 命令，在 New Project 对话框中，选择 C#或 Visual Basic，然后选择 Windows Runtime Component 模板
在 C++中创建 Windows 运行时组件库	使用 File | New Project 命令，在 New Project 对话框中，选择 Visual C++，然后选择 WinRT Component DLL 模板
后台任务	Windows 8 提供了后台任务的概念，以便允许已挂起(甚至是已终止)的应用程序执行一些轻量级的后台活动(如检查电子邮件、下载小的数据包等)。后台任务只能使用有限的 CPU 时间，并且当它们使用电池提供能量时，其网络吞吐量也会受到限制
触发器事件	激活后台任务是为了响应触发的事件(如用户在场/不在场、Internet 可用/不可用、特定的一段时间到期、时区发生更改等)

(续表)

主　题	主　要　概　念
任务条件	除了触发器以外，后台任务还可能具有可选的启动条件。例如，可以为具有"Internet is available"(Internet 可用)条件的"time zone changed"(时区发生更改)触发器分配一项任务。该任务仅在时区发生更改并且 Internet 可用后才会启动
锁屏应用程序	可以将应用程序分配到锁屏上。这些应用程序的后台任务可以使用比不在锁屏上的应用程序的后台任务多大约一倍的资源
与前台应用程序进行通信	前台任务可以订阅它们已注册的后台任务的 OnCompleted 和 OnProgress 事件，分别用于管理任务何时完成以及何时报告进度。借助 CoreDispatcher 实例，可以通过这些事件处理程序刷新 UI
取消后台任务	后台任务启动以后，操作系统可以将其取消(例如，当其应用程序将它们注销时)。任务可以通过订阅 OnCanceled 事件来响应取消
查询输入设备功能	Windows.Devices.Input 名称空间定义了很多类，可以用于查询连接到计算机的输入设备的功能，如 KeyboardCapabilities、MouseCapabilities 以及 TouchCapabilities
查询指针设备	使用 Windows.Devices.Input 名称空间的 PointerDevice 类，可以查询连接到系统的所有指针设备，既包括内部指针设备，也包括外部指针设备

第15章

测试和调试 Windows 8 应用程序

本章包含的内容:

- 了解软件质量及其重要性
- 了解调试过程的基本知识
- 了解 Windows 模拟器并使用它测试应用程序
- 了解单元测试的概念以及如何使用它创建高质量的应用程序

适用于本章内容的 WROX.COM 代码下载

可以在 www.wrox.com/remtitle.cgi?isbn=012680 上的 Download Code 选项卡中找到适用于本章内容的 wrox.com 代码下载。代码位于 Chapter15.zip 下载压缩包中,并且单独进行了命名,如对应的练习所述。

这一章将介绍为什么创建高质量的软件非常重要,以及如何才能创建出高质量的软件。本章首先讲述如何找出代码运行不正常的根本原因。还将介绍可以用于使上述过程更加轻松直观的工具。此外,还将介绍如何编写附加代码来测试应用程序逻辑,以确保代码完全按照预期的方式运行。学习完本章的内容以后,你应该对用于为 Windows 8 风格应用程序维护高质量的代码库的原则和技术有了非常扎实的了解。

15.1 软件的质量

当编写代码时,不可避免地会产生错误。每个人都会犯错,即使是拥有多年编码经验的专业开发人员也是如此。唯一的差别在于,经验有助于减少出现的错误数量。这意味着你大可不必担心自己的代码在某个地方存在错误,更不必为此而心灰意冷。你应该学会接受这样的事实,那就是,没有任何软件不包含错误。你也应该做好各方面的准备,来面对最终产生编码错误的事实(如果还没有遇到这样的情况)。

在企业应用程序开发领域,避免 Bug 带来的不利影响要更容易一些。企业用户(他们往往会被迫使用某些应用程序)已经习惯了应用程序错误。他们已经接受了这样的事实,那就是他们所能做的仅仅是报告错误并希望尽快获得相应的修复。但是,企业应用程序用户不会仅仅因为错误而停止使用相应的软件。

消费者领域就完全是另外一回事了。没有任何人会强制用户使用你的应用程序。评论很差或者排名不理想可能会将新用户吓跑。如果有用户试用你的应用程序,但发现其中包含各种不同的故障,导致使用起来非常困难或者异常繁琐,那么他们会立刻将你的软件丢到一边,不会有任何犹豫,并且绝不会回头。他们做的只会是在 Windows 应用商店中对你的应用程序留下很低的排名以及差评,而这些又可能会吓跑所有新的潜在用户。

在为消费者市场开发应用程序时,创建高质量的软件要比其他任何时候都更加重要。

15.2 熟悉调试过程

你可能曾经听到过"代码中的 Bug"这种说法。Bug 指的是你编写的代码中存在的错误。在发现代码存在某些错误以后,必须找出问题并确定 Bug 的根本原因。

像 Visual Studio 2012 这样的现代开发环境可以提供各种出色的工具,用于对你的代码库进行调查。Visual Studio 中有一种称为调试器的工具。可以将调试器附加到正在运行的应用程序实例,并对代码进行调试。调试过程指的是一行接一行对编写的代码进行单步调试,同时观察变量和对象的值并监控代码的执行。

但是,代码库可能会非常大。即使只有几百行代码,执行单步调试也非常困难。作为替代方法,可以使用调试器,它可以让你集中关注代码的关键部分。当在启用了调试功能的情况下运行应用程序时,应用程序的运行与之前完全一样。但是,可以向代码中添加一些标记,告诉调试器在遇到带有标记的代码行时停止正常运行,并切换到调试模式。

这种标记称为断点。可以向代码中添加任意数量的断点,只须针对选定行单击代码编辑器的左侧(或者按 F9 键)即可。图 15-1 显示的是一个活动的调试器命中一个断点的情况。

图 15-1 调试器命中断点

当命中断点时，调试器会接管程序流，并让你读取和写入不同变量的当前值。在你尝试确定 Bug 时，这非常有用。

15.2.1 在调试模式中控制程序流

当处于调试模式中时，可以输入各种命令以对代码进行单步调试，如下所述。

- 单步跳过(Step Over)——这表示调试器应该单步跳跃到下一个代码行。当调试器所在的行是方法时，"单步跳过"表示不单步执行(跳入)该方法的主体，而是单步跳过方法主体。可以按 F10 键单步跳过代码。
- 单步执行(Step Into)——这表示调试器应该单步跳跃到下一个代码行。当调试器所在的行是方法时，"单步执行"表示单步执行(跳入)该方法的主体，并对这些代码行进行调查。可以按 F11 键单步执行(跳入)方法的主体。
- 单步跳出(Step Out)——如果在单步执行(跳入)某个方法的主体以后，不想继续对其进行调查，而是想返回到调用点，那么可以通过按 Shift+F11 快捷键从该方法的主体单步跳出。
- 继续(Continue)——如果已经切换到调试模式，但想继续正常运行，只需按 F5 键。
- 停止(Stop)——如果已经完成应用调试和运行，只需按 Shift+F5 快捷键停止应用程序并返回 Visual Studio 中的设计模式。

如果不使用快捷方式，也可以使用 Visual Studio 2012 工具栏上的命令栏来控制调试器。图 15-2 显示了 Visual Studio 2012 调试器工具栏。

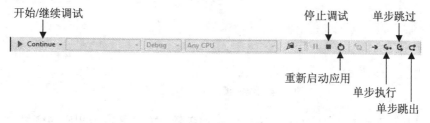

图 15-2　Visual Studio 2012 中的调试器工具栏

15.2.2 监控和编辑变量

现在，你已经了解了调试过程的基本知识，下面我们将带你进行更深入的研究。调试器的主要优势在于，可以在当前上下文中观察甚至更改变量的值。

一些工具窗口可以帮助你监控变量、调用栈、不同的线程，或者在活动上下文中运行代码。这一节将介绍其中最重要的一些窗口。

1. Locals 窗口

图 15-3 所示的 Locals 窗口是在调试方面最有用的工具窗口之一。该窗口显示当前上下文中的局部变量。上下文取决于你当前正在调试的方法主体。

正如可以看到的，可以按照任意所需深度观察任何局部变量。如果对象上的某个属性可编辑，那么甚至可以改写其当前值，从而更改程序的执行流。

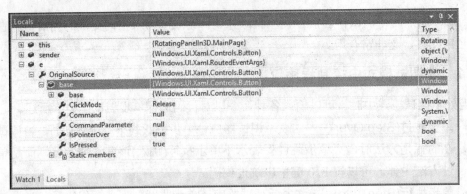

图 15-3　调试模式中的 Locals 窗口

2. Watch 窗口

图 15-4 所示的 Watch 窗口几乎与 Locals 窗口相同，但是有一些细微的差别。Locals 窗口显示所有局部变量(可能会包含很多)。使用 Watch 窗口，可以指定自己真正感兴趣的那些变量。使用 Watch 窗口可以获取的功能与 Locals 窗口相同。

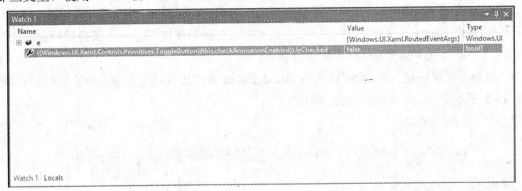

图 15-4　调试模式中的 Watch 窗口

也可以从代码编辑器向 Watch 窗口中添加变量，方法是右击相应的变量，然后选择 Add Watch 命令。在 Locals 窗口中也可以使用同样的方法观察变量，即右击相应的变量，然后选择 Add Watch 选项。

3. Immediate 窗口

图 15-5 所示的 Immediate 窗口是到 Visual Studio 2012 中目前为止最激动人心的工具窗口。当单步调试代码时，可以决定停止，并在 Immediate 窗口中输入简单的 C#代码，以对代码进行更深入的调查。将执行输入的代码并进行求值。例如，如果想要调用某个使用不同值的方法以了解其工作原理，或者想要检查某个全局对象的值，就可以使用 Immediate 窗口来完成这些操作。此外，也可以更改代码中变量的值。如果更改了某些值，那么应用在运行时将使用更改后的新值。

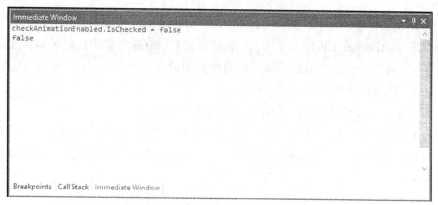

图 15-5　使用中的 Immediate 窗口

4. Breakpoints 窗口

你可能会在代码中设置很多断点，然而你并不总是希望调试器命中所有这些断点，但也不想删除它们。可以通过选择 Debug | Windows | Breakpoints 菜单项在调试模式中激活 Breakpoints 窗口。然后，便可以使用图 15-6 所示的 Breakpoints 窗口列出你的所有断点。可以随时启用或禁用它们，也可以跳转到相关的代码。该窗口可以针对使用中的断点提供非常好的概览。

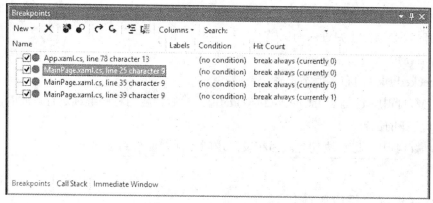

图 15-6　Breakpoints 窗口

在接下来的练习中，将使用 Visual Studio 2012 调试器调查并修复 Bug。

试一试　使用调试器查找 Bug

要使用调试器在代码中查找错误，请按照下面的步骤进行操作。

(1) 运行 Visual Studio 2012 并打开 RotatingPanelIn3D 项目。可以通过下载 Chapter15.zip 压缩包获取该项目。解压缩该文件并找到 RotatingPanelIn3D 项目。

(2) 通过按 F5 键运行该项目。正如可以看到的，如果单击 Start Rotation 按钮而不选中相应的复选框，动画将运行。而如果选中相应的复选框，动画将不再运行。这与你想要实现的行为刚好相反。因此，必须修复该 Bug。

(3) 打开 MainPage.xaml.cs 文件并找到 startButton_Click_1 事件处理程序。

(4) 单击 startButton_Click_1 方法名称，然后按 F9 键(或者单击代码编辑器左侧的灰色区域)。该操作将添加一个红色的椭圆，这是断点的符号。

(5) 按 F5 键运行应用程序。

(6) 单击 Start Rotation 按钮。调试器将在断点处停止。

(7) 按 F10 键，直到光标位于 if 语句上(在代码编辑器的左侧，光标是一个黄色箭头)。

(8) 将鼠标光标移动到 IsChecked 属性上方，并读取工具提示中的值。你应该看到显示的值为 False。

(9) 现在，在 Visual Studio 2012 的底部选择 Locals 窗口。

(10) 打开 this / checkAnimationEnabled / base / IsChecked。可以看到该值设置为 False。

(11) 双击该 False 值，并将其更改为 True。

(12) 按 F5 键让应用程序继续运行。现在，将正常显示动画。

(13) 停止应用程序。

(14) 更改 if 语句，使用 true 而不是 false 进行比较。

(15) 按 F5 键运行应用程序。现在，应用程序应该会按预期运行。

示例说明

在步骤(4)中，在按钮的事件处理程序中添加了一个断点。这足以使调试器知道，当命中该断点时，必须停止并进入调试模式。

在步骤(8)中，使用了 Locals 窗口来调查代码可能存在的问题。正如其中的信息所显示的，IsChecked 属性的布尔值不正确。

在步骤(11)中，改写了 IsChecked 属性的值，然后让应用程序继续运行。此时，你已经知道 Bug 所在的位置。

在步骤(14)中，将 if 语句更改为相反的逻辑，问题便得到了解决。

15.2.3 在调试过程中更改代码

毫无疑问，现代调试器最佳的功能就是能够在调试过程中更改代码。这称为编辑并继续功能。

接下来我们将举例说明，想象一下下面这种情况。你在运行应用程序过程中遇到一个异常。可以立即看到原因，并且只需要更改一小部分代码便可解决该问题。然后，可以继续运行应用程序。可以选择停止应用程序，修复代码，然后重新启动应用程序。但是，在某些情况中，这种方式可能会带来很多的工作。

当在启用调试功能的情况下运行代码时，只要收到异常，Visual Studio 就会立即为你提供一个选项，即使用调试器进行干预。将显示一个对话框，提供相应的选项以便中断并切换到调试模式。图 15-7 显示了该对话框。

第 15 章 测试和调试 Windows 8 应用程序

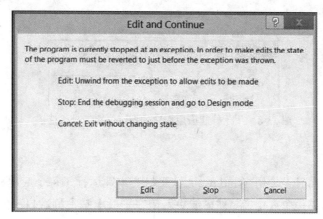

图 15-7　Edit and Continue 对话框

此后，可以根据自己的意愿修改代码。Visual Studio 将还原程序的状态以找出异常并运行你修改的代码。在修复代码以后，可以按 F5 键继续运行。

　注意：你不能总是执行"编辑并继续"。很难精确地告诉你何时可以执行该操作，因为需要根据调用栈的当前状态、所用语言以及调试器的功能来更改当前状态而不破坏该过程。你不应该一味地分析是否可以执行该操作，而是应该亲自尝试一下。

15.2.4　特定于 Windows 8 风格应用程序的场景

Windows 8 风格应用程序具有一些该技术所独有的有意思的概念，例如，应用程序生命周期事件、特殊传感器(如 GPS 或使用陀螺仪进行方向跟踪)、平板电脑硬件特性(如不同的分辨率和纵横比)等。这一节将介绍一些对应的技术，帮助你在这些场景中进行测试和调试。

1. 调试应用程序生命周期事件

Windows 8 风格应用程序具有特殊的生命周期管理。如果首次启动应用程序，将使用 Launched 事件激活该应用。但是，通过任务切换，你不能确保该事件可以再次触发。测试诸如 Suspend 或 Resume 等其他生命周期事件并不是那么简单，因为并不是非常确定它们何时运行，而这使得调试变得非常困难。

幸运的是，在 Visual Studio 2012 中，为你提供了相应的选项，使可以手动触发这些事件，从而确保你的应用程序完全按照预期的方式运行。

为了激活此功能，必须确保调试器位置工具栏可见。选择 View | Toolbars | Debug Location 可以将此工具栏添加到可见工具栏区域。如果通过按 F5 键运行应用程序，会在工具栏上发现生命周期事件选择器。通过选择某一生命周期事件，可以触发该事件，并将引发该事件。然后，可以开始调试事件处理程序。图 15-8 显示了用于挂起应用程序的调试位

置工具栏选项。

图 15-8　用于挂起应用程序的调试位置工具栏选项

2. 指定部署目标

到目前为止，你已经使用 Windows 8 计算机在本地运行了每个应用程序。但是，绝大多数情况下使用的都是个人电脑，你可能更希望在平板电脑上测试自己的应用程序。不过，平板电脑有很多种，并且规格尺寸各异，你不可能拥有所有规格的平板电脑。然而，你仍然需要使用这些规格尺寸各异的平板电脑对应用程序进行测试。

Visual Studio 2012 提供了一个选项，可以使用 Visual Studio 2012 模拟器运行应用程序。在运行应用程序时，可以指定部署目标，不过到目前为止一般都是本地计算机。也可以将其更改为模拟器，如图 15-9 所示。

图 15-9　Visual Studio 2012 中的模拟器

模拟器是一个桌面应用程序，可以模拟运行 Windows 8 风格应用程序时的环境。使用模拟器，可以指定许多不同的因素，如下所述。

- **鼠标模式**——该选项将交互模式设置为鼠标动作(如单击、右击以及鼠标拖动)。
- **基本触控模式**——该选项将交互模式设置为单个手指触控模式。其中包括点击、轻扫和拖动。可以使用鼠标模拟该触控输入。
- **收缩/缩放触控模式**——该选项将交互模式设置为支持收缩和缩放手势。可以使用鼠标模拟该触控输入。如果没有支持触控的设备，那么这种方式非常有用。
- **旋转触控模式**——该选项将交互模式设置为使用两个手指模拟旋转。可以使用鼠标模拟该触控输入。

第 15 章 测试和调试 Windows 8 应用程序

- **方向**——该选项模拟顺时针和逆时针旋转。它非常适合模拟横向和纵向布局。
- **更改分辨率**——该选项设置屏幕分辨率和屏幕尺寸。使用该选项，可以在不同的显示尺寸和分辨率中测试用户界面(UI)与布局。
- **设置位置**——该选项针对位置 API 指定模拟的 GPS 坐标。如果设备没有内置 GPS，那么可以使用该选项来测试 GPS 的使用情况。

使用模拟器，可以轻松地测试自己的 Windows 8 风格应用程序，以确定其是否可以在平板电脑上正常运行，所有操作都在没有实际设备的情况下完成。但是，模拟器并不是一个隔离的环境。通过应用程序应用于系统的更改也会影响标准 Windows 环境。因此，在执行操作时要格外谨慎。

> **注意**：到目前为止，已经介绍了两种部署目标，一个是本地计算机，另一个是模拟器。此外，还有第三种选项，那就是远程计算机。使用远程选项，可以在通过线缆或网络连接到你的计算机的远程计算机上运行和调试自己的应用程序。设置远程调试环境不在本书的介绍范围之内，但是，如果对这一主题感兴趣，可以访问以下网址了解更多详细信息：http://msdn.microsoft.com/en-us/library/windows/apps/hh441469(v=vs.110).aspx。

15.3 软件测试简介

现在，你已经了解了创建高质量软件是多么重要，并且本章前面的内容也已经介绍了如何修复遇到的 Bug。不过，你的主要目标始终应该是尽可能地减少 Bug 的数量。这就需要应用软件测试工具和技术来帮助实现。

软件测试一直以来始终是专业软件开发不可或缺的组成部分。但是，在专业团队中，有专门的测试专业人员通过运行各种手动和自动测试来确保软件保持较高的质量。你可能需要这种专业的保障，同时还应该自己执行某些测试。尽管测试专业人员需要使用各种测试计划、脚本以及不同的工具在要求非常严格的环境中工作，但你可能并不需要所有这些。只要不是特别大的应用程序，通过全面地"检查是否可以正常工作"方法并花费一定的时间对应用程序进行手动测试和使用可能也会取得满意的效果。

15.3.1 单元测试简介

在软件测试和开发过程中，有一个相当重要的部分也会非常有用。那就是单元测试。编写单元测试不是测试人员的任务，它属于开发人员的职责范围。单元测试是一种运行部分代码，并基于不同的输入观察代码输出和行为的方法。如果操作正确，单元测试可以提供以下主要的优势。

- **更高的代码质量**——单元测试既包括正常使用，也涵盖特殊用例。因此，它有助于确保代码不会失败，并合理地对待异常输入。
- **回归测试**——如果对之前编写的代码应用更改，就必须确保不会对其造成破坏，当引入新代码时，它仍然按照相同的方式运行。这种方法称为回归测试。如果没有单元测试，则无法确保代码仍然正确。但是，如果具有涵盖这些代码部分的单元测试，那么在执行修改以后，这些测试仍然可以成功运行，代码很可能不会被破坏，仍然可以正常工作。
- **重构**——如果想要使自己的软件可以进行测试，那么应该关注于生成独立的组件，这些组件可以作为隔离的单元进行测试。这样可以提升代码的质量。此外，在创建单元测试时，它可以明确指出代码中没有设计好的部分。如果它们具有复杂的 API，则无法轻松地对其进行测试，或者有很多因素可能会相互依赖。这意味着单元测试指出需要重新构造代码。该过程称为重构。

正如可以看到的，单元测试可以提供很多优势，同时也向你的项目中添加了更多的工作，但是，这些附加的工作量将在开发流程后面的阶段中收到回报。

15.3.2 对 Windows 8 风格应用程序进行单元测试

在 Visual Studio 2012 中，提供了一个新的项目模板用于测试 Windows 8 风格应用程序。该模板称为单元测试库(Windows 8 风格应用)。一个单元测试库可以包含许多测试类。测试类通过 TestClass 特性进行标记。测试类包含测试方法、初始化代码和清理代码。

- **测试方法**——测试方法通过 TestMethod 特性进行标记。这些方法一个接一个单独运行。每个方法都有一个结果，用于确定测试是成功还是失败。
- **初始化**——每个测试类都可以有一个使用 TestInitialize 特性修饰的方法。该方法在每个测试方法之前运行，以执行任何必需的初始化操作。单元测试不应该使用真实数据、网络连接或数据库访问。如果某个组件需要数据源，最好创建一个伪数据源。可以在初始化阶段执行该操作，以便每个测试方法都可以使用它。
- **清理**——每个测试类都可以有一个使用 TestCleanup 特性修饰的方法。该方法在每个测试方法之后运行，以便在测试方法之后清理任何更改。可以确保每个测试方法在相同的环境和配置中运行。

在每个测试方法中，应该指定一个可以用于确定单元测试是否成功运行的条件。单元测试框架使用 Assert 类执行该检查。Assert 类包含很多方法来指定诸如 Assert.IsTrue()、Assert.AreEqual()、Assert.InInstanceOfType()之类的条件。这些方法接受一个条件以进行求值，并在测试失败时显示一条消息。下面的代码段说明了单元测试的使用情况：

```
[TestClass]
public class CalculatorTest
{
  MyTestObject testInstance;
  [TestInitialize]
  public void Initialize()
```

```
{
    testInstance = new MyTestObject();
    //可以在此处执行任何附加初始化
}
[TestMethod]
public void MyTestMethod()
{
    double x = 0;
    double y = 1;
    double expected = 1;
    double result = testInstance.MethodZ(x, y);
    //测试结果
    Assert.AreEqual(expected, result, string.Format("Result should be
    {0}!", expected));
}
[TestCleanup]
public void Cleanup()
{
    //可以在此处执行必要的清理
}
}
```

可以使用 Test | Run | All Tests 菜单项运行测试。有一个新的窗口称为 Test Explorer(测试资源管理器)，如图 15-10 所示。可以使用 Test | Windows | Test Explorer 菜单项激活该窗口。在构建应用程序以后，测试资源管理器会发现项目中的所有单元测试。也可以使用该窗口运行测试。测试资源管理器还提供了一些附加信息，比如，分组通过的和失败的测试、运行时间，对于每个测试方法，还包含一个指向单元测试代码的链接。

如果某个测试失败，测试资源管理器将针对测试显示图 15-11 所示的错误消息。

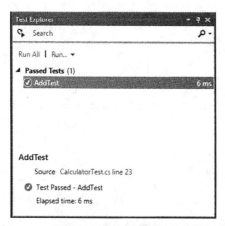

图 15-10　测试运行成功时的测试资源管理器

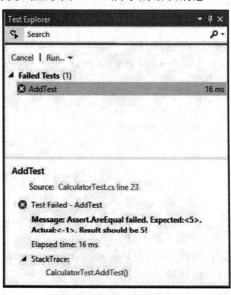

图 15-11　测试运行失败时的测试资源管理器

在接下来的练习中，你将为 Calculator 类创建一个单元测试。

试一试　对 Calculator 类进行单元测试

要为 Calculator 类创建单元测试，请按照下面的步骤进行操作。

(1) 运行 Visual Studio 2012 并打开 CalculatorDemo 项目。可以通过下载 Chapter15.zip 压缩包获取该项目。解压缩该存档文件，并找到 CalculatorDemo 项目。

(2) 在解决方案资源管理器中，右击解决方案文件，然后选择 Add | New Project 命令。

(3) 选择 Unit Test Library 项目模板。将该项目命名为 CalculatorTests。

(4) 右击 UnitTest1.cs 文件并选择 Rename 命令。将新名称设置为 CalculatorTest.cs。Visual Studio 2012 将显示一个对话框，用于确定你是否也想重命名该文件中的类名称。选择 Yes 按钮。

(5) 右击 CalculatorTests 项目的 References 节点。选择 Add Reference 命令。从新的对话框中，在 Solution 节点下选择 Project，然后选择 CalculatorDemo 项目。单击 OK 按钮。

(6) 打开 CalculatorTest.cs 文件，并找到 CalculatorTest 类。将其替换为下面的代码段：

```
[TestClass]
public class CalculatorTest
{
  CalculatorDemo.Calculator calculator;

  [TestInitialize]
  public void Initialize()
  {
    calculator = new CalculatorDemo.Calculator();
    //可以在此处执行任何附加初始化
  }

  [TestMethod]
  public void AddTest()
  {
    double a = 2;
    double b = 3;
    double expected = 5;
    double result = calculator.Add(a, b);

    Assert.AreEqual(expected, result, string.Format("Result should be
      {0}!", expected));
  }
}
```

(7) 选择 Test | Windows | Test Explorer 菜单项。

(8) 构建解决方案。

(9) 在测试资源管理器窗口中单击 Run All 菜单。你会发现测试失败。

(10) 打开Calculator.cs文件，并找到Add()方法。将a与b之间的运算从相减更改为相加。

(11) 再次在测试资源管理器窗口中单击 Run All 菜单。
(12) 这一次测试通过。

示例说明

在步骤(4)中，新建了一个单元测试项目。它使你可以新建单元测试。默认情况下，新项目对 CalculatorDemo 项目一无所知。这就是必须添加对该项目的引用的原因。

在步骤(6)中，代码示例新建一个 Calculator 对象，也可以在稍后的测试中使用该对象。使用值 2 和 3 调用了 Add()方法，预计结果为 5。Assert.AreEqual()方法检查预期值与实际结果值是否相等。如果不相等，将显示字符串消息。

在步骤(10)中修复了 Bug 以后，新的测试运行变为绿色，因为测试通过。

15.4 小结

要创建高质量的软件，使用软件测试和 Bug 修复工具和方法非常重要。

Visual Studio 2012 中的集成调试器工具提供了很多选项，用于观察代码，并时而在运行的同时更改代码。通过逐行单步调试代码，可以非常轻松地发现并修复应用程序中的 Bug。

使用部署目标，可以指定想要运行应用程序的位置。模拟器提供了一个好机会，以模拟不同的屏幕尺寸以便对应用程序进行测试，并且模拟你的开发计算机上可能没有的传感器。

在开发主代码库的同时编写单元测试是确定代码是否可以正常运行最为可靠的方式，并确保更改不会将其破坏。这可以确保你的工作可以产生高质量并且结构良好的代码。额外付出的工作将在开发流程的后续关键阶段中收到回报。

第 16 章将介绍 Windows 应用商店的相关内容。此时，你已经了解了如何编写 Windows 8 风格应用程序。第 16 章将讲述如何签约为开发人员、如何发布应用、应用必须满足的主要要求以及如何使用 Windows 应用商店提供的服务(如试用和应用购买)。

练 习

1. 什么是断点？
2. 如何在调试过程中单步执行(跳入)一个方法？
3. 如何在调试过程中读取和写入变量值？
4. 什么是"编辑并继续"？
5. 如何针对多种屏幕尺寸测试 Windows 8 风格应用？
6. 单元测试类的主要组件是什么？

注意：可以在附录 A 中找到上述练习的答案。

本章主要内容回顾

主 题	主 要 概 念
调试	调试指的是一行接一行地对编写的代码行进行单步调试,同时观察变量和对象值并监控代码执行的过程
调试器	调试器是一种可以附加到应用程序中并支持调试过程的工具
断点	断点是调试器的一个标记,用于表示在命中该标记时,正常运行应该停止,Visual Studio 应该切换到调试模式
"编辑并继续"	通过"编辑并继续"功能,可以在应用程序正在运行并处于调试模式中时对代码库进行修改。它是一种非常好的方式来从异常中恢复并修复小的 Bug
部署目标	部署目标确定应该部署并运行应用程序的位置。可以选择本地计算机、模拟器或者远程计算机作为部署目标
模拟器	模拟器是一种桌面应用程序,可以模拟 Windows 8 风格应用的运行环境。使用模拟器,可以针对多种不同的环境指定多种不同的要素
调试位置	使用调试器位置工具栏,可以手动触发应用程序生命周期事件以进行调试
单元测试	单元测试是一种运行部分代码,并基于不同的输入观察代码输出和行为的方法

第 16 章

Windows 应用商店简介

> **本章包含的内容:**
> - 了解什么是 Windows 应用商店以及如何使用它
> - 了解有关如何利用应用程序赚钱的选项
> - 从头至尾了解如何将应用程序发布到 Windows 应用商店
>
> **适用于本章内容的 wrox.com 代码下载**
>
> 可以在 www.wrox.com/remtitle.cgi?isbn=012680 上的 Download Code 选项卡中找到适用于本章内容的 wrox.com 代码下载。代码位于 Chapter16.zip 下载压缩包中,并且单独进行了命名,如对应的练习所述。

这一章将介绍全新的 Windows 应用商店,在这里,可以发布和下载 Windows 8 风格应用程序。本章首先介绍有关 Windows 应用商店最重要的一些概念,接着介绍客户如何首次看到你的应用。此外,还会介绍如何利用试用功能、应用内购买技术以及广告通过你的应用程序来赚钱。在学习完本章的内容以后,你应该对将 Windows 8 风格应用程序发布到 Windows 应用商店的过程有比较扎实的了解。

16.1 了解 Windows 应用商店

对于每一位应用程序开发人员,其梦想就是开发出一款成功的应用程序,广为人知、受到大家的认可和喜爱,最重要地,还能够赚取大笔的收入。但是,销售应用程序的过程从来都不是轻轻松松的。

除了编码以外,销售应用程序还需要进行大量的工作,而且在绝大多数情况下,初级开发人员没有资格进行销售。你应该了解如何接触到全球市场,如果通过广告推广你的应用程序,如何从无到有一步一步构建必需的营销渠道来销售你的应用程序,如何与客户交流以便改进你的应用程序(或者通知用户,你的应用程序推出了更好、更安全的新版本)等。正如可以看到的,有很多可能并不是你所擅长的事情需要你来处理,而且还有很多未知领域的挑战需要你一一应对。

现在,对于消费者市场,该过程有了一些变化。当然,这并不意味着不需要完成之前所述的工作。而是其中的绝大多数工作都通过其他方式代你完成了。"应用商店"出现以后,为开发人员提供了很好的机遇,可以将其应用程序发布到全球应用程序市场,在那里,消费者可以轻松地找到并获取感兴趣的应用程序。

苹果公司和谷歌已经证明了这种解决方案切实可行。可以从中找到很多出色且难以置信的成功案例。仅凭一些简单、出众的创意外加可靠的技术便重新定义了成功的模式,并将许多人(和公司)提升到前所未有的高度。像"愤怒的小鸟"、"Instagram"或"割绳子"之类的简单应用程序获得了巨大的成功,并为其开发者带来数以百万美元的收入。

Windows 8 可以再次重新定义成功。数以百万的计算机和用户都可以运行 Windows 8,并且将来还会有更多的计算机和用户加入进来。所有这些用户都可以访问 Microsoft 自己的应用商店,即 Windows 应用商店。很多商业分析专家都认为这个市场会变得非常巨大,只有傻子才愿意错过这班通往财富的列车。

16.1.1 客户如何在 Windows 应用商店中看到应用程序

Windows 应用商店是 Microsoft 专用的应用程序商店,可以在其中发布和下载 Windows 8 风格应用程序。这是分发你的应用和更新、与客户进行交流、销售你的应用从而获得收益的主要渠道。因此,应该确保潜在客户在第一次接触你的应用时就觉得它是完美无双的,这一点非常重要。

第一次接触应用程序不包括使用应用程序本身,而只是使用其应用详细信息页。该页可以决定所有内容。如果客户喜欢你的应用程序的详细信息和概述,那么他们可能会下载或购买该应用程序。如果概述不能令潜在客户信服,那么他们会毫不犹豫地离开,并且永远不会回头。因此,通过详细信息页为潜在客户留下良好的第一印象非常重要。

16.1.2 应用程序详细信息

当提交应用程序时,要求提供有关你的应用程序的详细信息和概述信息。该信息中的绝大部分会显示在应用程序的应用详细信息页上,并且对客户可见。图 16-1 显示了一个应用详细信息页。

应用详细信息页分为两个部分。左边的部分包含以下信息。

- **评级**——这是很多客户的平均评级。对于潜在客户,它是非常重要的信息。如果评级很低,客户下载该应用程序的可能性就会比较小。
- **价格**——该信息显示应用的价格或者显示"Free"字样。
- **技术信息**——这是有关该应用程序使用哪些类型的传感器和功能的附加信息。

图 16-1　应用详细信息页

应用详细信息页的右侧是一个多选项卡区域，提供有关该应用程序的附加信息。在右侧显示以下信息。

- Overview——Overview 选项卡可能算是该页上最重要的选项卡了。它为潜在客户提供关于应用程序的总体印象。在该选项卡中，客户可以找到应用程序的屏幕截图(应该仔细选择最有代表性的截图，以便为潜在客户留下良好的第一印象)、简短描述以及应用程序提供的功能。
- Details——Details 选项卡中包含有关应用程序的技术信息，例如，该应用支持的处理器类型、支持的语言、应用程序功能、辅助功能信息、有关使用条款的信息、更新信息(如果有更新)以及推荐使用的硬件。
- Reviews——Reviews 选项卡包含客户对应用程序的评论。这是非常重要的反馈信息。差评会给你的应用程序带来负面影响，而好评可能会提高你的销量。

16.1.3　利用应用赚钱

可以将自己的应用程序作为免费应用程序上传到应用商店，不带任何可以利用它来赚钱的选项。有时候，免费工作可能看起来比较傻，但是，一旦获得成功，免费应用程序也可以让你声名鹊起。如果已经通过出色的免费应用程序赢得了良好的声誉，那么客户很可能会查找并购买你创建的其他应用程序。

在某个时期，你会希望自己的投入(在这种情况下，你的投入就是在开发应用程序中付出的艰苦工作)实现利润。因此，了解应用程序产品的不同模式非常重要。

1. 功能齐全的应用程序

通过下载功能齐全的应用程序可以获得完整的功能集，不存在任何限制。全功能应用程序可能是免费提供的，也可能按照一定的价格来出售。对于免费应用，该选项非常有意义。如果是付费应用程序，你只需创建应用程序，为其设定一个价格，然后销售赚钱。

尽管这种模式肯定行得通，但是，付费应用程序的下载量肯定会比免费应用程序的下载量低很多。你可能立刻会认为，这不是问题。免费应用程序不能赚钱，因此，舍弃这部分下载量也没有关系。这并不完全正确。对于付费应用程序，你也会失去为客户提供试用并使其喜欢你的应用程序的机会。潜在客户必须完全根据评级、应用清单页以及一些评论来决定是否购买某种应用程序。

2. 免费试用期

对于付费应用程序，免费试用期非常有意义。客户可以下载你的应用程序，但在使用时存在一定的限制。可以通过多种方式应用限制，如下所述。

- **时间限制**——客户可以在特定的时间段内使用你应用程序的完整功能。设定的时间限制结束以后，会通过消息提示客户，他们必须购买该应用程序才能继续使用。
- **功能限制**——在试用期内，客户只能使用一组受限的功能。如果用户购买该应用程序，所有功能都将解锁。例如，对于一款游戏，在试用期内，可以为客户启用(比如说)三幅地图来试玩。而在客户购买游戏以后，所有地图都将解锁并可以使用。
- **启用功能限制**——在试用期内，客户可以使用你的应用程序中提供的所有功能。试用期结束以后，你立刻限制对某些重要功能的使用。如果客户购买该应用程序，所有限制都将再次取消。

3. 创建试用版本

许可证的状态存储在Windows.ApplicationModel.Store.CurrentApp对象的LicenseInformation属性中。在开发过程中，该对象的问题在于，它要求应用上传到Windows应用商店中。这就使得测试和调试使用模式变得非常困难。

可以使用 API 中的另一个类用于在开发过程中进行测试。该类就是 Windows.ApplicationModel.Store.CurrentAppSimulator 对象。基本上，它与 CurrentApp 是同一个类，只是它主要用于进行测试和调试。

> **注意**：请务必牢记，在将应用发布到 Windows 应用商店之前，必须将 CurrentAppSimulator 对象更改为 CurrentApp 对象；否则，应用将无法通过应用程序认证过程(相关信息将在本章后面的内容中为你介绍)。

LicenseInformation 类提供了很多属性，可以帮助你创建试用应用程序。表 16-1 显示了其中最重要的一些属性。

表 16-1　LicenseInformation 属性

属性名称	说明
ExpirationDate	获取许可证的到期日期
IsActive	表示许可证是否处于活动状态
IsTrial	表示许可证是否为试用许可证
ProductLicenses	针对可以通过应用内购买获取的功能提供许可证列表
LicenseChanged	当应用的许可状态发生更改时引发的事件

下面的代码段演示了 LicenseInformation 属性的使用情况：

```
void EvaluateLicense()
{
  var licenseInformation =
    Windows.ApplicationModel.Store.CurrentAppSimulator.LicenseInformation;
  if (licenseInformation.IsTrial && licenseInformation.IsActive)
  {
    // 仅显示在试用期内可用的功能
  }
  else if (licenseInformation.IsTrial && !licenseInformation.IsActive)
  {
    // 试用期到期
  }
  else
  {
    // 显示只能通过完全许可证获取的功能
  }
}
```

4. 使用应用内购买

利用应用程序赚钱的最佳方式之一就是使用应用内购买。人们喜欢下载并使用应用程序。但是，让他们花钱购买应用程序很可能会将他们吓跑，哪怕应用程序的价格赶不上一杯咖啡的价格。使用试用软件和限制会让用户感到不舒服，产生一种负面的心理效应，人们并不喜欢这种感觉。同时，他们也不愿意购买应用，可能会离开并转而寻找替代品。

但是，使用应用内购买，心理状态和选择完全不同。它向用户做出这样的暗示：你使用的是具备完整功能的应用程序，不存在任何限制，可以提供你所需的全部功能，但是，如果愿意购买，那么它可以提供更多的功能。

应用内购买解决方案已经获得了广泛的成功。例如，Instagram 允许你拍照并将其发布在 Instagram Wall 上。但是，在你发布照片之前，可以通过应用一些整齐美观的视觉效果(过滤器)对其进行编辑。可以获取具有完整功能的应用程序，并附带一些基本的视觉效果，但是，如果使用应用内购买选项购买更多的过滤器，就可以实现更多功能。

在将应用内购买与付费选项结合在一起时，务必要谨慎。尽管这种结合完全可以实现，但在整体上这可能会让客户对你的产品感到失望。请记住,客户已经为你的应用付过费了。通过应用内购买锁定一些重要的功能可能会大大挫伤客户的积极性。很显然,将应用内购买用于免费应用程序是最佳选择。

5. 实现应用内购买

基本上,应用内购买属于功能和物品购买。为了能够标识应用内购买物品,你必须为每个应用内购买选项设置一个唯一的标记。为其提供一个有意义的名称以便可以在编码时轻松地标识相应的功能。

可以通过 LicenseInformation 类的 ProductLicenses 属性访问应用内购买许可证。下面的代码段演示了如何检查应用内购买的许可证:

```
void CheckInAppPurchaseLicense()
{
  var licenseInformation =
    Windows.ApplicationModel.Store.CurrentAppSimulator.LicenseInformation;
  if (licenseInformation.ProductLicenses["MyFeatureName"].IsActive)
  {
    // 该功能已经购买,用户可以访问它
  }
  else
  {
    // 客户没有购买该功能,无法访问它
  }
}
```

上述代码示例检查用户是否已经通过应用内购买选项购买了 **MyFeatureName** 功能。可以使用选定产品许可证的 **IsActive** 属性来确定上述情况。

下面,我们来对前面的代码进行一些更改,以便在用户之前没有购买该功能的情况下为他或她显示应用内购买对话框。这需要更改 else 部分,如下所示:

```
void CheckInAppPurchaseLicense()
{
  var licenseInformation =
    Windows.ApplicationModel.Store.CurrentAppSimulator.LicenseInformation;
  if (licenseInformation.ProductLicenses["MyFeatureName"].IsActive)
  {
    // 该功能已经购买,用户可以访问它
  }
  else
  {
    try
    {
      // 该用户之前没有购买过该功能,显示购买对话框
      await Windows.ApplicationModel.Store.CurrentAppSimulator
        .RequestProductPurchaseAsync("MyFeatureName");
```

```
            // 应用内购买成功
        }
        catch (Exception)
        {
            // 应用内购买未完成,因为用户取消了购买过程或者发生了未知错误
        }
    }
}
```

在应用端,你的工作已经完成了。当将应用程序提交到 Windows 应用商店时,必须在 Windows 应用商店中的"Advanced features"页上配置每个应用内出价。在该页面上,可以为功能设置标记,为每个功能设置价格,并设置出价的有效期。在上传应用的软件包以后,必须为每个功能添加对应的描述。如果应用支持多种语言,还必须以每种语言提供描述。该信息将显示在应用程序清单页上。

针对你编写的应用程序向用户收取使用费用并不是唯一可以依赖的模式。自从有了消费者、网络和媒体以后,出现了一些替代方式可以用于通过你的产品获取收益。

6. 显示广告

对于功能齐全的免费应用程序,赚钱最简单的方式之一就是使用内置广告。这些模式非常简单。用户"单击"广告后,你就能赚到钱。

但是,你应该认识到,广告确确实实会对应用程序的总体体验带来一些负面效果,绝大多数用户对此都是深恶痛绝。这很容易就会使用户对你的应用程序产生抵触情绪。

最好是将广告与付费选项结合在一起。这意味着,如果用户购买你的应用程序,就不会显示广告,而对于免费版本,可以显示广告。这就为用户提供了选项,他们可以选择购买应用从而摆脱烦人的广告并利用应用程序的完整功能,如果用户不愿意购买应用,他们仍然可以使用完整的功能,但必须接受广告所带来的种种不便。

 注意:可以使用任何广告平台提供程序,也可以使用 Microsoft Advertising SDK。可以自由选择,但必须遵守认证要求。有关广告的更多详细信息,请访问 http://advertising.microsoft.com/windowsadvertising/developer。

7. 聊一聊关于钱的问题

你还需要了解另外一件事情,那就是应用购买价格的 70%归你,另外的 30%归 Microsoft。这意味着,如果应用程序售价为 2.00 美元,那么每卖出一件,你就可以收入 1.40 美元。如果得到幸运女神的垂青而大获成功,你的应用程序销售收入超过 25 000 美元,那么对于高于 2500 美元的销售收入,你将可以获得应用收益的 80%。

付费应用程序的售价不能低于 1.49 美元,最小涨幅为 0.50 美元。

为了成为可以在 Windows 应用商店中提交并销售应用程序的注册开发人员,你必须支

付账户注册年费。在美国,个人的年费金额为 49 美元,公司为 99 美元。有关不同国家/地区的注册费的详细信息,可以访问 http://msdn.microsoft.com/en-us/library/windows/apps/hh694064.aspx 进行了解。

在接下来的练习中,你将向应用程序中添加一个试用模式,其中添加时间限制。然后,添加购买该应用的支持。

| 试一试 | 添加试用模式并提供支持 |

要向你的应用程序添加试用模式并提供应用内购买支持,请按照下面的步骤进行操作:

(1) 打开 Visual Studio 2012,并打开名为 LicensingDemo 的项目。可以通过下载 Chapter16.zip 压缩包获取该项目。解压缩该存档文件,便可以找到 LicensingDemo 项目。

(2) 新建名为 Data 的文件夹。

(3) 在 Data 文件夹中,添加一个名为 trial.xml 的 XML 文件,其中包含以下内容:

```xml
<?xml version="1.0" encoding="utf-16" ?>
<CurrentApp>
  <ListingInformation>
    <App>
      <AppId>9fbf66bd-9670-4ba2-809d-843043b5b45c</AppId>
      <LinkUri>http://apps.microsoft.com/app/29fbf66bd-9670-4ba2-809d-
         843043b5b45c</LinkUri>
      <CurrentMarket>en-US</CurrentMarket>
      <AgeRating>3</AgeRating>
      <MarketData xml:lang="en-us">
        <Name>LicenseDemo</Name>
        <Description>Demo app demonstrating license management</Description>
        <Price>1.99</Price>
        <CurrencySymbol>$</CurrencySymbol>
      </MarketData>
    </App>
  </ListingInformation>
  <LicenseInformation>
    <App>
      <IsActive>true</IsActive>
      <IsTrial>true</IsTrial>
      <ExpirationDate>2013-01-01T00:00:00.00Z</ExpirationDate>
    </App>
  </LicenseInformation>
</CurrentApp>
```

(4) 打开 MainPage.xaml.cs 文件,并找到 NavigatedTo() 方法。

(5) 将 OnNavigatedTo() 方法替换为下面的代码:

```
protected async override void OnNavigatedTo(NavigationEventArgs e)
{
    //使用伪数据配置 CurrentAppSimulator
    var proxyDataFolder = await
```

```
    Package.Current.InstalledLocation.GetFolderAsync("data");
var proxyFile = await proxyDataFolder.GetFileAsync("trial.xml");
await CurrentAppSimulator.ReloadSimulatorAsync(proxyFile);

//获取许可证信息
var licenseInfo = CurrentAppSimulator.LicenseInformation;

//刷新 UI
RefreshLicenseDisplayInfo(licenseInfo);
}

private void RefreshLicenseDisplayInfo(LicenseInformation licenseInfo)
{
  if (licenseInfo.IsActive && licenseInfo.IsTrial)  //它是一个试用许可证
  {
    txtLicenseStatus.Text = "Trial use expires on " +
      CurrentAppSimulator.LicenseInformation.ExpirationDate;
    btnBuyApp.Visibility = Visibility.Visible;
  }
  else if (licenseInfo.IsActive && !licenseInfo.IsTrial)
                                                     //它是一个完整的许可证
  {
    txtLicenseStatus.Text = "Full featured app";
    btnBuyApp.Visibility = Visibility.Collapsed;
  }
  else //发生错误或者试用期结束
  {
    txtLicenseStatus.Text = "Trial expired";
    btnBuyApp.Visibility = Visibility.Visible;
  }
}
```

(6) 按 F5 键运行应用程序。正如可以看到的，会显示一段文字，指出该应用处于试用模式，将于 2013 年 1 月 1 日到期。

(7) 停止应用程序。打开 MainPage.xaml.cs 文件，并找到 buttonBuyApp_Click_1 事件处理程序。

(8) 将该事件处理程序替换为下面的代码：

```
private async void btnBuyApp_Click_1(object sender, RoutedEventArgs e)
{
  await CurrentAppSimulator.RequestAppPurchaseAsync(false);
}
```

(9) 找到 OnNavigatedTo()方法，并在该方法的结尾添加以下代码：

```
//订阅许可证更改
licenseInfo.LicenseChanged += () =>
{
  Dispatcher.RunAsync(Windows.UI.Core.CoreDispatcherPriority.Normal, () =>
```

```
    {
      RefreshLicenseDisplayInfo(licenseInfo);
    });
};
```

(10) 按 F5 键运行应用程序。当单击 Buy 按钮时，应该选择 S_OK 选项。单击 OK 按钮。现在，应用程序显示它是一个全功能应用程序。

示例说明

在步骤(3)中，创建了一个 XML 文件，用于表示有关应用程序的信息。该信息与来自 Windows 应用商店的信息相同。ListingInformation 部分是有关应用程序的基本信息。激动人心的部分是 LicensingInformation 元素。这是 Windows 应用商店提供应用程序的许可证状态的部分。在该示例中，该应用程序是一个试用应用程序。该 XML 将用于模拟来自 Windows 应用商店的信息。

在步骤(5)中，把该 XML 文件读入内存，然后使用 ReloadSimualtorAsync()方法把它加载到 CurrentAppSimualtor 中。该方法从 XML 读取带有许可证信息的数据。接下来，你只需要在屏幕上输出该许可证信息。

在步骤(6)中，当运行应用程序时，将显示试用信息，此外，你还可以看到一个 Buy 按钮，不过，此时该按钮不起任何作用。

在步骤(8)中，使用 RequestPurchaseAsync()方法向 Windows 应用商店发送了购买该应用的请求。当然，在该示例中，你只是模拟购买，因为使用的是 CurrentAppSimulator 类。

在步骤(10)中，当运行应用程序并单击 Buy 按钮时，将显示一个对话框。该对话框可帮助你调试与 Windows 应用商店的交流。在一个对话框中，可以选择来自应用商店的不同响应。S_OK 表示购买成功的情况。

16.2 开发人员注册过程

作为潜在的 Windows 8 风格应用程序开发人员，你必须在 Windows 应用商店中注册以便通过应用商店发布和销售应用程序。

注册过程非常简单，也很直接明了。打开Windows Dev Center门户网站(http://msdn.microsoft.com/en-us/windows/apps)，并选择Sign in。

在注册过程中，必须提供以下信息。

- Account name(账户名)——可以使用现有的 Windows 账户(以前称为 Windows Live ID)，也可以注册一个新的账户。
- Publisher display name(发行商显示名) ——在 Windows 应用商店中，你的应用程序将在该名称下列出。客户在购买和浏览你的应用程序时将看到该名称。请确保你提供的发行商名称不属于其他任何人。如果该名称与某个商标或版权产生冲突，你的账户可能会关闭。

- Developer account info(开发人员账户信息)——该信息描述账户开发人员的详细信息以及联系信息。该联系人将收到有关该账户的信息和通知。
- Company account info(公司账户信息)——如果注册为公司,则必须提供附加的信息,如增值税(VAT)标识号以及审批者。
- Agreement approval (协议审批)——你必须阅读并接受协议才能创建开发人员账户。
- Payment(付款)——要在此处提供付款详细信息。
- Confirmation(确认)——可以审核自己的订单,并且必须单击 Purchase 按钮确认注册。

创建了账户以后,会立刻扣除账户注册年费。图 16-2 显示了注册过程中付款步骤对应的屏幕。

图 16-2　开发人员注册过程

16.2.1　提交应用程序

向 Windows 应用商店提交应用程序是一个非常简单直接的过程。在提交应用之前,首先应该检查你为应用程序提供的名称是否可用。有可能其他人已经保留了该名称。也可以通过在 Visual Studio 2012 中使用 Project | Store | Reserve App Name 菜单项保留名称。

如果单击 Reserve App Name 菜单项,将转到 Windows 应用商店门户。你不会转到应用程序名称保留部分,而是转到提交过程的概览页面。通过该页面,可以很好地了解将要显示的信息。

- Name(名称)——可以在此处提供要为你的应用保留的名称。
- Selling details(销售详情)——可以定义应用的属性,例如,价格、类别以及有关希望销售你的应用的地区的分发详细信息。
- Advanced Features(高级功能)——可以在该页面上配置推送通知、Live 服务以及应用内服务。.

- Age rating and rating certificates(年龄段分级和分级证书)——可以在该页面上声明应用的受众。
- Cryptography(加密)——可以设置自己的应用程序是否使用加密。
- Packages(软件包)——可以在该页面上上传自己的应用。
- Description(描述)——可以为潜在客户描述你的应用程序。
- Notes to testers(测试人员注意事项)——你的应用也会由测试人员进行测试。可以向测试人员发送简短的注意事项。

图 16-3 显示了应用程序提交页面。

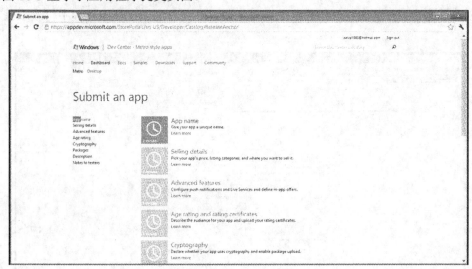

图 16-3 应用程序提交页面

16.2.2 应用程序认证过程

在提交了自己的应用程序以后,需要完成应用程序认证过程。下面列出了认证过程对应的操作步骤。

(1) **预处理**——在该步骤中,将检查 Windows 应用商店发布你的应用程序所需的所有详细信息。此外,也会验证你的开发人员账户。通常情况下,该步骤需要大约 1 小时的时间。

(2) **安全测试**——会对你的软件包进行检查以防止带入恶意软件和病毒。通常情况下,该步骤需要大约 3 个小时的时间。

(3) **技术合规性**——Microsoft 使用 Windows 应用认证工具包验证你的软件包是否符合技术策略。该步骤完全可以在本地运行。通常情况下,该测试需要大约 6 个小时的时间。

(4) **内容合规性**——测试人员团队会查看你的应用,以检查应用程序的内容是否符合 Microsoft 的内容策略。该步骤可能需要 5 天的时间。

(5) **发行**——如果指定了特定的发布日期,认证过程将在该步骤延迟,直到指定的日期。如果没有指定任何特定的发行日期,该步骤很快就会通过。

(6) **签名和发布**——将使用与你的开发人员账户的详细信息匹配的可信证书对你的软件包进行前面。然后,你的应用程序将发布到 Windows 应用商店。

第 16 章 Windows 应用商店简介

注意：可以使用 Windows 应用商店门户跟踪你的应用在认证过程中的状态。

16.2.3 Windows 应用认证工具包

在这一章中，认证过程已经提到了很多次。但是，在应用程序提交之前，还应该验证这些步骤的外延部分。这包括内容验证和技术验证。

在认证过程中，会针对应用程序认证要求对你的应用进行验证。这些要求是用于保证客户的舒适性和利益并鼓励你创建引人注目的高质量应用程序的一组规则。

注意：可以在 http://msdn.microsoft.com/en-us/library/windows/apps/hh694083.aspx 上了解到有关 Windows 8 应用认证要求的内容。在开始开发应用之前，你应该花费一些时间通读该认证要求文档，因为它可能会对你的应用程序和内容产生相当大的影响。

要确保你的应用程序符合认证要求，最简单的方法就是在本地运行 Windows 应用认证工具包。这与在提交过程中运行的是同一个工具。但是，你应该知道，即使测试在本地通过，它也可能在服务器上失败。在提交过程中，测试可能在不同的情况下使用不同的选项来运行。不过，在本地运行该测试仍然不失为一个非常好的主意，因为这样可以降低失败的可能性。

图 16-4 显示了使用中的 Windows 应用认证工具包。

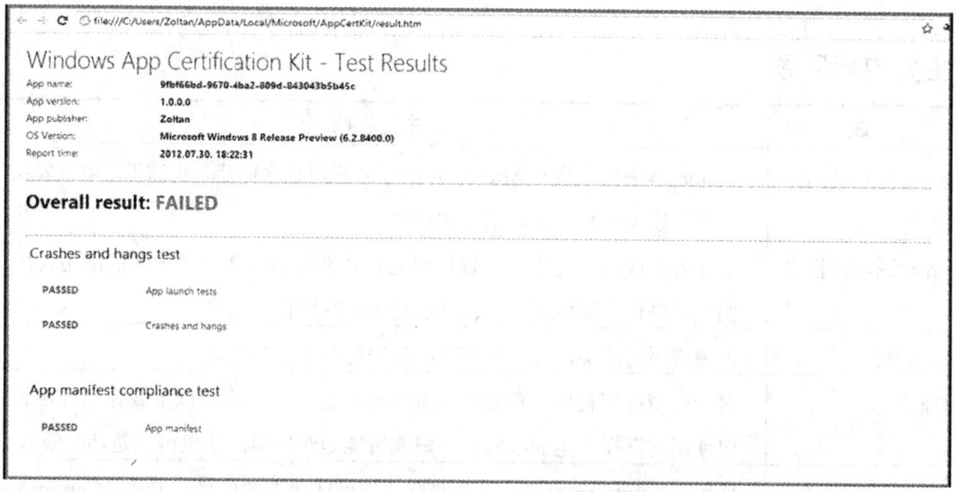

图 16-4　Windows 应用认证工具包

16.3 小结

在开发 Windows 8 风格应用程序时，你的部分主要目标应该是让尽可能多的潜在客户可以使用你的应用程序，并将其销售出去。Windows 应用商店可以帮助将你的应用分发给广泛的受众，管理付款和评论，并为你的客户提供详情和信息。

为了通过你的应用赚钱，可以从多种不同的定价模式中进行选择。可以使用试用版、应用内购买和广告使你的辛苦劳动获得最大回报，同时在创建让人喜欢的产品与让人厌烦的产品之间实现平衡。

为了将你的应用程序提交到 Windows 应用商店，你必须成为一名注册开发人员。在你提交应用以后，将进入认证过程，以确保你的应用不违反认证要求的规则，同时确保它可以按照预期的方式工作。可以使用 Windows 应用认证工具包来确保你的应用程序满足要求。

练习

1. 什么是 Windows 应用商店？
2. 通过你的应用赚钱的选项有哪些？
3. 如何在提交之前测试你的应用程序可能会通过认证测试？
4. 需要执行哪些操作以支持应用内购买？
5. 如何在开发过程中测试许可信息？

 注意：可以在附录 A 中找到上述练习的答案。

本章主要内容回顾

主　题	主　要　概　念
Windows 应用商店	Windows 应用商店是 Microsoft 的专用应用程序商店，在这里，可以发布、销售和下载 Windows 8 风格应用程序
功能齐全的应用程序	功能齐全的应用程序是可以使用完整功能而不存在任何限制的应用程序。它们可以是付费应用程序，也可以是免费应用程序
应用内购买	使用应用内购买，可以销售你的应用程序的额外功能
试用程序	对于付费应用程序，免费试用期非常有意义。客户可以下载你的应用程序，但使用时存在一定的限制。该限制可能是时间限制，也可能是功能限制
CurrentAppSimulator	使用 CurrentApp 类，可以获取有关许可证状态的信息。但是，CurrentApp 仅在应用部署到 Windows 应用商店以后才适用。CurrentAppSimulator 在开发过程中使用

(续表)

主 题	主 要 概 念
LicenseInformation	使用该类，可以获取有关许可证状态、到期日期和试用模式的详细信息
认证要求	在你将应用提交到 Windows 应用商店以后，它将进入认证过程。在该过程中，将对你的应用程序进行检查，看它是否违反任何认证要求。这些要求是保护客户利益的一组规则
Windows 应用认证工具包	认证过程可能需要几天的时间，因此，应该确保(或者至少是尽自己的最大努力确保)你的应用程序不会在此过程中被拒绝。使用 Windows 应用认证工具包，你可提前对自己的应用程序进行测试

第IV部分
附　　录

- 附录 A　练习答案
- 附录 B　有用的链接

附录 A

练习答案

本附录提供在每一章结尾部分提出的一些练习的答案。

第 1 章练习答案

下面是第 1 章中练习对应的答案。

问题 1 答案

该操作系统是 Windows Phone 7，于 2010 年 10 月发布。Microsoft 创建该操作系统是为了与其他任何操作系统功能相比更加突出地实现一流的用户(消费者)体验。

问题 2 答案

Windows 8 风格应用程序占据整个屏幕，因此，一次仅允许用户集中关注一个应用程序。由于采用了该方法，因此不需要再使用窗口标题或大小调整边框。Windows 8 风格应用程序不利用任何附件(镶边)来管理应用程序窗口的大小或位置。

问题 3 答案

下面是 Windows 平台上最常用的编程语言：

- C、C++
- Visual Basic
- C#、Visual Basic .NET
- Delphi (Object Pascal)

当然，还有许多其他编程语言用于创建 Windows 应用程序，但它们不如上面这些语言常用。其他语言包括 F#、Python、Ruby、Perl、COBOL、FORTRAN 等。

问题 4 答案

Web 开发人员可以使用 HTML5 及其功能强大的附件、层叠样式表 3(CSS3)和 JavaScript

来创建Windows 8风格应用程序。它们可以使用与其他语言完全相同的API，因此，HTML5语言群组可以与其他语言群组共存。

第2章练习答案

下面是第2章中练习对应的答案。

问题1答案
若要返回到上一个应用程序，请使用轻扫手势滑动屏幕的左侧边缘。

问题2答案
打开超级按钮栏，单击或点击Search按钮，开始输入内容。或者，也可以只打开Start屏幕，然后开始通过键盘键入内容。

问题3答案
标记动态磁贴(也就是，右击它或者轻扫它)，然后在上下文栏中选择Turn live tile off(关闭动态磁贴)。

问题4答案
捕捉应用程序的顶部，然后单击并按住鼠标左键，或者点击并按住一个手指。紧跟着，向下移动光标或手指直到屏幕的底部边缘，并释放鼠标左键或手指。

问题5答案
共享源应用程序和共享目标应用程序必须都可以参与共享过程。在运行源应用程序的同时，打开超级按钮栏，然后单击或点击Share按钮。从列表中选择目标应用程序。

问题6答案
要切换到桌面，请在Start屏幕上单击或点击Desktop应用的动态磁贴。如果Start屏幕上没有该动态磁贴，可以使用应用程序搜索功能找到它。或者，如果启动任何桌面应用程序，该应用程序将立即启动并切换到Desktop应用。

第3章练习答案

下面是第3章中练习对应的答案。

问题1答案
这些编程语言包括C/C++、C#、Visual Basic以及JavaScript。

问题2答案
如果选择JavaScript作为自己的编程语言，那么可以使用HTML与CSS。在C++、C#和Visual Basic中，可以使用XAML声明和实现UI。

问题3答案
该组件是Windows运行时。

问题 4 答案

Win32 API 是一种平面 API，包含成千上万的操作，而 Windows 运行时将操作分组为有意义的对象，并封装这些操作使用的数据结构。Win32 不是自描述性的，并且不使用名称空间，而 Windows 运行时提供元数据，并将对象分成层次结构清晰的名称空间中。

问题 5 答案

Windows 应用商店是一种在线服务。应用程序开发人员可以上传其 Windows 8 风格应用程序，以便利用这些应用程序来赚钱，或者免费部署它们。用户可以在 Windows 应用商店中搜索应用程序、购买应用程序或者试用应用程序。用户不需要具备任何有关安装过程的知识，因为 Windows 8 可以无缝地安装和移除应用程序。

第 4 章练习答案

下面是第 4 章中练习对应的答案。

问题 1 答案

该工具是 Visual Studio 2012 Express for Windows 8，它是 Visual Studio 2012 系列中的一个免费版本。该工具包括创建 Windows 8 应用程序可能需要的所有功能。

问题 2 答案

可从 MSDN 示例库(网址为 http://code.msdn.microsoft.com/)下载示例应用程序。在这里，可按照技术、编程语言、Visual Studio 版本以及其他类别浏览示例。

如果你位于 Visual Studio IDE 中，那么不需要访问该站点，因为示例库与 New Project 对话框集成。你只需选择 Online 选项卡，当 IDE 列出在线库时，选择 Samples 选项卡即可浏览可用的示例。

问题 3 答案

答案是解决方案资源管理器工具窗口。它的根节点表示可能不包含或者包含一个或多个 Visual Studio 项目的解决方案。可以使用层次结构节点向下深入查看源代码的结构。

问题 4 答案

可以使用两条命令从 Visual Studio 中启动应用程序。选择 Debug | Start With Debugging 命令(或者按 F5 键)可以在调试模式中启动应用程序。在该模式中，应用程序会在每个断点处停止运行，这样，就可以对其执行情况进行分析。选择 Debug | Start Without Debugging 命令(或者按 Ctrl+F5 组合键)可以在 IDE 之外启动应用程序。在这种情况下，不能对应用程序进行调试。

问题 5 答案

答案是 Quick Launch 功能。你可以在 IDE 主窗口的右上角找到 Quick Launch 搜索框。当输入搜索表达式时，IDE 会自动列出与搜索关键字匹配的菜单命令、选项，或者打开匹配的文档。在结果列表中搜索某一项会自动调用对应的命令，显示相关选项页，或者切换到选定的文档。

可以使用 Ctrl+Q 键盘快捷方式访问 Quick Launch 功能。

问题 6 答案

关键对象是情节提要对象。使用情节提要，可以在情节提要时间线的某个特定点定义对象的状态。你只需在离散的时间点描述这些状态，情节提要背后的引擎会组成一个流畅的动画，并插入要显示的每一帧的属性值

第 5 章练习答案

下面是第 5 章中练习对应的答案。

问题 1 答案

全新的 Windows 8 设计语言由 Microsoft 设计，遵循信息图设计原则。尽管每个应用程序都有自己的外观，但 Windows 8 设计语言定义了一些通用模式和常用主题，以帮助用户以一种类似的方式了解和使用它们。

问题 2 答案

在平面系统中，所有页面都驻留在同一个层次结构级别。这种模式适合于只包含少量页面并且用户必须能够在选项卡之间进行切换的应用程序。游戏、浏览器或者文档创建应用程序通常会归入此类别。

分层模式适合于包含很多页面但这些页面可以分为多个部分的应用程序。

问题 3 答案

在线程模型中，每个任务在一个单独的线程中执行。线程完全由负责为每个线程提供 CPU 或 CPU 内核的基础操作系统来管理。

在异步编程模型中，多个任务在同一个线程中执行。但是，运行时间较长的任务将划分为较小的单元，以确保它们不会长时间阻止线程。使用这种方式，尽管任务不会更快地完成，但应用程序会让用户感到更加舒服。

问题 4 答案

C# 5.0 包含两个新的关键字，那就是 async 和 await，可以使用它们来创建异步逻辑。使用 async 关键字，可以将方法标记为异步；而使用 await 关键字，可以在保持线性控制流的同时创建异步代码。

问题 5 答案

Promise 是一种 JavaScript 对象，它可以在将来的某个时间返回值，就像 C#中的任务一样。向 Windows 8 风格应用程序公开的所有异步 Windows 运行时 API 都封装在 Promise 对象中，因此，可以在 JavaScript 中以一种自然的方式使用它们。

第 6 章练习答案

下面是第 6 章中练习对应的答案。

问题 1 答案

可以将新的 HTML5 元素分为下面四个类别：
- 语义和结构元素
- 媒体元素
- 窗体元素和输入类型
- 绘图

问题 2 答案

Windows JavaScript 库(WinJS)是一种代码库，通过该代码库，开发人员可以使用一种 JavaScript 友好的方式创建 Windows 8 风格应用程序。WinJS 通过 JavaScript 对象和函数发布多个系统级别的 Windows 8 功能，同时也为常见的 JavaScript 编码模式提供辅助对象。

问题 3 答案

使用数据绑定，可以将数据结构连接到 UI 组件，因此，当基础数据发生更改时，UI 元素会自动更新。可以通过 HTML 标记或者使用 JavaScript 代码来定义和控制数据绑定。

问题 4 答案

通过媒体查询，可以创建媒体依赖样式表，并将 CSS 设置更精确地面向特定的输出，而不必更改内容或者使用 JavaScript 代码。媒体查询包含依赖设备功能(如屏幕分辨率或纵横比)的逻辑表达式，并且仅当条件解析为 true 时，浏览器才会应用指定的 CSS 设置。

问题 5 答案

Windows 8 动画库是 WinJS 的一个集成部分，包含适用于 Windows 8 风格应用程序的重要动画。使用这些内置的动画，可以使用针对设备进行优化且基于标准的 CSS3 切换和动画轻松地为用户提供自然的 Windows 8 风格应用程序体验。

第 7 章练习答案

下面是第 7 章中的练习对应的答案。

问题 1 答案

使用 Resources 集合，可以在任意位置放置 Brush 对象。为了确保资源可以在整个应用程序中使用，应该将 Brush 添加到 Application.Resources 集合中，以便可以从任意位置作为 StaticResource 引用该对象。

问题 2 答案

包含源属性的源对象必须实现 INotifyPropertyChanged 接口。在传递源属性的过程中，你应该始终触发 PropertyChanged 事件，以便在设置属性时，始终通过该事件通知绑定。

问题 3 答案

Canvas面板没有自动布局策略。针对面板中的元素，可以设置Canvas.Left和Canvas.Top属性，以确保将元素放置在正确的位置。

问题 4 答案

StackPanel 水平或垂直排列其元素。默认情况下，元素之间没有空间。但是，通过针对内部的元素设置 Margin 属性，可以确保元素之间存在一定的空白空间。如果把 Orientation 属性设置为 Horizontal，就应该设置左边距或右边距；否则，设置上边距或下边距应该可以实现该任务。

问题 5 答案

就像对待简单对象一样，集合也必须向绑定通知有关更改的情况。可以使用 INotifyCollectionChanged 接口执行该操作。只要集合发生更改，必须触发 CollectionChanged 事件。因此，必须使用实现该接口的集合。ObservableCollection 类可能是一个比较好的选择。

问题 6 答案

通过针对绑定本身设置 BindingMode 属性，可以控制绑定的方向。如果设置为 TwoWay，那么在任何一侧发生的任何更改都会自动反映在绑定的另一侧中。

第 8 章练习答案

下面是第 8 章中练习对应的答案。

问题 1 答案

独立动画使用 GPU 计算，它可以确保动画流畅。从属动画通过在 CPU 上运行的 UI 线程来计算，可能会导致动画流畅性要差一些。

问题 2 答案

动画库提供一组预定义的主题动画和主题切换。这些动画属于独立动画，同时也与 Windows 8 中使用的动画保持一致。

问题 3 答案

每个 UIElement 都有一个 RenderTransform 属性，通过该属性，可以应用想要的任何装换类型。之所以称其为 RenderTransform，是因为转换过程刚好在呈现之前、布局计算执行完之后进行。这意味着呈现转换不会对布局产生影响。

问题 4 答案

在控件模板中，可以应用 TemplateBinding 以将一个控件的属性绑定到在模板化控件本身上定义的属性。

问题 5 答案

CollectionViewSource 针对一个项目集合提供一个视图。该视图支持分组、排序和筛选，而不会影响基础集合。通过这种方式，可以快速、安全地将集合绑定到一个复杂的控件。

问题 6 答案

SemanticZoom 针对同一组数据提供两种不同级别的视图。使用缩放和收缩手势，可以在不同的缩放级别之间进行切换。

第 9 章练习答案

下面是第 9 章中练习对应的答案。

问题 1 答案

如果用户启动很多应用程序，那么已挂起的应用程序可能会占用过多的内存，从而影响前台应用程序的整体操作和响应能力。在这种情况下，操作系统会终止一个或多个已挂起的应用程序并回收其占用的资源(例如，内存以及独占锁定资源)，从而确保前台应用可以持续保持高效响应能力。

问题 2 答案

可使用 Windows+Z 组合键显示应用栏。如果存在许多应用程序，也可以通过在应用程序屏幕上右击来显示应用栏。在触摸屏上，你可以从屏幕的顶部或底部边缘轻扫手指以显示应用栏。

问题 3 答案

答案是漫游应用程序数据存储。它存储在云中，并且通过一种复制机制来负责在设备之间同步数据。

问题 4 答案

该对象是 TileUpdateManager，在 Windows.UI.Notifications 名称空间中定义。使用 TileUpdateManager.CreateTileUpdaterForApplication()方法可以获取负责管理属于你的应用的磁贴通知更新的对象。使用该对象的 Update()方法可以更改 Start 屏幕上的磁贴通知。

第 10 章练习答案

下面是第 10 章中练习对应的答案。

问题 1 答案

这种导航称为分层导航。在这种导航模式中，将内容显示在某个层次结构中，其中，各个页面显示单独的层次结构级别。在导航过程中，可以在该层次结构的节点中上下移动，并查看当前节点中的内容。

问题 2 答案

答案是 Frame 属性，该属性保存 Frame 对象的一个实例。Frame 对象控制页面的内容，并提供与导航相关的操作和事件。

问题 3 答案

你可以调用页面的 Frame 属性的 Navigate()方法,并传递想要导航到的页面的类型,如下所示:

```
Frame.Navigate(typeof(NextPageType))
```

也可以传递第二个可以在目标页面上使用的可选参数,如下所示:

```
Frame.Navigate(typeof(NextPageType), "Page Title")
```

问题 4 答案

必须重写页面的 OnNavigatingFrom()方法(或者订阅 NavigatingFrom 事件)。该(事件处理程序)方法具有一个 NavigationCancelEventArgs 类型的参数。将该参数的 Cancel 属性设置为 true 可以阻止导航离开当前页面。

问题 5 答案

答案是 LayoutAwarePage 类(可以在 Common 文件夹中找到),它是拆分应用程序模板和网格应用程序模板中页面的通用基类。页面(派生自 LayoutAwarePage)加载以后,它会订阅当前窗口的 SizeChanged 事件。当该事件触发时,LayoutAwarePage 会自动将页面移动到适当的可视状态。

第 11 章练习答案

下面是第 11 章中练习对应的答案。

问题 1 答案

选取器为每个应用提供一个统一的 UI,使其可以访问在其他方面受到限制的资源。此外,一些选取器还支持应用集成。应用程序可以将自身包含在选取器中,从而使得其他应用程序可以使用其功能。

问题 2 答案

实现搜索功能或多或少都会涉及编程。但是,如果通过声明遵从搜索合约,并实现所需的代码,从而将应用与 Windows 8 的搜索功能相集成,就可以使应用程序的搜索功能更易于访问。

问题 3 答案

使用 Share Target Contract(共享目标合约)模板向你的应用程序中添加合约和自定义共享页面。

问题 4 答案

可以通过很多方法来执行该操作(包括手动分析 XML),不过,最直接有效的方法还是通过使用联合 API 的 SyndicationClient 类将 XML 数据源转换为相应的对象。

问题 5 答案

你的应用可以使用 Live SDK。然后，当其连接到 Microsoft 的在线服务时，应该声明它想要使用的用户数据的"作用域"。

第 12 章练习答案

下面是第 12 章中练习对应的答案。

问题 1 答案

在绝大多数时间里，用户都是将平板电脑持握在手中。通过传感器可以实现额外和自然的控制机制，从而增强应用程序。通过旋转平板电脑在游戏中驾驶赛车要比在屏幕上按各种按钮容易得多。

问题 2 答案

为你提供了两个选项，分别是 Default 和 High。当使用 Default 时，设备确定其位置的精确性要差一些，但速度更快，并且消耗的电量也比较少。如果节省电量的方法失败，或者你将精度设置为 High，那么设备会打开其 GPS 接收器，从而更加精确地确定其位置。

问题 3 答案

加速计可以为你提供设备在三条坐标轴上的当前加速度(即速度变化)。陀螺仪可以告诉你自之前的读数以来设备围绕这三条轴旋转的角度。

问题 4 答案

你并不是确实需要它们，但它们非常容易获取，使用起来也非常方便。在绝大多数情况中，为了使用来自物理传感器的原始数据，必须通过编写相当复杂的计算来对其进行处理。逻辑传感器会收集来自多种物理传感器的数据，并自己执行相关处理，因此，你可以重点关注构建你的应用程序逻辑，而不必输入长长的算法。

问题 5 答案

当你想要了解用户持握设备的方式时，应该使用 SimpleOrientationSensor。如果你并不关心姿势的具体度数，而只是想要了解设备是不是放在桌面上，处于横向模式还是纵向模式，以及是旋转 90°、180°还是 270°，那么可以使用该类。

第 13 章练习答案

下面是第 13 章中练习对应的答案。

问题 1 答案

由于移动设备中的 CPU 和 GPU 在功能上要稍差一些，但用户的预期仍然很高(如 UI 的响应能力)，因此，应用程序性能成为一个非常关键的因素。在所有可用的 Windows 8 应用语言中，C++编程语言可以为你提供能够实现的最佳性能。

问题 2 答案

C++中的 Lambda 表达式(C++11 中的一项新功能)可以为你提供匿名函数,用于从包含的作用域捕获变量以管理状态。可以使用 lambda 表达式来取代算子(functor)。

问题 3 答案

^(乘幂号)运算符标记用户保留对 Windows 运行时类型的引用的引用计数指针。当你使用^时,编译器会生成相应的代码,以便自动跟踪对所指对象的引用,并在引用计数器达到零时释放该对象。

问题 4 答案

答案是 ref new 运算符。可以使用该运算符来实例化引用计数的 Windows 运行时对象。可以将该运算符与^运算符结合使用,如下面的示例中所示:

```
Vector<int>^ numbers = ref new Vector<int>(myNumbers);
```

问题 5 答案

可以在 C++应用程序中交替混合使用 STL 和 Windows 运行时类型,但是,必须使用 Windows 运行时类型来跨越 Windows 运行时边界。在实际操作中,这意味着可以在任何地方使用 STL 类型,但在跨越边界时,必须将其封装到 Windows 运行时类型中。

问题 6 答案

可以选择的最佳技术是 C++ AMP。通过该技术,可以按照较高的并行度直接在 GPU 上运行像素-颜色反转算法,因此,比在 CPU 上运行要快得多。

第 14 章练习答案

下面是第 14 章中练习对应的答案。

问题 1 答案

在创建项目时,应该选择 C# Windows Runtime Component 模板。该设置可以确保项目构建为 Windows 运行时组件库。可以从任何 Windows 8 语言使用 Windows 运行时组件库。

问题 2 答案

后台任务在 CPU 和网络吞吐量方面具有限制。对于标准应用程序和锁屏应用程序,CPU 限制分别为每 15 分钟 1 秒或者每 2 小时 2 秒。仅当计算机使用电池提供电量时,网络吞吐量才会受到限制,使用交流电源时并不存在限制。

问题 3 答案

前台任务可以订阅后台任务通知。当任务完成时,将触发已注册后台任务的 OnCompleted 事件处理程序。当后台任务更改其进度值时,将触发 OnProgress 事件处理程序。这些事件处理程序可以更新前台应用程序的 UI。

问题 4 答案

是的，可以，前提是在其运行时，使用的 CPU 时间不超过 1 秒。例如，假定某个后台任务下载包含 500 个数据片的数据包，它使用大约 1 毫秒的 CPU 时间开始下载数据包，但该任务需要等待 2 秒才能开始每次下载。该任务总共的持续时间为 1000 秒多一些，但它使用的 CPU 时间仅为 500 毫秒。

问题 5 答案

Windows 8 计算机可能具有多种输入设备，其中包括鼠标、键盘、触笔或触控设备。了解可用的输入设备使你可以针对用户体验选择最佳的输入方式。你的应用程序应该能够适应可用设备的功能，并使用最适合该应用的交互模型。

第 15 章练习答案

下面是第 15 章中练习对应的答案。

问题 1 答案

断点是为调试器提供的一种标记，可以指示在命中该标记时，正常运行应该停止，并且 Visual Studio 应该切换到调试模式。

问题 2 答案

可以按 F11 键，也可以使用调试器工具栏上的"Step into"选项。

问题 3 答案

可以使用 Locals 窗口观察并更改局部变量的值。也可以使用 Watch 窗口对监视下的局部变量执行这些操作。

问题 4 答案

通过"编辑并继续"功能，可以在应用程序正在运行并处于调试模式中时对代码库进行修改。它是一种从异常中恢复以及修复小 Bug 的好方法。

问题 5 答案

可以使用模拟器来模拟 Windows 8 风格应用的环境。使用模拟器，可以指定许多不同的因素，其中包括各种不同的屏幕尺寸和分辨率。

问题 6 答案

测试类包含测试方法、要在每个测试方法之前运行的初始化代码以及要在每个测试方法之后运行的清理代码。

第 16 章练习答案

下面是第 16 章中练习对应的答案。

问题 1 答案

Windows 应用商店是 Microsoft 的专用应用程序商店，在这里，可以发布、销售和下载 Windows 8 风格应用程序。用户可以了解你的应用的概览、详细描述以及其他用户发表的评论。

问题 2 答案

可以发布全功能齐全的应用，并设定相应的价格。最佳方法是对你的应用程序使用试用模式。应用内购买也是一种非常好的方式，可以通过你的应用来赚钱。另一种备选方法是向你的应用中添加广告，用户打开广告后，你就会获得相应的收入。

问题 3 答案

在将应用程序提交到 Windows 应用商店之前，你应该使用 Windows 应用认证工具包对自己的应用进行测试，以确保该应用不违反认证要求的规则。但是，你仍不能确保自己的应用会通过实际的测试过程。

问题 4 答案

可以使用 LicenseInformation.ProductLicenses 集合来检查应用内购买许可证的状态。此外，还必须确保在提交过程中在 Windows 应用商店门户中通过详细的描述注册每一个应用内购买标记。

问题 5 答案

使用 CurrentApp 类，可以获取有关许可证状态的信息。但是，仅当应用部署到 Windows 应用商店以后，CurrentApp 类才会起作用。CurrentAppSimulator 在开发过程中使用。

附录 B

有用的链接

截止到目前为止，你已经通过本书的学习了解了 Windows 8 风格应用程序开发的基本知识。本书中包含的主题以及相关练习为你提供了这种全新应用风格的概览，并且你也在练习中亲身感受了相关的操作，现在，你应该了解了创建这些应用程序的基本要素。你可以找到很多种方式来增强和提高自己掌握的知识，本附录提供了一些有用的链接，通过这些链接，你可以访问相应的 Web 页面和文章，其中包含更多有关 Windows 8 风格应用开发的详细信息。

B.1 代码示例

要想了解 Windows 运行时 API 以及相关的基本技术，最好的方法就是查看一些准备好的示例。表 B-1 提供了 MSDN 开发人员代码示例库中的一些链接，可以用于下载示例源代码。

表 B-1 代码示例链接

链 接	说 明
http://code.msdn.microsoft.com/	这是 MSDN 开发人员代码示例库的主页。在这里，可以按照平台、Visual Studio 版本、编程语言、标记以及其他特性来浏览示例
http://code.msdn.microsoft.com/Windows-8-Modern-Style-App-Samples	该链接包含所有 Windows 8 风格应用示例的软件包下载。可以针对自己喜欢的编程语言单独下载这些示例，也可以通过一个软件包下载所有示例
http://code.msdn.microsoft.com/windowsapps/XAML-controlssample-pack-7ae99c95	该代码示例演示如何使用预定义的 Windows 8 控件。可以针对自己喜欢的编程语言单独下载这些示例，也可以通过一个软件包下载所有示例

B.2 准则

当你准备好创建自己的 Windows 8 风格应用程序时，表 B-2 中列出的准则可以为你提供开始操作必不可少的资源。

表 B-2　应用程序设计准则链接

链接	说明
http://msdn.microsoft.com/en-us/library/windows/apps/hh464920.aspx	该文章提供了有关哪些因素可以使 Windows 8 风格应用变得更加出色的概述。该文章中所述的原则有助于更好地了解 Windows 8 设计的基本要素
http://msdn.microsoft.com/en-us/library/windows/apps/hh465427.aspx	该文章提供了一些准则，有助于规划自己的 Windows 8 风格应用，从决定应用所要实现的目标一直到验证你的设计
http://msdn.microsoft.com/en-us/library/windows/apps/hh465424.aspx	可以使用该链接作为了解用户体验模式和原则的起始中心。在为你的应用设计用户界面(UI)和用户交互时，存在很多不可或缺的用户体验准则，该页面收集了指向所有这些准则的链接
http://msdn.microsoft.com/en-us/library/windows/apps/hh465415.aspx	Windows 8 非常关注触摸屏设备。该文章解释了触控交互设计的基本知识
http://msdn.microsoft.com/en-us/library/windows/apps/Hh452681(v=win.10).aspx；http://msdn.microsoft.com/en-us/library/windows/apps/xaml/Hh452680(v=win.10).aspx	这两个链接提供了一些准则，有助于在应用程序中设计和实现可访问性，其中两个链接分别使用 HTML/JavaScript 和 C#/Visual Basic 进行说明
http://msdn.microsoft.com/en-us/library/windows/apps/hh465413.aspx	该链接指向 Windows 8 风格应用相关白皮书的索引。访问这些白皮书可以获取开发应用的实践准则和提示信息

B.3 Windows 运行时

Windows 运行时是 Windows 8 风格应用程序开发的基石。表 B-3 中列出的链接提供了在充分利用该基本组件的卓越功能时所需的一些最重要的信息。

表 B-3 Windows 运行时参考链接

链 接	说 明
http://msdn.microsoft.com/en-us/library/windows/apps/br211377.aspx	该链接是适用于 Windows 8 风格应用程序的 Windows 运行时 API 参考的索引
http://msdn.microsoft.com/en-us/library/windows/apps/br230301(v=vs.110).aspx; http://msdn.microsoft.com/en-us/library/windows/apps/hh441569(v=vs.110).aspx	使用 Visual Studio，可以开发自己的 Windows 运行时组件。这些链接可以在分别使用 C#/Visual Basic 和 C++进行组件开发时提供相应的帮助
http://msdn.microsoft.com/en-us/library/windows/apps/hh464945.aspx	通过该文章，可以了解能够在 Windows 8 风格应用中使用的 Windows API 功能，以及对于那些不能使用上述功能的情况，可以使用哪些 API 作为替代方案

B.4 语言参考

你可以使用 4 种语言开发 Windows 8 风格应用程序，分别是 C++、C#、Visual Basic 以及 JavaScript。在许多应用程序中，可以混合使用这些语言，利用每种语言各自的优势提供卓越的用户体验。表 B-4 列出了上述 4 种编程语言以及 XAML 的参考链接。

表 B-4 语言参考链接

链 接	说 明
http://msdn.microsoft.com/en-us/library/windows/apps/hh699871.aspx	Visual C++语言参考(组件扩展、C++/CX)
http://msdn.microsoft.com/library/618ayhy6(VS.110).aspx	C#语言参考
http://msdn.microsoft.com/library/25kad608(VS.110).aspx	Visual Basic 语言参考
http://msdn.microsoft.com/en-us/library/windows/apps/d1et7k7c(v=vs.94).aspx	JavaScript 语言参考
http://msdn.microsoft.com/en-us/library/windows/apps/hh700351.aspx	基本 XAML 语法指南

B.5 控件

Windows 8 风格控件是每个应用的 UI 的基本构建块。表 B-5 中列出的链接指向相应的信息，有助于针对特定的任务选择正确的控件，同时，还可以了解其实现详细信息。

表 B-5 Windows 8 风格控件的有用链接

链接	说明
http://msdn.microsoft.com/en-us/library/windows/apps/xaml/Hh465351(v=win.10).aspx； http://msdn.microsoft.com/en-us/library/windows/apps/Hh465453(v=win.10).aspx	这两个链接列出了可用于 Windows 8 风格应用程序开发的所有控件。第一个链接使用控件的 XAML 表示(将要从 C#、Visual Basic 或 C++使用)。第二个链接提供 HTML 表示(将要从 JavaScript 使用)
http://msdn.microsoft.com/en-us/library/windows/apps/xaml/Hh465381(v=win.10).aspx； http://msdn.microsoft.com/en-us/library/windows/apps/Hh465498(v=win.10).aspx	你可以彻底更改内置 Windows 8 控件的可视化样式。这两个链接所指向的文章分别描述 C++/C#/Visual Basic 应用和 HTML/JavaScript 应用的快速入门指南